Thomas Rückerl
Das große Praxis-Handbuch Business Coaching

Thomas Rückerl

Das große Praxis-Handbuch Business Coaching

Die wirkungsvollsten Werkzeuge für Profis

WILEY

WILEY-VCH Verlag GmbH & Co. KGaA

2. Auflage 2015

Bibliografische Information der Deutschen Nationalbibliothek

Die Deutsche Nationalbibliothek verzeichnet diese Publikation in der Deutschen Nationalbibliografie; detaillierte bibliografische Daten sind im Internet über <http://dnb.d-nb.de> abrufbar.

Printed in the Federal Republic of Germany

Gestaltung: pp030 – Produktionsbüro Heike Praetor, Berlin

Cover: init GmbH, Bielefeld

Coverfoto: business man hand show gear to teamwork as concept © shutter-m / iStock

Satz: inmedialo UG, Plankstadt

Druck & Bindung: CPI, Ebner & Spiegel, Ulm

Print ISBN: 978-3-527-50830-3
epub ISBN: 978-3-527-69723-6
mobi ISBN: 978-3-527-69722-9

Inhalt

Teil II: DIE 20 WICHTIGSTEN COACHING-THEMEN

Teil III: DER GROSSE PSYCHOLOGISCHE WERKZEUGKOFFER: Die wichtigsten Coaching-Werkzeuge von A–Z

Kurzübersicht Werkzeuge

- Als-Ob-Methode
- Anker
- Assoziierte Zustände

- Bewusstsein

- Change History
- Chunking
- Columbo-Technik

- Dissoziierte Zustände

- Einwand-Integration
- Empathie
- Evolutionäre Muster

- Feedback
- Flexibilität
- Frage-Technik
- Framing
- Future Pace

- Gewinner-Gewinner-Modell
- Glaubenssätze

- Hypnotische Sprache

- Inkongruenzen
- Innerer Dialog
- Innere Landkarte
- Intuition

- Kalibrieren
- Konflikt-Coaching
- Körpersprache
- Kreativität

- Leading
- Lebenslanges Lernen
- Libido-Energie

- Magie des Wünschens
- Meta-Ebene
- Meta-Modell der Sprache
- Metaphern
- Meta-Programme
- Mitarbeiter-Coaching
- Modeling
- Moment of Excellence

- New Behaviour Generator

- Pacing
- PeneTrance-Modell
- Phobie-Technik
- Positive Absicht
- Positive Sprache
- Präsenz
- Projektion

- Rapport
- Realitätstunnel
- Reframing
- Repräsentations-Systeme
- Ressourcen
- Ritual
- Sekundärer Gewinn
- Separator State-Manöver
- Siebte Himmel-Physiologie
- Sinnliche Sprache
- Sub-Modalitäten
- System-Check

- Teile-Modell
- Time Line
- Trance-Zustände

- Übertragung
- Unser Unbewusstes

- V. A. K. O. G.
- Validieren
- Veränderungs-Coaching

- Wahrnehmungs-Typen
- Win-Win-Ethik
- Wohlgeformte Ziele

- Zensor
- Ziel-Orientierung

Vorwort

Von Jörg Löhr

Ein Profi-Sportler im 21.Jahrhundert hätte ohne wirkungsvolles Coaching kaum eine Siegeschance. Jeder Profi-Sportler weiß, dass er sein Potenzial nur dann voll abrufen kann, wenn er die Chance genutzt hat, sich gemeinsam mit seinem Coach auf den Wettkampf adäquat vorzubereiten. Wer zuverlässig Spitzenleistungen erbringen will, der braucht neben einer konsequenten Vorbereitung auch einen sicheren Zugang zum »State of Excellenz«.

Ebenso wie im Sport ist auch im beruflichen Alltag viel Psychologie im Spiel – Höchstleistungen erfordern neben Talent auch Disziplin, Zielklarheit, Konzentration, Leidenschaft, Teamgeist, mentale Stärke sowie einen konstruktiven Umgang mit Rückschlägen und schwierigen Situationen. Deshalb wundert es kaum, dass Coaching-Methoden, die im Leistungssport so hervorragend funktionieren, nun auch ihren Weg in die Wirtschaft gefunden haben. In den 90er Jahren galt Coaching noch als Geheimwaffe für Topmanager. Heute haben die Verantwortlichen in den Personalabteilungen erkannt, dass der Einsatz von Business-Coaches auch im mittleren Management und im Vertrieb nachhaltig zur Wertschöpfung beitragen kann.

Diese Erkenntnis bewirkt, dass die Zielgruppe der Personen, die Business-Coaching für sich in Anspruch nehmen, ständig weiter wächst. Doch auch hier gilt das gleiche Prinzip wie im Profi-Sport: In der Praxis entscheidet allein die Wirksamkeit über den tatsächlichen Nutzen! Nur wenn klare Ziele gesetzt werden, kann die Wirksamkeit einer Coaching-Maßnahme durch die anschließende Ziel-Erreichung bewiesen werden.

Deshalb ist das vorliegende Praxis-Handbuch von Tom Rückerl für alle Business-Coaches besonders wertvoll: Es fokussiert konsequent auf das Thema »Wirksamkeit im Coaching« – Tom zeigt dem interessierten Leser, durch welche Faktoren Wirksamkeit entsteht und wie ein kompetenter Coach diese gezielt steigern kann. Alle hier vorgestellten Werkzeuge dienen dem zentralen Zweck im Coaching: Den Coachee zu befähigen, seine gesetzten Ziele tatsächlich zu erreichen.

Natürlich spielt auch die Eigenmotivation der Betroffenen eine wichtige Rolle. Selbst ein exzellenter Coach kann nur wenig bewirken, wenn der Coachee die aktive Mitarbeit verweigert. Doch auch hier stellt sich die Frage, wie gut kann der Coach sein Unterstützungsangebot kommunizieren – gelingt es ihm, den Coachee von Ängsten, Selbst-Zweifeln oder Resignation zu befreien?

Ob ein Coachee im negativen Zustand durch eine starke Problem-Orientierung mental blockiert oder während des Coachings befähigt wird, die Impulse seines Coaches aufzunehmen und sie anschließend in zielorientiertes Handeln umzusetzen, resultiert aus der Qualität einer Coaching-Beziehung. Auch hier gibt das vorliegende Buch wertvolle Hinweise, wie der Coach die Wünsche und Bedürfnisse seines Coachees so aufnehmen kann, das daraus ein vertrauensvolles Verhältnis erwächst.

Jeder kompetente Coach braucht einen bewährten Werkzeugkoffer, angefüllt mit einem reichen Repertoire von Interventions-Instrumenten. In diesem Buch finden Sie einen enormen Fundus von psychologischem Know How, das auch erfahrenen Coaches dabei helfen kann, hinter den Kulissen einer professionellen Coaching-Sitzung das eigene Vorgehen so auszurichten, dass dabei optimale Ergebnisse erzielt werden.

Deshalb kann ich allen Business-Coaches dieses enorm nützliche Praxis-Handbuch von Tom Rückerl als wertvollen und beständigen Begleiter nur wärmstens empfehlen.

Jörg Löhr
(94-facher Handball-Nationalspieler;
Management- und Persönlichkeits-Trainer –
www.joerg-loehr.com)

Herzlich Willkommen in der Coaching-Welt!

Die scheinbare Wunder-Wirkung des Coaching ist in aller Munde – es besteht kein Zweifel: Coaching ist »in«! Doch kann dieses Beziehungs-Modell tatsächlich halten, was in den Medien, Manager-Magazinen und Werbe-Broschüren der Coaching-Institute versprochen wird? Die Antwort ist komplex. Sie lautet: theoretisch ja – doch in der Praxis resultiert der reale Nutzen aus der Wirksamkeit der eingekauften Dienstleistung.

Coaching ist nicht gleich Coaching – die Qualitäts-Unterschiede sind erheblich. Und wo Business-Coaching draufsteht, ist nur allzu oft gar kein Business-Coaching drin. Der schnelle Euro lockt – aufflammende Goldgräber-Stimmung führt zur Inflation der Angebote. Die Qualitäts-Frage ist auf dem boomenden Coaching-Markt kaum zu kontrollieren.

Business-Coaching bedeutet, andere Menschen erfolgreich zu machen. Seriöses Coaching führt zum »Personal Empowerment«. In der Theorie gibt es eine Vielzahl von Argumenten und Modellen, die aufzeigen, warum die Erfolgs-Chancen erheblich steigen, wenn sich ein Manager dafür entscheidet, ein anspruchsvolles Ziel nicht im Alleingang sondern gemeinsam mit einem Business-Coach zu erreichen. Ein kompetenter Business-Coach verfügt über wirksame Werkzeuge, um Probleme in Ziele zu verwandeln und um den Betroffenen dann zu befähigen, die anvisierten Ziele tatsächlich zu erreichen. Das hört sich einfach an – erfordert jedoch eine komplexe Kombination von persönlichen, psychologischen und methodischen Fähigkeiten.

Kompetentes Coaching basiert auf einem psychologischen Werkzeugkoffer, der es ermöglicht, anderen Menschen in kürzester Zeit wirkungsvolle Impulse zu vermitteln. Als erfahrener Coach können Sie in wenigen Minuten das Vertrauen eines zunächst völlig fremden Menschen gewinnen. Während Sie systematisch die Rahmenbedingungen seiner äußeren Situation erfragen und gleichzeitig seine psychischen Prozesse nachvollziehen, entsteht echter und intensiver Kontakt. Die positive Emotion von »Sich-Verstanden-Fühlen« öffnet die Seele und erzeugt Vertrauen. Auf dieser emotionalen Basis können Sie Ihre Coaching-Werkzeuge ins Spiel bringen und Ihrem Gegenüber helfen, die aktuellen Probleme durch kreative Methoden in eine bessere Zukunft zu verwandeln.

In diesem Buch möchte Ich Ihnen den psychologischen Werkzeugkoffer von VIEL Coaching + Training vorstellen. Unser Coaching-Know-how gilt unter Praktikern als eine »Best-of-Moderne-Psychologie-Collection«. Es wurde in den letzten 25 Jahren konsequent weiter entwickelt, um in der Business-Welt mit angewandter Psychologie nachhaltige Erfolge zu erzielen. Aus der riesigen Vielfalt der mentalen Werkzeuge habe ich diejenigen ausgewählt, die wir in der Praxis des Business-Coaching seit vielen Jahren am häufigsten einsetzen. Da wir die Anwendung dieser Werkzeuge auch in unseren Ausbildungskursen für Business-Coaches lehren, wissen wir aus praktischer Erfahrung: Der Wert eines virtuellen Werkzeugs resultiert aus der Fähigkeit des Anwenders, souverän damit umzugehen. Deshalb möchte ich noch einmal betonen: In der Theorie kann Coaching wahre Wunder bewirken – doch in der Praxis kann sich der reale Nutzen nur dann offenbaren, wenn der Coach über die nötigen Fähigkeiten verfügt, das methodische Inventar sicher und zielführend anzuwenden.

Sowohl im Leistungssport, als auch in der Musik beim Kochen, beim Programmieren oder im Business-Coaching – jeder Mensch, der über außergewöhnliche Fähigkeiten verfügt, konnte seine Kompetenz nur deshalb erwerben, weil er in der Vergangenheit das nötige Training absolviert hat.

Coaching-Kompetenz fällt nicht einfach vom Himmel – sie erfordert eine fundierte Ausbildung und kontinuierliches Üben. In diesem Buch präsentiere ich Ihnen unsere Coaching-Tools – und dann liegt es an Ihnen, die virtuellen Werkzeuge in der Praxis zu erproben und damit Ihre eigenen Erfahrungen zu sammeln. Auf diesem erfolgreichen Weg wünsche ich Ihnen V.I.E.L Inspiration!

Hamburg, Frühjahr 2015 Thomas Rückerl

Teil I
WIRKUNGSVOLLE WERKZEUGE IM BUSINESS-COACHING

Wirksamkeit im Coaching

Business-Coaching hat die Chef-Etagen vieler Unternehmen im Sturm erobert. Aus dem anfänglichen Hype ist eine nachhaltige Institution geworden. Im Zuge des Wettbewerbs kann es sich kein führendes Unternehmen mehr leisten, auf den Einsatz von kompetenten Business-Coaches zu verzichten. Die Medien forcieren diesen Prozess. Eine enorme Vielzahl von Veröffentlichungen in den einschlägigen Magazinen erzeugt ein neues Bewusstsein: Coaching ist ›in‹ – wer im globalen Wettbewerb mithalten will, kann dies nur, wenn er seine Key-Player durch professionelle Coaches fit macht!

Diese allgemeine Erkenntnis führt dazu, dass inzwischen fast alle großen Unternehmen auf gezielte Coaching-Maßnahmen zur Personal-Entwicklung setzen – einige ganz offen und transparent, andere eher diskret und unauffällig. Hinter den Kulissen der offiziellen Führungskultur sind Business-Coaches zu einer elementaren Größe geworden. Sogenannte »Coaching-Pools« gehören seit einigen Jahren zum festen Bestandteil der Personal-Entwicklung – Tendenz steigend. Das Berufsbild »Business-Coach« gewinnt zunehmend an Kontur. Coaching etablierte sich in nur wenigen Jahren als neue Kraft in der Weiterbildungs-Szene. Dieser beeindruckende Siegeszug konnte jedoch nur deshalb stattfinden, weil die enorme Wirksamkeit immer wieder durch die Praxis bestätigt wird.

Wirksamkeit gilt als Maßstab zur Bewertung von Business-Coaches.
Wirksamkeit entscheidet über Pricing und Folge-Aufträge.

Doch was sind die Ursachen von hoher und nachhaltiger Wirksamkeit? Wie gelingt es professionellen Coaches, in nur wenigen Coaching-Sitzungen die gewünschte Veränderung zu bewirken? Welche Werkzeuge braucht ein kompetenter Coach, um seine Kommunikation so gezielt auf den Coachee auszurichten, dass dieser fähig ist, belastende Probleme in motivierende Ziele zu verwandeln ... und diese dann tatsächlich zu erreichen? Das vorliegende Praxis-Handbuch gibt Antworten auf genau diese Fragen. Es erlaubt dem Leser einen Blick in den Werkzeugkoffer professioneller Business-Coaches.

Wirksamkeit – Schlüssel zum Erfolg!

Wenn Sie ein Schmerzmittel einnehmen, erwarten Sie, dass dadurch möglichst zuverlässig eine bestimmte Wirkung herbeigeführt wird: Die Schmerzen sollen verschwinden. Falls sich herausstellen sollte, dass das Medikament nicht geeignet ist, die gewünschte Wirkung zu erzeugen, werden Sie zukünftig auf die Einnahme verzichten. Vielleicht probieren Sie ein anderes Schmerzmittel, vielleicht beginnen Sie auch zu glauben, dass Ihnen Schmerzmittel generell nicht helfen können. Kurzum: Die Daseins-Berechtigung eines Medikaments resultiert aus seiner Wirksamkeit. Ungenügende Wirksamkeit führt zum Aussterben dieser Art vermeintlicher Medikamente.

Wenn der Vertriebs-Direktor mit den Ergebnissen seiner Verkäufer unzufrieden ist, investiert er in die verkäuferischen Fähigkeiten seiner Mitarbeiter. Er beauftragt einen Verkaufs-Trainer mit einer Schulung. Falls die Verkaufszahlen nach der Schulung signifikant ansteigen, war die Maßnahme wirksam und die Investition hat sich gelohnt. Falls die Zahlen gleich bleiben oder sogar sinken, wird der Vertriebs-Direktor die Wirksamkeit der Maßnahme bezweifeln und dem Trainer keinen Folge-Auftrag erteilen. Die Daseins-Berechtigung der Schulung resultiert aus ihrer Wirksamkeit. Ein Trainer mit geringer Wirksamkeit wird auf Dauer arbeitslos.

Ebenso verhält es sich mit dem Business-Coaching – hohe Wirksamkeit führt zum beruflichen Erfolg. Allerdings sind die Anforderungen an einen Coaching-Prozess so komplex, dass eine klare Beurteilung der Wirksamkeit nicht ganz einfach ist. Was sind die Kriterien für Wirksamkeit im Business-Coaching? Natürlich, der Coachee will sich nach der Maßnahme besser fühlen als vor der Maßnahme – doch dieses »bessere Gefühl« ist wissenschaftlich kaum messbar, insbesondere seine Nachhaltigkeit. In den einschlägigen Manager-Magazinen heißt es plakativ: »Business-Coaching ist eine Maßnahme zur Leistungs-Steigerung!« Doch außer in zahlen-getriebenen Vertriebs-Organisationen gibt es in der modernen Business-Welt kaum eindeutige Parameter, um die komplexen Anforderungen an verantwortliche Manager zuverlässig zu quantifizieren. Wer kann sich anmaßen, solch hochgradig unspezifische Dimensionen wie »Innovations-Kraft, Wertschöpfungs-Bewusstsein, Führungs-Qualität, Schnittstellen-Kompetenz, Team-Spirit oder intrinsische Motivation« im dynamischen Alltag einer Führungskraft wirklich zuverlässig zu messen oder gar zu quantifizieren?

Wie lässt sich Wirksamkeit messen?

Jeder kompetente Management-Diagnostiker weiß, dass die Qualität von Coaching-Prozessen auch durch eine Vielzahl »weicher Faktoren« bestimmt wird. Und diese »Soft Facts« zeichnen sich nun mal dadurch aus, dass man sie nur sehr vage messen kann. Eine wesentliche Komponente bei dem Versuch der objektiven Bewertung von Coaching-Maßnahmen ist und bleibt das »subjektive Gefühl der Betroffenen«. Natürlich kann man zusätzlich die Vorgesetzten, die Mitarbeiter oder die kollegialen Schnittstellen befragen, doch auch hier spielen subjektive Befindlichkeiten eine mächtige Rolle. Jeder Personaler, der ein »360-Grad-Feedback« implementieren sollte, kann ein langes Lied davon singen, was es alles zu bedenken gibt, damit die Maßnahme nicht nur die nötige Akzeptanz bei den Betroffenen findet, sondern auch trennscharfe Ergebnisse liefert.

Eine weitere Herausforderung hinsichtlich der Qualitäts-Sicherung von Coaching-Maßnahmen ergibt sich aus dem Grundsatz der Verschwiegenheit: »Coaching ist ein diskretes Geschäft!« Nur wenn die nötige Vertraulichkeit der bearbeiteten Inhalte sichergestellt ist, sind die Betroffenen bereit, sich zu öffnen und mit dem Coach über ihre Probleme zu sprechen. Dieser Kodex der Verschwiegenheit schafft eine notwendige Voraussetzung, damit Business-Coaching überhaupt stattfinden kann. Ähnlich wie bei Ärzten, Psychotherapeuten, Anwälten oder Geistlichen erfordert die Arbeit des Coaches ein Klima des Vertrauens. Deshalb bleiben die im Coaching tatsächlich anvisierten Ziele oft im Verborgenen – und lassen sich somit kaum zuverlässig überprüfen.

Trotz alledem – die Einkäufer von Coaching-Maßnahmen brauchen Kriterien, die es Ihnen erlauben, den Nutzen der eingekauften Dienstleistung zu beurteilen. Natürlich gibt es neben dem eigenen »Bauchgefühl« durchaus einige Indikatoren für Wirksamkeit: Zum Beispiel inoffizielle Feedbacks aus dem Umfeld der Betroffenen; oder chronische Konflikte, die sich plötzlich entschärfen; längst totgeglaubte Projekte, die mit frischer Energie zu neuem Leben erwachen; schwierige Kunden, die auf wundersame Weise nicht mehr schwierig sind; hohe Krankenstände, die allmählich gesunden oder auch Betriebsausflüge und Weihnachtsfeiern, die den Beteiligten plötzlich wieder Spaß machen. Seit vielen Jahren beraten wir Unternehmen beim Aufbau von Coaching-Pools. Bei der Evaluation solcher Instrumente setzen wir allerdings weniger auf quantitative Messungen, sondern auf qualitative Verfahren, auf unternehmerische Instinkte und vor allem auf den gesunden Menschen-Verstand.

Welche Bewertungs-Perspektiven sind sinnvoll?

Die Bewertung von Coaching-Prozessen kann aus unterschiedlichen Perspektiven vorgenommen werden. Entscheidend ist natürlich die Sicht des Coachee: »Wie gut konnte mein Coach mir helfen, aktuelle Probleme zu lösen? Hat sein Einfluss dazu geführt, dass ich meine Ziele erreichen konnte? Geht es mir nach einer Coaching-Sitzung signifikant besser als vor der Sitzung? Fühle ich mich stark, motiviert und voller Inspiration?« Wie gesagt – das subjektive Erleben kann manchmal täuschen, aber mittel- bis langfristig sollte ein verantwortlicher Manager sehr wohl in der Lage sein, den Nutzen einer eingekauften Dienstleistung beurteilen zu können.

Falls der Coachee das Coaching nicht selber bezahlt, ist natürlich auch die Bewertung seines Unternehmens durch die Vorgesetzten oder die Personal-Abteilung von Bedeutung: »Hat sich der Coachee durch das Coaching positiv verändert? Konnte er sich vom Problem-Erzeuger in einen Problem-Löser verwandeln? Schafft er sein Work-Load? Wirkt er motivierend auf seine Kollegen, verbreitet er eine positive Stimmung? Gab es vielleicht spezifische Probleme, die den Coaching-Anlass bildeten – und die inzwischen gelöst oder zumindest reduziert wurden?«

Falls alle Beurteilungs-Instanzen klare positive Signale senden, lässt sich daraus eine gute Wirksamkeit schlussfolgern. Allerdings gilt es auch darauf zu achten, dass keine Strohfeuer-Effekte entstehen. Falls die Besserung nur kurzfristig einsetzt und dann schnell wieder verschwindet, stellt sich die Frage der Nachhaltigkeit. Falls der Coach durch stark-emotionale Ansprache eine kurzfristige Veränderung bewirkt, und der Coachee anschließend schnell wieder ins alte Muster zurückfällt, hat er seinem Auftraggeber einen Bärendienst geleistet. Ein professioneller Business-Coach muss fähig sein, seine Intervention nachhaltig in die System-Dynamiken einzunetzen. Hohe Wirksamkeit erzeugt stabile Veränderungen, die selbst unter großem Druck einen signifikanten Bestand aufweisen.

Darüber hinaus gibt es eine weitere Perspektive, um Coaching-Prozesse zu analysieren und zu bewerten: Die fundierte Einschätzung eines erfahrenen Ausbilders von Business-Coaches. Der Ausbilder weiß aufgrund langjähriger Erfahrung, welche Komponenten eine hohe Wirksamkeit begünstigen. Ebenso kennt er die Knackpunkte und Fallstricke bei der Realisierung. Er schaut bei seiner Beurteilung nicht nur auf die erzielten Ergebnisse, sondern auch auf die eingesetzte Methodik, weil er daraus Rückschlüsse auf die Wirksamkeit ziehen kann. Ein erfahrener Ausbilder achtet auf Schlüssel-Faktoren der Vorgehensweise und fragt sich beispielsweise: »Was tut der Coach, um schnell eine positive Beziehung aufzubauen? Wie gut kann er Vertrauen gewinnen? Wie gelingt es ihm, empathisch zu kommunizieren, ohne dabei zu sehr in die Problem-Hypnose seines Coachee hineinzugeraten? Wie verwandelt er das vordergründige Problem in ein attraktives Ziel? Hat das Ziel genug Power, um den Coachee nachhaltig zu motivieren? Entspricht das formulierte Ziel dem zentralen Anliegen – trifft es des Pudel‹s Kern? Wie reagiert das Unbewusste des Coachee auf die Angebote des Coachs? Sind genug Ressourcen im Spiel ... oder werden benötigte Ressourcen fahrlässig ignoriert? Gibt es eine strategische Ausrichtung? Werden systemische Verstrickungen genügend berücksichtigt? Wo liegen die größten Hindernisse auf dem Weg zur Ziel-Erreichung ... und was tut der Coach, um den Coachee darauf konstruktiv vorzubereiten? Wie wird der innere Schweinehund ins Boot geholt? Auf welche Weise hilft er dem Coachee, die Gravitationskraft der Komfort-Zone zu überwinden? Was sind die konkreten Maßnahmen zur Ziel-Erreichung? Verfügt der Coachee am Ende über wasserdichte Konzepte und ausreichend Motivation, um die nötigen Maßnahmen auch tatsächlich zu realisieren?«

Welche Faktoren erzeugen Wirksamkeit?

Das vorliegende Buch verfolgt das Ziel, den Leser dafür zu sensibilisieren, dass es im Coaching eine Vielzahl virtueller Stellschrauben gibt, um die Wahrscheinlichkeit einer konsequenten Umsetzung zu steigern. Wirksamkeit im Business-Coaching resultiert also aus einer komplexen »Gemenge-Lage verschiedener Faktoren«, die sich im Vorfeld eines Coaching-Prozesses kaum zuverlässig vorhersagen lassen: Von der Eigen-Motivation des Coachee, über den realen Veränderungs-Druck durch äußere Umstände bis hin zur psychischen Chemie zwischen Coach und Coachee – eine enorme Vielzahl von dynamischen Faktoren kann die durch eine Coaching-Maßnahme tatsächlich erzielten Ergebnisse beeinflussen.

Doch trotz der hohen Komplexität lassen sich einige zentrale Faktoren identifizieren, deren harmonisches Zusammenspiel die Wirksamkeit einer Coaching-Maßnahme nachweislich bestimmt. Unsere langjährige Erfahrung als Ausbilder von Business-Coaches zeigt sogar, falls diese Faktoren nicht ausreichend realisiert werden, kann ein Coaching-Prozess nicht die optimale Wirkung entfalten.

Fünf Faktoren für hohe Wirksamkeit:

1. **Beziehungs-Gestaltung**
2. **Ziel-Orientierung**
3. **Ressourcen**
4. **System-Verträglichkeit**
5. **Transfer-Sicherung**

Diese fünf Faktoren umfassen wiederum Kategorien, innerhalb derer sich verschiedene Wirk-Faktoren bündeln lassen. Wie gesagt: Professionelles Coaching ist eine sehr komplexe Dienstleistung, deren kompetente Realisierung eine ganze Reihe von Fähigkeiten benötigt. In unseren Coaching-Ausbildungen, lernen die Teilnehmer auf vielen Ebenen – von Gesprächsführungs-Techniken über den Umgang mit sensiblen Wahrnehmungsfiltern und der Bewusstmachung des eigenen Menschenbildes bis hin zur Verkörperung des »Lebenslangen Lernens« als vorbildliche Grundhaltung. Erfolgreiches Coaching erfordert eine souveräne Prozess-Gestaltung, die nur durch intensive Erfahrung gekoppelt mit konstruktivem Feedback erworben werden kann.

1. Beziehungs-Gestaltung

Alle wissenschaftlichen Untersuchungen zum Coaching belegen, dass eine intensive Beziehung zwischen Coach und Coachee als notwendige Arbeits-Basis unentbehrlich ist. Ohne eine positive Beziehung kann kein Coaching stattfinden. Der Coach muss zunächst dafür sorgen, dass der Coachee sich öffnet und über die Themen sprechen will, die ihn wirklich bewegen. Dieses Nadel-Öhr bringt es mit sich, dass der Coachee bereit sein muss, sich im Zustand seiner »Inkompetenz« zu erleben. Viele Menschen scheuen sich, dies zuzulassen. Insbesondere Führungskräfte haben sich darin trainiert, Stärke zu zeigen und Schwäche zu vermeiden. Coaching kann jedoch nur funktionieren, wenn der Coachee als »Problem-Inhaber« bereit ist, sein Problem klar zu identifizieren. Nur wer sein Problem erkennt, und es als Teil seiner momentanen Situation akzeptiert, kann daraus eine kraftvolle Ziel-Vorstellung für die Zukunft entwickeln. Deshalb muss der Coach zunächst für ein vertrauensvolles Klima sorgen, damit der Coachee auf authentische Weise über seine Themen sprechen kann.

Die Qualität der Beziehungs-Gestaltung resultiert wiederum aus dem Zusammenspiel diverser Teil-Aspekte:

- Art der Kontakt-Aufnahme
- Zentrale Absicht des Coach
- Respektvoller Zugang zu dem Unbewussten
- Menschenbild
- Psycho-Diagnostische Fähigkeiten
- Empathie gekoppelt mit Business-Know-how

2. Ziel-Orientierung

Business-Coaching bedeutet, andere Menschen erfolgreich zu machen. Erfolg resultiert aus Ziel-Erreichung. Wer sich keine Ziele setzt, kann nicht erfolgreich sein. Probleme sind Ziele, die auf dem Kopf stehen – im Coaching verwandeln wir Probleme in Ziele. Ohne Ziel kein Coaching – damit ein Coach seine Arbeit starten kann, braucht es ein attraktives Ziel. Im Coaching gestalten wir die Zukunft. Die Betrachtung der Vergangenheit ist kein Selbstzweck, sondern eine notwendige Schleife, um zu lernen und eine bessere Zukunft zu entwerfen. Je konsequenter der Coach auf die Zukunft fokussiert ist, desto wirksamer kann er seine Kommunikation mit dem Coachee auf zukünftige Erfolge ausrichten.

- Mentale und emotionale Verankerung in einer positiven Zukunft
- Seperator-Strategien zur Auflösung von »Problem-Hypnose«
- Intelligente und flexible Frage-Technik
- Kreative Stimulanz der schöpferischen Kräfte
- Wohlgeformte »Ziel-Formatierung«

3. Ressourcen

Im Coaching zielen wir darauf ab, dem Coachee dabei zu helfen, in eine erfolgreiche Zukunft zu gehen. Dafür braucht er Ressourcen! Sie sind die Rohstoffe, aus denen die zukünftigen Problemlösungen gemacht sind. Je mehr Ressourcen verfügbar sind, desto höher ist die Wahrscheinlichkeit, dass der Coachee seine anvisierten Ziele tatsächlich erreichen kann. Ein Mensch, der den Kontakt mit seinen Ressourcen verloren hat, fühlt sich schwach, ängstlich und sieht überall Probleme. Sobald er in Kontakt mit den nötigen Ressourcen gelangt, fühlt er sich ermutigt und gestärkt. Kreativität, Zuversicht und Selbstvertrauen erwachen. Die Wirkung eines Coaching resultiert ganz entscheidend aus der Fähigkeit des Coachs, den Coachee in Kontakt mit Ressourcen zu bringen – und zwar schnell, tiefgreifend und nachhaltig. Dabei spielen folgende Aspekte eine wichtige Rolle:

- Kreativer Gebrauch von Coaching-Werkzeugen
- Bewusstmachung bereits vorhandener Ressourcen
- Generierung von noch nicht vorhandenen Ressourcen

- Orientierung an Physiologie und Körpersprache
- Strategische Ausrichtung inklusive operativer Zugänge

4. System-Verträglichkeit

Eine gute Problem-Lösung muss »system-verträglich« sein – sonst kann sie nicht realisiert werden, oder sie erzeugt die berüchtigten »Kollateral-Schäden«. Der moderne Homo sapiens ist ein hochkomplexes System – körperlich ebenso wie psychisch. Außerdem ist jeder Mensch wiederum Teil von größeren Systemen – Familien, Teams oder Unternehmen. Alle Systeme haben komplexe Dynamiken, die es bei geplanten Veränderungen zu berücksichtigen gilt: »Zu Risiken und Nebenwirkungen fragen Sie Ihren Arzt oder Apotheker!« Coaching wirkt wie ein psychisches Medikament! Ein professioneller Business-Coach wird nicht leichtfertig in komplexe Systeme hinein-intervenieren. Mögliche Veränderungen müssen sorgfältig in die bestehenden Systeme eingebunden werden.

Dafür braucht es Fingerspitzen-Gefühl und einen Sinn für die folgenden Aspekte:

- Systemisches Denken und Handeln
- Kontakt-Aufnahme und Einbeziehung des Unbewussten
- Konfrontationstechniken und Standing
- Risk Management und Realitäts-Check
- Einbindung der Resultate in die spezifische Business-Situation

5. Transfer-Sicherung

Entscheidend ist nicht, was ***im*** Coaching geschieht, sondern was ***nach*** dem Coaching passiert. Business-Coaching ist kein Selbst-Zweck, sondern eine Investition, eine gezielte Maßnahme, um Probleme zu lösen und Ziele zu erreichen. Was nützt das schönste Coaching, wenn die angedachten Konzepte anschließend nicht realisiert werden?

Wirksames Coaching gibt nachhaltige Impulse, um die Wahrscheinlichkeit der anschließenden Realisierung möglichst hoch zu gestalten. Ohne eine stabile Transfer-Sicherung besteht die Gefahr, dass die guten Vorsätze bereits nach kurzer Zeit vergessen wurden und die gewünschte Veränderung ausbleibt. Deshalb fokussiert der professionelle Business-Coach insbesondere zum Abschluss einer jeden Sitzung auf die konkreten Schritte zur Realisierung und die dafür notwendige Motivation. Er weiß um die Macht der menschlichen »Komfort-Zone« und sorgt für die nötige Energie auf dem Weg in eine bessere Zukunft:

- Motivations-Know-how
- Achtung Komfort-Zone?!
- Konkrete Operationalisierung der strategischen Ziele
- Mentale Konditionierung auf attraktive Etappen-Ziele
- Abbildung einer positiven Zukunft im Gehirn des Coachee

Coaching-Werkzeuge in der praktischen Anwendung

Wie können Sie die Wirk-Faktoren nun in die gezielte Anwendung bringen? Zur Orientierung bei der dynamischen Gestaltung von Coaching-Prozessen nutzen wir ein 5-Phasen-Modell, das exakt diesen fünf Wirk-Faktoren entspricht. Unsere Teilnehmer lernen dieses 5-Phasen-Modell bereits am ersten Tag ihrer Ausbildung kennen. Sie trainieren sich darin, diese Struktur zu verinnerlichen. Ähnlich wie die Fahrschüler in der Fahrschule lernen unsere zukünftigen Absolventen, die komplexen Verhaltens-Muster, die das Autofahren erfordert, Schritt für Schritt zu verinnerlichen.

Entscheidend für eine hohe Wirksamkeit ist die Fähigkeit, die grundlegende Struktur des 5-Phasen-Modells immer wieder an die unterschiedlichen Themen, Bedürfnisse und Persönlichkeiten ihrer Coachees anzupassen. So wie ein guter Autofahrer seine Fahrweise an die aktuelle Verkehrslage anpassen sollte – während der Rushhour in der City gelten andere Bedingungen als auf einer gemütlichen Landstraße oder auf der Autobahn bei Stop&Go. Ebenso muss der Coach seine Vorgehensweise flexibel gestalten können. Wenn ihm ein Geschäftsführer gegenübersitzt, der seine Firma aus den roten Zahlen führen will, braucht es eine andere Vorgehensweise, als wenn ein Team-Leiter die Konflikte in seinem Team lösen will.

Wirksamkeit durch komplexes Zusammenspiel

Der große Vorteil des 5-Phasen-Modells besteht darin, dass es Prinzipien beschreibt, die im Coaching eine universelle Anwendung erlauben. Jede Phase fokussiert auf einen der fünf Wirk-Faktoren, doch erst im gelungenen Zusammenspiel erzeugen sie eine optimale Wirksamkeit. Alle fünf Faktoren müssen realisiert werden, damit das Coaching die besten Ergebnisse bewirken kann. Fehlt ein Faktor, verhindert dies den vollen Coaching-Erfolg. So wie jedes Auto Motor, Räder, Gaspedal, Bremse und Lenkrad braucht, um von A nach B zu fahren, so braucht professionelles Business-Coaching alle 5 Faktoren, um seine volle Wirkung zu entfalten.

Doch bevor ich Ihnen das Fünf-Phasen-Modell ausführlich vorstelle, möchte ich noch auf eine weitere Voraussetzung für hohe Wirksamkeit im Business-Coaching hinweisen: die Notwendigkeit eines psychologischen Werkzeugkoffers – gekoppelt mit der Fähigkeit, die einzelnen Werkzeuge treffsicher und flexibel einzusetzen. Als Grundlage brauchen Sie ein humanistisches Menschenbild, damit Sie die schlummernden Potentiale Ihres Coachee erkennen und zum Leben erwecken können. Dieses positive Menschenbild ist auf Entwicklung ausgerichtet und basiert auf nützlichen Glaubenssätzen, die ich Ihnen auf den folgenden Seiten vorstellen möchte.

Die Coaching-Axiome

Neben Ihrer emotionalen Stimmung wird die unbewusste Wahl Ihrer Filter noch durch weitere Faktoren bestimmt – zum Beispiel durch Ihr Rollenverständnis, Ihr Menschenbild und Ihre Glauben-Systeme. Auf den folgenden Seiten möchte ich Ihnen einige Glaubenssätze vorstellen, die diese drei wesentlichen Faktoren zum intelligenten Einsatz Ihrer Wahrnehmungs-Filter auf sehr nützliche Weise zum Ausdruck bringen.

Wenn Sie mit einem anstehenden Coaching den Glaubenssatz verbinden: »Oh, dieses schwierige Problem wird mich überfordern!«, filtert Ihr Unbewusstes andere Informationen, als wenn Sie darauf vertrauen, dass Sie über die nötigen Werkzeuge verfügen, um das anstehende Problem gemeinsam mit Ihrem Coachee in einen großen Erfolg zu verwandeln. Um mit nützlichen, konstruktiven Glaubenssätzen in ein Coaching hineingehen zu können, brauchen Sie als Coach eine gute Orientierung in der Komplexität des Coaching-Prozesses.

Leitplanken der Orientierung

Die Coaching-Axiome helfen, um die eigene Wahrnehmung intelligent zu organisieren und die Kommunikation mit Ihrem Coachee souverän zu gestalten. Die Axiome basieren auf positiven Grundannahmen zur Orientierung in Coaching-Gesprächen. Gleichzeitig bieten sie einen spannenden Blick hinter die Kulissen der menschlichen Psyche. Sie wurzeln in einem humanistischen Menschenbild, das auf Potenzial-Erkennung und Entwicklung ausgerichtet ist. Die Axiome sind kein Dogma, sondern Erfahrungswerte, die sich in der Praxis des Business-Coachings vielfach bewährt haben.

Für den lernenden Coach ist es sinnvoll, die Axiome im Laufe der eigenen Praxis zu überprüfen und die Formulierungen mit eigenen Erfahrungen zu verbinden. Nur wenn eigene Erfahrungen vorliegen, wird Ihr Unbewusstes die Axiome als glaubwürdige Quelle der Orientierung akzeptieren. Es wäre auf Dauer sehr anstrengend, wenn Sie versuchen würden, etwas zu glauben, das nicht durch eigene Erfahrungen bestätigt wird. Wenn sich Ihre positiven Erfahrungen jedoch im Laufe Ihrer Praxis verdichten und gegenseitig verstärken, dann verwandeln sich geschriebene Worte in lebendige Wahrheiten – die Axiome wurden verifiziert und als persönliches Wissen verinnerlicht.

Je intensiver es Ihnen gelingt, die nützlichen Glaubenssätze mit positiven Erfahrungen aufzuladen, desto wirkungsvoller können sich Ihre unbewussten Kräfte als »Intuition« offenbaren. Sie beginnen immer stärker, Ihrer inneren Stimme zu vertrauen, und allmählich wird das Coaching-Know-how zum authentischen Teil der eigenen Persönlichkeit.

1. Die Landkarte des Coachee ist der Gegenstand des Coaching

Die objektive Welt, die uns umgibt, wird von jedem Menschen sehr subjektiv im Gehirn abgebildet. Wir alle tragen ein einzigartiges Modell der persönlichen Lebenserfahrung in unserem Kopf. Diese subjektive Abbildung der Wirklichkeit wird im Coaching als innere Landkarte bezeichnet. Sie dient uns als Orientierung, wird jedoch oft mit der eigentlichen Realität verwechselt. Daraus resultiert eine Vielzahl von Problemen, denn Menschen reagieren auf ihre individuelle Abbildung der Realität, nicht auf die Realität selbst! Nicht selten entstehen Emotionen und Verhaltensweisen aufgrund irrtümlicher Interpretationen der Realität, die dann von anderen Menschen kaum nachvollzogen werden können.

Die Abbildung der Wirklichkeit auf der inneren Landkarte ist bei jedem Menschen sehr unterschiedlich gestaltet. Keine Landkarte kann die Welt vollständig abbilden – die Realität ist grundsätzlich komplexer! Im Coaching geht es darum, zunächst die Landkarte des Coachees zu erkennen, zu verstehen und anzuerkennen. Dann gilt es, mögliche Hebel zu identifizieren, um gewünschte Veränderungen einzuleiten. Diese müssen jedoch mit der Beschaffenheit der gegenseitigen Landkarte kompatibel sein, sonst wird sich das Unbewusste des Coachee gegen die Veränderung wehren.

2. Beachtung bringt Verstärkung

Menschliche Aufmerksamkeit ist Energie! Sobald wir einem Thema besondere Beachtung schenken, verstärkt sich dieses Thema auf unserer inneren Landkarte. Dieser mentale Automatismus wird im Alltagsleben oft unterschätzt. Wenn ein Mensch sich fragt, ob er bei anderen beliebt ist, entsteht ein Thema auf seiner Landkarte. Er wird verstärkt darauf achten, wie seine Mitmenschen ihn behandeln. Falls er dann zu dem Schluss gelangt, dass er schlecht behandelt wurde, wird sein Unbewusstes zukünftig solche Verhaltensweisen hervorheben und markieren, die ihn in seiner Annahme bestätigen. Je mehr er auf negative Signale achtet, desto differenzierter und emotional aufgeladen wird dieser Aspekt des menschlichen Miteinanders auf seiner Landkarte abgebildet.

Im Coaching nutzen wir diesen mächtigen Effekt, indem wir als Coach verstärkt auf Ziele und Ressourcen fokussieren. So entsteht ein kreatives Zusammenspiel antagonistischer Kräfte. Erfahrungsgemäß fokussiert der Coachee zunächst auf Probleme, Hindernisse und Widersacher. Natürlich muss der Coach durch Empathie lernen, seinen Coachee zu verstehen, doch er darf sich nicht zu sehr in die Problem-Orientierung hineinziehen lassen. Stattdessen muss er den Ziel- und Ressourcen-Fokus wohldosiert in die Coaching-Kommunikation einbringen – solange, bis der Coachee so gut in Kontakt mit seinen Ressourcen gelangt, dass er den alten Problem-Fokus aufgeben kann. Dann gilt es natürlich, den Ressource-Kontakt nachhaltig zu verankern, damit der Coachee auch nach der Coaching-Sitzung in einem guten Zustand an seiner Thematik weiterarbeiten kann, indem er die entwickelten Konzepte konsequent realisiert.

3. Wahlfreiheit ist besser als keine Wahlfreiheit

Ein wesentliches Ziel im Coaching besteht darin, dem Coachee zu mehr innerer Freiheit zu verhelfen. Dafür braucht er ein Bewusstsein für die Vielfalt möglicher Verhaltensweisen. In einem System wird dasjenige Element die Kontrolle gewinnen, welches über die höchste Flexibilität verfügt. Mit anderen Worten: Die Person mit der höchsten Flexibilität erreicht am meisten. »Wenn das, was Sie bisher getan haben, nicht funktioniert– was könnten Sie stattdessen tun?« ist eine wichtige Frage im Coaching.

Als Coach führen Sie Ihren Coachee in die Selbst-Verantwortung. Sobald ein Mensch die volle Verantwortung für seine Situation übernimmt, bekommt er auch die Macht, seine Situation zu verändern – entweder durch Handeln in der Außenwelt, oder durch einen Wandel der Einstellung auf seiner inneren Landkarte. Je mehr Freiheitsgrade der Coachee sich erlaubt, desto höher ist die Wahrscheinlichkeit, dass eine wirklich positive Option darunter ist.

4. Alle benötigten Ressourcen sind potenziell verfügbar

Menschen verfügen über weitaus mehr Ressourcen, als ihnen bewusst ist. Insbesondere wenn sich der Coachee im Problem-Zustand befindet, fühlt er sich von seinen Ressourcen abgeschnitten. Deshalb ist es Aufgabe des Coachs, auf seinen Coachee so einzuwirken, dass dieser in Kontakt mit den benötigten Ressourcen gelangt. Dabei unterscheiden wir zwei Arten von Ressourcen: Erstens diejenigen Ressourcen, die bereits vorhanden sind, und lediglich bewusst wahrgenommen und gewürdigt werden müssen. Zweitens die Ressourcen, die noch nicht vorhanden sind, und die im Laufe des Coaching Prozesses verfügbar gemacht werden. Auch hier spielt das »Lernen als Blanko-Ressource« eine wichtige Rolle. Außerdem können benötigte Ressourcen beispielsweise durch Kreativität, Kommunikation oder Re-Organisation gewonnen werden.

Als Coach geben Sie Impulse, um Ressourcen so zu organisieren, dass sie zum entscheidenden Zeitpunkt und im richtigen Kontext verfügbar sind. Falls ein Mensch Schwierigkeiten hat, in Kontakt mit seinen Ressourcen zu gelangen, können auch die kreativen Teile im Unbewussten aktiviert werden. Auch das Modeling und die Als-Ob-Methode können weiter helfen: »Was müssten Sie können um Ihr Ziel zu erreichen? Wen kennen Sie, der es bereits kann? Wie macht er das? Wie wäre es, wenn Sie es so wie er machen würden?«

5. Psyche und Körper beeinflussen sich wechselseitig

Geist und Körper sind Teile des gleichen dynamischen Systems. Was mental geschieht, zeigt sich auch körperlich. Jeder unterscheidbare innere Zustand korrespondiert mit einer ebenfalls unterscheidbaren körperlichen Verfassung. Der innere Zustand des Coachees und die beobachtbare Körpersprache sind zwei Aspekte desselben Phänomens. Manchmal ist der Ausdruck offensichtlich wahrnehmbar, meist bewirkt er nur feine Veränderungen. Für einen kompetenten Coach ist es wichtig, seine Wahrnehmung auf den Coachee zu kalibrieren, um auch die feinsten Veränderungen in der Körpersprache des Coachees zu bemerken. Sobald der Coachee emotional in Kontakt mit seinen Ressourcen gelangt, wird sich sein körperlicher Ausdruck positiv verändern. Falls erneut Zweifel oder Sorgen auftauchen, zeigt sich dies ebenfalls im äußeren Verhalten. So dient die intensive Beobachtung der Körpersprache als Kompass für das innere Erleben des Coachee.

6. Wir können nicht nicht beeinflussen

Dieses Axiom ist eine Ableitung aus dem Kommunikations-Modell von Paul Watzlawick, der den Satz prägte: »Wir können nicht nicht kommunizieren!« Sobald sich zwei oder mehr Menschen begegnen, beginnt durch die Kommunikation ein gegenseitiger Beeinflussungsprozess. Jeder Mensch sendet neben der mündlichen Sprache in jedem Moment körpersprachliche Signale, die andere Menschen (oftmals unbewusst) wahrnehmen. Diese unterschwelligen Botschaften werden durch den subjektiven Filter der inneren Landkarte (oftmals verzerrt) interpretiert und erzeugen wiederum Reaktionen, die von der anderen Seite wahrgenommen und unbewusst interpretiert werden. So entsteht eine unterschwellige Dynamik, die das Kommunikationsklima erheblich beeinflussen.

Deshalb achtet der Coach darauf, sich auf die Körpersprache des Coachee zu kalibrieren, um diese unterschwelligen Prozesse wahrzunehmen und zielführend zu gestalten. Auf diese Weise kann ein kompetenter Coach seinen Coachee durch Körper- und Verbalsprache ganzheitlich beeinflussen.

7. Komunikation ist der Austausch von sinnlichen Erfahrungen

Menschen kommunizieren immer in allen verfügbaren Sinnessystemen. In jedem Gespräch hören, sehen, fühlen, riechen und schmecken wir unsere Gesprächspartner. Auch wenn unser Bewusstsein in erster Linie auf verbale Botschaften fokussiert, orientiert sich unser Unbewusstes an allen verfügbaren Sinneskanälen, wobei der Geruchs- und Geschmackssinn häufig metaphorisch interpretiert: »Das riecht nach Ärger!« oder »Wir haben den gleich Geschmack!«

Ein kompetenter Coach nutzt dieses Wissen, indem er die bevorzugten Sinneskanäle des Coachees gezielt anspricht, um seine Botschaften zu adressieren. Das Pacing der bevorzugten Kanäle des Coachees verstärkt die Beziehung. Bei gutem Rapport kann der Coach den Coachee auch in andere, für ihn ungewohnte Sinnessysteme führen, um dadurch seine Wahrnehmungs- und Verhaltensoptionen gezielt zu erweitern.

Außerdem sollten Sie sich als Business-Coach darüber bewusst sein, dass Sie eine »Sinnliche Projektions-Fläche« für Ihren Coachee darstellen. Ihr Coachee projiziert seine innere Landkarte auf seine Gesprächspartner, er interpretiert alle Ihre Signale gemäß seiner Landkarte. Damit Sie ihm helfen können, aus dem Coaching einen Nutzen zu ziehen, müssen Sie sich als Projektionsfläche so präsentieren, dass dadurch seine schöpferische Kraft angeregt wird. Indem Sie Fragen stellen, Feedback geben und gezielt in seine Landkarte intervenieren, geben Sie ihm Impulse, seine Abbildung der Realität auf eine neue, bessere Weise zu gestalten.

8. Im Coaching zählen die Resultate – nicht die Konzepte!

Entscheidend im Coaching, ist nicht, was **im** Coaching besprochen wird, sondern wie gut der Coachee die erarbeiteten Ideen anschließend umsetzen kann. Die Kommunikation im Coaching ist also kein Selbst-Zweck, sondern lediglich Mittel zum Zweck. Entscheidend ist die Wirksamkeit. Alles was der Coach tut oder sagt, dient dem Zweck, den Coachee zu befähigen, seine Probleme zu lösen. Deshalb gilt es, den Coachee so zu beeinflussen, dass er aus seiner Problem-Orientierung in eine motivierte Ziel-Orientierung wechselt. Dann muss der Coach den Coachee dabei unterstützen, in Kontakt mit den benötigten Ressourcen zu gelangen und daraus eine Strategie zur Ziel-Erreichung zu entwickeln.

Entscheidend für die Bewertung des Coaching ist jedoch nicht der Inhalt der Gespräche, sondern die anschließende Realisierung der Konzepte durch den Coachee. Nur wenn Sie Ihren Coachee ins effektive Handeln bringen, damit er neue Erfahrungen machen kann und überzeugende Ergebnisse herbeiführen, sind Sie als Coach nachhaltig wirksam.

9. Widerstand bedeutet mangelnde Flexibilität des Coachs

Widerstand des Empfängers ist eine Aussage über die kommunikativen Fähigkeiten des Senders. Der Widerstand eines Coachees resultiert meist aus mangelnder Empathie. Um als Coach die nötige Qualität auf der Beziehungs-Ebene herzustellen, braucht es mehr Verständnis, Flexibilität und besseres Einfühlungsvermögen. Dafür braucht er die Bereitschaft, sein eigenes Verhalten während der Kommunikation so lange in Frage zu stellen, bis sein Angebot und eine authentische Kommunikation möglich werden.

Jeder Widerstand signalisiert einen (oftmals unbewussten) Einwand gegen die bisherige Intervention. Das Unbewusste des Coachee fühlt sich noch nicht gut abgeholt, und wünscht sich eine maßgeschneiderte Ansprache. Wenn der Coach den Widerstand durch diesen nützlichen Filter interpretiert, kann er den bisher nicht anerkannten Einwand aufnehmen und zur Optimierung seiner Vorgehensweise nutzen.

10. Jede Reaktion des Coachee kann ein wertvolles Feedback sein

Im Coaching gibt es keine Fehler und kein Versagen! Stattdessen gelten andere Maßstäbe: »Zielführend oder weniger zielführend?«; »Nützlich oder weniger nützlich?«; »Ressourcen-aktivierend oder problem-verstärkend?«. Eine Coaching-Sitzung ist ein kreatives Feld. Der Coach muss durch »Versuch & Irrtum« lernen, wie sein Coachee tickt. Jede Reaktion des Coachees kann als Feedback für die weitere Vorgehensweise genutzt werden. Auch überraschende oder negative Reaktionen können dem Coach im Laufe des Prozesses wertvolle Informationen liefern, um die Realität des Coachees besser zu verstehen. In solchen Fällen ist der Coach in seiner Kreativität gefordert. Jetzt gilt es, das eigene Verhalten neu auszurichten und ein neues Kommunikationsangebot zu formulieren.

In der Veränderungsarbeit bedeutet eine unerwünschte Reaktion des Coachees, dass die bisherigen Interventionen noch nicht hundertprozentig auf die Landkarte des Coachee abgestimmt sind. Die unerwünschte Reaktion kann helfen, mögliche Einwände rechtzeitig zu bemerken und zu integrieren.

11. Aus der Vergangenheit lernen, um Zukunft optimal zu gestalten

Jeder Mensch ist auf seine Weise einzigartig, perfekt und entwicklungsfähig zugleich. Der positive Wert eines Menschen wird im Coaching nicht in Frage gestellt. Jedes Verhalten kann als nützlich erkannt werden. Die Prämisse der Transaktionsanalyse »Ich bin okay – du bist okay« gilt auch im Coaching: »Menschen treffen immer die zurzeit beste Wahl!«

Dabei wird die Tatsache betont, dass der Coachee sich in jedem Moment genauso verhält, wie es seinem aktuellen Informationsstand, seiner systemischen Dynamik und seiner inneren Landkarte entspricht. Wenn er zum jetzigen Zeitpunkt bessere Möglichkeiten zur Verfügung hätte, würde er diese auch einsetzen.

Insbesondere für Menschen mit einem anspruchsvollen »Über-Ich« kann es schwierig sein, sich selbst mit den aktuellen Unzulänglichkeiten anzunehmen. Als Coach helfen wir unserem Coachee die Vergangenheit zu akzeptieren und sich damit auszusöhnen. Die objektive Vergangenheit kann kein Mensch verändern, aber auf die Abbildung und Interpretation haben wir im Coaching einen großen Einfluss Sobald die Vergangenheit akzeptiert und integriert wurde, stellt der Coach die Frage, wie sich der Coachee zukünftig verhalten möchte. Im Coaching zielen wir grundsätzlich darauf ab, die Zukunft auf optimale Weise zu gestalten.

12. Veränderung ist nur gut, wenn sie system-verträglich gestaltet wird

Als kompetenter Coach sorgen Sie dafür, dass sich der Coachee auf einem Entwicklungsweg befindet, der für sein System maßgeschneidert ist. Falls eine Veränderung angestrebt würde, die das System des Coachee zu sehr belastet oder gar gefährdet, werden unbewusste Kräfte versuchen, diese Veränderung zu verhindern. Derartiger Widerstand ist eine gesunde Abwehr im Sinne der Stabilität des betroffenen Systems. Deshalb sollte in jedem professionellen Coaching ein System-Check durchgeführt werden: »Ist es wirklich das richtige Ziel? Der richtige Zeitpunkt? Woran merken Sie das? Haben Sie an alles gedacht? Welche Risiken und Nebenwirkungen sind im Spiel?« So können innere Widerstände bewusst werden und mögliche Einwände können auf kreative Weise integriert werden.

Das Überprüfen der systemischen Verträglichkeit bildet eine zentrale Transfer-Sicherung. Die Wahrscheinlichkeit, dass seine geplante Veränderung tatsächlich realisiert wird, steigt ganz erheblich, wenn alle Maßnahmen im Einklang mit der systemischen Integrität stattfinden.

13. So einfach wie möglich und so komplex wie nötig

Nahezu jede Aufgabe kann bewältigt werden, wenn man sie in kleine Stücke unterteilt und ausreichend Ressourcen hinzufügt. Im Coaching gilt es, Komplexität angemessen zu reduzieren. Zuviel Komplexität überfordert das menschliche Gehirn. Als Coach müssen Sie ein Gespür dafür entwickeln, wo Sie den Kontext vereinfachen müssen, damit ein Lösungsansatz für den Coachee wahrnehmbar wird.

Andererseits dürfen komplexe Sachverhalte nicht zu sehr vereinfacht werden, sonst läuft ein Coaching Gefahr, den Bezug zur Realität zu verlieren. Falls zu stark reduziert wurde, werden die entwickelten Lösungen der realen Anforderung nicht gerecht und der Coachee scheitert aufgrund mangelnder Ressourcen. Manchmal ist es notwendig, Geschehnisse in einen größeren Gesamtzusammenhang zu überführen. Bei der Verdichtung von detailreichen Themen in übergeordnete Zusammenhänge entsteht nicht selten motivierende Klarheit oder ein neues Sinngefühl.

14. Lernen ist der Weg in die Freiheit

Die Bereitschaft zum »Lebenslangen Lernen« gilt als Ehren-Kodex für Business-Coaches. Jede Coaching-Session lebt davon, dass der Coach bereit ist, von seinem Coachee zu lernen, wie dieser die Welt erlebt und interpretiert. Das Konzept der »Inneren Landkarten« setzt voraus, dass der Coach fähig ist, die Weltsicht, das Le bensgefühl und die Sprache seines Coachee zu erlernen. Mit Hilfe der Empathie lernt der Coach von seinem Coachee, wie dessen Welt funktioniert. Gleichzeitig ist er sich darüber bewusst, dass seine Aufgabe auch darin besteht, seinem Coachee zu helfen, etwas Neues zu lernen, um sein Problem zu lösen.

Jeder Mensch befindet sich in einem lebenslangen Lernprozess. Diese Tatsache zu würdigen kann eine sehr inspirierende Intervention im Coaching darstellen. Sobald ein Coachee bereit ist, sein Problem als »aktuelles Lernfeld« zu betrachten, können enorme Ressourcen freiwerden. Unerwünschte Belastungen verwandeln sich plötzlich in »Herausforderungen für das persönliche Wachstum«!

Erfolgreich durchlaufene Lernprozesse nähren das Selbst-Wert-Gefühl. Durch positive Erfahrungen verstärkt sich im Gehirn des Coachee die entsprechende neuronale Bahn, sein Hormonsystem schüttet Belohnungsstoffe ins Blut und er wird noch motivierter die nächsten Schritte gehen. »Lernfähigkeit« gilt im Coaching als »Blanko-Ressource«: Jede Fähigkeit, die wir neu erlernen, macht uns kompetenter und freier im Umgang mit den Herausforderungen, die das Leben zukünftig bringt.

Wegweiser zum Coaching-Erfolg

Als Business-Coach brauchen Sie ein intelligentes »Informations-Sortier-System«. Die Coaching- Axiome ermöglichen Ihnen sowohl beim Empfangen als auch beim Senden von Informationen eine zielführende Orientierung. Sie entsprechen der »Gebrauchsanweisung für den Homo sapiens« und wurden in der Praxis vielfach erprobt. Für eine erfolgreiche Anwendung müssen Sie Ihr Gehirn darin trainieren, die Axiome zu verinnerlichen – und sie während Ihrer Coaching-Gespräche auf Ihre Kommunikation beziehen. Im Laufe der Zeit entwickeln Sie eine intuitive Orientierung, die es Ihnen erlaubt, sich voll auf das Anliegen Ihres jeweiligen Coachee zu konzentrieren. Als Metapher für diesen komplexen Lernprozess möchte ich Ihnen eine legendäre Story aus dem Spitzensport mit auf den Weg geben.

Der große Golfspieler Bernhard Langer steht auf dem grünen Rasen, bereit zum Abschlag. Er blickt in die Zielrichtung, konzentriert sich, nimmt Maß, holt aus und schlägt den Ball mit einem kraftvollen Schwung weit nach vorne. Als er der Flugrichtung des Balles folgt, um den nächsten Schlag zu tätigen, kann er ihn zunächst nicht finden. Allmählich gelangt er zu der Vermutung, dass der Golfball in der Astgabel eines großen Baumes gelandet ist. Was tut Bernhard Langer? Kurz entschlossen klettert er auf den Baum, um seine Vermutung zu überprüfen. Tatsächlich – der Ball liegt in der Mulde einer Astgabel. Bernhard setzt sich auf den kräftigen Ast, konzentriert sich erneut, nimmt Maß, holt aus und schlägt den Ball aus dem Baum zurück auf den grünen Rasen. Der Ball findet seine Richtung, rollt auf das Loch zu und tatsächlich – direkt ins Loch!

Welch ein Schlag! Riesiger Applaus beim Publikum. Im Anschluss an diese Meisterleistung rennen die begeisterten Journalisten zu Bernhard. Einer sagt: »Gratuliere, Herr Langer. Ein fantastischer Schlag! Aber mal ehrlich – haben Sie da nicht sehr viel Glück gehabt?!« Bernhard antwortet ihm mit ruhiger Stimme: »Ja, stimmt – da habe ich sehr viel Glück gehabt. Und wissen Sie, was mir auffällt – je mehr ich übe, desto mehr Glück habe ich!«

Die Weisheit von Bernhard Langer gilt nicht nur für das Golfspiel, sondern für alle Arten von Fähigkeiten. Deshalb empfehle ich allen Teilnehmern unserer Coaching-Ausbildungen, diese nützlichen Glaubenssätze im Kontakt mit Ihren Mitmenschen anzuwenden. Üben Sie sich darin, die Kernaussagen in der Kommunikation zu realisieren. Diese Disziplin führt Sie automatisch in den Zustand von Freundlicher Stärke.

Je mehr Sie die Inhalte der Coaching-Axiome durchdringen, desto präziser und flexibler können Sie Ihr Kommunikationsverhalten auf die Bedürfnisse Ihrer Coachees ausrichten. Die Realisierung der Axiome bildet eine entscheidende Basis für ein positives Menschenbild im Business-Coaching. Wenn Sie Ihr Handeln als Coach anhand der Axiome ausrichten, steigt die Wahrscheinlichkeit ganz erheblich, dass Sie mit Ihren Interventionen erfolgreich sind. Durch eigene Erfahrungen mit den Axiomen werden Sie das Coaching-Know-how Schritt für Schritt mit Ihrer eigenen Persönlichkeit verknüpfen – es verwandelt sich zunehmend in Ihr geistiges Eigentum.

Das Fünf-Phasen-Modell

Ihr Arbeitsfeld als Business-Coach ist das Gehirn Ihres Coachee. Natürlich müssen Sie auch, die objektiven Aspekte seiner Situation erfassen, doch die externen Fakten bilden nur die Kulisse für das subjektive Erleben – gewissermaßen die Spitze des Eisbergs. Darunter verbirgt sich das individuelle Drama. Die subjektive und einzigartige Reaktion des Coachee auf seine derzeitigen Lebensumstände erzeugt eine gewaltige psychische Komplexität, die von dem Coach in seinen wesentlichen Dimensionen erkannt werden sollte. Eine scheinbar harmlose Präsentation kann sich in eine dramatische Tortur verwandeln, wenn das Unbewusste des Coachee zu dem Schluss kommt, dass durch die Präsentation eine gefährliche Bedrohung entsteht – ganz gleich, wie der gesunde Menschenverstand die Situation beurteilen mag. Falls der Coach den subjektiven Faktor der unbewussten Angst nicht angemessen würdigt, kann er der Komplexität der Situation kaum gerecht werden. Eine kognitive Problem-Lösung, die der mächtigen Angst nicht die emotionale Ressource des Vertrauens entgegenzusetzen vermag, wird in der Praxis nicht funktionieren – sei sie auf der Verhaltensebene auch noch so raffiniert ausgeklügelt.

Die Kunst des Coachings besteht darin, alle relevanten Faktoren in die Problem-Lösung zu integrieren – sowohl die externen Anforderungen (die durch die Psyche der anderen beteiligten Mitmenschen ebenfalls sehr komplex beschaffen sein können!), als auch die inner-psychischen Faktoren im Erleben des Coachees. Deshalb haben wir ein pragmatisches Modell erschaffen, das es dem Coach ermöglicht, die Befindlichkeit seines Coachee konsequent auf das angestrebte Ziel auszurichten: das 5-Phasen-Modell. Es basiert auf der Idee der »Inneren Landkarte« – eine Metapher für die einzigartige Abbildung der objektiven Realität im subjektiven Erleben des Menschen.

Das 5-Phasen-Modell ermöglicht dem Coach eine souveräne Orientierung in der Welt seines Coachee. Als Businesscoach wissen Sie, dass es für den Erfolg Ihrer Arbeit absolut nötig ist, die »innere Landkarte« Ihres Gegenübers aufmerksam zu erforschen. Sie respektieren seine inneren Befindlichkeiten, seine Bedürfnisse, Wünsche und Emotionen, und die daraus resultierenden Regeln. Durch diese wertschätzende und einfühlsame Grundhaltung gewinnen Sie sein Vertrauen. Gleichzeitig müssen Sie darauf achten, sich nicht in den neurotischen Seiten seiner Persönlichkeit zu verirren. Als Businesscoach trainieren Sie sich kontinuierlich darin, Ihr Denken und Sprechen ziel-orientiert zu gestalten. Während Sie die Welt Ihres Coachees erforschen, dient Ihnen das 5-Phasen-Modell als psychologisches Strukturmodell. Es beschreibt fünf Phasen, die Sie in jedem erfolgreichen Coaching-Prozess identifizieren können, weil sie dem natürlichen Muster einer intelligenten Problem-Lösung entsprechen.

Freundliche Stärke

Die Anwendung des Modells erfordert eine emotionale Grundhaltung von »Freundlicher Stärke«. Ihre Coaching-Intervention wurzelt in der bewussten Entscheidung, Ihre Kreativität, Ihre Intelligenz und Ihre charismatische Kraft dafür einzusetzen, Ihren Coachee zu befähigen, seine Ziele auf die bestmögliche Weise zu erreichen. Aus dieser Absicht heraus formulieren Sie ein attraktives Kommunikations-Angebot. Sie sagen Ihrem Coachee nicht, was er tun oder lassen soll, sondern laden ihn ein, auf eine neue Art über sein aktuelles Problem nachzudenken: Kreativ, ressourcenorinetiert und zielführend, indem Sie ihn befähigen, die Ideen und Konzepte, die Sie mit ihm gemeinsam entwickeln, tatsächlich umzusetzen, entsteht »Personal Empowerment«. Diese Form der Gesprächsführung erzeugt ein vitales Gewinner-Gewinner-Modell. Wenn alle Beteiligten in einem Boot sitzen, entsteht eine natürliche Motivation zur bestmöglichen Kooperation. Die Anwendung des 5-Phasen-Modells sorgt dafür, alle verfügbaren Kräfte konsequent auf das erwünschte Ziel zu konzentrieren. Die Struktur erlaubt es dem Coach, seine Aufmerksamkeit voll auf die individuelle Situation des Coachee zu konzentrieren, ohne sich in den Tücken der Problem-Orientierung zu verlieren.

Die Gesprächsführung im Business-Coaching verläuft kontrolliert. Die 5 Phasen strukturieren den Prozess. Metaphorisch könnte man einen Coaching-Prozess vergleichen mit dem Besuch einer »hypermodernen Autowaschanlage mit individuellem Wohlfühlfaktor«. Alle 5 Phasen erfüllen einen Zweck im Waschvorgang. Sie bauen aufeinander auf, die Reihenfolge ist wichtig.

»Wasch mich – aber mach mich nicht naß!?«

Der Prozess beginnt mit der Kontaktaufnahme. Falls Sie sich dafür entscheiden, Ihr Auto zu waschen, fahren Sie in die Waschanlage. Während Sie die Station anfahren, machen Sie sich bewusst, dass Sie Zeit und Geld investieren, und deshalb entscheiden Sie sich für eine hochwertige Waschanlage, die den Lack schont und ihr Fahrzeug zum Strahlen bringt. Sobald Sie den Chip in den Automaten werfen und den Starter drücken, durchläuft Ihr Auto eine systematische Reinigung. Zunächst wird Ihr Auto positioniert, seine genaue Beschaffenheit wird eingescannt, und dabei werden die Hochleistungs-Instrumente justiert und genau ausgerichtet. Dann wird Ihr Auto heiß geduscht und mit feinen Hochdruckdüsen abgespült – im Lichte dieser positiven Verperlung beginnt es bereits, einen neuen Glanz zu entwickeln. In der nächsten Runde wird alles gründlich eingeschäumt, mit speziellen Substanzen veredelt und tiefenwirksam poliert. Anschließend kommen komplexe Spezialbürsten für die schwierigen Stellen – auch hier wird nachhaltig veredelt und lackschonend poliert. Zum Schluss wird Ihr Auto geföhnt, getrocknet und dauerhaft versiegelt. Anschließend steigen Sie wieder hinein und verlassen die Waschanlage. Sie erfreuen sich an dem neuen Glanz und fahren beschwingt, sicher und mit einem besonders guten Gefühl. Vielleicht wurde außerdem ein Ölwechsel gemacht, neue Scheibenwischer montiert oder Winterreifen aufgezogen. Auf jeden Fall ist es gut zu wissen, dass sich direkt neben der Waschanlage auch eine kompetente Werkstatt befindet, wo nötige Reparaturen schnell durchgeführt werden können.

Natürlich reduziert diese Metapher aus der Autowelt den komplexen und lebendigen Coaching-Prozess auf ein simples, mechanistisches Weltbild – es fehlt die Magie der menschlichen Begegnung. Coaching erfordert sowohl Emotionalität als auch strukturiertes Denken. Natürlich wird nicht die Person des Coachees gewaschen und gebürstet, sondern seine »innere Landkarte« – die subjektive Abbildung seiner aktuellen Lebenssituation wird gereinigt, optimiert und metaphorisch wieder »straßentauglich« gemacht. Der neue Glanz entspricht einer optimistischen Orientierung, grundiert mit realistischen Konzepten und versiegelt mit frischer Motivation. Im Business-Coaching gilt: »Wir erzeugen eine gute Mischung aus Optimismus und Realismus!«

Darüber hinaus kann die Metapher der Waschanlage hilfreich sein, um die konsequente Dramaturgie des Coaching-Prozesses auf einer tieferen Ebene zu verstehen. Ein erfahrener Coach hat diese Dramaturgie und die daraus resultierende Denkstruktur durch zahlreiche Coaching-Gespräche als systematische Handlungskompetenz in all ihren Varianten verinnerlicht. Wer sich darin trainiert, den roten Faden seiner Gesprächsführung an diese fünf Phasen zu knüpfen, erwirbt die Fähigkeit, mit den unterschiedlichsten Coachees ein maßgeschneidertes Konzept für zukünftiges Handeln zu entwickeln.

Das Fünf-Phasen-Modell im Coaching

1. **Vertrauen gewinnen:** Die Ist-Situation wirklich verstehen!
2. **Ziel-Orientierung**: Probleme in Ziele verwandeln!
3. **Strategie und Ressourcen**: Der beste Weg zum Erfolg!
4. **System-Check**: Welche Risiken und Nebenwirkungen sind im Spiel?
5. **Future Pace**: Motivation und Maßnahmen!

Phase 1: Vertrauen gewinnen: Die Ist-Situation wirklich verstehen!

Erfolgreiches Business-Coaching basiert auf Vertrauen. Ohne Vertrauen wird sich der betroffene Mensch nicht öffnen und der Coach kann keinen Zugang zu seiner Innenwelt gewinnen. Als Business-Coach leben Sie von der Fähigkeit, schnell und nachhaltig Vertrauen aufzubauen. Dafür fokussieren Sie auf die Ebene der Beziehung. Sie sorgen für partnerschaftlichen Kontakt und positives Klima. Sie beobachten, wie sich die Kommunikation entwickelt. Sie erspüren die Bedürfnisse Ihres Coachees und helfen ihm, die wesentlichen Themen in treffende Worte zu kleiden. Sie schenken ihm volle Aufmerksamkeit und verstärken Gemeinsamkeiten. Durch eine empathische Vorgehensweise stimulieren Sie Ihren Coachee, offen und ehrlich über seine Wünsche, Ziele, Sorgen und Probleme zu reden. Sie interessieren sich für alle relevanten Informationen, Sie bestätigen seine Wert-Urteile, Einschätzungen und Meinungen und signalisieren Ihre Bereitschaft, ihn solidarisch bei der Realisierung seiner Interessen zu unterstützen.

Während Sie das Vertrauen Ihres Gegenübers gewinnen, erhalten Sie die wesentlichen Sach-Informationen. Während Sie ihm aufmerksam zuhören, fühlen Sie sich in seine Situation hinein. Mithilfe Ihrer emotionalen Fantasie versuchen Sie, sein Erleben in der Tiefe nachzuvollziehen. Sie erforschen seine innere Landkarte mit gezielten Fragen und fassen immer wieder in kurzen Worten zusammen, was Sie bisher über seine Welt gelernt und verstanden haben. Durch wertschätzende Kommentare bestätigen Sie seine innere Landkarte. Bestätigung verstärkt das Vertrauen. Außerdem stimulieren Sie Ihren Coachee, bewusst über seine aktuelle Situation nachzudenken und zu einer realistischen Einschätzung zu gelangen.

Die beiden Prozesse »Vertrauen gewinnen« und »empathische Analyse der Ist-Situation« laufen parallel. Doch entscheidend für einen erfolgreichen Start ins Coaching ist weniger die intellektuell-differenzierte Analyse, sondern das Erzeugen von lebendigem Vertrauen. Nur wenn Sie Ihren Coachee in einen Zustand des Vertrauens führen, wird sein vegetatives Nervensystem den inneren Stress reduzieren. Ein gelungenes Coaching bewirkt eine massive Stress-Reduktion und fungiert so als Stimulanz seiner kreativen Kräfte. Sobald der Coach als kompetente Vertrauensperson erlebt wird, kann eine kreative Kommunikation beginnen – der Coachee ist nun bereit, seinen gestressten Problem-Zustand zu verlassen und sich für die zielführenden Impulse des Coachs zu öffnen.

Phase 2: Ziel-Orientierung: Probleme in Ziele verwandeln!

Sobald das Vertrauen zu wachsen beginnt und Sie ein Gefühl für die aktuelle Situation Ihres Gegenübers entwickelt haben, müssen Sie Ihrem Coachee helfen, eine positive Vorstellung von der Zukunft zu entwerfen. Jedes Problem birgt auch Chancen! Welche Chance könnte sich aus diesem Problem ergeben: »Was stattdessen?«

Sie fragen Ihren Coachee, wie seine zukünftige Situation beschaffen sein wird, sobald es ihm gelungen ist, sie so zu verändern, dass er damit vollauf zufrieden ist: »Wie wird es sein, wenn Sie Ihr Problem gelöst haben? ..., wenn Sie am Ziel angekommen sind? … Was werden Sie dann wahrnehmen? …. Woran werden Sie merken, dass Sie Ihr Ziel erreicht haben? ... Welche Zielkriterien gelten?« Durch solche Fragen führen Sie die Aufmerksamkeit Ihres Coachees in die Zukunft. Er lernt, seine innere Landkarte zu verändern, indem neue Zielkoordinaten formuliert werden. Sein Unbewusstes lernt, die Filter der »selektiven Wahrnehmung« auf neue Schlüsselreize auszurichten. Durch Ihre strukturierte Fragetechnik beeinflussen Sie Ihr Gegenüber, den Fokus seiner kreativen Aufmerksamkeit auf eine neue Weise in die Entwicklung einer motivierenden Zukunft zu investieren.

Erfolg resultiert aus der Erreichung von attraktiven Zielen. Nur wer seine Ziele kennt und kontinuierlich an der kreativen Realisierung arbeitet, kann nachhaltig erfolgreich sein. Wer sich hingegen nur von Problemen und Feinden umgeben sieht, gerät in negative Zustände – die Wahrnehmung wird verzerrt durch Angst, Stress und Frustration. Als Business-Coach sind Sie fähig, solche Verzerrungen zu korrigieren, indem Sie die Probleme Ihres Coachees zunächst erforschen und verstehen, bevor Sie den Fokus dann auf mögliche Lösungen richten. Als Coach wirken Sie wie ein Alchemist, der Blei in Gold verwandelt. Sie verwandeln belastende Probleme in attraktive Ziele. Dabei nutzen Sie ein breites Repertoire von zielorientierten Fragen. Der Werkzeugkoffer des Coaching bietet eine ausgefeilte Methodik zur Formulierung von motivierenden Zielen, um eine festgefahrene Problemorientierung in eine Zielorientierung zu verwandeln. In dieser Phase 2 kommt es darauf an, den Fokus der inneren Aufmerksamkeit auf eine attraktive Zukunft zu richten und diese Ideen dann mit treffenden Worten zu formulieren. Die so erschaffene Zielformulierung dient als Kompass der folgenden Coaching-Intervention. Es gilt, kraftvolle verbale Anker in die Zukunft zu werfen und zu bestimmen, wohin die Reise gehen soll.

Phase 3: Strategie und Ressourcen: Der beste Weg zum Erfolg!

Sobald ein klares Ziel am Horizont sichtbar wird, stellt sich die Frage nach dem besten Weg zur Zielerreichung. Jetzt müssen Sie Ihrem Coachee dabei helfen, eine funktionierende Strategie zu entwickeln. Dafür fragen Sie ihn nach den benötigten Ressourcen. Einige Ressourcen zur Zielerreichung sind oftmals schnell verfügbar, während andere fehlen und erst noch erworben werden müssen – spätestens an diesem Zeitpunkt ist kreativer Einsatz von geistigen Kräften gefordert. Vereinfacht könnte man sagen, dass die meisten Coaching-Interventionen dazu dienen, fehlende Ressourcen zu generieren. Ressourcen sind »Rohstoffe für die Problemlösung«. Sie können sowohl in der Person des Coachees liegen – beispielsweise Fähigkeiten, Wissen, Motivation, Ideen oder Ausdauer – oder in der Außenwelt vorhanden sein – in Form von Kapital oder Immobilien, Zeitpuffern, Referenzen, motivierten Mitarbeitern oder guten Kontakten zu Kunden, Steuerberatern, Anwälten, Ärzten oder Coaching-Netzwerken. Kraftvolle Ressourcen sind für eine motivierende Strategie unverzichtbar. Je mehr qualitativ hochwertige Ressourcen verfügbar sind, desto einfacher, sicherer und souveräner kann eine zielführende Strategie erschaffen werden. Der emotionale Kontakt zu Ressourcen vermittelt Mut und Zuversicht. In dieser dritten Phase fokussieren Sie darauf, den Coachee gezielt auf bevorstehende Herausforderungen vorzubereiten. Indem Sie mit Ihrem Coachee eine detaillierte Strategie zur Zielerreichung entwickeln, programmieren Sie sein Gehirn auf den zukünftigen Erfolg. Je intensiver Sie mit ihm die zukünftigen Optionen durcharbeiten, desto höher wird die Wahrscheinlichkeit, dass das gemeinsam entwickelte Konzept tatsächlich funktionieren wird.

In der dritten Phase des Coaching-Prozesses achten Sie als Coach ganz besonders darauf, dass Sie Ihre eigenen Vorstellungen und Lösungsideen zunächst zurückstellen. Stattdessen nutzen Sie die Expertise und die Feldkompetenz Ihres Coachees – er kennt alle Facetten seiner aktuellen Situation aufgrund eigener Erfahrung. Sein Unbewusstes verfügt über unzählige Informationen zu diesem Thema. Die Aufgabe des Coachs besteht nun darin, diese Informationen auf eine nützliche Weise zu ordnen. Dabei nutzen Sie zielorientierte Fragen, um bereits vorhandene Ressourcen zu erkennen und um herauszufinden, welche Ressourcen noch nicht verfügbar sind. Durch konstruktive Impulse stimulieren Sie den Geist Ihres Coachees, fehlende Ressourcen wie Zeit, Geld, Kapazitäten, Fähigkeiten oder Informationen durch kreative Konzepte zu generieren. So entstehen »Etappenziele« – motivierende Meilensteine auf dem Weg zum Erfolg. Während der Entwicklung von Strategien achten Sie genau auf die Körpersprache. Jede Unstimmigkeit könnte ein Hinweis dafür sein, dass die Strategie noch nicht gut genug ist und optimiert werden muss. Sobald die Strategie zur Zielerreichung in den wesentlichen Zügen formuliert wurde, gilt es, die tatsächliche Praxistauglichkeit zu überprüfen. Deshalb führen Sie Ihren Coachee nun in die nächste Phase: den System-Check.

Phase 4: System-Check: Welche Risiken und Nebenwirkungen sind im Spiel?

Nachdem Sie eine attraktive Strategie zur Zielerreichung entwickeln konnten, wollen Sie nun überprüfen, unter welchen Bedingungen die angedachte Strategie tatsächlich funktioniert. Deshalb fokussieren Sie auf die »systemische Verträglichkeit« der geplanten Veränderung. Sie prüfen, wie die zukünftigen Handlungen sich auf das innere Erleben und auf das äußere Umfeld auswirken können. Dabei betrachten Sie die Existenz Ihres Coachees als ein komplexes und dynamisches System, dessen Integrität durch unbewusste Kräfte bewacht wird. Eine weitere Metapher aus der Welt der Automobile kann helfen, um zu verstehen, was der systemisch denkende Coach in der Phase 4 bewirken will: Jetzt beginnt die »Zeit des Erlkönigs«! Bevor ein neues Auto vom Hersteller auf dem Markt zugelassen wird, testen es die verantwortlichen Experten auf Herz und Nieren – in der Hitze der afrikanischen Wüste, im Schnee der skandinavischen Winter oder im Windkanal der technischen Designer. Es gilt, Belastungstests zu bestehen und Praxis-Tauglichkeit zu beweisen. In der Phase des System-Checks prüfen Sie gemeinsam mit Ihrem Coachee, ob sich die erarbeiteten Konzepte in der Praxis des Alltags tatsächlich bewähren können.

Um zu überprüfen, welche Risiken und Nebenwirkungen die Umsetzung der Strategie beinhalten könnte, schlüpfen Sie in die Rolle des Advocatus Diaboli. Sie denken wie ein kritischer Controller und stellen pragmatische Fragen: »Welche Schwachstellen könnte unsere Strategie aufweisen? … Was würde passieren, wenn unsere Konzepte nicht funktionieren? … Welche unerwarteten Probleme könnten auftauchen? … Welche inneren Einwände könnten Zweifel verursachen und die Motivation schwächen? Welche komplexen systemischen Zusammenhänge könnten von der geplanten Veränderung betroffen sein?« Durch solche Fragen überprüfen Sie den Realitätsgehalt der entwickelten Strategie. Wirkt Ihr Coachee glaubwürdig und motiviert, während er Ihre Fragen beantwortet? Weiß er sich zu helfen, auch wenn etwas nicht optimal läuft? Ist er sich der Risiken bewusst? Kann er sein Ziel auch bei heftigem Gegenwind im Blick behalten? Wie stark ist seine Motivation? Kann er mögliche Nebenwirkungen seiner Entscheidungen realistisch einschätzen? Ist er bereit, den Preis für die gewünschte Veränderung zu zahlen? Wie werden andere Menschen in seinem sozialen Umfeld auf die Veränderungen reagieren? Wo findet er Unterstützung, wo könnte ihm Widerstand begegnen?

Während des System-Checks ist es besonders wichtig, Ihrem Gegenüber mit Wertschätzung und Aufmerksamkeit zu begegnen. Durch das Testing gewinnen Sie wertvolle Informationen über mögliche Schwachstellen der Strategie, und gleichzeitig müssen Sie darauf achten, Ihren Coachee durch den System-Check nicht zu entmutigen oder gar sein Vertrauen zu verlieren. Erinnern Sie ihn immer wieder an sein positives Ziel. Argumentieren Sie niemals destruktiv, sondern fokussieren Sie auf mögliche Optimierungen. Sie fragen prophylaktisch nach möglichen Einwänden, doch Sie achten darauf, dass alle auftauchenden Einwände sinnvoll integriert werden. Sie bestehen auf »Backups« und »Plan B«. Die Phase des System-Checks endet, sobald alle wesentlichen Eventualitäten kritisch überprüft wurden. Nun gibt es eine überzeugende Strategie – jetzt gilt es, Ihren Coachee ins Handeln zu bringen.

Phase 5: Future Pace: Motivation und Maßnahmen

Sobald die geplante Strategie in Anbetracht aller wesentlichen Faktoren überprüft und als optimal bewertet wurde, wechseln Sie wieder die Rolle. Während des Teufels Advokat die Aufmerksamkeit des Coachees auf Schwierigkeiten und Schwachstellen lenkte, führen Sie ihn nun in die Welt der Motivation und des Handelns. Deshalb richten Sie den Fokus auf die konkreten Aufgaben, die es zu bewältigen gilt. Jetzt wollen Sie sicherstellen, dass Ihr Coachee genau weiß, was innerhalb der nächsten Tage und Wochen getan werden muss, um das im Coaching entwickelte Konzept zu realisieren.

Sie holen sein Unbewusstes ins Boot, indem Sie die Kraft der Konditionierung nutzen und seinen inneren Autopiloten auf die zentralen Zielkriterien »programmieren«. Sie erzeugen optimale Motivation, indem Sie das gute Gefühl der Zielerreichung tief in seinem Gehirn verankern. Sie verknüpfen neuronale Belohnungen mit zukünftigen Handlungsschritten. Im Future Pace wecken Sie seinen Appetit auf frische Erfolgserlebnisse. In dieser letzten Phase sorgen Sie dafür, dass Ihr Coachee über die nötige Energie verfügt, um seine Strategie tatsächlich zu realisieren.

Im 5-Phasen-Modell durchläuft das Unbewusste einen Lernprozess

In allen Phasen der strukturierten Gesprächsführung spielt das Unbewusste eine entscheidende Rolle. In Phase 1 muss Vertrauen entstehen, damit der Mensch sich öffnen kann. Dies geschieht in den unbewussten Arealen des Gehirns. In Phase 2 müssen neue Ideen entwickelt werden, um eine positive Zukunft zu entwerfen. Diese neuen Ideen über die Zukunft basieren auf Informationen, die bisher im Unbewussten verborgen waren.

Die dritte Phase ist ein kreativer Prozess – benötigte Ressourcen werden entdeckt, erschlossen oder neu hinzugezogen. Die bisherige Abbildung der Situation wird neu konfiguriert. In Phase 4 verbünden wir uns mit der Weisheit des Unbewussten und überprüfen die ganzheitliche und systemische Verträglichkeit.

Als Abschluss vollziehen wir in Phase 5 mit dem Coachee ein inneres Ritual, um die entscheidenden Coaching-Ergebnisse möglichst stabil in seiner Persönlichkeit zu verankern. Mit einem gelungenen Future Pace verabschieden Sie Ihren Coachee. Bei Bedarf vereinbaren Sie einen Folgetermin. Sie wünschen ihm viel Erfolg und dann entlassen Sie ihn zurück in die Realität. Nun liegt es in der Verantwortung des Coachees, die neu erschaffenen Ideen in erfolgreiche Taten zu verwandeln.

Beeinflussung im Coaching?!

Coaching basiert auf dem Win-Win-Prinzip. Es bringt Vorteile für alle Beteiligten, weil intelligente Team-Work ganz automatisch Synergie-Effekte erzeugt. Team-Work entsteht, wenn unterschiedliche Kompetenzen sich ergänzen. Im Coaching begegnen sich keine zwei Wettbewerber, die miteinander konkurrieren oder sich gegenseitig bekämpfen, sondern zwei unterschiedliche Kompetenz-Inhaber, die einander respektieren, miteinander harmonieren und sich gegenseitig beeinflussen. Eine Coaching-Beziehung kann sehr unterschiedliche Formen annehmen, doch das zugrunde liegende Prinzip bleibt immer dasselbe: Es gibt ein gemeinsames Ziel – und die Erreichung dieses Ziels wird von allen Beteiligten als Herausforderung erlebt. Die Arbeitsteilung besteht darin, dass ein Protagonist (oder im Team-Coaching: eine Gruppe von Protagonisten) im Vordergrund agiert und zur Ziel-Erreichung eine besondere Leistung vollbringen muss.

Der Coach arbeitet hinter den Kulissen und ist oftmals für Außenstehende kaum sichtbar. Seine Aufgabe besteht darin, den Protagonisten so zu beeinflussen, dass er sein Ziel möglichst effektiv, sicher und ressourcen-schonend realisieren kann. Er muss auf seinen Coachee so einwirken, dass dieser optimal gestärkt, ermutigt und befähigt wird. Auf Neu-Deutsch: Der Einfluss des Coaches soll »Personal Empowerment« bewirken. Dieser Prozess der gezielten Beeinflussung kann je nach Definition des Coaching-Begriffs auf ganz unterschiedliche Weise gestaltet werden.

»Der Coach beeinflusst seinen Coachee durch wirkungsvolle Kommunikation, damit dieser befähigt wird, seine Probleme zu lösen und seine Ziele zu erreichen.«

(Kurz-Definition Business-Coaching)

In welcher Form diese Beeinflussung jedoch geschehen soll, erregt die Gemüter – nicht nur von streitbaren Akademikern und promovierten Coaching-Gelehrten. Einig ist man sich darüber, dass die Beeinflussung hilfreich und im Geiste einer positiven Win-Win-Ethik verwurzelt sein soll. Für Praktiker zählt in erster Linie, dass die Beeinflussung den Coachee befähigen soll, die anstehenden Probleme zu lösen. Kurz gesagt: »Coaching bedeutet, andere Menschen erfolgreich zu machen.« Sobald die angestrebten Ziele erreicht werden, gilt ein Coaching als erfolgreich. Strittig ist jedoch die Frage, inwieweit inhaltliche Beeinflussung im Coaching zulässig ist – und die daraus resultierende Abgrenzung zwischen Coaching und Beratung.

Der Coaching-Begriff wird sowohl in der Wissenschaft als auch auf dem boomenden Coaching-Markt nicht einheitlich verwendet. Einige Coaching-Theoretiker verlangen als zentrales Element eine nackte Stimulanz der Kreativität des Coachees, die ohne jegliche inhaltliche Beeinflussung stattfinden soll. So wäre eine klare Abgrenzung zwischen Coaching und Beratung gewährleistet. Diese radikale

Haltung ist jedoch in der Praxis kaum realisierbar. Insbesondere die absurde Diskussion, ob Führungskräfte ihre Mitarbeiter coachen können, erzeugt nicht nur in den Personalabteilungen viel unnötige Verunsicherung. Natürlich können Chefs Ihre Mitarbeiter coachen – wir implementieren dieses außerordentlich nützliche Beziehungsmodell seit Jahrzehnten im praktischen Alltag vieler Unternehmen.

Ein guter Chef will seine Mitarbeiter erfolgreich machen, deshalb ist er der natürliche Coach seiner Mitarbeiter. Wie dieses Rollenverständnis in der Praxis aussehen kann, wird in dem Abschnitt »Coaching als Führungs-Stil« näher dargestellt.

Der Unterschied zwischen Coaching und Beratung

Coaching ohne inhaltliche Beeinflussung ist ein theoretisches Modell. Doch es gibt einen guten Grund, sich an diesem Modell zu orientieren: Ein Coach, der auf jegliche inhaltliche Beeinflussung verzichtet, erzielt einen enormen Vorteil: Sein Coachee hat keinen Grund, seiner Beeinflussung Widerstand entgegenzusetzen. Wenn sich der Coach konsequent und ausschließlich an den originalen Bedürfnissen des Coachees orientiert – warum sollte dieser sich gegen einen Einfluss wehren, der völlig inhaltsfrei ist und lediglich auf das Empowerment seiner Person abzielt? Coaching ohne inhaltliche Beeinflussung ist Dienstleistung pur, ein mentaler Blanko-Scheck, der lediglich auf die Bedürfnisse, Wünsche und Ziele des Coachees fokussiert. Dann lautet die Botschaft des Coach an seinen Coachee sinngemäß: »Egal was Sie vorhaben – ich werde Sie dabei unterstützen, indem ich Ihnen meinen psychologischen Werkzeugkoffer zur Verfügung stellen. Ich werde mich weder inhaltlich einmischen noch irgendwelche Bewertungen abgeben. Sie treffen alle Entscheidungen ganz frei und nach eigenem Gutdünken. Ich werde lediglich dafür sorgen, dass Sie sich in einem Top-Zustand befinden, während Sie über Ihre Themen nachdenken. Sobald Sie entschieden haben, welches Ziel Sie realisieren wollen, helfe ich Ihnen, die dafür nötigen Ressourcen verfügbar zu machen. Ich rege Sie an, Ihre Pläne gewissenhaft zu überprüfen. Dann helfe ich Ihnen, die nötige Motivation nachhaltig aufzubauen. Wir machen einen detaillierten Plan für die konkrete Umsetzung und falls Sie es wünschen, können wir die wichtigsten Schritte zur Ziel-Erreichung gemeinsam einüben. Dann verabschieden wir uns, und wenn Sie mögen, machen wir einen Folge-Termin, um den Prozess gemeinsam fortzuführen.«

Eine solche Ansprache signalisiert einfach nur nützliche Unterstützung – ein Blanko-Scheck für »Personal Empowerment«. Doch in der Praxis des Business-Coachings vermischt sich dieser inhaltsfreie Anspruch häufig doch mit Beratungs-Elementen. Insbesondere in der zweiten Halbzeit eines Coachings beziehen viele erfahrene Coaches Stellung und geben Feedback. Sie verbannen ihre eigene Landkarte nicht vollständig, sondern lassen Ihre eigene Lebenserfahrung bewusst in den Prozess miteinfließen und sind als Mensch präsent. Das geschieht aus folgendem Grund: Coaching basiert auf Vertrauen. Ohne Vertrauen kann kein Coaching stattfinden. Doch wie kann ein Coachee seinem Coach wirklich vertrauen, wenn sich dieser inhaltlich überhaupt nicht zeigt? Viele Menschen brauchen das Gefühl, die Persönlichkeit Ihres Gesprächspartners in einem Mindestmaß zu kennen, um einem anderen Menschen vertrauen zu können.

Selbst wenn es einem hochgradig disziplinierten Coach gelänge, völlig inhaltsfrei zu arbeiten, bleibt fraglich, ob dies denn wirklich optimal zielführend sein würde? Würde er einen Coachee im Zustand von tiefer Frustration, Zweifel und Verwirrung »im eigenen Saft schmoren« lassen, anstatt ihn durch inhaltliche Impulse bei der Zielfindung zu unterstützen? Hinzu kommt die mentale Investition: Sich hundertprozentig von dem eigenen Werte-System zu lösen und sich total auf die Subjektivität des anderen einzulassen – das ist eine hohe Kunst, die enorm viel Konzentration erfordert und nur von wenige exzellenten Coaches über längere Zeiträume durchhalten wird.

Zusammenfassend lässt sich feststellen, dass das Konzept »Coaching als inhaltsfreie Beeinflussung« zwar ein wertvolles Ideal darstellt, in der Praxis jedoch aus guten Gründen und wohldosiert durch inhaltliche Impulse aufgewertet wird.

Die Gefahren der Beratung

Doch Vorsicht! Die innere Erlaubnis des Coaches, die eigene Landkarte nicht konsequent rauszuhalten, darf nicht ins Gegenteil umschlagen! Die Dosis macht das Gift. Falls der Coach nicht über genügend Selbst-Disziplin verfügt, oder gar seinen narzisstischen Tendenzen unterliegt, ist der Coaching-Erfolg gefährdet. Falls der Coach es zu sehr genießt, sich in seinem charismatischen Glanz zu erleben, wird das Coaching-Ergebnis sub-optimal und das Wirkungs-Potenzial wird erheblich reduziert. Selbst wenn die gefundenen Lösungen gemäß der Landkarte des Coachs eine hohe Güte aufweisen, werden diese dennoch oftmals in der realen Welt des Coachee nicht funktionieren.

Ein Coaching, das nicht durch inhaltsfreie Beeinflussung gestaltet wird, sondern auf inhaltlicher Beeinflussung basiert, entspricht dem Prinzip »Beratung«. In der Beratung herrscht ein anderes Grundverständnis: Der Berater besitzt den Status der Kompetenz, der Klient hingegen erlebt sich in seiner Inkompetenz. Das menschliche Ego mag sich allerdings nur ungern im Zustand der Inkompetenz erleben. Es strebt danach, den eigenen Selbstwert zu erhöhen. Deshalb ist die »Beratung durch die Hintertür« eine tückische Falle, in die selbst professionelle Coaches immer wieder tappen. Die Medizin gegen diese Versuchung besteht darin, sich immer wieder bewusst auf das Rollen-Verständnis im Coaching zu committen: Hier begegnen sich zwei kompetente Experten. Der Coach besitzt Methoden-Kompetenz, und der Coachee ist der Experte für die inhaltliche Situation. So entsteht ein echtes Gewinner-Gewinner-Modell, das letztlich viel mehr Befriedigung im Job bringt, als ein aufgeblasenes Ego aufgrund von versteckter Selbst-Beweihräucherung durch die Hintertür.

Beim Coaching von Mitarbeitern durch Vorgesetzte wird die Thematik der Beeinflussung besonders brisant: Hier können echte Interessen-Konflikte auftauchen, die mit Fingerspitzengefühl diagnostiziert und behandelt werden müssen. Eine häufig gestellte Frage lautet: »Wie soll sich der Vorgesetzte verhalten, wenn der Mitarbeiter Bedürfnisse hat, die mit den Zielen des Unternehmens nur schwer vereinbar sind?« Eine schwierige Frage, die man im Einzelfall differenziert betrachten sollte. Hier lautet die Faustregel für Führungskräfte, die ihre Mitarbeiter coachen wollen: »Orientieren Sie sich konsequent an der Idee des Win-Win. Es gilt, die Performance Ihres Mitarbeiters so zu entwickeln, dass sowohl der Mitarbeiter davon profitiert (Erfolgserlebnisse, Anerkennung, Eigen-Verantwortung oder kreative Freiräume), als auch das Unternehmen (Leistungssteigerung, Betriebsklima, Motivation, Qualität). Wo liegt die positive Schnittmenge? Finden Sie eine angemessene Balance zwischen den Interessen des Mitarbeiters und den Interessen des Unternehmens. Coaching von Mitarbeitern durch den Vorgesetzten kann natürlich nicht inhaltsfrei verlaufen, denn ein Chef muss auch seiner Führungsaufgabe gerecht werden und inhaltliche Impulse setzen. Wenn der Vorgesetzte es jedoch versteht, die Win-Win-Balance im Auge zu haben, kann sich das Coaching von Mitarbeitern zu einem enorm wirkungsvollen Führungsstil entwickeln.

Gezielte Beeinflussung zum Vorteil des Coachees

Doch wie gesagt – auch viele externe Coaches arbeiten in der Praxis nur in den seltensten Fällen im Sinne einer völlig inhaltsfreien Beeinflussung. Im Gegenteil, viele Coaching-Anbieter verknüpfen ihre Dienstleistung ganz bewusst mit Beratungs- oder Trainings-Konzepten. Hier stellt sich dann natürlich die Frage: »Ist da wo Coaching draufsteht, tatsächlich Coaching drin?«

Ein einfaches Kriterium zur Unterscheidung zwischen Coaching und Beratung ergibt sich aus der Analyse der Redezeit. Während der Beratung redet der Berater sehr viel, während der Klient sich in der Rolle des Zuhörers befindet. Im Coaching hingegen redet der Coachee wesentlich mehr als der Coach, weil dieser den Redefluss des Coachees durch Fragen aktiv stimuliert und zielführend steuert. Als »ideale Faustregel« gilt:

> Verteilung des Rede-Anteils: 80 % für den Coachee und 20 % für den Coach.

Je geringer die inhaltliche Beeinflussung, desto höher ist die Wahrscheinlichkeit, dass der Coaching-Einfluss sich an den wahren Bedürfnissen, Wünschen und Werten des Coachees orientiert und sich somit förderlich auf eine authentische

Persönlichkeitsentwicklung auswirkt. Außerdem steigen natürlich die Akzeptanz und die Transfer-Chancen. Deshalb gilt in vielen Coaching-Ausbildungen der Anspruch, dass die frischgebackenen Coaches zunächst einmal lernen sollen, möglichst inhaltsfrei zu coachen. Im Laufe wachsender Prozesskompetenz werden dann ganz automatisch die Freiheitsgrade größer, und der Coach kann es sich leisten, die eigene Landkarte einzubringen, ohne den Coaching-Spirit zu verlieren.

Hilfreich bei der eigenen Selbst-Kontrolle ist der sensible Kontakt zur Körpersprache des Coachees, denn sie signalisiert dem Coach frühzeitig durch leichte Inkongruenzen, dass die inhaltlichen Impulse nicht zur aktuellen Wirklichkeit des Coachees passen und dass sich allmählich Widerstand aufbaut. Ist der Coach fähig, solche feinen Signale frühzeitig zu erkennen, kann er seine inhaltlichen Impulse reduzieren und stattdessen blitzschnell auf den Arbeits-Modus »inhaltsfreies Coaching« umschalten. Ist er jedoch nicht fähig, die Aktivierung der Abwehrmechanismen im Nervensystem seines Coachees rechtzeitig zu bemerken, oder ist er nicht bereit, seine eigene Ego-Expansion trotz eindeutiger Signale des Widerstands zu relativieren, so wird er seinem Coachee einen Bärendienst erweisen und über kurz oder lang auf einen Konflikt zusteuern.

Gelungenes Coaching bewirkt spürbare Verbesserung

Jedes Coaching folgt einer einfachen Grundstruktur. Dabei gilt der »Vorher-Nachher-Vergleich«: *Vor* dem Coaching befindet sich der Coachee in einem Zustand, den wir als »suboptimal« bezeichnen. Meist ist er identifiziert mit einem belastenden Problem, oder in seiner Psyche herrschen Irritation, Verwirrung oder gar Verzweiflung. Er ist nicht oder nur wenig in Kontakt mit den benötigten Ressourcen.

Nach einem gelungenen Coaching befindet sich der Coachee dann in einem signifikant besseren Zustand als vor dem Coaching. Er fühlt Motivation und Zuversicht, dass es ihm gelingen wird, seine Probleme zu lösen. Auf seiner inneren Landkarte befindet sich eine positive Abbildung der aktuellen Wirklichkeit. Er verfügt über ein funktionierendes Konzept, wie er vorgehen wird und empfindet lebendigen Kontakt zu den dafür benötigten Ressourcen. Vielleicht hat er im Dialog mit seinem Coach etwas Wichtiges gelernt, vielleicht haben die beiden eine innovative Idee entwickelt, vielleicht ist sein Selbstvertrauen gewachsen.

Oftmals kommt der Coachee nicht mit einem Ziel ins Coaching. Stattdessen bringt er dem Coach ein belastendes Problem. Die Umwandlung von negativen Problemen in positive Ziele gehört zum Coaching-Alltag. Diese alchemistische Fähigkeit bildet eine zentrale Grundvoraussetzung für die Arbeit als Coach. Solange der Coachee glaubt, ein Problem zu haben, befindet er sich in einem sub-optimalen Zustand. Sobald sein Coach ihm jedoch dabei geholfen hat, den Fokus seiner Aufmerksamkeit in die Zukunft zu lenken und konstruktiv darüber nachzudenken, wie seine Wirklichkeit denn beschaffen sein mag, wenn das alte Problem gelöst ist, verbessert sich der Zustand des Coachees ganz erheblich. Selbst wenn in der realen Welt natürlich noch keine echte Veränderung stattgefunden hat – in dem Moment, wo ein von Problemen betroffener Mensch seine innere Landkarte verändert, verbessert sich automatisch sein innerer Zustand. Plötzlich ist er fähig, den Schritt vom negativen Problem-Inhaber zum positiven Problem-Löser zu tun. Frische Kreativität erwacht. Es entsteht Raum für neue, positive Emotionen. So gesehen, könnte man eine gelungene Coaching-Sitzung tatsächlich als einen alchemistischen Prozess betrachten. Zwar kann der Coach kein Blei in Gold verwandeln, doch durch seinen energetisierenden Einfluss verwandelt sich ein belastendes Problem aus der Vergangenheit plötzlich in ein motivierendes Ziel in der Zukunft.

Menschen sind wie Wundertüten

Die Gestaltung dieses enorm hilfreichen Prozesses bezeichnen wir als »strukturierende Beeinflussung«. Der Coach hilft seinem Coachee, durch kreative und ressourcen-orientierte Betrachtung eine schwierige Situation möglichst zielführend und motivierend auf der inneren Landkarte abzubilden. Die Umgestaltung der inneren Landkarte im Kopf des Coachee könnte man als »kreatives Up-Date« bezeichnen. Dabei finden Coach und Coachee gemeinsam heraus, wie der bestmögliche Weg zum Ziel beschaffen sein könnte. Sie eruieren sorgfältig, welche konkreten Maßnahmen nötig sind, um diesen Weg optimal zu beschreiten. Manchmal wirkt Coaching wie eine Initialzündung – dann reicht eine einzige Sitzung, um den Knoten platzen zu lassen. Am Ende einer solchen Sitzung weiß der Coachee genau, was er tun wird, um sein Problem aus eigener Kraft zu lösen. Vielleicht gibt er seinem Coach per Mail oder Telefon nach der gelungen Realisierung ein kurzes Erfolgs-Feedback – doch im Grunde bestand das Teamwork nur aus wenigen Stunden, um dem Coachee einen gezielten Impuls zu geben.

In den meisten Fällen verläuft ein Coaching-Prozess jedoch über mehrere gemeinsame Treffen, die sich über einen längeren Zeitraum erstrecken. Entscheidend für den Erfolg des Coaching sind jedoch nicht die Sitzungen, sondern die Zeiträume zwischen den Treffen, denn dort muss der Coachee die im Coaching entwickelten Maßnahmen realisieren. Deshalb muss der Coach seinen Einfluss so ausrichten, dass der positive Spirit weit über die Sitzungen hinaus nachwirken kann. Dies gelingt nur über den Kontakt zum Unbewussten. Darum spielt die Beeinflussung der unbewussten Persönlichkeits-Teile eine so wichtige Rolle im Coaching.

Der Einfluss eines kompetenten Business-Coaches kann enorme Innovation bewirken. Als erfahrener Coach kommunizieren Sie mit dem Unbewussten Ihres Coachee auf vielen Ebenen. Sie verfügen über ein flexibles Repertoire von kreativen Werkzeugen, um die unbewussten Kräfte ins Boot zu holen. Viele der in diesem

Buch dargestellten Werkzeuge wirken gezielt auf die unbewusste Steuerung. Damit ein betroffener Mensch sich öffnen und die unbewussten Teile der Persönlichkeit sich zeigen können, braucht es ein gewisses Maß an gefühlter Sicherheit.

Freundliche Stärke realisieren

Deshalb müssen Sie in Ihrer Rolle als Coach Sicherheit vermitteln, während Sie Ihren Coachee motivieren, sich für die nötigen Veränderungen zu öffnen. Sie helfen ihm, Angst in Mut zu verwandeln. Sie behandeln ihn mit Respekt und geben ihm Anerkennung, weil er bereit ist, sich seiner Inkompetenz zu stellen. Sie entfalten eine natürliche Autorität, indem Sie dafür sorgen, die aktuelle Situation ins Positive zu wandeln und dabei die Interessen aller Beteiligten angemessen zu berücksichtigen. Dabei orientieren Sie sich an den Naturgesetzen, am gesunden Menschenverstand und an Ihrer wachsenden Erfahrung als Coach. Sobald Ihr Einfluss, den Sie auf andere Menschen ausüben, fest in der Win-Win-Ethik verwurzelt ist, werden Sie feststellen, dass sich Ihr Menschenbild und Ihre Ausstrahlung zunehmend im Prinzip »Freundliche Stärke« verankern.

Ein erfahrener Business Coach sagte einmal: »Je länger ich mich darin übe, die Coaching-Werkzeuge anzuwenden, desto mehr fasziniert mich das menschliche Wesen. Menschen sind wie Wundertüten – man weiß nie, was aus Ihnen rauskommt!« Oder anders formuliert – sobald Sie die Welt durch die Augen eines kompetenten Business-Coaches betrachten, werden Sie erkennen: »Wunder widersprechen nicht den Gesetzen dieser Welt, sondern lediglich unserem sehr begrenzten Wissen über die Gesetze dieser Welt.«

Die Wurzeln des Coaching

Nachdem Sie nun die wichtigsten Informationen kennen, um die in Teil 2 des Buches ausführlich dargestellten Werkzeuge erfolgreich anzuwenden, möchte ich Ihr Coaching-Verständnis jetzt um eine weitere Dimension erweitern: Die Entstehungsgeschichte des Business-Coaching. Wie alle wirksamen Methoden ist auch das Coaching nicht plötzlich vom Himmel gefallen, sondern hat sich in einem längeren Zeitraum entwickelt. Auch wenn es aufgrund des aktuellen Booms so erscheinen mag, als sei die Methode etwas ganz Neues, das es vorher noch nie gegeben hat – der Eindruck täuscht. Neu am Business-Coaching ist lediglich die Tatsache, dass diese nützliche Dienstleistung seit einigen Jahren von so vielen Menschen in Anspruch genommen wird. Neu ist der hohe Verbreitungsgrad und die gesellschaftliche Akzeptanz, doch das Prinzip des Coaching ist so alt wie die Menschheit.

Schon immer hat es privilegierte Menschen gegeben, die sich den Luxus leisten konnten, die Last Ihrer großen Verantwortung nicht allein tragen zu müssen. Ihre Funktion wurde als so wichtig angesehen, dass andere Menschen damit beauftragt wurden, sie als Experten bei ihrer Amtsführung zu unterstützten. Kaiser, Könige, Heerführer oder Häuptlinge hatten Vertrauenspersonen an ihrer Seite, auf deren Loyalität sie sich hundertprozentig verlassen konnten: Heilkundige, Priester, Wahrsager oder Schamanen. Diese Unterstützer stellten ihre Kraft, ihre Intelligenz und ihr Wissen in den Dienst Ihres Fürsten. Ihre Aufgabe bestand darin, dafür zu sorgen, dass die Mächtigen ihre Macht auf eine positive Weise ausübten. Sie waren entweder Kenner einer bestimmten Materie – dann fungierten sie als Berater und praktizierten inhaltliche Beeinflussung. Oder sie verstanden es mit den Mächtigen so zu kommunizieren, dass diese sich im Zustand ihrer vollen Kompetenz erlebten und die Götter auf ihrer Seite wussten – dann entsprach ihr Rollenverständnis dem Geist des modernen Business-Coachings.

Eine evolutionäre Erfolgsgeschichte

Der Erfolg des Homo sapiens beruht auf Kooperation. Seitdem es Menschen auf dem Planeten Erde gibt, haben wir uns gegenseitig geholfen. Ohne gegenseitige Unterstützung gäbe es keine Kultur, keine Arbeitsteilung und keine Menschlichkeit. Ohne den Wunsch, andere Menschen zu befähigen, und zu stärken, wäre die menschliche Entwicklung undenkbar – vermutlich würden wir noch auf den Bäumen leben oder als Halbaffen durch die Steppe streifen. Erst die Fähigkeit, die durch eigene Lebenserfahrung erworbene Kompetenz gezielt an unsere Mitmenschen weiterzugeben und dabei das Wohl der anderen im Auge zu haben, führte dazu, dass sich aus einer Homoniden-Horde eine kultivierte und leistungsfähige Gesellschaft entwickeln konnte.

Das Prinzip des Coaching befindet sich im Einklang mit den Naturgesetzen. Es ermöglicht ein natürliches, partnerschaftliches und kreatives Führungsverhalten. In einer Coaching-Beziehung geht es nicht um Konkurrenz oder Machtspiele, sondern um gemeinsame Zielerreichung. Gegenseitige Unterstützung entspricht der Architektur des menschlichen Gehirns. Wir Menschen sind naturgemäß keine Einzelkämpfer, sondern soziale Wesen. Wir leben und arbeiten in einem Netzwerk sozialer Beziehungen - nur die Kooperation mit anderen Menschen kann uns nachhaltigen Erfolg bescheren. Wer es versteht, Verbündete zu gewinnen, wird mit seinen Vorhaben wesentlich besser vorankommen als der egoistische Einzelkämpfer, der sich nur von Konkurrenten oder Feinden umgeben sieht.

Im evolutionären Überlebenskampf konnte sich der frühe Homo sapiens nur deshalb so sehr durchsetzen, weil er gelernt hat, effektiv im Team zu jagen. Auch die Fähigkeit zur erfolgreichen Nutzung von Feuer und Werkzeugen fiel nicht einfach vom Himmel, sondern musste schrittweise und mühevoll, durch Versuch und Irrtum erlernt werden. Wissenschaftler sind sich darin einig, dass das der Impuls zur Kooperation bereits in der Frühzeit der Menschheit eine entscheidende Rolle gespielt hat - nur so konnte erworbenes Wissen an die Nachfahren weitergegeben werden. Die Alten haben ihre jungen Zeitgenossen unterstützt, indem sie ihre wertvolle Lebenserfahrung auf die nächste Generation übertragen haben. Sie halfen ihnen, erfolgreich zu jagen, wohlschmeckende Speisen zuzubereiten, nützliche Werkzeuge zu bauen, sich vor wilden Tieren zu schützen, schlimme Krankheiten zu heilen und harte Winter zu überleben.

Die enorme Wirksamkeit des heutigen Business-Coaching resultiert auch aus der Tatsache, dass diese nützliche Beziehungsform so tief in den evolutionären Strukturen unseres Gehirns verankert ist. Das moderne Gehirn reagiert außerordentlich positiv auf die Zusammenarbeit mit einem erfahrenen Coach, weil es sich unbewusst an seine archaischen Wurzeln »erinnert« - unser Gehirn »weiß« intuitiv, dass es sinnvoll ist, sich bei schwierigen Aufgaben durch einen erfahrenen Coach unterstützen zu lassen.

Intelligente Kommunikation – Basis für den menschlichen Erfolg!

Einen Quantensprung für unsere menschliche Entwicklung bedeutete der Erwerb von Sprache. Die wachsende Fähigkeit zum Sprachgebrauch verbesserte die Kooperationsfähigkeit des frühen Homo sapiens ganz enorm. Im Gegensatz zu den Tieren konnten die menschlichen Jäger nun über Erfolge und Misserfolge gemeinsam reflektieren, Erfahrungen austauschen und ihre zukünftigen Strategien durch Lernprozesse gezielt optimieren. Das »Nach-Denken« und das »Voraus-Denken« wurden erfunden! Auch hier zeigt sich eine interessante Parallele zum modernen Coaching. Der gezielte Sprachgebrauch des Coachs ermöglicht eine strukturierte und in die Zukunft gerichtete Form des Denkens.

Sprache ist ein wichtiger Schlüssel zum menschlichen Gehirn. Je geschickter und bewusster ein Coach mit Sprache umzugehen versteht, desto größer sind seine Möglichkeiten, um erfolgreiches Coaching zu realisieren. Für unsere Vorfahren bedeutete die Erfindung der Sprache, dass durch persönliche Erfahrung erworbenes Wissen nun sehr viel gezielter an nachfolgende Generationen weitergegeben werden konnte. So entstand ganz allmählich unsere heutige Kultur. Als die jagenden Horden sesshaft wurden, lernten sie, Ackerbau zu betreiben und dörfliche Gemeinschaften zu bilden. Dabei spielte die menschliche Team-Fähigkeit eine entscheidende Rolle. Unsere gesamte Kultur basiert auf Zusammenarbeit, Kommunikation und Arbeitsteilung.

Wäre der Einzelne nicht bereit, die im Laufe seines Lebens gesammelten Erfahrungen mit anderen zu teilen, müsste jedes Individuum immer wieder bei Null anfangen. Nur durch das Prinzip von intelligenter Kommunikation und gegenseitiger Unterstützung kann der Homo sapiens außergewöhnliche Leistungen vollbringen. Jeder Mensch, der in seinem Leben Großes vollbracht hat, konnte dies nur tun, weil er Verbündete hatte, die einen positiven Einfluss auf ihn ausgeübt haben – Erzieher, Lehrer, Ausbilder, Mentoren, Vorbilder, Berater, Trainer oder Coaches, die im Hintergrund auf ihn eingewirkt haben. Ohne solche Unterstützung wäre niemand in der Lage, herausragende Leistungen zu vollbringen – nicht in der Politik, nicht im Sport, und auch nicht im modernen Management.

Historisches Coaching

In früheren Kulturen können Sie die Essenz des Coaching in vielfältigen Gewändern entdecken. Gegenseitige Unterstützung durch sich ergänzendes Rollenverhalten existiert seit langer Zeit und kann die unterschiedlichsten Formen annehmen. In fast allen historischen Gesellschaften gab es ein Zusammenspiel von weltlicher und geistlicher Macht. Die Könige und Kaiser der Vergangenheit legten großen Wert darauf, den Segen der geistlichen Würdenträger auf ihrer Seite zu wissen. Im Auftrag von »Gottes Gnaden« zu handeln, gibt dem eigenen Selbstwertgefühl einen enormen Schub nach vorne. »Göttliche Inspiration« durch geheime oder öffentliche Rituale bewirkt ein mächtiges »Personal Empowerment«. In allen Epochen unserer Geschichte gab es »spirituelle Coaches«, die ihren historischen Coachees im Sinne des jeweiligen Zeitgeistes mentale Unterstützung leisteten.

Ein heutiger Coach kann die Erkenntnisse der aktuellen Wissenschaft in seine Methodik integrieren, doch die Coaches früherer Zeiten konnten sich weder an den Befunden der Neurologie noch an den Forschungen moderner Psychologie orientieren. Trotzdem waren einige von ihnen außerordentlich erfolgreich. Sie handelten aufgrund der Glaubenssysteme, Überzeugungen und Weltbilder ihrer jeweiligen Zeit. Die ägyptischen Pharaonen wurden von den höchsten Priestern, den besten Baumeistern und von den fähigsten Feldherren gecoacht. Ohne kompetente Coaches hätten sie niemals eine solche Hochkultur entwickeln können – vermutlich wäre keine einzige Pyramide gebaut worden. Auch die antiken Griechen kannten das Prinzip des Coachings. Dazu gibt es eine Reihe interessanter Überlieferungen. Beispielsweise schlüpft die Göttin Pallas Athene während der langen Abwesenheit des Odysseus in die Gestalt des Mentor, eines alten Freundes der Königsfamilie. In dieser Rolle fungiert sie als Coach für Telemachos, den halbwüchsigen Sohn des Odysseus. Pallas Athene unterstützt den jungen Mann dabei, das Reich seines totgeglaubten Vaters erfolgreich zu verteidigen. Sie weckt seine Motivation zum Durchhalten, indem sie ihn voller Hoffnung immer wieder an den Sinn des schwierigen Unterfangens erinnert. Sie trainiert ihn in den Kampfkünsten und entwickelt mit ihm Strategien, um die feindlichen Wettbewerber um den Thron des Königs erfolgreich abzuwehren. So können Telemachos und Mentor mit vereinten Kräften das Königreich des Odysseus zurückgewinnen.

Auf dieser antiken Überlieferung basiert das Prinzip des »Mentoring« – ein dem heutigen Coaching recht ähnliches Beziehungsmodell. Ein Mentor zeichnet sich jedoch dadurch aus, dass er gegenüber seinem »Mentee« über einen großen Erfahrungsvorsprung verfügt. Als Mentor brauchen Sie praktische »Feld-Kompetenz«. Der Mentor kennt viele Herausforderungen seines Mentee aus eigener Erfahrung. Deshalb ist der Mentor grundsätzlich älter und erfolgreicher als sein Schützling. Ein moderner Business-Coach hingegen muss weder über Feld-Kompetenz verfügen, noch muss er älter sein als sein Coachee. Er braucht in erster Linie »Methoden-Kompetenz«, um den Coaching-Prozess zielführend zu strukturieren. Er muss fähig sein, positiven Kontakt herzustellen, Vertrauen zu gewinnen und seinen Coachee zu öffnen. Dann braucht er einen gut sortierten Methodenkoffer, um in kurzer Zeit die Probleme seines Coachees differenziert zu erkennen und sie in motivierende Ziele umzuwandeln. Im Gegensatz zum Mentor hilft der moderne Coach nicht durch Übertragung der eigenen Lebenserfahrung auf den Coachee, sondern durch eine zielführende Transformation des ursprünglichen Problems.

Coaching in der Welt des Sports

Aufgrund der langen Erfolgsgeschichte des Coaching-Prinzips erscheint es nur konsequent, dass unsere erfolgsorientierte Leistungsgesellschaft dieses außerordentlich nützliche Beziehungs- Modell nun verstärkt in den Fokus der Aufmerksamkeit rückt. Coaching wirkt leistungsfördernd – das steht außer Frage. Wenn Spitzenleistungen gefordert sind, kann eine einzelne Person diese Anforderung weniger gut erfüllen als ein funktionierendes Team. Sehr eindrucksvoll zeigt sich das Prinzip von »Coaching als Teamwork« in der Welt des Profisports. Weltmeister in der Formel 1 werden Sie nicht als Einzelperson – auch wenn Sie ganz allein in Ihrem Rennwagen sitzen, während Sie über die Ziellinie rasen. Ein im Hintergrund perfekt funktionierendes Team ermöglicht Ihnen diesen Triumph. Ebenso werden Sie nicht allein Box-Weltmeister. Natürlich stehen Sie im Moment der Entscheidung ganz allein im Ring, wenn der Ringrichter den Kampf eröffnet und Sie Ihrem Gegner in die Augen schauen – doch in Ihrer Ecke wirkt Ihr Coach. Er unterstützt Sie mental und hilft Ihnen in den Pausen, Körper und Geist in bestmögliche Verfassung zu bringen. In den Monaten vor dem Kampf haben Sie viel Zeit gemeinsam mit diversen Spezialisten verbracht – Ihren Managern, Sparrings-Partnern, Ärzten, Physiotherapeuten und Medienberatern – die Ihnen als Coaches in unterschiedlicher Funktion dabei helfen, Ihre Karriere erfolgreich voranzutreiben.

Alle erfolgreichen Profisportler – ob Rennfahrer, Boxer, Tennis-Profi oder Fußballer – haben Erfolgs-Coaches. Sie sorgen dafür, dass sich die unter hohem Erfolgsdruck stehenden Sportler in einem positiven Gewinner-Zustand befinden, dass sie fähig sind, im entscheidenden Moment über sich hinauszuwachsen und die erwarteten Spitzenleistungen zu abzuliefern. Das psychologische Know-how des Coachs hat entscheidenden Einfluss auf den Erfolg der Athleten. Über Sieg oder Niederlage entscheidet die mentale Steuerung der körperlichen Ressourcen. Einige Golf- und Tennisprofis behaupten sogar, dass ein Match im Kopf gewonnen wird.

Sobald die menschliche Aufmerksamkeit verstärkt auf ein attraktives Ziel fokussiert wird, werden unbewusste Kräfte mobilisiert. Körper, Geist und Emotionen korrespondieren miteinander. Energie wird freigesetzt. Die neuronale Schaltzentrale schüttet die nötigen Hormone aus. Botenstoffe wie Dopamin, Serotonin und Osytocin sorgen für die nötige Motivation. Der Wille erwacht und konzentriert sich auf das starke, klare Ziel. Ein Mensch im konzentrierten Ressource-Zustand wird resistent gegenüber Ablenkungen. Die Frustrations-Toleranz steigt, alle Geschehnisse werden positiv betrachtet. Auftauchende Widerstände werden als vitale Herausforderung betrachtet und aktiv angegangen. Der Körper gerät in einen positiven Spannungs-Tonus.

Ähnlich wie im Leistungssport kann Ihr Coach dafür sorgen, dass Sie sich maximal auf Ihre wahren Ziele konzentrieren. Durch konsequentes Coaching können Sie in einen Zustand gelangen, in dem Sie sich weder durch billige Verführungen ablenken, noch durch auftauchende Hindernisse einschüchtern lassen. Jeder erfolgreiche Leistungssportler entscheidet sich pro-aktiv **für** seinen Sport – für das nötige Training, für entsprechende Ernährung und für eine gesunde Lebensführung – und damit gleichzeitig **gegen** eine Unzahl möglicher Ablenkungen oder Versuchungen, die ihn auf seinem Weg zum Erfolg behindern würden.

Gesunder Sportsgeist kann helfen, Leistungsdruck positiv zu erleben. Leistungs-Motivation ist ein Schlüssel zum Glück. Die innere Bereitschaft zur Leistung ist notwendig, um erfolgreich zu sein. Ohne Leistung könnten wir uns unseren enorm wachsenden Wohlstand ganz sicher nicht leisten! Ohne kreatives Leistungspotenzial wird die Menschheit in ihrer heutigen Form wohl kaum überleben können. Gerade in der heutigen Zeit – in Anbetracht von Klimawandel, Globalisierung und sich verknappenden Ressourcen – braucht diese Welt ein klares Verständnis für die ganzheitlichen Zusammenhänge. Wir brauchen verantwortungsbewusste Menschen mit echter Lust auf Leistung! Die Zeit ist reif für neue, ganzheitliche Problemlösungen. Der Homo sapiens ist gefordert, über seine bisherige Daseinsform hinauszuwachsen. Coaching kann helfen, sich für sein kreatives Leistungspotenzial nachhaltig zu begeistern und es mit sportlichem Ehrgeiz kontinuierlich zu entfalten

Wie kam Coaching in die deutschen Unternehmen?

Nach dem Zusammenbruch des Neuen Marktes und den Anschlägen vom 11. September 2001 begann der Siegeszug des Coaching. Die Börse lag am Boden, die Stimmung in der Weltwirtschaft war von Angst geprägt. Viele Entscheider in den Unternehmen glaubten, kein Geld mehr zu haben. Also strich man im Rahmen der allgemeinen Sparprogramme auch die Weiterbildungs-Etats drastisch zusammen. Plötzlich galt nicht mehr »Weiterbildung für alle«, sondern nur noch »Coaching für Key-Player«. Was zunächst als Notfall-Reaktion gedacht war, entpuppte sich jedoch als extrem erfolgreich.

Schnell wurde deutlich, dass die Wirksamkeit von professionellem Business-Coaching sehr viel höher ist, als der bisherige Weiterbildungs-Ansatz: Seminar-Veranstaltungen erzeugen nicht nur hohe Kosten, auch die Transfer-Quote zur Umsetzung der Seminar-Inhalte im Arbeitsalltag war erschreckend gering. Sowohl Teilnehmer als auch Trainer betrachteten herkömmliche Schulungsmaßnahmen nicht selten als nette Incentives – gutes Essen, feucht-fröhliche Nächte an der Hotel-Bar, und zwischendurch mehr oder weniger langweilige Beschallung im Seminarraum. Die Ergebnisse fast aller Evaluations-Studien hinsichtlich der tatsächlichen Umsetzung der in Seminaren vermittelten Inhalte waren durchweg enttäuschend: »Na ja, wir wissen schon, dass nur sehr wenige Teilnehmer wirklich motiviert sind, die Inhalte der Referenten im Alltag anzuwenden. Doch was sollen wir tun? Unsere Wettbewerber haben schließlich das gleiche Problem ... und immer noch besser eine kleine Erfolgs-Quote als gar keine.« Nicht wenige Personal-Entwickler wussten um das Problem des geringen Transfers, doch man hatte sich kollektiv daran gewöhnt und Alternativen waren lange Zeit nicht in Sicht.

Doch plötzlich wehte ein frischer Wind durch die eingestaubte Personal-Entwicklung: »Coaching wirkt!«, hieß es neuerdings in den einschlägigen Magazinen. Der Boom des Business-Coaching schien unaufhaltsam – obgleich sich die neue Dienstleistung quasi durch die Hintertür in die Personal-Abteilungen der deutschen Unternehmen einschlich. Zunächst experimentierten einige innovative

Trendsetter mit »Exclusivem Coaching für Topmanager«. In den frühen Jahren kurz nach der Jahrtausendwende wurde Business-Coaching zwar auf den Chef-Etagen zunehmend eingesetzt, doch man sprach darüber nur hinter vorgehaltener Hand. Anders als in den USA war der persönliche Coach in Deutschland zunächst noch kein Status-Symbol. So wie deutsche Manager in der Öffentlichkeit nicht über ihre Gehälter sprechen, bevorzugte man es, den Coach als Verstärker der eigenen Leistungsfähigkeit, lieber im Verborgenen zu konsultieren. Doch dann entwickelte sich auch ein gegenläufiger Trend: Immer mehr Führungskräfte outen sich und bekennen sich zum Coaching. Sie betrachten ihre Zusammenarbeit mit einem Business-Coach nicht länger als Makel, sondern als Ausdruck ihrer verantwortungsbewussten Führungs-Arbeit.

So entwickelte sich das Business-Coaching von der anfänglichen »Geheim-Waffe für Topmanager« in kurzer Zeit zu einem gesellschaftlichen Phänomen. Die neue Dienstleistung mit dem geheimnisvollen Flair erregte nicht nur das Interesse der Medien, sondern auch das der Wissenschaft. Erste Untersuchungen wurden durchgeführt. Die Wissenschaft bestätigte den Eindruck der Praktiker: »Coaching wirkt!« Zwar warnte man auch vor Scharlatanen und schwarzen Schafen, doch die Masse der Ergebnisse war eindeutig positiv. Bereits nach kurzer Zeit wurde klar: Diese hochwirksame Form der Führungskräfte-Entwicklung darf nicht nur dem Topmanagement vorbehalten bleiben – sie rechnet sich auch im Mittel-Management. Und tatsächlich: Neuere Untersuchungen zeigen, dass sich das Verhältnis zwischen Invest und Outcome im Coaching wesentlich effizienter darstellt, als bei der »Weiterbildung mit der Gießkanne«, wo eine beliebige Gruppe von Mitarbeitern oder Führungskräften auf Standard-Seminare geschickt wird.

Da der Transfer im professionellen Coaching so erstaunlich gut funktioniert, dass herkömmliche Schulungsmaßnahmen einfach nicht mithalten können, begannen die Verantwortlichen ihre Weiterbildungs-Etats umzuschichten. Auch wenn die genauen Ursachen für die hohe Wirksamkeit des Coachings in der Szene der Personal-Entwickler kaum bekannt sind, scheint in den Unternehmen ein gesunder Pragmatismus zu herrschen: »Die Wahrscheinlichkeit, dass die im Coaching individuell-maßgeschneiderte Konzepte tatsächlich umgesetzt werden, ist wesentlich höher, als wenn kognitive Referenten in Seminaren Konzepte von der Stange darbieten ... Also macht es Sinn, Business-Coaching als hochwertige Dienstleistung einzukaufen!«

Der Coaching-Markt

Nun möchte ich Sie einladen, einen Blick auf den außerordentlich dynamischen Coaching-Markt zu werfen. Der Boom kurz nach der Jahrtausendwende hat einen unübersichtlichen Dschungel von Angebot und Nachfrage hervorgebracht. Immer mehr Dienstleistungen werden als »Coaching« etikettiert – was sich tatsächlich dahinter verbirgt, bleibt manchmal mehr als fraglich. Fakt ist, dass sich eine wachsende Zahl von Unternehmen dafür entscheidet, Ihre Führungskräfte durch gut ausgebildete und entsprechend zertifizierte Business-Coaches zu unterstützen.

Moderne Qualifizierungs-Strategien setzen verstärkt auf sogenannte »Coaching-Pools«. Die Personal-Chefs sorgen dafür, dass Ihre Personal-Entwicklung über einen möglichst hochkarätigen Pool von Coaches mit unterschiedlichen Kompetenzen verfügt. Das Berufsbild »Business-Coach« konnte sich in den USA bereits vor der Jahrtausendwende etablieren. Nun beginnt es, sich auch in Europa zu verankern. Immer mehr Business-Coaches leben gut davon, dass die großen Konzerne bei ihnen Coaching-Kontingente einkaufen. Und allmählich entdecken auch Mittelständler und Klein-Unternehmer wie Anwälte, Architekten, Künstler, Ärzte und Zahnärzte das »Coaching-Prinzip« als sinnvolle Investition in ihr Business.

Die Nachfrage nach kompetenten Business-Coaches wächst zwar kontinuierlich, doch der tatsächliche Bedarf ist vermutlich noch nicht einmal im Ansatz ausgeschöpft. Selbst die Krankenkassen schlagen Alarm. Die Zahl der Burnout-Fälle wächst rapide, und inzwischen wird vielerorts darüber diskutiert, wie man diese Problematik bekämpfen. Dabei gilt der systematische Einsatz von Business-Coaches zur prophylaktischen Früh-Erkennung als vielversprechende Maßnahme.

Doch insgesamt muss man feststellen, dass der enorme Nutzen durch kompetentes Business-Coaching noch nicht einmal ansatzweise ins Bewusstsein der potenziellen Einkäufer gedrungen ist. Dafür wuchern die vielfältigen Coaching-Angebote in einem schier unglaublichen Ausmaß. Vieles, was früher schlicht »Beratung« hieß, heißt plötzlich »Coaching«. Der Coaching-Begriff wird geradezu inflationär verwendet. Obwohl sich die Theoretiker der Coaching- Branche seit Jahren bemühen, eine »saubere Coaching-Definition« im Bewusstsein der Allgemeinheit zu verankern, treibt der Markt die seltsamsten Blüten. Coaching ist »in«. Inzwischen wird jede Dienstleistung, die auch nur im Entferntesten einen unterstützenden Charakter aufweist, als neue Coaching-Form deklariert: vom »Money-Coaching« über »Beziehungs-Coaching« bis zum »Wellness-Coaching«. Durch diese Inflation von Coaching-Formen kommen naturgemäß auch eine zunehmende Zahl von schwarzen Schafen und eine Reihe von Skurrilitäten mit Coaching-Etikett auf den Markt. Auf der anderen Seite schießen neue Coaching-Verbände wie Pilze aus dem Boden, mit der Absicht, die Qualität der angebotenen Dienstleistungen sicherzustellen und den Markt zu ordnen und zu strukturieren.

Doch bei inzwischen wahrscheinlich über 30000 Coaches im deutschsprachigen Raum und einem nur sehr schwammigen Berufsbild »Coach« wird es wohl noch eine ganze Zeit dauern, bis hier klare Transparenz entstanden ist.

Durch das gestiegene Interesse an der Dienstleistung Coaching hat sich natürlich auch eine bunt blühende Landschaft auf dem Coaching-Ausbildungsmarkt entwickelt. Nach Informationen in der aktuellen Literatur gibt es über 400 Anbieter für Coaching-Ausbildungen im deutschsprachigen Raum – Tendenz steigend. Unter diesen Ausbildungsträgern befinden sich Einzelpersonen, freie Institute und Akademien sowie vermehrt Universitäten, die unterschiedlichste Arten von Coaching-Ausbildungen anbieten. Welche Ausbildung zu Ihnen passt, hängt von Ihren Ansprüchen und von Ihrer Lernbereitschaft ab. Erfolgreich Coaching-Kompetenz zu erwerben, bedeutet zunächst die Bereitschaft, sich die eigene Persönlichkeit genau anzuschauen und zu prüfen, inwieweit Ihr Selbst-Verständnis mit dem Rollen-Modell des Coachings kompatibel ist. Darüber hinaus spielen natürlich Ihre individuellen Zielvorstellungen, Ihre finanzielle und zeitliche Investition sowie Ihr Anspruch an eine angenehme und motivierende Lern-Umgebung eine wesentliche Rolle bei der Entscheidung für eine Coaching-Ausbildung.

Welche Kompetenzen braucht ein Coach?

Durch die erfolgreiche Teilnahme an einer seriösen Coaching-Ausbildung sollten Sie folgende **Fähigkeiten erwerben** oder optimieren können:

- Entwicklung eines Rollenbewusstseins als Business-Coach,
- psychodiagnostische Grundkenntnisse,
- Methodenkompetenz zur Strukturierung von Coaching-Prozessen,
- Reflexion und Optimierung der eigenen Außenwirkung,
- Entwicklung eines ganzheitlichen Menschenbildes,
- analytisch-strategisches Denken,
- Beobachtungsgabe und Einfühlungsvermögen,
- Umgang mit persönlichen Themen wie Work-Life-Balance oder Burnout-Syndrom,
- souveräne Gesprächsführung durch zielorientiertes Denken und Sprechen,
- positive Integration von Einwänden und Widerständen,
- gezielter Umgang mit den unbewussten Kräften,
- Motivationsfähigkeit,
- Formulierung des USP (Unique Selling Point) und Eigenmarketing,
- intelligenter Umgang mit Stress und Herausforderungen,
- Methoden zur gezielten Gewinnung von Ressourcen.

Gleichzeitig hat die Frage nach den Erfolgskriterien Ihres Weiterbildungswunsches eine hohe Bedeutung. Neben einer fundierten Persönlichkeitsentwicklung kann eine Coaching-Ausbildung Ihnen beim Erwerb von neuen Perspektiven in der beruflichen Orientierung wertvolle Informationen liefern.

Durch die Teilnahme an einer seriösen Coaching-Ausbildung sollten besonders Führungskräfte eine **Reihe von Kompetenzen entwickeln** können:

- souveräne Mitarbeiterführung,
- wirksame Methoden zur Motivationssteigerung,
- kreatives Konfliktmanagement,
- neue Impulse für die gezielte Entwicklung von Teams und Projekten,
- Zielvereinbarungen und Visions-Workshops,
- Konzepte zur aktiven Personalentwicklung,
- systemisches Verständnis und Organisationsentwicklung.

Um bei der Suche nach der passenden Ausbildung kompetente Ausbildungsträger von schwarzen Schafen unterscheiden zu können, ist es sinnvoll, die folgenden **Erfolgskriterien für Ausbildungs-Institute** zu beachten:

- Seriöse Institute arbeiten mit etablierten Verbänden zusammen.
- Jeder Interessent bekommt transparente Informationen, welche Methoden das Institut zur nachhaltigen Ausbildung einsetzt.
- Es gibt ein kompetentes Team von Ausbildern, die selbst als Coach tätig sind.
- Als erfolgreichen Abschluss der Ausbildung erwerben die Teilnehmer ein Zertifikat, das im Coaching-Markt über ein positives Renommee verfügt.
- Die Ausbildungskonzepte sind psychologisch fundiert und nachvollziehbar.
- Die Kompetenzen der Ausbilder sind nachweisbar.
- Die Ausbildung hat sich am Markt bewährt – es gibt positive Referenzen.

Qualitätskriterien für Coaching-Ausbildungen

Falls Sie mit dem Gedanken spielen, an einer Ausbildung teilzunehmen, um auf diesem Wege die Qualifikation zum Coaching zu erwerben, sollten Sie darauf achten, dass Sie ein Institut finden, das sowohl zu Ihren Talenten und Neigungen als auch zu den Anforderungen Ihres beruflichen Umfeldes passt. Die verschiedenen Ausbildungsformate unterscheiden sich nicht nur hinsichtlich der Qualität ihrer Inhalte. Auch der methodisch-didaktische Stil, das Menschenbild und die persönliche Ausstrahlung der Ausbilder sind ein wichtiger Faktor für den Erfolg Ihres Lernprozesses. Nur wenn Sie sich auch emotional mit dem Lernstoff und der Form seiner Vermittlung identifizieren können, wird Ihr Unbewusstes bereit sein, sich voll auf den nötigen Lernprozess einzulassen. Die Ausbilder müssen Ihnen souveränes Coaching vorleben! Viele wissenschaftliche Studien beweisen, dass das Lernen am erfolgreichen Modell eine der schnellsten und nachhaltigsten Lernformen darstellt.

Ein Coaching-Prozess basiert auf komplexer Kommunikation: Der Coach muss fähig sein, in kurzer Zeit viele Informationen zu gewinnen, zu verarbeiten und anschließend mit einem überzeugenden Kommunikationsangebot zu reagieren – und dabei gleichzeitig die folgenden Reaktionen seines Coachees im Auge behalten, um seine nächsten Schritte wiederum darauf abzustimmen. Diese komplexe Fähigkeit können Sie nur dann erlernen, wenn Sie überzeugende Vorbilder finden. Ihr Unbewusstes muss bereit sein, die Methodik der zielorientierten Coaching-Kommunikation zunächst zu modellieren und sie dann mit Ihrer eigenen Persönlichkeit zu verknüpfen. Durch beständiges Üben entwickelt sich während dieses strukturierten Lernprozesses Ihr eigener Coaching-Stil – Sie erlernen die nötigen Fähigkeiten, um andere Menschen souverän zum Erfolg zu führen.

Die Angebote zum Erwerb von Coaching-Kompetenz basieren auf unterschiedlichen Lernformen – von einer festen Ausbildungsgruppe über gezielten Einzelunterricht bis zum überwiegend theoretischen Fernstudium. Echte Coaching-Kompetenz entsteht jedoch nicht durch das intellektuelle Studium von Coaching-Literatur, sondern durch praktische Erfahrungen im Coaching-Setting mit anschließendem Feedback. Nur durch aktives Ausprobieren und gezieltes Einüben können Sie echte Souveränität im Umgang mit den Coaching-Werkzeugen erlangen. Das neuronale Netzwerk in Ihrem Gehirn braucht nicht nur intellektuelle Stimulanz, sondern auch sinnliche Erfahrung. Falls Sie das Glück haben, eine attraktive Ausbildungsgruppe zu finden, wo motivierte Menschen in einem wertschätzenden und zugleich leistungsorientierten Klima gemeinsam das Handwerk und die Kunst des Coaching erlernen, sollten Sie Ihre Chancen nutzen, mit möglichst vielen unterschiedlichen Menschen Coaching-Erfahrung zu sammeln. Nur durch eine Vielzahl praktischer Erfahrungen können Sie Ihr Coaching-Wissen auf einem hohen Niveau verinnerlichen und dabei die nötige Flexibilität gewinnen. Die Ausbildungsgruppe darf nicht zu klein sein – sonst würden die Teilnehmer »im eigenen Saft schmoren«. Nur durch den Kontakt mit vielen unterschiedlichen Coachees kann Ihr Gehirn lernen, schnell mit zunächst unbekannten Menschen eine intensive Beziehungs-Ebene aufzubauen.

Die erfolgreiche Erfahrung innerhalb der Dynamik einer lebendigen Ausbildungsgruppe erhöht die Flexibilität im Umgang mit den Coaching-Werkzeugen. Nur wer die Strukturen der menschlichen Dynamik durch eigene Erfahrung verstanden hat, kann andere Menschen zielorientiert durch den Dschungel der komplexen psychischen Prozesse führen und dabei ein Optimum an Motivation erzeugen.

Gleichzeitig kann die Ausbildung in einer interessanten Gruppe weitere Vorteile bieten: Bei einem seriösen Ausbildungsanbieter bewegen sich die Teilnehmer in einem Klima von Wertschätzung und Vertrauen. Das Prinzip des »Win-Win« bildet die Basis der Coaching-Philosophie. Gegenseitige Unterstützung und authentischer Austausch sind gelebte Werte. Die Teilnehmer lernen, Feedback-Prozesse konstruktiv zu gestalten. Es entstehen Netzwerke, Freundschaften, und neue

Ideen gelangen in die Realisierung. In einer guten Ausbildung sollten Sie auch über die aktuellen Entwicklungen am Coaching-Markt informiert werden und konstruktiv bei Ihrer eigenen Positionierung am Markt unterstützt werden. Dazu gehört – neben den Informationen über die Marktchancen eines ambitionierten Business-Coachs – auch die praktische Entwicklung eines individuellen Marketingkonzeptes.

Weitere Erfolgskriterien für eine fundierte Coaching-Kompetenz sind:

- intelligentes Rollenbewusstsein als Coach,
- praxiserprobte Kommunikationsmodelle,
- ein positiver und motivierender Sprachgebrauch,
- souveräne Gesprächsführung durch zielorientierte Fragen,
- klares Verständnis von Coaching-Auftrag und Rahmenbedingungen,
- Kenntnis der Coaching-Phasen im Gesprächssetting,
- Empathie und Aufmerksamkeit für den Prozess,
- soziale Kompetenz im Umgang mit Macht und Hierarchien,
- Know-how zu Motivation und Eigenmotivation.

Geradezu uneinheitlich zeigt sich der deutschsprachige Coaching-Ausbildungsmarkt in der Frage der anfallenden Investition. Die Höhe der Teilnahmegebühren kann weder durch das Ausbildungsformat noch durch Ausbildungsumfang oder Gruppengröße transparent erklärt werden. Das tatsächliche Preis-Leistungs-Verhältnis einer seriösen Coaching-Ausbildung resultiert weniger aus der Teilnahmegebühr, sondern vielmehr aus dem folgenden Return of Investment. Was können Sie als Absolvent nach der Ausbildung erwarten? Über welche Fähigkeiten verfügen Sie nun tatsächlich? Wie erfolgreich können Sie die erlernte Coaching-Kompetenz im beruflichen Alltag einsetzen? Inwieweit hat die Ausbildung auch Marketingkompetenz und unternehmerisches Denken berücksichtigt?

Entscheidend für den Erfolg einer Coaching-Ausbildung ist das »Lernen am Modell«. Lernpsychologisch betrachtet fungieren die Ausbilder als vorbildhaftes »Rollen-Modell« für die Teilnehmer. Coaching-Kompetenz resultiert aus einer komplexen Kombination von Fähigkeiten, die im Laufe einer Ausbildung auf subtile Weise in der eigenen Persönlichkeit verankert werden. Diese nur schwer messbare Kompetenz lässt sich am wirksamsten auf andere Menschen übertragen, indem erfolgreiche Vorbilder die Lernenden durch eine Vielzahl praktischer Übungen an ihrer reichhaltigen Erfahrung teilhaben lassen. Deshalb sollten Sie darauf achten, dass Ihre Ausbilder nicht nur über akademisches Wissen verfügen, sondern in der Business-Welt erfolgreiches Coaching realisieren. Nur wer sich im realen Alltag der Manager, geprägt durch Zeitdruck, Konkurrenz, Macht und Status, zu behaupten weiß, wird fähig sein, zukünftige Business-Coaches erfolgreich auszubilden.

Außerdem sollte ein seriöses Institut über ein Team von kompetenten Ausbildern mit psychologischem Know-how und fundierter Trainer-Qualifikation verfügen.

So wird gewährleistet, dass Sie sich an unterschiedlichen Rollen-Modellen orientieren und als kreative Synthese am Ende der Ausbildung Ihren eigenen Coaching-Stil entwickeln. Ebenso wichtig ist die Aufladung der Seminarzeit mit positiven Gefühlen. Diesen Effekt kennen Sie vermutlich aus Ihrer Schulzeit: Je mehr Spaß Ihnen ein Fach mit einem sympathischen Lehrer bereitet hat, desto mehr konnten Sie sich für die Inhalte öffnen – das Lernen geschah mühelos, mit Energie und Leichtigkeit. Diese positive Verknüpfung ist in der Erwachsenenbildung umso wichtiger – nur wenn die vermittelten Inhalte Ihnen Freude bereiten, werden Sie bereit sein, die nötige Zeit und Energie in Ihr Training zu investieren.

Wie finden Sie Ihren Coach?

Immer mehr Manager öffnen sich für die Zusammenarbeit mit einem Coach. Vielleicht fragen Sie sich nun, wie Sie einen geeigneten, kompetenten Coach finden können. Dafür gibt es viele Wege – allerdings keine Garantien. Ein oftmals erfolgreicher Weg ist die Empfehlung durch eine Person des Vertrauens aus dem beruflichen oder privaten Umfeld. Empfehlungsmarketing ist die wichtigste Säule der meisten Business-Coaches. Vielleicht haben Sie auch das Glück, dass Ihr Chef oder ein Mentor innerhalb Ihres Unternehmens über Coaching-Know-how verfügt. Dann sollten Sie sich nicht scheuen, diese kompetente Person aufzusuchen, um ein vertrauliches Gespräch zu führen und von ihren Fähigkeiten zu profitieren. Manchmal kann ein intensives Gespräch mit einem kompetenten Zuhörer, der darüber hinaus über eine gute Frage-Technik und ein Gespür für motivierendes Feedback verfügt, einen belastenden Knoten lösen und eine neue Erfolgs-Orientierung bewirken.

Falls Sie innerhalb Ihrer Firma oder Ihres Netzwerkes keine vertrauenerweckende Person ausfindig machen können, die für Sie als Coach geeignet wäre, so fragen Sie doch einfach mal in Ihrer Personalabteilung. Immer mehr Unternehmen, sowohl große Konzerne als auch Mittelständler, arbeiten mit externen Coaches zusammen. Viele Firmen verfügen über einen Pool von Coaches, mit denen sich die Führungskräfte unter dem Siegel der Verschwiegenheit treffen können, um über aktuelle berufliche Themen zu sprechen. Wir kennen eine wachsende Zahl von Managern, die regelmäßig Coaching-Sitzungen in Anspruch nehmen, um Entscheidungen zu planen, Zeitmanagement und Prioritäten zu überprüfen, Konflikte aufzuarbeiten oder sich auf schwierige Situationen vorzubereiten. Nicht wenige sind davon überzeugt, dass das Gelingen von kritischen Projekten erst durch die Zusammenarbeit mit einem Coach möglich wurde.

Falls Ihre Personalabteilung Ihnen keinen eingespielten Coaching-Pool anbieten kann, ist es trotzdem wahrscheinlich, dass für wichtige Führungskräfte ein Etat zur Verfügung steht, mit dem Sie sich auf eigene Faust auf dem unübersichtlichen deutschen Coaching-Markt einen kompetenten Coach suchen können. Dabei besteht allerdings das Risiko – ähnlich wie bei der Konsultation von Ärzten, Psychotherapeuten, Anwälten oder Finanzberatern –, dass Sie dabei an ein schwarzes Schaf geraten. Deshalb empfehlen wir Ihnen, nicht gleich dem Erstbesten zu vertrauen, sondern sich nach Ausbildungs-Zertifikaten, Berufserfahrung und Referenzen zu erkundigen. Am wichtigsten ist jedoch, dass Sie sich nach der Coaching-Sitzung besser als vor der Sitzung fühlen. Ihr Coach soll Sie stärken, ermutigen und befähigen. Wenn Sie sich jedoch geschwächt, irritiert oder ängstlich fühlen, sollten Sie nicht zögern, Ihren Coach konsequent zu wechseln – es gibt genug gute Alternativen auf dem Markt. Allerdings sollten Sie sich nicht nur anhand Ihres Gefühls orientieren, sondern auch überprüfen, ob die Konzepte, die Sie im Coaching entwickeln, tatsächlich funktionieren. Eine Strohfeuer-Ermutigung ohne fundierte konzeptionelle Grundlage kann Ihnen zwar einen kurzen Motivationsschub geben – doch Sie sollten sich fragen, ob dieser Motivationsschub das investierte Geld tatsächlich wert ist.

Die Coaching-Beziehung in der Praxis

Von einem fähigen Business-Coach dürfen Sie erwarten, dass er Sie sowohl motiviert als auch inhaltlich kompetent unterstützt. Bei der Auswahl Ihres Coachs spielt natürlich auch die persönliche Chemie eine wichtige Rolle. Coaching braucht Vertrauen. Ihr Coach muss in Ihnen das Gefühl von Vertrauen erwecken. Wenn Sie während der ersten Coaching-Sitzung mit einem externen Coach kein Vertrauen aufbauen können, sollten Sie nicht zögern, sich eine Alternative zu suchen. Fortlaufende Erfahrungen mit inkompetenten Coaches sollten Sie sich unbedingt ersparen – Sie würden sich nur behindern und unnötiges Misstrauen entwickeln. Coaching ist sowohl ein Handwerk als auch eine Kunst. Die handwerklichen Aspekte erlernt man durch Fleiß und Disziplin – durch beständiges Üben. Der künstlerische Aspekt entsteht durch Leidenschaft, Begeisterung und Inspiration. Ein guter Coach sollte zumindest die handwerklichen Aspekte realisieren können und Ihnen eine ordentliche Dienstleistung bieten. Doch die volle Wirksamkeit des Coaching kann sich erst entfalten, wenn der Coach sich mit ganzem Herzen in Ihre Themen einfühlt und seinen trainierten, kreativen Geist mit Leidenschaft auf die Lösung Ihrer Probleme fokussiert.

Vermutlich wird ein gut beschäftigter, externer Business-Coach außerhalb Ihrer vereinbarten Termine schon aus Zeit-Gründen keinen Kontakt zu Ihnen aufnehmen. Doch wenn ihm Ihr Wohl am Herzen liegt, wird er Ihnen die Möglichkeit einräumen, ihn im Krisenfall jederzeit anzurufen. Diese Option, die zwar nur von den allerwenigsten Coachees hin und wieder wahrgenommen wird, gibt Ihnen Sicherheit für Notfälle.

Während der vereinbarten Termine steht Ihnen Ihr Coach als kraftvolle Inspiration zur vollen Verfügung. Innerhalb einer Coaching-Sitzung gilt das Prinzip des

Momentums – die gemeinsame Zeit hat eine besonders hohe Qualität. Als Coachee befinden Sie sich in einem besonderen Zustand der erhöhten Aufmerksamkeit. Viele Coachees berichten davon, dass sie diesen außerordentlichen Zustand in guten Momenten auch in den Alltag übertragen können, indem sie sich intensiv an bestimmte Schlüssel-Momente während einer Coaching-Sitzung erinnern.

Im Coaching werden negative Gefühle transformiert

Psychologisch gesehen befindet sich der Coachee durch die Inspiration und die von seinem Coach zur Verfügung gestellte geistige Energie im so genannten »Flow-State«. Dabei werden kreative Kräfte frei. Das Unbewusste wird geschmeidig und erlaubt, dass Inhalte ins Bewusstsein kommen, die dort normalerweise nicht hingelangen. Das bedeutet nicht, dass Sie während einer Coaching-Sitzung permanent Glücksgefühle verspüren – im Gegenteil, wenn Sie schwierige, kritische oder angstbesetzte Themen ansprechen, werden vermutlich genau die dazugehörigen Gefühle in Ihnen auftauchen. Doch entscheidend ist, dass Sie im Coaching den negativen Gefühlen nicht ausgeliefert sind. Ihr Coach wird sie kontinuierlich dabei unterstützen, die negativen Gefühle zu transformieren, indem er Sie in Kontakt mit hilfreichen Ressourcen bringt. Ein kompetenter Coach versteht es, psychische Prozesse zielorientiert zu steuern, und er verfügt über wirkungsvolle Integrationsstrategien – so dass Sie sich am Ende der Sitzung gut gerüstet fühlen, um die mental bearbeiteten Themen anschließend im Alltag umzusetzen.

Zusammenfassend lässt sich feststellen, dass unsere moderne Leistungsgesellschaft in den letzten Jahren gelernt hat, die Idee der hilfreichen, unterstützenden Arbeitsbeziehung positiv umzusetzen. Deshalb ist es nur natürlich, dass sich eine wachsende Zahl von Menschen mit Berufen, die komplexe Verantwortung mit sich bringen, für das Prinzip des Business-Coaching interessiert. Darüber hinaus gibt es noch einen interessanten Trend innerhalb der Unternehmen: Business-Coaching wird mittlerweile nicht nur von externen Coaches durchgeführt, sondern auch durch interne Kräfte – durch Personaler, Projekt-Leiter und vor allem durch psychologisch geschulte Vorgesetzte im beruflichen Alltag: »Coaching on the Job!« All diese Tendenzen sind durch wissenschaftliche Studien belegt und prognostizieren einen wachsenden Coaching-Markt. Natürlich gibt es auch kritische Stimmen, insbesondere hinsichtlich der Qualität und möglicher »Scharlatane«, doch insgesamt überwiegen die positiven Tendenzen – Coaching hat sich inzwischen etabliert und füllt eine wichtige Nische in der Personal-Entwicklung.

Coaching als Führungsstil

Als sich herausstellte, dass der Einsatz von externen Coaches die Performance der Key-Player enorm verbessern kann, fragten sich die Verantwortlichen natürlich: »Könnte man diesen positiven Effekt nicht auch durch interne Coaches erzielen?« Davon erhoffte man einige Vorteile: Ein im eigenen Unternehmen angestellter Coach wäre permanent verfügbar, der Kostenrahmen erscheint berechenbar. Angestellte Mitarbeiter lassen sich durch Anweisungen und Zielvorgaben einfacher steuern als »externe Freigeister«. Interne Coaches kennen die sozialen Strukturen und die »ungeschriebenen Gesetze« des Unternehmens. Außerdem gibt es positive Referenz-Erfahrungen aus dem Change-Management, die sich eventuell auf das Coaching übertragen lassen: Bei der Implementierung von Change-Prozessen hat sich bewährt, zunächst einen Kick-Off-Impuls durch externe Change-Berater zu initiieren und dann die Verantwortung schrittweise an interne »Change Agents« oder »Navigatoren« zu übergeben. Sobald der Change-Prozess an Fahrt gewonnen hat, kann man auf die externen Berater verzichten und die Fortführung aus eigener Kraft steuern.

Lässt sich diese Erfahrung aus dem Change-Management auch auf Coaching-Prozesse übertragen? Die Antwort lautet: »Jein!« Die Fähigkeit eines externen Coach, ein komplexes System zu verstehen, indem man es unvoreingenommen von außen betrachtet, erfordert ein hohes Maß an Bewusstheit, das von internen Kollegen aufgrund ihrer »Systemischen Verstrickung« naturgemäß nicht erwartet werden darf. Gewisse Situationen erfordern einen klaren, unverstellten Blick und echte Neutralität, schon wegen der Gewährleistung der notwendigen Vertraulichkeit. Die unabhängige Diagnose eines externen Coaches kann aufgrund der allgegenwärtigen »Betriebs-Blindheit« nicht durch interne Kräfte geleistet werden. Ängstliche Coachees, frustrierte Kritiker oder innovative Querdenker werden sich von einem internen Coach nicht in die Karten gucken lassen. Bei schwierigen Fällen kann der interne Kollege den externen Profi-Coach also nicht ersetzen. Dem internen Coaching sind also aufgrund der Rahmenbedingungen natürliche Grenzen gesetzt. Dennoch ist es eine lohnende Investition, geeignete Führungskräfte, Personaler und Projekt-Leiter zum Business-Coach auszubilden.

Der motivierende Spirit des Business-Coaching bringt frischen Wind in verkrustete Strukturen und belebt die Leistungsbereitschaft. Das Denken in Zielen und Erfolgen ist der allgemeinen Problem-Orientierung weit überlegen. Die Idee, menschliche Potenziale systematisch zu entwickeln, bewirkt eine positive Dynamik, die sich im gesamten Unternehmen ausbreiten kann. Führungskräfte, die gelernt haben ihre Mitarbeiter zu coachen, steigern die Performance und verbessern das Arbeitsklima. Coaching-Spirit erzeugt eine positive Feedback-Kultur. Der Mythos von der »Lernenden Organisation« verwandelt sich Schritt für Schritt in gelebte Realität. HR-Business-Partner können als Coach in den Fach-Abteilungen wirksam werden. Projekt-Leiter können im Rahmen von Projekten eine Coaching-Funktion für besonders geforderte Kollegen übernehmen. Es gibt eine ganze Palette von Einsatzfeldern, wo die Coaching-Werkzeuge auch in den Händen interner Kollegen nützliche Dienste leisten können.

Der Führungsstil der Zukunft

Viele Unternehmen haben den Nutzen des Business-Coaching inzwischen erkannt. Sie setzen externe Coaches dort ein, wo die internen Führungskräfte an ihre natürlichen Grenzen stoßen. Doch darüber hinaus kann man eine weitere interessante Tendenz beobachten: Immer mehr Führungskräfte werden zum Coach ihrer Mitarbeiter ausgebildet. Sie lernen, die Rolle als Coach mit ihrer täglichen Führungsarbeit zu verbinden. Während sie ihre Mitarbeiter dabei unterstützen, ihren Job optimal zu erledigen, entwickeln sie ein neues Selbstverständnis: Der kompetente Chef als Coach seiner Mannschaft! So entsteht sportlicher Ehrgeiz als positive Motivation für Teamgeist und Performance-Optimierung. Dieses »Coaching-on-the-Job-Phänomen« kann bemerkenswerte Ergebnisse erzielen: Die gecoachten Mitarbeiter fühlen sich gewertschätzt, ermutigt, gestärkt, motiviert und wachsen mit frischer Energie in neue Aufgaben und Verantwortungsbereiche hinein.

Ähnlich wie ein Fußballtrainer, der das Beste aus seiner Mannschaft herausholen will, betrachten vom Sportsgeist beseelte Führungskräfte jeden einzelnen Mitarbeiter als wertvollen Potenzialträger. Sie nutzen psychologisches Know-how, um ihr Team zu entwickeln und betrachten das Coaching ihrer Mitarbeiter als eine lohnenswerte unternehmerische Investition. Sie investieren zunächst ganz bewusst Extra-Zeit in intensive Gespräche mit Ihren Mitarbeitern. Sie nutzen das Prinzip der Delegation, achten auf positive Konditionierung, um nützliche Gewohnheiten im Verhalten Ihrer Mitarbeiter zu verstärken. So wird die investierte Zeit mittel- und langfristig zurück gewonnen, weil die Mitarbeiter lernen, mehr Verantwortung zu übernehmen. Eine gelungene Investition in das Potenzial seiner Mitarbeiter ist der stärkste Hebel, den ein Chef im Arbeitsalltag betätigen kann, um sein eigenes Zeit-Management zu entlasten.

Coaching erfordert Vertrauen und gegenseitige Wertschätzung. Aufgrund seiner archaischen Struktur entsteht ein »sich selbst verstärkender Effekt«. Die Erfahrung in vielen Unternehmen zeigt, dass die Bereitschaft des Vorgesetzten, seine Mitarbeiter im Klima von Vertrauen und Wertschätzung zu coachen, auf natürliche Weise das Arbeitsklima verbessert. Sobald eine kritische Masse von Menschen die Vorteile des Coaching entdeckt, beginnt sich das dadurch generierte positive Klima scheinbar automatisch auszubreiten. Die emotionale Energie von Ziel-Orientierung, Zuversicht und Sportsgeist überträgt sich auch auf andere Bereiche – zunächst intern, über die Schnittstellen im Unternehmen, und dann auch extern auf Kunden und Dienstleister. Es gibt einige eindrucksvolle Beispiele, wie eine

Coaching-Ausbildung von Führungskräften in Schlüsselpositionen die gesamte Führungskultur des Unternehmens positiv beeinflusst hat.

Durch positive Erfahrungen im Coaching steigt die allgemeine Kooperationsbereitschaft von Führungskräften und Mitarbeitern. Gegenseitiges Vertrauen schont die Nerven und reduziert unnötige Reibungsverluste. Prozesse beschleunigen sich, die Wertschöpfungskette gewinnt an Dynamik. Sobald die Betroffenen am eigenen Leib erfahren, dass der offene Dialog eine lohnende Zeit-Investition darstellt, erwacht ein natürliches Bedürfnis nach authentischer und konstruktiver Kommunikation. Gleichzeitig verbessert sich das Betriebsklima, weil Probleme und Frustrationen nun offen angesprochen und gezielt bearbeitet werden. Coaching kann dazu beitragen, dass die Betroffenen sich weniger als Opfer misslicher Umstände empfinden, sondern sich ermutigt fühlen, ihre Arbeitsbedingungen so mitzugestalten, dass ihre Bedürfnisse befriedigt und neue Erfolgserlebnisse möglich werden.

Ein neues Führungsverständnis

Die Anforderungen an eine moderne Führungskraft wachsen kontinuierlich. Sowohl die Komplexität als auch der allgegenwärtige Leistungsdruck nehmen stetig zu. Fähige Mitarbeiter entwickeln in Zeiten des Fachkräftemangels ein neues Selbstbewusstsein. Sie wissen um ihren steigenden Wert für die Unternehmen. Attraktive Angebote von Headhuntern und Personalberatern sind an der Tagesordnung. Die »Generation Y« bringt neue Werte ins Spiel. Ein neues Anspruchsdenken hinsichtlich »Betriebsklima mit Wohlfühlfaktor« beginnt vielerorts aufzukeimen –von kreativer Arbeitsplatzgestaltung bis zur Work-Life-Balance. Selbstbewusste Mitarbeiter lassen sich nicht einfach herumkommandieren, sondern erwarten von ihrer Führung einen echten Mehrwert. Führung wird zunehmend als »Dienstleistung für Mitarbeiter« verstanden.

Manager mit Karriereambition müssen Ihre Führungsfähigkeit im Assessment-Center unter Beweis stellen. Der Chef von morgen muss zeigen, dass er sich nicht nur mit Macht und Ellenbogen durchsetzen kann. Im Gegenteil – er muss fähig sein, die Akzeptanz der unterschiedlichsten Mitarbeiter und Kollegen zu gewinnen. In Zeiten zunehmender Projektarbeit, jenseits von Linie und Hierarchie, gewinnt auch das Thema »Führen ohne Macht« stärkere Bedeutung. Aufgrund des wachsenden Arbeitspensums und des enormen Zeitdrucks wird es zunehmend schwieriger, Mitarbeiter positiv zu motivieren und ihnen ein echtes Sinngefühl für ihre Tätigkeit zu vermitteln. Der erfolgreiche Chef von heute braucht Menschenkenntnis, psychologisches Geschick und Einfühlungsvermögen – er muss seine unternehmerische Botschaft nachhaltig in den Köpfen und Herzen seiner Mitarbeiter verankern.

Not macht erfinderisch. Falls Sie in eine Situation geraten, in der Sie mit den vorhandenen Ressourcen, den gewohnten Verhaltensmustern und bewährten Konzepten nicht weiterkommen, sind Sie gezwungen, etwas Neues zu probieren. Zeiten der Not bewirken über kurz oder lang Veränderungen. Ein erzwungener Veränderungsprozess bringt jedoch oftmals auch Schmerzen, Ängste und Irritationen mit sich. Als coachende Führungskraft denken Sie vorausschauend und handeln pro-aktiv. Sie warten nicht, bis das Kind in den Brunnen gefallen ist – Sie beugen vor, indem Sie frühzeitig dafür sorgen, dass Ihre Mitarbeiter fit genug sind, um auch in schwierige exzellente Leistungen zu erbringen. Manch eine schlimme Krise hätte verhindert werden können, wenn die Verantwortlichen nicht nur kurzsichtig der »Tyrannei des Dringlichen« gefolgt wären, sondern ihre Mitarbeiter rechtzeitig auf die veränderten Umstände vorbereitet hätten.

Coaching fördert Potenziale – doch es gibt Grenzen

Als Coach denken Sie zielorientiert. Sie planen die Zukunft und sorgen dafür, dass Ihre Mitarbeiter die nötigen Fähigkeiten zur Bewältigung möglicher Krisen frühzeitig erlernen. Dafür können Sie mit ihren Mitarbeitern ein Training-on-the-Job-Programm entwickeln. Wenn Sie zum Beispiel bemerken, dass wichtige Abläufe nicht reibungsfrei funktionieren, brauchen Sie sich nicht lange zu ärgern, aufzuregen oder Schuldige zu suchen. Stattdessen stellen Sie eine Coaching-Schlüsselfrage: »Was müsste der betroffene Mensch lernen, damit es in Zukunft besser funktioniert? Und wie könnte ich ihm dabei helfen, die nötigen Lernaufgaben zu erkennen und schrittweise zu bewältigen?« Als verantwortlicher Manager betreiben Sie aktive Personalentwicklung, indem Sie auf Ihre Leute so einwirken, dass diese gezielt neue Fähigkeiten ausbilden. Wenn Sie über Ihr Team nachdenken, wählen Sie einen lern-fokussierten Blickwinkel: »Über welche Fähigkeiten müsste dieser Mitarbeiter verfügen, um die kritischen Situationen zukünftig besser managen zu können? Welche Stärken muss er entwickeln, um sich dabei sicher und kompetent zu fühlen? Wie können die anderen Teammitglieder ihn dabei unterstützen? Was braucht mein Team, um wirklich gute Arbeit zu leisten? In welche Richtung sollen sie sich orientieren – welche qualitativen Ziele gebe ich ihnen vor? Durch solche Fragen können Sie Ihr Gehirn anregen, innovative Ideen zu entwickeln und im nächsten Mitarbeitergespräch den konstruktiven Geist des Coachings ins unternehmerische Spiel zu bringen.

In jedem Mitarbeiter schlummert ein riesiges Potenzial von bisher ungenutzten Möglichkeiten. Durch gezieltes Coaching können Sie dieses Potenzial entdecken, aktivieren und nutzbar machen. Wenn Sie Ihre Führungsaufgabe in der Rolle des Coachs wahrnehmen, bekommt die Kommunikation mit Ihren Mitarbeitern eine neue Qualität. Sie achten ganz bewusst darauf, dass Sie mit Ihren Mitarbeitern so sprechen, dass diese sich zukünftig motiviert und zielführend verhalten. Dafür nutzen Sie die Kraft des konstruktiven Feedbacks. Viele Chefs versuchen ihre Mitarbeiter zu »erwischen«, wenn sie Fehler machen, um sie anschließend zu bestrafen. Diese Haltung entspricht nicht dem Geist des Coachings – sie demotiviert und vergiftet das Betriebsklima. Stattdessen sollten Sie sich angewöhnen, Ihre

Mitarbeiter dabei zu »erwischen«, wenn sie etwas besonders gut gemacht haben, und ihnen dafür aufrichtige Anerkennung aussprechen. So verstärken Sie erwünschtes Verhalten Ihrer Mitarbeiter ganz gezielt durch positives Feedback. Negatives Verhalten nehmen Sie als Anlass, um mit dem entsprechenden Mitarbeiter ein gut vorbereitetes und motivierendes Gespräch zu führen. Sie machen ihm deutlich, warum das unerwünschte Verhalten den Unternehmenszielen entgegensteht. Anschließend entwickeln Sie mit ihm gemeinsam eine bessere Alternative. Dann treffen Sie gemeinsam eine Vereinbarung, die dem Win-Win-Prinzip entspricht. Wenn der Mitarbeiter sich an die Vereinbarung hält, belohnen Sie ihn durch angemessene Anerkennung. Falls nicht, führen Sie ein weiteres Gespräch. Sie erhöhen den Druck und bieten gleichzeitig kreative Unterstützung an. In vielen Fällen wird diese Vorgehensweise dazu führen, dass sich Ihre Mitarbeiter im Laufe der Zeit mehr und mehr so verhalten, wie Sie es wünschen.

Doch natürlich ist auch Business-Coaching kein Allheilmittel. Es gibt immer wieder Fälle, wo der Mitarbeiter nicht bereit ist, sich auf ein Coaching-Angebot einzulassen. Dann sollten Sie sich fragen, ob eine weitere Investition von Zeit, Energie und Vertrauen in diesen Mitarbeiter wirklich lohnenswert erscheint. Man kann Mitarbeiter nicht gegen ihren Willen coachen. In solchen Fällen besinnen Sie sich auf Ihre Führungsaufgabe als Vorgesetzter. Sie machen eine unternehmerische Vollkosten-Rechnung und prüfen, ob der Mitarbeiter sein Geld wert ist. Falls ja, empfiehlt sich eine distanzierte Vorgesetzten-Haltung, die konsequent »Freundliche Stärke« realisiert, ohne dabei große Erwartungen zu hegen. Fokussieren Sie auf Wertschöpfung, Funktions-Erfüllung und friedliche Ko-Existenz.

Falls sich herausstellt, dass ein Mitarbeiter mehr kostet als die durch ihn erzeugte Wertschöpfung einbringt, haben Sie ein unternehmerisches Problem. Dann ist nicht Coaching, sondern konsequentes Konfliktmanagement gefordert. Oder Sie entscheiden sich dafür, diesen Mitarbeiter, der weder mit seinem Coach kooperieren will, noch seine Funktion angemessen erfüllt, zukünftig als »Sozial-Fall« zu betrachten. Sie entwickeln Mitgefühl für die Probleme des Mitarbeiters, tolerieren seine Schwächen und zahlen sein Gehalt so, als wenn Sie einen Teil davon an eine gemeinnützige Stiftung überweisen würden. Oder Sie sorgen für eine möglichst reibungslose Trennung: »Lieber ein Ende mit Schrecken, als ein Schrecken ohne Ende.« Manchmal ist es gut, ein wenig zu warten, und den Lauf der Dinge zu beobachten. Doch wenn sich keine positiven Tendenzen zeigen, sollten Sie eine alte unternehmerische Weisheit beherzigen: »Oftmals entpuppt sich der frühe Schaden als der kleinste Schaden.«

Mitarbeiter-Coaching im Führungs-Alltag

Einige Coaching-Enthusiasten neigen dazu, die realen Erfolgschancen zu überschätzen, doch in den meisten Fällen werden Sie durch kompetentes Coaching gute Ergebnisse erzielen. Statistisch gesehen können Sie durch gezielte Coaching-

Interventionen bei dem größten Teil Ihrer Mitarbeiter die Performance, die Motivation und auch die soziale Kompetenz wesentlich steigern. Aber natürlich machen Sie aus einem Ackergaul kein Rennpferd. Business-Coaching ist keine Methode, um die Persönlichkeit Ihrer Mitarbeiter zu verändern, sondern um Potenziale zu aktivieren, Stärken auszubauen, Schwächen zu reduzieren, Motivation zu steigern und um Fähigkeiten zu erlernen. Sie können Coaching-Werkzeuge nutzen, um berufliche Verantwortung zu delegieren, doch Sie sollten sich hüten, zu glauben, Sie könnten durch Gespräche die psychischen Strukturen Ihrer Mitarbeiter nachhaltig verändern. Menschen streben wie alle Lebewesen nach Stabilität und Sicherheit. Das Unbewusste verfügt über starke Abwehr-Mechanismen. Wenn der Mensch sich in seiner Integrität bedroht fühlt, macht er dicht und widersetzt sich dem Aggressor. Deshalb möchte ich Ihnen ans Herz legen, Ihre Mitarbeiter zunächst so zu akzeptieren wie sie sind. Das im Coaching so wichtige Vertrauen erwächst aus Wertschätzung und Akzeptanz. Aus dieser positiven Basis heraus suchen Sie dann nach wirksamen Hebeln, um gezielte Impulse für eine noch bessere Zukunft zu geben.

Wenn Sie in Ihrem Verantwortungsbereich unerwünschtes Verhalten beobachten, sollten Sie sich zunächst Gedanken machen, wie eine positive Veränderung möglichst konkret aussehen könnte. Dann versetzen Sie sich in die Perspektive Ihres Mitarbeiters und versuchen zu verstehen, warum er sich so verhält und welche Bedürfnisse dadurch befriedigt werden. Anschließend überlegen Sie, wie Sie ihn ansprechen könnten, damit er bereit ist, sich auf ihr Kommunikationsangebot einzulassen – was hat der Mitarbeiter davon, wenn er sich öffnet und sich von Ihnen beeinflussen lässt. Sie müssen ihm eine motivierendes Ziel aufzeigen, dass seinem Unbewussten einen Benefit verspricht – sonst werden seine psychischen Firewall hochfahren und er wird versuchen, Ihren »Angriff auf seine Integrität« abzuwehren. Wirkungsvolle Coaching-Gespräche mit schwierigen Mitarbeitern erfordern eine gute Vorbereitung und viel Fingerspitzengefühl.

Sobald Sie ein geeignetes Konzept für Ihre Gesprächsführung entwickelt haben, können Sie einen Termin vereinbaren, um das Thema in einem wertschätzenden Klima mit konstruktiven Worten anzusprechen. Zunächst sollten Sie eine positive Beziehungs-Ebene erzeugen. Reden Sie mit Ihrem Mitarbeiter über ein Thema, wo er gute Leistungen gezeigt hat. Sprechen Sie ihm die verdiente Anerkennung aus. So signalisieren Sie seinem Unbewussten, dass sie ihn nicht angreifen wollen. Echte Anerkennung lässt ihn wissen, dass er nicht mit seiner ganzen Person in der Kritik steht. Zeigen Sie ihm, dass sie ihn insgesamt schätzen, und dass er lediglich einen bestimmten Aspekt seines Verhaltens zukünftig ändern soll. Sobald ihn diese Botschaft erreicht, steigt die Wahrscheinlichkeit, dass er Ihr Coaching-Angebot annimmt, ganz erheblich. Entwickeln Sie im Gespräch gemeinsam mit dem Mitarbeiter eine konkrete Alternative, damit er weiß was Sie zukünftig von ihm erwarten. So verwandeln Sie das unerwünschte Verhalten in eine Lernaufgabe, die der Mitarbeiter in den kommenden Tagen, Wochen oder Monaten bewältigen soll. Sie stehen als Coach an seiner Seite und unterstützen ihn dabei. Vereinbaren Sie konkrete Erfolgskriterien, anhand derer Sie und Ihr Mitarbeiter die Fortschritte erkennen und bewerten können. Sorgen Sie dafür, dass er die nötige Anerkennung erhält, wenn es ihm gelingt, die gesteckten Ziele zu erreichen. Aus dieser positiven Basis heraus formulieren Sie mit ihm gemeinsam zukünftige Herausforderungen. Wecken Sie seinen Sportsgeist und ermutigen Sie ihn, indem Sie signalisieren, dass Sie ihm zutrauen noch weiter über sich hinaus zuwachsen und zukünftig noch mehr Verantwortung zu übernehmen.

Ob Sie wollen oder nicht – als Chef üben Sie einen mächtigen Einfluss auf Ihre Mitarbeiter aus. Die Mitarbeiter projizieren ihre Bedürfnisse, Hoffnungen und Ängste in Sie hinein. Kleinigkeiten, die Ihnen selber gar nicht auffallen oder völlig unbedeutend erscheinen, werden von Ihren Mitarbeitern aufmerksam beobachtet und interpretiert – von der Farbe Ihrer Krawatte über den Tonfall Ihrer Stimme bis zur Gestaltung Ihres Zeitmanagements. Deshalb brauchen Sie als Business-Coach ein Bewusstsein über Ihre Außenwirkung. Sie müssen lernen, empfängerorientiert zu kommunizieren. Steuern Sie Ihre Außenwirkung, indem Sie die Reaktionen Ihrer Mitarbeiter auf Ihr Verhalten aufmerksam beobachten. Trainieren Sie, sich in die Wirklichkeit und das Erleben Ihrer Mitarbeiter einzufühlen: »Was würden Sie sich von Ihrem Chef wünschen, wenn Sie in der Haut Ihrer Mitarbeiter steckten? Wie müsste Ihr Chef sich verhalten, damit Sie ihm vertrauen und gerne mit ihm zusammenarbeiten?« Solche Fragen geben Ihnen Ideen, um Ihren Mitarbeitern zukünftig bewusst Signale zu senden, die sich positiv auf die gemeinsame Kommunikation auswirken.

Coaching-Know-how in unterschiedlichen Business-Kontexten

Business-Coaching bezieht sich jedoch nicht nur auf das Qualifizieren und Motivieren der eigenen Mitarbeiter. Coaching-Know-how können Sie in vielen beruflichen Situationen einsetzen. Mit einer gewissen Coaching-Routine können Sie Werkzeuge nutzen, um Ihre Kunden, Ihre Kollegen und manchmal sogar Ihren eigenen Chef zu coachen. Nicht selten gilt: »Je höher der Alpha-Affe klettert, desto einsamer wird er.« Ich kenne viele Führungskräfte, die es sehr schätzen, mit einem Sparrings-Partner in einem vertraulichen Bereich über schwierige Themen zu sprechen. Dies muss nicht immer ein externer Coach sein. Wenn ein vertrauenswürdiger Mitarbeiter fähig ist, sein Coaching-Know-how in den Dienst seines Vorgesetzten zu stellen, kann dies ein echter Glücksfall für alle Beteiligten sein. Die Unterstützung durch einen internen Coach, egal ob Chef, Kollege oder Mitarbeiter, kann für gestresste Manager eine echte Entlastung bedeuten.

Coaching Know-how kann also in vielen Business-Kontexten zur Anwendung kommen. Die Zusammenarbeit mit einem externen Coach kann sowohl die Qualität Ihrer Management-Performance steigern, als auch helfen, akute Krisen zu überwinden oder wichtige Entscheidungen zu treffen. Es kann Ihrer Karriere einen enormen Schub geben, Sie vor dem Burnout bewahren, oder als Sparring für schwierige Konflikt-Gespräche dienen. Darüber hinaus können Sie selber als Coach tätig werden – für Ihre Mitarbeiter, für Kollegen oder auch für Ihren Chef. Außerdem können Sie Coaching im Kontakt mit Ihren Kunden einsetzen. In unserem Coaching-Koffer befinden sich einige Werkzeuge, die Ihnen helfen, alltägliche Gesprächssituationen ziel-orientiert zu gestalten. Last but not least können Sie sich die positiven Strukturen des Coachings zur inneren Gewohnheit machen und Ihre Denkprozesse zielorientiert ausrichten: »Art-gerechte Haltung für den Homo sapiens – im Einklang mit unserem biologischen Erbe!«

Sie können Ihr Gehirn trainieren, konsequent erfolgsorientiert zu denken. Dabei können Sie das Prinzip »Coach yourself« für sich entdecken. »Selbst-Coaching« ist letztlich nichts anderes als eine positive Denk-Gewohnheit. Im Vergleich zum »Coaching durch eine andere Person« sind die Möglichkeiten beim »Selbst-Coaching« zwar recht begrenzt – doch es ist wesentlich intelligenter, den inneren Dialog, der permanent in unseren Köpfen stattfindet, im Sinne des Coachings zu gestalten, als sich durch negative Gedanken selbst zu behindern.

Coaching-Spirit wirkt positiv auf Ihre Umwelt

Außerdem überträgt sich der positive Umgang mit den eigenen Gedanken auch auf Ihre Mitmenschen. Je mehr Sie sich darin üben, in positiven Strukturmodellen zu denken, desto stärker wird Ihr Einfluss auf Ihr soziales Umfeld. Trainieren Sie sich, Ihre schöpferischen Gedanken durch offene Fragen auch auf andere Menschen zu übertragen. Intelligente Fragen stimulieren die Kreativität. Ihre Mitmenschen spüren, dass Sie sich wirklich für sie interessieren. Ihre Ausstrahlung wird zunehmend positiver, gewinnend und attraktiv für Ihre Mitmenschen. Man empfindet Sie als angenehmen und hilfreichen Gesprächspartner. Ihre Gegenwart inspiriert andere Menschen. Sie wirken als Vorbild, Wertschätzung für vorhandene Ressourcen zu empfinden und gleichzeitig lösungsorientiert über Probleme nachzudenken. Der Coaching-Spirit motiviert Ihre Mitmenschen, an Erfolge zu glauben. Er hilft, die nötige Energie aufzubringen, um wichtige Dinge mit Inspiration zum Erfolg zu führen.

Wer die Kunst beherrscht, sich im Geiste des Win-Win mit anderen zu verbünden, gewinnt natürliche Überlegenheit. Wenn Sie nun daran denken, sich einen kompetenten Business-Coach zu suchen, achten Sie darauf, sich durch diese Kooperation eine neue Dimension von Leistungsfähigkeit, Inspiration und Lebensqualität zu eröffnen. Falls Sie sogar mit dem Gedanken spielen, als Coach tätig zu werden, dann besinnen Sie sich zunächst auf Ihr natürliches Bedürfnis, anderen Menschen helfen zu wollen. Verankern Sie sich im Win-Win-Spirit. Erinnern Sie sich an die evolutionäre Erfolgsgeschichte des Coachings, und öffnen Sie sich für die Idee, als Speerspitze der Evolution an dieser Geschichte mitzuwirken.

Teil II
DIE 20 WICHTIGSTEN COACHING-THEMEN

Wann ist Coaching sinnvoll?

Kompetentes Business-Coaching zeichnet sich dadurch aus, dass die zu bearbeitenden Themen einen hochgradig individuellen Charakter aufweisen – und das der Coach fähig ist, diesen individuellen Anforderungen gerecht zu werden. Doch auf einer höheren Ebene der Betrachtung gelten auch im Coaching die Gesetze der statistischen Wahrscheinlichkeit. Durch die Analyse einer großen Zahl von Coaching-Prozessen lassen sich Themen-Cluster kategorisieren, die einen gemeinsamen inhaltlichen Schwerpunkt aufweisen. Diese zentralen Themen können oftmals mit einem spezifischen Set von Werkzeugen besonders wirkungsvoll arbeiten, wobei zugleich natürlich die individuelle Einzigartigkeit des jeweiligen Coachee ebenfalls berücksichtigt werden muss.

In der folgenden Übersicht finden Sie die häufigsten Coaching-Themen alphabetisch aufgelistet. Neben dem zentralen Thema finden Sie weitere Stichworte, die in auf verwandte Themen hindeuten. Dort könnte eine ähnliche Vorgehensweise sinnvoll sein.

Als Nächstes finden Sie einige zentrale Fragen, die Sie Ihrem Coachee stellen können, um Klarheit zu gewinnen und das Thema in seiner Spezifität genauer zu erforschen. Natürlich können Sie die Fragen modifizieren und ergänzen, um sie auf die konkrete Situation Ihres Coachee abzustimmen.

Außerdem finden Sie einige Ideen zur Vorgehensweise, die jedoch keinesfalls immer zutreffen, aber aufgrund statistischer Erfahrungs-Werte eine hohe Treffer-Quote aufweisen. Achten Sie bei der Umsetzung der Ideen unbedingt darauf, dass Sie nicht heimlich in den »Berater-Modus« geraten, sondern die Thematik durch die Brille des Coachs betrachten. Denken Sie daran: »Nicht der Coach ist der Experte für die Thematik, sondern der Coachee!«

Zunächst müssen Sie das Problem des Coachee präzise diagnostizieren, und dann versetzten Sie Ihren Coachee in einen ressourcevollen Zustand, wo er Zugang zu seiner schöpferischen Kraft gewinnen kann. Dann stimulieren Sie seine Kreativität und helfen ihm, für sein Problem eine maßgeschneiderte Lösung zu entwickeln. Widerstehen Sie der Versuchung, dem Coachee zu sagen, was er tun soll! Auch wenn Ihr Lösungsansatz auf Ihrer eigenen Landkarte »total logisch« erscheinen mag – Sie helfen Ihrem Coachee wesentlich wirkungsvoller, indem Sie ihm methodische »Hilfe zur Selbst-Hilfe« anbieten.

Die Verweise im unteren Abschnitt sind Empfehlungen für bestimmte Werkzeuge, die in Teil III des Buches ausführlich dargestellt sind. Auch die Werkzeuge passen nicht in jedem Fall, doch es besteht eine hohe Wahrscheinlichkeit, dass sie dem betroffenen Menschen mit solch einer Thematik helfen können.

Die 20 wichtigsten Coaching-Themen

Ängste	-> Stress, Phobien, soziale Ängste, Schlafstörungen, irrationales Verhalten, Selbstkonzept, innere Antreiber, Käfig-Gefühle, Angst vor der Zukunft, spezifische Ängste
Burn-out	-> Stress, Depression, psychosomatische Symptome, Schlafstörungen, Work-Life-Balance, Sabbatical, Resignation, Zukunfts-Perspektive, Klinik-Aufenthalt, Comeback
Change-Management	-> Organisationsentwicklung, Veränderung, Prozessgestaltung, Unternehmenspolitik, Netzwerke, Strategie, Kommunikation von Entscheidungen, Implementierung
Entscheidungen	-> Supervision, innere Konflikte, Risikomanagement, Zukunftsentwürfe, Zeitdruck, Verantwortung, Strategie, Innovation, systemisches Denken, Unternehmenspolitik
Finanzen	-> Etats, Insolvenz, Liquiditätsengpässe, Rentabilität, Schulden, Lebensplanung, Business-Pläne, Finanzierungs-Modelle, Altersvorsorge, Win-Win-Konzepte
Karriere	-> Perspektiven, Job-Wechsel, neue Aufgaben, Verantwortung, Auslandsaufenthalt, Vergütung, Macht + Status, AC-Vorbereitung, Outplacement, Lebenslauf, Entscheidungen
Konflikte	-> Kommunikation, Team-Spirit, Streit, Macht, Allianzen, Feindschaft, Beziehungsebene, unterschiedliche Interessen, soziale Probleme, Frustration + Aggression
Krisen	-> Überforderung, Akute Probleme, Identitätskrisen, plötzliche Veränderung, Perspektivlosigkeit, Leistungsdruck, Prioritäten, Verantwortung, Selbst-Konzept
Mitarbeiterführung	-> Gesprächsführung, Motivation, Konflikte, Team-Entwicklung, Kritikgespräche, Rollenbewusstsein, Durchsetzung, Akzeptanz, Abgrenzung, Führungsstil, Standing, Projektleitung, Führen ohne Macht
Motivation	-> Leistungsseigerung, Frustration, Bedürfnisse, Sinngefühl, Druck + Stress, Burn-out, Ausdauer, Ziele + Werte, Erfolgskriterien, Ergebnisse, Arbeitsplatzgestaltung, Team-Spirit, Kompetenz

Präsentationen	-> Workshops, Meetings, Konferenzen, wichtige Kundentermine, Rhetorik, Lampenfieber, Blackout, Perfektionismus, Zielgruppen-Analyse, Selbstvertrauen, Medien-Coaching
Selbstwert	-> Versagen, Identität, Selbstkonzept, Bedürfnisse, Anerkennung, Macht + Status, Kommunikation, Rollenbewusstsein, Fassade, Über-Ich, Psychologie, Feedback, persönliche Herausforderung
Sinnsuche	-> Werte-Themen, Frustration, Existenzielle Entscheidungen, Lebensfreude, Midlife-Crisis, Sabbatical, Niederlagen, Neuorientierung, Spiritualität, soziales Netz, Freundschaft, Sinn des Lebens
Soziale Kompetenz	-> Standing, Durchsetzung, Rolle als Führungskraft, Abgrenzung, Nein-Sagen, Glaubwürdigkeit, Image-Probleme, AC-Ergebnisse, Konfliktstärke, Kontaktstrategien, Führen ohne Macht, Beziehungsprobleme
Strategie	-> Vision + Ziele, Phasen-Modelle, Prioritäten, Engpässe, Meilensteine, Prozessgestaltung, Marktanalyse, Realisierungskonzepte, Projektmanagement, Umgang mit Widerstand, Think Tanks
Trennung	-> Kündigung, Entscheidung treffen, Outplacement, Job-Wechsel, Arbeitsrecht, Abbruchkriterien, neue Perspektiven, Headhunter, Abfindung, Lebenslauf, Gerechtigkeit, unlösbare Konflikte, Resignation
Team	-> Betriebsklima, Team-Spirit, Konflikte, Schnittstellen, Kommunikation, Wertschätzung, Motivation, Systemdynamik, Rollenbewusstsein, Feedback-Kultur, Zusammenarbeit
Vertrieb / Verkauf	-> Probleme mit Kunden / Vertriebs-Mitarbeitern, Motivation, Pricing, Umsatz, Außendienst, Gesprächsführung, neue Kanäle, Verhandlungen, Key Account
Work-Life-Balance	-> Stressmanagement, Burn-out-Gefahr, Gesundheit, Sinnfragen, Frustration, neue Perspektiven, Teilzeitmodelle, Sabbatical, Interimslösungen, Lebensphasen
Zeitmanagement	-> Stress, Prioritäten, Planung, Termin-Druck, Work-Load, Delegation, Disziplin, Überforderung, Alt-Lasten, Symplify Your Life, Sabbatical, Nein-Sagen, Abgrenzung, persönliche Organisation

Ängste

→ Stress, Phobien, soziale Ängste, Schlafstörungen, irrationales Verhalten, Selbstkonzept, innere Antreiber, Käfig-Gefühle, Angst vor der Zukunft, spezifische Ängste

Nützliche Fragen

- Was genau ist der Auslöser für Ihre Angst? In welchen Momenten entsteht die Angst? Wann und wie verschwindet sie wieder? Was können Sie aktiv dafür tun, weniger Angst zu empfinden?
- In welchen Situationen fühlen Sie sich total sicher, gelassen und kraftvoll? Wie wäre es, wenn Sie dieses positive Gefühl auf die ängstlichen Momente übertragen könnten?
- Stellen Sie sich einmal vor, wie es wäre, wenn Sie diese Angst bereits vollständig überwunden hätten – Wie würden Sie stattdessen auf den Angst-auslösenden Reiz reagieren wollen?
- Welche positive Funktion könnte die Angst für Ihre unbewusste Psyche erfüllen? Wie könnten Sie diese Funktion auf andere, bessere Weise erfüllen?

Ideen zur Vorgehensweise

- Vermitteln Sie dem Coachee Sicherheit und Vertrauen. Bringen Sie ihn zunächst in einen ressourcevollen Zustand und finden Sie dann heraus, was genau der Auslöser für die Angst ist.
- Helfen Sie Ihrem Coachee eine ermutigende Zukunftsperspektive zu entwickeln. Er soll auf seiner inneren Landkarte ein Selbstkonzept erzeugen, wo er die alte Angst nicht mehr braucht.
- Bringen Sie ihn in Kontakt mit Ressourcen, die ihm Kraft und Selbstvertrauen vermitteln. Erarbeiten Sie Wege, wie er im Alltag Zugriff auf diese Ressourcen bekommt. Üben Sie diesen Zugriff im Coaching.
- Helfen Sie ihm zu verstehen, dass Angst eine normale und nützliche Schutzreaktion der unbewussten Psyche ist. Alle Menschen haben Angst, niemand braucht sich zu schämen. (»Ich bin okay.«)
- Überprüfen Sie, welche sekundären Gewinne die Angst mit sich bringt. Sorgen Sie dafür, dass diese Gewinne (z. B. Schutzfunktion) durch andere Verhaltensweisen geleistet werden.

Geeignete Werkzeuge

→ Innere Landkarte

→ Phobie-Technik

→ Ankern

→ Dissoziierte Zustände

Burn-out

→ Stress, Depression, psychosomatische Symptome, Schlafstörungen, Work-Life-Balance, Sabbatical, Resignation, Zukunfts-Perspektive, Klinik-Aufenthalt, Comeback

Nützliche Fragen

- Seit wann fühlen Sie sich erschöpft? Was waren die Auslöser dafür? Auf einer Skala von 0 bis 10 – wie hat sich Ihr Zustand in den letzen Jahren/Monaten entwickelt?
- Welche Situationen in Ihrem Alltag erzeugen besonders viel Stress? Wie genau entsteht das innere »Stress-Programm«? Was sind die ersten Anzeichen für sein Einsetzen?
- Einmal angenommen, Sie könnten Ihre Gewohnheiten verändern – was würden Sie sich zukünftig Gutes tun? Welche Kraftquellen stehen Ihnen bereits zur Verfügung, welche wünschen Sie sich für die Zukunft?
- Welche Personen kennen Sie gut und sind Ihnen wohlgesonnen? Was würden diese Menschen zu Ihnen sagen, wenn sie Ihre Situation genau kennen würden? Was empfehlen oder raten sie Ihnen?

Ideen zur Vorgehensweise

- Finden Sie heraus, wie weit der Burn-out-Prozess bereits fortgeschritten ist und identifizieren Sie die wichtigsten Stressfaktoren.
- Kommunizieren Sie wie ein Arzt, der einen Patienten motivieren will, aktiv in seine Gesundheit zu investieren. Machen Sie ihm bewusst, dass Gesundheit die wichtigste Ressource ist – auch für seinen beruflichen Erfolg!
- Entwickeln Sie mit dem Coachee Strategien, um zukünftig weniger Stress zu empfinden. Helfen Sie ihm, die kritischen Reiz-Reaktions-Muster zu erkennen und gezielt zu unterbrechen.
- Helfen Sie ihm, sich möglichst zeitnah Phasen der Ruhe und Erholung zu organisieren. Verankern Sie die Entscheidung, Stress zu reduzieren und schädliche Verhaltensmuster aufzugeben.
- Prüfen Sie in der 2. oder 3. Sitzung, ob Ihre Interventionen wirklich hilfreich sind. Falls der Burn-out-Prozess bereits fortgeschritten ist, motivieren Sie ihn, unbedingt ärztliche Hilfe in Anspruch zu nehmen.

Geeignete Werkzeuge

→ Veränderungs-Coaching

→ Leading

→ Unser Unbewusstes

→ Dissoziierte Zustände

→ Rituale

Change-Management

→ Organisationsentwicklung, Veränderung, Prozessgestaltung, Unternehmenspolitik, Netzwerke, Strategie, Kommunikation von Entscheidungen, Implementierung

Nützliche Fragen

- Was ist die Vision für den Change-Prozess? Was sind die wichtigsten Ziele und Meilensteine? Wie sieht der organisatorische Rahmen aus?
- Wo genau befinden Sie sich aktuell? Was waren die Erfolge und Lern-Erfahrungen der Vergangenheit? Was sind die nächsten konkreten Schritte auf der Change-Agenda?
- Welche Ressourcen sind im Spiel? Wie können Sie dafür sorgen, dass Sie den optimalen Nutzen daraus ziehen? Welche Widerstände und Baustellen im Prozess? Wie gehen Sie damit um?
- Welche Projekte erfordern zurzeit Ihre Aufmerksamkeit? Wo genau wollen Sie in der nächsten Zeit Ihre Energie investieren?

Ideen zur Vorgehensweise

- Nehmen Sie sich ausreichend Zeit, um die systemische Komplexität sehr differenziert zu analysieren.
- Sorgen Sie dafür, dass der Coachee sich nicht als Opfer, sondern als Gestalter der Dynamik versteht.
- Helfen Sie ihm, wirksame Veränderungshebel und Quick-wins zu identifizieren, um schnelle Erfolge als Motivations-Verstärker zu erzielen.
- Motivieren Sie Ihren Coachee, seine Aktivitäten schriftlich zu koordinieren. Er soll in Zielen und Erfolgen denken, nicht in Problemen. Falls er Probleme identifiziert, soll er seinen kreativen Geist konsequent auf mögliche Lösungen fokussieren.
- Falls Personen Widerstand leisten, soll er mit dem Win-Win-Filter auf diese Menschen schauen. Was kann er ihnen anbieten, damit sie den Prozess mit unterstützen?

Geeignete Werkzeuge

→ Gewinner-Gewinner-Modell

→ Time-Line

→ Motivation

→ Future Pace

Entscheidungen

→ Supervision, innere Konflikte, Risikomanagement, Zukunftsentwürfe, Zeitdruck, Verantwortung, Strategie, Innovation, systemisches Denken, Unternehmenspolitik, Investitionen

Nützliche Fragen

- Wie stellen Sie sich Ihre Zukunft vor? Was könnte idealerweise geschehen, wenn sich alles positiv entwickelt?
- Welche konkreten Handlungsalternativen stehen Ihnen aktuell zur Verfügung? Wie sehen diese Optionen aus, wenn wir sie detailliert betrachten?
- Welche Alternative bringt ihnen welche Vorteile und welche Nachteile? Welche Risiken und Chancen sind im Spiel? Wie bewerten Sie diese Konsequenzen – was sind Ihre Prioritäten?
- Wer könnte ein guter Berater für Sie sein? Einmal angenommen, dieser virtuelle Berater würde die Zukunft kennen, was würde der Berater Ihnen empfehlen?

Ideen zur Vorgehensweise

- Bringen Sie Ihren Coachee zunächst in einen Ressource-Zustand. Er soll aus einer Position der Stärke über seine Situation nachdenken. Die Möglichkeit etwas entscheiden zu können, ist ein Stück Freiheit!
- Erarbeiten Sie mit Ihrem Coachee sehr präzise die Konsequenzen der verfügbaren Alternativen.
- Bringen Sie ihn in emotionalen Kontakt mit den Alternativen. Versetzen Sie ihn in die Zukunft. Lassen Sie ihn spüren, wie es sich anfühlt, wenn er sich für die eine oder andere Alternative entschieden hat.
- Falls möglich, reduzieren Sie den Zeitdruck. Verlängern Sie die »Ressource Zeit«, indem Sie den optimalen Zeitpunkt für die Entscheidung bewusst hinterfragen und evtl. neu definieren.
- Geben Sie dem Coachee die Hausaufgabe, in den nächsten Tagen/Wochen weitere Informationen zu sammeln. Je mehr Infos verfügbar sind, desto höher die Chance auf eine gute Entscheidung.

Geeignete Werkzeuge

→ Teile-Modell

→ Wechsel der Wahrnehmungsposition

→ Innere Landkarte

→ Time-Line

→ Ritual

Finanzen

→ Etats, Insolvenz, Liquiditätsengpässe, Rentabilität, Schulden, Lebensplanung, Business-Pläne, Finanzierungs-Modelle, Altersvorsorge, Win-Win-Konzepte

Nützliche Fragen

- Wie genau ist Ihre aktuelle finanzielle Situation beschaffen? Welche Chancen und Risiken sind im Spiel? Welche Puffer gibt es? Was genau belastet Sie?
- Wenn alles nach Ihnen ginge – wie würden Sie die Situation gestalten wollen? Welche Ressourcen brauchen Sie, um sich als Herr der Lage zu fühlen?
- Welche Personen könnten Sie bei Ihrer weiteren Vorgehensweise kompetent beraten? Wer sind Ihre Verbündeten? Wann nehmen Sie Kontakt mit diesen Menschen auf?

Ideen zur Vorgehensweise

- Sorgen Sie dafür, dass der Coachee seine Situation ganzheitlich betrachtet. Machen Sie alle relevanten Zusammenhänge und mögliche Konsequenzen bewusst. Denken Sie systemisch und Ressourcen-orientiert.
- Helfen Sie ihm seine Betroffenheit zu reduzieren. Bringen Sie ihn in einen dissoziierten Zustand, damit er seine Situation durch die Brille eines intelligenten Finanzexperte betrachten kann.
- Befragen Sie ihren Coachee sehr genau nach seinen Zielen, Werten und Prioritäten. Betrachten Sie anschließend die finanzielle Situation vor diesem Hintergrund.
- Überprüfen Sie welche realen Risiken im Spiel sind. Nutzen Sie ihren gesunden Menschenverstand und überprüfen Sie, ob der Coachee alle Risiken realistisch einschätzen kann.
- Falls nötig, motivieren Sie Ihren Coachee, nach dem Coaching echte Finanz-Experten(z. B. Steuerberater, Anwalt, Bank-Berater) aufzusuchen.

Geeignete Werkzeuge

→ Glaubens-Sätze

→ Ziel-Orientierung

→ Ressourcen

→ Kreativität

→ Dissoziation

Karriere

-> Perspektiven, Job-Wechsel, neue Aufgaben, Verantwortung, Auslandsaufenthalt, Vergütung, Macht + Status, AC-Vorbereitung, Outplacement, Lebenslauf, Entscheidungen

Nützliche Fragen

- Wie stellen Sie sich ihre Zukunft vor? Was daran finden Sie motivierend? Was ist eher frustrierend?
- Wenn alles nach Ihnen ginge – wie würden sie ihre berufliche Zukunft gestalten?
- Welche Bedürfnisse, Wünsche, Ziele und Werte sind die Treiber hinter Ihrem Karriere-Wunsch?
- Wer wäre ein guter Mentor für ihren beruflichen Erfolg? Was würde ihnen dieser Mentor in der aktuellen Situation raten?

Ideen zur Vorgehensweise

- Finden Sie heraus, wie der Coachee sich seine Zukunft vorstellt. Was wünscht er sich wirklich, was glaubt er tun zu müssen, um seine Ziele zu erreichen? Hinterfragen Sie seine Glaubensmuster.
- Welche aktuellen Chancen bieten sich dem Coachee? Welche Zukunftsoption bevorzugt er aus welchen Gründen?
- Ermutigen Sie Ihren Coachee, in Kontakt mit seinen wahren Bedürfnissen und Werten zu gelangen. Helfen Sie ihm eine gute Entscheidung zu treffen, die seine wichtigsten Bedürfnisse und seine zentralen Werte berücksichtigt.
- Geben Sie Ihrem Coachee die Hausaufgabe, seine Zukunft schriftlich zu formulieren. Dabei soll er eine gute Mischung aus Optimismus und Realismus als Orientierung nutzen.

Geeignete Werkzeuge

-> Wechsel der Wahrnehmungsposition

-> Siebte-Himmel-Physiologie

-> Magie des Wünschens

-> Kreativität

Konflikte

→ Kommunikation, Team-Spirit, Streit, Macht, Allianzen, Feindschaft, Beziehungsebene, unterschiedliche Interessen, soziale Probleme, Frustration + Aggression

Nützliche Fragen

- Wie hat sich der Konflikt entwickelt? Was waren die kritischen Momente? Was ist auf der Ebene der Fakten tatsächlich geschehen? Wie haben die Betroffenen die Ereignisse interpretiert?
- Wer genau ist an dem Konflikt beteiligt? Was wollen die Beteiligten? Welche realen Interessen sind im Spiel? Wie ist die Ebene der Macht beschaffen?
- Wie könnte eine kreative Win-Win-Lösung aussehen?
- Was wäre eine geeignete Art, um mit der anderen Seite in einen konstruktiven Dialog zu treten?

Ideen zur Vorgehensweise

- Finden Sie zunächst heraus, wie genau die Konflikt-Situation beschaffen ist. Wie hat sie sich entwickelt?
- Achten Sie darauf, die Ebene der Fakten klar von der Ebene subjektiver Interpretation und emotionaler Befindlichkeit zu unterscheiden.
- Fragen Sie den Coachee, was er glaubt, wie sich die Situation weiter entwickeln wird, wenn nicht aktiv eingegriffen wird.
- Helfen Sie Ihrem Coachee, sich empathisch in die Position der anderen Seite hineinzufühlen. Wie würde er sich fühlen, wenn er auf der anderen Seite stehen würde?
- Stimulieren Sie Ihren Coachee sich eine positive Konfliktlösung vorzustellen. Wie würde er die Situation gestalten, wenn alles nach ihm ginge?

Geeignete Werkzeuge

→ Konflikt-Coaching

→ Gewinner-Gewinner-Modell

→ Realitätstunnel

→ Positive Absicht

Krisen

→ Überforderung, Akute Probleme, Identitätskrisen, plötzliche Veränderung, Perspektivlosigkeit, Leistungsdruck, Prioritäten, Verantwortung, Selbst-Konzept

Nützliche Fragen

- Was genau ist die Herausforderung an ihrer aktuellen Situation? Was brauchen Sie, um diese erfolgreich zu bewältigen?
- Welche Krisen haben Sie in ihrer Vergangenheit erfolgreich bewältigt? Wie ist es ihnen gelungen, aus diesen wieder herauszukommen?
- Wenn Sie sich einmal erlauben, sich vorzustellen, sie hätten die aktuelle Krise bereits erfolgreich bewältigt – woran würden sie dies bemerken? Wie wäre Ihre Situation beschaffen, wenn die Krise beendet wäre?
- Was könnten Sie lernen, um die Krise möglichst schnell und wenig schmerzhaft zu überwinden? Welche Fähigkeiten wären hilfreich für Sie, um ein kompetenter Krisen-Manager zu sein?

Ideen zur Vorgehensweise

- Stabilisieren Sie Ihren Coachee. Bringen Sie ihn in Kontakt mit Ressourcen und sorgen Sie dafür, dass er bereit ist, seine Situation kreativ und lösungsorientiert zu betrachten.
- Erinnern Sie ihn daran, dass er in seinem Leben schon viele Probleme lösen konnte. Mit hoher Wahrscheinlichkeit wird es ihm auch gelingen, das aktuelle Problem erfolgreich zu lösen.
- Motivieren Sie Ihren Coachee sein Leben als einen dynamischen Lern- und Entwicklungsprozess zu betrachten. Helfen Sie ihm die positiven Aspekte der Veränderung zu sehen.
- Helfen Sie ihm, die nötigen Ressourcen zu organisieren. Entwickeln Sie ein Konzept, dass geeignet ist, die Krise in einem überschaubaren Zeitrahmen zu bewältigen. Stärken Sie seinen Mut und seine Zuversicht.

Geeignete Werkzeuge

→ Seperator-State-Manöver

→ Reframing

→ Ressourcen

→ New Behavior Generator

→ System-Check

→ Metaphern

Mitarbeiterführung

→ Gesprächsführung, Motivation, Konflikte, Team-Entwicklung, Kritikgespräche, Rollenbewusstsein, Durchsetzung, Akzeptanz, Abgrenzung, Führungsstil, Standing, Projektleitung, Führen ohne Macht

Nützliche Fragen

- Was genau glauben Sie über ihre Mitarbeiter? Welche Stärken und welche Lernfelder sehen sie?
- Wie gestalten Sie ihre Mitarbeitergespräche? Was genau können sie tun, um sich zukünftig noch besser auf diese Gespräche vorzubereiten? Wie können Sie noch wirkungsvoller kommunizieren?
- Wie ist Ihr Führungs-Verständnis? Was erwarten Ihre Mitarbeiter und Ihr Unternehmen von Ihnen? Wie führen Ihre Kollegen ihre Mitarbeiter? Was unterscheidet Sie von anderen Führungskräften?
- Wie erleben Sie sich in Ihrer Rolle als Führungskraft? Welche konkreten Hebel im Führungsalltag kennen sie, um ihre Mitarbeiter gezielt zu beeinflussen?

Ideen zur Vorgehensweise

- Helfen Sie Ihrem Coachee, in Kontakt mit dem Prinzip »Freundliche Stärke« zu gelangen. Machen Sie ihm bewusst, dass er die Aufgabe hat, seine Mitarbeiter aktiv zu beeinflussen (Win-Win-Ethik).
- Motivieren Sie Ihren Coachee, sich darüber klar zu werden, was er in seiner Rolle als Vorgesetzter dazu beitragen kann, dass die Mitarbeiter ihre Perfomance verbessern (Rollenbewusstsein stärken).
- Betrachten Sie die relevanten Mitarbeiter einzeln, in ihrer Individualität. Trainieren Sie den Coachee, sich wirklich in seine Mitarbeiter hineinzufühlen.
- Visualisieren Sie die Stärken und die Lernfelder der einzelnen Mitarbeiter am Flipchart.
- Trainieren Sie Ihren Coachee am konkreten Beispiel mit einzelnen Mitarbeitern. Nutzen Sie Rollenspiele und ermutigen Sie ihn zu neuen Verhaltensweisen. Fordern Sie ihn auf, aktiv zu experimentieren.

Geeignete Werkzeuge

→ Mitarbeiter-Coaching

→ Innere Landkarte

→ Frage-Technik

→ Motivation

→ Unser Unbewusstes

Motivation

→ Leistungsseigerung, Frustration, Bedürfnisse, Sinngefühl, Druck + Stress, Burn-out, Ausdauer, Ziele + Werte, Erfolgskriterien, Ergebnisse, Arbeitsplatzgestaltung, Team-Spirit, Kompetenz

Nützliche Fragen

- Was bringt ihnen am allermeisten Spaß in ihrem Leben? Wann haben Sie solch intensive positive Erfahrungen das letzte Mal erlebt?
- Was genau frustriert Sie an Ihrer aktuellen Lebenssituation? Wie sind Sie mit diesem Frust bisher umgegangen? Was können Sie zukünftig verändern, um weniger Frust zu erleben?
- Welche Bedürfnisse schlummern noch in Ihnen? Wie könnten Sie Ihre Situation aktiv verändern, um diesen Bedürfnissen mehr Raum zu geben?
- Wenn sie an ihre Zukunft denken – was motiviert sie dabei am meisten? Worauf freuen Sie sich, was lässt ihr Herz höher schlagen?
- Welche Personen bringen Sie in einen guten Zustand? Wie fühlen sie sich, wenn sie mit diesen Menschen Kontakt haben?

Ideen zur Vorgehensweise

- Finden Sie heraus, wie genau das Motivationsproblem beschaffen ist? Bezieht es sich in erster Linie auf den Coachee, oder auf seine Mitarbeiter ... oder auf das gesamte Unternehmen?
- Bringen Sie ihn in Kontakt mit Ideen, die ihm helfen könnten, frische Motivation zu empfinden. Stimulieren Sie ihn, diese Ideen auf seinen Arbeitsalltag zu übertragen.
- Nutzen Sie die Kraft der Erlaubnis. »Ja – Du darfst!« Viele Menschen verbieten sich echte Lebensfreude im Beruf, ohne dies zu bemerken, weil sie sich so sehr daran gewöhnt haben.
- Helfen Sie Ihrem Coachee, seine Motivationsressourcen im Coaching intensiv zu erleben (»Ressourcen-Kontakt«). Ankern Sie den Motivationszustand, um ihn auch für den Alltag verfügbar zu machen.

Geeignete Werkzeuge

→ Motivation

→ Assoziation

→ Moment of Excellence

→ Hypnotische Sprache

→ Ritual

Präsentationen

→ Workshops, Meetings, Konferenzen, wichtige Kundentermine, Rhetorik, Lampenfieber, Blackout, Perfektionismus, Zielgruppen-Analyse, Selbstvertrauen, Medien-Coaching

Nützliche Fragen

- Was ist das Ziel der Präsentation? Wie müsste sie idealerweise ablaufen? Wie können Sie aktiv dafür sorgen, dass die Präsentation gelingt?
- Was erwarten die Teilnehmer von Ihnen? Was braucht die Pflicht, was wäre Kür? Was würde wirklich begeistern?
- Was könnte Ihre Teilnehmer langweilen? Was wäre ein Fauxpas? Was genau könnte Ihren Erfolg behindern? (→ Negativ-Szenario) … Wie können Sie sich aktiv davor schützen?
- Welche Reaktion wünschen Sie sich von Ihren Teilnehmern? (Konkrete Beispiele einfordern: »Was soll der Vorstand Herr Dr. Müller hinterher sagen?«)
- Was bedeutet diese Präsentation für Sie persönlich? Wie interpretieren Sie dieses Event? Was hängt alles daran? Welchen Einfluss hat sie auf Ihr Selbstwertgefühl? Ist das angemessen?

Ideen zur Vorgehensweise

- Finden Sie heraus, auf welcher Ebene das Problem stattfindet – wovor genau hat der Coachee Angst?
- Helfen Sie ihm, die Präsentation angemessen und realistisch zu betrachten. Machen Sie ihm die Rahmenbedingungen bewusst und versetzen Sie ihn in den Zustand der »Freundlichen Stärke«.
- Bringen Sie ihn in Kontakt mit den benötigten Ressourcen (z. B. Selbstvertrauen ankern). Falls Redeangst im Spiel ist, üben Sie mit ihm im Rollenspiel. Geben Sie ihm ermutigendes Feedback.
- Wechseln Sie die Wahrnehmungsposition: Der Coachee soll lernen, wie seine Gegenüber zu denken, ihre Bedürfnisse zu erkennen und sich in deren Perspektive einzufühlen. (»der Wurm soll dem Fisch schmecken und nicht dem Angler!«)
- Motivieren Sie Ihren Coachee, sich angemessen vorzubereiten, um auf der Sachebene genügend Kompetenz aufzubauen. Helfen Sie ihm, diese Vorbereitung auch als Selbstsicherheit zu nutzen.

Geeignete Werkzeuge

→ Moment of Excellence

→ Glaubenssätze

→ Innerer Dialog

→ Ankern

→ Realitätstunnel

Selbstwert

→ Versagen, Identität, Selbstkonzept, Bedürfnisse, Anerkennung, Macht + Status, Kommunikation, Rollenbewusstsein, Fassade, Über-Ich, Psychologie, Feedback, persönliche Herausforderung

Nützliche Fragen

- Was glauben Sie über sich selber? Warum sind Sie ein wertvoller, kompetenter und erfolgreicher Mensch? Wie geben Sie sich selbst Anerkennung?
- Welche Erfolge konnten Sie in der letzten Zeit realisieren? Wie haben Sie diese Erfolge erlebt?
- Welche positiven Botschaften bekommen Sie von Ihren Mitmenschen? Woran merken Sie, wenn andere Menschen Sie mögen oder Ihnen Anerkennung geben?
- Welcher Mensch hat Sie in der Vergangenheit am meisten unterstützt und gefördert? Was würde dieser Mensch über Sie sagen, wenn ich ihn bitten würde, Ihre Persönlichkeit zu beschreiben?

Ideen zur Vorgehensweise

- Ermutigen Sie Ihren Coachee, über sich selbst in einer positiven Weise nachzudenken. Lenken Sie seine Aufmerksamkeit auf seine Stärken und positiven Eigenschaften.
- Motivieren Sie Ihren Coachee, über seine Erfolge und Leistungen zu sprechen. Geben Sie ihm aufrichtige und intensive Anerkennung. Erlauben Sie ihm, sich selber zu loben. (»Die Dosis macht das Gift!«)
- Geben Sie Ihrem Coachee Hausaufgaben, die ihm helfen, positive Gewohnheiten der Selbstwahrnehmung zu entwickeln (z. B. Filter für Erfolge und für positive Reaktionen seiner Mitmenschen).
- Fordern Sie ihn auf, seine persönliche Lebensgeschichte durch einen positiven, ressourcenorientierten Filter zu betrachten. Er soll sein Leben als Erfolgsstory schriftlich niederlegen und sich seine Geschichte vor dem Spiegel selbst vorlesen.

Geeignete Werkzeuge

→ Ressourcen

→ Assoziierte Zustände

→ Kreativität

→ Unser Unbewusstes

→ Change History

Sinnsuche

→ Werte-Themen, Frustration, Existenzielle Entscheidungen, Lebensfreude, Midlife-Crisis, Sabbatical, Niederlagen, Neuorientierung, Spiritualität, soziales Netz, Freundschaft, Sinn des Lebens

Nützliche Fragen

- Auf einer Skala von 0 bis 10 – wie geht es Ihnen jetzt? Was müsste in Ihrem Leben geschehen, damit Sie auf eine 8 oder 9 kommen?
- Welche Themen interessieren Sie zurzeit am meisten? Was genau macht diese Themen so attraktiv?
- Welche Spuren gibt es in Ihrer Vergangenheit, um intensive Sinngefühle zu erleben? In welchen Situationen haben Sie nicht an sich gezweifelt? Wie war das genau?
- Welche Menschen haben Sie in der Vergangenheit am meisten inspiriert? Was genau hat Sie an diesen Menschen beeindruckt? Was haben Sie von denen gelernt?
- Stellen Sie sich vor, Sie selber würden über diese Fähigkeiten verfügen – wie wäre das? Wie würden Sie sich fühlen, wenn Sie über mehr Weisheit, Kompetenz, Glücksfähigkeit etc. verfügen könnten?

Ideen zur Vorgehensweise

- Finden Sie heraus, in welcher realen Lebenssituation sich der Coachee tatsächlich befindet. Verstehen Sie, über welche Spielräume er verfügt: Wo er experimentieren kann, ohne die Stabilität seiner Systeme zu gefährden.
- Erforschen Sie, welche Spuren für die Sinnsuche er bisher verfolgt hat? Welche dieser Spuren erschien ihm vielversprechend? Wo lohnt es weiter zu suchen?
- Machen Sie dem Coachee bewusst, dass er der Schöpfer seiner eigenen Realität ist. Helfen Sie ihm, die Verantwortung für sein Leben zu übernehmen.
- Ermutigen Sie ihn, sich selbst auf eine Weise zu erfahren. Geben Sie ihm die Erlaubnis, den alten frustrierenden Käfig seiner inneren Gewohnheiten zu verlassen, und neue Wege zu erkunden.
- Helfen Sie ihm, den Schatz seiner Lebenserfahrung zu würdigen. Er darf sich vertrauen, während er sich auf seiner Suche befindet. Es ist okay, ein Suchender zu sein.

Geeignete Werkzeuge

→ Zensor

→ Tiefenstruktur von Sprache

→ Magie des Wünschens

→ Metaphern

→ Präsenz

Soziale Kompetenz

→ Standing, Durchsetzung, Rolle als Führungskraft, Abgrenzung, Nein-Sagen, Glaubwürdigkeit, Image-Probleme, AC-Ergebnisse, Konfliktstärke, Kontaktstrategien, Führen ohne Macht, Beziehungsprobleme

Nützliche Fragen

- Was genau würden Sie gerne in Ihrem Verhalten verändern? Wie wäre es, wenn Ihnen diese Veränderung bereits gelungen wäre? Wie würden Sie sich dann fühlen und verhalten?
- Welche Menschen kennen Sie, die über eine hohe soziale Kompetenz verfügen? Stellen Sie sich vor, Sie wären einer dieser Menschen – wie würden Sie sich zukünftig verhalten?
- Welche Menschen stellen Erwartungen an Sie? Was genau wollen die von Ihnen? Was hindert Sie daran, deren Erwartungen zu erfüllen? Was erwarten Sie von sich selber? Wie passt das zusammen?
- In welchen konkreten Situationen wollen Sie sich zukünftig wie verhalten? Wie genau wollen Sie das neue Verhalten erlernen? Wie können Sie sicherstellen, dass es Ihnen gelingt?

Ideen zur Vorgehensweise

- Sorgen Sie zunächst für eine positive Beziehungsebene. Bauen Sie Vertrauen auf. Vermitteln Sie Sicherheit. Achten Sie darauf, nicht bedrohlich zu wirken.
- Erzeugen Sie einen intensiven Dialog. Erforschen Sie die Kommunikationsmuster Ihres Coachees. Verstehen Sie, wie er sich ausdrückt und wo seine Hemmungen / Einschränkungen sind.
- Respektieren Sie die Schutzimpulse der unbewussten Psyche. Setzen Sie ihn nicht unnötig unter Druck. Signalisieren Sie Verständnis für menschliche Unzulänglichkeiten im Allgemeinen (»Nobody is perfect«).
- Identifizieren Sie konkrete Trainingsfelder. Helfen Sie Ihrem Coachee, zu verstehen, welche sozialen Fähigkeiten er trainieren muss, um sich positiv zu verändern. Üben sie mit ihm in Rollenspielen.
- Ermutigen Sie ihn! Machen Sie ihm bewusst, dass die Zeit für ihn spielt, wenn er sich trainiert.

Geeignete Werkzeuge

→ Realitätstunnel

→ Positive Absicht

→ Empfängerorientierung

→ Körpersprache

→ Modeling

Strategie

→ Vision + Ziele, Phasen-Modelle, Prioritäten, Engpässe, Meilensteine, Prozessgestaltung, Marktanalyse, Think Tanks, Realisierungskonzepte, Projektmanagement, Umgang mit Widerstand

Nützliche Fragen

- Wie ist Ihre aktuelle strategische Situation beschaffen? Was läuft gut? Was erscheint suboptimal? Was brauchen Sie für eine erfolgreiche Zukunft? Was fordert der Markt? Was erwarten Ihre Mitarbeiter?
- Wie sieht Ihre Zukunftsvision aus? Einmal angenommen, Ihre Strategie wird erfolgreich realisiert – wie sieht Ihre unternehmerische Situation dann aus?
- Welche Ressourcen in Ihrem System sind noch nicht vollständig erschlossen? Wie könnten Sie diese Ressourcen noch besser nutzen?
- Welche konkreten Erwartungen oder Anforderungen werden an Sie gestellt? Welche Personen oder Faktoren setzen Sie unter Druck? Wie können Sie diesem Druck angemessen gerecht werden?

Ideen zur Vorgehensweise

- Analysieren Sie die strategische Gesamtsituation in ihrer Komplexität. Woher kommt ihr Coachee? Wie hat sich die Dynamik in der Vergangenheit entwickelt? Was beschäftigt ihn am meisten?
- Was glaubt Ihr Coachee über seine Zukunft? Welche Optionen und Chancen sieht er, welche Risiken sind im Spiel? Wo sind mögliche Engpässe oder Blockaden? Wo fehlt Expertise?
- Welche Faktoren beeinflussen die zukünftige Strategie außerdem (Marktbedingungen, Vorstandskonzepte, finanzielle + juristische Rahmenbedingungen, Ressourcen-Engpässe, Prognosen)?
- Finden Sie heraus, welche Ideen bereits vorhanden sind, um die wesentlichen Wirkfaktoren angemessen zu integrieren. Was sollte unbedingt geschehen? Was bietet sich an? Wo gibt es Spielräume?
- Sorgen Sie dafür, dass Ihr Coachee seine Kraft auf die Zukunft fokussiert. Motivieren Sie ihn, klare Erfolgskriterien und Meilensteine zu benennen.

Geeignete Werkzeuge

→ Innere Landkarte

→ Time-Line

→ Kreativität

→ Dissoziation

→ Zielorientierung

Trennung

→ Kündigung, Entscheidung treffen, Outplacement, Job-Wechsel, Arbeitsrecht, Abbruchkriterien, neue Perspektiven, Headhunter, Abfindung, Lebenslauf, Gerechtigkeit, unlösbare Konflikte, Resignation

Nützliche Fragen

- Welche Gründe sprechen für eine Trennung? Was hat Sie bisher davon abgehalten, die Trennung zu realisieren? Welche Faktoren gestalten die Rahmenbedingungen?
- Welche Alternativen zur Trennung wären möglich? Wie wäre es, wenn Sie sich nicht trennen und einen dieser alternativen Wege gehen? Welche sekundären Gewinne wären dadurch sichergestellt?
- Falls Sie sich nun dafür entscheiden sollten, sich zu trennen – wie kommunizieren Sie diese Entscheidung? Was wäre eine Sprachregelung, um den Trennungsprozess positiv zu gestalten?
- Wenn Sie den Trennungsprozess erfolgreich durchlaufen haben – was genau wird dann anders sein? Welchen konkreten Benefit erwarten Sie von der Trennung?

Ideen zur Vorgehensweise

- Finden Sie heraus, wie die aktuelle Situation beschaffen ist. Welche Faktoren erzeugen Druck? Wie wurde bisher mit dem Druck umgegangen? Welche Optionen gibt es für die Zukunft?
- Analysieren Sie mögliche Alternativen sehr differenziert. Achten Sie die Komplexität der Situation. Versuchen Sie, die relevanten Optionen hinsichtlich aller Vor- und Nachteile zu verstehen.
- Falls eine Trennung notwendig erscheint – was wäre der optimale Weg, sie zu realisieren? Welche Stellschrauben gibt es, um diesen Weg positiv zu beeinflussen? Finden Sie Sprachregelungen!
- Menschen haben Angst vor Verlust und Veränderung. Ermutigen Sie Ihren Coachee, eine für notwendig erachtete Trennung konsequent zu realisieren (»Lieber ein Ende mit Schrecken, als ein Schrecken ohne Ende!«).

Geeignete Werkzeuge

→ Framing + Reframing

→ Lebenslanges Lernen

→ Veränderungs-Coaching

→ Glaubenssätze

Team

→ Betriebsklima, Team-Spirit, Konflikte, Schnittstellen, Kommunikation, Wertschätzung, Motivation, Systemdynamik, Rollenbewusstsein, Feedback-Kultur, Zusammenarbeit

Nützliche Fragen

- Wie sehen Sie Ihr Team? Was ist gut daran? Wo sind Konflikte und Baustellen?
- Welche positive Vision haben Sie für Ihr Team? Wo steht das Team in 6 Monaten, in einem Jahr, in 3 Jahren? Welche Ressourcen wären dafür erforderlich?
- Welche Hebel kennen Sie persönlich, um Ihr Team positiv zu beeinflussen? Was hat Sie in der Vergangenheit davon abgehalten, diese Hebel konsequent zu nutzen?
- Wer hat die Macht in Ihrem Team? Wie gehen diese Personen damit um? Wie können Sie mit diesen Menschen kommunizieren, um eine positive Team-Entwicklung zu gewährleisten?

Ideen zur Vorgehensweise

- Finden Sie heraus, wie der Coachee sein Team auf seiner inneren Landkarte abbildet. Achten Sie sehr genau auf seine Emotionen für die einzelnen Mitglieder, indem Sie seine Körpersprache beobachten.
- Erforschen Sie die sozialen Beziehungen innerhalb des Teams: Wer hat welche Rolle? Wie ist die Macht verteilt? Wo gibt es Konflikte?
- Falls Ihr Coachee der Vorgesetzte des Teams ist: Machen Sie ihm seine Rolle bewusst! Konditionieren Sie ihn auf »Freundliche Stärke« und »Win-Win-Konzepte«. Ermutigen Sie ihn, seine Macht positiv zu gebrauchen.
- Falls Ihr Coachee nicht der offizielle Vorgesetzte ist: Fragen Sie ihn, welche Rolle im Team er übernehmen möchte? Machen Sie ihm bewusst, dass er ein Mandat braucht, um die Führung zu übernehmen. Wie könnte dieses Mandat aussehen?

Geeignete Werkzeuge

→ Pacing + Leading

→ Konflikt-Coaching

→ Positive Absicht

→ Feedback

Vertrieb / Verkauf

→ Probleme mit Kunden / Vertriebs-Mitarbeitern, Motivation, Pricing, Umsatz, Außendienst, Gesprächsführung, neue Kanäle, Verhandlungen, Key Account

Nützliche Fragen

- Was waren Ihre größten Erfolge in den letzten Monaten? Worauf sind Sie besonders stolz?
- Welchen aktuellen Baustellen gilt es zu bearbeiten? Was genau können Sie tun, um Ihren zukünftigen Erfolg zu steigern? Welche Hebel bieten sich an? Wo brauchen Sie Impulse?
- Wenn Sie sich in Ihre Kunden (oder Ihre Vertriebsmitarbeiter) hineinfühlen – was wünschen die sich von Ihnen? Welche Projektionen haben die anderen auf Sie in der Rolle des Verkäufers/Key-Account-Managers/Vertriebsleiters?
- Wie können Sie Ihr eigenes Verhalten verändern, um diese Menschen noch stärker zu motivieren? Wie können Sie die Beziehungsebene noch positiver gestalten? Wie gewinnen Sie Vertrauen?
- Was fordert der Markt von Ihnen? Wer sind Ihre stärksten Wettbewerber – was können Sie besser als die? … und was können Sie von denen lernen?

Ideen zur Vorgehensweise

- Finden Sie heraus, wie die konkrete Marktsituation beschaffen ist? Wo gibt es Rückenwind, und wo lauern Gefahren? Was braucht es für eine erfolgreiche Performance?
- Wechseln Sie die Wahrnehmungsposition: Bringen Sie Ihren Coachee in Kontakt mit der Perspektive seiner Kunden (bzw. seiner Vertriebsmitarbeiter). Welche Bedürfnisse sind im Spiel?
- Welche Verhaltensweisen im Kontakt mit den Kunden (Mitarbeitern) wirken motivierend und was wirkt demotivierend?
- Analysieren Sie die Lernfelder Ihres Coachee: Wo kann er besser werden, um seinen Erfolg zu optimieren? Motivieren Sie Ihren Coachee, indem Sie Erfolg mit Neu-Lernen verknüpfen.

Geeignete Werkzeuge

→ Framing + Reframing

→ Positiver Sprachgebrauch

→ Realitätstunnel

→ Motivation

Work-Life-Balance

→ Stressmanagement, Burn-out-Gefahr, Gesundheit, Sinnfragen, Frustration, neue Perspektiven, Teilzeitmodelle, Sabbatical, Interimslösungen, Lebensphasen

Nützliche Fragen

- Woher kommen Sie – wie war Ihr Leben in der Vergangenheit organisiert? Was war gut, was hat Sie gestört oder belastet?
- Wo befinden Sie sich zurzeit? Was können Sie wertschätzen? Was stört sie? Welche Veränderungsimpulse spüren Sie?
- Wie stellen Sie sich Ihre Zukunft vor? Was wünschen Sie sich am meisten? Was wollen Sie lieber vermeiden? Was darf auf keinen Fall passieren?
- Wie wird es sein, wenn es Ihnen gelungen ist, eine optimale Work-Life-Balance zu realisieren? Was genau ist dann anders als heute?

Ideen zur Vorgehensweise

- Versuchen Sie, zu verstehen, was Ihr Coachee wirklich braucht: Welche konkreten Bedürfnisse verbergen sich hinter seinem Wunsch nach mehr Work-Life-Balance?
- Bevor Sie die Aufmerksamkeit in die Zukunft lenken, reflektieren und würdigen Sie zunächst die Vergangenheit, das bringt Sicherheit, Wertschätzung und Stabilität.
- Erweitern Sie seinen Horizont, indem Sie ihm helfen, die Wahrnehmungsposition zu wechseln: Wenn er seine aktuelle Situation von außen betrachtet – was braucht sein System, damit es glücklich ist?
- Denken Sie in Phasen. Viele berufstätige Menschen überschätzen Ihre kurzfristigen Spielräume, aber sie unterschätzen, was langfristig möglich ist. Suchen Sie zunächst motivierende Quick-wins in der näheren Zukunft, und dann entwickeln Sie eine motivierende Langfrist-Strategie.

Geeignete Werkzeuge

→ Trance + PeneTrance-Modell

→ Unser Unbewusstes

→ Teile-Modell

→ Magie des Wünschens

→ Sekundärer Gewinn

Zeitmanagement

→ Stress, Prioritäten, Planung, Termin-Druck, Work-Load, Delegation, Disziplin, Überforderung, Alt-Lasten, Symplify Your Life, Sabbatical, Nein-Sagen, Abgrenzung, persönliche Organisation

Nützliche Fragen

- Auf einer Skala von 0-10 – wie zufrieden sind Sie mit Ihrem aktuellen Zeitmanagement. Was müsste passieren, damit Sie auf eine 8 oder 9 kommen? Welche konkreten Schritte sind dafür nötig?
- Wie können Sie sich entlasten? Welche Aufgaben könnten Sie an wen delegieren? Was könnten Sie eventuell ganz weglassen oder »einpacken« und in die Zukunft verschieben?
- Wie genau gelingt es Ihnen, von Ihrer organisatorischen Ideallinie abzuweichen? Was sind die Schlüsselreize, auf die Ihr Unbewusstes bisher mit suboptimalem Verhalten reagiert hat?
- Was wäre zukünftig eine bessere Reaktion? Wie genau könnte sie aussehen? Was müssten Sie lernen, um dieses Verhalten zukünftig zu realisieren.

Ideen zur Vorgehensweise

- Analysieren Sie gemeinsam mit Ihrem Coachee die wichtigsten Zeitfresser: Wo geht wertvolle Zeit verloren? Visualisieren Sie diese Analyse am Flipchart, damit sie emotionale Verbindlichkeit bekommt.
- Bringen Sie den Coachee in Kontakt mit der Tatsache, dass nichts in dieser Welt so gerecht verteilt ist, wie die Zeit: Jeder Mensch hat genau 24 Stunden am Tag! Er selbst ist dafür verantwortlich, wie er diese Zeit gestaltet.
- Eine nachhaltig wirksame Veränderung muss über die Gewohnheiten erfolgen. Machen Sie Ihrem Coachee bewusst, dass er seine Gewohnheiten zunächst beobachten muss, um sie dann gezielt zu verändern.
- Nachdem sie eine positive Zielvision entwickelt haben, nutzen Sie Rituale und Anker, um sein Unbewusstes ins Boot zu holen.
- Geben Sie ihm Hausaufgaben, um den Veränderungsprozess im Alltag abzusichern. Bei der Re-Konditionierung von Gewohnheit zählt Ausdauer und Kontinuität.

Geeignete Werkzeuge

→ Unser Unbewusstes

→ New Behavior Generator

→ Ankern + Rituale

→ Ökologie-Bewusstsein + System-Check

→ Time Line

Teil III
DER GROSSE PSYCHOLOGISCHE WERKZEUGKOFFER:
Die wichtigsten Coaching-Werkzeuge von A–Z

Coaching-Werkzeuge in Action!

Wenn Sie erfolgreiches Coaching realisieren wollen, brauchen Sie einen gut sortierten Werkzeugkoffer: »Wer nur über einen Hammer verfügt, dem erscheint die ganze Welt als Nagel!« Echte Coaching-Kompetenz resultiert aus Flexibilität, Kreativität und Methoden-Vielfalt. Auf den folgenden Seiten finden Sie die wirkungsvollsten Coaching-Werkzeuge in alphabetischer Reihenfolge dargestellt. Die Werkzeuge können in der Realität nicht »trenn-scharf« eingesetzt werden, weil sie sich gegenseitig überlappen, verstärken und ergänzen. Beispielweise erzeugt die Beachtung der »Innere Landkarte« oder eine konsequente »Ziel-Orientierung« positive Effekte für den gesamten Coaching-Prozess – auch wenn Sie gerade ein »Reframing« vornehmen oder einen »Ressource-Zustand verankern.« Die Werkzeuge wirken auf ganz unterschiedlichen Ebenen – einige sind konkrete Interventionsmuster, andere sorgen für das nötige Vertrauensklima und wieder andere helfen, benötigte Ressourcen zu kontaktieren.

Die Werkzeuge dienen dazu, Coaching-Prozesse zielführend zu strukturieren. Indem Sie die Fragen und Instruktionen aus den Gesprächs-Leitfäden nutzen, können Sie den Problemlösungsprozess so beeinflussen, dass der Geist Ihres Coachee voll auf die Zielerreichung fokussiert wird. Die dargestellten Werkzeuge bestehen aus Wahrnehmungsfiltern, Modellen, Strategien, und Konzepten. Sie wurzeln in einem komplexen System von humanistischen Werthaltungen, nützlichen Glaubenssätzen und gesundem Menschenverstand, gewürzt mit einer kräftigen Prise Business-Kompetenz. Die hohe Kunst des Coachings zeichnet sich dadurch aus, die virtuellen Werkzeuge nicht nur kognitiv zu verstehen, sondern sie auch emotional zu durchdringen, und sie durch praktische Übung immer besser in die Anwendung zu bringen.

Ein kompetenter Handwerker ist in der Lage eine Vielzahl handwerklicher Probleme schnell und nachhaltig zu lösen. Dafür braucht er eine gute Auffassungsgabe, um das aktuelle Problem zu erkennen und mögliche Ursachen zu analysieren. Dann benötigt er einen gut sortierten Werkzeugkoffer, um auf die verschiedenen Anforderungen flexibel reagieren zu können. Entscheidend für seinen Erfolg ist jedoch seine Fähigkeit, mit den Werkzeugen souverän umzugehen – was nützt ein prall voller Werkzeugkoffer, wenn der Handwerker zwei linke Hände hat?

Jeder Zahnarzt verfügt über ein gut sortiertes Repertoire von Spezialwerkzeugen. Ohne das entsprechende Werkzeug könnte er seinen Patienten keine optimale Dienstleistung anbieten. Diese Tatsache gilt ebenso für Chirurgen, Web-Master, Toningieneure oder Automechaniker. Die Fähigkeit, Werkzeuge gekonnt einzusetzen, bildet die Grundlage für sehr viele Aspekte der menschlichen Existenz. Letztlich resultiert der momentane Erfolg unserer gesamten Spezies aus der Fähigkeit des Werkzeuggebrauchs. Der Homo sapiens machte sich die Erde Untertan – indem er seine Werkzeug ständig verbesserte. Der frühe Faustkeil wurde bereits vor 3 Millionen Jahren vom Homo habilis eingeführt. Er war das am längsten verwendete Werkzeug. Von Hammer und Amboss dauerte es dann nicht mehr lange bis zu Dampfmaschinen und Motorsägen. Heute finden wir es normal, Satelliten im Orbit als nützliche Werkzeuge zu nutzen – für die abendliche TV-Bespaßung ebenso wie für die Navigation im Straßenverkehr.

Werkzeuggebrauch – ein Privileg des Homo sapiens

Ohne die kompetente Nutzung von Werkzeugen wäre unsere Zivilisation nicht vorstellbar. Nützliche Werkzeuge prägen unseren Alltag – im Grunde ist ein Smartphone oder ein Laptop nichts anderes als ein digitales Werkzeug. Unsere Kinder erlernen den Umgang mit Werkzeugen von klein auf – Essen mit Messer und Gabel ebenso wie Radfahren oder Spielen auf dem Tablet-PC. Doch neben den dinglichen Werkzeugen, die man sehen und anfassen kann, gibt es auch virtuelle Werkzeuge. Evolutionsbiologen betrachten das Gehirn als ein neuroplastisches Werkzeug. Es wurde von der Evolution erfunden, um mit den Anforderungen dieser Welt besser zurechtzukommen. So gesehen ist auch Sprache ein Werkzeug. Die Erfindung der Sprache half unseren Vorfahren, die Erscheinungen der Welt zu ordnen, zu sortieren und zu kontrollieren. Nicht umsonst bezeichnen wir Worte als »Begriffe« – sie helfen uns, die Dinge dieser Welt mental zu erfassen, sie zu »begreifen«.

Dieser Gedanke führt uns zurück zum Coaching. Die Coaching-Werkzeuge bestehen zumeist aus sprachlichen Strukturen. Es sind Kommunikationsmuster, die es dem Coach ermöglichen, die innere Welt seines Coachee aktiv zu beeinflussen. Insbesondere die Kunst des gezielten Fragens ist im Werkzeug-Repertoire eines Profi-Coaches unverzichtbar. Im Gegensatz zum Faustkeil unserer Vorfahren oder zum Smartphone der Gegenwart sind die Coaching-Werkzeuge virtueller Natur – man kann sie weder sehen noch anfassen. Sie offenbaren sich erst in der Anwendung. Der geschulte Beobachter erkennt im Verhalten des Coaches wiederkehrende Muster. Diese Muster sind gekoppelt mit Wahrnehmungsfiltern und Feedback-Schleifen. In der Kommunikation zwischen Coach und Coachee lässt sich genau erkennen, was gerade geschieht bzw. geschehen sollte. Während der Ausbildung zum Business-Coach achten die Ausbilder sehr genau darauf, was die angehenden Coaches im Kontakt mit ihren Coachee tun – und vor allem: wie sie es tun!

Ein erfahrener Reitlehrer sieht sehr genau, wie sich der Reitschüler auf dem Pferd verhält und welchen Einfluss sein Verhalten auf das Pferd ausübt. Der erfahrene Blick erkennt an vielen Kleinigkeiten, ob das Pferd souverän geführt wird, und wo sich unnötiger Widerstand aufbaut, oder wo Orientierungslosigkeit entsteht. Ebenso sieht der Coaching-Ausbilder, wie sich das Verhalten des lernenden Coaches auf seinen Coachee auswirkt.

Umgang mit virtuellen Werkzeugen

In diesem Buch lernen Sie Werkzeuge kennen, die im Coaching-Prozess nützliche Orientierung vermitteln. Die Werkzeuge existieren jedoch nur virtuell – es sind Kommunikationssequenzen, die auf langjähriger Erfahrung basieren und dem Ziel dienen, den Coachee zu befähigen, seine Probleme zu lösen. Den Umgang mit der virtuellen Welt kennen wir durch das Internet. Es simuliert Szenarien, die in der realen Welt keine dingliche Entsprechung haben und trotzdem hochwirksam funktionieren. Der menschliche Geist ist fähig, über die Erscheinungen der dinglichen Welt eine virtuelle »Meta-Ebene« zu installieren. So gewinnen wir Orientierung, Kontrolle und neue Steuerungsmöglichkeiten. Theoretisch könnte der Coach seinen Coachee ja auch mit einer Waffe dazu zwingen, sich zu verändern. Doch in der Praxis sind solche Optionen natürlich absurd – der Coach darf seine Business-Kunden weder bedrohen, noch schütteln oder berühren. Die einzige Option der Einflussnahme ist eine positive und zielorientierte Gesprächsführung. Alle in diesem Buch dargestellten Werkzeuge dienen dem Ziel, eine solche Gesprächsführung zu ermöglichen und zu konkretisieren. Es sind erprobte Kommunikationsstrukturen, die es dem Coach erlauben, die Ideen, Gedanken, Emotionen, Zustände und auch die zukünftigen Taten seines Coachee gezielt zu beeinflussen.

Doch Achtung! Virtuelle Werkzeuge erfordern eine besondere Aufmerksamkeit. Es sind keine »Patent-Rezepte«, sondern essenzielle Wirkungsprinzipien, die im Kontakt mit dem jeweiligen Coachee in der realen Anwendung an die aktuellen Themen angepasst werden. Metaphorisch gesprochen: »Es sind keine Getränke, sondern eher speziell geformte Gefäße, wo die verschiedenen Themen auf geschmeidige Weise hineingefüllt werden.« Virtuelle Werkzeuge bestehen aus Denkmustern, aus Verhaltenskategorien und aus unsichtbaren Prinzipien, die in der konkreten Anwendung die unterschiedlichsten Formen annehmen können – je nachdem, was der Coachee von seinem Coach benötigt. Eine positive Beziehungsebene zu einem dominanten Geschäftsführer gestaltet sich in der Realität anders, als eine positive Beziehungsebene zu einem introvertierten Teamleiter aus der IT-Abteilung. Dennoch gilt das gleiche Prinzip: »Ohne positive Beziehungsebene kein wirksames Coaching!«

Deshalb müssen die virtuellen Werkzeuge zur Gestaltung der Beziehungsebene in dem jeweiligen Kontext anders eingesetzt werden. Der dominante Geschäftsführer verfügt über einen hohen Selbstwert. Er wünscht sich vielleicht einen aufmerksamen Zuhörer, der ihm viel Raum gewährt – der auch über das nötige Standing verfügt, seine Botschaften in Frage zu stellen. Solch ein Geschäftsführer braucht keine Ermutigung, sondern handfestes Feedback, und vielleicht sogar Provokation und unbequeme Sparrings-Elemente. Damit er seinem Coach vertrauen kann, braucht er das Gefühl, dass der andere ihm ebenbürtig ist. Der Coach muss beweisen, dass er fähig ist »gegenzuhalten« – erst dann hat er sich den nötigen Respekt verdient.

Ganz anders der introvertierte IT-Leiter. Wenn es um Technik geht, fühlt er sich sicher, doch da wir im Coaching auf den Menschen fokussieren, wirkt der IT-Experte zunächst scheu und zurückhaltend. Er erlebt sich in seiner Inkompetenz, fühlt sich unwohl und sein Gehirn schaltet auf »Flucht-Impuls«. Provokation und Sparring wären hier keinesfalls zielführend. Um sein Vertrauen zu gewinnen, braucht es viel Ermutigung, Bestätigung und Anerkennung. Die positive Beziehung erwächst nicht aufgrund von gegenseitigem Respekt, sondern über Wertschätzung und Angst-Reduktion. Obwohl der Geschäftsführer und der IT-Experte eine sehr unterschiedliche Ansprache brauchen, ist das virtuelle Prinzip identisch: »Der Coachee gewinnt Vertrauen zu seinem Coach. Er öffnet sich und beginnt über seine Innenwelt zu sprechen.« Um virtuelle Werkzeuge zur »Beziehungsgestaltung« in der Anwendung zu realisieren, können also recht unterschiedliche Vorgehensweisen erforderlich sein.

Deshalb gestaltet sich das Erlernen der virtuellen Coaching-Werkzeuge etwas anders als der Umgang mit realen, dinglichen Werkzeugen wie Kettensäge oder Smartphone. Es braucht Variabilität, Fantasie und Einfühlungsvermögen, um sich in die jeweiligen Anwendungs-Situationen hinein zu denken. Doch der Weg zur Meisterschaft im Umgang mit jeder Art von Werkzeug ist geprägt durch die gleiche Erfordernis – zunächst braucht es Wissen und dann praktische Erfahrung. Wir alle kennen das Prinzip aus der Fahrschule: Zunächst bekommen wir im Theorie-Unterricht die nötige Orientierung, und dann gilt es, unser Wissen in die Tat umzusetzen und praktische Erfahrungen im Straßenverkehr zu sammeln.

Übung macht den Meister!

Hohe Wirksamkeit im Coaching resultiert aus einem komplexen Bündel von Fähigkeiten. Diese Tatsache kann man auch auf einer neurobiologischen Ebene betrachten. Der Erwerb von Fähigkeiten entspricht der Erschaffung von neurologischen Verknüpfungen im Gehirn. Solche Verknüpfungen fallen nicht einfach vom Himmel – sie erfordern neuronale Stimulanz durch praktische Erfahrungen. Dies gilt insbesondere beim kompetenten Umgang mit Werkzeugen:

> Jeder Mensch auf diesem Planeten, der irgendetwas besonders gut kann ... konnte diese Fähigkeiten nur erwerben, weil er dafür einen intensiven Prozess des Lernen und Übens durchlaufen hat!

Übung macht den Meister! Diese universelle Erkenntnis gilt nicht nur für Handwerker, Zahnärzte, Musiker, Künstler oder Sportler, sondern auch für Business-Coaches. Um Wirksamkeit zu erlangen, muss jeder Coach ein komplexes Paket von Fähigkeiten erwerben – und die daraus resultierenden Verhaltensmuster dann kontinuierlich verbessern, verfeinern und flexibilisieren. Doch bevor ein Mensch ein bestimmtes Muster durch Übung erfolgreich meistern kann, muss er zunächst einmal wissen, was genau es zu üben gilt.

Hier kann das vorliegende Buch nützliche Dienste leisten. Es zeigt dem interessierten Leser, worauf es beim Business-Coaching wirklich ankommt. Der Leser lernt, welche speziellen Fertigkeiten es zu meistern gilt und worauf er seine Aufmerksamkeit ausrichten muss. Alle dargestellten Coaching-Werkzeuge wurzeln in der psychologischen Wissenschaft. Sie wurden erprobt und verfeinert durch langjährige praktische Erfahrung als Business-Coach und als Ausbilder von Business-Coaches. Mit einem Augenzwinkern bezeichnen wir dieses Wissen in unseren Ausbildungen auch als »Gebrauchsanweisung für den Homo sapiens«. Die Coaching-Werkzeuge zeigen sich als flexible Kommunikationsmuster, die für Laien oftmals gar nicht erkennbar sind. Neulich hatte ich die Gelegenheit, meiner Frau beim Reiten zuzuschauen. Gemeinsam mit der Reitlehrerin beobachtete ich, wie meine Frau auf dem Pferd saß und dann im Kreis über den Übungsplatz ritt. Nach kurzer Zeit begann ich mich zu langweilen. Glücklicherweise begann die Reitlehrerin mir zu erklären, was sie dort alles wahrnehmen konnte. Von der Stellung der Pferde-Ohren bis zur kleinsten Bewegung meiner Frau im Sattel – alles hatte eine Bedeutung. Sie erklärte mir genau, was meine Frau auf dem Pferd alles tat, um das Pferd zu führen. Manchmal schmunzelte sie, weil das Pferd nicht genau das machte, was meine Frau wollte. Doch ohne die Erklärung der Reitlehrerin, hätte ich als Laie dies niemals bemerken können. Ich hätte nicht verstanden, welch differenzierte Kommunikation zwischen Pferd und Reiterin abläuft. Die Wahrnehmungsfilter der Reitlehrerin sind viel feiner und differenzierter als die meinigen. Erst ihre Anregungen, auf dies oder jenes zu achten, öffneten meine Sinne für die Kunst des Reitens.

Ähnlich verhält es sich mit der Anwendung der Coaching-Werkzeuge. Die Kommunikation zwischen Coach und Coachee besteht aus einer Vielzahl von Komponenten, die im Idealfall harmonisch ineinandergreifen und sich wechselseitig bedingen. Viele kleine Signale wirken auf verschiedenen Ebenen. In der Praxis wirken neben der Sprache natürlich auch noch weitere Parameter, wie zum Beispiel die Stimmführung, der Blickkontakt oder die Körpersprache. Auch das Timing spielt eine Rolle, ebenso die Balance von Nähe und Distanz, oder der Fokus auf bestimmte Aspekte innerhalb der Themen, die der Coachee seinem Coach anbietet. Auch der Grad der Detaillierung, der Wechsel zwischen Einfühlung und Konfrontation sowie die Mischung zwischen Realismus und Optimismus beeinflussen die im Coaching erzielten Ergebnisse. Doch wie differenziert dieser Prozess auch erscheinen mag, die Grundlage aller Coaching-Werkzeuge bilden sprachliche Strukturen, die in diesem Buch dargestellt und ausführlich beschrieben werden.

Diagnostik und Intervention

Die aufmerksame Lektüre ermöglicht es dem Leser, seine Kommunikation zukünftig wesentlich bewusster zu gestalten. Wie gesagt: Viele virtuelle Werkzeuge sind für den Laien zunächst kaum sichtbar, doch bei genauerer Betrachtung lassen sich klar identifizierbare Sequenzen im Verhalten professioneller Coaches erkennen. Eine gelungene Coaching-Sitzung lebt von dem präzisen Zusammenspiel von Diagnostik und Intervention. Zunächst muss der Coach herausfinden, wie der Coachee die Wahrnehmung seiner Welt organisiert. Durch ein hohes Maß an Empathie und ein reichhaltiges Repertoire an diagnostischen Filtern kann ein erfahrener Coach meist recht schnell erkennen, wie es der Psyche des Coachee gelingt, ein Problem zu erzeugen.

Question: »Wo finden Probleme statt?«
Answer: »Im Kopf des Menschen!«

Jedes Problem zeichnet sich dadurch aus, dass der betroffene Mensch glaubt, einer Aufgabe gegenüberzustehen, der er sich (jetzt noch nicht) gewachsen fühlt. Im Coaching-Fachjargon formuliert: »Der betroffene Mensch ist noch nicht in Kontakt mit den Ressourcen, die er für die Problemlösung zu brauchen glaubt.« Also besteht die Aufgabe des Coaches darin, die nötigen Ressourcen »mental zu organisieren«. Dafür gilt es, die Kreativität des Coachee anzuregen und in eine nützliche Richtung zu lenken. Im Regelfall heißt diese Richtung ganz pauschal: »In die Zukunft!«, denn die Problemlösung wird nicht in der Vergangenheit sondern in der Zukunft stattfinden: »Wie wäre es, wenn das Problem plötzlich weg wäre? Wie wird Ihre Wirklichkeit beschaffen sein, wenn dieses Problem gelöst ist?« Durch solche Fragen verwandeln wir Probleme in Ziele. Damit das anvisierte Ziel jedoch kein »Wolkenkuckucksheim« wird, sondern sich in ein Stück Realität verwandeln kann, braucht es Ressourcen: »Wie kommen Sie von A nach B? Was genau brauchen Sie, um Ihr Ziel zu erreichen? Was müssen Sie verändern oder lernen? Wer kann Sie dabei unterstützen? Wie organisieren Sie die Ressource ›Zeit‹? Was brauchen Sie außerdem?«

Die eigentliche Intervention im Coaching erfolgt meist durch Sprache oder durch einen angeleiteten Perspektivwechsel. Der Coach muss so auf seinen Coachee einwirken, dass sich die individuelle Wahrnehmung der Welt zum Positiven ändert. Dafür braucht es einen wirksamen Zugang zur Innenwelt des Coachee, und eine kreative Ansprache, die dazu führt, dass der betroffene Mensch seine bisherige Problemorientierung aufgibt und eine neue Sichtweise der Wirklichkeit gewinnt. Die Aufgabe des Coaches besteht darin, ihn einzuladen, die nötigen Ressourcen zunächst einmal zu denken und dann funktionierende Konzepte zu entwickeln, wie sich die neuen Gedanken in handfeste Realität verwandeln lassen.

Die Anwendung der Coaching-Werkzeuge könnte man auch als »extrem flexible Methodik für eine zielorientierte Gesprächsführung« bezeichnen. Damit ein Coach die Werkzeuge wirksam einsetzen kann, muss er die methodischen Manöver also zunächst einmal kennen. Erst dann kann er lernen, sie gezielt und flexibel einzusetzen. Ersteres vermag die aufmerksame Lektüre dieses Praxishandbuches zu leisten – viele zentrale Werkzeuge werden ausführlich dargestellt. Doch der zweite Schritt, das gezielte Einüben der Werkzeuge, obliegt der Verantwortung des Lesers. Den Weg der Übung muss jeder Anwender selber vollziehen – entweder in Eigenregie, mit viel Inspiration und Selbstdisziplin, oder mit fachkundiger Anleitung, als Teilnehmer einer qualifizierten Ausbildung zum Business-Coach.

> »Es hat noch nie jemand Muskeln bekommen, weil er mir beim Training zugeschaut hat.«
>
> Arnold Schwarzenegger

Der Weg zur Exzellenz führt über das intensive Üben. Nur durch praktische Erfahrung können Sie die sprachlichen Strukturen mit Ihrer eigenen Persönlichkeit verknüpfen und die entsprechenden neuronalen Bahnen im Gehirn ausbilden. Es gibt keinen Ersatz für eigene Erfahrung.

Wirkungsvolles Coaching basiert auf dem Prinzip der »Lernbereitschaft« – sowohl für den Coachee als auch für den Coach: »Wenn Du willst, dass Deine Coachees ihre Komfortzone verlassen und sich aufmachen, um neue Horizonte zu erkunden – so gehe Du voran!« Es gibt keine stärkere Lernmotivation als die Inspiration durch ein lebendiges Vorbild. Als professioneller Coach müssen Sie Ihre Kunden motivieren, bisherige Denk- und Verhaltensmuster aufzugeben, um diese dann durch bessere zu ersetzen. Wirkungsvolles Coaching erfordert die Bereitschaft, gewohnte Muster aktiv zu hinterfragen und die menschliche Kreativität als Quelle der Veränderung zu nutzen.

Jeder erfolgreiche Business-Coach befindet sich in einem lebenslangen Lernprozess. Sobald ein Coach aufhört zu lernen, verlässt er den Weg zur Exzellenz. Coaching könnte ohne kreatives Lernen nicht stattfinden. Das vorliegende Buch wurde geschrieben, um dem lernenden Coach Perspektiven aufzuzeigen. Es bietet eine Fülle von Anregungen, um die Kommunikation mit dem Coachee durch eine gezielte Methodik so zu gestalten, dass nachhaltig wirksame Veränderungen nicht nur möglich werden, sondern mit hoher Wahrscheinlichkeit eintreffen. Kontinuierliches Training der maßgeblichen Fähigkeiten sichert den nachhaltigen Erfolg – nur der souveräne Umgang mit einem reichen Repertoire von wirksamen Werkzeugen führt zur Meisterschaft im Coaching.

Trainieren Sie Ihre bewusste Wahrnehmung

Alle Coaching-Werkzeuge basieren darauf, dass der Coach fähig ist, seine eigene Wahrnehmung auf die Struktur des Werkzeugs einzustellen. Der Coach muss die relevanten Muster in der Darstellung des Coachees ausfindig machen, mögliche Ansatzpunkte für ein bestimmtes Coaching-Werkzeug erkennen, und sein Verhalten dann gemäß der Werkzeugstruktur ausrichten. Dies ist ein anspruchsvoller Prozess, den viele Anfänger zunächst als Überforderung erleben, doch mit ein wenig Übung gelingt es immer leichter. Auch die menschliche Intuition liefert dem Coach gute Dienste, sobald sie eine fachkundige Schulung durchlaufen hat.

Unsere Sinne liefern uns in jedem Moment des Lebens eine wahre Flut von Reizen, die unseren bewussten Arbeitsspeicher total überfordern würde. Deshalb arbeitet unser Gehirn mit einem praktischen Filtersystem: Es filtert genau die Reize heraus, die für uns am nützlichsten, am angenehmsten oder am bedeutsamsten zu sein scheinen – je nach Stimmung, Stresspegel, Bedrohungspotenzial und Zeit-Etat. Ihr Gehirn hat unzählige Möglichkeiten, um bestimmte Informationen wegzufiltern und sich stattdessen auf andere zu konzentrieren. Ähnlich wie Sie im Getümmel einer Party die laute Musik und die tanzenden Menschen ausblenden können, wenn Ihr Gegenüber interessante Geschichten erzählt. Als Coach blenden Sie alle irrelevanten Infos aus, und konzentrieren sich auf die Spuren zum Pudel‹s Kern im Thema des Coachee.

In jedem Moment Ihres Lebens finden solche komplexen Informationssortierungsprozesse statt – ohne, dass Sie dies bewusst bemerken. Ihr Unbewusstes steuert die Auswahl Ihrer Filtersysteme. Wenn Sie sich schwach fühlen oder Misserfolge verkraften müssen, wählt Ihr Unbewusstes eher defensive Filter, die Sie schützen und Ihnen eine möglichst sichere Zeit zur Regeneration ermöglichen. Wenn Sie sich hingegen stark fühlen, weil Sie sich und dem Leben vertrauen, dann schaltet Ihr Hormonsystem auf Belohnungs-Doping und schüttet motivierende Glückshormone aus. In diesem Zustand öffnen sich Ihre unbewussten Wahrnehmungsfilter. Sie verspüren frischen Tatendrang, erleben mutige Emotionen und neigen dazu, sich risikobereiter zu verhalten. In beiden Fällen hat Ihr Unbewusstes für Sie eine neurologische Meisterleistung vollbracht – es hat Ihre Entwicklung gebremst, um Sie zu schützen und ihre Kräfte zu schonen, oder es hat Ihre Entwicklung angeregt, um Sie zu inspirieren und zu motivieren. Im folgenden Abschnitt möchte ich Ihnen aufzeigen, wie Sie durch die Anwendung von Coaching-Know-how die Einstellung Ihrer Wahrnehmungsfilter gezielt beeinflussen können.

Zielorientierung durch strukturiertes Denken

Auf den folgenden Seiten finden Sie die wichtigsten Werkzeuge zur Anwendung im professionellen Coaching. In dem Sie sich darin üben, die Werkzeuge mit Ihrer Gesprächsführung zu verküpfen, werden Sie die zentralen Strukturen immer stärker verinnerlichen. So integrieren Sie das Coaching-Know-how schrittweise in Ihr persönliches Kommunikations-Repertoire. Sie verwandeln das Know-how durch praktische Erfahrung in Ihr geistiges Eigentum. Je mehr Sie üben, desto flexibler können Sie die virtuellen Werkzeuge auf die realen Bedürfnisse Ihres Coachee ausrichten. Der Rahmen für alle dargestellten Werkzeuge resultiert aus dem 5-Phasen-Modell. Es liefert Ihnen eine mentale Struktur als grundlegende Orientierung für alle Coaching-Prozesse. Bei der kreativen Anwendung der virtuellen Werkzeuge wünsche ich Ihnen VIEL Inspiration und Erfolg!

A

Als-Ob-Methode – Fantasie als Quelle der Zukunft

Nutzen/Ziel

- Kontakt erzeugen mit positiven Zukunftsvarianten.
- Spielerische Zielorientierung programmiert das Gehirn auf nützliche Verhaltensmuster.
- Festgefahrene Problemzustände mental in motivierende Ziele verwandeln.

Anwendungsfelder

- Wenn negative Erfahrungen der Vergangenheit die Wahrnehmung dominieren.
- Als Stimulanz der kreativen Fantasie zur Ideenfindung.
- Wenn der Coachee im Problem feststeckt und keine positive Perspektive findet.
- Konkretisierung und Überprüfung möglicher Zukunftsvarianten.

Coaching ist ein kreativer Prozess. Als Coach helfen Sie Ihrem Coachee, die aktuellen Themen positiv und zielorientiert zu betrachten. Sie unterstützen ihn dabei, weniger in Problemen zu denken und stattdessen den Fokus seiner Aufmerksamkeit auf mögliche Lösungen zu richten. Dabei spielt das Stimulieren der Fantasie eine entscheidende Rolle. Mithilfe der Als-Ob-Methode entsteht im Gehirn des Coachees ein positives Modell der Wirklichkeit. Die Fakten der Außenwelt werden durch innere Vorstellungen so verändert, dass daraus kreative Lösungsentwürfe entstehen. Die Als-Ob-Methode ermöglicht es, die alten Annahmen über die realen Bedingungen im Leben des Coachees kreativ zu verändern und so in Kontakt mit neuen Ideen zu gelangen.

Im Coaching

Lernen mithilfe der Als-Ob-Methode ist evolutionsgeschichtlich sinnvoll und bildet eine natürliche Ressource des Menschen. Kinder nutzen die Als-Ob-Methode, um sich spielerisch auf das zukünftige Leben als Mütter, Väter, Krankenschwestern, Fabrikbesitzer, Sportler oder Popstar vorzubereiten. Das spielerische Einüben von Fähigkeiten ist eine Lernform, die es sowohl in allen menschlichen Kulturen als auch im Tierreich gibt.

Die Als-Ob-Methode ist ein nützliches und vielseitig einsetzbares Werkzeug im Coaching. Wenn ein Mensch so tut, als ob er etwas bereits könnte, werden unbewusste Kräfte mobilisiert. Jeder Mensch hat die Fähigkeit, sich in seiner Fantasie etwas vorzustellen, was es so in der Realität (noch) nicht gibt.

Die Als-Ob-Methode basiert auf der Fähigkeit des Halluzinierens. Zum Verständnis des Halluzinierens als nützliche Ressource unterscheiden wir zwischen unkontrolliertem und kontrolliertem Halluzinieren. Während der unkontrollierten Halluzination erlebt der Mensch Wahrnehmungen ohne reale Objekte. Unkontrolliertes Halluzinieren erzeugt Verwirrung und Stress. Kontrolliertes Halluzinieren hingegen kann als wirkungsvolle Methode im Coaching eingesetzt werden. Dabei helfen Sie Ihrem Coachee, sowohl neue Bilder als auch Ideen, Gefühle, Glaubenssätze und Weltmodelle zu erfinden.

Wenn die mentale Vorstellung mit emotionaler Energie aufgeladen ist, kann diese intensive Empfindung Motivation für den zukünftigen Veränderungsprozess erzeugen. Mentale Manöver können das Gehirn stimulieren, in neuen neurologischen Bahnen zu denken und so neue Horizonte zu eröffnen. Kreativität erwacht und das Unbewusste beginnt Ressourcen auf eine neue Weise zu organisieren. Schon hat ein neuer Lernprozess begonnen, und Ihr Coachee gewinnt Inspiration, Kraft und Motivation, um die anstehende Herausforderung positiv anzugehen.

Coaching-Übung zur Als-Ob-Methode

Zunächst motiviert der Coach seinen Coachee, so zu tun, als ob er sein Problem bereits gelöst hätte:

»Stellen Sie sich einmal vor, ein Wunder geschieht, und Ihr Problem wäre plötzlich über Nacht gelöst – wie wäre Ihre Situation dann beschaffen? Was genau wäre anders als gestern?««

»Wie wird es sein, wenn Sie Ihr Problem bewältigt haben? Was werden Sie dann wahrnehmen? Tun Sie bitte einmal so, als ob Sie dieses Ziel bereits erreicht hätten … jetzt!«

Oftmals hat der Coachee zu Beginn des Coaching keine Vorstellung von seinem Ziel, da er sich daran gewöhnt hat, auf die negativen Aspekte seiner Situation zu fokussieren. Seine Ressourcen sind durch seine Problemorientierung blockiert. In diesem Falle gilt es, den Coachee in die Zukunft zu führen, um ihn so in den Kontakt mit möglichen Problemlösungen zu bringen.

»Denken Sie bitte an den Moment in der Zukunft, an dem Sie Ihr Problem gelöst haben… wie wird es sein, dort in der Zukunft? Was nehmen Sie wahr?… und dann geben Sie diesem positiven Zustand einen Namen. Als Nächstes machen Sie sich ein Bild von diesem Ziel, und dann beobachten Sie, wie Sie allmählich ein Gefühl dazu entwickeln. Und jetzt, während Sie das Bild sehen, den Namen kennen und das Gefühl wahrnehmen, fragen Sie sich, woran genau Sie als Erstes merken werden, dass Sie Ihr Ziel erreicht haben?«

Durch solche Aufforderungen führt der Coach seinen Coachee aus dem blockierten Problemzustand in einen besseren, erstrebenswerten Zustand. Im nächsten Schritt kann der Coach auf die Ressourcen zur Zielerreichung fokussieren.

»… Jetzt, wo Sie Ihr Ziel erreicht haben, schauen Sie noch einmal zurück … welche Fähigkeiten haben Sie genutzt, um Ihr Ziel zu erreichen?«

Durch die Simulation von genutzten oder gelernten Fähigkeiten werden gleichzeitig kreative Wege für zukünftige Lernprozesse angedacht.

Die Als-Ob-Methode wirkt auch bei Coachees, die mit geringem Selbstvertrauen ihr Licht unter den Scheffel stellen:

»Okay, Sie glauben, dass Sie die anstehende Aufgabe so noch nicht bewältigen können. Was würden Sie denn brauchen, um es tun zu können? … Wer könnte Ihnen vielleicht dabei helfen, die gewünschten Fähigkeiten zu erlernen … ?«

Beobachten Sie, wie der Coachee seine Aufmerksamkeit nach innen richtet und in eine kleine Trance geht, um die nötigen Informationen zu suchen. Geben Sie ihm ausreichend Zeit und stören Sie ihn bei diesem Vorgang nicht unnötig, indem Sie die an ihn gestellten Fragen voreilig selbst beantworten. Lassen Sie ihn seine eigene Lösung finden!

Solche Instruktionen bringen den Coachee in Kontakt mit Ressourcen, die ihm zuvor nicht zugänglich waren. So können Lösungen entwickelt werden, die sonst jenseits seiner Vorstellungswelt lägen. Der Coachee gewinnt durch die Imagination kreative Ideen, Glauben an den Erfolg und vor allem eine realistische Einschätzung von den Konsequenzen seines Zieles. Eine möglichst präzise innere Vorstellung des erwünschten Zieles ist ein erster wichtiger Schritt zur Realisierung.

»Angenommen, ein Wunder geschieht und in zehn Sekunden wird es Ihnen besser gehen – woran werden Sie es bemerken? Was werden Sie wahrnehmen? Was werden Sie sehen, hören, fühlen, riechen, schmecken?«

Durch das systematische Abfragen der Wahrnehmungskanäle bekommt der Coachee eine konkrete sinnliche Repräsentation seines erwünschten Zustandes. Die mentale Vorstellung erzeugt neue neurologische Verbindungen im Gehirn. Dadurch wird die Struktur für neues Verhalten angelegt. Je vollständiger der Zustand auf allen Wahrnehmungskanälen repräsentiert ist, desto intensiver wird die mentale Erfahrung sein. Außerdem kann der imaginativ erlebte Zielzustand geankert werden und als kraftvolle Orientierung in die Zukunft dienen.

Coaching-Übung: Rückwärts-Strategie

Die Rückwärtsstrategie ist eine systematische Vorgehensweise, um den Coachee nach der Als-Ob-Methode wieder in die aktuelle Situation zu führen und dabei zukünftige Handlungen realistisch zu organisieren. Komplexe Aufgaben werden in konkrete Handlungsziele zerlegt und zeitlich in eine sinnvolle Reihenfolge gebracht. Dies kann in tiefer Trance geschehen oder bei vollem Bewusstsein. Zunächst führt der Coach seinen Coachee in den gewünschten Zielzustand mit der Als-Ob-Methode. Anschließend führt er ihn rückwärts durch die Zeit wieder in die Gegenwart.

Die Prozessinstruktion lautet folgendermaßen:

»Stellen Sie sich bitte vor, Sie haben Ihr Ziel bereits erreicht ... Was geschah kurz bevor Sie Ihr Ziel erreichten? ... Und was geschah davor? ... Und davor?«

Ein weiterer Nutzen der Rückwärtsstrategie ist die Gewinnung von Informationen im System-Check. Bisher unbemerkte Einwände gegen die geplante Realisierung können ins Bewusstsein gelangen. Wenn diese Einwände frühzeitig in die Zieldefinition integriert werden, steigen die Erfolgschancen bei der Realisierung.

Verweise

→ Ankern → System-Check → Ressourcen → Ziel-Orientierung
→ Kreativität → Magie des Wünschens

Anker – Schlüssel-Reize im Sinnlichen Erleben

Nutzen/Ziel

- Innere Zustände gezielt aktivieren.
- Ungewünschte Verhaltensweisen durch nachhaltige Alternativen ersetzen.
- Wertvolle Transfersicherung: »Motivationsverstärker auf Knopfdruck«.

Anwendungsfelder

- Zur Konditionierung von neuen Verhaltensmustern.
- Zur Stabilisierung von erwünschten Zuständen.
- Als Transfersicherung in Eigenregie des Coachees.

Durch die Macht der Anker kann ein erfahrener Business-Coach bestimmte Reaktionen seines Coachees gezielt hervorrufen. Wenn Sie als Coach fähig sind, Anker zu setzen und sie dann im geeigneten Moment zu aktivieren, erwerben Sie Flexibilität und Souveränität bei der Steuerung Ihrer Coaching-Prozesse.

Im Coaching

Anker sind äußere Reize, die bei einem Menschen bestimmte innere Reaktionen bewirken. Immer wenn Herr Winkelmann den Geruch von Lebkuchen wahrnimmt, muss er sofort an Weihnachten denken. Immer wenn Frau Tietze das Lied von Eros Ramazotti hört, erinnert sie sich an das romantische Gefühl ihrer letzten Italienreise. Das Ankern ist ein wesentlicher Bestandteil der menschlichen Orientierung. Bei der Gestaltung der inneren Landkarte im Kopf jedes Menschen werden automatisch äußere Reize mit inneren Reaktionen neurologisch verknüpft.

Anker beeinflussen unser Unbewusstes auf allen Wahrnehmungskanälen. Das Lied, das Sie letztes Jahr im Urlaub oft gehört haben, ist ein Anker, der über den auditiven Kanal wahrgenommen wird. Urlaubsfotos sind visuelle Anker. Der Geruch von Sonnencreme kann einen Menschen über den olfaktorischen Kanal in den Urlaubszustand führen; der Geschmack von Paella über den gustatorischen Kanal. Ein Kleidungsstück, das in einer spanischen Boutique gekauft wurde, kann ein visuell-kinästhetischer Anker sein. Je mehr Sinneskanäle durch den Anker aktiviert werden, desto intensiver wird der geankerte Zustand erlebt.

Im Coaching werden Anker gezielt eingesetzt, um innere Zustände zu steuern. Ein bekanntes Beispiel für einen gezielt gesetzten Anker ist der Knoten im Taschentuch: Der Knoten ist ein äußerer Reiz, der im Gehirn des Menschen eine bestimmte Erinnerung aktiviert und somit als Erinnerungshilfe wirkt. Dieses Prinzip können Sie im Coaching anwenden, um Ihren Coachee gezielt mit nützlichen Zuständen zu verbinden.

Anker wirken unbewusst, selbst dann, wenn wir versuchen, uns bewusst dagegen zu entscheiden. Eine Spinnen-Phobie ist ein eindrucksvolles Beispiel für die

Macht der Anker: Obwohl der betroffene Mensch weiß, dass Panik keine angemessene Reaktion auf den Anblick einer Spinne ist, wird das Gefühl von Panik in ihm beim Anblick einer Spinne immer wieder aufflammen – so lange, bis der Anker »Spinne« durch eine neue Erfahrung mit einer positiven oder neutralen Bedeutung verknüpft wurde. Wenn der betroffene Mensch glaubt, dass es sich für seine Lebensqualität lohnt, gelassener mit Spinnen umgehen zu können, könnte er lernen, mithilfe eines ressourcenorientierten Coachings positive Erfahrungen mit Spinnen zu sammeln. Dabei würde der Coach seinen Coachee langsam an den Anblick und die Nähe einer harmlosen Spinne gewöhnen und die erfolgreiche Annäherung Schritt für Schritt als positive Erfahrung ankern. Zum Abschluss könnte die Erfahrung mit einer harmlosen Spinne, die über seine Hand gekrabbelt ist, den betroffenen Mensch in Zukunft mit Gelassenheit auf den Anblick einer Spinne reagieren lassen.

Die Wirkung eines Ankers wird durch 4 Faktoren bestimmt:

1) Intensität der Erfahrung
Je assoziierter und intensiver der Mensch eine Erfahrung durchlebt, desto stärker wirkt der mit dieser Erfahrung verknüpfte Anker.

2) Timing
Ein Anker besitzt optimale Kraft, wenn er kurz vor dem Höhepunkt einer intensiven Erfahrung installiert wird.

3) Prägnanz des Reizes
Damit das Unbewusste den Anker in der Vielfalt der eintreffenden Reize wiedererkennen kann, muss der auslösende Reiz möglichst prägnant beschaffen sein.

4) Wiederholung
Je häufiger der auslösende Reiz mit der entsprechenden Erfahrung verknüpft wird, desto stabiler wird die neurologische Erinnerungsspur.

Wenn sich der Coachee in einem ressourcevollen Zustand befindet, kann der Coach einen gezielten kinästhetischen Anker setzen, indem er den Coachee bittet, sich zum Beispiel mit Daumen und Zeigefinger am Ohr zu berühren. Dabei ist es wichtig, den Anker genau dann zu setzen, wenn die innere Reaktion den intensivsten Moment erreicht. Auf diese Weise lernt das Gehirn, den positiven Zustand mit dem dezenten Griff ans Ohr zu verknüpfen. Die Verknüpfung wirkt in beide Richtungen. Durch den Griff ans Ohr zu einem späteren Zeitpunkt erinnert sich das Gehirn blitzschnell an das positive Gefühl, und der Coachee gelangt erneut in den ressourcevollen Zustand. Neben Berührungen können auch Wörter, Musik, Gerüche oder Bilder als Anker genutzt werden.

Sehr gut zur Arbeit im Coaching eignen sich auch räumliche (Boden-)Anker wie der heiße Stuhl. Hier können verschiedene Persönlichkeitsteile in Form eines Rollenspiels auf verschiedenen Stühlen miteinander in Kontakt treten. Dieses Prinzip wird auch bei der Time Line oder bei der Walt-Disney-Technik aufgegriffen. Wenn durch einen Anker ein bestimmter Zustand induziert wurde, kann man ihn durch einen Separator wieder beenden und einen Wechsel in einen anderen Zustand bewirken. Wer mit Ankern und Separatoren umgehen kann, verfügt über effektive Methoden des Leadings.

Personen als Anker

Auf der inneren Landkarte des Coachees ist jede Person aus dem Bekanntenkreis mit bestimmten Assoziationen verknüpft. Solche Assoziationen beeinflussen das tägliche Leben massiv. Im Coaching ist es oftmals hilfreich, Vorurteile und Übertragungen genau zu überprüfen. Es könnte zum Beispiel sein, dass der Coachee bestimmten Personen unberechtigt viel Vertrauen entgegenbringt, nur weil er in der Vergangenheit mit diesen Menschen einmal eine positive Erfahrung gemacht hat. Andererseits wäre es möglich, dass sich der Coachee das Zusammenleben mit einigen Menschen unnötig erschwert, weil sein Unbewusstes immer wieder an die negativen Erfahrungen der Vergangenheit erinnert wird. Darüber hinaus könnte es sein, dass eine Übertragung stattfindet. Dabei verwechselt das Unbewusste des Coachees eine aktuelle Person mit einer anderen Person aus seiner Vergangenheit, weil sie bestimmte Ähnlichkeiten aufweisen. Dadurch wird die verwechselte Person zu einem Anker für Assoziationen, die eigentlich gar nichts mit ihr zu tun haben.

Coaching-Übung: Bewusste Überprüfung der Mitmenschen hinsichtlich der verankerten Assoziation (als Anker)

Bitten Sie Ihren Coachee, sich eine Liste mit allen relevanten Personen zu seinem Anliegen zu machen. Dann gehen Sie die Liste einzeln durch. Lassen Sie Ihren Coachee vor seinem geistigen Auge ein Bild jeder Person machen. Dann fragen Sie ihn zum Beispiel:

- »Welche Eigenschaften schreiben Sie diesem Menschen zu, und welche Meinung haben Sie über ihn? Vielleicht können Sie das Fazit Ihrer Überlegungen in einem prägnanten Satz formulieren?«
- »Welches Gefühl verbinden Sie mit diesem Menschen?«
- »Werden Ihre Assoziationen diesem Menschen tatsächlich gerecht, oder verzerrt der Anker in Ihrem Gehirn die Realität?«
- Falls dies zutreffen könnte, bitten Sie Ihren Coachee, im zukünftigen Kontakt ganz bewusst auf die Wahrnehmungsfilter zu achten, mit denen er dem betreffenden Menschen begegnet. Laden Sie Ihren Coachee ein, seine Sinne zu öffnen und sich zu erlauben, in Verbindung mit dieser Person eine neue Erfahrung zu machen. Auf diese Weise kann der Coachee den Anker aktualisieren und stärker auf die Realität abstimmen.

Bewusste Überprüfung der eigenen Person als Anker für andere Menschen

Natürlich wirkt auch der Coachee als Anker für das Unbewusste seiner Mitmenschen. Bitten Sie Ihren Coachee, die Liste noch einmal zur Hand zu nehmen und fragen ihn:

- »Welche Assoziationen können die anderen Menschen mit Ihrer Person verbinden?«
- Falls Ihr Coachee mit einem anderen Menschen Konflikte hat, könnte es sein, dass er für den anderen einen negativen Anker darstellt. Um diesen negativen Zustand gezielt zu verändern, könnten Sie ihn fragen: »Wie kann dieser Mensch eine neue, positive Erfahrung mit Ihnen machen?«

Worte als Anker

Sprache ist ein System von auditiven Ankern. Jedes Wort bewirkt bestimmte Assoziationen, sowohl im Kopf des Sprechers als auch des Zuhörers. Allerdings sind die Assoziationen von Mensch zu Mensch unterschiedlich, deshalb sollten Sie sehr genau darauf achten, welche Reaktionen Ihre Worte beim Empfänger bewirken.

Es gibt Worte, die mit hoher Wahrscheinlichkeit bei den meisten Menschen positive Emotionen aktivieren, und es gibt andere Worte, die bei fast allen Menschen negative Gefühle erzeugen.

Negative Verbal-Anker

Verlust, Angst, Problem, Pleite, ungültig, Fehler, vergeblich, Sorgen, leider, überteuert, aber, bedauerlich, schmutzig, schlecht, Haftbefehl, Beinbruch, Krankheit, Geiz, Steuerfahndung, Schuld, ruiniert, kaputt, hässlich, Schmerzen.

Positive Verbal-Anker

Vergnügen, Lust, Freude, Reichtum, gern, Wünsche, Erfolg, gewinnen, besonders gut, exzellent, Liebe, Schönheit, genießen, küssen, Freundschaft, leicht, offen, gesund, Freizeit, sinnvoll, Sommer, Urlaub, Feierabend, Spaß.

Können Sie spüren, wie Ihr Unbewusstes auf die verbalen Anker reagiert? Dieser subtile Prozess geschieht auch im Coaching. Jedes Wort wirkt! Deshalb empfehlen wir Ihnen als kompetentem Coach, sich in der Kommunikation ganz bewusst an die Ankerfunktion der einzelnen Worte zu erinnern. Reinigen Sie Ihre Sprachprogramme! Vermeiden Sie es, Ihre Coachees durch negative Anker unnötigerweise in schlechte Zustände zu bringen. Treffen Sie eine bewusste, zielorientierte Wortwahl und sprechen Sie eine positive Sprache.

A

Coaching-Übung zur positiven Sprache

Um auch die Aufmerksamkeit Ihres Coachees für die subtile Wirkung der verbalen Anker zu trainieren, bitten Sie ihn zu einem Experiment: Lesen Sie ihm die Sammlung der negativen Anker vor und fragen Sie ihn:

- »Welches Gefühl entsteht beim Hören dieser Worte?«

Dann lesen Sie ihm die Sammlung der positiven Anker vor und fragen ihn wieder:

- »Welches Gefühl entsteht beim Hören dieser Worte?«

Um diese Erfahrung auf seinen persönlichen Sprachgebrauch zu übertragen, laden Sie Ihren Coachee ein, die Liste gegebenenfalls zu erweitern und auf seine Wortwahl in seinen Schlüsselsituationen bewusst zu achten. Sobald Ihr Coachee verstanden hat, dass Worte gezielt eingesetzt werden können, wird er zukünftig seine Wortwahl immer sensibler auf die Realität seiner Empfänger abstimmen. Insbesondere im Konfliktfall ist der bewusste Einsatz von Ankern ein wirksames Mittel zur Deeskalation.

Coaching-Übung: Der Uptime-Anker

Diese Übung zielt darauf ab, bei Ihrem Coachee einen sehr wachsamen Zustand zu etablieren, indem er sich seiner fünf Sinnessysteme bewusst wird. Uptime beschreibt einen Zustand der erhöhten Aufmerksamkeit, der durch sinnliche Präsenz gekennzeichnet ist.

1. Vorbereitung

Sorgen Sie als Coach für eine ruhige Atmosphäre, in der Ihr Coachee die Alltagsgedanken vergessen und sich entspannen kann. Gönnen Sie sich einen Moment der Besinnlichkeit, bevor Sie Ihren Coachee in eine leichte Trance führen:

»Atmen Sie tief durch, während Sie es genießen, einfach nur da zu sein … Betrachten Sie in Ruhe Ihre linke Hand und ordnen Sie jedem Finger ein Sinnessystem zu … Der Daumen symbolisiert das Sehen, der Zeigefinger das Hören, der Mittelfinger das Fühlen, der Ringfinger das Riechen und der kleine Finger das Schmecken. Gleich werden Sie Ihre Aufmerksamkeit der Reihe nach auf die fünf Systeme lenken. Registrieren Sie besonders die äußeren Eindrücke, die Sie von außen über diesen Kanal empfangen. Wenn Sie ein Optimum an sinnlicher

Präsenz wahrnehmen, dann drücken Sie mit der rechten Hand den entsprechenden Finger Ihrer linken Hand für einige Sekunden … «

2. Sinnessysteme ankern

- Visuell (Daumen): »Öffnen Sie Ihre Augen und betrachten Sie die visuelle Welt. Was können Sie alles sehen? Nehmen Sie die verschiedenen Farben, Strukturen, Kontraste und Bewegungen wahr. Registrieren Sie feinste Farbnuancen, die vielfältigen Strukturen der einzelnen Gegenstände, die Lichtreflexe und Schattenspiele.«

- Auditiv (Zeigefinger): »Nun schließen Sie Ihre Augen und lauschen der auditiven Welt. Was gibt es in diesem Moment zu hören? Nehmen Sie die Geräusche, Klänge, Stimmen und Töne in Ihrem Umfeld wahr. Aus welcher Richtung kommen die einzelnen Reize? Hören Sie Ihren Atem? Falls Sie Stimmen wahrnehmen, wie unterscheiden sich diese in Höhe, Tempo, Melodie und Rhythmus? Gibt es Momente der Stille? Was hören Sie in solchen Momenten?«
- Kinästhetisch (Mittelfinger): »Jetzt tauchen Sie ein in die bewegte Welt der Gefühle. Sie spüren Ihre Haut und Ihren ganzen Körper. Welche Empfindungen können Sie lokalisieren? Wie fühlen sich Ihre Muskeln an? Wie schnell schlägt Ihr Herz? Spüren Sie die Atembewegung in Brust- und Bauchraum? Spüren Sie die Temperatur und die Atmosphäre im Raum?«
- Olfaktorisch (Ringfinger): »Beschnuppern Sie die Welt durch Ihr olfaktorisches Sinnesorgan. Was riechen Sie? Gibt es einen dominanten Geruch? Spüren Sie, wie die Luft in Ihre Nase dringt, und halten Sie den Kontakt zu Ihrem Atem für einen Moment.«
- Gustatorisch (kleiner Finger): »Lassen Sie sich Ihre Sinnesreize auf der Zunge zergehen. Was schmecken Sie? Wie feucht ist Ihr Mund? Wie glatt sind Ihre Zähne? Wenn Sie nichts schmecken sollten, wie schmeckt das?«

3. Separator-State

»Bewegen Sie sich ein wenig. Bringen Sie sich für einen Moment in einen neutralen Zustand, bevor Sie die Wirksamkeit Ihres Uptime-Ankers überprüfen.«

4. Anker aktivieren

»Überprüfen Sie, ob die Anker bereits ausreichend mit den Sinnessystemen verknüpft wurden, indem Sie nacheinander mit der rechten Hand die Finger der linken Hand drücken.«

Falls der Sinneskanal noch nicht ausreichend präsent ist, kann die Übung wiederholt werden. Je häufiger die Verknüpfung aufgefrischt wird, desto wirksamer werden die Anker. Wenn Ihr Coachee die linke Hand zur Faust ballt und alle Finger spürt, wird er dadurch in einen Zustand der erhöhten Aufmerksamkeit gelangen. Er kann auch gezielt nur ein bestimmtes System aktivieren. Falls Ihr Coachee sich zum Beispiel in einer anstrengenden Verhandlung mit einem visuellen Wahrnehmungstypen befindet, kann er während des Gesprächs hin und wieder unauffällig an seinen Daumen drücken, um seine Wahrnehmung ebenfalls auf diesen Kanal zu lenken und dadurch die Gemeinsamkeiten zu stärken.

Verweise

→ Time Line → Wahrnehmungs-Positionen → Ressourcen → V.A.K.O.G
→ Das Unbewusste

Assoziierte Zustände – intensive Gefühlsverstärker

Nutzen/Ziel

- Diagnose und Steuerung von emotionalen Verstärkern.
- Die Erlebnisintensität gezielt erhöhen oder reduzieren.
- Motivierte Ressource-Zustande verankern und verfügbar machen

Anwendungsfelder

- Bei Gefühlsleere und Motivationsproblemen.
- Wenn sich der Coachee »im Kopf gefangen« fühlt.
- Als Verstärker der Wirksamkeit und Transfer-Sicherung.

Menschen neigen dazu, sich mit ihren aktuellen Problemen zu identifizieren. Die Fokussierung auf das Problem entwickelt eine mentale Sogwirkung im Erleben – der Mensch ist dann nicht mehr zugänglich für mögliche Lösungen. In diesem Zustand wird Ihr Coachee betriebsblind in der eigenen Psyche, und sein Unbewusstes tendiert dazu, an dem Problemzustand festzuhalten. Als Coach müssen Sie erkennen können, wie stark Ihr Coachee mit seinem Erleben identifiziert ist. Bei starker Identifikation reichen bloße Argumente nicht aus, um ihm einen wirkungsvollen Impuls zu versetzen. Zunächst müssen Sie ihm helfen, sich von problemerzeugenden Wahrnehmungen zu befreien, und ihn dann zu einer besseren Alternative führen. Mag eine neue Problemlösung intellektuell noch so brillant erscheinen, solange sich Ihr Coachee nicht damit identifizieren kann, wird er sie nicht mit voller Kraft in die Praxis umsetzen. In solchen Situationen können Sie ihn unterstützen, sich für eine neue Idee zu begeistern, indem Sie positive, in der Vergangenheit erlebte Gefühle revitalisieren und diese mit seinen neuen Entwicklungsideen verknüpfen.

Im Coaching

Assoziiert bedeutet verknüpft. Eine Assoziation ist die neuronale Verknüpfung eines äußeren Reizes mit einer inneren Reaktion. Die Stärke einer Assoziation bestimmt ihre Auswirkung auf den Bewusstseinszustand des Coachees. Assoziiertes Erleben bedeutet, dass die Bewusstseinsinhalte nur durch Eindrücke bestimmt werden, die der Mensch mit Augen, Ohren, Nase, Mund und Haut in diesem Moment wahrnimmt – und nicht durch die Eindrücke, die das momentane Erleben relativieren würden. Im assoziierten Zustand empfindet der Mensch Leidenschaft und Kongruenz – und gleichzeitig ist er in diesem Moment ein Gefangener seiner eigenen Wahrnehmung.

Der große Vorteil assoziierter Zustände im Coaching ist die hohe Erlebnisintensität. Wenn sich ein Mensch im stark assoziierten Zustand befindet, erlebt er die Situation im Hier und Jetzt als vollständige Repräsentation auf allen Sinneskanälen

(V.A.K.O.G.). Der assoziierte Mensch erlebt diesen Moment direkt, ohne Abstand durch kognitive Verarbeitungsprozesse. Dadurch entfaltet das Erlebnis seine volle Würze. Das Empfinden von intensiver Motivationsenergie erfordert eine starke Assoziation mit dem »Objekt der Begierde«. Nur wenn der Coachee körperlich spüren kann, dass es sich lohnt, sein Ziel zu erreichen wird sein Unbewusstes bereit sein, die volle Handlungsenergie freizusetzen.

Coaching-Übung: Assoziierter Zielzustand

Im Coaching kann ein auf allen Wahrnehmungskanälen motivierender Zustand den Veränderungsprozess mit einer hohen Antriebsenergie aufladen. Deshalb ist es sinnvoll, den Coachee so intensiv wie möglich über seine Wahrnehmung mit seinem Ziel zu verbinden. Gleichzeitig können Sie als Coach diesen Zustand bei Ihrem Coachee ankern, damit Ihr Coachee diesen Motivationsschub in Zukunft bewusst wieder hervorrufen kann.

Zunächst motiviert der Coach seinen Coachee, sich über alle Wahrnehmungskanäle in den Zustand hineinzubegeben:

»Sie haben Ihr Ziel erreicht … Was nehmen Sie in diesem Zustand wahr? Was sehen, hören, fühlen, riechen und schmecken Sie?«

Im Moment der größten Intensität betätigt der Coachee einen selbst gewählten Anker. Um den Anker zu testen, setzen Sie als Coach einen Separator, um den Coachee in einen neutralen Zustand zu bringen. Im Anschluss betätigt der Coachee seinen Anker, um den motivierenden Zielzustand wieder hervorzurufen. Durch mehrmaliges Wiederholen kann der Anker gegebenenfalls weiter verstärkt werden.

Die Skala der Gefühlsintensität sinnvoll ausbalancieren

Im assoziierten Zustand besteht die Gefahr einer Überwältigung von den eigenen Gefühlen und ein damit verbundener Mangel an intelligenten Wahlmöglichkeiten. Nicht umsonst heißt es: »Im Zustand der eigenen Betroffenheit sinkt der IQ gegen Null!« Im assoziierten Zustand ist der Mensch seinen aktuellen Wahrnehmungen unmittelbar ausgeliefert – er spürt die Lust und all das Schöne genauso intensiv wie Angst, Demütigung oder Schuld. Deshalb begünstigen positive Erfahrungen den Modus der assoziierten Wahrnehmung. Positive Erfahrungen öffnen den Menschen, lockern seine psychischen Kontroll-Mechanismen und stärken sein Vertrauen. Negative Erfahrungen hingegen führen dazu, dass in der Psyche Kontrollinstanzen und Puffer aufgebaut werden, um sich vor schmerzhaften oder bedrohlichen Erlebnissen zu schützen. Sicherheitshalber wird die Wahrnehmung dissoziiert, das heißt relativiert, gefiltert, gepuffert und vielleicht mithilfe des Reframing auf eine versöhnende Meta-Ebene gebracht.

Ein gewisses Maß an Dissoziation ist im komplexen, modernen Alltag unverzichtbar, um intelligente Entscheidungen treffen zu können und zielführende Handlungen effizient zu koordinieren.

Jeder gute Manager versteht es, seine eigene Wahrnehmung zu relativieren und seine spontanen Impulse gewissenhaft zu hinterfragen, bevor er sie in Taten umsetzt. Wer sich in komplexen Situationen hemmungslos assoziiert, kann kaum die volle Tragweite seines Verhaltens erkennen und wird vermutlich unerwünschte Nebenwirkungen verursachen. Beispielsweise ist es in schwierigen Konfliktsituationen oftmals notwendig, die eigenen Emotionen zu kontrollieren und stattdessen den Realitätstunnel seines Gegenüber zu pacen. Ein Manager im assoziierten Zustand von Wut und Verärgerung wird den Konflikt kaum kontrollieren können, insbesondere wenn auf beiden Seiten aggressive Energien ins Spiel kommen. Hier gilt es, den assoziierten Gefühlsverstärker gezielt zu drosseln.

Assoziation und Phobie

Einige Wahrnehmungen beeinflussen den momentanen Zustand eines Menschen überhaupt nicht, andere hingegen sind geradezu zwingend.

»Immer wenn ich Blut sehe, werde ich ohnmächtig. Auch wenn ich mich noch so sehr bemühe, mein Bewusstsein verschwimmt, und ich muss mich hinlegen.«

Eine phobische Reaktion ist ein Beispiel für einen extrem assoziierten Zustand. Der assoziierte Sinneseindruck zwingt den Menschen in den phobischen Zustand hinein. In solchen Momenten ist der Mensch in seiner Wahrnehmung gefangen. Er kann nicht über sein Erleben reflektieren und es nicht relativieren. Das Bewusstsein ist mit seinem momentanen Zustand nahezu vollkommen identifiziert.

Während der phobischen Reaktion helfen oft nur noch radikale Separator State-Manöver, um das bestehende Wahrnehmungsmuster zu unterbrechen. Um eine Phobie zu heilen, wird mithilfe der Phobie-Technik eine starke Dissoziation aufgebaut. Dabei kann der Klient den phobischen Reiz wahrnehmen, ohne von seinen Gefühlen überwältigt zu werden. Auch wenn sich das Heilungskonzept klar und eindeutig anhört, sollten Sie als Coach sehr genau abwägen, ob Sie mit einem Coachee, der unter einer Phobie leidet, zu diesem Thema arbeiten können. Oftmals werden die ökologischen Wechselwirkungen der Phobie im System des Coachees unterschätzt. Dann wäre eine Vermittlung an einen erfahrenen Therapeuten angezeigt.

Assoziiert versus dissoziiert

Assoziation und Dissoziation sind wie zwei Pole auf der Skala der menschlichen Wahrnehmung. Das Prinzip der Assoziation erinnert uns an unsere animalischen Wurzeln – wir verschmelzen mit dem aktuellen Moment. Die andere Seite der Skala der Erlebnisintensität bilden die dissoziierten Zustände. Hier wird der Mensch gar nicht oder nur wenig von seinen Wahrnehmungen berührt. Pauschal könnte man sagen, dass assoziierte Zustände sinnvoll sind, um zu genießen und um tiefe Eindrücke zu gewinnen, während Dissoziationen nützlich sind, um sich in schwierigen oder unangenehmen Situationen zu schützen und intelligentes

Verhalten durch kognitive Kontrolle zu ermöglichen. Auf der Skala von Assoziiert und Dissoziiert kann die Betroffenheit durch die eigene Wahrnehmung bei uns Menschen sehr unterschiedlich sein. Um sich den Einfluss unserer Wahrnehmung auf unsere Gefühle bewusst zu machen, helfen folgende Fragen:

- Inwieweit lösen meine aktuellen Wahrnehmungen bei mir körperlich spürbare Gefühle aus?
- Wie intensiv erlebe ich diese Gefühle?
- Gibt es in meinen assoziierten Zuständen noch inneren Raum für andere Inhalte? Welche Einflüsse dominieren mein Erleben?

Zusammenfassend lässt sich sagen, Dissoziation schafft im Coaching Distanz und erzeugt ein Gefühl von kontrolliertem Handlungsspielraum. Wir können gezielt lernen, unser Bewusstsein nicht von den aktuellen Eindrücken aufsaugen zu lassen und unsere Identifikation mit der momentanen Wahrnehmung angemessen zu regulieren. Dieser Lernprozess führt zum Übernehmen von Verantwortung für die eigenen Gefühle, zu angemessenen Reaktionen gegenüber anderen Menschen und zu persönlicher Freiheit. Wer sich jedoch ständig von seinen aktuellen Wahrnehmungen dissoziiert, verliert an Lebensqualität und Kontakt zu seinen wahren Bedürfnissen. Die übersteigerte Dissoziation von den eigenen Gefühlen behindert den zwischenmenschlichen Kontakt erheblich und kann zu schweren Problemen auf der Beziehungsebene führen. Sich bewusst im assoziierten Zustand zu zeigen, erzeugt Vertrauen und hilft, in der Kommunikation gemeinsam zu wachsen. Wenn wir spontan assoziierte Zustände erlauben, geben wir uns die Chance, im Kontakt mit unseren Mitmenschen etwas über uns zu lernen.

Coaching-Übung: Was fühle ich jetzt?

- Damit Ihr Coachee seine Emotionen intensiver wahrnehmen kann, lenken Sie seine Aufmerksamkeit zunächst in seinen Brustraum. »Atmen Sie tief ein und aus … und während Sie dies tun, spüren Sie genau hinein, wie Ihr ganzer Körper darauf reagiert … «
- Damit sich Ihr Coachee seine Emotionen mithilfe von Worten bewusst machen kann, braucht er eine gute Verbindung zwischen Kopf und Gefühl. Dies ist ein kreativer Prozess, der viel Kontakt und Aufmerksamkeit erfordert. »Lassen Sie die Empfindungen in Ihrem Brustbereich zu, und fragen Sie sich dabei, wie Sie diese Wahrnehmung in Worte kleiden könnten … welche Begriffe assoziieren Sie mit Ihren Empfindungen? … Welche Botschaften verbinden Sie mit Ihren Gefühlen?«
- Um sich das ganze Spektrum Ihrer Emotionen zu vergegenwärtigen, bitten Sie Ihren Coachee, sich an Situationen der Vergangenheit zu erinnern, in denen er bestimmte Emotionen erlebt hat: »Wann waren Sie traurig? Wovor haben Sie sich gefürchtet? Was hat Sie wütend gemacht oder geärgert? Wann waren Sie überrascht oder amüsiert? Wann waren Sie besonders glücklich?«
- Gehen Sie die Schlüsselsituationen in dieser Reihenfolge mit Ihrem Coachee in aller Ruhe durch, bis er vollkommen in Kontakt mit den Ressourcen sei-

ner Gefühlswelt steht und sich bewusst ist, wie sich die unterschiedlichen Emotionen anfühlen. Je besser er seine Emotionen kennt, desto intelligenter kann er damit umgehen.

- Dann reflektieren Sie mit Ihrem Coachee seine Erfahrungen und fragen Sie ihn: »Wie möchten Sie in Zukunft mit Ihren Empfindungen, Gefühlen und Emotionen umgehen? Wie können Sie sich daran erinnern, dass Sie einen wertvollen Schatz der Erkenntnis in Ihrem Körper tragen?«
- Zum Abschluss ankern Sie diese neuen Eindrücke bei dem Coachee.

Coaching-Übung: Body-Coaching

Als Coach können Sie einem Coachee, dem es am bewussten Umgang mit seinem Körper mangelt, mit diesem Frageleitfaden zu einem intensiveren Kontakt mit seinen Körpersignalen verhelfen:

- »Wie geht es Ihrem Körper?«
- »Welche Signale bekommen Sie von ihm?«
- »In welchem körperlichen Zustand wären Sie gerne?«
- »Was bedeutet für Sie Fitness?«
- »Was sind Ihre körperlichen Pluspunkte und Kraftquellen?«
- »Was sind Ihre körperlichen Schwachstellen?«
- »Welche Priorität hat Ihr Körper für Sie?«
- »Welche Ideen haben Sie zur Veränderung Ihres körperlichen Zustandes?«
- »Worauf müssen Sie besonders achten?«
- »Was werden Sie wann tun, um Ihre körperliche Verfassung zu verbessern?«

Verweise

→ Dissoziierte Zustände → Phobie-Technik → Separator → V. A. K. O. G.
→ Seperator-State-Manöver → Anker → Moment of Excellence

B

B

Bewusstsein – den mentalen Monitor einschalten!

Nutzen/Ziel

- Realistische Einschätzung der menschlichen Möglichkeiten.
- Verständnis für das Zusammenspiel von bewussten und unbewussten Kräften.
- Allianz widersprüchlicher Persönlichkeits-Teile
- Quelle der Erkenntnis: Ziel-orientierte Intelligenz

Anwendungsfelder

- Als Coach können Sie Wirksamkeit steigern, indem Sie das Zusammenspiel von bewussten und unbewussten Kräften in der Psyche verstehen und für Ihre Arbeit nutzbar machen.
- Veränderung von bisher unbewussten psychischen Mechanismen

Je bewusster ein Mensch fühlt, denkt, spricht und handelt, desto besser kann er seine Lebenssituation verstehen, gestalten und verändern. Als Coach brauchen Sie eine bewusste Aufmerksamkeit, um sich in die Welt des Coachees hineinzufühlen. Sie brauchen Bewusstheit, um Ihre eigenen Projektionen auf die Themen Ihres Coachees zu erkennen und um Ihre Wahrnehmungsfilter gezielt einzusetzen. Nur wenn Sie während Ihrer Tätigkeit als Coach über ein hohes Maß an Bewusstsein verfügen, können Sie Ihrem Coachee wirkungsvoll helfen, den hilflosen Zustand der Betroffenheit schnell zu verlassen. Durch bewusstes Pacing können Sie ihn motivieren, Ihnen auf die Meta-Ebene zu folgen, um sich und seine Situation bewusst und konstruktiv wahrzunehmen.

Im Coaching

Menschen zu allen Zeiten und in allen Kulturen versuchen, das menschliche Bewusstsein zu verstehen und zu kultivieren. Philosophische, psychologische und spirituelle Schulen haben verschiedene Modelle zur Erklärung des Bewusstseins entwickelt. Das NLP bietet einen sehr pragmatischen Ansatz zum Verständnis des Bewusstseins: Bewusst ist einem Menschen all das, was er jetzt im Moment wahrnimmt und benennen kann. Alles andere befindet sich außerhalb des bewussten Fokus und gilt somit als unbewusst. Diese Definition betont die begrenzte Kapazität des menschlichen Bewusstseins. Es kann nur eine beschränkte Menge von Information zur gleichen Zeit erfassen. Die bewussten Informationen unterliegen außerdem einem ständigen und rasanten Wandel. In jedem Moment drängen neue Reize in das Licht des Bewusstseins, und bisherige Inhalte fallen heraus.

»Darüber bin ich mir bewusst« kann bedeuten, dass

- jemand eine bestimmte Information abgespeichert hat und jetzt einmal kurz daran gedacht hat.
- er die Information in diesem Moment im Angesicht aller Konsequenzen bewusst empfindet, indem er sich voll darauf konzentriert.
- er sich lange Zeit damit auseinandergesetzt hat und schließlich zu einem bewussten Ergebnis gelangt ist, das ihm als Entscheidungsgrundlage dient und sein zukünftiges Verhalten massiv beeinflusst.

›Spüren Sie Ihre Füße ... jetzt in diesem Moment!?‹

Bevor Sie dies gelesen haben, war Ihnen wahrscheinlich Ihr Körpergefühl in den Füßen nicht bewusst gewesen, denn beim Lesen verlagert sich die Aufmerksamkeit meist in den Kopf. Jetzt sind Sie angeregt worden, in Ihre Füße hineinzuspüren und das Licht des Bewusstseins dorthin zu lenken. In kurzer Zeit werden Sie diesen Reiz jedoch wieder vergessen haben, und das Körpergefühl der Füße wird wieder aus Ihrem Bewusstsein verschwinden.

Das augenblickliche Vergessen von unterschwelligen Reizen ist ein Charakteristikum für die Funktionsweise des menschlichen Bewusstseins. Im Six Step-Reframing werden zum Beispiel die sekundären Gewinne bewusst gemacht. In dem Moment, wo dies geschieht und die entsprechenden Inhalte ins Bewusstsein dringen, ist sich der Mensch tatsächlich darüber bewusst. Doch bereits Sekunden später richtet sich das Bewusstsein auf neue Informationen, und die sekundären Gewinne sind bereits wieder vergessen.

Hypnotische Techniken im Coaching können als Methode zum »gesteuerten Vergessen« verstanden werden. In Trance vergisst der Mensch viele Einschränkungen, die sein Alltagsbewusstsein üblicherweise begrenzen. Während der Hypnose wird das Bewusstsein auf Urlaub geschickt, und der Coach kommuniziert mit normalerweise unbewussten Teilen des Coachees. Dabei können Lern- und Veränderungsprozesse stattfinden, ohne dass das Bewusstsein darüber informiert sein muss. Prinzipiell ist ein Coachee erst dann bereit, die bewusste Kontrolle aufzugeben und sich der Führung eines Coachs anzuvertrauen, wenn er sich in der aktuellen Situation sicher fühlt. Deshalb achten kompetente Coachs grundsätzlich auf eine Atmosphäre des Vertrauens und der Geborgenheit. Das alltägliche Bewusstsein dient der Sicherung und Optimierung des Überlebens im Hier und Jetzt. In Bezug auf ökologische Zusammenhänge entpuppt sich das Alltagsbewusstsein jedoch oft als erstaunlich naiv. Hier kann die Weisheit des Unbewussten oftmals ein besserer Ratgeber sein.

B

Trainieren Sie Ihr Bewusstsein

Die Instanz des Bewusstseins ist evolutionsgeschichtlich relativ neu; der Prozess seiner vollständigen Entwicklung ist noch lange nicht durchlaufen. Kompetentes Verhalten ist nicht notwendigerweise mit dem Vorhandensein von Bewusstheit verknüpft. Unbewusste Verhaltensprogramme sind bei vielen Menschen die Grundlage ihrer Leistungsfähigkeit. Selbst Könner und Experten sind sich oft nicht bewusst, was genau sie im Einzelnen tun, um Erfolge zu erzielen. Sie tun es einfach, indem sie ihrer Intuition folgen. Die gezielte Verknüpfung von unbewusster Intuition und bewusster Reflexion ist ein ergiebiges Wachstumsfeld in der Entwicklung des menschlichen Geistes. Wir haben zwar nur ein begrenztes Quantum an bewusster Kapazität, das jedoch durch gezieltes Training entwickelt werden kann.

Souveränität durch bewusste Selbst-Reflektion

Die erfolgreiche Anwendung von gezielten Trainingsmethoden zum Bewusstsein setzt einen kurzen Moment der Meditation voraus. Die Aufmerksamkeit richtet sich nach innen, wir lösen uns vom Alltagsbewusstsein und folgen mit der Wahrnehmung unseren inneren Impulsen. Fehlt dieser Moment der Selbst-Reflexion, bewegen wir uns in Bereichen der mechanischen Kommunikation. Wir benötigen bewusste Energie, um im Hier und Jetzt präsent zu sein. Die Momente der Selbstreflexion verstärken mit jeder Wiederholung eine neuronale Bahn in unserem Gehirn. Wir entwickeln eine positive Gewohnheit, die uns erlaubt, über das aktuelle Geschehen zu reflektieren und dabei die eigene Subjektivität sinnvoll zu relativieren. So entsteht eine souveräne Meta-Ebene, von der aus wir Veränderungsbedarf optimal erkennen und Anpassungsprozesse gestalten können.

Bewusstheit wird immer dann relevant, wenn die Umwelt sich verändert. Dann sind die konditionierten, unbewussten Programme nicht mehr vollständig kompatibel mit den Umweltbedingungen, und das gewohnte Verhalten muss angepasst werden. Bewusstheit führt zur realistischen Einschätzung der Komplexität der aktuellen Situation. Der Mensch kann seine Handlungsoptionen in Form von Wahlmöglichkeiten erkennen. Der Wunsch nach bewussten Wahlmöglichkeiten ist eine wesentliche Motivation des modernen Menschen. Dahinter steckt die Idee, den Geschehnissen der Umwelt nicht hilflos ausgeliefert zu sein, sondern sie aktiv zu gestalten. Erst das Vorhandensein von bewusster Energie ermöglicht eine wirklich freie Lebensgestaltung.

Checkliste: Stärkung des Bewusstseins

Ich beobachte mein Verhalten im Alltag sehr bewusst.	0000000000
Ich beobachte das tägliche Wechselbad meiner Gefühle.	0000000000
Ich spüre meinen Körper während des Alltags.	0000000000
Ich trainiere meine Fähigkeit, mich bewusst zu konzentrieren.	0000000000
Ich beobachte die unbewussten Verhaltensprogramme.	0000000000
Ich unterbreche alte, nicht mehr passende Verhaltensmuster.	0000000000
Ich fokussiere gezielt auf Pluspunkte, Stärken und Leistungen.	0000000000
Ich denke konstruktiv und erzeuge bewusst positive Ursachen.	0000000000
Ich erforsche die Bedürfnisse meiner Gesprächspartner.	0000000000
Ich verzichte ganz bewusst darauf, recht haben zu wollen.	0000000000
Ich überprüfe meine eigenen Projektionen.	0000000000
Ich erinnere meine Prioritäten und handle danach.	0000000000
Ich formuliere meine persönliche Zukunftsvision.	0000000000
Ich fixiere meine Ziele schriftlich und prüfe sie regelmäßig.	0000000000
Ich feiere Erfolgserlebnisse, allein oder im Team.	0000000000

Verweise

→ Unser Unbewusstes → Realitätstunnel → Meta-Ebene → Präsenz
→ Win-Win-Ethik

C

Change History – Erfahrungen in Kraft-Quellen verwandeln

Nutzen/Ziel

- Die Vergangenheit als Ressource nutzen
- Positives Up-Date der eigenen Identität
- Verwandlung von negativen Erfahrungen in Lern-Erfahrungen und Selbst-Wert-Stärkung
- Abbildung persönlichen Geschichte als individuelle Erfolgs-Story

Anwendungsfelder

- Bei Einschränkungen der Selbst-Wahrnehmung durch negative Erfahrungen.
- Wenn der Coachee vergangene Erfahrungen als Selbst-Entwertung repräsentiert.
- Als motivierendes Sprungbrett in eine bessere Zukunft.

Die Vergangenheit können wir nicht ändern, wohl aber die Repräsentation der Vergangenheit in unserem Gehirn. Viele Menschen leiden darunter, dass sie die Ereignisse der Vergangenheit auch heute noch durch negative Filter betrachten. Als Coach können Sie Ihrem Coachee helfen, seine Vergangenheit auf eine neue, konstruktive Weise zu interpretieren. Die Methode des Change History dient als Leitfaden, um negative Erfahrungen aufzuarbeiten und zu transformieren.

Im Coaching

Das menschliche Leben ist ein Prozess, der in Phasen verläuft. Besonders in den frühen Lebensphasen ist ein Mensch prägungsempfindlich. Er ist besonders offen für bestimmte Erfahrungen.

Diese Erfahrungen dienen als Schlüsselerlebnisse, die verallgemeinert werden und dann als Generalisierung die innere Landkarte prägen. Aus den Prägungen entwickeln sich Glaubenssätze und Meta-Programme. Sie sind Grundlagen unserer Orientierung im Leben und im Beruf. Meist wirken sie unbewusst und beeinflussen unsere Entscheidungen und unser Verhalten, ohne dass wir es bemerken.

Mit der Methode des Change History bietet das Coaching mit NLP Möglichkeiten, problematische Prägungen (Imprints) zu erkennen und zu verändern (Re-Imprinting). Sie können über einschränkende Glaubenssätze aufgedeckt werden. Dann wird die belastende Erfahrung in der Fantasie noch einmal erlebt und durch Hinzufügen von neuen Ressourcen positiv bewertet. So gewinnt der Coachee neue nützliche Wahrnehmungsfilter für ähnliche Situationen in der Zukunft. Die Veränderung von Imprints ist ein tiefgreifender Prozess, der weitreichende Konsequenzen haben kann. Solche Interventionen sollten nur von Coachs durchgeführt werden, die über ein sicheres Gespür für ökologische Zusammenhänge verfügen.

Die Veränderung der persönlichen Geschichte dient dazu, belastende, einschränkende oder traumatische Erfahrungen emotional aufzulösen. Change History basiert auf der Annahme, dass alle relevanten Erfahrungen des Menschen im Unbewussten gespeichert sind. Die vergangenen Erfahrungen prägen unser gegenwärtiges Erleben und unser zukünftiges Verhalten. Sie bedingen die Art unserer Orientierung und Wertvorstellungen durch Glaubenssätze oder Meta-Programme. Vergangene Erfahrungen verdichten sich zu Wahrnehmungsfiltern, die unsere innere Landkarte gestalten. In Form von belastenden Gefühlen können die Auswirkungen dieser Prozesse auch in unser Bewusstsein dringen. Oftmals ist ein Coachee zwar motiviert, jedoch allein nicht in der Lage, die Einschränkungen durch innere Arbeit aufzulösen. Das Interventionsmuster des Change History ermöglicht dem Coach dabei eine systematische Vorgehensweise. Das Ziel dieser Technik ist es, eine ehemals problematische Situation auf bessere Weise bewältigen zu können und die daraus resultierende Erfahrung ökologisch in die persönliche Geschichte zu integrieren. Dafür werden in dem unermesslichen Potenzial von Erinnerungen die benötigten Ressourcen organisiert.

Coaching-Übung: Ressourcen Ihrer Vergangenheit

Durch diese Übung gelangt der Coachee zunächst in einen Zustand von Motivation und Selbstvertrauen. Der Coach bringt den Coachee mit ressourcenaktivierenden Fragen in Kontakt mit positiven Erfahrungen in seiner Vergangenheit.

- »Was hat Ihnen in Ihrem Leben am meisten Spaß gemacht?«
- »Welche besonderen Fähigkeiten konnten Sie entwickeln?«
- »Was waren Ihre größten Erfolge?«
- »Mit welchen Strategien konnten Sie diese Erfolge realisieren?«
- »Welche Werte wurden dadurch realisiert?«
- »Was sagen Ihre Freunde über Sie?«
- »Wie lautet das ›ressourcenaktivierende‹ Fazit Ihrer Vergangenheit?«
- »Warum sind Sie ein erfolgreicher Mensch?«

Anschließend können die stärksten Ressourcen identifiziert und präzise herausgearbeitet werden. Um eine dauerhafte Verfügbarkeit zu gewährleisten, können Sie durch gezieltes Ankern mit spezifischen Reizen verbunden werden. Sobald die Anker betätigt werden, wirken die Ressourcen positiv auf die Psyche des Coachee.

Coaching-Übung: Change History – Umwandlung von negativen Erfahrungen

Für das Change History werden im Coaching zunächst die belastenden Gefühle identifiziert und als Orientierung genutzt, um in der Vergangenheit die Szene zu identifizieren, in der sie entstanden sind. Dann werden alternative Verhaltensweisen entwickelt, indem der Coach mithilfe von gezielten Fragen dem Coachee neue Ressourcen zur Verfügung stellt:

»Wie hätten Sie sich damals gerne verhalten? Welches Verhalten wäre eine angemessene Reaktion gewesen? Welche Fähigkeiten oder Optionen hätten Sie dafür gebraucht?«

Als Nächstes führt der Coach den Coachee mit seinen neuen Ressourcen in seiner Fantasie zurück in den alten Kontext.

»Jetzt gehen Sie bitte zurück in die damalige Situation und erleben Sie sie noch einmal … nun haben Sie alle nötigen Ressourcen zur Verfügung, und Sie können sich so verhalten, wie es für Sie am besten ist … was nehmen Sie jetzt wahr (V. A. K. O. G.)?«

Der Coach hilft seinem Coachee, die Situation immer weiter zu optimieren, bis dieser damit hundertprozentig zufrieden ist.

Oftmals muss der Entwicklungsfortschritt im Prozess auf einer neutralen Meta-Position reflektiert werden, bevor die neue Erfahrung stabil und ökologisch verträglich integriert ist. Die daraus resultierenden positiven Erfahrungen werden neu generalisiert und führen zu einem potenteren Selbstbild des Coachees. Der Coachee hat die alten, einschränkenden Generalisierungen hinter sich gelassen und seine innere Landkarte entsprechend korrigiert. Dies ermöglicht ihm in Zukunft eine souveräne Herangehensweise an ähnliche Situationen.

Bewältigung von Traumata

Insbesondere bei der Bewältigung von traumatischen Erfahrungen kann die Methode des Change History erfolgreich eingesetzt werden. Ein Trauma ist der Versuch des Unbewussten, die psychische Integrität des Menschen zu schützen. Durch eine traumatische Erfahrung wird der Mensch von einem Teil seines Erlebens abgespalten. Ein Trauma entsteht, wenn ein Mensch eine Erfahrung macht, die er nicht integrieren kann, weil sie zu schmerzhaft, zu furchterregend oder zu überwältigend ist. Das Trauma fungiert als schützender Puffer zwischen dem Schrecken der Erfahrung und dem Bewusstsein des Menschen. Der Mensch spürt das traumatische Erlebnis sehr viel weniger intensiv oder gar nicht mehr. Die Erfahrung wird betäubt. Selbst wenn er allein versuchen sollte, wieder Kontakt mit der Erfahrung herzustellen, halten unbewusste Kräfte die schützende Abspaltung aufrecht. Metaphorisch ausgedrückt, verliert das Bewusstsein die Zugriffsberechtigung auf den entsprechenden Teil der inneren Landkarte.

Die Auslöser von Traumata werden von dem Betroffenen oftmals generalisiert und verursachen dadurch einschränkende Vermeidungsmanöver. Zum Beispiel wird ein Manager während einer Präsentation von einem kritischen und aggressiven Vorstand überraschend angegriffen und vor versammelter Mannschaft verbal »fertiggemacht«. Um sich vor dergleichen Erfahrungen zu schützen, meidet der Manager zukünftig die Konfrontation mit ähnlichen, vermeintlich gefährlichen Situationen. Vielleicht wird er keine Präsentationsaufgaben mehr annehmen, weil sein Unbewusstes befürchtet, wieder eine demütigende Blamage zu erleben. Die meisten Vermeidungsmanöver geschehen unbewusst, zumal der Mensch sich im Laufe der Zeit daran gewöhnt und sie als normal erachtet. Doch sie verbrauchen Energie und beeinträchtigen die Lebensqualität. Oft entsteht ein sich selbst verstärkender Effekt, weil sich der Mensch die Chance nimmt, eine neue positive Erfahrung zu machen. Falls der Manager doch einmal vor einer Gruppe sprechen muss, erzeugt sein Unbewusstes möglicherweise eine phobische Reaktion. Auf seiner inneren Landkarte werden kritische Fragen, auch die harmlosesten, in die Kategorie »gemeingefährlich« eingeordnet. Dies ist als Sicherheitsmaßnahme des Unbewussten zu verstehen. Der Mensch soll auf keinen Fall noch einmal in eine derart schreckliche Situation geraten. Deshalb werden komplexe Schlüsselreize als Früherkennungsmerkmale markiert. Sobald derartige Schlüsselreize wahrgenommen werden, schlägt das Unbewusste Alarm – der Manager ist blockiert.

Es gibt im Coaching verschiedene Wege zur Heilung von Traumata. Der Königsweg besteht darin, mithilfe von Change History die traumatische Situation in der Fantasie noch einmal zu erleben, doch dieses Mal in Begleitung eines kompetenten Coachs und mit genügend Ressourcen zur Bewältigung. Auch die dissoziierten Puffer der Phobie-Technik können hilfreich sein und die Intervention des Coachs unterstützen. Wichtig bei der Behandlung von Traumata sind ein gründlicher System-Check und ein ökologischer Future Pace.

Verweise

→ Als-Ob-Methode → Ressourcen → Time Line → Unser Unbewusstes
→ Ankern → Reframing

Chunking – wechseln Sie die logische Ebene!

Nutzen/Ziel

- Gezielte Auswahl von Argumentations-Ebenen.
- Steuerung von Prozess auf der Sach-Ebene in Coaching-Gesprächen.
- Systematisches Erweitern der inneren Landkarte des Coachees.

Anwendungsfelder

Chunking-Up:

- Wenn zu viele Details den Blick für das Wesentliche behindern.
- Um Zeit zu gewinnen und den Prozess zu beschleunigen.

Chunking-Down:

- Um den Fokus auf wichtige Details zu lenken.
- Um Prozesse zu entschleunigen und wichtige Details präziser zu beschreiben.

Im Coaching gibt es nur allzu oft eine kaum zu bewältigende Flut von Informationen – nicht selten kommt der Coachee vom »Hundertsten ins Tausendste«. Bewusstes Chunking hilft dem Coach, die Gesprächsebenen gezielt zu steuern und systemisch zu ordnen. Chunks sind Informationseinheiten. Chunking bezeichnet das Zerlegen von komplexen Einheiten in kleinere Elemente oder das Zusammenfassen von einzelnen Elementen zu größeren Einheiten. Der Wechsel der logischen Ebene kann also in zwei Richtungen vollzogen werden: Nach unten, auf konkretere Ebenen (Chunking Down), und nach oben, auf ein höheres Abstraktions-Niveau(Chunking Up).

Im Coaching

Gezieltes Chunking bewirkt kognitive und verbale Elastizität. Der Coach kann mithilfe des Chunking-Down wie ein Spezialist Informationen detailliert untersuchen. Durch systemisches Hinterfragen kann er jede neue Information in viele kleine differenzierte Chunks zerlegen und genau erfassen. Wenn der Coach Zeit gewinnen und einen schnellen Überblick erhalten will, nutzt er das Chunking-Up als Methode der Informationszusammenfassung. Wie ein General oder ein Vorstand erfragt er die wesentlichen Zusammenhänge, um das betreffende System als Großes Ganzes zu verstehen.

- **Chunking-Down:** Was bedeutet diese Information im Detail?
  Was genau?
- **Chunking-Up:** Wie wirken sich diese Informationen auf den wesentlichen Gesamtzusammenhang in Ihrer Lage aus? Welche generelle Bedeutung entsteht dadurch?

Gezieltes Chunking ist auch ein nützliches Werkzeug beim Erlernen und Verändern von Fähigkeiten und Verhaltensweisen. Wenn Menschen komplexes Verhalten erlernen möchten, ist es intelligent, die nötigen Lernschritte durch Chunking sinnvoll zu portionieren.

Chunking als Fragetechnik

Im Coaching erfordert gezieltes »Chunking« Bewusstheit in der Gesprächsführung. Als Fragetechnik ist das Chunking auch eine wirkungsvolle Methode, um mit Einwänden konstruktiv umzugehen.

- Chunking-Down: »Sie sagten, dass eine Umstrukturierung der Abteilung die Mitarbeiter überfordert. Wie müssten die Veränderungsmaßnahmen im Einzelnen aussehen, damit die Mitarbeiter sie annehmen können?«
- Chunking-Up: »Sie sagten, dass die vielen verschiedenen Anforderungen Ihres neuen Jobs Sie demotivieren. Unter welchem motivierenden Überbegriff könnten Sie Ihre neue Aufgabe zusammenfassen?«

Chunking hilft, die nötigen Informationen zu gewinnen, um Einwände in Wünsche zu verwandeln. Im Konfliktmanagement kann geschicktes Chunking dazu führen, dass verhärtete Fronten wieder eine Basis der Verständigung finden.

Coaching-Übung: Chunking

Ein kompetenter Coach kann jede Äußerung des Coachees in zwei Richtungen hinterfragen, indem er die Gesprächsebene wechselt. Er kann auf eine höhere Ebene fokussieren, indem er versteckte Motive, Ursachen oder Zusammenhänge (Motive, Ursachen, Ziele) durch gezielte Fragen erforscht. Oder der Coach kann eine niedrigere Ebene ansprechen, indem er Details erkundet und nach Zahlen, Daten und Fakten (Zahlen, Daten, Fakten) fragt. Bewusstes Chunking ermöglicht dem Coach Flexibilität im Denken, beim Fragenstellen und beim Argumentieren.

Beim Chunking-Up stellt man die Frage nach den dahinter stehenden Meta-Zielen und der positiven Absicht.

Chunking-Up (M. U. Z.= Motive, Ursachen, Ziele):

- »Wieso? Weshalb? Warum?«
- »Wofür brauchen Sie das?«
- »Welchen Nutzen versprechen sie sich davon?«
- »Welches Motiv verbirgt sich hinter Ihrem Wunsch?«
- »Welche Absicht verfolgen Sie mit Ihrem Einwand?«
- »Was wollen Sie damit erreichen?«
- »Was ist Ihr Ziel?«
- »Welche Werte verbergen sich hinter Ihrem Ziel?«
- »Warum möchten Sie, dass es so wird, wie Sie es sich vorstellen?«
- »Was gewinnen Sie, wenn alles so läuft, wie Sie es sich wünschen?«

C

Beim Chunking-Down stellt man die Fragen nach den Details. Dadurch können Wünsche und Bedingungen konkret formuliert werden.

Chunking-Down (Z. D.F = Zahlen, Daten, Fakten):

- »Was genau? Wer genau? Wann genau? Wie genau?«
- »Wie kann das im Einzelnen gehen?«
- »Welche Details sind dabei wichtig?«
- »Wann beginnt es? Wie lange wird es dauern?«
- »Wer ist wofür verantwortlich?«
- »Wer wird was wann machen?«
- »Unter welchen Bedingungen?«
- »In welchen zeitlichen Abständen und in welcher Reihenfolge?«
- »Was werden Sie dabei sehen, hören, riechen, schmecken, fühlen?«
- »Was stattdessen?«

Verweise

→ Frage-Technik → Meta-Programme → Submodalitäten → Ziel-Orientierung

Columbo-Technik – Fragen im Deckmantel der Harmlosigkeit

Nutzen/Ziel

- Einsatz von Coaching-Techniken ohne Explizites Mandat
- Gewinnung von wertvollen Informationen.
- Nützliche Angebote an das Coachee zur Etablierung einer positiven Beziehungs-Ebene

Gezielte Vermeidung von provokativen oder belastenden Themen

Anwendungsfelder

- Um Zeit zu gewinnen, zur schnellen Orientierung.
- Komplexe Systeme unauffällig zu diagnostizieren.
- Bei misstrauischen Coachees gegenüber ungewöhnlichen Coaching-Interventionen.
- Kreative Erforschung von Einschränkungen und möglichen Tabu-Themen.

Beachtung bringt Verstärkung. Sobald Sie im Coaching einem Thema besondere Aufmerksamkeit schenken, besteht die Gefahr, dass Sie die damit verbundene Problematik unbewusst verstärken. Manchmal ist es für einen Coach ratsam, dezent einige Informationen zu sammeln, ohne die mentalen Abwehrmechanismen des Coachees zu aktivieren. In diesen Fällen ist es hilfreich, in die Rolle des Inspektors Columbo zu schlüpfen und den Coachee durch scheinbar beiläufig gestellte Fragen in eine scheinbar ungewisse Richtung zu führen.

Im Coaching

Die Columbo-Technik geht zurück auf Inspektor Columbo, den scheinbar zerstreuten Helden einer amerikanischen Krimi-Serie. Inspektor Columbo löste seine Kriminalfälle, indem er Spuren und Hinweise verfolgte, ohne dass andere Menschen bemerkten, wie er zielstrebig Informationen sammelte. Die Columbo-Technik ist eine respektvolle Methode, um auf unauffällige Weise verschiedene NLP-Techniken im Coaching anzuwenden.

Bei der Columbo-Technik werden durch ungewöhnliche Fragen scheinbar nebensächliche Informationen gewonnen. Diese ungerichtete Erforschung der inneren Landkarte des Coachees erlaubt den unbemerkten Einsatz von Ankern, Separatoren und anderen Methoden des Leading.

C

Coaching-Übung: Columbo-Technik

Ein guter Einstieg in die Columbo-Technik ist die Bitte um Erlaubnis, ein paar ungewöhnliche Fragen stellen zu dürfen:

- »Entschuldigen Sie, eben sagten Sie etwas, das fand ich sehr interessant … ich weiß nicht warum, aber irgendwie sagt mir meine Intuition, dass ich hier etwas lernen könnte … erlauben Sie vielleicht, dass ich Ihnen dazu noch ein paar kleine Fragen stelle?«
- »Das ist etwas, das ich noch nicht ganz verstehe … Sie sagten vorhin, dass … könnte es sein, dass ich Sie missverstanden habe, als Sie … ?«
- »Aha – ja, klingt sehr überzeugend … sehr überzeugend … allerdings frage ich mich, ob … vielleicht können Sie mir da helfen … ?«

Der Coach kann sich für die scheinbar ungerichtete Herangehensweise entschuldigen, um die (vielleicht misstrauische) Aufmerksamkeit des Coachees abzulenken. Auch viele verblüffende Kunststücke von Zauberern basieren auf solchen geschickten Ablenkungsmanövern. Zauberkünstler lenken die Aufmerksamkeit des Publikums auf Nebensächlichkeiten, während sie unbemerkt die tatsächlich wesentlichen Handgriffe zum Gelingen des Kunststücks durchführen. Die Columbo-Technik ist auch eine nützliche Methode, um Zeit zu gewinnen und ablaufende Prozesse zu verlangsamen oder zu unterbrechen. In den gewonnenen Sekunden können Sie nach innen gehen und Kontakt zu Ihrer Intuition herstellen.

Zum Repertoire des Coachs bei der Columbo-Technik gehört neben subtilem Pacing und geschicktem Ankern auch die ständige Bereitschaft, auf der Meta-Ebene präsent zu sein. Notorisch misstrauische Coachees können dabei das Gefühl bekommen, dass sie den Prozess der Veränderungsarbeit unter Kontrolle haben und keine ungewollten Interventionen zu befürchten haben. Die Columbo-Technik ist eine gezielte Form von Understatement, um dem Bewusstsein des Coachees einen Frame anzubieten, in dem das ungewöhnliche Verhalten der ungerichteten Erforschung auf ökologische Weise eingeordnet und akzeptiert werden kann.

Coaching-Vereinbarung – das Mandat zur gezielten Beeinflussung

Echtes Business-Coaching basiert auf einer expliziten Vereinbarung. Die Columbo-Technik erlaubt es dem Coach jedoch, Werkzeuge einzusetzen, ohne dass eine explizite Coaching-Beziehung nötig ist. Solange die Beeinflussung zum Vorteil Ihrer Gesprächs-Partner stattfindet, wird das Unbewusste Ihren hilfreichen Einfluss in den meisten Fällen akzeptieren. Allerdings bleibt »Coaching ohne Mandat« immer eine Gratwanderung. Deshalb gilt die Faust-Regel: desto klarer Ihr Mandat, desto weniger brauchen Sie die Tarnung der Columbo-Technik.

Gezielte Beeinflussung wird von Menschen nicht immer als positiv erlebt. Damit sich der Coachee wirklich auf die Arbeit seines Coach einlassen kann, braucht es einen klaren Coaching-Auftrag. So entsteht ein Vertrauensverhältnis als Arbeitsgrundlage zwischen Coach und Coachee. Dazu gehört auch die Klärung der Rahmenbedingungen, Erfolgskriterien, Rollendefinition und eine Vereinbarung bezüglich der Verantwortlichkeiten.

Als Coach haben Sie die verantwortungsvolle Aufgabe, den Denkprozess Ihres Coachees so zu beeinflussen, dass dieser befähigt wird, seine Ziele zu realisieren. Wenn Ihnen diese kommunikative Herausforderung gelingt, wird Ihr Coachee Ihren Einfluss als hilfreich und zielführend empfinden. Gegenseitiges Vertrauen beginnt zu wachsen. Während Ihrer Coaching-Gespräche wollen Sie so auf Ihren Coachee einwirken, dass er bereit ist, die von ihm als notwendig erkannten Veränderungen tatsächlich zu vollziehen. Damit Sie Ihre Arbeit beginnen können, ist es entscheidend, dass Ihr Coachee Ihnen vertraut und Ihnen den Auftrag erteilt, ihn mit Ihrem Methodenkoffer wirkungsvoll zu beeinflussen. Dazu gehört auch die Klärung der Rahmenbedingungen wie finanzielle Investition, Zeitrahmen und Vor- und Nachbearbeitung.

Neue Möglichkeiten ins System integrieren

Ein kompetenter Coach kann durch wirkungsvolle Interventionen dem Coachee helfen, freier zu werden, unnötige Einschränkungen aufzulösen und Probleme zu bewältigen. Eine Intervention gilt im Coaching als erfolgreich, wenn sie die gewünschten Resultate erzielt und dabei zugleich für das ökologische System des Coachees verträglich ist. Dabei wird das Verhaltens-Repertoire des Coachees bereichert, ohne schädliche Nebenwirkungen zu verursachen. Grundsätzlich kann der Coachee das alte Verhalten als Ressource beibehalten. Eine erfolgreiche Verhaltensänderung im Coaching bedeutet, zusätzlich zu den bisherigen Verhaltensoptionen neue Möglichkeiten zu erwerben. Nicht »Entweder-oder«, sondern »Sowohl-als-auch«!

Die klare Arbeitsvereinbarung zwischen Coach und Coachee gilt als Basis des Coaching-Erfolgs. Falls eine Arbeitsvereinbarung fehlt, kann der Rapport erheblich beeinträchtigt sein. Wenn der Coach Werkzeuge einsetzt, um ein gutes Gesprächsklima zu schaffen, wird dies vermutlich für alle Beteiligten ökologisch sein. Falls er jedoch die Absicht verfolgt, die psychische Integrität des Coachees ohne Arbeitsvereinbarung zu beeinflussen, wird er innere Widerstände beim Coachee wecken. Eine bewusste Vereinbarung über Erlaubnisse, Rahmenbedingungen und eventuelle Abbruchkriterien stößt jedoch an eine funktionale Grenze, weil dem Coachee seine unbewussten Strukturen und Empfindlichkeiten oftmals nicht bekannt sind. Deshalb ist es für den Coach wichtig, sich immer wieder mit dem Coachee über das Ziel des Coaching abzustimmen.

Coaching-Übung: Akzeptanz von Interventionen

Interventionen im Coaching können auf verschiedenen Ebenen stattfinden. Die entscheidende Frage ist, inwieweit dabei die Ökologie des Coachees geschädigt wird. Sobald das Coaching die persönliche Ökologie des Coachees berührt, werden unbewusste Kräfte geweckt. Sie sorgen für die Integrität des Individuums und leisten gegebenenfalls Widerstand gegen nicht-ökologische Manipulationen. Eine Möglichkeit, um die Akzeptanz von Interventionstechniken ökologisch zu überprüfen, führt über die Frage nach der Erlaubnis:

- »Darf ich Ihnen ein paar ungewöhnliche Fragen stellen?«
- »Haben Sie Lust, ein kleines Experiment zu machen?«

Mit diesen Fragen kann sich das Unbewusste des Coachees auf die Intervention einstellen und fühlt sich durch die Einladung oftmals respektiert und gewertschätzt.

Eine Möglichkeit, um die Akzeptanz von Interventions-Techniken im Prozess zu bekommen, ist die Einladung an den Coachee, sich in die Lage eines anderen Menschen zu versetzen:

- »Stellen Sie sich einmal vor, dass diese Führungskraft nach einem konfliktreichen Wochenende montagmorgens ins Büro kommt und …«
- »Wie hätten Sie reagiert, wenn die junge Kollegin Ihnen im Meeting respektlos …«
- »Was würden Sie empfinden, wenn Sie wie dieser Geschäftsführer …«

Für jegliche Anwendung von Interventions-Techniken im Coaching ist es notwendig, sensibel und respektvoll auf die persönliche Ökologie des Coachees zu achten, die sich oftmals in seiner Physiologie zeigt. Falls der Coachee mit der Beeinflussung nicht einverstanden sein sollte, so wird er diesen Widerstand direkt durch seine Körpersprache zum Ausdruck bringen. In diesem Fall gilt es, zunächst auf respektvolle Weise das Vertrauen zu vertiefen.

Verweise

→ Frage-Technik → Pacing → RapportP-Verweis → Körpersprache
→ Win-Win-Ethik → Kreativität → Flexibilität

D

Dissoziierte Zustände – Abstand gewinnen durch kognitive Kontrolle

D

Nutzen/Ziel

- Entkopplung von negativen Gefühlen.
- Reduzieren der Erlebnis-Intensität.
- Gewinnen von Kontrolle und Distanz.

Anwendungsfelder

- Der Coachee leidet unter belastenden Gefühlen.
- Der Coachee hat Angst, von seinen Gefühlen überwältigt zu werden.
- Der Coachee befindet sich im Stuck-State – sein Erleben ist geprägt durch eine starke Problemorientierung.

Die menschliche Wahrnehmung erzeugt je nach Intensität unterschiedliche Zustände in der Psyche des Menschen. Als Coach müssen Sie fähig sein, diese Zustände zu erkennen und zielführend zu beeinflussen. Dissoziierte Coachees befinden sich oftmals nur »im Kopf«. Sie streben nach Steuerung durch den Verstand, unterdrücken jedoch dafür Gefühle und Bedürfnisse.

Im Coaching

Dissoziiert heißt abgeschnitten, gepuffert oder nicht in direktem Kontakt befindlich. Dissoziationen können sehr nützlich sein, denn sie schützen den Menschen vor negativen Erfahrungen. Die Fähigkeit zur Dissoziation ermöglicht kontrolliertes Verhalten und einen souveränen Umgang mit schwierigen Situationen. Jedes Menschenkind durchläuft einen Prozess der gesellschaftlichen Sozialisation, indem es unzählige Dissoziationen aufbaut. Ein dissoziierter Zustand zeichnet sich dadurch aus, dass der Mensch ein Gefühl von innerer Distanz zu seiner Wahrnehmung hat. Dies hat den Vorteil, dass er von ihr nicht überwältigt wird.

Im täglichen Leben führen dissoziierte Zustände im passenden Kontext zu mehr Abstand von den Geschehnissen. Anderseits können Lampenfieber oder Prüfungsangst eine negative Dissoziation von den eigenen Fähigkeiten bewirken. Im unpassenden Kontext oder in extremer Dosierung erzeugt die Dissoziation die Abspaltung von Gefühlen oder sogar schwere Verluste des eigenen Erlebens. Im Coaching können abgespaltene Zustände des Coachees wieder in Kontakt gebracht werden. Das Ziel ist eine Synthese der ehemals getrennten Zustände.

Die Phobie-Technik geht den entgegengesetzten Weg: Hier werden dissoziierte Zustände gezielt aufgebaut, um miteinander verknüpfte Reize zu entkoppeln. Der Coach ermöglicht seinem Coachee durch die Dissoziation eine neue Betrachtungsweise, die eine Veränderung des inneren Erlebens bewirkt. Der Blickwinkel verschiebt sich so, dass der Coachee sich selbst und die gesamte Situation von außen betrachten kann. Die meisten Menschen kennen solche Wahrnehmungen aus nächtlichen Träumen. Auch die Arbeit mit der Videokamera in Rhetorikseminaren erzeugt diesen Effekt. Durch die gezielten Prozessinstruktionen eines Coachs kann der Coachee in doppelte oder sogar mehrfach dissoziierte Zustände geführt werden. Diese Zustände ähneln einem Out-of-Body-Erlebnis, in dem man sich selbst von außen sieht, während man sich beobachtet.

Coaching-Übung zur Dissoziation

Eine Prozessinstruktion zur einfachen Dissoziation könnte lauten:
»Stellen Sie sich vor, Sie sind im Kino. Sie sehen auf der Leinwand einen Film, in dem Sie selbst als Schauspieler mitspielen. In diesem Film können Sie beobachten, wie Sie sich in der Situation xy verhalten. Welchen Eindruck bekommen Sie davon?«

Die Prozessinstruktion zur doppelten Dissoziation könnte so lauten:
»Stellen Sie sich vor, Sie sind im Kino und Sie sehen einen Film, in dem Sie selbst mitspielen. Während Sie sich auf der Leinwand sehen, gehen Sie in Ihrer Vorstellung in den Vorführraum, in dem der Projektor steht. Jetzt sehen Sie sich selbst im Kino sitzen, wo Sie sich einen Film anschauen, in dem Sie mitspielen. Welche Assoziationen löst diese Situation bei Ihnen aus?«

Die nächste Instruktion erzeugt eine dreifache Dissoziation:
»Sobald Sie mit dieser Betrachtungsweise vertraut sind, entfernt sich Ihre geistige Beobachterposition in eine Ecke des Vorführraums. Jetzt sehen Sie sich selbst bei dem Projektor sitzen, während Sie den Film anschauen, in dem Sie mitspielen. Was löst diese Betrachtung bei Ihnen aus?«

Dieses Prinzip könnte man beliebig fortsetzen und vielfach dissoziierte Zustände erzeugen. Durch derartige Interventionen wird zunehmend Distanz zum eigenen Erleben aufgebaut. Solche Zustände werden besonders erfolgreich bei der Arbeit mit Phobien eingesetzt, bei denen visuell-kinästhetische Verknüpfungen als Auslöser fungieren. Dadurch werden bisher zwingende Reize entkoppelt. Ein Mensch mit einer Katzenphobie kann z. B. über diesen Weg lernen, auf Katzen anders und angemessener zu reagieren.

Verweise

→ Bewusstsein → Assoziierte Zustände → Inkongruenzen → Konflikt-Coaching → Meta-Ebene

Einwand-Integration – Tagesgeschäft im Coaching

Nutzen/Ziel

- Gesprächs-Führung durch Sensibilität und Kreativität
- Integration von widersprüchlichen Persönlichkeits-Teilen
- Transfer-Verstärkung durch frühzeitiges Erkennen von möglichen Störungen

Anwendungsfelder

- Der Coachee wirkt verunsichert oder inkongruent.
- Bei inneren Konflikten oder Widersprüchen.
- Zur Sicherung von komplexen Problemlösungen.

Wenn im Coaching Pläne zur Zielerreichung geschmiedet werden, ist es an der Tagesordnung, dass unausgereifte Ideen, unbequeme Aufgaben oder risikoreiche Vorhaben im System des Coachees Einwände erzeugen. Die Kunst der Einwand-Integration besteht darin, innere Einwände frühzeitig zu erkennen, konstruktiv zu hinterfragen und sinnvoll zu integrieren. Einwände sind wertvolle Wegweiser für gelungene Problemlösungen. Je besser und schneller ein Coach auftauchende Einwände erkennen und in konstruktive Kriterien umwandeln kann, desto souveräner wird seine Zielorientierung.

Im Coaching

Ein Einwand ist ein Hindernis, das umgangen, übersprungen, verwandelt, integriert oder bewältigt werden möchte. Einwände können verschiedene Gründe haben. Sie können auf der Sachebene oder auf der Beziehungsebene angesiedelt sein. »Nein« bedeutet, es gibt einen anderen Weg, der besser ist. Oder es gibt eine andere Art, diesen Weg zu gehen, die ökologischer ist. Wenn im Coaching Einwände auftauchen, ist die Kreativität des Coachs gefordert. Einwände als Resultat einer Störung auf der Beziehungsebene zeigen sich meist sehr deutlich im Wechsel der Physiologie des Coachees.

Wenn Sie als Coach Einwände übersehen, ignorieren oder »einfach unter den Teppich kehren«, reduzieren Sie die Qualität der Coaching-Ergebnisse. Jeder Einwand, der im Kopf oder im Herzen Ihres Coachees entsteht, langsam aufkeimt und dann die Schwelle zur Bewusstheit übertritt, zeigt Ihnen, dass Ihr Coachee noch nicht bereit ist, die gefundene Lösung kongruent umzusetzen. Der Einwand ist ein Signal, dass die Intervention noch nicht ökologisch ist oder etwas vorher gelernt werden muss. Gleichzeitig ist der Einwand für den Coach eine wertvolle Spur, wie die Anpassung oder aktuelle Lernaufgabe beschaffen sein könnte.

Coaching-Übung: Einwandbehandlung

Beim Umgang mit Einwänden verfolgt der Coach eine konsequent zielorientierte Vorgehensweise. Diese Strategie ist effizienter als die übliche Problem-Orientierung. Mögliche Einwände werden dabei als kreative Herausforderung verstanden, die zugleich wertvolle Hinweise liefern, um die Zielerreichung möglichst ökologisch zu gestalten.

- »Was stattdessen?«
- »Wie können wir die Bedingung hinter dem Einwand in die Strategie einbinden?«

Auch Reframing und Chunking helfen bei der konstruktiven Behandlung von Einwänden. Mithilfe des Reframing werden Einwände in Wünsche verwandelt. Dem kritischen Punkt wird eine neue Bewertung zugemessen:

- »Wenn wir das Thema einmal in einem anderen Zusammenhang betrachten, könnte sich Ihr Einwand in diesem Rahmen integrieren lassen?«

Im Chunking-Up kann die positive Absicht erfragt werden, die sich als Meta-Ziel hinter jedem Einwand verbirgt:

- »Was wollen Sie mit diesem Einwand erreichen? Was können wir tun, um die dahinterstehende positive Absicht in das angestrebte Ziel zu integrieren?«

Eine positiv formulierte Absicht kann sehr viel leichter in eine Problemlösung integriert werden, als ein destruktiver Einwand. Sobald die positive Absicht herausgearbeitet wurde, kann sie auch im Sinne des Beratermodells als nützlicher Ratgeber fungieren. In der Schule des Wünschens werden alle Einwände wie Wünsche behandelt. Falls Einwände auftauchen, werden sie reframed und als positiv formulierter Wunsch neu adressiert.

Einwände können auch als Bedingungen formuliert werden. Dies entspricht dem Chunking-Down:

- »Unter welchen Bedingungen wären Sie bereit, den Wunsch Ihres Partners zu erfüllen? Was genau müsste passieren?«

Während des System-Checks im Coaching wird bewusst nach Einwänden gefragt:

- »Ihr Einwand ist durchaus berechtigt, nur – was schlagen Sie vor? Wie können wir mit diesem Risiko sinnvoll umgehen?«

In jedem Fall ist es ratsam, den Einwand möglichst frühzeitig zu bemerken. Dies geschieht über die Wahrnehmung von Inkongruenzen. Der Coach beobachtet den Tanz der Physiologien. Er überprüft den Rapport und wechselt vom Leading wieder zum Pacing, falls die Beziehungsebene verbessert werden muss.

Verweise

→ System-Check → Reframing → Chunking → Positive Absicht

Empathie – die emotionale W-Lan-Verbindung

Nutzen/Ziel

- Intersiver Kontakt aufgrund offener Wahrnehmungsfilter
- Erforschen der Landkarte des Coachee
- Aufbau von Vertrauen in die gemeinsame Beziehung

Anwendungsfelder

- Grundlegende Haltung im Business-Coaching
- Besonders zu Beginn braucht ein gelungenes Coaching intensive Empathie, damit der Coachee sich öffnen kann
- Während der gesamten Coaching-Sitzung orientiert sich der Coach an Landkarte, Bedürfnissen, Wünschen, Werten und Zielen seines Coachee.

Echte Empathie wirkt wie ein Zaubermittel im menschlichem Kontakt. Durch Empathie entsteht eine mächtige Verbindung zwischen zwei Gehirnen. Neurobiologische Studien zeigen, dass ein großer Teil des menschlichen Gehirns für die Kommunikation mit Artgenossen benötigt wird. Kein anderes Tier auf diesem Planeten pflegt so komplexe Beziehungen wie der Homo sapiens.

Wir Menschen sind biologisch darauf programmiert, mit unseren Zeitgenossen über Spiegelneurone Signale zu senden und zu empfangen. Unsere Vorfahren, die Steinzeit-Menschen verfügten noch nicht über unsere Verbal-Sprache. Trotzdem mussten Sie den komplexen Vorgang »Überleben in der Wildnis« gemeinsam managen. Deshalb entwickelte sich das enorme menschliche Einfühlungs-Vermögen.

Archaische Kommunikation

Affen verfügen ebenfalls über Spiegelneurone, um mit Ihren Artgenossen besser zurechtzukommen. Doch nur der Mensch hat die Möglichkeit sein Erleben in komplexer Sprache zu reflektieren und auch die feinen Nuancen miteinander zu teilen. Vermutlich weiß ein Schimpanse: »Mein Kumpel dahinten will gerne eine von meinen Bananen haben.« Aber er wird kaum in der Lage sein, dass komplexe Seelenleben seines Schimpansen-Kumpels in all seinen Facetten zu erfassen. Nur der Mensch kann all die Komplexität um sich herum bewusst erkennen, definieren, glorifizieren oder kritisch in Frage stellen.

Entscheidend ist die Erkenntnis, dass jeder einzelne Mensch die Komplexität seines Erlebens ganz anders gestaltet als man selber! Ein guter Coach muss lernen, seine eigene Landkarte in Frage zu stellen, und sich mit voller Empathie auf seinen Coachee einlassen. Natürlich muss er auch eine gesunde Distanz halten können, damit er nicht zu sehr in das Problem des Coachee hineingesogen wird. Dabei helfen die Werkzeuge »Dissoziation« und »Meta-Ebene«.

Aber die nötige Distanz muss durch intensive Empathie kompensiert werden. Als Coach besuchen Sie Ihren Coachee in seiner Innen-Welt. Sie sind ein respektvoller, wertschätzender Gast in seiner privaten Welt. Und helfen Sie ihm, seine Landkarte besser zu organisieren. Sie bringen ihn in Kontakt mit Ressourcen, die er braucht, um seine Bedürfnisse zu befriedigen. So entsteht Vertrauen. Mit Hilfe der Empathie können Sie in kurzer Zeit unendlich viele Informationen über die Welt des Coachee gewinnen. Ihre Coaching-Intuition verarbeitet die Infos und gibt Ihnen Impulse zur weiteren Vorgehensweise. In der Coaching-Ausbildung sprechen wir von einer »W-Lan-Verbindung zum Gehirn des Coachee« – es ist immer wieder erstaunlich, was diese Connection im Zustand des Rapport zu leisten vermag.

Informationsverluste konsequent reduzieren

Wir müssen davon ausgehen, dass in der zwischenmenschlichen Kommunikation ein großer Teil von Information verloren geht. Eine Vielzahl der gesendeten Informationen wird vom Empfänger nur teilweise oder verzerrt verstanden. Die gewählten Worte (Oberflächenstruktur) werden vom Empfänger nicht selten ganz anders verstanden als vom Sender beabsichtigt. Die Oberflächenstruktur der Sprache ist nur ein sehr reduziertes Abbild der tatsächlichen Tiefenstruktur in den Köpfen der Menschen. Als kompetenter Coach müssen Sie sich der Tendenz zum Informationsverlust bewusst sein und im Kontakt mit Ihrem Coachee darauf achten, dass die wesentlichen Informationen tatsächlich bei ihm ankommen.

Im Coaching

Im Coaching zählen Resultate: Das Ergebnis deiner Kommunikation ist die Reaktion, die du erhältst! Um den Erfolg einer Kommunikation zu bewerten, ist nicht entscheidend, welche Absicht der Sender verfolgte, sondern inwieweit der Empfänger die Botschaft verstanden hat und wie er darauf reagiert. Viele Menschen vergessen in der Kommunikation, dass der Partner eine andere innere Landkarte im Kopf hat und die gesendeten Signale dementsprechend anders interpretiert. Jeder Mensch lebt innerhalb seines eigenen begrenzten Realitätstunnels. Nur weil Menschen die gleiche Sprache sprechen, müssen sie einander nicht unbedingt verstehen. Erfahrene Coachs, die mit ihrem Coachee in der Kommunikation nicht vorankommen, nutzen ihr Wissen und thematisieren den Informationsverlust auf der Meta-Ebene. Oftmals hilft dieses Wissen auch dem Coachee, um sich in der Kommunikation anders wahrzunehmen und bessere Ergebnisse zu erzielen.

Auch die so genannten blinden Flecken verursachen einen permanenten Informationsverlust. Alle Menschen haben blinde Flecken in der Wahrnehmung ihrer eigenen Person. Zum Beispiel wird die Wirkung der eigenen körpersprachlichen Signale vom Sender oft nicht bewusst wahrgenommen. Wenn Menschen sich selbst auf Video sehen, sind sie häufig erstaunt oder irritiert, wie sie nach außen wirken. Zu den blinden Flecken können neben den unbewusst ausgesendeten

Botschaften auch gezielte Verhaltensweisen gehören, die aus einer individuellen Selbstverständlichkeit heraus gezeigt werden.

Oftmals verstecken sich hinter dieser Selbstverständlichkeit unbewusste Glaubenssätze, die die Kommunikation so lange erschweren, bis sie vom Träger des Glaubenssatzes erkannt werden. Als Beispiel dient ein Bereichsleiter, der von sich glaubte, Frauen aus Prinzip zu respektieren und wertzuschätzen, doch gleichzeitig nicht merkte, dass er alle Frauen in seinem Bereich ständig durch Nichtbeachtung entwertete. Sein unbewusster Glaubenssatz bezog sich auf die Wertschätzung der Frau als Familienmanagerin zu Hause. Jede berufstätige Frau in seinem Bereich war für ihn eine ständige Provokation, die er gezielt versuchte zu ignorieren, ohne zu merken, dass die Frauen in seiner Abteilung seine Ignoranz als Abwertung empfanden. Als sich die Lage zuspitzte und ein externer Coach hinzugezogen wurde, konnte der Bereichsleiter seinen blinden Fleck erkennen.

Verzerrte Informationen sind an der Tagesordnung

Wenn es in der Kommunikation um innere, für den anderen unsichtbare Prozesse geht, müssen wir davon ausgehen, dass die Wahrscheinlichkeit von Missverständnissen erheblich höher liegt als das gegenseitige Verständnis. Genau genommen sind Missverständnisse der Regelfall. Ständig projizieren wir unsere eigenen Assoziationen in die Worte des anderen hinein. Ein Mitarbeiter sagt zu seinem Chef: »Es gibt Zeiten, da fühle ich mich richtig demotiviert.« Der Chef antwortet: »Das kenne ich sehr gut. Da kann ich Sie verstehen.«

Doch versteht der Chef seinen Mitarbeiter tatsächlich? Was hat der Chef verstanden? Das hängt ab von der Beschaffenheit seiner Landkarte. Wie sind die Worte auf seiner Landkarte abgebildet? Was heißt »demotiviert«? Vielleicht meint der Mitarbeiter damit, dass er am liebsten seinen Job aufgeben und eine Weltreise machen möchte, während der Chef stattdessen assoziiert, dass er hin und wieder gerne ein bisschen früher Feierabend machen möchte. Die Aussage kann sowohl bedeuten, dass der Mitarbeiter drei Tage im Jahr keine Lust zur Arbeit hat, als auch, dass er sich regelmäßig ins Büro quält.

Das Empfangen und Senden von Botschaften sind eine hohe Kunst. Unsere Wahrnehmungen werden ständig mit den im Gehirn bereits vorhandenen Referenzerfahrungen abgeglichen und daraufhin interpretiert, bewertet und eingeordnet. Es geschehen ständig Prozesse der Generalisierung, Tilgung und Verzerrung. Dabei geht Information verloren. Die eigene innere Landkarte ist nur ein unvollständiges und verzerrtes Abbild der Realität, die jedoch unsere Kompetenz als Empfänger entscheidend beeinflusst. Ob wir es wollen oder nicht, wir projizieren unsere eigene innere Landkarte in das Verhalten der anderen Menschen hinein. In der Kunst der Kommunikation geht es nicht darum, die Prozesse der Informationsverzerrung ganz abschalten, sondern mit den verzerrten Informationen positiv umgehen. Wenn wir unsere Coachees wirklich verstehen wollen, brauchen wir ein echtes Verständnis für unsere Wahrnehmungsfilter. Des Weiteren benötigen wir geistige Präsenz, um unser Wissen in der aktuellen Situation nutzbar zu machen. Ein kompetenter Coach braucht offene Wahrnehmungskanäle und zugleich ein flexibles System der Informationsverarbeitung.

Empfänger-orientierte Kommunikation

Kompetente Coaches wissen um die Tatsache des Informationsverlustes und berücksichtigen sie bei Ihrer Vorgehensweise, indem sie wichtige Infos immer wieder überprüfen. Missverständnisse können zwar nicht vermieden, doch sie können reduziert werden. Deshalb praktiziert der Business-Coach konsequente Empfänger-Orientierung während der gesamten Kommunikation mit seinem Coachee: *»Egal wie diese Info auf meiner eigenen Landkarte abgebildet ist – der Coachee hat immer Recht!«*

Vergessen Sie niemals: In seiner Welt gelten die Kriterien und Maßstäbe des Coachee – er ist Souverän in seiner Welt, und weil sie nicht wollen, dass er sich bedroht fühlt, seine mentale Abwehr hochfährt und seine Landkarte einpackt und verschließt, darf von Ihnen keinerlei Bedrohung für sein Selbstwert-Gefühl ausgehen. Deshalb sorgen Sie für das nötige Vertrauen, indem Sie sein »Fan werden« – je mehr Sie von ihm kennenlernen, desto besser können Sie ihn anerkennen. Durch ein gelungenes Pacing gelingt es dem empathischen Coach mühelos, sich geschmeidig auf die Wellenlänge seines Coachee einzuschwingen.

Zuhören ist eine Kunst. Eine respektvolle, aufmerksame und einfühlsame Einstellung dem Partner gegenüber erzeugt ein positives Klima. Unser Coaching-Werkzeugkoffer bietet darüber hinaus weitere Instrumente, um Informationsverluste möglichst gering zu halten. Pacing schafft Rapport. Je besser der Rapport, desto freier können Informationen fließen. Die Augenbewegungen geben Zugangshinweise, um zu erkennen, in welchem Repräsentations-System der andere gerade denkt. Mit diesem Wissen können Botschaften besser verstanden werden. Durch das aufmerksame Beobachten der Physiologie des Coachees können Inkongruenzen frühzeitig erkannt und die damit verbundenen Einwände thematisiert werden. Mithilfe des Chunking-down werden komplexe Konstrukte in handliche Details zerlegt und konkret benannt. Durch das Chunking-up werden verborgene Motivationen, Ziele und Bedürfnisse erforscht. Die Fragen des Meta-Modells helfen, eine Erfahrung möglichst vollständig zu verbalisieren. Mithilfe dieser Kommunikationswerkzeuge kann im Coaching Informationsverlust gezielt reduziert, hinterfragt und aufgearbeitet werden.

Verweise

→ Chunking → Frage-Technik → Innere Landkarte → Meta-Programme
→ Projektion

Evolutionäre Muster – Artgerechte Haltung für den Homo sapiens

Nutzen/Ziel

- Als generelles Erklärungsmodell für menschliches Verhalten.
- Diagnose von elementaren Verhaltensmustern.
- Orientierung für eine gesunde und erfolgreiche Lebensführung.
- Verständnis der zentralen menschlichen Bedürfnisse und Ängste.

Anwendungsfelder

- Zur Orientierung bei Entscheidungsprozessen.
- Als Grundlage von Motivations-Strategien.
- Gewinnung von Verständnis bei schwierigen Kommunikations-Prozessen.

Ein kompetenter Coach trainiert sich in der Disziplin der Menschenkenntnis. Als Coach streben Sie danach, das menschliche Verhalten treffend analysieren und prognostizieren zu können. Sie wollen menschliche Entwicklungspotenziale erkennen und die Bedingungen für eine erfolgreiche Realisierung vorausschauend gestalten. Dafür müssen Sie über die nötige Sensibilität verfügen, um die Einzigartigkeit Ihres Coachees zu erkennen, doch gleichzeitig gibt es evolutionär gewachsene Grundstrukturen, denen alle Menschen folgen. Ein menschliches Gehirn ist durch archetypische Muster geprägt, die im Laufe der Evolution gewachsen sind. Wir alle verfügen über eine ähnliche Architektur des Gehirns – wir sind die aktuellen »Erfolgsmodelle« der Evolution. Unseren Vorfahren ist es gelungen, sich im Überlebenskampf zu behaupten – der heute lebende Mensch ist das Resultat aus Millionen Jahren evolutionärer Erfahrung. Nur wer sein Gehirn so nutzen konnte, dass er die Gefahren des Daseins überstand, konnte sein Wissen an seine Nachfahren weitergeben.

Unser Gehirn ist ein biologisches Organ

Die Funktionsweise des Menschen resultiert aus unserer evolutionären Entwicklung. Wollen wir menschliches Verhalten im Coaching verstehen, müssen wir als Coach sowohl in der individuellen Biografie als auch in der Geschichte der Menschwerdung forschen. Das menschliche Bewusstsein entwickelte sich vermutlich erst im Lauf der letzten Jahrtausende. Es ist evolutionsgeschichtlich relativ neu. Viele menschliche Verhaltensprogramme werden nach wie vor durch archetypische Muster gesteuert, die tief im Unbewussten verankert sind. Die Lebensbedingungen der letzten Millionen Jahre prägten sowohl unseren Körper als auch unsere Psyche viel maßgeblicher als die heutigen Lebensumstände, da sie evolutionsgeschichtlich einen sehr viel größeren Zeitraum einnahmen. Wir Menschen tragen die Erfahrungen unserer Vorfahren als Erbinformation in jeder Körperzelle. Unser Gehirn besteht neben dem hochentwickelten Großhirn aus einem säugetierähnlichen Gehirnkomplex, dem limbischen System, und einem Stammhirn, das wir auch bei Reptilien finden. Dies bedeutet, dass wir zu einem Großteil von ähnlichen Bedürfnissen motiviert und beeinflusst werden, wie wir es auch bei Pferden oder Krokodilen beobachten können. Besonders in Stress-Situationen werden wir durch ähnliche Hirnschichten gesteuert, die auch das Verhalten bei Säugern und Reptilien regeln.

Hauptsache Überlebenssicherung

Trotzdem empfinden viele Menschen die postmoderne Welt inklusive Stromversorgung, Sozialversicherung, Waffenverbot, Anrufbeantwortern, Verkehrsflugzeugen und Kabelfernsehen als die einzig mögliche. Dies ist eine verbreitete Illusion. Unsere Körper und auch unsere psychischen Strukturen dienen nach wie vor in erster Linie der Sicherung unseres Überlebens in einer natürlichen Umwelt. Zumindest wurden sie im Laufe der Evolution unter diesen Umständen entwickelt. Das Lebewesen Mensch wurde für die freie Wildbahn konzipiert. Wenn die Augen ein großes Tier wahrnahmen, musste der Mensch blitzschnell entscheiden, ob es ein Beutetier, ein friedlicher Nachbar oder vielleicht eine Raubkatze ist. Auf alles, was einer Raubkatze auch nur annähernd ähnelte, wurde sinnvollerweise wie auf eine Raubkatze reagiert. Eine einzige Fehleinschätzung konnte tödlich sein. Nicht das eigene Bewusstsein, sondern die Intelligenz der Natur führte unsere Vorfahren durch ein Leben, das nicht der individuellen Entwicklung, sondern dem nackten Überleben und der Fortpflanzung von genetischen Informationen diente.

Ehemals sinnvolle Prägungen

Menschen haben sich in den vergangenen Millionen von Jahren in einer Umwelt entwickelt, die sich im Laufe eines Menschenlebens nicht wesentlich veränderte. Viele unserer Verhaltensprogramme basieren darauf, dass prägende Eindrücke als Referenzerfahrungen generalisiert werden. Solche Generalisierungen gelten für das ganze Leben als grundlegende Orientierung. Dabei fungieren Schlüsselreize für bereits gelernte Verhaltensmuster. Einmal erfolgreich gezeigte Verhaltensweisen werden wiederholt, sobald neue Situationen ähnliche Merkmale aufweisen. In einem Kontext, der sich im Laufe eines Menschenlebens nicht wesentlich veränderte, war das Prinzip der Prägung sehr praktisch. Das unreflektierte Generalisieren von Erfahrungen war überlebensdienlich, da standardisierte Verhaltensmuster in vielen Fällen eine angemessene Reaktion auf die sich wiederholenden Anforderungen der Umwelt darstellten.

Die heutige Umwelt ist jedoch anders gestaltet. Die Lebensumstände verändern sich so schnell, dass unsere archetypischen Gehirne nicht ohne Weiteres mit der Entwicklung Schritt halten können. Das Prinzip der Prägung wird der dynamischen Komplexität nicht mehr gerecht. Unreflektierte Generalisierungen führen in der heutigen Zeit nicht selten zu Fehlanpassungen und unnötigen Einschränkungen. Komplexität und Dynamik erfordern jedoch hohe Flexibilität im Denken und Handeln. Die schnelle Veränderung unserer Umwelt stimmt nicht mehr mit unseren genetischen Programmen überein. Wir sind als Individuum darauf angewiesen, ständig neu zu lernen. Was unsere Eltern lernten, ist für uns in vielen Bereichen nicht mehr relevant, und unsere Kinder werden wiederum in eine gänzlich andere Welt geboren. Neue Werte entstehen. Ökologische Zusammenhänge werden erkannt.

Warum geraten wir so häufig unter Stress? Wieso handeln wir oft gegen unsere Vernunft? Weshalb nimmt die Zahl der Burn-out-Erkrankungen so rapide zu? Warum leiden viele Unternehmen unter demotivierten Mitarbeitern? Weil der Homo sapiens von einem Gehirn gesteuert wird, das geschaffen wurde für ein Leben in der Steinzeit!

Uralte Emotionen wie Angst, Misstrauen oder Wut führen unseren Verstand an der Nase herum. Emotionale Steuerung sichert unser Überleben seit Millionen von Jahren – Leben in der Wildnis erforderte blitzschnelle Entscheidungen. Die heutige Welt verlangt jedoch ganz andere Fähigkeiten. Unser biologisches Erbe verursacht viele unnötige Probleme, sowohl im Privatleben als auch am Arbeitsplatz.

In der modernen Welt kämpfen wir nicht mehr mit Säbelzahntigern oder Kannibalen. Der Homo sapiens muss plötzlich komplexe Anforderungen bewältigen: permanenter Leistungsdruck, Reiz-Überflutung, ungesunde Verlockungen, Bewegungsmangel, Burn-out und Freizeit-Stress. Die Folge: Viele Menschen verlieren den Kontakt zu ihren wahren Bedürfnissen.

Coaching-Übung: Erkennen der evolutionären Muster

Ziel der Übung

Wenn der Coachee bewusst versteht, dass der Großteil seiner steuernden Bedürfnisse auf evolutionären Mustern basiert, kann er sein Verhalten besser steuern.

Besonders in Konflikt-Situationen kann die Bewusstwerdung der eigenen Handlungsmotive der erste Schritt sein, um über intelligente Kommunikation zu einer Win-Win-Lösung zu gelangen.

- »Was sind Ihre wichtigsten Bedürfnisse?«
- »Welche Bedürfnisse sind von Ihrer Zuversicht und Ihrem Vertrauen motiviert?«
- »Welche Bedürfnisse werden von Befürchtungen und Angst motiviert?«
- »Welche Bedürfnisse motivieren Sie, Ihr Ziel zu erreichen?«
- »Welche Bedürfnisse behindern Sie bei der Zielerreichung?«
- »Wie könnten Sie die hinderlichen Bedürfnisse auf eine andere, konstruktive Art realisieren?«
- »Welche Erfahrungen müssten Sie machen, um diese Alternativen tatsächlich umzusetzen?«
- »Was wäre ein erster Schritt?«
- »Welches Fazit ziehen Sie aus dieser Übung?«

E

Coaching mit dem Wissen der Evolution

Zukünftige Erfolgsstrategien basieren auf einem wachsenden Repertoire von flexiblen Verhaltensweisen. Als bewusste Menschen brauchen wir neue Programme, die uns aufmerksam leben lassen und es auch ermöglichen, das eigene Verhalten konstruktiv in Frage zu stellen. Es ist intelligent, die gewohnten Strategien und Verhaltensprogramme hinsichtlich ihrer Nützlichkeit zu überprüfen und auch etwaige Nebeneffekte zu erkennen. Als kompetenter Coach bieten sie Ihrem Coachee die Möglichkeit, gelernte Programme zu erforschen, zu korrigieren und zu verbessern. Coaching bedeutet auch, Umweltvariablen in Entscheidungsvariablen zu verwandeln. Dieses Ziel erfordert vom Coach das Wissen um die evolutionären Muster, Flexibilität in der Wahrnehmung und Kreativität im Umgang mit den Coaching-Werkzeugen. Gleichzeitig muss der Coach seinen Coachee befähigen, ein Mindestmaß an Bewusstsein zu entwickeln, um die eigene Erfahrung kritisch reflektieren zu können. Auf diesem Wege erwirbt der Coachee neue Möglichkeiten, seine Entwicklung im Zusammenspiel mit dem Coach gezielt und ökologisch zu gestalten. Der Coachee kann sich nicht nur über seine Existenz und sein Handeln bewusst werden, sondern aufgrund der lebenslangen Lernfähigkeit seines Gehirns kann er sein Verhalten an seine Bedürfnisse und die Anforderungen seiner Umwelt anpassen.

Bewusstseinstraining für biologische Präsenz

Atmen Sie tief durch und vergegenwärtigen Sie sich folgende Tatsache: »Sie sind die Speerspitze der Evolution!« Wenn Sie diese Tatsache bewusst empfinden, können Sie aus dieser lebendigen Vorstellung Kraft und Selbstvertrauen generieren.

»Stellen Sie sich vor, Sie führen zwei lange Menschenketten. Schräg hinter Ihnen stehen auf der einen Seite Ihre Mutter und auf der anderen Seite Ihr Vater. Sie halten jeweils eine Hand Ihrer Eltern.

Mit der anderen Hand hält Ihre Mutter die Hand Ihrer Großmutter, die wiederum hält Ihre Ur-Großmutter, und so weiter …

Ihr Vater hält die Hand Ihres Großvater, und so weiter… die beiden Menschenketten reichen viele Generationen zurück … nach einigen 1000 Generationen werden die Hände pelziger, die Arme länger, der aufrechte Gang gebückter, der Wuchs immer kleiner … . und nach 200 000 Generationen fühlen sich Ihre Vorfahren in den sicheren Bäumen wesentlich wohler als in der gefährlichen Savanne …

… und nach vielen weiteren Generationen sind es keine Hände mehr, die ihre Mütter und Väter festhalten, sondern kleine Pfoten … und irgendwann verschwinden die Menschenketten mit unseren frühen Vorfahren im Ozean und in der Ur-Suppe!«

Atmen Sie während der Übung tief durch. Versuchen Sie nicht, intellektuell zu denken, sondern stellen Sie sich einfach nur vor, bildhaft und körperlich, wie die gesamte Evolution Ihnen den Rücken stärkt: »Sie sind die Speerspitze der Evolution!« Die Natur hat einen enormen Aufwand betrieben, um Sie zu erschaffen. Ihre DNA wurde über viele Generationen weitergegeben und dabei immer wieder verfeinert und optimiert! Sie sind ein »provisorisches Meisterwerk der Natur«. Genießen Sie diese reale Tatsache und erlauben Sie sich, daraus Kraft und Selbstbewusstsein zu tanken.

Die Wirklichkeit ist natürlich noch viel komplexer – denn wir vernachlässigen mit diesem einfachen Modell alle Großväter mütterlicherseits und Großmütter väterlicherseits. Damit die Metapher wirklich stimmt, müssten Sie sich eine vernetzte Triangel vorstellen, in der sich enorm viele Hominiden an den Händen halten. Doch das Ergebnis bleibt das Gleiche: »Sie sind die Speerspitze der Evolution!« Die DNA Ihrer Vorfahren lebt – sie arbeitet Tag und Nacht für Sie. In jeder Körperzelle wird fleißig gestoffwechselt. Die Intelligenz der Natur hält Sie am Leben und steuert Ihre Existenz.

Präsenz-Übungen als Kraftquellen

Solche Bewusstseins-Übungen können Ihnen helfen, den biologischen Kern Ihrer Identität auf einer tieferen Ebene zu verstehen. Je öfter Sie Ihr Gehirn trainieren, diese plastische Vorstellung aufzubauen und intensiv zu empfinden, desto stärker wird Ihre innere Kraftquelle. Sie sind ein erwachender Geist, der in einem biologischen Menschentier wohnt. Sie sind verbunden mit der Quelle des Lebens und Sie reisen mit Ihrem wunderbaren Menschentier durch die Zeit – von Ihrer Geburt bis zu Ihrem biologischen Tod.

Sie haben eine lange Vergangenheit und eine spannende Zukunft und doch verbringen Sie Ihr gesamtes Leben immer im Jetzt. Genießen Sie Ihre Reise, und folgen Sie Ihrer inneren Stimme – denn die Intelligenz der Natur ist sehr viel wirkungsvoller, als viele Menschen ahnen.

Präsenz-Übungen sind mächtige Werkzeuge beim Finden und aktivieren von Ressourcen und Kraft-Quellen. Sie beeinflussen unsere Bewusstseinszustände, indem sie uns mit etwas in Verbindung bringen, das größer ist, als das eigene Ich. Präsenz wirkt wie eine enorme Ressource, die selber kontakten kann. Und dann können Sie Ihren Coachee in Kontakt bringen mit seiner existenziellen Präsenz. Im Coaching kann solch ein besonderer Bewusstseins-Zustand sehr inspirierend und kraftvoll wirken.

Verweise

→ Innere Landkarte → Körpersprache → Pacing → Unser Unbewusstes

F

F

Feedback – hilfreiche Orientierungs-Botschaften

Nutzen/Ziel

- Universal-Instrument zur gezielten Beeinflussung.
- Bewusstmachung von blinden Flecken.
- Stärkung von Selbstwertgefühl und Rapport.

Anwendungsfelder

- Korrektur von unerwünschtem Verhalten.
- Aufzeigen von neuen Lernmöglichkeiten.
- Bewusstes Dosieren von Nähe und Distanz zwischen Coach und Coachee.

Das Feedback, welches wir von unserem Gesprächspartner bekommen, bildet die Essenz unserer Kommunikation. Auch wenn dieser Tatsache oftmals keinerlei Beachtung geschenkt wird – jede Kommunikation ist eine Abfolge von komplexen Feedbackschleifen. Im Coaching sind diese Schleifen besonders intensiv, da dieser Informationsaustausch unter einem ständigen Leistungsdruck stattfindet und in kurzer Zeit effiziente Ergebnisse bringen soll. Deshalb braucht ein kompetenter Coach ein ausgeprägtes Bewusstsein für die Qualität der stattfindenden Feedbackschleifen. Er muss die Signale seines Coachees auch auf einer tieferen Ebene verstehen und angemessen darauf reagieren. Das Feedback des Coachs steuert den Verlauf des Coaching-Prozesses. Nur wenn der Coach den Coachee über sein Feedback zu einer wirklich guten Lösung führen kann, wird das Coaching erfolgreich sein.

Im Coaching

Feedback heißt wörtlich übersetzt »Zurück-füttern«. Wenn wir beim Autofahren auf den Tacho blicken, bekommen wir Feedback zur Geschwindigkeit des Autos zurückgemeldet. So erkennen wir unser Tempo und können es gegebenenfalls an die Straßenverhältnisse anpassen. Auch in der Kommunikation spielt der Austausch von Feedback für den Erfolg eine wesentliche Rolle. Dadurch werden die Beteiligten mit Informationen über ihre Außenwirkung versorgt. Feedback ist die verbale oder körpersprachliche Rückmeldung zum eigenen Verhalten. Jeder Mensch braucht ständig Feedback, um sich in seiner Welt zu orientieren. Wer schon einmal in eine Fernsehkamera gesprochen hat, weiß, wie schwierig es ist, ohne Feedbackschleife auf angemessene Weise Informationen zu vermitteln. Der Wunsch nach positivem Feedback und Bestätigung ist eine mächtige Motivation für das Verhalten der meisten Menschen. Oftmals wird dieses Bedürfnis jedoch nicht befriedigt, denn die meisten Feedbackprozesse laufen unbemerkt ab. Viele Menschen verbinden mit Feedback in erster Linie negative Kritik, wodurch weder beim Empfangen noch beim Senden ein Bewusstsein dafür entsteht, Feedback als entscheidenden Hebel für die Optimierung der Sach- und Beziehungsebene konstruktiv zu nutzen. Im Coaching ist die gegenseitige Bereitschaft zu offenem, ehrlichem und konstruktivem Feedback eine wichtige Voraussetzung für den Coaching-Erfolg. Als Coach wirken Sie durch die Thematisierung von Feedback vorbildhaft und erzeugen ein offenes und wertschätzendes Gesprächsklima mit Ihrem Coachee.

Intelligentes Feedback ist konstruktiv

Konstruktives Feedback ist wertschätzend, präzise und optimierend. Durch konstruktives Feedback kann der Coachee seine eigene Außenwirkung realistisch überprüfen und sich selbstkritisch fragen, ob er derartige Reaktionen bei seinen Mitmenschen tatsächlich erzielen möchte. Konstruktive Kritik zeigt konkrete Ansatzpunkte, an denen der Coachee gezielt arbeiten kann. Für eine bewusste Persönlichkeitsentwicklung brauchen wir die Meinungen anderer Menschen als Spiegel. Falls das Feedback nicht ehrlich ist, wirkt der Spiegel verzerrt. Schmeichelei stärkt zwar unser Selbstwertgefühl, sie führt jedoch zu einem unrealistischen Selbstbild. Falls wir einseitig kritisches Feedback bekommen, werden wir es in der Regel nicht annehmen können und auch zukünftig den Blick in den Spiegel meiden. Dann wird unsere Entwicklung nicht mehr positiv verstärkt, und die gewünschten Lernprozesse verlieren an Dynamik. Coaching wird zum Gewinner-Gewinner-Modell, wenn der Coach den Coachee zunächst bestätigt und ihn dann mit nützlichen Informationen zur gezielten Optimierung versorgt.

Positives Feedback bestätigt uns in unserer Existenz, es bestätigt unsere Innere Landkarte und öffnet unsere Wahrnehmungskanäle. Negatives Feedback hingegen stellt unsere Welt in Frage. Oft wird es abgewehrt und bekämpft, notfalls aggressiv. Wir sind daran gewöhnt, bei Kritik unsere Abwehr einzuschalten und uns zu verteidigen. In der Praxis bringen uns jedoch gerade die kritischen Rückmeldungen weiter. Wenn wir einem anderen Menschen gezieltes Feedback anbieten, soll er die Informationen optimal nutzen können. Deshalb soll das Feedback im Coaching so beschaffen sein, dass der Coachee es gut annehmen kann, um sich dann den Optimierungsideen zu öffnen. Auch für den Austausch von Feedback gilt das Prinzip von Pacing und Leading.

F

Coaching-Übung zum Feedback

Zuerst Pacing: Was war gut?!

Im Coaching wird durch das Benennen von positiven Aspekten Rapport hergestellt. Der Wunsch des Coachees nach Bestätigung wird gepaced. Dadurch öffnet der Coachee seine Sensoren. Sein Unbewusstes merkt, dass es sich nicht zu verteidigen braucht, sondern wertvolle Information bekommt. Jedes Verhalten birgt Ressourcen, die von einem aufmerksamen Feedbackgeber auf ehrliche Weise gewürdigt werden können.

- »Mir hat gefallen, dass Sie versucht haben, die Bedürfnisse der Mitarbeiter in die Restrukturierung einfließen zu lassen.«

Dann Leading: Was könnte wie verbessert werden?!

Im Coaching gilt die Regel: »Es gibt kein Versagen, es gibt nur Feedback!« Durch das konstruktive Reframing von kritischen Rückmeldungen durch den Coach braucht der Coachee nicht in den Problem-Zustand zu gehen. Stattdessen wird er
vom Coach direkt in einen potentiellen Ziel-Zustand geführt. Er wird auf positive Weise motiviert, sein Verhalten zu ändern.

- »Ich könnte mir vorstellen, dass Sie im nächsten Meeting mehr Akzeptanz für die Restrukturierung gewinnen, wenn Sie den Mitarbeitern noch mehr Raum und Zeit zur Mitgestaltung der neuen Arbeitsprozesse geben.«

Gleichzeitig kann der Coachee für sich überprüfen, ob dieses Ziel für ihn tatsächlich erstrebenswert und ökologisch ist. Dabei ist es für den Coach wichtig, die Physiologie des Coachees genau zu beobachten. Die gezielte Orientierung am unterschwelligen Feedback des Coachees ermöglicht es dem Coach, seine Botschaften empfängergerecht zu adressieren.

Für die Realisierung von wohlgeformten Zielen ist ein kurzer Feedbackbogen im Coaching wünschenswert. Wenn man neues Verhalten erlernen möchte, sollte man auch sich selbst bereits nach kurzer Zeit wissen lassen, dass man sich auf dem richtigen Weg befindet, um das erwünschte Verhalten positiv zu verstärken:

- »Woran merken Sie möglichst schnell, dass Sie auf dem richtigen Weg sind, das angestrebte Ziel zu erreichen?! Wie nehmen Sie es wahr? Welche Sinneskanäle sind beteiligt?«

Jede Form von Feedback kann nützliche Informationen vermitteln. Ohne Feedback durch unsere Umwelt könnten keine erfolgreichen Lernprozesse stattfinden.

Verweise

→ Pacing → Leading → Ressourcen → Reframing → Rapport

Flexibilitäts-Training – wie gewinnen Sie Wahlfreiheit?

Nutzen/Ziel

- Steigerung der Souveränität durch die Gewinnung neuer Möglichkeiten.
- Orientierung für innere Ausrichtung
- Grundlage und Blanko-Ressource für komplexe Veränderungsprogramme.

Anwendungsfelder

- Bei gefühlten Einschränkungen im Erleben und Verhalten.
- Um eingeschliffene Kommunikations-Muster zu erweitern oder aufzulösen.
- Optimierung von Pacing und Leading bei schwierigen Coachees.

Als Business-Coach ist es wichtig, sich daran zu erinnern, dass eine hohe Flexibilität im Erleben und Verhalten eine hohe Souveränität im Umgang mit schwierigen Situationen bewirkt. Deshalb wird ein kompetenter Coach grundsätzlich darauf abzielen, den Coachee zu befähigen, seine Flexibilität zu steigern. Der Coach wird ihn anregen, sich auf die Herausforderungen so vorzubereiten, dass er über ausreichend viele Optionen verfügt, um sein Ziel auch bei schwerer See und heftigem Gegenwind zu erreichen.

Im Coaching

Flexibilität bringt Wahlmöglichkeiten im Verhalten und im Erleben. Je mehr Wahlmöglichkeiten zur Verfügung stehen, desto höher die Flexibilität. Jede gelungene Coaching-Intervention erhöht die Flexibilität des Coachees, da alle alten Verhaltensweisen beibehalten werden, um sie später in einem passenden Kontext einsetzen zu können. Jede Verhaltensoption ist eine Ressource. Im Coaching gilt die Annahme, dass derjenige das System steuert, der über die meisten Handlungsmöglichkeiten verfügt. Die eigene Flexibilität kontinuierlich zu verbessern ist ein sinnvoller Anspruch an jeden Coach. Dies gilt sowohl beim Empfangen von Informationen (Eindruck) als auch beim Senden (Ausdruck). Je mehr Wahlmöglichkeiten zur Verfügung stehen, desto größer wird die Wahrscheinlichkeit, dass wir als Coach wie auch als Coachee über ein Verhalten in unserem Repertoire verfügen, das ein wahrhaft angemessenes Reagieren auf unsere Umwelt erlaubt und unsere Handlung zum gewünschten Erfolg führt.

Flexibilität kann auch durch die zielorientierte Aufarbeitung der persönlichen Geschichte im Coaching entstehen. Solange der Coachee die Prozesse der intensiven Auseinandersetzung und Versöhnung mit den schwierigen Teilen der eigenen Psyche noch nicht durchlaufen hat, ist er weniger flexibel, da seine Ausdrucksmöglichkeiten ständig zensiert werden. Die Integration der eigenen Schattenseiten führt zur Versöhnung der inneren Dämonen und fördert eine kongruente Ausstrahlung. Der ausgesöhnte Mensch lernt, mit seinen Eigenarten flexibel umzugehen. Er kann sie als Ressourcen nutzen und die eigenen Lernprozesse als Wachstumsfelder in die Kommunikation einbringen.

Das Repertoire

Das Repertoire ist die Grundlage des psychologischen Werkzeugkoffers im Coaching. Manchmal stellen Teilnehmer während ihrer Coaching-Ausbildung fest, dass sie seit Jahren Coaching-Werkzeuge in ihrer Kommunikation nutzen, ohne es vorher gewusst zu haben. Das liegt daran, dass viele Coaching-Elemente zum natürlichen Ablauf einer erfolgreichen Kommunikation gehören. Coaching-Werkzeuge sind in diesem Sinne nichts Neues, sondern systematische und zielgerichtete Einsatzpläne für nützliche Verhaltensmuster, um in der Kommunikation die gewünschten Ergebnisse zu erreichen. Der Einsatz im Coaching führt dann dazu, das eigene, bereits vorhandene Repertoire als wertvoll zu erkennen und bewusst weiterzuentwickeln. Die Qualität des Coaching hängt jedoch nicht nur von der Vielfalt der zur Verfügung stehenden Werkzeuge ab, sondern auch von der Kompetenz des Benutzers.

Eine optimale Nutzung des vorhandenen Repertoires erfordert geistige Präsenz. Es genügt nicht, das Coaching-Wissen im Kopf zu haben – entscheidend ist die Fähigkeit, das erworbene Know-how in der passenden Situation gezielt einzusetzen und damit den Coachee nachhaltig und wertschöpfend zu unterstützen.

Ein berühmtes Beispiel für Flexibilität im Kommunikationsverhalten ist die erfolgreiche Kontaktaufnahme von Milton Erickson zu dem schizophrenen George. Anstelle der normalen Sprache gab George einen wilden Wortsalat von sich. Die ihn behandelnden Psychiater versuchten, George dazu zu bringen, dass er einsieht, dass sein Wortsalat bestimmte Bedeutungen hat und dass er damit aufhören muss – ohne Erfolg. Erickson hat sich stattdessen ein Transkript von dem Wortsalat anfertigen lassen. Er lernte die typischen Muster, Intonationen und Melodien und konnte anschließend mit George in dessen Sprache sprechen. Auf diese Weise hat er zunächst zu George Kontakt hergestellt und konnte ihn anschließend dazu bringen, wieder am sozialen Leben teilzunehmen.

Mindestens drei Wahlmöglichkeiten

Das Schaffen von Wahlmöglichkeiten ist ein grundlegendes Ziel im Coaching, weil sich dadurch Umweltvariablen in Entscheidungsvariablen verwandeln können. Falls ein Coachee in einer bestimmten Situation glaubt, nur über eine Möglichkeit des Verhaltens zu verfügen, steuert ihn der Zwang – er ist ebenso unfrei wie ein Roboter. Bei der Wahrnehmung von zwei Alternativen befindet der Coachee sich im Dilemma – entweder oder? Erst beim gedanklichen Zulassen von mindestens drei Möglichkeiten begibt sich der Coachee in den Bereich der menschlichen Freiheit – er kann kreativ entscheiden. Die dritte Möglichkeit entspricht dem Prinzip der Synthese der ersten beiden Möglichkeiten. In ihr können sich Gegensätze verbinden. Die Entscheidung für eine gelungene Synthese symbolisiert eine optimale Wahlmöglichkeit, weil sie alle Interessen integriert. Die Fähigkeit, scheinbar gegensätzliche Betrachtungsweisen, Meinungen, Standpunkte, Interessen oder Persönlichkeitsanteile miteinander zu verbinden, gehört für einen kompetenten Coach zum Handwerkszeug. Dadurch kann der Coach seinen Coachee dazu befähigen, kreative Synthesen und neue Wahlmöglichkeiten zu entwickeln.

Die Idee der Wahlfreiheit gilt sowohl für das externe Verhalten als auch für das interne Erleben. Ein Mensch kann als Gemeinschaft von verschiedenen Persönlichkeitsteilen verstanden werden. Das Bewusstsein entspricht der Regierung. Sie wird von denjenigen Teilen unterstützt, deren Interessen sie erfolgreich vertreten kann. Innere Wahlfreiheit bedeutet, die verschiedenen Teile an der Regierungsbildung angemessen zu beteiligen. Das Six Step-Reframing ist ein geeignetes Werkzeug im Coaching, um die dafür nötigen Synthesen im inneren Parlament zu erzeugen. Mit diesem Coaching-Werkzeug schafft der Coach ein Forum, in dem alle konfliktären Teile des Coachees ihre Absichten äußern können. Dabei lernen die Teile, ihre Interessen als »mündige Bürger« auf konstruktive Weise zu vertreten. Als Resultat werden die unterschiedlichen Ziele von der Regierung in einen realistischen Zukunftsentwurf integriert.

F

Coaching-Übung zur Flexibilität

Diese Übung hat zum Ziel, dem Coachee bewusst zu machen, dass er als Mensch immer mindestens drei Handlungsmöglichkeiten hat. Bitten Sie Ihren Coachee, sich ein Thema vorzustellen, bei dem er glaubt, nur eine Verhaltensoption zu haben.

- »Was möchten Sie mit dieser Handlungsoption erreichen?«
- »Welches Bedürfnis steckt hinter Ihrem Interesse?«
- »Wie könnte xy dieses Bedürfnis realisieren?«
- »Wie wurde dieses Bedürfnis im letzten Jahrhundert realisiert?«
- »Wie könnte dieses Bedürfnis in 100 Jahren realisiert werden?«
- »Wie würde dieses Bedürfnis in Schwarzafrika oder Zentralasien realisiert?«
- »Was bedeuten diese Ideen für Ihre aktuelle Handlungsoption?«

Solange der Pilot eines Flugzeuges fähig ist, seinen Kurs immer wieder auf das Ziel hin zu korrigieren, sorgt er dafür, dass die Passagiere nach der Landung dort aussteigen, wohin sie ihr Ticket gebucht hatten – selbst dann, wenn es zwischenzeitliche Unwetter gab, die umflogen werden mussten. Die alten Seefahrer erreichten ihr Ziel nur dann, wenn sie flexibel genug waren, den Kurs fortwährend den sich wechselnden Wasserströmungen und Windrichtungen anzupassen. Wenn Ihr Coachee ein Ziel auf dem besten Wege erreichen möchte, sollte er erstens genau wissen, wohin er möchte, und zweitens muss er fähig sein, auf die Turbulenzen einer dynamischen Umwelt angemessen zu reagieren. Er muss wissen, wo er sich zurzeit befindet, und er muss immer wieder bereit sein, seinen Kurs auf das Ziel hin zu korrigieren.

Es ist noch kein Meister vom Himmel gefallen. Jeder Mensch meistert sein Leben, indem er weiß, was er erreichen möchte, und gleichzeitig lernt, sein Handeln beständig zu verbessern. Als Coach wollen Sie Ihrem Coachee helfen, seine Ziele zu erreichen, indem Sie mit ihm eine realistische Strategie zur Zielerreichung entwickeln.

Die T.O.T.E.-Strategie – ein universelles Erfolgsrezept

Die T.O.T.E.-Strategie ist ein universelles Erfolgsmuster, um menschliches Verhalten »auf die Erfolgsschiene zu bringen«. Sie beschreibt eine grundlegende Struktur, die – statistisch gesehen – die Wahrscheinlichkeit erhöht, angestrebte Ziele tatsächlich zu erreichen. Das T.O.T.E.-Konzept wurde von Robert Dilts entwickelt, als er die mentalen Strategien besonders erfolgreicher Menschen untersuchte. Robert Dilts identifizierte die wesentlichen Schlüsselkriterien, die für viele erfolgreiche Menschen charakteristisch sind. Diese Erfolgskriterien können Sie mit Ihrem Coachee modellieren und auf seine aktuelle Situation anwenden.

Die Buchstaben T.O.T.E. stehen für Test-Operate-Test-Exit

Das T.O.T.E.-Konzept besagt, dass alle Verhaltensprogramme auf der Existenz eines festgelegten Zieles und variabler Mittel zum Erreichen dieses Zieles basieren. Die vier Elemente des T.O.T.E. symbolisieren bestimmte Funktionen. Es sind Schritte innerhalb der Programme, die zusammen eine grundlegende Strategie bilden. Jedes Verhaltensprogramm braucht als Starter einen Schlüsselreiz, der das Programm aktiviert. Zur Erkennung des Schlüsselreizes werden im Coaching die aktuellen Sinneseindrücke des Coachee überprüft (Test). Dann führt der Coach den Coachee in die Aktivität, um das aktuelle Verhalten so zu verändern (Operate), dass die Überprüfung beim nächsten Mal befriedigend verläuft (Test), um dann das Programm zu verlassen (Exit). Das T.O.T.E.-Konzept kann man in vielen Kontexten entdecken. Durch das intensive Studium besonders erfolgreicher Menschen aus verschiedenen Lebensbereichen konnten einige Kriterien identifiziert werden, die für viele erfolgreiche und kreative Menschen charakteristisch sind:

Test: Erfolgreiche Menschen setzen sich Ziele!

Ein festes Ziel bestimmt das Handeln Ihres Coachee. Die Zielformulierung entspricht den Kriterien der Wohlgeformtheit. Idealerweise sind erwünschte Ziele libidinös besetzt. Erfolgreiche Menschen kennen ihre Ziele. Sie haben die Fähigkeit, Wunsch und Wirklichkeit realistisch zu vergleichen. Die bestehende Diskrepanz zwischen »Ist« und »Soll« wird als kreative Herausforderung erlebt. Die daraus resultierenden Schritte zur Zielerreichung bestimmen das zukünftige Handeln und aktivieren positive Emotionen.

- Was genau wollen Sie erreichen?
- Was werden Sie wahrnehmen, wenn Sie Ihr Ziel erreicht haben?

Operate: Erfolgreiche Menschen verfügen über Flexibilität

Flexibilität im Verhalten ermöglicht Ihnen, ihre Aktivitäten so variieren zu können, dass sie ihre Ziele mit maximaler Effizienz und möglichst elegant erreichen können. Sie kombinieren mit Ihrem Coachee kreatives Denken und effektives Handeln. Auf diese Weise verfügt er über genügend Flexibilität im Verhalten, um alternative Wege der Zielerreichung gehen zu können.

- Was können Sie tun, um Ihr Ziel zu erreichen?
- Wenn das, was Sie bisher getan haben, nicht funktioniert – was können Sie stattdessen tun?

Test: Erfolgreiche Menschen gebrauchen ihre sinnliche Intelligenz.

Mithilfe ihrer Sinne vergleichen sie regelmäßig den gewünschten Zielzustand und die aktuelle Gegenwart. Sie helfen Ihrem Coachee, die Fortschritte in Richtung Ziel fortwährend zu überprüfen, damit er bereit ist, das bisherige Verhalten infrage zu stellen und bei Bedarf zu korrigieren.

- Welche Etappenziele werden Sie auf dem Weg zum Ziel erreichen?
- Was sind die konkreten Zielerreichungskriterien?
- Woran werden Sie rechtzeitig merken, dass Sie ein bestimmtes Etappenziel erreicht haben?
- Woran können Sie frühzeitig erkennen, wenn Sie von Ihrem Weg abkommen?
- Was können Sie tun, um Ihren Weg wiederzufinden?

Exit: Erfolgreiche Menschen bemerken, wenn Sie Ihr Ziel erreicht haben.

Erfolgreich zu sein bedeutet, die gesteckten Ziele zu erreichen und dies auch zu bemerken! Das Prinzip des Feierns nach vollbrachter Leistung ist nicht nur ein angenehmes, sondern auch ein nützliches und wirksames Ritual. Libidinöse Belohnungen motivieren unsere unbewussten Kräfte für zukünftige Erfolge. Einige Coachees vermeiden es, sich ihrer Ziele sinnlich konkret bewusst zu werden, andere haben keine innere Erlaubnis, ihre Erfolge zu feiern. In diesen Fällen ist es besonders wichtig, dass Sie Ihre Coachees aus dem Schatten führen, damit sie ihre Erfolge im Licht genießen können.

- Was sind Ihre Kriterien für die Erreichung Ihres Gesamtziels?
- Wie wissen Sie, dass Sie erfolgreich sind?
- Wie wollen Sie sich dann fühlen?
- Woran merken Sie, dass Sie Ihr Programm erfolgreich verlassen wollen? Und was kommt danach?
- Wie werden Sie sich belohnen?
- Wie können Sie die Vorfreude auf die Belohnung nutzen, um sich optimal zu motivieren?

Oft sind mehrere Test-Operate-Test-Phasen erforderlich, damit der Coachee ans Ziel kommt. Ein längerer Durchlauf wäre beispielweise eine T.O.T.O.T.O.T.O.T.E.-Strategie. Das Erreichen eines Zieles ist meistens kein statischer Zustand, sondern ein dynamischer Prozess. Diese Strategie ist umso erfolgreicher, je präziser Ihr Coachee seine Ziele formuliert, je flexibler er sein Handlungsrepertoire gestaltet und je intelligenter er seine Sinnesorgane nutzt, um zu bemerken, wo er sich gerade befindet. Auf diese Weise können Sie ihm Schwierigkeiten und Hindernisse auf dem Weg zum Ziel als nützliche Hinweise verständlich machen, um den eingeschlagenen Kurs entsprechend zu korrigieren.

Verweise

→ Einwand-Integration → Feedback → Modeling → Framing → Reframing
→ Ziel-Orientierung

Frage-Technik – Schlüssel-Fähigkeit für Business-Coaches

Nutzen/Ziel

- Gewinnung von Informationen.
- Steuerung von Gesprächssituationen.
- Strukturierung von inneren Prozessen.

Anwendungsfelder

- Eine souveräne Fragetechnik ist das zentrale Werkzeug im Coaching und strukturiert den gesamten Coaching-Prozess!

»Welche Ideen haben Sie bereits zur Lösung Ihres Problems? Wer könnte Sie dabei unterstützen? Was könnten Sie tun, um Ihre Ideen Schritt für Schritt zu realisieren?« Jede Frage ist ein hypnotischer Suchbefehl für das Gehirn des Befragten. Jede geschickte Frage ist auch eine Einladung an den Coachee, seine innere Realität nach außen zu kommunizieren. Eine souveräne Frage-Technik bildet eines der wichtigsten Werkzeuge im Coaching. Als Coach steuern Sie den Gesprächsfluss, indem Sie Ihren Coachee anregen, sich mit genau den Themen kreativ auseinanderzusetzen, die für eine optimale Problemlösung zielführend sind. Die Qualität Ihrer Frage-Technik entscheidet darüber, wie Ihr Coachee seine aktuellen Themen erlebt – als belastendes Problem oder als motivierende und transparente Herausforderung.

Im Coaching

Wer fragt, führt! Diese bekannte Weisheit gilt auch im Coaching. Exzellentes Coaching kann als Kunst des Fragens verstanden werden. Ein geübter Coach steuert die Prozesse im Gehirn seines Coachees durch gezielte Fragen. Durch bewusstes Fragen kann ein Coach seinen Coachee in hilfreiche Zustände führen. Gleichzeitig sammelt er dabei nützliche Informationen, um möglichst genaue und relevante Kriterien zur Zielerreichung zu bekommen.

Um eine hypnotisch formulierte Frage beantworten zu können, muss der Coachee einen neurologischen Suchprozess auf seiner inneren Landkarte durchlaufen. Dadurch kommt er innerlich in Kontakt mit den entsprechenden Informationen. Diese Informationsverarbeitung drückt sich auch in seiner Physiologie aus und gibt dem Coach wertvolle Hinweise für den Prozess – besonders, wenn der Coachee eigentlich keine Antwort äußern wollte.

Fragen steuern nicht nur Informationen, sondern auch Emotionen. Der Befragte reagiert nicht nur auf den Inhalt der Frage, sondern auch auf die Formulierung, die Betonung, den Zeitpunkt und die Person des Fragenden selbst. Respektvolle Fragen können zum Beispiel sehr viel Wertschätzung ausdrücken. Und sie stärken das Selbstwertgefühl des Coachee – denn wer wird nicht gern um seine Meinung gefragt?

Zentrale Fragen im Coaching

Formulierung der Frage	Ziel der Frage – wann angewendet?
»Was ist das Ziel?«	Hinterfragen, welche Absicht hinter einer Aussage steht, und auf das fokussieren, was eigentlich erreicht werden soll.
»Was stattdessen ... ?«	Eine negative Haltung in eine konstruktive verwandeln.
»Was genau ... ?«	Präzisierung von allgemeinen und schwammigen Aussagen.
»Woran merken Sie, dass ... ?«	Frage nach den (Erfolgs-)Kriterien, die häufig nur implizit bewusst sind
»Wie können (Sie) oder wir erreichen, dass ... ?«	Das Thema personifiziert; persönliche Beteiligung deutlich machen
»Unter welchen Bedingungen wäre es möglich?«	Lösungs- und Zielorientierung unterstützen und konkretisieren.
»Im Vergleich womit?«	Den Maßstab erfragen, der (meist unbewusst) angelegt wird, bzw. einen anderen Maßstab anbieten und damit eine Neubewertung der Aussage ermöglichen.
»Welcher Nutzen/Gewinn entsteht dadurch?« »Was wollen Sie damit erreichen?«	Konsequenzen der Argumentation hinterfragen und hinsichtlich des Wertes überprüfen.
»Wer könnte dieses Problem lösen?« »Wie würde diese Person vorgehen?«	Neue Inspiration (durch Modell-Lernen) anbieten, um neue Lösungsoptionen zu gewinnen.
»Auf einer Skala von 0 bis 100: Wie würden Sie die Lage einschätzen? Was müsste geschehen, um den Wert 100 zu erreichen?«	Den Status eines Themas im Gesamtkontext bewusst bewerten und anschließend schrittweise durch konkrete Veränderungsideen optimieren.

Frage-Arten im Coaching

Es gibt verschiedene Frage-Arten im Coaching, die flexibel in unterschiedlichen Kontexten eingesetzt werden können. Je größer das Repertoire des Coaches, desto vielseitiger kann der Coachee über sein Thema nachdenken.

Beispiel	Kategorie
»Woran merken Sie, dass ... ?«	Sinnliche Fragen
»Auf einer Skala von 1 bis 10 – wie ..«	Skalierungs-Fragen
»Wenn jetzt ein Wunder geschieht ...«	Wunderfragen
»Was würde Person xy dazu sagen?«	Zirkuläre Fragen
»Angenommen, das Problem wäre gelöst, wie ...«	Hypothetische Fragen
Bevorzugen Sie Variante A oder B?	Kontroll-Fragen
»Welche Überschrift könnte das Ganze haben?«	Fokussierende Fragen
Was genau? Wer genau? Wie genau? ...	Spezifizierungs-Fragen
»Stellen Sie sich vor, das Ziel ist bereits erreicht, was wäre dann anders?...«	Zukunftsorientierte Fragen
Welche Alternative schlagen Sie vor? Wann beginnen wir damit?	Handlungs-Orientierte Fragen

Beispiele für Fragen als Coaching-Werkzeug

Viele Coaching-Interventionen basieren auf gezielten Fragen, denn eine geschickte Fragetechnik ermöglicht ein elegantes und effizientes Leading:

»Was können wir heute gemeinsam erreichen, um Ihrem Ziel ein Stück näher zu kommen?«

Durch intelligente Fragen können alle benötigten Informationen systematisch gewonnen werden. Zum Beispiel werden bei der V.A.K.O.G.-Hypnose (siehe Werkzeug »V.A.K.O.G. – schärfen Sie Ihre Wahrnehmung«) die Wahrnehmungskanäle systematisch abgefragt. Dabei können auch Submodalitäten und Strategien erforscht werden:

- »Was sehen Sie in dieser Situation? Welche Farben, Formen und Details sind vorhanden? Was hören Sie? Stimmen? Geräusche? Musik? In welcher Lautstärke? Wie ist die Tonalität beschaffen? Was fühlen Sie? Wo genau im Körper spüren Sie das? Wie ist die Qualität des Gefühls beschaffen? Prickelnd? Warm oder kalt? Starr oder fließend? Was riechen Sie? Was schmecken Sie?«

Ein exzellentes Beispiel für die Kunst des Fragens ist das Pene-Trance-Modell. Es wird vom Coach durch hartnäckige Fragen gesteuert. Zunächst wird eine konkrete Zieldefinition erarbeitet:

- »Was ist Ihr Ziel? Was möchten Sie erreichen? Woran merken Sie, wenn Sie Ihr Ziel erreicht haben? Was sehen, hören, schmecken, riechen, fühlen Sie?«

Sobald eine wohlgeformte Zieldefinition vorliegt, bringt der Coach den Coachee durch Fragen mit den benötigten Ressourcen in Kontakt:

- »Was brauchen Sie, um Ihr Ziel zu erreichen? Wie bekommen Sie es? Kennen Sie jemanden, der es hat? Wie wird es sein, wenn Sie es haben?«

Auch die Überprüfung im System-Check wird durch Fragen gesteuert:

- »Was würde geschehen, wenn eine Störung auftaucht? Wie werden Sie darauf reagieren? Was brauchen Sie noch? Woher bekommen Sie es? Wie werden Sie wissen, dass es so funktioniert?«

Anschließend erfragt der Coach im Future Pace den Weg der zukünftigen Realisierung:

- »Wann werden Sie es ausprobieren? Wie können Sie sicherstellen, dass Sie es so machen werden? Woran werden Sie merken, dass Sie einen ersten erfolgreichen Schritt getan haben?«

Verweise

-> Innere Landkarte -> Leading -> Meta-Modell -> Positiver Sprachgebrauch

F

Framing – die Kunst, einen passenden Rahmen zu setzen

Nutzen/Ziel

- Grundlegende Strukturierung zur Einordnung von Informationen.
- Aktive Steuerung von fremden Gedanken durch kreative Stimulanz
- Motivierender Sprachgebrauch und gezielte Ansprache

Anwendungsfelder

- Als Intro zu Beginn des Coaching.
- Bei Verwirrung oder Desorientierung des Coachees.
- Als Methode zur Priorisierung/Entscheidung der zentralen Punkte.
- Transfer-Sicherung im konkreten Future Pace.

Das englische Wort »Frame bedeutet Rahmen. Es ist der Zusammenhang oder das Umfeld, in dem ein bestimmtes Ereignis stattfindet. Die äußeren Rahmenbedingungen wie Ort, Zeit, Vorgeschichte, geltende Normen und Regeln bestimmen den Kontext einer Situation. Jede Kommunikation findet in einem spezifischen Kontext statt. Jede Information beeinflusst den Kontext und wird gleichzeitig im jeweiligen Bezugsrahmen unterschiedlich eingeordnet und bewertet. Der englische Begriff taucht auch beim Reframing auf, wo es darum geht, den Ereignissen einen neuen und besseren Rahmen zu geben. Der Bedeutungsrahmen ist grundsätzlich flexibel. Je nach Vorerfahrungen und Informationsstand entsteht bei dem Betroffenen ein mehr oder weniger starrer Glaubenssatz, der sich jedoch durch gezielte Fragen verändern lässt. Die Kunst, bewusst konstruktive Rahmen zu erschaffen (Framing) oder suboptimale Rahmen zu verändern (Reframing), ist ein wichtiger Bestandteil im Coaching. Sie verleiht eine hohe Flexibilität beim Bewerten von Situationen und dient als Grundlage vieler Gesprächsführungstechniken.

Im Coaching

Im Coaching können Sie Ihrem Coachee einen neuen Rahmen für die Bewältigung seiner Probleme anbieten. Dabei ist es wichtig, das Anliegen des Coachees erst einmal im Lichte seiner aktuellen Situation zu verstehen. Jede Situation erhält ihre Bedeutung erst durch die Rahmenbedingungen, innerhalb derer sie interpretiert wird. Zum Beispiel bekommt ein nackter, schwitzender Mann eine andere Bedeutung, wenn Sie wissen, dass er gerade in der Sauna sitzt – und nicht in einem 5-Sterne-Restaurant. Wenn Sie die Situation des Coachees und den Rahmen, in dem er seine Situation erlebt, verstanden haben, können Sie damit beginnen, lösungsorientiert an der Optimierung seiner Lage zu arbeiten. Als Coach trainieren Sie sich darin, einerseits die Sachinformationen zu sortieren und andererseits die Zusammenhänge in einen konstruktiven Rahmen zu setzen, um so die Bedeutung bestimmter Informationen im Erleben Ihres Coachees gezielt zu steuern.

Um die Hebelmöglichkeiten des Framings und Reframings im Coaching aktiv einzusetzen, helfen Fragen, die die bestehenden Rahmenbedingungen in Frage stellen oder auf die dahinterliegenden Bedürfnisse und Motivationen abzielen:

- »Sie sagten, dass Sie nicht mit unserer Gesellschaft konform gehen können – welche Werte prägen denn unsere Gesellschaft? Wer bestimmt nach Ihrer Meinung den Wert xy? Welche Motivation steckt dahinter? Wie könnte dieser Wert auch gesehen werden?«
- »Sie sagten, dass Sie unzufrieden mit dem Verlauf Ihrer beruflichen Entwicklung sind – woran messen Sie das? Womit vergleichen Sie sich? Was könnte gut daran sein? Was ist vielleicht sogar deshalb gut an Ihrem Leben?«

Framing in der Mitarbeiter-Führung

Auch in der Mitarbeiterführung werden die Prinzipien des Framings vielfach unbemerkt eingesetzt. Nehmen wir einmal an, Sie haben in Ihrer Abteilung eine unbeliebte Aufgabe, die Sie nun an den neuen Mitarbeiter delegieren wollen, und Sie sagen Folgendes zu ihm:

- »Herr Müller, ich habe da eine schwierige und unangenehme Aufgabe für Sie. Vermutlich wird Ihnen die Arbeit nicht gefallen, aber irgendjemand muss es ja tun, und da Sie neu bei uns sind, bleibt es an Ihnen hängen. Nähere Instruktionen gebe ich Ihnen heute Nachmittag. Kommen Sie deshalb bitte um 15 Uhr in mein Büro.«

Was wird dieses Framing bei Herrn Müller bewirken? Vermutlich wird er nicht besonders motiviert an die Sache rangehen. Vielleicht wird Herr Müller im Laufe des Tages darüber nachdenken, wie er die Aufgabe möglichst schnell an andere abwälzen kann. Diese Demotivierung wäre nicht nötig, wenn Sie stattdessen einen anderen Frame wählen:

- »Herr Müller, ich habe da eine wichtige Angelegenheit, die mir sehr am Herzen liegt, und ich könnte mir vorstellen, dass Sie dafür genau der Richtige sind. Die Sache ist nicht ganz einfach, aber ich bin davon überzeugt, dass Sie über die notwendigen Fähigkeiten verfügen und dass wir beide gemeinsam das Kind schon schaukeln werden. Kommen Sie bitte um 15 Uhr in mein Büro, damit wir die Einzelheiten durchsprechen können.«

Durch dieses Framing der anstehenden Aufgabe wecken Sie Interesse und Vertrauen bei Herrn Müller. Er wird motiviert, in das Büro seines neuen Chefs zu kommen, um die Sache in Angriff zu nehmen. Vielleicht liegt Herrn Müller diese Form von Aufgabe tatsächlich. Dann hätte Ihre Abteilung in Zukunft ein Problem weniger. Zumindest wird er der Aufgabe nicht mit einem unnötigen Vorurteil gegenübertreten. Vermutlich wird er nicht einmal auf die Idee kommen, den Auftrag als unangenehm zu empfinden, weil er in erster Linie eine gute Chance sieht, um sich als neuer Mitarbeiter bei seinem Chef zu profilieren.

Schwierigkeiten in Lernprozesse umwandeln

Framing und Reframing sind im Coaching wichtige Werkzeuge, um die Aufmerksamkeit des Coachees in eine positive Richtung zu führen und seine Lernbereitschaft zu stärken.

Die Frage:

- »Was könnten Sie lernen, um den Weg zum Ziel noch sicherer zu gestalten?«

bietet dem Coachee einen besseren Bezugsrahmen als die simple Frage:

- »Welche Probleme sehen Sie auf dem Weg zum Ziel?«

Ein Scheitern in der Vergangenheit könnte den Coachee davon abhalten, sein Ziel noch einmal anzugehen. Dann wäre die Frage:

- »Warum sind Sie beim ersten Mal gescheitert?«

nicht sehr hilfreich. Stattdessen sollte der Coach fragen:

- »Was haben Sie aus dem ersten Mal lernen können? … und wie können Sie dieses Wissen für Ihren zukünftigen Erfolg nutzen?«

Durch derartige Fragen wird ein geistiger Bezugsrahmen vorbereitet, in dem der Coachee seine Erfahrungen konstruktiv einordnen kann. So braucht er negative Erfahrungen nicht als angstauslösend oder verwirrend zu erleben. Ein ökologisches Framing führt dazu, dass ein unangenehmes Erlebnis auf ressourcevolle Weise verarbeitet werden kann. Da der Kontext die Bedeutung der Ereignisse bestimmt, ist die gezielte Veränderung des Kontextes im Coaching eine effektive Methode, um das Befinden von Menschen zu verbessern. Der Coach nutzt diese Möglichkeit durch das Kontext-Reframing. Dazu gehört die Frage:

- »In welcher anderen Situation wäre diese Verhaltensweise sinnvoll?«

Jede einmal erlernte Verhaltensweise stellt eine Fähigkeit dar und ist somit eine wertvolle Ressource. Durch eine große Vielfalt an Verhaltensweisen entsteht ein flexibles Repertoire. Im Sinne maximaler Flexibilität gilt es als wünschenswert, für jeden Kontext eine angemessene Verhaltensweise parat zu haben.

Framing im Alltag

Das Framing trägt auch dazu bei, unser tägliches Leben zu regeln. Jede Form von Ankündigung, Aufforderung oder Einladung gibt dem Adressaten einen Frame, in den er seine Assoziationen zu den erhaltenen Informationen hineinprojiziert. Die Ankündigung:

- »Hi, Freunde – nächstes Wochenende machen wir wieder eine wilde Party – bitte Getränke und gute Laune mitbringen«

weckt vermutlich andere Assoziationen als:

- »Sehr verehrte Damen und Herren, am 27. 12. veranstalten wir ein Fest, bitte erscheinen Sie in Abendgarderobe.«

In einem teuren Restaurant bezahlen die Gäste oft nicht nur für das Essen gepfefferte Preise, sondern auch für einen attraktiven Frame in Form von Ambiente und zuvorkommenden Kellnern. Bewusstes Framing kann einem gemeinsamen Erlebnis, der zukünftigen Zusammenarbeit oder dem Wert von Informationen einen angemessenen Rahmen geben. Die besten Framings sind oft solche, die für alle Beteiligten ökologisch sind. Nicht-ökologische Framings können falsche Erwartungen wecken. Manchmal kann es besser sein, durch das Reframing einen neuen Rahmen zu schaffen.

Der Verlauf eines Gesprächs formt den Kontext, in dem jede Aussage ihre spezielle Bedeutung bekommt. Wenn Äußerungen aus ihrem Kontext herausgenommen und isoliert wiedergegeben werden, geht ein Teil der ursprünglichen Bedeutung verloren. Dieser Umstand ist eine große Herausforderung für die journalistische Arbeit der Medien wie auch im Coaching. Einerseits soll die Berichterstattung prägnant und kurz sein, andererseits darf der Hintergrund der Ereignisse nicht zu sehr verkürzt werden, sonst kann der Empfänger den Kontext nicht erfassen, und die eigentliche Bedeutung der Informationen geht verloren.

Coaching-Übung: Framing bewusst erkennen

Schärfen Sie Ihre Wahrnehmung für die kognitiven Manöver Ihrer Coachees und beobachten Sie ihre Framings und Reframings im Coaching. Einige Zeitgenossen arbeiten ganz bewusst mit solchen Manövern, doch meistens entscheidet das Unbewusste aus purer Gewohnheit, in welchem Licht die Ereignisse erscheinen.

- Achten Sie darauf, durch welchen Filter Ihr Coachee die Welt betrachtet. Wann werden positive und wann negative Aspekte betont?
- Welchen Frame pflegt Ihr Coachee in der Familie und im Freundeskreis? Welche Gesprächsthemen gibt es? Wie werden die Ereignisse bewertet?
- In welchem Rahmen findet Kommunikation im beruflichen Umfeld des Coachees statt? Geht es darum, sich gegenseitig zu unterstützen oder sich im internen Wettbewerb durchzusetzen?
- In welchem Rahmen nimmt Ihr Coachee seinen Chef, seine Mitarbeiter und Kollegen wahr? Dominiert Motivation oder Frustration?
- Wie framt Ihr Coachee die Welt der Medien? Oder der Politik? Oder der Werbung?
- Welche Art von Humor pflegt Ihr Coachee? Was haben gute Witze mit Framing bzw. Reframing zu tun?

Verweise

→ Reframing → Hypnose → positiver Sprachgebrauch → Motivation → Pacing + Leading

Future Pace – Anker in die Zukunft werfen

Nutzen/Ziel

- Transfer-Sicherung durch konkrete Zukunftsentwürfe.
- Den Coachee konkret ins Handeln bringen: »Was genau tun sie wann?«
- Zukunft kreativ und aktiv gestalten

Anwendungsfelder

- Als motivierender Abschluss jeder Coaching-Sitzung.
- Wenn starke Ergebnis-Orientierung gefordert ist
- Zur Beschreibung und Planung zielführender Maßnahmen.

Entscheidend für den Wert eines Coaching ist der anschließende Transfer ins reale Leben. Durch einen wirkungsvollen Future Pace gewährleisten Sie, dass die im Coaching erarbeiteten Ergebnisse tatsächlich von Ihrem Coachee umgesetzt werden. Der Future Pace ist der erste Schritt auf der Brücke in die Zukunft. Sie helfen Ihrem Coachee, eine möglichst konkrete und motivierende Abbildung der geplanten Handlungen in seinem Gehirn zu erschaffen.

Der Future Pace strukturiert das zukünftige Handeln

Der Future Pace ist eine grundlegende Maßnahme im Coaching. Er wird nach jeder Intervention zur Transfersicherung eingesetzt. Dabei werden zukünftige Ideen, Wünsche, Ziele, Pläne oder Visionen in den wesentlichen Punkten konkret formuliert. Es ist ein strukturierender Handlungsentwurf, der zugleich motivierend wirkt. Wichtig für einen erfolgreichen Future Pace im Coaching sind folgende Elemente:

Der Coachee

- formuliert konkrete Maßnahmen,
- setzt Termine,
- hat eine sinnliche Vorstellung von seiner Zukunft entwickelt, stellt seine Motivation durch eine erfolgsorientierte Belohnung sicher,
- hört sich selbst ein verbindliches Commitment aussprechen.

Ein Future Pace kann im Coaching verbal durchgesprochen werden oder auch schriftlich geankert werden. Der Future Pace ist eine aktive Gestaltung der Zukunft und insofern ein Element des Pacing, als dass er den Coachee auf seine Zukunft einstimmt. Dabei paced der Coach nicht nur das, was jetzt da ist, sondern auch die Vorstellung der Zukunft im Kopf des Coachees. Er motiviert den Coachee, sein eigenes Verhalten möglichst konkret auf die realen Erfordernisse der Zukunft abzustimmen.

›Was genau tun Sie wann, um den ersten Schritt auf dem Weg zum Ziel zu erreichen?‹

Mit dem ersten Schritt in Richtung Zielerreichung verändert sich die Landkarte des Coachees. Coaching wirkt als erfolgreiches Optimierungs-Management, weil die gewonnenen Erkenntnisse des Coachees als konkrete Handlungsentwürfe operationalisiert werden. Die Arbeitsergebnisse des Coaching werden in Form von neuen Verhaltensweisen im Gehirn des Coachees neurologisch verankert. Der Future Pace ist auch ein wirksames Ritual, um dem Unbewussten zu symbolisieren, dass jetzt ein aktiver Veränderungsprozess begonnen hat.

Um den Future Pace zu sichern, können im Coaching spezielle, ressourcevolle Anker für den Coachee eingerichtet werden. Sie können dann in Zukunft vom Coachee in der entsprechenden Situation aktiviert werden und ihm benötigte Ressourcen verfügbar machen.

Coaching-Übung: Future Pace

Für einen Future Pace können Sie Ihrem Coachee folgende Fragen stellen:

- »Welche Schritte sind notwendig, um Ihr Ziel zu erreichen?«
- »In welcher Reihenfolge gehen Sie vor?«
- »Bis wann werden Sie was getan haben?«
- »Was tun Sie als Erstes und wann tun Sie es?«
- »Wie können Sie dafür sorgen, dass Sie sich in der Alltagshektik an Ihr Vorhaben erinnern und es tatsächlich umsetzen?«

Laden Sie Ihren Coachee ein, alle notwendigen Schritte im Geiste durchzugehen. Indem der Coachee die einzelnen Phasen zum Ziel detailliert beschreibt, programmiert er seinen unbewussten Autopiloten.

Handlungs-Optionen schriftlich sortieren und verankern

Anschließend bitten Sie ihn, alle nötigen Tätigkeiten auf ein Blatt Papier zu schreiben und die Reihenfolge zu fixieren. Dann kann er die einzelnen Schritte als Etappenziele auf einer Zeitlinie anordnen und dadurch die Handlungsstrategie visualisieren.

Durch dieses Zielbild programmiert er seine unbewussten Kräfte auf die Realisierung der gewünschten Zukunftsvision. Anschließend sollte der Coachee alle relevanten Termine in seinen Kalender übertragen, damit auch sein Bewusstsein darüber informiert ist, was wann getan werden soll.

Future Pace im Team-Coaching

Im Team-Coaching kann der Future Pace als gemeinsamer Maßnahmenkatalog formuliert werden. Verbindliche Signale an Mitmenschen erzeugen Glaubwürdigkeit und Vertrauen in eine gemeinsame Zukunftsgestaltung

Die wichtigen Informationen werden als Commitment schriftlich fixiert. Das verantwortliche Teammitglied fasst die Ergebnisse noch einmal in seinen Worten zusammen und datiert die daraus resultierenden Maßnahmen in die Zukunft. Vielleicht werden Protokolle als Anker angefertigt und an alle Teilnehmer verschickt. Im Geschäftsleben und bei der Planung von Projekten wird der Future Pace über die zukünftige Terminplanung initiiert. Bereits feststehende Termine bilden die Basis. So wird ein strukturgebender Frame geschaffen. Dann werden die variablen Termine, Zeiträume und Ziele in diesen Rahmen eingefügt. Ein gelungener Future Pace synchronisiert die Terminplanung der beteiligten Personen, sowohl faktisch als auch mental. So sind die Voraussetzungen geschaffen, die zukünftige Realität gezielt, kooperativ und konsequent zu gestalten.

Verweise

→ System-Check → Motivation → Ziel-Orientierung → Libido-Energie
→ Magie des Wünschens → Unser Unbewusstes

Gewinner-Gewinner-Modell – Königsweg im Konflikt-Management

Nutzen/Ziel

- Grundlegend positive Orientierung für alle Business-Situationen, insbesondere bei Konflikten
- Ethische Orientierung als Kompass für menschlichen Zusammenarbeit.
- Bewusst-Machung von Coach-Coachee-Rollen-Modell

Anwendungsfelder

- Emotional aufgeladene Konflikt-Coachings.
- Bei strukturellen Interessen-Konflikten.
- Als Grundlage der Strategie-Entwicklung für komplexe soziale Situationen.

Kaum ein Werkzeug prägt den Coaching-Spirit so sehr wie die Orientierung am Win-Win. Die Verkörperung des Win-Win-Prinzips führt ganz automatisch zu »Freundlichen Stärke«. Eine Coaching-Beziehung kann nur als Gewinner-Gewinner-Modell funktionieren. Deshalb gilt: Je stärker die Orientierung am Win-Win, desto positiver gestaltet sich die Arbeitsbeziehung.

Konflikte gehören im Leben dazu. Im Coaching werden Sie immer wieder auf Konflikte stoßen. Als Coach brauchen Sie eine feste Verankerung in der Philosophie des Win-Win. Wenn Sie Ihrem Coachee helfen, eine nachhaltig funktionierende Konfliktlösung zu entwickeln, müssen Sie darauf achten, dass alle Beteiligten zu Gewinnern werden können. Gleichzeitig muss auch die Zusammenarbeit von Coach und Coachee als Win-Win-Modell realisiert sein, um nachhaltigen Erfolg für beide Seiten zu garantieren. Nur wenn der Coachee sicher ist, dass Sie als kompetenter Coach seine Zielerreichung und nicht Ihre finanziellen Interessen im Fokus haben, wird er Sie weiterempfehlen.

Im Coaching

Die Idee des Gewinner-Gewinner-Modells (Win-Win-Modell) stammt aus dem Konfliktmanagement. Ein Gewinner-Gewinner-Modell ist das optimale Ergebnis einer kooperativen Konfliktregelung. Es ist kein fauler Kompromiss und kein halbherziges Einlenken, sondern ein Musterbeispiel für eine gelungene Kommunikation.

Wie entsteht ein Gewinner-Gewinner-Modell?

- Gemeinsamkeiten in den Vordergrund stellen.
- Die Ziele der anderen durch Fragen erforschen.
- Eigene Ziele wohlgeformt kommunizieren.
- Alle relevanten Ziele kombinieren.
- Einwände in Wünsche verwandeln.
- Interessen-Parallelität erzeugen.

Beim Gewinner-Gewinner-Modell wird ein vorhandener Konflikt als kreative Herausforderung verstanden und gezielt bearbeitet, bis alle Beteiligten mit dem Ergebnis wirklich zufrieden sind. Auf der persönlichen Ebene entspricht es dem Verhandlungsmodell der Inneren Persönlichkeitsteile. Im Coaching werden innere Konflikte so gelöst, dass allen betroffenen Teilen eine positive Absicht unterstellt wird. Durch diese Grundannahme gewinnt jeder Teil das Recht, angehört zu werden, denn er kann zu einer konstruktiven und ökologischen Lösung des inneren Konflikts beitragen.

Methoden zur Entwicklung eines Gewinner-Gewinner-Modells:

- Zielorientiertes Fragen.
- Ständiges Rapport-Überprüfen und tiefgehendes Pacing.
- Ehrliches und wertschätzendes Feedback.
- Konsequentes Setzen von Separatoren bei Stuck States.
- Brainstorming zur Entwicklung von benötigten Ressourcen.
- Explizite Würdigung der positiven Absichten.
- Einsatz des Chunking bei Einwänden, insbesondere Chunking-Up zur Definition von gemeinsamen Meta-Zielen.

Coaching-Übung: Gewinner-Gewinner-Modell entwickeln

Damit ein Gewinner-Gewinner-Modell entstehen kann, müssen alle Beteiligten die Chance bekommen, sich subjektiv als Gewinner zu fühlen. Dies beginnt mit dem Erforschen der jeweiligen Interessen:

- »Was möchte ich realisieren? Was ist mir besonders wichtig?«

Dann ist es wichtig, die genaue Absicht des anderen zu erforschen und zu verstehen:

- »Was möchten Sie erreichen? Was ist Ihnen besonders wichtig?«

Nun ist es entscheidend, die Gemeinsamkeiten zu erkennen und in den Vordergrund zu stellen:

- »Was ist unser gemeinsames Ziel?«
- »Wie können wir unsere unterschiedlichen Interessen kombinieren?«

Anschließend fokussieren wir auf die Unterschiede. Bei Differenzen ist es notwendig, sich über kreative Möglichkeiten zur Anpassung der unterschiedlichen Ziele auszutauschen:

- »Wie könnte eine kreative Synthese unserer Ziele aussehen?«

Um die Wahrscheinlichkeit zu erhöhen, dass eine gemeinsame Lösung gefunden werden kann, ist es hilfreich, sich in die Lage des anderen hineinzuversetzen:

- »Warum sollte der andere mir helfen, meine Ziele zu verwirklichen?«
- »Was kann ich ihm dafür anbieten? Wo könnten Synergie-Effekte entstehen?«

Durch solche Fragen entstehen eine kooperative Basis und gegenseitiges Vertrauen. Wenn die Basis stimmt, fällt es leichter, den konfliktträchtigen Kontext als gemeinsames System zu verstehen und weg vom Prinzip »Konkurrenz« hin zum Prinzip »Kooperation« zu fokussieren.

Wenn die beteiligten Personen oder Persönlichkeitsteile den Konflikt als gemeinsame Herausforderung verstehen, verlieren sie keine Energie durch destruktive Reibungsverluste. Stattdessen betrachten sie sich als demselben System zugehörig, als in einem Boot sitzend. Sie denken über die Grenzen ihres eigenen Realitätstunnels hinaus und sehen neben den eigenen Interessen auch die Interessen des anderen und die des Gesamtsystems. Ein ungelöster Konflikt kostet alle Beteiligten immer unnötige Energie. Aus dieser Einsicht entsteht das gemeinsame Interesse, eine Lösung zu entwickeln, die alle Beteiligten zu Gewinnern macht. Dabei ist das gemeinsame Erfolgserlebnis eine zusätzliche Belohnung und eine tragfähige Ressource für die Zukunft.

G

Verweise

→ Frage-Technik → Inneres Team → Konflikt Management → Verhandlungs-Modell → Win-Win-Ethik

Glaubenssätze – die Nervenbahnen der inneren Landkarte

Nutzen/Ziel

- Erweiterung des geistigen Horizonts und Gewinnung von
- neuen Möglichkeiten.
- Veränderung von Glaubens- und Verhaltensmustern.
- Erhöhung der Handlungsfähigkeit durch neue Gestaltungskraftund innere Freiheit.

Anwendungsfelder

- Bei Generalisierung von negativen Erfahrungen.
- Zur Auflösung von einschränkenden Glaubenssätzen.
- Bewusstmachung von Werte-Ssystemen.

Es sind nicht die Dinge selbst, die uns Menschen beeindrucken oder beunruhigen, sondern unsere Interpretation der Dinge. Wir Menschen interpretieren die aktuelle Situation aufgrund vergangener Erfahrungen. Im Coaching geht es oftmals darum, unbewusste Glaubenssätze, die auf vergangenen Erfahrungen beruhen, zu erkennen und hinsichtlich ihres Realitätsgehaltes zu überprüfen. Als kompetenter Coach helfen Sie Ihrem Coachee, unrealistische oder einschränkende Glaubenssätze zu hinterfragen und zu verändern.

Glaubenssätze bestimmen unseren geistigen Horizont

Glaubenssätze (Beliefs) sind ungeprüfte Annahmen über die Realität. Sie zeigen sich in Form von Einstellungen, Werten oder Überzeugungen. Glaubenssätze sind in der Regel unbewusst und eingebunden in ein individuelles Glaubenssystem. Sie beziehen sich auf Ursache-Wirkung-Zusammenhänge, auf Bedeutungen von Ereignissen oder auch auf die eigene Identität. Glaubenssysteme bestimmen unser Handeln und unser Erleben. Sie liegen unseren Motivationen zugrunde und bilden die Basis unserer neurologischen Programme. Viele Themen im Coaching berühren das individuelle Glaubenssystem des Coachees. Dabei werden die relevanten Glaubenssätze bewusst gemacht, ökologisch überprüft, neu formuliert und geankert. Viele Menschen ziehen einen großen Teil ihrer Gefühle von Sicherheit und tagtäglicher Orientierung aus unbewussten Glaubenssätzen, ohne dabei die Normen, Regeln und Werte in Frage zu stellen. Wir orientieren uns also gewohnheitsmäßig an unbewussten Leitlinien.

Viele Elemente unseres Verhaltens und mindestens ebenso viele Einschränkungen entspringen unseren Glaubenssätzen über die eigene Person, über die anderen Menschen und über die Welt, in der wir leben. Sie können unsere persönliche Entwicklung hemmen (»Ich bin ein Versager«), die Lebensqualität beeinträchtigen (»Ich bin hässlich«) oder zwischenmenschliche Konflikte verursachen (»Alle sind gegen mich«). Viele Glaubenssätze werden in frühester Kindheit gelernt (Imprints). Sie haben großen Einfluss auf die gesamte Lebensweise eines Menschen. Auch in der Paartherapie zeigt sich häufig, dass die zwischenmenschliche Beziehung gestört ist, weil alte Glaubenssätze die Partner einschränken.

Die meisten Glaubenssätze sind das Resultat einer Generalisierung. Ein Beispiel: Nach einigen erfolglosen Versuchen, sich für eine Führungsposition zu bewerben, beginnt eine Frau zu glauben, sie sei inkompetent als Führungskraft. Als Folge dieses Glaubenssatzes richtet sich ihre selektive Wahrnehmung neu aus und sucht unbewusst, aber erfolgreich bei den nächsten Bewerbungsgesprächen »Beweise«, um die Annahme ihrer Inkompetenz zu bestätigen. Auch die Bestätigung von einschränkenden Glaubenssätzen vermittelt dem Unbewussten Sicherheit, selbst wenn dadurch bewusste Wünsche sabotiert werden. So wird ein Glaubenssatz im Laufe der Monate und Jahre in das Glaubenssystem eingewoben. Ein wichtiges Ziel im Coaching ist es, einschränkende oder problemerzeugende Glaubenssätze auf ihren aktuellen Realitätsgehalt hin zu überprüfen und bei Bedarf zu korrigieren.

Einschränkende Glaubenssätze auflösen

Glauben gehört zur Natur des Menschen und bedeutet ein riesiges Potenzial von Ressourcen. Diese Energie kann für verschiedene Zwecke eingesetzt werden. Glauben erzeugt Kraft und Motivation. Es gab Kulturen, in denen die Krieger glaubten, dass nur der Tod im Kampf ihnen einen Platz an Odins Tafel ermögliche. Obwohl auch sie den Tod fürchteten, immunisierte der starke Glaube die Krieger gegen die Todesangst und konnte im Kampf enorme Kräfte freisetzen. Mahatma Gandhi glaubte fest daran, dass er Indien durch den gewaltfreien Widerstand zur Unabhängigkeit führen könnte. Er wurde durch sein konsequentes Handeln zum Vorbild für Millionen Menschen. Wer fähig ist zu glauben, kann geradezu unglaubliche Ressourcen entwickeln.

Glaube wächst aus Erfahrungen. Damit sich ein starker Glaube entwickeln kann, brauchen wir intensive Erfahrungen. Eine besonders intensive Erfahrung kann prägend wirken – bereits beim ersten Mal. Die japanischen Zen-Mönche nennen solche Erlebnisse Satori. Durch das Erleben von Satori kann sich die persönliche Entwicklung beschleunigen. Im Coaching ist der Glaube an den Erfolg der Arbeit eine wichtige Voraussetzung für starke Motivation. Sowohl der Coachee als auch der Coach müssen glauben können, dass eine Veränderung möglich ist. Wenn andere Menschen glauben, dass wir fähig sind, zu tun, was wir uns vorgenommen haben, ist dies eine wertvolle Ressource.

Die Realität beginnt im Geiste! Menschen werden zu dem, was sie selber von sich glauben. Die Natur des Glaubens entspricht einer sich-selbst-erfüllenden Prophezeiung. Je ökologischer der Glaube für das System ist, desto ressourcevoller wird sich das Geglaubte manifestieren. Sobald das Unbewusste eine Chance wittert, beginnt der Prozess der Manifestation. Menschen haben die Tendenz zur Selbstverwirklichung. Das in uns schlummernde Potential drängt nach Realisierung. Achtung! Negative Glaubensmuster ziehen ihre Verwirklichung genauso intensiv an wie positive. Deshalb ist es intelligent, die eigenen Glaubensmuster hin und wieder psychohygienisch zu überprüfen und dabei störende Einschränkungen in wohlgeformte Ziele zu verwandeln.

Coaching-Übung: Glaubenssätze durch Meta-Ziele auflösen

Ziel dieser Übung ist es, alte einschränkende Glaubenssätze des Coachees zu hinterfragen, um sie in neue und bessere Glaubenssätze zu verwandeln.

- Der Coach baut zu seinem Coachee Rapport auf und lässt sich das Problem schildern.
- Der Coach fragt: »Wenn Sie Ihr Problem als einen Glaubenssatz formulieren würden, wie würde dieser heißen?«
- Dann lässt sich der Coach die Situation, in der dieser Glaubenssatz xy maximal gelebt wird, konkret beschreiben (Ort, Zeit, Personen, Stimmung etc.).
- Der Coach fragt: »Wenn Sie den Glaubenssatz xy vollständig leben, was wird dadurch für Sie sichergestellt?«
- Der Coach notiert das Interesse hinter dem Glaubenssatz und fragt: »Wenn Sie Ihr Interesse hinter dem Glaubenssatz xy vollständig durchgesetzt haben, was wird dadurch für Sie sichergestellt?«
- Der Coach notiert das Meta-Interesse hinter dem Interesse und fragt gegebenenfalls nach weiteren dahinterliegenden Interessen, bis er an den Antworten oder der Physiologie des Coachees erkennen kann, dass es keine weiteren relevanten Informationen zu diesem Thema gibt.
- Anschließend fragt der Coach: »Wenn Sie den Glaubenssatz xy vollständig leben, was vermeiden Sie damit?«
- Der Coach notiert die Vermeidung und fragt gegebenenfalls nach weiteren dahinterliegenden Vermeidungsmotivationen, bis er wieder an den Antworten oder der Physiologie des Coachees erkennen kann, dass es keine weiteren relevanten Informationen zu diesem Thema gibt.
- Der Coach fragt: »Nachdem Sie jetzt einiges über Ihre Meta-Interessen herausgefunden haben, was wäre ein hilfreicher Glaubenssatz für die Zukunft?«
- System-Check: Jetzt ist der Coach angehalten, ganz genau auf die Physiologie des Coachees zu achten: Kann der Coachee den neuen GS wirklich glauben? Sollten in dieser Phase weitere Einwände auftauchen, führt der Coach seinen Coachee mit zielorientierten Fragen zur Optimierung des neuen Glaubenssatzes: »Wie können Sie den neuen Glaubenssatz so weit verändern, dass er alle Einwände integriert? Unter welchen Bedingungen sind Sie bereit, den neuen Glaubenssatz in Ihrem Verhalten umzusetzen?«
- Future Pace: Um den neuen Glaubenssatz tatsächlich in der Zukunft zu realisieren, fragt der Coach: »Wann werden Sie den neuen Glaubenssatz das erste Mal leben können? Wie genau wird das sein? Was ist anders als heute?««

Re-Imprinting - Update von alten Programmen

Das Re-Imprinting dient der Befreiung von unbewussten Glaubensmustern und der gezielten Veränderung von einschränkenden Prägungen. In der Psychotherapie kann es sogar zur Trauma-Bewältigung eingesetzt werden. Im Coaching nutzen wir dieses Werkzeug zur Auflösung von Blockaden durch negative Erfahrungen der Vergangenheit. Der Coachee lernt, das negative Erlebnis neu zu bewerten und als nützliche Lern-Erfahrung auf seiner Landkarte zu verankern. So entstehen neue Möglichkeiten für zukünftiges Verhalten. Der Coachee gewinnt ein Stück innere Freiheit.

Imprints sind prägende Erfahrungen. Das Prinzip der Prägung ist evolutionsgeschichtlich sinnvoll. Noch heute bilden Prägungen die Grundlage für nützliches Verhalten. Sie können aber auch sehr einschränkend wirken und das Leben unnötig erschweren. Manchmal basiert das aktuelle Problem des Coachee auf prägenden Erfahrungen, die er im Laufe seines Lebens gemacht hat. In diesen Fällen kann der Coach keine nachhaltig positive Veränderung bei seinem Coachee bewirken, wenn er nur an der Oberfläche des aktuellen Problems arbeitet. Mit dem Re-Imprinting verfügt der kompetente Coach über ein Werkzeug zur Veränderung von einschränkenden Glaubenssätzen, die auf prägenden Erfahrungen basieren.

Wie Prägungen uns Menschen beeinflussen

Das menschliche Leben ist ein Prozess, der in Phasen verläuft. Besonders in den frühen Lebensphasen ist ein Mensch prägungsempfindlich. Er ist besonders offen für bestimmte Erfahrungen. Diese Erfahrungen dienen als Schlüsselerlebnisse, die verallgemeinert werden und dann als Generalisierung die innere Landkarte prägen.

Aus den Prägungen entwickeln sich Glaubenssätze und Meta-Programme. Sie sind Grundlagen unserer Orientierung im Leben und im Beruf. Meist wirken sie unbewusst und beeinflussen unsere Entscheidungen und unser Verhalten, ohne dass wir es bemerken.

Eine Prägung ist eine signifikante Erfahrung oder Sequenz von Erfahrungen aus der Vergangenheit, in welcher ein Mensch einen Glaubenssatz oder eine Gruppe von Glaubenssätzen gebildet hat. Eine Prägungserfahrung beinhaltet häufig auch das unbewusste Modellieren damals wichtiger Mitmenschen. Im Coaching müssen neue Ressourcen gefunden werden, die den Coachee dazu befähigen, die alten Glaubenssätze zu verändern und die bestehenden Rollenmodelle zu revidieren.

Re-Imprinting im Veränderungs-Coaching

Für die Veränderungsarbeit bietet das Coaching Möglichkeiten, problematische Imprints zu erkennen und nachhaltig zu verändern. Sie können über einschränkende Glaubenssätze aufgedeckt werden. Ein guter Coach bemerkt Einschränkungen, indem er die Sprache des Coachee aufmerksam beobachtet und dabei die Fragen des Meta-Modells einsetzt.

- »Welche Bilder assoziieren Sie mit dieser Situation?«

Dann kann der Coachee innerlich in seine Vergangenheit zurückgehen.

- »Was haben Sie dabei gesehen, gehört, gefühlt?«

Durch die Instruktionen des Coachs findet er die zugrunde liegende Szene, in der die Prägung entstand. Die Veränderung geschieht ähnlich wie beim Change History. Beim Re-Imprinting werden neue Ressourcen entwickelt, mit denen die beteiligten Personen ihre Absichten in der damaligen Situation jetzt besser umsetzen können. Die Arbeit mit Imprints kann bedeutende Veränderungen in der Wahrnehmung des Coachee bewirken. So können zum Beispiel bei der Arbeit mit traumatischen Erlebnissen, wie Vergewaltigungen oder Kindesmisshandlungen, im Erleben des Coachee auch dem Täter neue Ressourcen gegeben werden. Zugrunde liegt die Idee, dass die Repräsentation des Täters auf der inneren Landkarte des Coachee natürlich auch ein Teil der Persönlichkeit des Coachee ist. Wenn dieser Teil neue Ressourcen zur Verfügung hat, braucht die traumatische Tat nicht mehr in der ursprünglichen Form im Gedächtnis gespeichert zu werden. Derartige Manöver dienen der systemischen Einbindung der Intervention in die psychische Struktur des Coachees. Die Veränderung von Imprints ist ein tiefgreifender Prozess, der weitreichende Konsequenzen haben kann. Solche Interventionen sollten nur von Coachs durchgeführt werden, die über ein sicheres Gespür für ökologische Zusammenhänge verfügen.

Coaching-Übung zum Re-Imprinting

Diese Intervention erfordert vom Coach große Empathie und fachkundige Leading-Power. Es setzt neben exzellentem Rapport zwischen Coach und Coachee auch einen sicheren Umgang mit der »Time-Line« und der »Pyramide der logischen Ebenen« voraus.

- Identifizieren des Glaubenssatzes

Das Symptom ist psychischer und physischer Ausdruck von Einschränkungen, die von einem Glaubenssatz oder einem ganzen System von Glaubenssätzen verursacht sind. Bei Kernglaubenssätzen ist das Symptom häufig mit dem Gefühl einer Sackgasse verbunden. Der Coach bittet den Coachee, auf das Symptom zu fokussieren. Manchmal ist es wichtig, dafür auch das Einverständnis seines Unbewussten einzuholen, da mit dem Symptom oft sehr negative Gefühle verbunden sind, die unbewusst vermieden werden sollen. Die Einschränkung löst sich jedoch nicht auf, indem man sie vermeidet.

- Arbeit mit der Time Line

Bitten Sie Ihren Coachee, sich in die Time Line hineinzuassoziieren (der Zukunft zugewandt) und langsam zurückzugehen, bis er die früheste Erfahrung des Gefühls oder des Symptoms erreicht. Lassen Sie nun Ihren Coachee im assoziierten Zustand verweilen, und fordern Sie ihn auf, die Verallgemeinerungen und Glaubenssätze zu verbalisieren, die er aus der betreffenden Erfahrung abgeleitet hat.

- Lokalisieren einer Perspektive, die vor der prägenden Erfahrung liegt

Lassen Sie Ihren Coachee nun einen Schritt rückwärts in eine Zeit gehen, die vor der ursprünglichen Prägungserfahrung liegt. Bitten Sie Ihren Coachee, sich für einen Moment in diese Erfahrung hineinzuassoziieren (was sieht, hört, fühlt, riecht, schmeckt er?).

- Nutzen der Meta-Position

Laden Sie nun Ihren Coachee ein, die Time Line zu verlassen, zur Gegenwart zurückzukehren und auf die Prägungssituation aus der Metaposition zurückzublicken. Bitten Sie Ihren Coachee, sich vor Augen zu führen, welche Auswirkung die Prägung auf sein Leben gehabt hat. Lassen Sie Ihren Coachee auch alle anderen Verallgemeinerungen und Glaubenssätze verbalisieren, die infolge der Prägungserfahrung entstanden sind (Glaubenssätze entstehen oft nach dem »tatsächlichen Vorfall«).

- Die Neuprägung

Identifizieren der positiven Absicht

Erforschen Sie die positive Absicht oder den sekundären Gewinn des Symptoms oder der Reaktion zur Zeit der Prägung. Welche anderen Personen oder Einflüsse haben bei der Prägung eine Rolle gespielt? Erforschen Sie auch die positive Absicht in deren Verhalten (bitten Sie Ihren Coachee, eventuell sich in die Personen hineinzuassoziieren, um die Situation aus deren Perspektive wahrnehmen zu können).

- Identifizieren von Ressourcen

Finden Sie nun die Ressourcen und Wahlmöglichkeiten, die die Betreffenden damals benötigt hätten, jedoch nicht hatten, auf den logischen Ebenen (Umwelt, Verhalten, Fähigkeiten, Glaube/Werte, Identität, systemische Einbindung). Welche dieser Ressourcen stehen dem Coachee jetzt zur Verfügung? Die Ressource sollte sich auf der entsprechend passenden logischen Ebene befinden. Lassen Sie Ihren Coachee an die Stelle in der Time Line treten, an der seine Ressource-Erfahrung am stärksten ist, und ankern Sie die Physiologie des Coachees, zum Beispiel mit einer beschrifteten Moderationskarte.

- Transferieren von Ressourcen

»Übertragen« Sie nun die Ressource auf den Coachee oder die entsprechende Schlüsselperson der Prägungserfahrung, zum Beispiel in der Vorstellung eines Lichtstrahls, der über die Zeitlinie zurück in die Person eingeleitet werden kann. Achten Sie darauf, ob die Ressource die Dynamik des ganzen Systems verändert und welche Physiologie der Coachee zeigt. Bei Bedarf passen Sie die Ressource an oder erweitern Sie sie in Zusammenarbeit mit Ihrem Coachee.

Lassen Sie Ihren Coachee mit dem Ressourceanker wieder in die Prägungserfahrung zurückgehen, um entweder die Prägungserfahrung mit der neuen Ressource neu zu erleben oder in die Position der Person zu gehen, die die Ressource damals benötigte. Bitten Sie Ihren Coachee, die Prägungserfahrung aus der Sicht dieser Person mit der neuen Ressource neu zu erleben.

Bitten Sie Ihren Coachee, die Zeitlinie wieder zu verlassen und die Verallgemeinerungen entsprechend seiner neu gewonnenen Sicht der Erfahrung zu aktualisieren bzw. zu korrigieren. Wiederholen Sie gegebenenfalls zusammen mit Ihrem Coachee diese Prozedur mit allen wichtigen Personen, die an der Prägungserfahrung beteiligt waren.

- Rückkehr in die Gegenwart

Bitten Sie Ihren Coachee, die wichtigste Ressource oder den wichtigsten Glaubenssatz zu nennen, den er damals seiner Meinung nach benötigt hätte. Ankern Sie diese Ressource und nehmen Sie sie mit zu dem Punkt auf der Zeitlinie, der vor der Prägungserfahrung liegt. Lassen Sie Ihren Coachee diese Ressource in sein jüngeres Ich hineinnehmen, mit dieser Ressource den ganzen Weg der Zeitlinie bis zur Gegenwart zurücklegen und die Veränderungen erfahren, die durch die Neuprägung zustande gekommen sind.

Zum Abschluss eines erfolgreichen Re-Imprintings sollte der Coach die Erfahrung gemeinsam mit dem Coachee reflektieren, damit dieser den Prozess auch bewusst integrieren kann.

Verweise

→ Innere Landkarte → Change History → Meta-Modell → Realitätstunnel
→ Reframing → Anker → Bewusstsein

H

Hypnotische Sprache – Steuerung von Bewusstseinszuständen

Nutzen/Ziel

- Schnelle und nachhaltige Beeinflussung des Coachee.
- Steuerung von psychischen Prozessen.
- Verankerung von neuen Ideen im Unbewussten.

Anwendungsfelder

- Wirkungsvolles Leading.
- Stimulation von kreativen Ideen.
- Gezielte Ansprache des Unbewussten.

Hypnose ist in der menschlichen Kommunikation allgegenwärtig. Viele Menschen hypnotisieren sich selber, ohne dies zu bemerken. Sie assoziieren sich so stark mit ihrer momentanen Wahrnehmung, dass sie alles andere vergessen. Sie hypnotisieren oftmals auch andere, während sie voller Begeisterung mit leuchtenden Augen von einer neuen Idee erzählen oder mit leidenschaftlicher Betroffenheit von einem Problem berichten. Als erfahrener Coach können Sie sich der Kunst der Hypnose bedienen, indem Sie Ihrem Coachee dabei helfen, sich mit den Aspekten seines Themas zu beschäftigen, die ihn wirklich weiterbringen. Die Grundlage jeder hypnotischen Intervention ist ein starkes Band des Vertrauens. Als Hypnotiseur verfügen Sie über erstaunliche Möglichkeiten, um das Unbewusste Ihres Coachees zu kontaktieren und zur Entwicklung einer Problemlösung mit ins Boot zu holen.

Im Coaching

Hypnose ist eine Interventionsmethode, deren wesentliches Merkmal die Trance ist. Genau genommen ist Hypnose kein klar abgrenzbares Phänomen. Jede Kommunikation kann als hypnotisch bezeichnet werden, sobald sie den Bewusstseinszustand des anderen beeinflusst. Unter Trance verstehen wir dabei einen Zustand, bei dem sich die Aufmerksamkeit nach innen richtet. Dieser Zustand wird auch im Coaching genutzt. Der Coach induziert Trance bei seinem Coachee durch direkte oder indirekte Suggestion. Es gibt einerseits Techniken, bei denen der Coach mithilfe des Bewusstseins zu unbewussten Teilen des Coachees Kontakt aufnimmt. Auf der anderen Seite gibt es Techniken, bei denen das Bewusstsein zum Beobachter wird und der Coach direkt zum Unbewussten des Coachee spricht. Der wirkungsvolle Einsatz der Hypnose basiert immer auf Wertschätzung und Vertrauen.

Hypnose ist ein Prozess, bei dem das Bewusstsein des Coachees von außen gesteuert wird. Dabei wird seine Aufmerksamkeit gezielt nach innen verschoben. Sein Bewusstsein wird von dem Coach in einen Trance-Zustand geführt, der für die meisten Menschen ungewohnt ist. Der Zensor des Coachees als Wächter der Pforten zu den riesigen unbewussten Potenzialen reagiert in der Trance weniger rigide und gibt Informationen frei, die normalerweise für das eigene Bewusstsein unzugänglich sind. So entsteht eine Kooperation mit dem Unbewussten. Je nach Güte des Rapports und Geschicklichkeit des Coachs hat der induzierte Trance-Zustand eine gewisse Stabilität gegenüber Separatoren, die den hypnotischen Prozess unterbrechen würden. Ein Separator führt zurück in den Wachzustand. Er wird vom Coach bewusst eingesetzt, um die verschiedenen Trance-Zustände zu koordinieren. Im Six Step-Reframing kann der Coach mithilfe solcher Manöver mit den unbewussten Teilen des Coachees Lösungen und Strategien aushandeln, die dann die Grundlage einer zukünftigen Verhaltensänderung des Coachees sein können.

Unterschied zur Show-Hypnose

Oftmals haben Menschen Bedenken, sich hypnotisieren zu lassen. Die Angst vor der Hypnose beruht oft auf der Projektion von Allmachtsfantasien auf den Hypnotiseur. Wer schon einmal einen Show-Hypnotiseur dabei beobachtet hat, wie er hypnotisierte Menschen auf der Bühne zu absurdem Verhalten bewegen konnte, stellt sich zu Recht die Frage, inwieweit dieses Phänomen zielführend im Business-Kontext eingesetzt werden kann. Zunächst ist es wichtig, die Wirksamkeit der hypnotischen Intervention im vertrauensvollen Rahmen anzuerkennen. Dann geht es darum, zu verstehen, dass der Coachee auch im stärksten Vertrauen nicht in der Lage ist, unter Hypnose gefährliche oder absurde Entscheidungen zu treffen, weil das Unbewusste dafür im Gesamtsystem des Coachees kein Mandat hat. Ohne die kognitive Bestätigung durch das Bewusstsein des Coachees führt keine Coaching-Intervention zu einer nachhaltigen Entscheidung. Bei der Mitwirkung an einer Show-Hypnose gibt das Bewusstsein zunächst sein Einverständnis zu den möglicherweise anstehenden, aber harmlosen Peinlichkeiten, wenn der Freiwillige auf die Bühne tritt.

Der große Nutzen des Einsatzes der Hypnose im Coaching liegt darin, dass der Coach in der Lage ist, durch den gezielten Kontakt mit dem Unbewussten des Coachees Informationen zu gewinnen, die dann in die bewusste Strategie einfließen können. Schon die bewusste Wahrnehmung der eigenen unbewussten Botschaften in der Hypnose hat oftmals einen versöhnlichen Effekt für den Coachee. Im Selbst-Bewusstsein des Coachees entsteht ein neues, zusätzliches Fundament. Das Selbst-Vertrauen, als Abbild der Beziehung zwischen Unbewusstem und Bewusstsein des Coachees, bekommt neue Kraft, sich den anstehenden Herausforderungen zu stellen.

Hypnotischer Sprachgebrauch

Es gibt ein bestimmtes Sprachverhalten, das besonders geeignet ist, bei Menschen Trance-Zustände zu induzieren. Dazu gehören zum einen formale Aspekte wie die Tonalität der Stimme, die Sprechrichtung und das Tempo der gesprochenen Worte. Zum anderen gibt es inhaltliche Sprachmuster, die das Bewusstsein der Menschen faszinieren, ihre Aufmerksamkeit binden und dadurch Trance-Zustände induzieren. Dieses so genannte Milton-Modell ermöglicht es dem hypnotisierenden Coach, auf eine kunstvolle Weise vage und unbestimmt in seinen sprachlichen Formulierungen zu bleiben. Dabei werden alle spezifischen Informationen getilgt. Stattdessen werden möglichst unkonkrete Nominalisierungen, unspezifische Verben und unbestimmte Beziehungsindizes eingesetzt.

Diese inhaltsfreien Prozessinstruktionen (Fluff) bestehen sozusagen aus zielgerichteter warmer Luft. Sie werden vom Coach jedoch so gezielt eingesetzt, dass durch die spezielle Wahl der Worte beim Coachee ein innerer Prozess der Assoziationen eingeleitet wird. Derartiger Einsatz von Fluff orientiert sich an der Physiologie des Coachees, die dem Coach als Feedback für seine Interventionen dient.

H

Fluff im Coaching

» … und während Sie sich vielleicht fragen mögen, was von all dem, das Sie heute im Laufe des Tages gedacht haben … für Sie persönlich wichtige Informationen sein könnten, dürfen Sie sich davon überraschen lassen, welche Kriterien Ihr Unbewusstes jetzt wählen mag, um die wichtigen Informationen von den weniger wichtigen zu unterscheiden … und dabei können Sie vertrauen, dass Ihr Unbewusstes ganz genau weiß, auf welche Weise wichtige Informationen für Sie heute am besten verarbeitet werden können … um das zu lernen, was Sie gern lernen möchten … und um in Zukunft mit ähnlichen Situationen noch besser umgehen zu können … «

Diese vagen Begriffe wirken wie eine saugende Projektionsfläche und werden vom Coachee mit seinem eigenen inneren Erleben gefüllt. Dabei können auch wörtliche Zitate des Adressaten im Sinne des Pacing aufgegriffen und als auditive Anker verwendet werden. Geschickter Umgang mit Fluff kann eine Atmosphäre schaffen, die als Blanko-Ressource dient, indem sie Lernprozesse begünstigt und hypnotische Sprachmuster besonders gut wirken lässt. Als Teil einer Prozessinstruktion für hypnotische Manöver hat der Gebrauch des Wortes »während« eine integrierende Funktion. Gleichzeitigkeit verbindet verschiedene Wahrnehmungen auf elegante Weise. Die sanften Übergänge lassen Pacing und Leading miteinander verschmelzen, der Rapport verstärkt sich durch das Validieren der aktuellen Wahrnehmungen.

Hypnotische Fragen

Im Coaching können hypnotische Fragen innere Suchprozesse aktivieren:

- »Woran merken Sie es, wenn Sie Ihr Ziel erreicht haben?« Um diese Frage ernsthaft beantworten zu können, muss der Coachee seine Aufmerksamkeit nach innen richten und in Trance gehen.

Die Als-Ob-Methode kann der Coach die hypnotische Wirkung verstärken:

- »Tun Sie mal so, als ob Sie Ihr Ziel bereits erreicht hätten … was sehen, hören, fühlen, riechen und schmecken Sie, während Sie diesen Zustand genießen … ?«

Wenn hypnotische Techniken im Coaching eingesetzt werden, gibt der Coach einen Bezugsrahmen vor, der besagt, dass es angebracht und sinnvoll für den Coaching-Prozess ist, jetzt in Trance zu gehen. Zuvor muss der Coach dem Coachee jedoch glaubhaft vermittelt haben, dass er ihn sicher und kompetent durch die Trance führen kann. Dadurch kann der Coachee die bewusste Kontrolle des Alltagsbewusstseins loslassen. Der Zensor des Coachees wird kooperativ, ein kreatives Klima entsteht, und oftmals erwachen bisher unbewusste Impulse. Deshalb ist eine gemeinsame, klare Arbeitsvereinbarung eine wichtige Voraussetzung für hypnotische Interventionen. Außerdem ist jeder Coach gut beraten, die systemischen Konsequenzen seiner hypnotischen Fähigkeiten zu kennen und im Zweifel keine Komplikationen für seinen Coachee entstehen zu lassen.

H

Ideen ins Unbewusste pflanzen

Mit Hilfe von »Impliziten Botschaften« vermittelt ein Coach Signale direkt an das Unbewusste seines Coachee. Als erfahrener Coach kommunizieren Sie sowohl mit dem Bewusstsein als auch mit dem Unbewussten Ihrer Coachees. Die Kommunikation durch implizite Botschaften ermöglicht einen eleganten und wirkungsvollen Einfluss auf die unbewussten Prozesse im Gehirn des Coachees. Durch gezielte verbale oder nonverbale Andeutungen können Sie als Coach neue Ideen ins Gehirn Ihres Gegenübers einspielen.

Implizite Botschaften sind angedeutet, verdeckt oder versteckt. Ein großer Teil der Botschaften innerhalb einer Kommunikation wird implizit vermittelt. Dies kann durch Körpersprache, Mimik, Tonfall oder durch verbale Andeutungen geschehen. Auch der berüchtigte Wink mit dem Zaunpfahl ist wohl noch ein Implikat, wenn auch ein sehr offensichtliches. Hingegen sind explizite Botschaften ausdrücklich und klar formuliert. Sie bedeuten zunächst genau das, was wörtlich gesagt wurde, können jedoch auch implizite Informationen für einen aufmerksamen Empfänger enthalten. Explizite Botschaften sind eindeutig, während implizite Botschaften einer Interpretation bedürfen. Besonders im Coaching ist es oftmals nützlicher für den Prozess, wenn der Coachee – angeregt durch eine implizite Botschaft des Coachs – selbst auf eine weiterführende Idee kommt. Nicht nur besonders eigenbestimmte Coachees empfinden einen besonderen Wert darin, dass

Sie Urheber eines Lösungsansatzes sind. Konstruktiv erlebte Kreativität gibt Selbstvertrauen und stärkt die Motivation des Coachee.

Einige Menschen senden implizite Botschaften durch Unterlassungen, wie beispielsweise nicht getätigte Telefonanrufe, Vermeidung von Blickkontakten oder doch nicht gekaufte Kleidungsstücke. Ebenso werden Verspätungen, Begrüßungen oder die Verteilung von Zuwendung als Medium für implizite Botschaften benutzt. Ein Empfänger solcher Signale braucht feine Sensoren, um dem Sender gerecht zu werden, er muss sozusagen zwischen den Zeilen lesen können. Viele implizite Botschaften sind auch dem Sender selbst nicht bewusst. Dies bezeichnet man als blinde Flecken in der Wahrnehmung der eigenen Außenwirkung.

Im Coaching kann der Coach dem Coachee wertvolles Feedback geben und ihm dadurch helfen, seine blinden Flecken zu erforschen. Durch die verbale Überprüfung auf der Meta-Ebene kann der Coachee etwas über sein eigenes Kommunikationsverhalten lernen und eventuell entstandene Missverständnisse klären. Doch Vorsicht! Kalibrierte Schleifen wirken auch auf der Meta-Ebene. Ein kompetenter Coach braucht ein feines Gespür, um zu entscheiden, wann es nützlich ist, Botschaften auf der Meta-Ebene explizit auszusprechen. Manchmal ist es besser, Informationen an das Unbewusste des Coachees zu adressieren und sie implizit in die Kommunikation einfließen zu lassen.

Einige Beispiele zur gezielten Anwendung von impliziten Botschaften:

- Ein Coachee, der seinem territorialen Chef nicht direkt sagen möchte, dass er eine neue, bessere Idee hat.
- Ein Coachee, der die direkte Botschaft des Coachs als persönliche Abwertung empfindet.
- Ein Coachee, dem sein übersteigertes Orientierungsmuster an äußeren Autoritäten im Weg steht.

Der implizierte Wirkungszusammenhang ist ein spezieller Wahrnehmungsfilter im Coaching. Der Coach identifiziert Einschränkungen aufgrund von scheinbaren Zusammenhängen, die für den Coachee implizit als zwingend erlebt werden. Dabei vergisst der Coachee oftmals, dass ein Mensch prinzipiell über Wahlmöglichkeiten im Erleben und Verhalten verfügt.

Aussagen wie: »Sein Gerede macht mich wütend« implizieren einen kausalen Zusammenhang zwischen Gerede als externem Auslöser und Wut als interner Reaktion. Jeder Mensch kann jedoch lernen, dass Gerede nicht zwangsläufig wütend machen muss, sondern dass er für viele seiner Reaktionen mehr Freiheit erwerben kann. Denn Wahlfreiheit ist besser als keine Wahlfreiheit.

Verweise

→ Wahrnehmung → Leading → Körpersprache → Projektion → Trance-Zustände → Metaphern → Unser Unbewusstes

Inkongruenzen – Konflikte im Inneren Team?

Nutzen/Ziel

- Wahrnehmungs-Filter zum Erkennen von Unstimmigkeiten
- Feedback-Schleife zum Unbewussten: Wie fühlt der Coachee seine Innenwelt?
- Überprüfung der Prozessausrichtung.

Anwendungsfelder

- Wenn Coachees widersprüchliche Signale senden.
- Zur Überprüfung von wichtigen Entscheidungen im System-Check.
- Als Transfer-Sicherung und Motivations-Controlling.

Als kompetenter Coach orientieren Sie sich natürlich an den verbalen Aussagen – doch Sie achten auch auf die Körpersprache Ihres Coachees. Wenn alle Signale des Coachees zusammenpassen und ein stimmiges Gesamtbild ergeben, wissen Sie, dass sich der Coaching-Prozess mit hoher Wahrscheinlichkeit in eine positive Richtung bewegt. Wenn hingegen widersprüchliche Signale auftauchen, können Sie davon ausgehen, dass sich diese Inkongruenzen auch im Erleben Ihres Coachees abbilden und der Prozess noch nicht optimal ausgerichtet ist. Als erfahrener Coach greifen Sie die Inkongruenzen rechtzeitig auf und thematisieren sie. So verfügen Sie stets über einen nützlichen Kompass für die Ausrichtung des Coaching-Prozesses.

Im Coaching

Kongruenz bedeutet Übereinstimmung – Inkongruenz zeigt fehlende Übereinstimmung und deutet auf innere Widersprüche hin. Das Gegensatzpaar von Inkongruenz und Kongruenz bildet zwei Pole einer Skala. Dazwischen gibt es unzählige Mischformen (Mixed Emotions). Ein Coachee befindet sich im Zustand der Kongruenz, wenn sein Ausdruck ganzheitlich mit seinem Erleben übereinstimmt. Dabei wirkt die gesamte Physiologie harmonisch, alle Signale sind im Einklang. Wenn ein Coachee mit sich nicht im Einklang steht und widersprüchliche Signale sendet, kann der Coach diese Indizien für den Coaching-Prozess nutzen, indem er seine Wahrnehmung gezielt thematisiert.

Inkongruenz kann man zum Beispiel daran erkennen, dass Körpersprache und Verbalsprache unterschiedliche Signale senden:

- »Mir geht es jetzt sehr gut!«

Gleichzeitig sind die Mundwinkel des Coachees heruntergezogen, und die Körperhaltung erscheint niedergeschlagen.

Die widersprüchliche Kombination von Signalen wirkt wenig überzeugend. Wenn im Kopf des Coachees innere Widersprüche wirken, zeigen sich auch entsprechende Inkongruenzen im Ausdruck. Solche Inkongruenzen sind für einen Coach wertvolle Informationen. Sie weisen darauf hin, dass die getätigten Interventionen in Gänze noch nicht ökologisch verträglich sind. Manchmal sind sie für ungeübte Beobachter kaum wahrnehmbar, doch ein guter Coach bemerkt derartige Signale. Er greift die Inkongruenzen des Coachees auf und integriert sie in seine Vorgehensweise:

- »Sie sagen, dass es Ihnen jetzt sehr gut geht, doch wenn ich mir Ihre Körperhaltung ansehe, könnte ich auf die Idee kommen, dass Sie etwas bedrückt ... «

Nun hat der Coachee die Möglichkeit, in sich hineinzufühlen und seinen Zustand bewusst zu überprüfen. Vielleicht sagt er dann mit einem Lächeln:

- »Das liegt daran, dass ich gestern beim Sport war und Muskelkater habe ... «

oder er streckt sich mit einem Seufzer und sagt:

- »Nun ja, eigentlich habe ich seit Monaten Rückenschmerzen, weil ich zu viel am Schreibtisch sitze. Es ist aber nicht so schlimm, und meistens vergesse ich die Schmerzen. Und heute sind sie auch gar nicht so schlimm ... «

Nun kann der Coach den körperlichen Zustand in der Arbeitsbelastung des Coachees thematisieren:

- »Haben Sie schon einmal daran gedacht, Sport zu treiben, zum Arzt zu gehen oder einen neuen Bürostuhl oder ein Stehpult auszuprobieren, um sich von den Schmerzen zu befreien?«

Ergebnis-Kontrolle durch Kongruenz-Check

Am Ende einer gelungenen Intervention sollte sich der Coachee im Zustand der Kongruenz befinden. Dies überprüft der Coach anhand der Physiologie. Ein Zeichen für Kongruenz ist zum Beispiel eine symmetrische Körperhaltung. Kongruentes Verhalten zeigt sich auch, wenn die Antworten auf prüfende Fragen im System-Check klar und ohne Zögern gegeben werden. Es gibt Coachees, die sich selbst nicht eingestehen können, dass sie in einem bestimmten Feld ein Problem haben, obwohl dies für den Coach offensichtlich ist. Dann ist die Bewusstmachung der Inkongruenzen durch den Coach zwingend notwendig, um dem Veränderungsprozess eine Chance zu geben. Oftmals sind diese Coachees am Ende einer Coaching-Sitzung niedergeschlagen und bedrückt, weil sie diese Einsicht erst einmal verdauen müssen. In diesen Fällen ist es wichtig, dass der Coach dem Coachee verständlich macht, dass er sich etwas Zeit geben muss, um die Veränderung zulassen zu können. Gleichzeitig ist es notwendig, dass der Coach seinem Coachee signalisiert, dass er ihn nicht bis zur nächsten Sitzung mit seinem Lernfeld alleine lässt, sondern ihm auch bei Bedarf spontan zur Verfügung steht.

Kongruenz beim Coach

Exzellente Schauspieler sind aufgrund ihrer fundierten Ausbildung fähig, eine Rolle kongruent zu spielen, auch wenn diese Rolle nicht zu 100 % zu ihrer momentanen Befindlichkeit passt. Das kongruente Rollenspiel ist Ausdruck ihrer Professionalität. Für normale Menschen ohne Schauspielausbildung gilt: Inkongruenzen wirken unglaubwürdig. Dies gilt besonders für Führungskräfte im Arbeitsalltag, aber auch für hochpreisige Business-Coaches. Wer souverän führen möchte, braucht eine kongruente Ausstrahlung. Nur ein wahrhaftiger Ausdruck kann so tief in der Seele wurzeln, dass er gegebenenfalls sogar charismatische Kräfte entfaltet. Im Coaching gehen wir davon aus, dass jeder Mensch nach Kongruenz und Authentizität strebt. Ein kongruenter Ausdruck ist das Resultat von innerer Integrität. »Walk as you talk!« Kongruentes Verhalten wirkt auf andere Menschen nachhaltig überzeugend und vorbildhaft. Nach außen gezeigte Inkongruenzen hingegen lassen einen Coach oftmals unglaubwürdig wirken. Deshalb sollte ein kompetenter Coach bei Entscheidungen für oder gegen bestimmte Interventionen auch auf eigene unterschwellige Inkongruenzen achten. Eine Intervention mit einem schlechten Bauchgefühl oder unter unangemessenem Zeitdruck zu initiieren ist meistens nicht die beste Wahl. Wenn Sie als Coach mögliche Einwände rechtzeitig erkennen und mit Ihrem Coachee gezielt thematisieren, haben Sie die Möglichkeit, den Coaching-Prozess zu optimieren und sich gleichzeitig in der Rolle des Coachs besser zu fühlen.

Anmut im Coaching

Auch das Phänomen der »Anmut« kann Ihnen als Coach helfen, sich im Kontakt mit Ihrem Coachee zu orientieren. Anmutige Bewegungen sind ein natürlicher Ausdruck der Wertschätzung lustvoller Körperempfindungen. Kleine Kinder wirken anmutig, weil sie sich spontan und mit natürlicher Grazie bewegen. Ihre Libido-Energie ist noch im lebendigen Fluss. Die Welt und ihre vielfältigen Erscheinungsformen werden als faszinierend erlebt. Um die Welt kennenzulernen, sind die kindlichen Sinne offen und assoziiert. Es gibt noch keine neurotische Spannung, der körperliche Ausdruck entspringt einem kongruenten Gefühl und ist durchtränkt von Wahrhaftigkeit. Menschen verlieren ihre natürliche Anmut, wenn der Energiefluss im Körper blockiert wird. Im Laufe der Jahre werden aus kleinen Inkongruenzen chronische Spannungen. Diese Spannungen verursachen energetische Blockaden und binden Energie, die eigentlich frei fließen könnte. Anmut im Coaching ist ein Wegweiser für gelungene Problemlösungen. Körperliche Anmut gilt als Ausdruck von psychischer Kongruenz. Dabei geht kongruente Körpersprache mit ökologischen Lernprozessen einher: Der Coachee erwirbt in der Veränderung durch aufmerksames Hineinspüren in den eigenen Körper einen wachsenden Kontakt zum Reichtum der kinästhetischen Wahrnehmung. Anmutiges Verhalten des Coachees symbolisiert eine gelungene und nachhaltige Integration.

Inkorporieren - Feedback zu unbewussten Signalen

Inkorporieren heißt aufnehmen oder eingliedern. Im Coaching ist damit in erster Linie das verbale Aufgreifen von körpersprachlichen Signalen gemeint. Sie werden in Form von Metaphern, Sprichwörtern, oder ähnlichen Äußerungen an den Coachee zurückgegeben. In der Veränderungsarbeit ist das Inkorporieren von unbewussten Signalen ein wertvolles Feedback und kann wichtige Impulse geben. Diese Rückmeldung ist Teil eines komplexen Feedback-Kreises zwischen Coach und Coachee, wobei der Coach als Feedback-Instrument seines Coachees fungiert.

Menschen haben blinde Flecken. Diese Bereiche unserer Persönlichkeit sind uns nicht bewusst und unterliegen der unbewussten Kontrolle. Durch die Kunst des Inkorporierens können Sie direkt mit dem Unbewussten kommunizieren. So gewinnen Sie Zugang zu unbewussten Teilen der Persönlichkeit.

Dann können Sie gezielt unbewusste Signale erkennen, verstehen und integrieren. Beim Inkorporieren thematisieren Sie auftauchende Inkongruenzen, allerdings adressieren Sie Ihre Botschaft nicht an das Bewusstsein, sondern direkt an das Unbewusste.

Anwendungsfelder für das Inkorporieren von Körpersprache:

- Falls Ihr Coachee inkongruente, widersprüchliche Signale sendet
- Als gelungenes Pacing von körpersprachlichen Äußerungen.
- Integration von Störungen bei hypnotischen Methoden.

Das Konzept des Inkorporierens stammt ursprünglich aus der Hypnose. Sie können den Coaching-Prozess wesentlich intensivieren, wenn Sie die unbewussten Äußerungen Ihres Coachees sehr aufmerksam beobachten und ihm diese Signale als hilfreiches Feedback zurückmelden. Ein geübter Coach kann sowohl verbale als auch körpersprachliche Signale inkorporieren und dabei das Unbewusste seines Coachees verstärkt in den Prozess einbinden.

Die Signale des Unbewussten verstehen

Der innere Zustand und die beobachtbare Physiologie eines Menschen sind verschiedene Aspekte desselben Phänomens. Besonders die kleinen unwillkürlichen Bewegungen, die im Gesprächsverlauf ganz unbewusst ablaufen (sich an der Nase reiben, mit den Händen spielen, sich am Kinn kratzen, sich durch die Haare streichen, mit den Fingern auf die Tischplatte tippen, sich ans Ohr fassen usw.) können inkorporiert und verstärkt werden. Diese ideomotorischen Bewegungen sind Ausdruck von inneren Impulsen und dienen als Ventil für Gefühle und innere Erregung. Zum Beispiel knetet ein Coachee seine Hände, ohne dies bewusst zu bemerken. Plötzlich lächelt er spontan und legt seine Hände ineinander, so dass beide Zeigefinger in eine Richtung deuten.

Der Coach greift dieses unbewusste Signal auf:

- »Manchmal ist es gut, wenn die Gedanken plötzlich eine neue Richtung bekommen.«

Daraufhin verstärkt sich das Lächeln des Coachees, und er nickt ideomotorisch. Die ressourcevolle Physiologie des Coachees zeigt, dass ein unbewusster Impuls erlaubt, validiert und verstärkt wurde. Wie für alle körpersprachlichen Signale gibt es jedoch keine Patentrezepte zur Interpretation dieser unbewusst motivierten Bewegungen. Sie können nur im spezifischen Kontext der aktuellen Kommunikation sinnvoll interpretiert werden. Ideomotorische Bewegungen erlauben jedoch prinzipielle Aussagen über die Qualität des bestehenden Rapports. Eine zunehmende Synchronisation der ideomotorischen Bewegungen der Gesprächspartner ist ein Kennzeichen für guten Rapport.

In der Veränderungsarbeit werden ideomotorische Bewegungen als äußere Entsprechungen von inneren Prozessen verstanden. Durch das Inkorporieren kann der Coach mit den unbewussten Teilen des Coachees in Kontakt kommen. Er improvisiert metaphorische Assoziationen zu den Signalen und gibt sie dem Coachee als verbales Feedback zurück. Durch das Verbalisieren ermöglicht der Coach dem Coachee, mit inneren Prozessen, die normalerweise unbemerkt ablaufen würden, in direkten Kontakt zu treten.

Störungen für den Coaching-Prozess nutzbar machen

Auch störende Geräusche können inkorporiert werden. Zum Beispiel kommt während der Trance-Arbeit im Coaching eine dritte Person hörbar ins Nebenzimmer. Der Coachee hat die Augen geschlossen, hört aber die Geräusche der Tür. Um die Störung in den Prozess zu integrieren, sagt der Coach:

- »Es kann sein, dass sich irgendwo eine Tür bewegt und dadurch eine neue Perspektive eröffnet wird.«

Auf diese Weise bestätigt der Coach die Wahrnehmung des Coachees. Er signalisiert außerdem, dass er als aufmerksamer Coach die Umgebung kontrolliert. So weiß der Coachee, dass er sich in einer sicheren Umgebung befindet, und kann sich auch weiterhin dem Trance-Zustand hingeben.

Besonders in der Trance-Arbeit sind ideomotorische Bewegungen ein interessantes Ausdrucksmedium des Unbewussten. Wenn der Coach die feinen Zeichen aufmerksam beobachtet, kann er sie in der Kommunikation mit dem Unbewussten als Einwandprophylaxe nutzen. Mögliche Einwände können durch Inkongruenzen frühzeitig erkannt werden. Dann inkorporiert der Coach die Einwände, bevor sie das Bewusstsein des anderen erreichen. Ein erfahrener Coach kann mithilfe der genauen Beobachtung der ideomotorischen Bewegungen seines Coachees mit dessen Unbewusstem direkter kommunizieren, als der Coachee selbst es vermag.

Organsprache und Metaphorik

Zum Inkorporieren eignen sich besonders gut die metaphorischen Aussagen, die sich auf Teile des Körpers beziehen – die so genannte Organsprache. Zum Beispiel sitzt ein Coachee in einer schiefen Körperhaltung, und der Coach sagt:

- »Manchmal kann es wichtig sein, zuerst nur eine Seite stark einzubeziehen … «

Dann sitzt der Coachee einen Moment lang noch schiefer, und der Coach fährt fort:

- » … um dann zu einer ausgewogenen Position zu gelangen.«

Jetzt richtet sich der Coachee langsam auf und sitzt gerade. Solche Bewegungen werden vom Bewusstsein des Coachees während der Trance oft nicht bemerkt, sein Unbewusstes reagiert jedoch oftmals direkt auf das Feedback des Coachs.

Die Organsprache kann im Coaching aufgrund der vielen Metaphern auch ein Schlüssel zur Gesundheit sein. Bei der Arbeit mit gesundheitlichen Problemen kann eine Interpretation der Organsprache helfen, die Ursachen der Symptome zu erforschen.

- »Kann es sein, dass irgendetwas an Ihnen frisst oder nagt? Wird Ihnen beim Gedanken an irgendetwas übel? Gibt es etwas, das Sie nicht verdauen können?«

Bei Magenproblemen könnten solche Fragen psychosomatische Zusammenhänge aufdecken. Bei Nackenschmerzen könnte der Coach fragen:

- »Sitzt Ihnen irgendetwas im Nacken? Lastet eine schwere Verantwortung auf Ihren Schultern? Könnte etwas Ihr Genick brechen?«

Es ist eine Kunst, die körpersprachlichen Signale anderer Menschen zu empfangen, subtile Bedeutungen zu erahnen und dem anderen als geschicktes Feedback anzubieten. Diese intelligente Interpretation der Organsprache kann im Coaching als nützliches Werkzeug eingesetzt werden. Dabei darf jedoch nicht vergessen werden, dass es zur Deutung der Organsprache keine Patentrezepte gibt. Ein erfahrener Coach kann aus den unzähligen Möglichkeiten diejenige Verbalisierung auswählen, die seinem Empfinden nach hier am besten passt. Dann kann er sie seinem Coachee anbieten und beobachten, wie dieser darauf reagiert. Vielleicht reagiert auch direkt der Teil des Unbewussten, der das organsprachliche Phänomen erzeugt hat. Wenn der Coachee das verbale Angebot annimmt, indem er die Information als wertvolles Feedback erkennt, verstärkt sich der Rapport – das Betriebsklima wird noch einfacher und offener.

Verweise

→ Stuck State + Seperator State Manöver → Hypnotische Sprache → Körpersprache → Physiologie → Einwand-Integration → Unser Unbewusstes

Innerer Dialog – fortlaufende Verbalisierung der Welt

Nutzen/Ziel

- Bewusste Steuerung von inneren Prozessen.
- Auflösen von negativen Gedanken-Mustern
- Befreiung von »Geistigem Geplapper«
- Fokus auf Ziele + Ressourcen

Anwendungsfelder

- Bewusst-Machung bringt Entschleunigung der Welt und erlaubt konstruktive Gestaltung der inneren Landkarte
- Erzeugen von wirksamen Botschaften.
- Diagnose von Beliefs und Glaubenssystemen.
- Diagnose und Optimierung von Motivations-Strategien.

In unseren Köpfen findet nahezu in jedem Moment ein innerer Dialog statt. Jeder Mensch beherbergt eine Vielzahl innerer Stimmen in seinem Kopf, die sein Erleben kommentieren und seine Emotionen und sein zukünftiges Verhalten beeinflussen. Diese Beobachtung führt zum Teile-Modell der menschlichen Persönlichkeit. Auch wenn wir es oft nicht bemerken – wir müssen davon ausgehen, dass jeder Mensch im Innern permanent mit sich selber spricht. Im Coaching nutzen Sie diese Erkenntnis, indem Sie Ihrem Coachee helfen, seinen inneren Dialog bewusst zu beobachten und ihn anschließend konstruktiv auszurichten.

Im Coaching

Der innere Dialog ist uns in der Regel nicht bewusst. Er hat jedoch großen Einfluss auf unser Verhalten. Im Coaching geht es oftmals zu Anfang darum, dem Coachee aufzuzeigen, wie stark er von seinem inneren Dialog beeinflusst wird. Beim Coaching von Leistungssportlern und anderen Leistungsträgern, die punktgenau Hochleistungen abrufen müssen, spielt die Steuerung des inneren Dialoges eine entscheidende Rolle für den Erfolg. Wenn es dem Coach gelingt, ein niederschmetterndes

- »Ich schaffe das nie, weil der Gegner zu gut ist!«

in ein motivierendes

- **»Ich schaffe es, weil der Gegner mich zur Top-Leistung fordern wird!«**

zu verwandeln, ist der Leistungsträger der Zielerreichung bereits ein großes Stück näher gekommen. Die positive Ausrichtung des inneren Dialoges kann durch die Verwendung von ökologischen Autosuggestionen und mentalem Training verbessert werden.

Dazu einige Beispiele:

Ein Manager, der sich auf eine Präsentation vorbereitet:

- Statt: »Ich befürchte, dass meine Zuhörer mich ablehnen«
- besser: »Ich werde überzeugen, weil ich meinen Fähigkeiten vertraue!«

Ein Verkäufer, dem ein wichtiges Kundengespräch bevorsteht:

- Statt: »Der Kunde wird merken, dass unser Produkt nicht perfekt ist!«
- besser: »Ich werde erfolgreich abschließen, weil unser Produkt im Preis-Leistungs-Verhältnis das Beste am Markt ist!«

Ein Controller, der die Endkontrolle eines großen Projektes vor sich hat:

- Statt: »Die Projektleitung wird mir sicher nicht alle Informationen geben, weil sie mir nicht vertrauen.«
- besser: »Ich werde alle Informationen erhalten, weil ich vertrauenswürdig bin!«

Wenn der Coach seinen Coachee im Coaching – möglicherweise in Form eines Rollenspiels – trainiert, den inneren Dialog positiv auszurichten, erhöht sich die Wahrscheinlichkeit, dass sich der Coachee auch in der wirklichen Belastungssituation mental motivieren kann. Durch die wiederholten Übungserfahrungen im Coaching entwickelt sich im Gehirn des Coachees eine neurologische Bahn, die das positive Ziel in den Fokus der Aufmerksamkeit rückt.

I

Erkennen des inneren Dialogs

Ein erfahrener Coach kann die Ausrichtung des inneren Dialogs beim Coachee auch anhand der Augenbewegungen erkennen. Es lohnt sich als Coach, die Verarbeitungsprozesse des inneren Dialogs zu beobachten und zu erforschen. Auf diese Weise können Glaubenssätze des Coachees bewusst in die Veränderungsarbeit integriert werden. Wenn der Coachee nach einer gestellten Frage in den inneren Dialog geht, könnte es sein, dass er verstärkt nach unten links blickt, wo Erinnerungen und Emotionen abgespeichert sind. Als Coach können Sie Ihren Coachee bitten, die gleiche Frage einmal unter dem Aspekt einer möglichen Zukunftsvariante zu betrachten:

- Was wäre die beste Möglichkeit, die Sie sich vorstellen können?

Nun wird der Coachee wahrscheinlich nach oben links blicken, um vor seinem geistigen Auge ein motivierendes Bild einer möglichen Zukunftsvariante zu konstruieren. Nachdem sich die Augenbewegungen des Coachees als Zugangshinweis für den inneren Dialog bestätigt haben, können Sie Ihrem Coachee dies thematisieren. Dadurch wird er in Zukunft durch gezielte Augenbewegungen eine weitere Möglichkeit haben, seinen inneren Dialog bewusst zu steuern.

Auch innere Konflikte, die unbewusst ablaufen, können an unseren Kräften zehren. Oft sind es auch Stimmen unserer Eltern oder Lehrer, die uns antreiben, unter Druck setzen oder sogar beschimpfen. Es ist aufschlussreich, sich bewusst zu machen, auf welche Art man mit sich selber spricht:

- Gibt es nur eine Stimme im eigenen Kopf oder sind es mehrere?
- Sind es meine eigenen Stimmen oder auch von anderen übernommene?
- Wann verändern sich die Stimmen auf welche Weise?
- Wie möchte ich am liebsten mit mir sprechen?

Coaching-Übung: Bewusstmachung des inneren Dialogs

Um den Einfluss des inneren Dialogs zu erkennen, ist es hilfreich, den Coachee bewusst die Erfahrung machen zu lassen, wie sich seine Welt anfühlt, wenn der innere Dialog schweigt. Eine Methode, um den inneren Dialog für einen Moment in die Stille zu führen, ist der periphere Blick, verbunden mit bewusstem Atmen und einer meditativen Einstellung. Bitten Sie Ihren Coachee, sich ganz bewusst auf dieses Experiment einzulassen. Nützlich für diese Übung ist ein weiter, attraktiver Ausblick, auf den Ihr Coachee in einer entspannten Sitzposition schauen kann. Nun führen Sie Ihren Coachee mit einer angenehmen, ruhigen Stimme durch seine Wahrnehmung:

- »Sie spüren Ihren Körper, während er entspannt auf dem Stuhl sitzt … Sie fühlen Ihren Atem … und während Sie langsam ein- und wieder ausatmen, überblicken Sie das gesamte Panorama vor Ihnen, ohne auf etwas Bestimmtes zu fokussieren … Sie lassen Ihre Augen langsam und entspannt nach außen wandern, bis Sie das ganze Bild im Überblick haben … und während Sie dabei langsam ein- und wieder ausatmen, genießen Sie Ihren momentanen Zustand als perfekte Inszenierung, in der nichts verändert werden muss … behalten Sie das gesamte Panorama im Überblick … alles ist gut so, wie es ist … genießen Sie Ihren entspannten Körper, Ihr langsames Atmen, Ihr gesamtes Sein bei diesem Anblick … «

Dadurch wird die Aufmerksamkeit gebunden; meist jedoch nur für einige Sekunden. Ein aufmerksamer Coachee wird bemerken, wie die Flut der Kognitionen kurze Zeit später wieder bei ihm einsetzt. Der innere Dialog ist der ewige Fluss unserer Gedanken, der unsere kleine individuelle Welt aufrechterhält. Unsere innere Landkarte wird wie eine kleine Insel in den Weiten der Realität durch unseren inneren Dialog in den Turbulenzen der Veränderung stabil gehalten. Wenn der Coachee sich über seinen inneren Dialog bewusst wird und dessen Einfluss auf seine Wahrnehmung und Orientierung erkennt, gewinnt er damit oftmals an Flexibilität und Motivation, um sich von unerwünschten Verhaltensmustern lösen zu können.

Verweise

→ Innere Landkarte → Sub-Modalitäten → Teile-Modell → Positive Absicht → Unser Unbewusstes → Glaubenssätze → Reframing

Innere Landkarte – die subjektive Welt des Coachee

Nutzen/Ziel

- Erkennen des subjektiven Erlebens.
- Gestaltung von Selbst-Konzept und innerer Freiheit
- Bewusste Abbildung = hohe Überstimmung mit der Wirklichkeit

Anwendungsfelder

- Zentrales Werkzeug während der gesamten Kommunikation mit dem Coachee.
- Hilfreiches Werkzeug bei Konflikt-Management, Mitarbeiterführung oder im Kundenkontakt
- Bei Diskussionen um »Rechthaberei«.

Die innere Landkarte ist eine sehr nützliche Metapher für die Tatsache, dass jeder Mensch seine Erfahrungen mit der Realität auf eine hochgradig individuelle Weise verarbeitet. Wir können die Wirklichkeit nicht unmittelbar erkennen – wir alle haben in unserem Kopf unsere eigene innere Landkarte. Es ist ein einzigartiges Abbild der Realität. Dort ist der ganze Schatz unserer Erfahrungen mit der Umwelt neurologisch verankert.

»The Map is not the Territory!«

Die innere Landkarte bildet die Grundlage unserer Orientierung in der Welt. Als Business-Coach trainieren Sie sich darin, die Landkarte des Coachees systematisch zu erforschen und sich während Ihrer Intervention konsequent auf dessen Subjektivität zu beziehen. Sie denken im Kopf Ihres Coachees, Sie sprechen seine Sprache und machen ihm maßgeschneiderte Kommunikationsangebote, die er nicht ausschlagen kann, weil sie exakt seine Wirklichkeit treffen und sein Erleben widerspiegeln.

Unser Sinnesapparat entwickelte sich im Laufe der Evolution. Priorität dabei war nicht, die objektive Beschaffenheit der Welt zu erkennen, sondern die Sicherung unseres Überlebens möglichst optimal zu gewährleisten. Unsere Sinne liefern uns pragmatische Informationen unter dem Aspekt der Nützlichkeit; ähnlich wie die Benutzeroberfläche eines Computerprogramms den Menschen nicht darüber informiert, was tatsächlich in den Prozessoren passiert, sondern ihm lediglich die Optionen anbietet, die er für seine Arbeit mit dem Computer braucht. Deshalb heißt es im amerikanischen Konstruktivismus seit den grundlegenden Arbeiten von Paul Watzlawik »The Map is not the Territory!«. Dieses Motto soll uns daran erinnern, unser subjektives Erleben nicht mit der objektiven Wirklichkeit zu verwechseln!

Die innere Landkarte

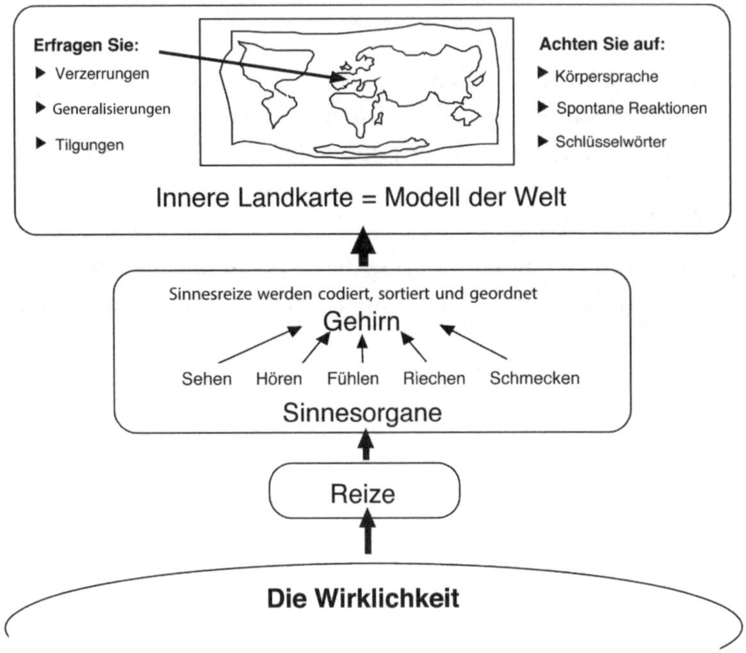

Die menschlichen Erfahrungen mit der Realität werden durch eine Vielzahl von Wahrnehmungsfiltern selektiert und in den bereits vorhandenen Erfahrungsschatz eingebettet. Die innere Landkarte entspricht auch unseren bevorzugten Wahrnehmungs-Strategien, wobei die Sinnessysteme (V.A.K.O.G.) von Menschen unterschiedlich eingesetzt werden. Genau genommen ist jedes Repräsentationssystem eine eigene Landkarte. Die Schnittstellen in unserem Gehirn ermöglichen Flexibilität im Wechsel der Systeme.

Die Beschaffenheit der inneren Landkarte resultiert aus den individuellen Erfahrungen mit der Realität. Sie werden durch die drei universellen Gestaltungsprozesse verarbeitet: Generalisierung, Tilgung und Verzerrung. Diese Prozesse geschehen ständig. In jedem Moment der menschlichen Informationsverarbeitung wird generalisiert, getilgt und verzerrt. Die Gestaltungsprozesse sind evolutionsgeschichtlich sinnvoll und haben viele positive Effekte. Sie können jedoch auch zu Problem erzeugenden Unstimmungen im Kontakt mit anderen Menschen und deren inneren Landkarten führen.

Prinzipiell ist die innere Landkarte ein sehr nützliches Werkzeug für unsere Orientierung, denn unser Organismus spart dadurch viel Energie. Wir brauchen uns nicht in jeder Situation gänzlich neu zu orientieren, sondern können die aktuellen Wahrnehmungen mit den bereits vorhandenen Erfahrungen abgleichen. Die innere Landkarte wird von unserem Unbewussten in jedem Moment herangezogen, um die aktuelle Situation interpretieren, bewerten und einordnen zu können. Ohne entsprechende Referenzerfahrungen wären wir Menschen in unserer turbulenten Umwelt hoffnungslos überfordert. Sobald wir die aktuelle Situation erfasst haben, können wir auf Verhaltensmuster zurückgreifen, die sich in ähnlichen Situationen bereits bewährt haben. Bekannte Situationen vermitteln Sicherheit, während neue Situationen, für die noch keine Referenzerfahrungen vorliegen, oft mit einem Gefühl der Unsicherheit verbunden sind. Andererseits entsteht durch die Orientierung an Referenzerfahrungen auch die Gefahr von unzulässigen Vorurteilen, denn dabei wird die Welt anhand von individuellen Schlüsselerlebnissen kategorisiert, die nicht immer repräsentativ sein müssen.

Die Realität ist wesentlich komplexer als die innere Landkarte!

Im Coaching kann es bei problematischen Kontexten hilfreich sein, die herangezogenen Referenzerfahrungen des Coachees bewusst in Frage zu stellen. Dies führt zur Arbeit mit Glaubenssätzen (Beliefs). Glaubenssätze sind die Nervenbahnen der inneren Landkarte. Die Veränderung von einschränkenden Glaubenssätzen des Coachees bedeutet eine Korrektur oder Erweiterung der neuronalen Verknüpfungen. Innerer Reichtum setzt eine funktionale und differenzierte Landkarte voraus. Hier kann das Coaching helfen, denn es bietet dem Coachee Chancen, über die gewohnten Einschränkungen hinauszuwachsen und den eigenen Horizont zu erweitern. Mithilfe des Meta-Modells kann der Coach die Beschaffenheit der inneren Landkarte des Coachees erforschen. Bei unnötigen Einschränkungen kann sie im Coaching korrigiert oder differenziert werden. Neue Sichtweisen, Meinungen oder Verhaltensmöglichkeiten können erworben werden. Falls sich unsere Umwelt verändert, sollte auch die Landkarte entsprechend aktualisiert werden.

Wir haben in unseren Köpfen also nicht die Realität selbst, sondern ein reduziertes und verzerrtes Abbild der Realität, das sich von Mensch zu Mensch gewaltig unterscheiden kann. Jeder Mensch verfügt über ein eigenes, einzigartiges Modell von der Realität, und keines dieser Modelle ist zutreffender als irgendein anderes. Wenn wir die innere Landkarte als nützliches Modell der Welt verstehen, kann es nicht darum gehen, die einzig wahre oder einzig richtige Landkarte im eigenen Kopf zu haben.

Der Coachee hat ein Recht auf seine Landkarte!

Besonders im Coaching sollte das Prinzip »Rechthaberei« keine Rolle spielen – jeder Mensch hat das Recht auf seine eigene Wahrnehmung. Ein kompetenter Coach respektiert das subjektive Erleben seines Coachees und wirkt darauf hin, ein gemeinsames Modell der Welt zu erschaffen, das größtmögliche Flexibilität, die besten Wahlmöglichkeiten und zugleich eine optimale Synchronisation mit den anderen, ebenso einzigartigen Landkarten in den Köpfen seiner Mitmenschen gewährleistet. Schon die Bewusstmachung der Tatsache, dass alle Menschen eine unterschiedlich beschaffene Landkarte als Orientierung benutzen, kann das Kommunikationsverhalten des Coachees enorm verbessern. Wir alle können lernen, das eigene Verhalten zunächst auf den Realitätstunnel des anderen einzustimmen (Pacing), bevor wir versuchen, ihn zu überzeugen oder zu verändern (Leading). Die Metapher der inneren Landkarte ist ein Schlüssel, um jedes Verhalten eines Menschen als sinnvoll zu erkennen. Gleichzeitig sind Sie als Coach ein wirksames Vorbild, um diese positive Entwicklung weiter voranzutreiben.

Coaching-Übung zur inneren Landkarte

Um Ihren Coachee in Kontakt mit der Bedeutung der inneren Landkarte zu bringen, können Sie ihn mit folgenden Fragen durch einen Bewusstwerdungs-Prozess führen:

- »Was verbirgt sich hinter der Metapher der ›Inneren Landkarte‹ «? (Eigene Definition erfragen)
- »Welche Bedeutung hat dieses Wissen in der Kommunikation?« (Beispiele)
- »Wie können Sie dieses Wissen im Berufsalltag konkret einsetzen?« (Beispiele)
- »Welche Beispiele kennen Sie, wo fremde Landkarten signifikant von der eigenen abweichen?«
- »Welches Konflikt-Potenzial verbirgt sich in der Nichtbeachtung von Landkarten?« (Beispiele)
- »Wie können Sie solche Konflikte gezielt auflösen?« (Konkrete Vorgehensweise!)
- »Wann ist es Ihnen gelungen, fremde Landkarten gezielt zu bestätigen (Pacing) und zu verändern (Leading)?« (Beispiele)
- »Welches Fazit ziehen Sie aus diesen Erkenntnissen?« (Als Führungskraft/Mitarbeiter? Als Mensch?)

Verweise

→ Realitätstunnel → Glaubenssätze → Projektion → Meta-Modell der Sprache

Intuition – Weisheit des Unbewussten

Nutzen/Ziel

- Optimierung der Wahrnehmung durch Einbeziehung des Unbewussten.
- Wertvolle Quelle für wesentliche Informationen
- Vertrauensspeicher für unklare Coaching-Situationen

Anwendungsfelder

- Zentrales Element der Orientierung im gesamten Coachingprozess.
- Entscheidungshilfe in komplexen Situationen
- Diagnostisches Back-Up beim Spuren lesen auf der Suche nach wirksamen Veränderungs-Hebeln

Intuition ist Erkennen ohne Nachdenken. Als Coach trainieren Sie sich darin, im Laufe Ihrer beruflichen Praxis eine treffsichere Intuition für die zentralen Themen Ihres Coachees zu entwickeln. Gleichzeitig achten Sie darauf, der Intuition Ihres Coachees bewusst Vertrauen zu schenken. Häufig weiß das Unbewusste des Menschen erstaunlich gut, wie sich komplexe Prozesse optimalerweise weiterentwickeln können. Indem Sie Ihren Coachee ermutigen, die Weisheit seines Unbewussten in die Entscheidungsfindung einzubinden, stärken Sie sein Selbstvertrauen und gewinnen wertvolle Informationen für den Coaching-Prozess.

Intuition kommt aus dem Bauch

Der Mensch verfügt über zwei Möglichkeiten der Informationsverarbeitung: die Reflexion und die Intuition. Während die Reflexion die exakte Erklärung des Details durch den kognitiven Vorgang des Nachdenkens ermöglicht, kann die bilderkennende Intuition komplexe Zusammenhänge sehr schnell überblicken. Das Zusammenspiel von unbewusster Intuition und bewusster Reflexion ermöglicht dem Menschen, im Kleinen wie im Großen schnell die optimale Entscheidung zu treffen.

Jeder Mensch hat sich im Laufe seines Lebens eigene Zugänge zu seinen intuitiven Fähigkeiten geschaffen. Sie offenbaren sich oft durch einen metaphorischen Sprachgebrauch. Intuition wohnt im Herzen, offenbart sich durch das Gefühl und kommt aus dem Bauch heraus. Intuitives Verhalten wird geführt durch ein Gefühl der Richtigkeit. Intuition wird auch als Eingebung bezeichnet. Der Zensor zum Unbewussten, das bevorzugt mit inneren Bildern arbeitet, wird durchlässig und lässt Information aus dem Unbewussten im richtigen Moment an die Oberfläche des Erfahrungsschatzes gelangen. So bekommt der Mensch spontane Impulse. Die Intuition nutzt unbewusstes Wissen. Sich auch von der Intuition leiten zu lassen heißt, dem eigenen Unbewussten zu vertrauen. Zu Recht, denn das Unbewusste ist ein riesiger Informationsspeicher, während das Bewusstsein nur eine sehr begrenzte Speicherkapazität hat. Die meisten Lernprozesse im Leben eines Menschen geschehen unbewusst.

Nutzen der intuitiven Weisheit

Wenn die Coaching-Werkzeuge vom Coach verinnerlicht wurden, wählt oftmals seine Intuition im richtigen Moment eine adäquate Intervention, um auf den Zustand des Coachees angemessen zu reagieren. Wer als Coach über einen guten Kontakt zu seiner Intuition verfügt, hat Ressourcen im Repertoire, die das begrenzte Alltagsbewusstsein oft nicht nachvollziehen kann. Die unbewussten Kräfte des Verstehens werden von vielen Menschen weder akzeptiert noch respektiert. Oftmals besteht deshalb im Coaching eine wichtige Aufgabe des Coachs darin, den Coachee darauf aufmerksam zu machen, dass auch er ein zum größeren Teil unbewusstes Wesen ist und deshalb zu seinem eigenen Vorteil mit den eigenen unbewussten Kräften kooperieren sollte. Sobald die Intuition vom Bewusstsein als legitimer und nützlicher Weg der Informationsverarbeitung respektiert ist, kann das Unbewusste aufhören, sich hinter irrationalen Mythen und Magie zu verstecken, was wiederum das Bewusstsein zur Kooperation animiert.

Die Coaching-Werkzeuge repräsentieren auf systematische Weise die intuitiven Verhaltensweisen erfolgreicher Therapeuten und Coachs, um die Struktur der Intuition zu erforschen und gezielt nutzbar zu machen. Sie bildeten Modelle des Verhaltens, um von ihren Vorbildern gezielt lernen und ähnlich gute Resultate bewirken zu können. Dabei wurden die erfolgreichen Verhaltensstrukturen systematisch erforscht und eine Vielzahl unbewusster Strategien aufgedeckt. Dieses Wissen ermöglicht dem kompetenten Coach, dem Bewusstsein seines Coachees die nötigen Detailinformationen zu geben, um sich für eine Zusammenarbeit mit dem eigenen Unbewussten zu entscheiden.

Vertrauen bildet die Basis

In der modernen Hirnforschung hat die Intuition als bilderkennende Informationsverarbeitung schon seit Jahren ihre angemessene Bedeutung erhalten. Das menschliche Gehirn ist ständig daran interessiert, die Komplexität von Entscheidungsabläufen zu reduzieren, um dadurch Energie zu sparen. Die Intuition ist deshalb ein enorm schnell ablaufender Vorgang, den das Bewusstsein aus Mangel an Kapazitäten und damit Wahrnehmungsgeschwindigkeit nicht nachvollziehen kann. Erst wenn wir unserer Intuition (wie zu Kinderzeiten) vertrauen, kann das Unbewusste seine Kräfte gewinnbringend einsetzen. Deshalb ist Vertrauen im Coaching ein doppelt wichtiger Faktor: Einerseits muss der Coachee seinem Coach vertrauen, andererseits sollte der Coach den Coachee auch dabei unterstützen, seiner Intuition zu vertrauen.

Verweise

→ Unser Unbewusstes → Bewusstsein → Ritual → Zensor → Präsenz
→ Magie des Wünschens

K

Kalibrieren – gezielter Einsatz von Wahrnehmungs-Filtern

Nutzen/Ziel

- Die eigenen Wahrnehmungs-Filter bewusst ausrichten.
- Diagnose von eingeschliffenen Kommunikations- und Denk-Mustern
- Überprüfung der Prozess-Steuerung

Anwendungsfelder

- Zentrales Element im Coaching.
- Der Coach kalibriert sich immer wieder auf die relevanten Aspekte seines Coachees ein und orientiert sich an der Physiologie.
- Im Team-Coaching können unbewusste Kommunikations-Mustern identifiziert und verändert werden

Als Coach brauchen Sie eine geschulte Wahrnehmung. Dazu gehört auch die Fähigkeit, den Fokus Ihrer Sinneskanäle gezielt auf bestimmte Aspekte der Realität auszurichten. Kalibrieren bedeutet eichen oder einstellen.

Im Coaching

Ein erfahrener Coach kalibriert seine Wahrnehmung auf bestimmte Ausdrucksebenen des Coachees, damit er diese genau verfolgen, wiedererkennen und Veränderungen auf Richtung des Ziels erkennen kann. Das Kalibrieren der Wahrnehmung kann auf allen Sinneskanälen geschehen. Als Coach kalibrieren Sie sich bewusst auf signifikante Signale Ihres Coachee, um spätere Wahrnehmungen damit abgleichen und einordnen zu können. Dadurch bekommen Sie ein »Monitoring« der Qualität Ihres Coaching-Prozesses. Sie verfügen über ein Frühwarn-System in der Psyche Ihres Coachee und bekommen Hinweise, wie Sie den Lern-Prozess gezielt steuern können.

Wenn Suchhunde die Fährte eines Menschen aufnehmen, wird ihnen ein Kleidungsstück des Gesuchten gegeben. Die Hunde kalibrieren sich auf den Geruch des Menschen. Ihre olfaktorische Wahrnehmung ist derart scharf und ihr Erinnerungsvermögen derart trainiert, dass ein einmaliger Stimulus ausreicht, um den Menschen aufzuspüren.

Im PeneTrance-Modell kalibriert sich der Coach visuell auf die Ziel-Physiologie seines Coachees. Für die anschließende Veränderungsarbeit hat er nun ein sichtbares Kriterium für den Erfolg seiner Interventionen. Immer wenn der Coachee die Ziel-Physiologie zeigt oder sich ihr nähert, weiß der Coach, dass er sich auf dem richtigen Weg befindet.

Weitere Möglichkeiten des Kalibrierens:

Die Stimme Ihres Coachees:

- Mit welcher Stimme spricht Ihr Coachee, wenn er von seinem Problem redet?
- Wie spricht Ihr Coachee, wenn er von seinem motivierenden Ziel spricht?
- Wie viel redet Ihr Coachee in welchem Zustand?

Die Wortwahl Ihres Coachees:

- Welche Schlüsselwörter benutzt Ihr Coachee im Problemzustand?
- Welche Schlüsselwörter benutzt Ihr Coachee im Zielzustand?

Die Körpersprache Ihres Coachees:

- Welche Gesten zeigt Ihr Coachee im Problemzustand?
- Welche Gesten zeigt Ihr Coachee im Zielzustand?
- Welche Haltung zeigt Ihr Coachee in welchem Zustand?

Die Informationsverarbeitung Ihres Coachees (Meta-Programme):

- Welche Verarbeitungsstrategien wählt Ihr Coachee im Problemzustand?
- Welche Verarbeitungsstrategien wählt Ihr Coachee im Zielzustand?

Die Augenbewegungen Ihres Coachees:

- Welche Blickrichtungen zeigt Ihr Coachee im Problemzustand?
- Welche Blickrichtungen zeigt Ihr Coachee im Zielzustand?

Die kinästhetische Präsenz Ihres Coachees (z. B. Spannungs-Tonus, Atem-Rhythmus):

- Welche Parameter zeigen sich im Problemzustand?
- Wie verändern sich die Parameter im Ziel-Zustand?

Außerdem können Sie den Kleidungsstil, das Zeitmanagement, das Essverhalten und andere Auffälligkeiten Ihres Coachees daraufhin überprüfen, ob es einen direkten Zusammenhang zwischen Symptom und Zustand gibt. Bevor Sie jedoch anfangen, wild zu spekulieren, ist es sinnvoller, Ihren Coachee mit Ihren Vermutungen zu konfrontieren:

- »Könnte es sein, dass Sie dann (= im Problem-Zustand)
  … beginnen, sich Sorgen über Ihre finanzielle Situation zu machen?«
  … besonders gern Schokolade essen?«
  … dazu neigen, sich mit Ihrer Sekräterin zu streiten?«

Oftmals sind dem Coachee derartige Zusammenhänge überhaupt nicht bewusst. Je mehr Informationen er über seine spezifischen Zustände erfährt, desto leichter kann er sich selbst verstärkende Muster durchbrechen.

Coaching-Übung zum Kalibrieren

Durch die folgende Übung können Sie als Coach Ihre Fähigkeit zum Kalibrieren trainieren. Dazu benötigen Sie mindestens eine kooperative Testperson. Durch die Wiederholung verstärken Sie Ihre Sicherheit im Kalibrieren. Gleichzeitig können Sie als Coach Ihrem Coachee diese Übung anbieten, damit er sich besser auf seine Mitmenschen einstellen kann:

- Ihre Testperson denkt zuerst an eine Person, die sie sehr gerne mag. Sie beobachten ihn und kalibrieren sich auf seine Physiologie.
- Dann denkt die Testperson an eine Person, die sie gar nicht mag, und Sie kalibrieren wiederum Ihre Wahrnehmung. Jetzt haben sich Sie sich auf zwei unterschiedliche Sinneseindrücke der Testperson kalibriert.
- Anschließend stellen Sie Ihrer Testperson folgende Fragen:
  »Welche Person ist größer?«
  »Welche Person ist älter?«
  »Welche Person lebt näher bei Ihnen?«

Die Testperson beantwortet die Fragen nicht verbal, sondern denkt als Antwort lediglich an die entsprechende Person.

- Ihre Aufgabe ist es, anhand der Physiologie der Testperson herauszufinden, welche Person gemeint ist. Dadurch trainieren Sie die Schärfe Ihrer Wahrnehmung.

Übung zum Kalibrieren auf dynamische Prozesse

Kalibrieren kann auch geübt werden, indem man die Wahrnehmung auf einen bestimmten Sinneskanal fokussiert, um einen bestimmten Prozess zu verfolgen. So kann man sich zum Beispiel auf visuelle Eindrücke kalibrieren, um den körpersprachlichen Tanz der Physiologien zu beobachten. Oder man kalibriert sich auf auditive Wahrnehmungen, um die Feinheiten bei der Veränderung der Tonalität in der Stimme aufmerksam zu verfolgen. Falls der Coach über einen guten Zugang zu den eigenen Emotionen verfügt, kann er sich auf die feinen Veränderungen kalibrieren, die der Zustands-Wechsel seines Coachee im eigenen emotionalen Haushalt auslöst.

Entscheidend beim Kalibrieren ist der konstante Fokus auf spezifische Parameter, um dadurch zu einer nützlichen Orientierung im Kontakt mit dem Coachee zu gelangen.

Kalibrierte Schleifen – wenn man sich auf die Knöpfe drückt ...

Als kompetenter Coach richten Sie Ihre Wahrnehmung durch sinnvolle Filter gezielt aus. Sie nutzen die Kalibrierung als bewusste Orientierung. Doch das Prinzip des Kalibrierens kann auch Probleme erzeugen: Wenn zwei Kommunikationspartner im Laufe der Zeit unbewusste Kalibrierungen entwickelt haben und sich nun gegenseitig auf die Knöpfe drücken. Jede Interaktion hat eine Dynamik. Besonders im Konflikt-Coaching gilt es, diese Muster zu erkennen, zu unterbrechen und die alte Konditionierung durch eine bessere, kommunikationsförderliche Strategie zu ersetzen.

Kalibrierte Schleifen sind eingeschliffene Muster von Reiz und Reaktion, die die Kommunikation erheblich beeinträchtigen können. Immer wenn ein Partner ein bestimmtes Verhalten zeigt, reagiert der andere mit einer bestimmten Reaktion. Bei der Arbeit mit Systemen, insbesondere mit Paaren, kann man kalibrierte Schleifen gut beobachten. Im Tanz der Physiologien, der normalerweise flüssig und lebendig verläuft, ist eine kalibrierte Schleife eine sich wiederholende Schrittfolge, die einen (oder beide) Partner in die Problem-Physiologie bringt. Metaphorisch gesprochen ist dies die Stelle im Tanz, wo einer dem anderen immer wieder gegen das Schienbein tritt. Doch weil der Tanz sofort weitergeht, bleibt der auslösende Mechanismus unbemerkt. Da die Problem-Physiologie des Gegenübers meist nicht mit dem auslösenden Anker des eigenen Schienbeintritts in Verbindung gebracht wird, haben die Tänzer keine Möglichkeit, die Schrittfolge bewusst zu betrachten, zu korrigieren und neu einzuüben. Kalibrierte Schleifen können eine erstaunliche Stabilität aufweisen, denn konditionierte Verhaltensprogramme erzeugen sehr zuverlässige Stereotypen – besonders, wenn sie nonverbal ablaufen. Deshalb werden beim nächsten Durchgang dieselben Fehltritte mit großer Wahrscheinlichkeit wieder geschehen.

K

Kalibrierte Schleifen im Business-Alltag

Der Betriebs- und der Vertriebsleiter eines Unternehmens kommen ins Coaching und wollen ihre Arbeitsbeziehung verbessern. Während der Interaktion des Betriebsleiters kann der Coach beobachten, dass sich die Schultern des Vertriebsleiters jedes Mal anspannen, wenn der Betriebsleiter unbewusst seinen Zeigefinger hebt und dabei über die Zusammenarbeit in der Geschäftsleitung spricht. Diese unwillkürliche Veränderung der Physiologie des Vertriebsleiters ist Ausdruck der damit verbundenen Veränderung seines inneren Zustandes. Kalibrierte Schleifen können Auslöser und Reaktionen auf allen Sinneskanälen aufweisen. Nachdem der Vertriebsleiter seine Meinung geäußert hat, legt sich seine Stirn abwartend in Falten, worauf die Stimme des Betriebsleiters als weitere kalibrierte Schleife sofort anschwillt und den drohenden Zeigefinger noch verstärkt.

Solche Muster können sich im Laufe der Jahre zu problematischen Negativspiralen entwickeln, weil sie sich wie Teufelskreise durch ständige Wiederholung verstärken: der erhobene Zeigefinger, die angespannten Schultern, die Stirn in Falten legen, die schrille Stimme mit dem erneut erhobenen Zeigefinger … Wenn sich solche unbewussten Muster über längere Zeit einschleifen, können das Kommunikationsklima und damit die Geschäftsführung drastisch leiden. Die verzweifelten Partner sind den Ankern hilflos ausgeliefert, solange diese unbewusst bleiben.

Complex Equivalence – der auslösende Schlüsselreiz

Entscheidend für die Auflösung von kalibrierten Schleifen ist die Identifikation der auslösenden Schlüsselreize. Als erfahrener Coach achten Sie nicht nur auf die gesprochenen Inhalte, sondern auch auf die Form der Kommunikation:

- Welche Signale bewirken welche Reaktion?

Dabei werden Sie bemerken, dass »unbewusste Knöpfe« bei dem anderen bestimmte innere Zustände, Gewissheiten und Reaktionen auslösen. Diese Erkenntnis führt Sie zu dem Prinzip des Complex Equivalence. Ein Complex Equivalence ist das spezielle Erkennungsmerkmal eines komplexen Phänomens, das dem Unbewussten eines Menschen signalisiert, dass hier eine Situation vorliegt, für die es in seinem Repertoire ein konditioniertes Verhaltensmuster gibt. Dieser spezielle Schlüsselreiz erzeugt bei dem Gegenüber eine scheinbare Gewissheit und aktivierte eine ganze Kaskade von unbewussten Manövern:

- Im Positiven kann dieser Schlüsselreiz für den Beteiligten nützlich sein, weil dadurch die Wahrscheinlichkeit wächst, dass die positive Erfahrung sich für die Beteiligten wiederholt. Wenn zum Beispiel bei einem Rendezvous der mitgebrachte Blumenstrauß als entscheidender Schlüsselreiz für den positiven Verlauf des Abends wirkt, wird dieser Anker für das »gewisse Etwas« nachhaltig in Erinnerung bleiben. (»Er hat mir Blumen mitgebracht!« = »Er liebt mich!«)
- Im Konfliktfall hingegen führt ein bestimmtes Verhalten, das als Complex Equivalence wirkt, jedoch meistens nicht dazu, dass sich die Beteiligten über den Schlüsselreiz bewusst werden, weil das negative Erleben das komplexe Manöver der einsetzenden Abwehrmechanismen als Ganzes verdrängt. So kann ein unbewusstes Verhalten wie zum Beispiel das Hochziehen einer Augenbraue dazu führen, dass der Konfliktpartner in scheinbarer Gewissheit dieses Signal als Zeichen der Verachtung empfindet, ohne den Schlüsselreiz bewusst zu erkennen. Solange dieser Mechanismus unbewusst abläuft, sind beide dem Reiz-Reaktionsmuster ausgeliefert, und die kalibrierte Schleife wird wieder und wieder ablaufen. Erst die Bewusstmachung kann dazu führen, dass der problematische Code entschlüsselt und die kalibrierte Schleife verändert werden kann.

K

Coaching-Übung: Kalibrierte Schleifen erkennen und transformieren

Diese Technik stammt aus der systemischen Therapie. Sie kann überall dort eingesetzt werden, wo Menschen in kontinuierlichem Kontakt miteinander stehen und kalibrierte Schleifen entwickelt haben. Besonders im Team-Coaching kann sie helfen, eingeschliffene Konflikte aufzulösen.

Die Voraussetzung für eine erfolgreiche Anwendung ist ein guter Rapport zu allen Beteiligten . Dann braucht der Coach die Erlaubnis, die Kommunikation unterbrechen zu dürfen.

Zunächst beobachtet der Coach die Interaktion der Partner und identifiziert eine kalibrierte Schleife. In dem Moment, in dem ein Partner den auslösenden Anker aktiviert, unterbricht der Coach den Kontakt und wendet sich blitzschnell an den anderen Partner, der gerade in die Problem-Physiologie zu geraten droht. Der Coach unterbricht das Reiz-Reaktions-Muster durch eine intervenierende Frage:

- »Eben ist etwas Bestimmtes passiert – kennen Sie das … ?«

Diese Frage wirkt als Separator und konfrontiert mit der problematischen Reaktion. Da hier eine kalibrierte Schleife aufgedeckt wurde, die sich über lange Zeit eingeschliffen hat, wird der betroffene Partner den Zustand kennen.

Als Nächstes bietet der Coach ihm an, eine neue Ressource zu erschließen und sie in den problematischen Kontext hineinzunehmen:

- »Wie würden Sie sich in dieser Situation gerne verhalten können? Was bräuchten Sie, um in einem ressourcevollen Zustand zu sein?«

Während der eine Partner die benötigte Ressource entwickelt, ist es wichtig, dass der Coach den Rapport auch zum anderen Partner behält. Dies kann beispielsweise durch Blickkontakt überprüft werden.

Durch guten Rapport ist es für den erfahrenen Coach möglich, zu beiden Partnern kontinuierlich Kontakt zu halten. Dadurch kann er die Prozesse sehr subtil steuern. Sobald der Empfänger der kalibrierten Schleife seine benötigte Ressource erschlossen und im Geiste eingeübt hat, ankert der Coach die neue ressourcevolle Reaktion. Dabei spielt das Timing eine wichtige Rolle. Wenn die Intervention gelungen ist, führt das auslösende Signal den Empfänger in Zukunft nicht mehr in die Problem-, sondern in eine Ressource-Physiologie. Nun kann auch der andere Teil der kalibrierten Schleife durch die Hinzuführung einer neuen Ressource bei dem anderen Kommunikationspartner verändert werden. Die Auflösung von kalibrierten Schleifen wird meist als befreiend und erfrischend empfunden, da über lange Zeit blockierte Energie endlich wieder frei fließen kann.

K

Verweise

→ Konflikt-Coaching → Körpersprache → Rapport → Unser Unbewusstes
→ Wahrnehmung VAKOG

Konflikt-Coaching – kreative Win-Win-Kommunikation

Nutzen/Ziel

- Wirksames Konflikt-Coaching mit Teams und Systemen.
- Nachhaltige Konflikt-Lösungen für Arbeitsbeziehungen und Schnittstellen
- Verringerung von Reibungsverlusten in der Kommunikation

Anwendungsfelder

- Beim Coaching von Kommunikations-Problemen.
- Auflösung von festgefahrenen Kommunikationsmustern.
- Als Leitfaden bei der Klärung von Interessenkonflikten.

Die Qualität einer Problemlösung resultiert aus der Akzeptanz der Betroffenen. Im Konflikt-Coaching spielt das kreative Erforschen von oftmals unausgesprochenen Bedürfnissen oder Wünschen der Konfliktpartner eine wichtige Rolle für eine gemeinsame Zielentwicklung. Dadurch erhöht sich die Wahrscheinlichkeit, dass eine Lösung des Konflikts nachhaltig wirkt und nicht als »fauler« Kompromiss wahrgenommen wird. Voraussetzung für dieses Interventionsmuster ist die Fähigkeit des Coaches, zu allen Betroffenen einen guten Rapport aufzubauen und dabei eine differenzierte Fragetechnik einzusetzen.

Im Coaching

Konflikt-Coaching ist ein Interventionsmuster, das für die Arbeit mit Paaren, Teams, Arbeitsgruppen oder anderen Systemen entwickelt wurde. Es ist ein grundlegendes Element des kreativen Konfliktmanagements. Die Beteiligten arbeiten im Konflikt-Coaching an konkreten Reibungspunkten und lernen dabei exemplarisch die Wohlgeformtheitskriterien (siehe Werkzeug »Wohlgeformte Ziele – Programmiersprache des Unbewussten« und Glossar) von Wünschen.

Coaching-Übung: Kreatives Konflikt-Coaching

- Der Coach fungiert als Konfliktmanager und zugleich als Trainer in der Kunst des Wünschens. Zu Beginn stellt er Rapport her, sowohl zu den einzelnen Personen als auch zu dem Paar oder der Gruppe als Gesamtsystem. Dabei wird eine Arbeitsvereinbarung formuliert, die besagt, dass alle Beteiligten ihre Fähigkeit des Wünschens verbessern wollen. Der Coach braucht die Erlaubnis, die Interaktion jederzeit unterbrechen zu dürfen. So kann er durch gezielte Separatoren die kalibrierten Schleifen verändern. Außerdem erlauben sich die Konfliktpartner gegenseitig, zu wünschen, zu fordern oder über Wünsche zu verhandeln.
- Wenn diese Voraussetzungen erfüllt sind, formuliert ein Partner den ersten Wunsch. Ähnlich wie bei der Formulierung von Zielen gelten im Konflikt-Coaching die Kriterien der Wohlgeformtheit für die Formulierung eines Wunsches. Jeder Wunsch entspringt einem inneren Bedürfnis, das dem

Menschen oft nur zum Teil bewusst ist. Die sprachliche Formulierung ist die Verpackung des Bedürfnisses. Sie ist ein Werkzeug, um den Wunsch zu realisieren. Durch die Gestaltung der Formulierung anhand der Kriterien der Wohlgeformtheit wird das Werkzeug so lange verfeinert, bis es ein Optimum an Effektivität erreicht.

- Sobald der Wunsch den Kriterien genügt, wendet sich der Coach an den anderen Partner. Er fragt ihn: »Wüssten Sie, wie Sie sich verhalten müssten, um den Wunsch Ihres Konfliktpartners zu erfüllen?« Dabei ist es wichtig, dass die Frage im Konjunktiv gestellt wird, um zu betonen, dass dieses Wissen nicht automatisch impliziert, dass er den Wunsch tatsächlich erfüllen muss.
- Erst wenn sichergestellt ist, dass beide Partner genau wissen, wie sie sich verhalten müssten, werden Bedingungen zur Erfüllung des Wunsches ausgehandelt. Im Idealfall führt die wohlgeformte Formulierung des Wunsches bereits dazu, dass der andere Partner den Wunsch ohne Bedingungen erfüllen möchte. Meistens ist es jedoch notwendig, dass auch der andere Partner seine eigenen Bedürfnisse in Form von Bedingungen vorbringt. Durch diese Integration wird die Realisierung des Wunsches zunehmend wahrscheinlicher.
- Falls die Integration der Bedingungen kein Ergebnis bringt, mit dem beide Partner wirklich zufrieden sind, erforscht der Coach das Meta-Bedürfnis, das sich hinter der Ablehnung des Wunsches verbirgt:
  »Was stellen Sie für sich dadurch sicher, dass Sie den Wunsch Ihres Konfliktpartners nicht erfüllen?«

Durch weiteres Hinterfragen kann der Coach aus der unspezifischen Ablehnung eine konkrete Vorbedingung entwickeln. Dieses Meta-Bedürfnis kann reframed und ebenfalls als Wunsch formuliert werden.

Dann wendet sich der Coach wieder an den ersten Partner. Er leitet ihn in die Siebte-Himmel-Physiologie und exploriert auch hier das Meta-Bedürfnis. Jetzt kann er den Wünschenden bitten, weitere Wünsche zu formulieren, die das Meta-Bedürfnis auf alternativen Wegen erfüllen würden. Als Ergebnis wird ein wohlgeformter Wunsch formuliert, der auch für den anderen Partner akzeptabel ist. Die Bedingungen zur Erfüllung sind klar definiert und von beiden gemeinsam entwickelt worden.

- Im nächsten Schritt beginnt die Arbeit mit einem Wunsch des anderen Partners, und die Wohlgeformtheit des Wünschens wird erneut durchlaufen. Im Konflikt-Coaching gilt ein balancierter Rapport zu allen Beteiligten als notwendige Voraussetzung für den Erfolg dieser Intervention. Ein guter Coach beobachtet ständig die Physiologien seiner Coachees und hat ein effektives Repertoire von Separatoren zur Verfügung, um etwaige Problem-Physiologien wieder in Ressource-Zustände zu verwandeln. Kontinuierlicher Kontakt zu beiden Partnern in möglichst vielen Sinnessystemen unterstützt den Rapport, der kontinuierlich überprüft werden sollte.
- Um die Realisierung der Wünsche zu sichern, führt der Coach abschließend ein kleines Ritual durch. Es dient als Future Pace für den neuen Verhaltensentwurf. Dabei bringt der Coach die Partner in Kontakt mit Ressour-

cen der gemeinsamen Beziehung. Er bittet sie, eine Vereinbarung zu suchen, die in der Vergangenheit getroffen und eingehalten wurde. Dann modelliert er diese Vereinbarung und lässt die beiden Partner dadurch die Wunscherfüllung besiegeln. Zum Schluss testet der Coach die Vereinbarung. Er spielt des Teufels Advokat. Dabei verwendet er die Columbo-Technik und stellt beiläufige Fragen: »Ach so, da fällt mir ein – was würde passieren, wenn … ?!«

Diese Vorgehensweise entspricht auch dem System-Check. Wenn der Rapport stimmt, kann der Anwalt des Teufels bereits in früheren Phasen des Prozesses die Ökologie überprüfen. Ein guter Coach entwickelt eine Intuition für ökologische Zukunftsentwürfe. Sobald Inkongruenzen oder Einwände auftauchen, werden diese in Form von neuen Bedingungen in den Prozess integriert. Auch im Konflikt-Coaching gilt die Denkweise des Reframing: Hinter jedem Einwand verbirgt sich eine positive Absicht. Jeder Einwand und jede Form von Kritik kann mithilfe des Reframing in einen Wunsch verwandelt werden.

Coaching-Übung: Wahrnehmungspositionen wechseln

Bei dieser Methode geht es um eine Neubewertung von Konflikten im Coaching mit nur einer Person. Der Coach führt den Coachee aktiv und zielgerichtet zu einem Wechsel der Perspektiven auf die Konfliktsituation. Diese Intervention erzielt ihre oftmals verblüffende Wirkung durch die menschliche Fähigkeit, sich in andere Menschen hineinzuversetzen und deren Sichtweise und Empfindungen anzunehmen.

Es gibt grundsätzlich drei Perspektiven auf jede Kommunikationssituation: die eigene, die der anderen Person und die eines neutralen Beobachters (Meta-Position). Diese drei Wahrnehmungspositionen werden mit der folgenden Vorgehensweise systematisch eingenommen und mit dem Ziel einer Konfliktlösung ausgewertet.

- Der Coach baut den Rapport auf und befragt den Coachee über die Situation: »Wer ist an dem Konflikt beteiligt (Name, Alter, Geschlecht)? Wie findet der Konflikt statt (Rahmenbedingungen, Dauer, mögliche Historie)?«
- Der Coach baut ein Setting (Bodenanker oder verschiedene Stühle) mit den drei Wahrnehmungspositionen auf (Meta-, Ich-, Du-Position). Der Coach und sein Coachee stellen sich auf die Meta-Position. Der Coach dissoziiert den Coachee von der Situation und erklärt die weitere Vorgehensweise.

Die Durchführung dieses und der folgenden Schritte wird erheblich erleichtert, wenn die Konfliktsituation »nachgestellt« wird. Ideal hierfür ist es, für den Coachee (Ich-Position) und den »Konfliktpartner« (Du-Position) einen Platz im Raum zu definieren, indem man z. B. dort eine Markierung hinlegt oder indem für beide je ein Stuhl aufgestellt wird.

- Anschließend bitten Sie Ihren Coachee, den Konflikt aus seiner eigenen Perspektive (Ich-Position) zu beschreiben. Wichtig ist hierbei, das am Beispiel einer tatsächlich erlebten Situation zu tun. Ermutigen Sie Ihren Coachee, in der Ich-Form zu sprechen und auch von seinen Gefühlen zu berichten. Fragen Sie nach den genauen Verhaltensweisen und Worten. Je konkreter die Beschreibung, desto besser. Fragen Sie danach, was er aus dieser Perspektive konkret sieht (z. B. Gestik und Mimik des Gegenübers) und hört (Worte, Stimme, Tonfall).

- Bitten Sie Ihren Coachee, nun (auch gefühlsmäßig) wieder Abstand von der Situation zu nehmen, indem Sie beide zurück auf die Metaposition gehen. Vielleicht braucht er einen Moment, um die mit dem Konflikt verbundenen Gefühle abzuschütteln (Separator setzen).
- Bitten Sie nun Ihren Coachee, in die Du-Position zu gehen und sich vorzustellen, dieselbe Situation aus den Augen und mit den Ohren seines Konfliktpartners wahrzunehmen. Bitten Sie Ihren Coachee, sich in der Fantasie möglichst weitgehend in die Sprechweise und Körpersprache der anderen Person hineinzuversetzen. Lassen Sie in ihn in der Ich-Form die genauen Verhaltensweisen und Worte beschreiben, die diese andere Person wahrnimmt. Fragen Sie auch nach den Gefühlen dieser Person.
- Bitten Sie Ihren Coachee (wieder auch gefühlsmäßig), Abstand von der Situation zu nehmen, indem er die Position verlässt. Dieses intensive Einfühlen in den Konfliktpartner ist oftmals sehr verblüffend für den Coachee. Manchmal sprechen Coachees mit einer etwas anderen Stimme oder zeigen eine ungewohnte Körpersprache, weil sich ihr Unbewusstes derartig stark in die Rolle des Gegenübers hineinversetzt.
  Vielleicht braucht Ihr Coachee einen Moment, um die Erfahrung der dem Konflikt verbundenen Wahrnehmungen und Gefühle seines Konfliktpartners abzuschütteln.
- Leiten Sie Ihren Coachee nun an, die Situation nochmals
- von der Metaposition aus zu betrachten. Hier sollten keine parteiischen Gefühle mehr auftreten (sonst wäre die Rolle ja nicht neutral). Der Coach fragt, was der Coachee in der Ich-Position anders machen könnte oder sollte, um die Wahrscheinlichkeit zu erhöhen, dass der Konfliktpartner sein Verhalten im positiven Sinne verändert.
- Nun nimmt der Coachee wieder die Ich-Position ein, um die Tipps aus der Meta-Position umzusetzen. Der Coach fragt, wie sich die Situation in Zukunft positiver entwickeln könnte.
- Anschließend fragt der Coach den Coachee auf der Du-Position, was sich verändert hat und ob der Konfliktpartner seinerseits bereit wäre, sein Verhalten zu verändern. Und wenn nicht, was der Coachee in der Ich-Position noch verändern/ lernen müsste.
- Der Durchlauf durch die drei Positionen kann nun beliebig oft wiederholt werden, sinnvollerweise so lange, wie sich noch weitere nützliche Erkenntnisse ergeben. Dabei sollte der Coach den System-Check (Risiken, Nebenwirkungen, Preise?) und Future-Pace (Was machen Sie wann, um die Veränderung zu realisieren?) berücksichtigen. Die Übung endet grundsätzlich auf der Metaposition. Durch die aufgrund dieses Prozesses einsetzende Änderung im Verhalten und in der Einstellung des Coachees ändert sich die Konfliktsituation häufig auf verblüffend radikale und positive Weise.

Fragen zur Konflikt-Analyse

Mit diesem Leitfaden können Sie als Coach einen Konflikt schnell und treffsicher analysieren:

- Wie sind die Rahmenbedingungen?
- Wer ist betroffen?
- Wer vertritt welche Positionen?
- Welche positiven Absichten verbergen sich dahinter?
- Welche Emotionen sind im Spiel?
- Seit wann besteht der Konflikt?
- Wie hat sich der Konflikt entwickelt? Welche Phasen gab es?
- Was wären mögliche Lösungsideen?
- Wie müssten diese Lösungsideen kommuniziert werden?
- Welche weiteren Ressourcen werden benötigt?
- Was sind die konkreten Schritte zur Konfliktlösung?

Fragen im Konflikt-Coaching

Um die persönliche Betroffenheit des Konfliktpartners in eine konstruktive Richtung zu führen, können Sie als Coach den folgenden Leitfaden nutzen:

Worum geht es genau?

- Details, Kriterien, Verhalten?

Im Vergleich womit?

- Welchen Vergleichs-Maßstab haben Sie?

Was ist Ihr Ziel in diesem Konflikt?

- Was wollen Sie erreichen?
- Was wollen Sie dadurch sicherstellen?

Welche positiven Absichten verbergen sich dahinter?

- Was wollen Sie »eigentlich«?
- Welche »wahren« Bedürfnisse haben Sie?

Was stattdessen?

- Welche Alternativen gibt es?
- Wie könnte es funktionieren?

Unter welchen Bedingungen wäre es möglich?

- Wunder-Frage: Was müsste geschehen, damit ...?

K

Arbeitsblatt: Konflikt-Gesprächsvorbereitung

Dieses Arbeitsblatt ermöglicht eine zielorientierte Gesprächs-Vorbereitung für ein anstehendes Konflikt-Gespräch:

1. Was ist mein Ziel?

___

2. Welche Ziele verfolgt mein Gesprächspartner?

___

3. Welche Ressourcen sind im Spiel?

___

4. Welche Konflikte könnten auftauchen?

___

5. Welche Lösungen kann ich anbieten?

___

6. Mein Gesprächspartner als Person:
   Was mag ich an ihm? Was empfinde ich als Herausforderung?

___

7. Wie kann ich das Vertrauen meines Gesprächspartners gewinnen?
   Welche Bedürfnisse und Ängste hat er?

___

8. Meine Strategie zur Gesprächsführung

___

___

Verweise

→ Gewinner-Gewinner-Modell → Rapport → Win-Win-Ethik → Wohlgeformte Ziele → Ziel-Orientierung → PeneTrance-Modell

Körpersprache – der Tanz der Physiologien

Nutzen/Ziel

- Ganzheitliche Kommunikation und direktes Verstehen.
- Erkennen von unterschwelligen Botschaften.
- Kontakt zum Unbewussten
- Positive Beziehungsgestaltung

Anwendungsfelder

- Zentraler Wahrnehmungsfilter im Coaching.
- Zur Unterscheidung von emotionalen Zuständen.
- Der kompetente Coach orientiert seine Vorgehensweise an der Körpersprache des Coachees und nutzt seinen eigenen Körper als Kommunikationsmedium.

Das Coaching-Werkzeug »Körpersprache« arbeitet mit dem Ausdruck des Körpers. Im Gegensatz zur »Kinästethik – dort geht es um das Spüren, Erleben und Fühlen des Körpers. Die Körpersprache ist wichtig für den Coach, weil sein Coachee ihm permanent körperliche Signale zu seiner Befindlichkeit sendet. Wenn der Coach versteht, diese Signale zu deuten und ebenfalls körpersprachlich zu reagieren hat dies einen enormen Einfluss auf die Qualität der Beziehung.

Der Austausch von Signalen auf der Körper-Ebene geschieht für den Coachee meist total unbewusst, weil sich alle seine psychische Energie völlig auf die notwendige Problemlösung konzentriert. Ganz anders für den Coach – dessen mentale Aufmerksamkeit ist frei von problematischen Assoziationen. Deshalb entsteht freie geistige Energie, die Sie als Coach nutzen, um den Prozess methodisch zu gestalten. Als Coach »monitoren« Sie die Körpersprache – sowohl Ihre eigene als auch die Ihres Coachee.

Die Kommunikation im Coaching verläuft immer ganzheitlich. Als Coach hören Sie nicht nur die gesprochenen Worte Ihres Coachees, sondern nehmen seinen ganzheitlichen Ausdruck aufmerksam wahr. Sie hören den Klang seiner Stimme, und Sie beobachten alle Veränderungen in seiner Körpersprache. Gleichzeitig beziehen Sie Ihren eigenen Ausdruck der Stimme und Körpersprache präzise und zeitnah auf Ihren Coachee. Diesen Prozess des »Sich-aufeinander-Beziehens« gestalten Sie aktiv und bewusst. Dadurch können Sie die Dynamik, Nähe und Distanz gezielt dosieren und Ihre Einfühlung in die Welt des Coachees enorm steigern.

Im Coaching

Ein guter Coach orientiert sich an der Körpersprache des Coachees. Er erkennt innere Zustände, nachdem er seine Wahrnehmung auf die entsprechenden Physiologien kalibriert hat. Auch ideomotorische Bewegungen des Coachee liefern wertvolle Hinweise. So ist zum Beispiel kreatives Denken oft mit kleinen körperlichen Bewegungen verbunden. Gezieltes Pacing kann über die Körpersprache initiiert werden. Der Tanz der Physiologien ist ein körpersprachliches Phänomen, das durch eine gezielte Beobachtung zum großen Teil entschlüsselt werden kann. Bei gutem Rapport erscheinen die körperlichen Bewegungen im Laufe der Zeit, als wenn die Physiologien von Coach und Coachee durch unsichtbare Fäden verbunden wären. Ihre Bewegungen wirken direkt aufeinander bezogen, die Impulse sind synchronisiert.

Orientierung durch Beobachtung der Physiologie

Im Coaching meint der Begriff der Physiologie all das, was an einem Menschen wahrnehmbar ist. Die Physiologie bezeichnet den momentanen psycho-physiologischen Gesamtzustand des Coachees. Dazu gehört sowohl das innere Erleben als auch das äußere Verhalten. Deshalb können die Begriffe »Physiologie« und »Zustand« synonym verwendet werden. Dabei wird davon ausgegangen, dass Körper und Geist Teile eines gemeinsamen kybernetischen Systems sind und sich gegenseitig beeinflussen. Die aktuelle Physiologie wird durch innere und äußere Wahrnehmungen bestimmt. Sobald der Mensch neuen Wahrnehmungen ausgesetzt ist, verändert sich seine Physiologie.

Der Wechsel von Physiologien ist charakteristisch für die menschliche Existenz. Das Leben ist ein kontinuierlicher Fluss und unterliegt ständigem Wandel. Eigentlich gibt es unendlich viele verschiedene Zustände, da jeder Moment einmalig ist und einzigartige Wahrnehmungen bietet, doch in der menschlichen Kommunikation lassen sich oftmals recht schnell wiederkehrende Muster erkennen. Die Veränderung der Physiologie lässt sich an beobachtbaren Parametern erkennen: Körperhaltung, Muskeltonus, Gesichtsausdruck, Augenbewegungen, Gesichtsfarbe, Atmung, Stimmklang oder ideomotorische Bewegungen. An der Veränderung dieser Variablen kann der geschulte Coach den Wechsel von inneren Zuständen verfolgen, indem er seine Wahrnehmung auf den Coachee kalibriert.

Im Coaching werden prinzipiell vier Physiologien unterschieden:

- Problem-Physiologie,
- Ziel-Physiologie,
- Ressource-Physiologie,
- Versöhnungs-Physiologie.

Außerdem haben Trance-Zustände ihre eigene Trance-Physiologie, und natürlich gibt es darüber hinaus unzählige Misch-Physiologien, die jedoch meistens einen klaren Schwerpunkt erkennen lassen.

Problem-Physiologie

Wenn ein Coachee emotional mit seinem Problem stark assoziiert ist, drückt sich dies auch körperlich aus. Die Problem-Physiologie zeigt sich anhand offensichtlich fehlender Motivation und oftmals durch extreme Verhaltensweisen oder Empfindungen:

- sehr hektisch oder sehr ruhig,
- sehr starr oder sehr nervös,
- sehr laut oder sehr leise,
- sehr kontrolliert oder sehr impulsiv,
- sehr vage oder extrem fokussiert,
- starke Ausprägung in den Meta-Programmen.

Jeder Mensch trifft immer die subjektiv beste Wahl. Eine Problem-Physiologie bedeutet, dass der Betroffene hier noch keine besseren Wahlmöglichkeiten zur Verfügung hat. Eine extreme Form des Problem-Zustands ist der Stuck State. Hier hat der Coachee jeden Kontakt zu seinen Ressourcen verloren. Um einen Coachee aus der Problem-Physiologie herauszuführen, muss der Coach zunächst guten Rapport herstellen. Dann kann er einen Separator setzen, um der Wahrnehmung einen neuen Impuls zu geben. Bei der Anwendung von einigen Interventions-Techniken wird der Problem-Zustand geankert. Durch Betätigung des Ankers kann im Laufe der Veränderungsarbeit immer wieder direkter Kontakt zum Kern des Problems hergestellt werden, und das bisher Erreichte kann überprüft und integriert werden.

K

Ziel-Physiologie

Coaching basiert auf einer ziel-orientierten Methodik. Dabei wird der Coachee so schnell wie möglich aus der Problem-Physiologie in die Ziel-Physiologie geführt. Zum Formulieren von Zielen kann das PeneTrance-Modell eingesetzt werden. Der Coachee gelangt in die Ziel-Physiologie, sobald er innerlich Kontakt zu seinen Zielen herstellt. Dabei kann der Coach ihn durch konsequente Fragen unterstützen:

- »Wie soll es stattdessen sein? Was möchten Sie erreichen? Was ist Ihr Ziel? Woran merken Sie, dass Sie es erreicht haben? Tun Sie einmal so, als ob Sie es bereits erreicht hätten … jetzt!«

Je genauer die Zielformulierung herausgearbeitet wurde, desto deutlicher wird die Ziel-Physiologie. Der Coach kalibriert seine Wahrnehmung auf diese Physiologie als Zielerkennungs-Phänomen. Diese Kalibrierung dient ihm als sinnlicher Kompass, um den Coachee zielorientiert zu führen, während dieser auf seiner Suche nach den benötigten Ressourcen unzählige Physiologien durchläuft.

Ressource-Physiologie

In der Ressource-Physiologie ist der Coachee in Kontakt mit seinen Ressourcen. Er verfügt über Wahlmöglichkeiten und ein positives Selbstwertgefühl. Er fühlt sich seinen Problemen gewachsen und kann ihnen als Herausforderung begegnen. Ein erfahrener Coach induziert Ressource-Zustände, indem er seinen Coachee an seine bisherige Lebenserfahrung und die damit verbundene Selbstachtung erinnert:

- »Sie, als erwachsener Mensch, der jetzt hier vor mir steht … und schon so viel Wertvolles in seinem Leben erreicht und erlebt hat … «

Die Ressource-Physiologie ist der Ziel-Physiologie ähnlich. Der entscheidende Unterschied besteht darin, dass die Ziel-Physiologie sich auf die Zukunft bezieht, während die Ressource-Physiologie Erfahrungen aus der Vergangenheit nutzbar macht. Ein extrem ressourcevoller Zustand ist der Moment of Excellence, hier ist der Mensch im Vollbesitz seiner Kräfte.

Versöhnungs-Physiologie

Die Versöhnungs-Physiologie zeichnet sich durch eine psychische Entspannung aus, die vom Coachee als positiv erlebt wird. Mediziner würden von einem Wechsel von der sympathikus- zur parasympathikus-aktivierten Physiologie sprechen.

Dazu gehören mehr Durchblutung, tiefere Atmung, eine entspanntere, symmetrische, aufrechte Haltung und ein bewegter oder berührter Gesichtsausdruck, oftmals verbunden mit einer erhöhten Feuchtigkeit der Augen. Die Versöhnungs-Physiologie ist das Ergebnis eines gelungenen Reframing. Der Coachee erkennt, dass sein Verhalten, das bisher als Problem betrachtet wurde, eine nützliche Funktion in seinem Leben erfüllt. Dies führt zur Bewusstwerdung von sekundären Gewinnen und wichtigen Schutzfunktionen. Dabei werden ungeliebte Teile, die bisher abgelehnt oder bekämpft worden sind, als wertvoll erkannt, gewürdigt und in die Persönlichkeit integriert.

Tanz der Physiologien

Eine gelungene Kommunikation ist wie ein gemeinsamer Tanz. Wenn Menschen miteinander kommunizieren, bewegen sie sich in einem sehr feinen und komplexen Schwingungsfeld. Videoaufzeichnungen, die im Zeitraffer abgespielt werden, zeigen deutlich, wie die Bewegungen der Partner aufeinander abgestimmt sind. Auch Lachen, Gähnen, Sich-Strecken, der Griff zur Kaffeetasse oder kleine ideomotorische Bewegungen sind bei gutem Rapport synchronisiert. Menschen befinden sich immer in einem Schwingungszustand.

Das Pacing ist eine subtile Methode, um mit anderen Menschen in den Gleichschritt zu kommen. Gelungenes Pacing erzeugt Rapport. Wenn Menschen im Rapport miteinander kommunizieren, synchronisiert sich der Tanz ihrer Physiologien. Professionelle Tänzer offenbaren dieses Phänomen auf beeindruckende

Weise. Ihre Bewegungen wirken so homogen aufeinander abgestimmt, als wenn ein einziger Organismus sich bewegen würde. Im Konfliktmanagement sagt man, die beteiligten Konfliktpartner müssen ihren Konflikt austanzen, um zu einer gemeinsamen Verständigung zu kommen. Die Physiologien der Beteiligten zeigen, wann der Konflikt für alle wirklich ökologisch gelöst wurde. Der Tanz der Physiologien ist ein sinnlicher Ausdruck der Beziehungsebene. Ein kompetenter Coach versteht es, diesen feinen Seismographen zu interpretieren und Hinweise zum aktuellen emotionalen Erleben der Tänzer zu gewinnen.

Körpersprache und Wahrnehmungstypen

Gleichzeitig bestimmen die unterschiedlichen Wahrnehmungstypen die Ebene der Kommunikation, weil sie unterschiedlich auf die aktuellen Physiologien des Gegenübers reagieren:

- Visuelle Typen beobachten die körpersprachlichen Signale der anderen Menschen oft sehr genau und tendieren dazu, auch ihre eigene visuelle Außenwirkung zu kontrollieren.
- Auditive Typen achten besonders auf verbale Informationen; der körpersprachliche Austausch wird von ihnen oft nur unbewusst wahrgenommen.
- Kinästhetische Typen fühlen sich in die Haut des anderen hinein, ohne jedoch zwangsläufig auf ihre eigene Körpersprache zu achten. Sie sprechen mit den Händen und neigen dazu, andere Personen zu berühren. Für Kinästheten ist die Körpersprache das bevorzugte Ausdrucksmedium.

Jeder Mensch hat außerdem eine persönliche Geschichte und einen eigenen Lernhintergrund. Je nach Art der Sozialisation haben körpersprachliche Signale unterschiedliche Bedeutung. Was für einen Menschen aufdringliche Nähe bedeutet, erscheint einem anderen wie kühle Distanz. Ein Mensch hat gelernt, seine Gesprächspartner anzufassen, um Kontakt herzustellen; ein anderer glaubt, dass Berührungen in der Öffentlichkeit anstößig sind. Eine dritte Person findet dieses Verhalten aufregend erotisch, und eine vierte fühlt sich vielleicht in ihrer territorialen Souveränität bedroht.

Hinzu kommen situative Faktoren. Körpersprache geschieht immer im Kontext einer speziellen Situation, die über die aktuelle Bedeutung der Signale bestimmt. Wenn jemand allein zu Hause vor dem Fernsehschirm mit einer Dose Bier in der Hand laut rülpst, hat dies eine andere Bedeutung, als wenn er es beim Geschäftsessen im Restaurant mit einem Glas Champagner in der Hand tut.

Körpersprache und Verbalsprache

Um die Funktionsweise der menschlichen Kommunikation zu verstehen, müssen wir uns auch mit Evolution befassen, da unsere heutigen Wahrnehmungsfilter durch die letzten Jahrmillionen stärker geprägt wurden als durch die wissenschaftlichen Erkenntnisse der letzten tausend Jahre. Evolutionsgeschichtlich ist die Körpersprache sehr viel älter als die Verbalsprache. Ebenso ist das Unbewusste sehr viel älter als das Bewusstsein. Bei der Verständigung unserer Vorfahren spielte der Ausdruck über den Körper eine weitaus größere Rolle als in der heutigen Zeit, da die Verbalsprache noch nicht so differenziert war. Die Körpersprache entspricht dem analogen, unmittelbaren Ausdruck, während die Verbalsprache eine Digitalisierung darstellt, die reflektiert werden muss. Moderne Menschen in den hochtechnisierten Großstädten sind an Digitalisierungen gewöhnt. Die westlichen Gesellschaftssysteme unseres Jahrhunderts trainieren die Kinder in den Schulen zum einseitigen Gebrauch der Verbalsprache. Trotzdem bestimmt immer noch die Körpersprache unsere zwischenmenschlichen Beziehungen in einem sehr hohen Maß. Das Unbewusste des modernen Menschen reagiert nach wie vor oft sehr sensibel auf körpersprachliche Signale. Die Körpersprache ist sehr viel schwieriger zu manipulieren als die Verbalsprache. Psychologische Untersuchungen haben gezeigt, dass die meisten Menschen im Zweifelsfall eher den körpersprachlichen als den verbalen Signalen vertrauen.

Charisma wurzelt in einer bewussten Körpersprache

Viele erfolgreiche Führungskräfte und Politiker wissen, dass ihre charismatische Überzeugungskraft durch den bewussten Einsatz von Körpersprache unterstrichen wird. Die Körpersprache sendet analoge Signale. Sie sind auf natürliche Weise mit der echten Befindlichkeit des Menschen assoziiert und damit glaubwürdiger als digitale Verbalkonstruktionen, die eine Unzahl von manipulierten Dissoziationen erlauben. Schauspieler durchlaufen eine harte und langjährige Ausbildung, bis sie den Ausdruck ihres Körpers auf der Bühne wirklich kontrollieren können. Schlechte Schauspieler erkennt man oft daran, dass ihre Körpersprache nicht wirklich mit der Rolle und dem Stück harmoniert. Falls Verbalsprache und Körpersprache nicht übereinstimmen, entstehen Inkongruenzen, und der Mensch verliert an Überzeugungskraft.

Im Coaching gelten die Körpersignale nicht grundsätzlich den verbalen Botschaften unter- oder übergeordnet. Stattdessen können alle Signale als Ausdruck der verschiedenen Persönlichkeitsteile interpretiert werden. Gleichzeitig wird betont, dass es bei der Interpretation von körpersprachlichen Signalen keine Patentrezepte gibt. Viele Menschen glauben immer noch, dass es in der Körpersprache einen eindeutigen Code gibt. Dies wäre jedoch eine unzulässige Vereinfachung. Ähnlich wie bei der Deutung von Träumen kann man die körpersprachlichen Signale nur im Kontext der konkreten Situation verstehen. Die Bedeutung der Signale bedingt sich durch kulturelle und individuelle Sozialisationsprozesse.

Verweise

→ Evolution → Rapport → Inkongruenzen → Unser Unbewusstes → Anmut
→ Pacing

Kreativität – unerschöpfliche Quelle der Innovation

Nutzen/Ziel

- Entwicklung von neuen Ideen und Lösungen.
- Stärkung der schöpferischen Kraft und Quelle für eine aktive Lebens-Gestaltung
- Hilfe in der Not … »denn Not macht erfinderisch!«

Anwendungsfelder

- Wenn der Coachee inhaltlich blockiert.
- Als Einstieg in eine komplexe Problemlösung.
- Zur Gewinnung neuer Ressourcen.
- Als Kraftquelle für schwierige Problemlösungen.
- Stimulation von unbewussten Kräften.

Im Coaching zählen gute Ideen! Oftmals »schmort der Coachee im eigenen Saft« – sorgenvolle Gedanken seit Tagen oder gar Wochen. Als Coach sind Sie gefordert, einerseits neue Perspektiven ins Spiel zu bringen und andererseits Ihren Coachee stimulieren zu können, dass auch er neue Impulse entwickelt. Eine sehr wirkungsvolle und einfache Methode zur Produktion von neuen Ideen ist das Brainstorming. Es stimuliert den kreativen Fluss ohne Kritik oder störende Bewertungen. Außerdem können Sie Ihren Coachee mit dieser spielerischen, unbegrenzten Übung motivieren, über den eigenen Tellerrand zu schauen.

K

Kreative Ideen durch Brainstorming

Das Brainstorming ist eine der bekanntesten Kreativitätstechniken. Wichtig dabei ist ein freier Fluss der Gedanken. Für ein erfolgreiches Brainstorming ist es notwendig, ein kreatives, offenes Klima zu schaffen. Alle Impulse sind erlaubt. Die verrücktesten Einfälle sind oft die wirkungsvollsten Stimuli der Inspiration. Je fantasievoller die Ideen fließen dürfen, desto stärker ist der Anreiz, aus den gewohnten Denkmustern auszubrechen und wirklich neue Ideen zu produzieren. Weitere Variationen von bereits vorhandenen Einfällen sind ebenfalls sinnvoll. Quantität ist erwünscht. Je mehr Ideen gesammelt werden, desto größer ist die Wahrscheinlichkeit, dass brauchbare Lösungen darunter sind. Außerdem bietet jede Äußerung eine mögliche Anregung für weitere Einfälle. Auch kleine Veränderungen oder neue Kombinationen von bereits genannten Vorschlägen können neue Geistesblitze entfachen. Während jedes Brainstormings gilt:

»Es gibt keine unsinnigen Ideen!« und »Kritik kommt später!«

Diese Regeln sind für viele Coachees ungewöhnlich und oft nicht auf Anhieb zu realisieren. Sie sind jedoch entscheidend für ein fruchtbares Brainstorming. Die Äußerungen werden vorerst nicht bewertet, sondern nur gesammelt und registriert. Die kritische Überprüfung hinsichtlich der Brauchbarkeit erfolgt erst später bei der anschließenden Bewertung. Beim kritikfreien Formulieren von spontanen Ideen in einer Gruppe setzen oftmals verblüffende Synergieeffekte ein.

Grundregeln des Brainstormings

1. Kombinieren und Aufgreifen von bereits geäußerten Ideen.
2. Negative Beurteilungen oder Kritik sind verboten.
3. Viele Ideen in kürzester Zeit (> Zeitrahmen definieren).
4. Freies Assoziieren und Fantasieren ist erlaubt.
5. Erst nachdem die kreative Phase der Ideenfindung abgeschlossen ist, findet eine realistische Bewertung unter klaren Moderationsregeln statt.

Brainstorming wird im Coaching auf vielfältige Weise eingesetzt. Zur Stimulanz von inneren Prozessen werden im Brainstorming zu einem bestimmten Thema Ideen entwickelt, indem spontane Einfälle gesammelt werden. Im Six Step-Reframing und seinen Varianten machen die verschiedenen Teile ein internes Brainstorming und suchen mithilfe des kreativen Teils nach alternativen Wegen, um die positive Absicht auf neue Weise zu realisieren. Auch das innere Team profitiert vom Brainstorming, das die verschiedenen Teile veranstalten.

Auch im Team-Coaching kann Brainstorming bei der Entwicklung neuer Ideen und Lösungsansätze eine wichtige Rolle spielen. Die Teammitglieder stimulieren sich gegenseitig und fantasieren über ihre gewohnten Denkmuster hinaus. Üblicherweise folgt nach einiger Zeit ein toter Punkt und niemandem fällt mehr etwas ein. Die Erfahrung zeigt jedoch, dass es sich lohnt, diesen toten Punkt auszuhalten, denn danach kommt wieder eine besonders kreative Phase. Das Unbewusste der Teilnehmer braucht diesen kurzen Zeitraum, um die Eindrücke wirken zu lassen und neue Verknüpfungen zu bilden.

Kreative Intelligenz

Kreativität ist schöpferische Kraft. Wenn ein Mensch kreativ handelt, verändert er bestehende Muster und erschafft neue Strukturen. Solange er nur den konditionierten Verhaltensprogrammen folgt, hat er sein kreatives Potenzial noch nicht erschlossen. Jeder Mensch ist potenziell kreativ. Kreativität kann stimuliert werden; sowohl von außen (extrinsisch) als auch von innen (intrinsisch). Die extrinsische Stimulanz wirkt wie eine Herausforderung. Not macht erfinderisch! Wenn die bestehenden Verhaltensoptionen keine adäquaten Lösungen bieten, beginnt der kreative Mensch, neue Wege zu suchen. Er probiert, experimentiert und findet durch Versuch und Irrtum schließlich kreative Lösungen oder kommuniziert seine Not und modelliert seinen erfolgreichen Nachbarn. Die intrinsische Stimulanz wird auch als Spieltrieb bezeichnet. Lust und Neugierde sind innere Antriebe, die kreatives Verhalten fördern. Kreativität ist ein spontanes Phänomen. Es kann gefördert, aber nicht erzwungen werden.

Die menschliche Kreativität wird auch in der Wissenschaft zunehmend als alternative Form der Intelligenz anerkannt. Intelligenz und Kreativität sind zwei Aspekte desselben Phänomens. Die Psychologie unterscheidet zwischen konvergentem und divergentem Denken. Konvergentes Denken ist die Fähigkeit, bestehende Strukturen zu erkennen und eine richtige Lösung in einem vorgegebenen Rahmen zu finden. Die meisten Intelligenztests messen die Fähigkeit zum konvergenten Denken. Divergentes Denken ist die Fähigkeit, bestehende Strukturen in Frage zu stellen und jenseits des vorgegebenen Rahmens neue Lösungen zu entwickeln. Divergentes Denken ist eine wichtige Grundlage des kreativen Handelns. Coaching führt zu einer Steigerung der Kreativität von Coach und Coachee:

- »Wenn das, was Sie bisher getan haben, nicht funktioniert, was können Sie stattdessen tun?«

Coaching ist ein kreativer Prozess. Dabei werden die vorhandenen Ressourcen auf eine neue Weise organisiert. Ein Coach muss zunächst den aktuellen Zustand seines Coachees pacen. Dann kann er ihn durch kreatives Leading stimulieren, neue Wahrnehmungsfilter und bessere Verhaltensweisen zu entwickeln.

K

Im Unbewussten jedes Coachees schlummern kreative Ressourcen. Besonders deutlich wird dies im Coaching bei der Technik des Six Step-Reframing. Hier wird der bewusste Kontakt zu einem kreativen Teil hergestellt. Der kreative Teil arbeitet sehr eng mit dem Teil zusammen, der die Träume träumt. Es gibt keinen Traum, der nicht kreativ ist; jeder Traum enthält kreative Elemente. Im Schlaf ist der Zensor an der Pforte zum Unbewussten weniger wach, er wird durchlässig. So können die im Gehirn gespeicherten Eindrücke des Tages aufgearbeitet und mit früheren Erfahrungen verknüpft werden. Ein ähnlich kreativer Prozess geschieht beim Six Step-Reframing. Falls der Kontakt zum kreativen Teil einmal erfolgreich aktiviert wurde, kann er über die Coaching-Situation hinaus auf andere Lebensbereiche generalisieren und dem Menschen als dauerhafte Ressource zur Verfügung stehen. Der kreative Teil kann in vielen Situationen als ideenreicher Ratgeber fungieren und wertvolles Wissen aus dem Unbewussten an die Oberfläche des Bewusstseins transportieren. Kreatives Brainstorming kann zu einer nützlichen Gewohnheit werden. Wenn ein Mensch lernt, lebendigen Kontakt mit seinem kreativen Teil zu pflegen, erschließt er sich eine wertvolle Blankoressource.

Kreatives Coaching

Feste Methodische Strukturen dienen im Coaching in erster Linie als Orientierungshilfe für den noch unerfahrenen Coach. Für den erfahrenen Coach sind alle Werkzeuge flexibel kombinierbar. Die Struktur des klassischen Interventionsschemas wird durch die Individualität des Coachees modifiziert. Je flexibler ein Coach kommunizieren kann, desto kreativer kann er seine Vorgehensweise gestalten. Wer Interventionstechniken kreativ anwenden möchte, ist jedoch gut beraten, vorher die Standardtechniken einzuüben.

Genauso konnte Picasso meisterhaft perspektivisch malen und zeichnen, bevor er in der Lage war, die Grenzen seiner Kunst zu überschreiten und damit kreativ zu spielen. In den asiatischen Kampfkünsten, den Martial Arts, geht der Lernende einen ähnlichen Weg. Zuerst werden die Grundtechniken eingeübt. Im Laufe der Zeit entsteht durch regelmäßige Übung ein kreatives Potenzial, und der Schüler beginnt, die Standards zu variieren. Dann lernt er, die Techniken situativ anzuwenden, sie auf seine eigene Persönlichkeit abzustimmen und sich durch sie auszudrücken. Wenn er seine Disziplin beherrscht, hat sich der Schüler zum Meister entwickelt. Verfügt er über eine innovative Persönlichkeit, können sich aus seinen kreativen Impulsen sogar neue Stilrichtungen entwickeln.

Six-Step-Reframing – Kontakt zum kreativen Teil

Das Six-Step-Reframing ist ein komplexes Werkzeug, um die Kreativität im Kontakt mit bisher unbewussten Persönlichkeitsteilen zu fördern. Es dient der Stimulation von Kreativität zur Entwicklung neuer Handlungsoptionen sowie der Integration widersprüchlicher Persönlichkeitsteile.

Sie können es einsetzen für die Kontaktaufnahme mit unbewussten Kräften, für die Veränderung von Verhaltensmustern und für die Integration von inneren Konflikten. Das Werkzeug basiert auf der gleichen Idee wie das Teile-Modell, doch seine Besonderheit ergibt sich aus der kreativen Dynamik.

Der Prozess besteht aus sechs Schritten (six steps) und dient der gezielten Kommunikation mit dem Unbewussten. Dabei hilft der Coach dem Coachee, seine Wahrnehmung zu erweitern, indem er nicht nur die Ebene des Verhaltens betrachtet, sondern auch die Absicht berücksichtigt, die sich hinter dem Verhalten verbirgt.

Die Grundannahme des Six-Step-Reframing besagt, dass jede menschliche Verhaltensweise einer Absicht entspringt, die für das Individium etwas Positives erreichen möchte. Das Bewusstsein des Coachee lernt, die positiven Absichten der unbewussten Teile in den bisher abgelehnten Verhaltensweisen zu erkennen. So kann eine Integration von widersprüchlichen Impulsen stattfinden. Entscheidend ist die kreative Frage, wie die ursprüngliche positive Absicht auf eine neue, bessere Weise realisiert werden kann – ohne dabei unerwünschte Nebenwirkungen zu erzeugen. Das Resultat eines gelungenen Six-Step-Reframing besteht darin, dass der Coachee lernt, seine positiven Absichten durch Verhaltensweisen zu realisieren, die für sein Gesamtsystem eine verträgliche Erweiterung darstellen.

Eingesetzt wird das Six-Step-Reframing, wenn der Coachee ein Symptom oder Verhalten zeigt, das er gern verändern oder abstellen möchte. Beispiele sind negative Gewohnheiten, zeitraubende Rituale, unerwünschte Gefühle, Anfälle von Jähzorn, Konzentrationsschwächen oder depressive Zustände.

Ein erfolgreiches Six-Step-Reframing hat auch eine positive Wirkung für den Umgang mit sich selbst. Der Coachee kann in Zukunft die systemischen Schutzmechanismen seiner Integrität anerkennen, würdigen und sich dadurch viele unfruchtbare Kämpfe mit den verantwortlichen Teilen ersparen. Wer sich für eine Veränderung im Bewusstsein der systemischen Konsequenzen entscheidet, kann gezielt alternative Wege entwickeln, um alle sekundären Gewinne auf angemessene Weise zu realisieren.

Coaching-Übung: Six-Step-Reframing

1. Bitten Sie Ihren Coachee, das unerwünschte Verhalten zu beschreiben:
   - Beispiele: »Ich bin zu … « oder »Immer, wenn Y, dann erzeuge ich X … «
2. Nehmen Sie Kontakt mit dem Persönlichkeitsanteil des Coachees auf, der für das unerwünschte Verhalten verantwortlich ist:
   - »Welchem Teil ist es wichtig, dieses Verhalten beizubehalten? Mit welchem und wertschätzenden Namen können wir diesen Teil ansprechen?« »Unter welchen Bedingungen bist Du bereit, mit uns zu kommunizieren … ?«
3. **Erkennen Sie die positive Absicht** dieses inneren Teils des Coachees (Differenzierung von Verhalten und Absicht):
   - »Was ist Dein Motiv? Was willst Du dadurch erreichen?«
4. Aktivieren Sie den »kreativen Teil« des Coachees:
   - »Finde drei alternative Wege, um die oben genannte Absicht anders zu realisieren … « (Wahlfreiheit)
   - »Entscheide dich für die beste Variante!«
5. System-Check
   - Bitten Sie Ihren Coachee, sein Unbewusstes zu fragen, ob es andere Teile gibt, die gegen das neue Verhalten Einwände erheben. Falls ja, nehmen Sie Kontakt mit diesen Teilen auf und fragen sie, unter welchen Bedingungen sie bereit wären, das neue Verhalten zu akzeptieren.
   - Optional: Initiieren Sie eine Konferenz mit dem kreativen Teil des Coachees, um eine Win-Win-Lösung zu finden.
6. Future Pace
   - Um das neue Verhalten zu verankern, bitten Sie Ihren Coachee, ein Commitment des verantwortlichen Teils auszusprechen. Dann können Sie zu einem Rollenspiel einladen, in dem er das neue Verhalten erprobt. Nach dieser Generalprobe können Sie auf die Umsetzung des neuen Verhaltens fokussieren und diese gegebenenfalls optimieren. Eventuell vereinbaren Sie mit Ihrem Coachee einen zeitlichen Testrahmen zur Prüfung des Erfolges.

Verweise

→ Stuck State → Seperator State Manöver → Glaubensätze → Teile-Modell → Veränderung → Einwand-Integration

L

Leading – die Kunst der gezielten Beeinflussung

Nutzen/Ziel

- Souveränit als Business-Coach
- Wirksame Strukturierung des Coaching-Prozesses.
- Hilfreiche Intervention zur Gestaltung einer besseren Zukunft

Anwendungsfelder

- Die Führungskompetenz des Coachs entscheidet maßgeblich über die Art und den Erfolg des Coaching-Prozesses.
- Der kompetente Umgang mit den Leading-Werkzeugen ist für den Coach unentbehrlich.
- Wenn der Coachee »feststeckt« und nicht weiterweiß braucht es wirkungsvolle Leading-Impulse.

Als Business-Coach müssen Sie fähig sein, in kürzester Zeit das Vertrauen Ihres Coachees zu gewinnen und seinen Ist-Zustand zu verstehen. Um dem Coachee jedoch zu helfen, seine Situation schnell und nachhaltig zu verbessern, müssen Sie auch in der Lage sein, ihn zu einer motivierenden Problemlösung zu führen. Führung im Coaching bedeutet offene oder unterschwellige Beeinflussung des Coachees zu seinem Vorteil. Als Coach haben Sie die Führungsverantwortung für die Strukturierung des Prozesses. Dies setzt ein genaues Ziel voraus. Leading bedeutet das Führen des Coachees durch zielorientierte Fragen und sinnvolle Interventionen. Durch den gelungenen Aufbau einer positiven Beziehungsebene (Pacing) gewinnen Sie als Coach die Akzeptanz des Coachees, sich von Ihnen beeinflussen zu lassen (Leading). Leading ohne ausreichendes Pacing führt zum Widerstand des Coachees. Erst wenn sich eine gemeinsame Vertrauensebene entwickelt hat, der so genannte Rapport, kann der Coach den Coachee überzeugend führen.

Im Coaching

Der Coach führt im Coaching durch seine Prozess-Kompetenz. Dazu gehört zu Anfang des Coaching-Prozesses auch eine klare Arbeitsvereinbarung. Wenn zum Beispiel ein Coachee, der als Führungskraft Probleme im Umgang mit seinen Mitarbeitern hat, weil diese nie zu Wort kommen dürfen, auch im Coaching einen 100% Redeanteil anstrebt, ist der Coach gefordert, Standing zu zeigen und dieses Thema konsequent zu thematisieren. Dazu gehört beispielsweise eine Gesprächsvereinbarung, die dem Coach erlaubt, seinem Coachee bei Bedarf das Wort zu entziehen, um ihn zum Zuhören oder Fragen zu motivieren. Der Coach wäre in diesem Falle ein echter Experte auf diesem Gebiet und könnte mit seiner Feldkompetenz wertvolle inhaltliche Impulse an seinen Coachee weitergeben.

Natürlich ist es hilfreich, wenn der Coach auch inhaltliche Impulse in den Prozess einbringen kann, doch in erster Linie geht es beim Leading darum, die Bedürfnisse und Ressourcen des Coachees durch gezielte Fragen zu erforschen, zu sortieren und zu aktivieren. »Wer fragt, führt!« – diese alte Weisheit gilt heute, in unserer modernen Informationsgesellschaft, mehr denn je zuvor.

Leading durch gezielte Fragen

Wenn Sie im Coaching exzellent führen wollen, dann stellen Sie gezielte Fragen! Jedes Gespräch kann durch intelligente Fragen souverän gesteuert werden. Der Fragende agiert, der Gefragte muss reagieren. Eine geschickte Frage kann für den Coachee eine unwiderstehliche Einladung darstellen, um die innere Realität verbal nach außen zu projizieren. Jede gestellte Frage gibt dem Gehirn des Empfängers einen hypnotischen Suchbefehl. Der moderne Mensch wurde durch Erziehung, Schule und berufliches Umfeld darauf konditioniert, an ihn gerichtete Fragen zu beantworten. Lassen Sie uns dazu ein kleines Experiment durchführen. Entspannen Sie sich. Beobachten Sie genau, wie Ihr Unbewusstes auf die folgenden Fragen reagiert:

- Welche Farbe hat Ihr Auto?
- Wann sind Sie heute Morgen aufgestanden?
- Wo waren Sie letztes Jahr im Urlaub?

Was haben Sie beobachtet? Haben Sie sich die gestellten Fragen innerlich beantwortet? Selbst geschriebene Fragen bewirken eine Reaktion, bei gesprochenen Fragen ist der Effekt meist noch stärker. Unser Unbewusstes sucht die Antwort – ob wir es wollen oder nicht. Doch gezielte Fragen dienen im Coaching nicht nur der systematischen Gewinnung von Information, sie können auch ein geschicktes Pacing sein. Respektvolle Fragen können sehr viel Wertschätzung ausdrücken, sie stärken das Selbstwertgefühl des Gefragten – wer wird nicht gern um seine Meinung gefragt?!

Gleichzeitig helfen Sie als fragender Coach Ihrem Coachee, die Thematik konstruktiv und zielführend zu interpretieren. Außerdem dienen Fragen dazu, Ihre Wahrnehmung als Coach auf elegantem Wege zu überprüfen. Wenn Sie genau wissen wollen, ob Sie Ihren Coachee richtig verstanden haben, dann fragen Sie konsequent nach und prüfen Sie das aktuelle Ausmaß an Übereinstimmung. Ein guter Coach verfügt über ein reiches Repertoire von konstruktiven Fragen. Auch durch geschickten Einsatz von Ankern und Separatoren können innere Zustände vom Coach gesteuert und Menschen souverän geführt werden.

Führungswerkzeuge im Coaching

Ein wichtiges Führungswerkzeug im Coaching ist das Feedbackgeben. Durch konstruktives Feedback kann der Coach den Coachee zunächst bestätigen, um ihn dann zu Optimierungsmöglichkeiten zu führen. Beim Feedbackgeben ist es wichtig, dass die Optimierungsidee konkret formuliert wird und einen realistischen Bezugsrahmen hat. Nur wenn die Entwicklungsidee des Coachs vom Coachee als ökologisch verträglich empfunden wird, kann er diesen Impuls als motivierende Problemlösung akzeptieren.

Der direkteste Weg des Leading ist der Appell. Der Coach gibt einen verbalen Impuls, dem der Coachee unmittelbar folgt. Um einen direkten Appell zu befolgen, benötigt der Coachee nicht nur Vertrauen, sondern positive Referenzerfahrungen mit der Führung durch seinen Coach. Warum sollte er sonst den Appell befolgen? Noch dazu, wo er als Coachee die inhaltliche Fachkompetenz für sein Thema besitzt. Erfolgreiches Leading durch einen direkten Appell setzt oftmals einen enormen Leidensdruck beim Coachee voraus: Er ist am Ende seiner Belastbarkeit und braucht den berühmten Tritt in den Allerwertesten, um seine Komfortzone tatsächlich zu verlassen.

Indirekte Führung durch sanfte Botschaften

Im Coaching kann ein Impuls auch als Prozessinstruktion formuliert werden. Sie kann auch als Bitte oder Einladung zu einem Experiment an den Coachee gesendet werden. Mit ihrer Hilfe führt der Coach seinen Coachee in eine neue Erfahrung auf dem Weg zu seinem Ziel. Auf ein Experiment oder eine Bitte kann sich das Unbewusste des Coachees oftmals besser einlassen als auf einen direkten Impuls, da es sich um eine neue Erfahrung handelt, die für das Selbstwertgefühl nicht bedrohlich wirkt.

Eine weitere Möglichkeit der Führung im Coaching ist die implizite Botschaft. Hierbei wird der Impuls vom Coachee ganz bewusst verdeckt gesendet. Dafür nutzt der Coach die Möglichkeit, über Metaphern oder indirekte Formulierungen das Unbewusste des Coachees zu erreichen. Implizite Botschaften helfen, den Coachee mit einer neuen Perspektive in Berührung zu bringen, ohne dass er sofort über den Input reflektiert und damit in alte Denkmuster verfällt. Wenn diese unterschwellig ausgesendete Information in das Bewusstsein des Coachees dringt, hat er oftmals das Gefühl, selbst Urheber dieses Impulses zu sein. Dadurch wird er sich wesentlich motivierter mit dieser neuen Ressource beschäftigen.

Widerstand im Coaching

Der Rapport bezeichnet das Vertrauensverhältnis zwischen Coach und Coachee. Geht der Rapport verloren, reißt auch das magische Band des Vertrauens. Wenn der Coach dies nicht bemerkt und trotzdem versucht, weiter durch Interventionen zu führen, wird der Coachee ihm Widerstand entgegensetzen. Dafür sorgen die unbewussten Kräfte des Coachees, die für seine persönliche Ökologie verantwortlich sind. Widerstand bedeutet mangelnde Flexibilität des Coachs. Für den Coach gilt dann, durch einfühlsames Pacing wieder Rapport zu erzeugen. Wenn guter Rapport besteht, bilden die Kommunikationspartner eine Einheit. Der flexiblere Partner wird die Einheit führen. Deshalb braucht ein guter Coach eine möglichst hohe Flexibilität im Verhalten und in der Auswahl seiner Coaching-Werkzeuge.

Coaching-Übung: Führung durch gezielte Fragen

Trainieren Sie Ihre eigene Fragetechnik, um das Coaching bewusst zu steuern. Entwickeln Sie ein Gespür für die richtige Frage im richtigen Moment. Nutzen Sie Ihre Kreativität, um die Infos Ihres Gegenübers durch immer wieder neue Fragen zu vertiefen. Achten Sie dabei auf Folgendes:

- Stellen Sie viele offene Fragen!
- Unterscheiden Sie ziel- und problemorientierte Fragen!
- Erforschen Sie genaue Details (wer, was, wie, wo genau?)!
- Hinterfragen Sie Motive, Absichten und Beweggründe (Wieso? Warum? Weshalb?)!
- Achten Sie gleichzeitig auf den Rapport!
- Beobachten Sie die Physiologie des anderen!
- Lassen Sie Ihrem Gegenüber genug Zeit, um seine Antwort zu formulieren!
- Ermutigen Sie den anderen durch Signale der Freundlichkeit – Lächeln, Blickkontakt und interessierte Aufmerksamkeit.

Um erfolgreiche Vorbilder zu modellieren, können Sie Ihren Fernseher als Inspiration nutzen. Verfolgen Sie den Verlauf von Interviews, und beantworten Sie sich folgende Fragen:

- Wie werden Fragen bei den TV-Profis eingesetzt?
- Welche Auswirkung hat dies auf den Gesprächsverlauf?
- Werden mehr offene oder geschlossene Fragen gestellt?
- Welche Fragen motivieren den Befragten?
- Welche Fragen irritieren oder frustrieren ihn?
- Werden eher problem- oder zielorientierte Fragen gestellt?
- Können Sie sehen, wie der Befragte in Trance geht, um seine Antwort zu formulieren?
- Wie bewerten Sie persönlich den Verlauf des Interviews?
- An welcher Stelle hätten Sie eine andere Frage gestellt?

Verweise

-> Frage-Technik -> Ziel-Orientierung -> Pacing -> Rapport -> Win-Win-Ethik -> Hypnolische Sprache

Lebenslanges Lernen – der kreative Weg zum Erfolg

Nutzen/Ziel

- Der Coach hilft dem Coachee, sein Gehirn optimal zu nutzen und nötige Lernprozesse schnell und gezielt zu durchlaufen.
- »Lernfähigkeit« ist eine zentrale Ressource für jeden Homo Sapiens – insbesondere im 21. Jahrhundert!

Anwendungsfelder

- Wenn alte Verhaltensmuster nicht mehr funktionieren.
- Zur Erschließung von neuen Fähigkeiten.
- Bei der Überwindung von persönlichen Grenzen.
- Entwicklung von Geduld und Ausdauer.
- Zur Überwindung von negativen Mustern (z.B. Opferhaltung, Pessimismus, unkontrollierte Regression oder zwanghaftem Verhalten.)

Jede gelungene Coaching-Session wurzelt in einem Lern-Prozess. Im Gehirn des Coacchee wurde auf der Inneren Landkarte etwas verändert – er hat gelernt, seine aktuelle Situation auf eine bessere Weise in seinem Gehirn zu repräsentieren. Informations-Einheiten wurden anders arrangiert, neue Assoziationen wurden geschaffen. Der Coachee hat gelernt, die Gedanken an seine zukünftigen Ziele mit emotional-wirksamen Ressourcen zu verknüpfen. Dies entspricht dem klassischen Prinzip der »Helden-Reise«. Wenn James Bond OO7 in die Höhle des Löwen muss, kann er diese Herausforderung besser bewältigen, wenn Agent Q ihn im Hauptquartier vorab mit nützlichen Ressourcen ausgestattet hat.

Der Erfolg im Coaching beruht auf der Tatsache, dass der Coachee nach dem Coaching besser als vorher auf die Anforderungen seiner Umwelt reagieren kann. Dafür muss er lernen, alte Verhaltensweisen an neue Anforderungen anzupassen. Für Sie als Business-Coach bedeutet das, dass Sie Ihren Coachee dazu befähigen müssen, neue, sinnvolle Erfahrungen zu machen, um dadurch neue Fähigkeiten in sein Verhaltensrepertoire zu integrieren. Gleichzeitig stehen Sie als Coach mit jedem neuen Coaching-Auftrag vor der Aufgabe, Ihre Kompetenzen zu erweitern, um das einzigartige menschliche Wesen vor Ihnen zu verstehen und zielorientiert unterstützen zu können.

Der Homo sapiens ist das lernfähigste Lebewesen

Lernen bedeutet, dass durch Erlebnisse im Gehirn neue neurologische Verknüpfungen entstehen. Jeder Mensch hat aufgrund der Plastizität (neuronale Formbarkeit durch Erfahrungen) seines Gehirns die lebenslange Lernfähigkeit als Ressource zur Verfügung. Differenzierter und intelligenter als jedes andere Lebewesen können wir unser Verhalten durch Lernen an die Erfordernisse der Umwelt anpassen. Als bewusste Gehirnbenutzer sind wir in der Lage, alte inadäquate Verhaltens- und Wahrnehmungsmuster auf intelligente Weise in Frage zu stellen und stattdessen flexible Verhaltensweisen zu erlernen. Je bewusster wir auf die Lernfähigkeit unseres Gehirns fokussieren, desto leichter fällt uns die effiziente Anpassung an die an uns gestellten Herausforderungen.

Der moderne Mensch befindet sich jedoch in einem Dilemma. Einerseits veranlasst uns die Neigung unseres Systems zum Energiesparen immer wieder, die bereits erlernten und bewährten Verhaltensweisen zu reproduzieren und unseren Gewohnheiten zu folgen. Gewohnheiten sparen Energie, geben uns Sicherheit und sind bequem. Die Steuerung durch unbewusste Gewohnheiten erwächst aus dem evolutionsgeschichtlichen Kontext, wo sich unsere menschliche Spezies so erfolgreich entwickelte. Menschen waren über Jahrtausende geeicht auf eine Umwelt, die sich im Laufe eines Menschenlebens nicht wesentlich geändert hat. Die menschliche Neigung, konditionierten Gewohnheiten zu folgen, setzt stabile Umweltbedingungen voraus. Die heutige Umwelt verändert sich jedoch rasend schnell. Vieles, was wir gestern gelernt haben, gilt oftmals schon morgen nicht mehr. Dadurch entsteht zumeist eine tiefe Verunsicherung bei den Betroffenen. Die Auflösung des Dilemmas gelingt uns nur durch die ständige Bereitschaft, Neues zu lernen.

Lernen hält unser Gehirn in Schwung!

Wir Menschen sind in der Lage, unser Handeln und auch unser Erleben durch Lernen ständig zu optimieren. Wir haben dadurch die Chance, unsere Persönlichkeit kontinuierlich zu entwickeln. Konsequentes Coaching erfordert von Coach und Coachee einen intensiven Lernprozess. Dabei wird das eigene Repertoire von Verhaltensweisen ständig erweitert und die Flexibilität zunehmend erhöht. Lernen bedeutet, das eigene Gehirn gezielt zu benutzen und damit unser gesamtes System in Schwung zu halten. Nicht wenige Senioren widmen sich der Weiterbildung im hohen Alter, weil sie wissen, dass dies auch ihre Vitalkräfte aktiviert. Erfolgreiche Unternehmen organisieren für ihre Mitarbeiter Weiterbildungsmöglichkeiten in Form von Seminaren und Trainings. Führungskräfte kommen ins Coaching, um auf individuelle Weise die eigene Kompetenz zu optimieren. Jede Coaching-Intervention impliziert einen gezielten Lernprozess des Coachees, wobei neue neurologische Verknüpfungen im Gehirn geschaffen werden. Um das Gelernte im Alltag anwenden zu können, macht der Coach am Ende jeder Coaching-Sitzung einen Future Pace. Durch mentales Probehandeln wird eine neurologische Struktur für das zukünftige Verhalten angelegt.

Modeling – die schnellste Form des Lernens

Das Lernen am erfolgreichen Modell (Modeling) ist eine besonders wirkungsvolle Art des Lernens. Das Modell gibt dem Lernenden eine konkrete Zielvorstellung als Orientierung. Auf diese Weise hat der Lernprozess von Anfang an eine genaue Richtung und klare Kriterien zur Einhaltung dieser Richtung.

Wenn ein Coachee beispielsweise glaubt, eine bestimmte Ressource nicht selbst zur Verfügung zu haben, fragt ihn sein Coach:

- »Kennen Sie jemanden, der das kann? Wie macht der das?
  Tun Sie einmal so, als ob Sie diese Fähigkeit auch hätten … «

Beim Modeling ist es wichtig für den Modellierer, sich eine Zeit lang möglichst intensiv in die Welt seines Modells hineinzufühlen. Um die relevanten Strategien des Modells zu verstehen, tut der Modellierer so, als ob er das Modell wäre. Zur ökologischen Integration des Gelernten ist es jedoch wichtig, die neuen Fähigkeiten anschließend bewusst in das eigene Repertoire zu integrieren. Nicht die Persönlichkeit des Modells wird modelliert, sondern seine Fähigkeiten. Natürlich kann das Modell als Person ein willkommener Anker sein, doch entscheidend beim ökologischen Modeling ist, dass die Verfügbarkeit der neuen Fähigkeiten mit der eigenen Identität verknüpft wird.

Beim Lernen gibt es kein Versagen und keine Fehler. Jede Erfahrung kann als nützliches Feedback verstanden werden, um dem zukünftigen Lernprozess eine bessere Ausrichtung zu geben. Gesunder Humor kann beim kreativen Verarbeiten von schwierigem Feedback gute Dienste leisten. Lernen ist der Weg in die Freiheit. Es gibt vieles, was Menschen jetzt noch nicht tun können und in Zukunft lernen werden.

Übungsgruppen – partnerschaftliche Feedback-Kultur

Beim Einüben von Interventions-Techniken während der Coaching-Ausbildung können drei Personen eine Übungsgruppe bilden, wobei alle Teilnehmer eine bestimmte Funktion erfüllen. Die Positionen werden im Rotationsverfahren gewechselt:

- Der Teilnehmer auf der Position A ist der Coachee. Er stellt sich für die Übung als Testperson zur Verfügung. Dabei hat er die Erlaubnis, völlig spontan zu sein. Er darf seinen Bedürfnissen freien Lauf lassen und hat jederzeit das Recht, Grenzen zu setzen. Von A wird lediglich erwartet, dass er das Beziehungsangebot seines Coachs annimmt und mit ihm kooperiert.
- Der Teilnehmer in der Position B ist der Coach von A. Er ist der aktiv Übende und trainiert seine Anwenderkompetenz als Coach. Dabei sollte er bereits zu Beginn der Übung eine theoretische Vorstellung vom technischen Ablauf auf seiner inneren Landkarte abgebildet haben, damit A den Prozess der Intervention fließend durchlaufen kann. Ist diese Vorstellung lückenhaft, sollte er vor Beginn der Intervention gemeinsam mit den anderen Teilnehmern den Ablauf noch einmal kurz durchsprechen. B ist verantwortlich für die Steuerung der inneren Prozesse von A. Er soll dafür Sorge tragen, dass es sowohl seinem Coachee als auch ihm selbst in der Rolle als Coach gut geht.
- Der Teilnehmer in der Position C ist der Beobachter. Der Beobachter schult seine Wahrnehmung auf allen Kanälen. Zum Beispiel beobachtet er den Tanz der Physiologien und achtet auf feine Veränderungen in der

Stimme des Coachees. Nach der Übung ist er der Moderator der anschließenden Feedbackrunde. C sorgt dafür, dass B und A konstruktives Feedback erhalten. Dabei fragt er zuerst A und dann B nach ihrem Erleben. Sobald beide berichtet haben, teilt er ihnen seine eigenen Wahrnehmungen mit. Wenn sich daraus eine lebhafte Reflexion entwickelt, moderiert C den Austausch und lenkt die Gesprächsinhalte immer wieder zurück zu den relevanten Themen.

Durch das Rotationsverfahren sammelt jeder Teilnehmer Erfahrungen in den verschiedenen Funktionen. Sind mehr als drei Personen in einer Übungsgruppe, wird die C-Position von mehreren Teilnehmern besetzt. Dabei können spezielle Beobachteraufträge wahrgenommen werden. Zum Beispiel könnte C1 den peripheren Blick üben und kalibrierte Schleifen identifizieren, während C2 nach sprachlichen Zugangshinweisen sucht und Strategien aufdeckt. So wird die Wahrnehmung gezielt trainiert, und die anschließende Feedbackrunde bekommt eine systematische Struktur.

Mental Martial Arts

Ein kompetenter Coach braucht die Fähigkeit, Lernprozesse zu erforschen und effizienter zu gestalten. Deshalb wurden komplexe Fähigkeiten aufgeschlüsselt und in einfache Techniken zerlegt. Die Ergebnisse wurden so dargestellt, dass sie von jedem Menschen nachvollzogen werden können. Jede Veränderung beginnt mit dem Einüben von Techniken. Wenn die Techniken sorgfältig eingeübt wurden, hat der Anwender einen inneren Prozess durchlaufen, der ihn wissen lässt, dass sich hinter den operativen Techniken eine neue Qualität der Kommunikation verbirgt. Mit der Verinnerlichung der Kommunikationstechniken setzt der Mensch neue Kapazitäten frei, die er für weitere Lernprozesse nutzen kann. Diese Erkenntnis führt zu den Mental Martial Arts.

Der Geist der Martial Arts stammt aus den asiatischen Kampfkünsten. Karate, Judo, Aikido, Taekwondo, Kung Fu oder Tai Chi sind Wege zur Gesundheit und Bewusstwerdung. Sie sind seit Jahrtausenden erprobt und basieren auf verfeinertem Wissen. Durch ihre Ausübung werden Methoden zur effektiven Kommunikation auf körperlicher und geistiger Ebene vermittelt. Auch der Erwerb von Coaching-Kompetenz geschieht auf dem Weg der Übung und kann als Disziplin der Mental Martial Arts verstanden werden. Dabei geht es nicht nur um den Erwerb von geistigen Fähigkeiten, sondern um die Entwicklung der eigenen Persönlichkeit.

Es reicht nicht aus, nur über Coaching zu lesen, zu reden oder Seminare zu besuchen; damit ist noch keine echte Anwenderkompetenz erworben. Die entscheidenden Schritte bestehen darin, die Werkzeuge auszuprobieren und damit eigene Erfahrungen zu sammeln. So füllen sich die zunächst theoretischen Strukturen mit lebendiger Wahrheit. In der Praxis macht Übung den Meister – jeder kompetente Coach hat einen langen Weg der konsequenten Selbstoptimierung durchlaufen.

L

Ein Schüler der Martial Arts lernt und trainiert zuerst einfache Grundtechniken, die ihn flexibler und sensibler machen. Später lernt der Schüler eine Vielzahl von komplizierter werdenden Techniken. Er kann sein Verhalten nun gezielt variieren. Wenn die Zeit reif ist, wird der Schüler sein eigener Meister. Er beginnt auf der Grundlage des Gelernten, selbst neue Möglichkeiten der Anwendung zu schaffen. Er entwickelt eigene Wege des Lernens und seinen eigenen Stil der Anwendung. Das Erlernen des Coachings ist ein ähnlicher Prozess. Lebendiges Wissen wächst aufgrund von Erfahrungen. Verbunden mit geistiger Präsenz kann sich dabei ein Weg der inneren Arbeit eröffnen, der den Lernenden in die Freiheit führt. Dieser Prozess ermöglicht sowohl ressourcevollen Kontakt mit anderen Menschen als auch die Befreiung von unnötigen Einschränkungen im Sinne einer Selbstheilung.

Verweise

→ Evolutionäre Muster → Modeling → Ressourcen → Win-Win-Ethik
→ New Behaviour Generator → Veränderung

Libido-Energie – Quelle der Motivation

Nutzen/Ziel

- Libido-Energie bringt frischen Wind ins Leben des Coachees und steigert die Wahrscheinlichkeit der Zielerreichung.
- Libido kann unbewusste Kräfte aktivieren und vergessene Werte wieder zum Leben erwecken
- Echte Begeisterung erzeugt Kreativität und Realisierungsmotivation.

Anwendungsfelder

- Bei Frust, Langeweile und Sinnlosigkeit.
- Wenn der Coachee den Kontakt zur Lebensfreude verliert.
- Bei Motivationsproblemen.

Libido bedeutet Lust und Leidenschaft. Die Libido-Energie nutzt die stärkste Motivationsquelle des Menschen. Sie ist die wunderbare Ressource, die unsere schöpferischen Energien freisetzt und kreative Kräfte weckt. Der freie Fluss der Libido bewegt Menschen auf natürliche Weise. Wenn ein Ziel libidinös besetzt ist, entwickelt man die lustvolle Motivation »hin zu«, die von innen heraus wirkt.

Im Coaching brauchen wir die Kraft der Motivation. Wenn ein Mensch etwas wirklich will, kann er enorme Kräfte mobilisieren. Das Konzept der Libido wurde von Sigmund Freud ins Leben der psycholgischen Wissenschaft gerufen und ist keinesfalls unumstritten. Es gibt komplexe psycho-analytische Interpretation dieser Energie – doch als Coach denken wir pragmatisch. Wir verstehen Libido weder als rein sexuelles Phänomen noch als kognitive Spielerei, sondern nutzen die Kraft der Libido für unsere Wirksamkeit. Wenn ein Mensch wirklich begeistert ist, dann brennt sein Herz, sein Körper erwacht und auch sein Verstand beginnt kreativ zu denken.

Als Coach verbinden Sie die Kraft der Libido mit der Ziel-Formatierung. Sobald sein Unbewusstes realisiert, dass die Ziel-Erreichung mit echter Freude, Erfüllung oder Satisfaction verbunden ist, erwachen die kreativen Geister in der Psyche. Plötzlich ist das Gesprächsklima geprägt durch gute Ideen und frische Inspiration.

Im Coaching

»Machen Sie Ihre Ziele unwiderstehlich! Finden Sie heraus, was Sie wirklich begeistern würde! Was müsste passieren, damit auch Ihr Unbewusstes Lust bekommt, das Ziel zu realisieren? Was würde Sie dabei am meisten motivieren?«

Je attraktiver Sie das Ziel Ihres Coachees gestalten können, desto stärker werden seine unbewussten Kräfte wirken, um die ersehnten Ziele zu erreichen. Der Fluss der Libido-Energie durchströmt jedes Lebewesen. Die Libido-Energie, die ein wahrhaft attraktives Ziel zu aktivieren vermag, ist eng mit Ihrer Motivation verbunden, das Ziel zu verwirklichen. Je mehr Libido, desto stärker die Motivation. Diesen Effekt bezeichnet man in Anlehnung an unsere archetypischen Instinkte auch als »animal magnetism«. Manche Coachees verbinden mit den Begriffen Lust und Leidenschaft nur den Kontext der Sexualität. Daraus resultiert oftmals eine mangelnde Erlaubnis, ihre Libido-Energie ganzheitlich zu realisieren. Diese mangelnde Erlaubnis zeigt sich in einschränkenden Glaubenssätzen wie »Ohne Fleiß kein Preis« oder »Erst die Arbeit und dann das Vergnügen«, wodurch der freie Fluss der Energie in den asexuellen Bereichen des Lebens blockiert wird. Dann ist der Coach gefordert, die einschränkenden Glaubenssätze des Coachees aufzudecken, um die mit der Libido einhergehende Motivation zur Zielerreichung zu nutzen. Coaching zur positiven Zielfindung benötigt ein lustbetontes Instrumentarium. Persönliche Freiheit, Selbstverwirklichung und die optimale Organisation von Ressourcen können uns nicht nur im höchsten Maße motivieren, sondern von uns geradezu spielerisch erworben werden, wenn die libidinösen Kräfte ökologisch genutzt werden.

Ziele mit Libido-Energie aufladen!

Frei fließende Libido-Energie bringt uns in die Gewinner-Physiologie. So zu tun, als ob wir unsere genetische Information fortpflanzen, gibt dem Unbewussten ein gutes Gefühl. Wir sind auf dem besten Weg, die wesentliche biologische Funktion zu erfüllen. Das Modell der Libido-Energie ist sehr hilfreich zum Verständnis der Dynamik unseres Unbewussten. Libido-Energie bestimmt darüber, in welche Richtung wir unsere Aufmerksamkeit und unsere Aktivitäten lenken. Wir benötigen fließende Libido, um uns mit einem guten Gefühl in Bewegung zu setzen. Sobald ein Ziel libidinös besetzt ist, wird der energetische Fluss verstärkt in diese Richtung geleitet. Der Coachee erlebt diese energetisierende Welle als einen Zustand der erhöhten Leistungsbereitschaft. Er fühlt sich motiviert, aktiv zu werden und sein Ziel zu verwirklichen.

Kann das Ziel jedoch nicht adäquat realisiert werden, staut sich die Energie. Es entstehen innere Spannungen und Reibungsverluste. Falls dieser Zustand länger andauert, können daraus chronische Blockaden erwachsen. Beim gesunden Menschen befindet sich die Energie im ständigen Fluss, blockierte Libido hingegen erzeugt körperliche Symptome und psychische Neurosen. In solchen Fällen müssen die zugrunde liegenden Ziele überprüft und vielleicht korrigiert werden. Vielleicht müssen mögliche Hindernisse aus dem Weg geräumt und neue Handlungsstrategien entworfen werden. Sobald die Konflikte gelöst sind, schmilzt auch die energetische Blockade. Jetzt kann die Energie wieder frei fließen. Das Erkennen und Realisieren von unbewussten Wünschen kann ein wirkungsvolles Heilmittel sein, um chronische Leiden abzustellen. Libido möchte fließen! Wenn der Coach es versteht, diesen Prozess beim Coachee bewusst zu unterstützen und zu steuern, stärkt er nicht nur die Erfolgschancen in puncto Zielerreichung, sondern tut auch was für die Gesundheit seines Coachees.

Coaching-Übung: Motivierendes Ziel-Coaching

Um Ihren Coachee direkt mit seiner Libido-Energie zur Ziel-Erreichung in Kontakt zu bringen, können Sie diesen Leitfaden nutzen. vielleicht gelingt es sogar, den erwünschten Zustand mit der Anker-Technik nachhaltig als Motivationsschub verfügbar zu machen.

- »Welches Ziel möchten Sie gern erreichen?«
- »Warum möchten Sie es gern erreichen?«
- »Welche Bedürfnisse sind damit verbunden?«
- »Wie wird es sein, wenn Sie das Ziel erreicht haben?«
- »Was sehen Sie?«
- »Was hören Sie?«
- »Was sagen Sie sich selber?«
- »Was fühlen Sie?«
- »Was riechen und schmecken Sie?«

Anker setzen!

- »Was würde die Zielerreichung noch schöner machen?«
- Auf einer Skala von 0-10: Wie begeistert sind Sie von Ihrem Ziel?
- ...und was müsste passieren, damit Sie auf eine 9 oder 10 kommen?

Machen Sie kreatives Brainstorming: Libido! Keine Denk-Verbote? Was wünscht sich dieser Mensch wirklich? Was sind seine Herzens-Wünsche, seine wahren Bedürfnisse? Welche Belohnungen? Menschen? Ort? Umstände? etc.

- »Welchen Weg müssen Sie gehen, um Ihr Ziel zu erreichen?«
- »Welche Etappenziele liegen auf diesem Weg?«
- »Stellen Sie sich bitte noch einmal vor, Sie sind den Weg zum Ziel erfolgreich gegangen:«
- »Wie fühlt sich das an?«
- »Was ist das Schönste dabei?«
- »Was motiviert Sie ganz besonders?«

Ankern!

- »Wann gehen Sie los?«
- »Was sind die ersten Schritte?«

Verweise

→ Magie des Wünschens → Ziel-Orientierung → Mitarbeiter-Coaching → Unser Unbewusstes → Future Pace

L

M

Magie des Wünschens – die Realität beginnt im Geiste

Nutzen/Ziel

- Attraktive Zukunftsgestaltung.
- Gezielte Ausrichtung selektiver Wahrnehmungsfilter.
- Verbindung des positiven Denkens mit emotionaler Energie
- Eine gute Mischung aus Optimismus und Realismus.

Anwendungsfelder

- Orientierungsloser Coachee im Zustand negativer Lageorientierung.
- Zukunftsfragen: »Was will ich wirklich?«
- Mangelnde Motivation, um Wünsche in Ziele zu verwandeln.

Was ist der Unterschied zwischen Magie und Logik? Sobald uns ein Bühnenmagier uns seinen Trick verraten würde, wird die Zauberei durchschaubar. Im Grunde sind magische Vorgänge nur so lange magisch, bis unser Bewusstsein verstanden hat, wie sie funktionieren und sie somit als logisch erklären kann. Die Magie des Wünschens ist eine einfache und leicht erlernbare Form der Magie, weil sie auf der kreativen Motivation bei der Gestaltung der eigenen Zukunft beruht.

Die Macht der selektiven Wahrnehmung führt dazu, dass unser Gehirn Informationen nach ihrer Bedeutung sortiert. Es neigt dazu, uns die Realität so zu präsentieren, dass unsere unbewussten Annahmen über die Wirklichkeit bestätigt werden. Als Coach können Sie diesen Mechanismus gezielt nutzen, indem Sie Ihrem Coachee helfen, seine Wahrnehmungsfilter konsequent positiv und zielorientiert auszurichten.

Selektive Wahrnehmungsfilter steuern unser Verhalten

Am Anfang war der Wunsch! Unsere Wünsche sind eine grundlegende Motivation für unser Verhalten. Das menschliche Unbewusste ist darauf geeicht, unsere Wünsche zu erfüllen. Die selektive Wahrnehmung ist ein nützlicher Mechanismus der menschlichen Psyche, der jedoch auch unnötige Einschränkungen erzeugen kann.

Die menschliche Wahrnehmung entwickelte sich im Laufe der Evolution. Sie wurde so konzipiert, dass sie uns die besten Überlebenschancen in einer natürlichen Umwelt bietet. Deshalb dürfen wir nicht vergessen, dass die Lebensumstände, unter denen sich die Muster unserer Wahrnehmung entwickelten, anders waren als die heutigen. Unsere Wahrnehmung funktioniert vornehmlich nicht unter der Prämisse, die Realität zu erkennen, sondern unser Überleben zu sichern. Unsere unbewussten Sensoren sind auf Frequenzen, Objekte, Ereignisse und Abläufe kalibriert, die bestimmte Merkmale der Überlebenssicherung aufweisen. Sie lenken unsere Aufmerksamkeit und sorgen dafür, dass nur die Wahrnehmung der markierten Objekte in unser Bewusstsein dringt. Erst durch den intensiven Kontakt mit alternativen Lerninhalten wird das Unbewusste neu konditioniert. Dies geschieht beim Lernen über positive Referenzerfahrungen, bei dem neue neuronale Verknüpfungen im Gehirn entwickelt werden.

Aktuelle Ziel-Erkennungsreize haben Vorfahrt im Gehirn!

Die selektive Wahrnehmung kann auch als Projektion verstanden werden. Wenn bestimmte Themen aktuelle Relevanz besitzen, projiziert der Mensch diese Themen in die Geschehnisse seiner Umwelt hinein. Dafür programmiert das Unbewusste die selektive Wahrnehmung, um relevante Gestalten zu entdecken.

Wenn jemand zum Beispiel ein neues Auto kaufen möchte und dabei mit einer bestimmten Marke liebäugelt, wird seine selektive Wahrnehmung im Straßenverkehr plötzlich gehäuft diese Automarke entdecken. Das gleiche Phänomen setzt ein, wenn in der Familie oder im Freundeskreis jemand schwanger wird - plötzlich stellt man fest, dass es enorm viele schwangere Frauen gibt.

Der selektive Charakter der menschlichen Wahrnehmung ist eine mächtige Ressource, die aber auch zu Einschränkungen führen kann. Bei der sich selbst erfüllenden Prophezeiung sorgt das Unbewusste dafur, dass ein bestimmter Zukunftsentwurf realisiert wird - auch dann, wenn der Mensch ihn eigentlich vermeiden möchte. Unser Unbewusstes kann nicht negieren! Egal, ob wir etwas wollen oder nicht wollen, das Unbewusste aktiviert die entsprechenden Wahrnehmungsfilter, um die Vorstellung, die wir in unseren Köpfen tragen, zu realisieren. Deshalb ist es so wichtig, erwünschte Ziele positiv zu formulieren.

Wenn dabei ehrlich gewünscht, empfangen und gewürdigt wird, ist die Magie des Wünschens ökologisch sehr verträglich und unterstützt den Selbstheilungsprozess oder die Zielerreichung. Nehmen Sie sich etwas Zeit und besinnen Sie sich auf die Sehnsüchte, Träume, Wünsche und Ziele, die Sie in diesem Leben gerne verwirklichen möchten.

Er wusste nicht, dass es unmöglich war, also hat er es getan!

Wenn Sie die Magie des Wünschens auf wirkungsvolle Weise aktivieren möchten, achten Sie darauf, dass Sie Ihren Sehnsüchten und Träumen wirklich gerecht werden. Seien Sie mutig und formulieren Sie genau das, was Sie wirklich glücklich machen würde. Nicht mehr und vor allem nicht weniger! Gönnen Sie sich die beste aller Möglichkeiten, schließlich ist es Ihr Leben.

Lassen Sie sich nicht durch irgendwelche geglaubten Einschränkungen Ihres konditionierten Verstandes irritieren. Jahrtausende träumten die Menschen den Traum vom Fliegen, und fast alle glaubten, es sei unmöglich. Der Verstand konnte es sogar begründen: Menschen können nicht fliegen, denn wir unterliegen der Schwerkraft. Doch wo ein Wille ist, da ist auch ein Weg! Immer wieder gab es kreative Menschen, die fliegen wollten und sich nicht entmutigen ließen. Die Realität beginnt im Geiste, am Anfang war der Wunsch! Dann plötzlich gab es Flugmaschinen mit Propellern, und inzwischen finden wir es ganz normal, mit dem Linienflieger in sechs Stunden nach Amerika zu jetten. Denken Sie daran, was gestern unmöglich erschien, kann morgen auf scheinbar magische Weise gelingen und übermorgen für alle logisch sein.

Durch den bewussten Umgang mit unseren wahren Wünschen können wir unser Leben aktiv gestalten. Wünsche ziehen ihre Verwirklichung an! Wenn ein Wunsch durch ein persönliches Ritual libidinös aufgeladen und zugleich als wohlgeformtes Ziel formuliert wird, bekommt das Unbewusste eine wirkungsvolle Programmierung. Die selektive Wahrnehmung wird gezielt auf Reize zur Zielerreichung ausgerichtet, und neue Wahrnehmungsfilter entstehen. Das schriftliche Ankern der Wünsche zum Beispiel auf einer Time Line gibt den organisierten Wünschen einen zeitlich transparenten Rahmen und ermöglicht ein ökologisches Projektmanagement.

Visualisieren Sie Ihre Ziele auf einer attraktiven Zeitlinie!

Schreiben Sie alles auf, zunächst als Brainstorming, und dann machen Sie Ihre Ziele zu einem magischen Magneten, indem Sie die Kriterien der Wohlgeformtheit anwenden. Achten Sie dabei besonders auf positive Formulierungen. Wenn Sie ein Problem haben, das Sie gern loswerden möchten, dann fragen Sie sich, wie es sein wird, wenn Sie Ihr Problem gelöst haben. Beschreiben Sie diesen Zielzustand möglichst genau. Nutzen Sie Ihre Fantasie, stimulieren Sie Ihre Kreativität und erlauben Sie sich, strukturiert zu träumen. Werden Sie zum mentalen Designer. Als Ergebnis dieses magischen Rituals blicken Sie auf eine Liste mit wohlgeformten Zielen. Sie schaffen eine fundierte Basis für eine erfolgreiche Zukunft.

Als Nächstes ordnen Sie Ihre Ziele auf Ihrer persönlichen Zeitlinie ein. Fragen Sie sich, wann Sie jedes einzelne Ziel verwirklicht haben wollen. Geben Sie jedem Ziel ein Datum, und visualisieren Sie alle Ziele auf einer magischen Linie, die am heutigen Tage beginnt und irgendwo in der Zukunft endet. Sie können den zeitlichen Rahmen beliebig variieren. Sie können in Tagen denken, in Wochen, in Monaten, in Jahren oder in Jahrzehnten. Sie können Ihre Ziele auch als kleine Symbole darstellen. Entwerfen Sie ein magisches Zielbild, das Ihre Zukunft so visualisiert, wie sie im günstigsten Fall sein könnte.

Nachdem Sie Ihr Unbewusstes mit allen nötigen Informationen versorgt haben, informieren Sie auch Ihr Bewusstsein über Ihre geplante Vorgehensweise. Fragen Sie sich für jedes Ziel, welche konkreten Schritte Sie tun müssen, um es zu realisieren. Finden Sie heraus, was Sie als Erstes tun können und wann Sie damit beginnen wollen. Schreiben Sie alles auf, handschriftlich oder am PC. Die Seiten Papier, die Sie als Ergebnis dieses überaus nützlichen Rituals in den Händen halten, werden für Sie in Zukunft attraktiver sein als jede Zeitung oder jedes Buch. Es ist Ihr persönliches Manifest, eine magische Synthese von Bewusstsein und Unbewusstem.

Sie können davon ausgehen, dass Ihr Unbewusstes konsequent darauf achten wird, die fixierten Ziele zu realisieren, während Ihr Bewusstsein die meisten Informationen schnell wieder vergessen darf. Selbst wenn Sie das Papier nie wieder anschauen, wird Ihr Unbewusstes zumindest einen Teil der Ziele verwirklichen, sofern sie wohlgeformt formuliert wurden. Sie können Ihre unbewussten Kräfte jedoch aktiv bei ihrer Arbeit unterstützen, indem Sie sich die Aufzeichnungen hin und wieder zur Hand nehmen. Dadurch frischen sie die Erinnerung auf, und vor allem erhalten Sie die Gelegenheit, Ihre Ziele hinsichtlich ihrer Aktualität zu überprüfen.

Aktualisieren Sie Ihre Zielformulierung – nutzen Sie Up-Dating!

Menschliche Ziele können sich im Laufe der Zeit unbemerkt verändern. Viele Menschen verschwenden enorme Mengen von Zeit und Energie, indem Sie Zielen hinterherlaufen, die für sie im Grunde gar nicht mehr erstrebenswert sind. Falls solche Ziele dann irgendwann einmal erreicht werden, fragt sich der betroffene Mensch oft verblüfft, warum er denn jetzt nicht endlich glücklich ist? Eigentlich müsste er es sein, doch merkwürdigerweise spürt er nur eine seltsame Leere in sich. Da die entsprechende Programmierung irgendwann in der Vergangenheit getätigt und dann nicht korrigiert wurde, arbeitete der mentale Autopilot pflichtgemäß an der Realisierung.

Die unbewussten Kräfte verfolgen Ihre Aufträge sehr gewissenhaft. Um diesem tragischen Effekt vorzubeugen, sollten Sie Ihre persönlichen Ziele hin und wieder überprüfen. Machen Sie einen aktuellen System-Check. Wenn Sie merken, dass sich Ihre Bedürfnislage verändert hat, dann verändern Sie auch Ihre Zielformulierung entsprechend. Es kommt sehr selten vor, dass Bedürfnisse einfach verschwinden, meistens verändern Sie sich allmählich im Laufe der Zeit. Viele Veränderungen resultieren aus einem persönlichen Reifungsprozess. Deshalb wird die alte Zielformulierung Ihnen eine wertvolle Spur liefern, aus welchem Stoff Ihr neues, aktuelles Ziel beschaffen sein könnte.

Coaching-Übung zur Magie des Wünschens

- Bitten Sie Ihren Coachee, in aller Ruhe die Sehnsüchte, Träume, Wünsche und Ziele aufzuschreiben, die er in seinem Leben gerne verwirklichen möchte:
  »Was sind die besten Zukunftsvorstellungen für Ihr Leben?«
- Überprüfen Sie mit Ihrem Coachee, ob die Formulierungen den Kriterien der Wohlgeformtheit entsprechen:
  »Stehen die Formulierungen im Einklang mit der Programmiersprache des Unbewussten?«
- Bitten Sie Ihren Coachee, die Ziele auf einer Zeitlinie zu visualisieren:
  »Wann wollen Sie welche Ziele realisiert haben?«
- Entwickeln Sie mit Ihrem Coachee Strategien zur Umsetzung der Ziele, indem Sie Meilensteine und Etappenziele definieren:
  »Welche Ressourcen fehlen Ihnen? Wie können Sie diese Ressourcen generieren? Was genau tun Sie wann, um die Etappenziele zu realisieren?«
- Überprüfen Sie zusammen mit Ihrem Coachee, ob die Ziele, die Zeitrahmen und die Strategien ökologisch verträglich sind:
  »Welche Nebenwirkungen, Risiken und Preise sind zu erwarten?«
- Bringen Sie Ihren Coachee ins Handeln:
  »Was sind die ersten Schritte zur Zielerreichung, und wann werden Sie diese gehen?«
- Installieren Sie mit Ihrem Coachee eine zeitlich passende Feedbackschleife, um die Entwicklung zu überprüfen und gegebenenfalls Strategieanpassungen vorzunehmen:
  »Wann wollen wir uns wieder treffen, um den Prozess zu überprüfen?«

Verweise

-> Future Pace -> Time Line -> Libido-Energie -> Zensor -> Trance -> Unser Unbewusstes -> Ziel-Orientierung

Meta-Ebene – auf dem geistigen Feldherrenhügel

Nutzen/Ziel

- Bewusstheit erhöhen und gezielt ausrichten.
- Emotionale Betroffenheit relativieren.
- Intelligente Entscheidungen herbeiführen.
- Neue Perspektiven, Ideen und Handlungs-Optionen gewinnen

Anwendungsfelder

- Als zentrales Werkzeug des Coachs zur Steuerung von Prozessen.
- Coachee »sieht den Wald vor lauter Bäumen nicht«.
- Bei Detailverliebtheit oder Betriebsblindheit.
- Missverständnisse und ihre Auswirkungen auf Konflikte erkennen.

Auf der Meta-Ebene gewinnen Sie Souveränität. Sie überblicken alle relevanten Faktoren für die Diagnose und Entwicklung eines Systems. Sie können alle Elemente ohne emotionale Anhaftung betrachten und ihre Funktion in Hinsicht auf das ökologische Gleichgewicht und ihre Bedeutung für die Zielerreichung Ihres Coachees erkennen. Die Fähigkeit, Ihren Coachee auf die Meta-Ebene führen zu können, ist für Sie als Coach eine wichtige Grundlage zur Klärung von Missverständnissen und zur Lösung von inneren und äußeren Konflikten.

Die Meta-Ebene ist eine spezielle Form der gezielten Dissoziation im Coaching. Sie schafft eine sehr nützliche Distanz zum momentanen Geschehen und ermöglicht einen umfassenden Überblick. Mithilfe von kontrollierten Dissoziationen kann der Coachee besonders in Krisensituationen neue Wahlmöglichkeiten erlangen. Die Meta-Ebene bietet eine optimale Wahrnehmungsposition, um ein soziales System zu hinterfragen, zu verstehen und zu optimieren.

M

Die Meta-Ebene erweitert unseren Horizont

Im Coaching wird mit der Installation einer Meta-Ebene durch den Coachee eine zweite Ebene der Wahrnehmung geschaffen, auf der das zwischenmenschliche Geschehen psychologisch analysiert werden kann. Auf der Meta-Ebene befinden sich die Beteiligten weder im eigenen Realitätstunnel noch in dem ihrer Gesprächspartner, sondern auf einer neutralen Betrachtungsebene. Wenn Menschen auf der Meta-Ebene wahrnehmen, betrachten sie die aktuelle Situation als Teil eines komplexen Kommunikationsprozesses.

Dabei wird die eigene Betroffenheit in eine analytische Sichtweise verwandelt. Meta-Kommunikatoren verfolgen den Verlauf der Begegnung möglichst objektiv. Sowohl der eigene als auch der Realitätstunnel der anderen Kommunikationspartner liefert Kriterien für eine angemessene Bewertung der aktuellen Situation. Diese außergewöhnliche Betrachtungsweise führt zu einem klaren Verständnis der Kommunikation. Die Meta-Ebene gilt deshalb auch als »geistiger Feldherrenhügel«. Falls mehrere Personen diesen geistigen Feldherrenhügel erklimmen können, kann die so genannte Meta-Kommunikation stattfinden. Man spricht über die Art der Kommunikation: »Wie reden wir hier eigentlich miteinander?!«

Coaching-Übung: Meta-Ebene

Im Coaching kann auf der Meta-Ebene die aktuelle Situation als Teil eines komplexen Kommunikationsprozesses wahrgenommen werden. Der Coach lädt den Coachee ein, sich an eine schwierige Gesprächssituation zu erinnern und dabei ganz bewusst aus der Distanz auf die Situation zu fokussieren:

- Welche Rahmenbedingungen hatte dieses Gespräch?
- Wie wurde miteinander kommuniziert?
- Wer hatte welchen Redeanteil?
- Wie wurde die Beziehungsebene gestaltet?
- Welche sinnesspezifischen Phänomene hätte ein unbeteiligter Dritter in der Kommunikation wahrnehmen können?
- Was wünschen sich die Beteiligten?
- Welche Ziele wurden verfolgt?
- Welche gemeinsamen Ziele gab es?
- Wie hätte man alle Ziele unter einen Hut bringen können?

Mithilfe dieser kontrollierten Dissoziation kann der Coachee lernen, seine Bedürfnisse so zum Ausdruck zu bringen, dass sie von seinen Mitmenschen gerne befriedigt werden. Oft entscheidet die Art und Weise, wie ein Bedürfnis vorgetragen wird, ob die anderen Menschen sich darauf einlassen können. Die Erfahrungen auf der Meta-Ebene helfen dem Coachee zu erkennen, ob seine Mitmenschen seine Bedürfnisse tatsächlich nicht befriedigen können oder ob sie die Art, mit der er seine Interessen vertritt, nicht akzeptieren können.

Als Meta-Kommunikator wissen Sie, wann es sich lohnt, einen neuen Versuch zu starten, und wenn Sie sich dann in den Realitätstunnel des anderen hineinfühlen, können Sie schnell herausfinden, auf welche Weise Sie dies am besten tun. Die Meta-Ebene kann dem Coachee helfen, in der Kommunikation neue Wahlmöglichkeiten zu erlangen. Wenn alle Menschen lernen würden, auf der Meta-Ebene zu kommunizieren, und gleichzeitig die Idee des Gewinner-Gewinner-Modells als ethisches Ziel beherzigen würden, wären wir einem echten sozialen Frieden ein ganzes Stück näher gekommen.

Verweise

→ Dissoziierte Zustände → Realitätstunnel → Wahrnehmung → Bewusstsein → Ziel-Orientierung

Meta-Modell der Sprache – das verbale Universal-Werkzeug

Nutzen/Ziel

- Erforschen und Bewusstmachen der inneren Landkarte.
- Bewusster Umgang mit Sprache und Informationsverlust.
- Schnelle und systematische Informationsgewinnung.

Anwendungsfelder

- Präzisieren von missverständlichen Aussagen und indifferenter Kommunikation.
- Als Leitsystem zum Hinterfragen von spontanen Äußerungen.
- Bewusstes Verstehen und Hinterfragen von Komplexität.
- Zur Diagnose und Veränderung von einschränkenden Glaubensmustern.

Im Coaching ist es von besonderer Bedeutung, die verbalen Informationen des Coachees mit seiner inneren Abbildung der Welt in Zusammenhang zu setzen. Mit dem Meta-Modell können Sie als Coach eine direkte Verbindung zwischen der Sprache des Coachees und seinen Empfindungen und Glaubenssätzen auf seiner inneren Landkarte herstellen. Gleichzeitig helfen Sie Ihrem Coachee, dass er sich seiner inneren Prozesse bewusst wird und diese durch seinen Sprachgebrauch gezielt beeinflussen kann.

Im Coaching

Das Meta-Modell ist für den kompetenten Coach ein fundamentales Werkzeug zur Gewinnung von sprachlichen Informationen. Weil der introvertierte IT-Leiter nicht gewohnt ist, fachliche Begegnungen mit seinen Kollegen als emotionales Erlebnis abzubilden, kann der Coach fragen: »*Wie haben Sie sich gefühlt, als der Vertriebs-Chef zu Ihnen gesagt hat, dass Sie eine Pflaume sind?*« Und als konstruktiver Future Pace: »*Wie können Sie sich zukünftig davor schützen, dass solche Äußerungen Ihr Selbstwertgefühl beschädigen?« Welche Ressourcen brauchen Sie für ein gesundes und stabiles Selbst-Wert-Gefühl?*«

Der Einsatz der Fragen des Meta-Modells verbindet den Coachee mit dem Erleben. Das Meta-Modell wurde entwickelt, um die Sprache eines Menschen mit der durch die Sprache repräsentierten Erfahrung zu verknüpfen. Sprache ist nicht Erfahrung, sondern eine Repräsentation der Erfahrung. Ebenso ist die Landkarte nicht das Territorium, sondern nur eine Abbildung davon. Da wir nicht direkt auf die Welt einwirken, erschaffen wir in unseren Köpfen neurologische Modelle von der Realität – unsere inneren Landkarten. Sie vermitteln uns die Orientierung für unser Verhalten. Wir entwickeln unsere Landkarten durch drei universelle Gestaltungsprozesse: Generalisierung, Tilgung und Verzerrung.

Generalisierung: »Immer, alles und jeder?«

Generalisierung heißt Verallgemeinerung. Wir Menschen neigen dazu, unsere Erfahrungen zu generalisieren. Wenn wir in einer konkreten Situation etwas erfahren und gelernt haben, können wir in Zukunft bei allen Situationen, die ähnliche Merkmale aufweisen, das Gelernte anwenden. Dadurch ersparen wir uns viele mühevolle Versuch-Irrtum-Experimente. Auch soziale Vorurteile sind Formen der Generalisierung. Dabei werden Menschen aufgrund von Herkunft, Beruf oder Aussehen in bestimmte Kategorien eingeordnet. Derartige Vorurteile mögen zwar manchmal zutreffen, oft nimmt man sich dadurch jedoch die Chance, die Qualitäten des anderen wirklich zu erkennen. Sprachlich offenbaren sich Generalisierungen in Worten wie »alle, immer, nie, keiner, jeder«. Durch die Anwendung des Meta-Modells können im Coaching unzulässige Generalisierungen erkannt, hinterfragt und differenziert werden.

Wenn ein Kind einmal an der Kinderzimmertür gelernt hat, wie eine Türklinke funktioniert, generalisiert es diese Erfahrung auf ähnliche Situationen. Es kann jetzt alle Türen öffnen, indem es die Klinke herunterdrückt. Wenn das Kind jedoch nicht versteht, warum es eine Tür nicht öffnen kann, die abgeschlossen ist, zeigt dies, dass seine innere Landkarte hier unzulässig generalisiert. Es muss lernen, zwischen abgeschlossenen und unverschlossenen Türen zu unterscheiden. Dafür muss die bisher erfolgreiche Generalisierung kritisch hinterfragt werden. Das Kind kann lernen, dass es Schlüssel gibt, um verschlossene Türen zu öffnen. Dieses Wissen bereichert sein Verhaltensrepertoire.

Unzulässige Generalisierungen, die oftmals mit starkem emotionalem Druck verknüpft sind, können psychische Einschränkungen erzeugen. Ein Mensch wird einmal von einem Hund gebissen, generalisiert diese Erfahrung auf alle Hunde und muss jetzt jedes Mal mit Angstzuständen kämpfen, sobald irgendein Hund in seine Nähe kommt. Selbst kleine, völlig friedliche Hunde versetzen ihn in Angst. Auf seiner inneren Landkarte werden Hunde nicht differenziert abgebildet. Das Unbewusste kann nicht zwischen bissigen und freundlichen Hunden unterscheiden. Erst mit dem Erleben von positiven Erfahrungen baut sich im Unbewussten langsam die vertrauensvolle Fähigkeit der Differenzierung wieder auf. Im Coaching gilt es bei unbewussten Schwierigkeiten des Coachees sinnvoll zu differenzieren, in erster Linie um die Begleitung bei der Gewinnung von positiven Referenzerfahrungen, die der Coachee allein von vornherein nicht zugelassen hätte.

Tilgung: »Was wurde vergessen?«

Der Prozess der Tilgung beeinflusst unsere Wahrnehmung in jedem Moment – wir können nicht nicht tilgen! Die Kapazität unseres Bewusstseins ist begrenzt, ein Großteil der wahrgenommenen Informationen wird permanent getilgt. Nur Informationen, die für den Menschen eine Bedeutung haben, werden auf unserer inneren Landkarte abgebildet. Durch die Tilgung von Informationen können wir unsere Aufmerksamkeit fokussieren und uns auf einen bestimmten Ausschnitt unseres Erlebens konzentrieren. So kann man sich zum Beispiel auf einer lauten und hektischen Party trotzdem auf ein Gespräch konzentrieren, weil die übrige Geräuschkulisse automatisch getilgt wird. Erst wenn ein Schlüsselreiz, wie zum Beispiel der eigene Name, an das Ohr dringt, wird die automatische Tilgung unterbrochen und die Aufmerksamkeit neu ausgerichtet. Auch die Fähigkeit, ein Buch zu lesen, während der Fernsehapparat läuft, ist ein Beispiel für eine nützliche Tilgung.

Die selektierende Funktion der Tilgung ermöglicht es, in unserer hektischen Welt zu bestehen und nicht von Außenreizen überwältigt zu werden. Ohne die Fähigkeit zur Tilgung von Informationen wären wir Menschen der heute allgegenwärtigen Reizüberflutung hoffnungslos ausgeliefert. Nützlicherweise wählt der Zensor diejenigen Informationen aus, die für uns relevant sein könnten. Doch die Tilgung von Informationen kann auch zu Problemen und Einschränkungen führen. Oft werden auch Anteile unseres Erlebens getilgt, die für ein volles, reiches und funktionales Modell der Welt nötig sind. Dies ist zum Beispiel dann der Fall, wenn wir unsere Eigenanteile am Zustandekommen eines Konfliktes tilgen und die Verantwortung gänzlich dem anderen zuschieben. In der Oberflächenstruktur der Sprache offenbaren sich Tilgungen durch fehlende Informationen. Im Coaching hilft das Meta-Modell, Tilgungen zu erkennen und im Falle von problematischen Einschränkungen die Abbildung der Wirklichkeit auf der inneren Landkarte durch weitere Informationen zu ergänzen.

Verzerrung: » Wenn aus Mücken Elefanten werden!«

Durch die Verzerrung wird bei der Abbildung sensorischer Einzelheiten eine Umgestaltung auf unserer inneren Landkarte vorgenommen. Die Fähigkeit zur Verzerrung von sinnlichen Eindrücken bildet eine wichtige Voraussetzung zur Entstehung von Kreativität. Jede Form von Kunst basiert auf einer gekonnten Verzerrung. Wir verfälschen die Realität in der fiktionalen Literatur, in den Künsten und sogar in der Wissenschaft. Romane und Gemälde sind schöpferische Werke, in denen die Realität vorsätzlich verzerrt wurde. Auch Mikroskope oder Fernrohre wurden von den Menschen erfunden, um die Realität auf eine beabsichtigte Weise verzerrt abzubilden. Prinzipiell bewirkt jeder Einsatz der menschlichen Fantasie eine Verzerrung der Wirklichkeit. Unsere Vorstellungskraft ermöglicht es, die realen Sinneseindrücke im Geiste neu zu formieren. Genau genommen geschehen im Gehirn des Menschen ständig kreative Prozesse, denn die begrenzte Frequenz, auf der unsere Sinnesorgane Informationen empfangen, nötigt uns Menschen dazu, die tatsächliche Realität in unseren Köpfen anhand von fragmentierten Reizen zu konstruieren. Dieses kreative Konstrukt ist unsere innere Landkarte.

Unsere Fähigkeit zur Verzerrung ist eine wertvolle Ressource – sie kann aber auch zu Problemen führen. Negative Verzerrungen können die eigene Lebensqualität einschränken. Ein extremes Beispiel ist der Verfolgungswahn. Dabei wird jedes Ereignis so interpretiert, dass die Wahnidee, von Feinden beobachtet und verfolgt zu werden, erhärtet wird. Auch mangelndes Selbstwertgefühl kann zu problematischen Verzerrungen führen. Ein Mensch, der sich selbst für nicht liebenswert hält, verzerrt alle kritischen Rückmeldungen zu seiner Person durch diesen Filter. Dadurch kann er den konstruktiven Informationsgehalt der Kritik nicht nutzen, um sich zu verändern und zu wachsen. Stattdessen fühlt er sich ungeliebt und frustriert. Verzerrungen der inneren Landkarte drücken sich durch sprachliche Muster aus. Das Meta-Modell dient im Coaching dazu, die Verbindung zwischen Sprache und der repräsentierten Erfahrung wiederherzustellen. Es bietet Möglichkeiten, einschränkende Verzerrungen zu erkennen, zu hinterfragen und zu korrigieren.

Da sich diese drei Gestaltungsprozesse in sprachlichen Mustern ausdrücken, können wir das Meta-Modell als Instrument im Coaching einsetzen, um die sprachlichen Formulierungen zu hinterfragen. Auf diese Weise wird die Verbindung zwischen der Sprache und der durch sie repräsentierten Erfahrung wiederhergestellt. Als Coach können Sie mit dem Meta-Modell eine Voraussetzung schaffen, um die problemerzeugenden Strukturen der inneren Landkarte zu korrigieren. Es ermöglicht Ihnen, durch systematisches Fragen die reduzierte und verzerrte Oberflächenstruktur auf die ursprüngliche Tiefenstruktur zurückzuführen. So ist es möglich, sowohl die Ressourcen als auch die Einschränkungen auf der Landkarte des Coachees systematisch zu erforschen.

Tiefen- und Oberflächen-Struktur von Sprache

Jede Botschaft in der Kommunikation hat sowohl eine Tiefen- als auch eine Oberflächenstruktur. Die Tiefenstruktur ist die vollständige sprachliche Repräsentation einer Erfahrung. Die Oberflächenstruktur ist ein reduziertes Abbild der Tiefenstruktur; es sind die Worte, die ein Mensch wählt, um seine Erfahrung mitzuteilen.

Wenn wir über eine bestimmte Erfahrung berichten möchten, wäre die Tiefenstruktur also die vollständige Botschaft. Der Empfänger unserer Botschaft wird jedoch nur mit der Oberflächenstruktur konfrontiert. Diese interpretiert er dann gemäß seiner eigenen inneren Landkarte, indem er seine eigenen Erfahrungen in unsere Worte hineinprojiziert.

Die Aussage »Ich bin glücklich!« hat eine sehr einfache Oberflächenstruktur. Die entsprechende Tiefenstruktur wird hingegen viel komplexer beschaffen sein. Wieso ist der Mensch glücklich? Seit wann? War er vorher unglücklich? Wie empfindet er sein Glücksgefühl? Der Empfänger könnte unendlich weiterfragen, ohne die Botschaft in ihrer ganzen Tiefe zu verstehen, denn mit jeder neuen Teilinformation entstehen wieder vielfältige Bedeutungen der Tiefenstruktur. Die Tiefenstruktur ist somit kein wirklich absolutes Ziel in der Kommunikation, sondern nur eine Metapher für die dahinterliegenden Informationen, die der Sender mit der Botschaft verknüpfen kann.

Bei der Umsetzung einer Information von der Tiefen- zur Oberflächenstruktur gehen zwangsläufig Informationen verloren. Die Tiefenstruktur existiert nur im Gehirn des Senders. Um unsere Botschaften zu kommunizieren, wählen wir eine Oberflächenstruktur, von der wir glauben, dass unser Empfänger die Bedeutung versteht. Die gewählten Worte sollen sowohl die Tiefenstruktur des Senders repräsentieren als auch den Sprachgebrauch des Empfängers pacen. Worte sind lediglich auditive Anker, die bei jedem Menschen individuelle Assoziationen bewirken. Nur wenn die verwendeten Worte im Kopf des Empfängers ähnliche Assoziationen wie im Kopf des Senders auslösen, funktioniert die Kommunikation. Je unterschiedlicher die Assoziationen beschaffen sind, desto größer ist der Informationsverlust. Da gesprochene Worte bei jedem Menschen mit anderen Erfahrungen verknüpft sind, ist das gegenseitige Verstehen nur bedingt möglich.

Das im Coaching verwendete Meta-Modell der Sprache stammt aus dem NLP. Es wurde von John Grinder, Richard Bandler und Robert Dilts geschaffen, um die Botschaften des Coachees besser zu verstehen. Für den Coach gibt es viele nützliche Instrumente, um die verbale Oberflächenstruktur der Botschaften des Coachees systematisch zu untersuchen und dabei die fehlenden Informationen durch Fragen gezielt zu ergänzen.

Coaching-Übung zum Meta-Modell

1. **Der Coachee identifiziert sein Problem.**
   - Der Coach hinterfragt Generalisierungen, Verzerrungen, Tilgungen.
   - Darauf folgte ein prägnanter Satz – Mein Problem:
2. **Der Coach erforscht die genaue Tiefenstruktur durch gezielte Fragen:** »Was bedeutet das genau? Was steckt dahinter? In welchem Zusammenhang? Mit wem? Wie lange?« usw.
   - Achtung! Der Coach muss dem Coachee ausreichend Zeit für den kreativen Prozess der treffenden Wortfindung geben, Trance-Pausen erlauben und die Physiologie beobachten.
3. **Der Coach fragt: Was stattdessen? Wie soll es sein, wenn es gelöst ist?**
   - Wohlgeformtheits-Kriterien durch gezielte Fragen integrieren.
   - Ein prägnanter Satz – Mein Ziel:
4. **Was will der Coachee tun, um sein Ziel zu erreichen?**
   - Strategie und benötigte Ressourcen genau erforschen
   - Ein prägnanter Satz – Mein Weg zum Ziel:
5. **Problemlösung überprüfen und verankern:**
   - System-Check: Zeigt der Coachee eine inkongruente Physiologie? Welche Risiken, Nebenwirkungen und Preise bringt die Veränderung? Wie reagiert der Coachee?
   - Future Pace: Konsequentes Chunking-Down: Was genau wird der Coachee wann genau umsetzen?

Erstarrte Erfahrungen wiederbeleben!

Eine weitere Spezialität des Meta-Modells ist das Aufspüren von Nominalisierungen. So können Sie als Business-Coach erstarrte Erfahrungen wiederbeleben. Dabei fühlt sich der Coachee gefangen, deprimiert, unlebendig. Das Dynamisieren des Sprachgebrauchs kann helfen, alte Konditionierungen aufzulösen. Dann eröffnen sich plötzlich frische Wege zum Aufzeigen und Entwickeln von neuen Verhaltensoptionen. Die Kunst besteht darin, leblose Nominalisierungen wieder in lebendige Erfahrung zu verwandeln. Dabei erfährt der Coachee, das er negative Konstrukte aktiv gestalten kann. So können neue Ressourcen erschlossen werden.

Ein dynamischer Prozess wird als statisches Ding abgebildet

Nominalisierungen sind Substantive, die aus Prozessbegriffen entstanden sind. Aus einem fortlaufenden Prozess wurde ein abstraktes Ding oder ein komplexes Ereignis. Nominalisierungen sind nützliche auditiv-digitale Anker. Ihr großer Vorteil ist, dass komplexe Abläufe praktischerweise durch nur einen Begriff erfasst werden. Wenn jedoch vergessen wird, dass sich hinter dem statischen Begriff ein dynamischer Prozess verbirgt, wird die innere Landkarte reduziert und der Mensch verliert Wahlmöglichkeiten.

Die Formulierung »Wir haben eine Beziehung« impliziert eine gewisse Statik. Der Begriff »Beziehung« ist eine Nominalisierung für vieles, was die Partner gemeinsam tun, wie zum Beispiel reden, essen, sich berühren oder spazieren gehen. Viele sinnliche Details werden in einem abstrakten Begriff zusammengefasst. Nominalisierungen entsprechen dem Chunking-up. Metaphorisch ausgedrückt reduziert die Nominalisierung einen dynamischen Film auf ein einziges abstraktes Bild. Oder anders formuliert: Ein lebendiger Prozess wird eingefroren.

M

Opfer in Gestalter verwandeln

Im Coaching kommt es darauf an, den Coachee mit neuen Gestaltungsoptionen in Kontakt zu bringen. Nicht selten jedoch empfindet der Coachee sich als »Opfer der Umstände«, als abgeschnitten von allen gestalterischen Verhaltensoptionen. Dieses negative Grundgefühl äußert sich oftmals auch durch einen passiven Sprachgebrauch. Ein wichtiges Erkennungsmerkmal ist der häufige Gebrauch von Nominalisierungen. Als Coach können Sie solche verbalen Schlüsselreize identifizieren und durch eine kreative Fragetechnik in dynamische und somit lebendige Erfahrungen zurückverwandeln.

Coaching-Übung: Erkennen von Nominalisierungen

Es gibt zwei Tests im Coaching, um Nominalisierungen von regulären Nomina zu unterscheiden. Beim ersten Test fragt der Coach:

- »Ist dieses Ding in Wirklichkeit ein Prozess? Kann man Wörter wie ›momentan, andauernd‹ davorsetzen?«

Falls es passt, ist es eine abstrakte Nominalisierung: ein momentanes Problem, eine andauernde Beziehung versus ein momentanes Auto, ein andauerndes Haus.

Beim zweiten Test kann der Coach fragen:

- »Ist dieses Ding als konkretes Objekt sinnlich wahrnehmbar? Könnte man es auf einen LKW legen?«
- »Welche Farbe hat es? Welches Geräusch entsteht, wenn ich mit einem Hammer dagegen klopfe? Wie fühlt sich die Oberfläche an? Wie riecht es? Kann man da hineinbeißen?«

Falls ja, ist es keine abstrakte Nominalisierung, sondern ein sinnlich erfassbares Nomen. Durch diese Tests ist der Coachee in der Lage, Nomen und Nominalisierungen bewusst zu unterscheiden.

Im Coaching ist es oftmals wichtig, Nominalisierungen wieder in eine dynamische Sprache zu verwandeln, die zielführend, aktiv und motivierend ist. Diese lebendigen Formulierungen führen dazu, dass ein bisher abgeschlossenes und der Kontrolle entzogenes Ereignis vom Unbewussten des Coachees wieder als lebendiger Prozess verstanden wird.

M

Wenn ein Coachee klagt: »Ich bekomme zu wenig Anerkennung«, kann der Coach ihn fragen: »Wie möchten Sie denn gern von wem für was anerkannt werden?«

Damit vitalisiert er den Prozess des Anerkanntwerdens im Erleben des Coachees. So werden leblose Informationen wieder sinnlich erfahrbar und die Bedürfnisse des Coachees deutlich. Der Coachee spürt, dass er sein Leben aktiv und kreativ gestalten kann.

Verweise

→ Empfänger-Orientierung → Positiver Sprachgebrauch → Frage-Technik → Projektion → Wahlmöglichkeiten → Innere Landkarte

Metaphern – sprachliche Bilder für das Unbewusste

Nutzen/Ziel

- Direkte Ansprache des Unbewussten durch bildhafte Darstellungen.
- Verankerung von neuen Ideen.
- Kreative Inspiration für den Coachee.

Anwendungsfelder

- Coachee fühlt sich durch Komplexität überfordert.
- »Charmantes Feedback« an das Unbewusste durch geschicktes Verpacken von Botschaften, die vom Bewusstsein noch nicht verstanden werden.
- Als Separator-State-Manöver zur Auflösung von Stuck-States.

Metaphern sind sinnlich-attraktive Formulierungen, die einen komplexen Kontext durch ein einfaches bildhaftes Gleichnis beschreiben. Die Botschaft gelangt direkt an die unbewussten Schaltstellen, weil durch Muster-Erkennung ein spontanes Bild im Gehirn erscheint. Die unbewusste Informationsverarbeitung ist viel schneller als die des Bewusstseins. Die unbewussten Teile des Gehirns verarbeiten tausendfach mehr Infos, als dies die begrenzte Kapazität unseres bewussten Arbeitsspeichers zu leisten vermag.

Im Coaching

Im Coaching werden Metaphern eingesetzt, um einen komplizierten Zusammenhang durch leicht verständliche Begriffe auszudrücken. Eine alternative, sinnlich-ansprechende Formulierung kann ein neues Licht auf den Sachverhalt werfen. Aufgrund der überzeugenden Bildsprache sind Metaphern oftmals besser für das Unbewusste zu verstehen als komplizierte Analysen. Metaphern können im Coaching spontan entstehen, um dem Coachee eine treffende Beschreibung seiner Situation anzubieten. Ein kompetenter Coach kann kreative Metaphern gezielt ins Gespräch einbringen, um psychische Prozesse zu beeinflussen.

»Es ist besser ein kleines Licht anzuzünden, als die Dunkelheit zu verfluchen.« (Lao-tse)

Die Nutzung von Metaphern im Coaching ist deshalb so effizient, weil ein Bild oftmals mehr offenbart als 1000 Worte. Eine gelungene Metapher bietet ein vereinfachendes und zugleich treffendes Abbild einer bestimmten Situation oder Konstellation aus einer neuen Perspektive. Dadurch kann die irritierende Komplexität der realen Situation auf prägnante Weise dargestellt werden. Metaphern haben in der Kulturgeschichte eine lange Tradition: Zum Beispiel enthalten biblische Texte viele Metaphern, um auch einfachen Menschen komplexe Zusammenhänge auf verständliche Weise zu vermitteln. Bekannte Sprichworte wie »er sieht den Wald vor lauter Bäumen nicht«, »alter Wein in neuen Schläuchen« oder die »zwei Seiten einer Medaille« sind kleine Metaphern. Besonders gut zur Konstruktion von Metaphern eignen sich klassische Archetypen wie König, Prinzessin oder Bettler, da sie die Wahrnehmungsmuster des Unbewussten aktivieren.

Im Coaching können Metaphern bei der Lösung von Problemen eingesetzt werden. Die Metapher bietet einen Stimulus für das Unbewusste, um den Zusammenhang in einer neuen, intuitiven Weise zu verarbeiten. Die bewusste Reflexion tritt beim Hören eines bildhaften Gleichnisses oftmals in den Hintergrund. Die Metapher versetzt die aktuelle Problematik in einen anderen Kontext, den der Coachee besser und mit mehr Distanz überschauen kann, da er darin weniger involviert ist.

Wenn dem Coachee eine Geschichte erzählt wird, in der jemand anderes, vielleicht eine Märchenfigur oder ein Fabelwesen, ein ähnliches Problem erfolgreich bewältigt, erhält das Unbewusste eine Idee, wie sein eigenes Problem gelöst werden könnte, ohne dass sein Bewusstsein sofort ernsthafte Einwände erheben muss. Dabei ist es wichtig, dass die Metapher die Struktur der problematischen Situation deutlich abbildet. Die interpersonellen Beziehungen und die Bewältigungsmuster müssen im metaphorischen Kontext wiedererkennbar sein. Wenn die Metapher und das reale Problem strukturell ähnlich sind, wird der Coachee sie bewusst oder unbewusst miteinander in Beziehung setzen und aus einer neuen Perspektive auf die Problemlösung blicken können.

Besonders in der Welt der Computer gibt es viele Analogien, die komplexe Strukturen des menschlichen Geistes bildhaft und anschaulich darstellen können:

- »Hardware«: Gehirn und Sinnesorgane,
- »Software«: Erfahrungen und Gelerntes,
- »Arbeitsspeicher« und »Festplatte«: Kurz- und Langzeitgedächtnis,
- »Monitor«: als Analogie für das begrenzte Bewusstsein,
- »Updates«: neues Lernen.

M

Metaphorik aus der Kino-Welt

Der kunstvolle Umgang mit Metaphern kann auch nützlich sein, um das Gesamtsystem des Coachees konstruktiv zu beschreiben. Wenn sich zum Beispiel ein Coachee schwertut, den Sinn in seinem Entwicklungsweg zu sehen, kann ihm der Coach mithilfe der Metapher des »eigenen Films« den Sinn von Widersprüchen und Herausforderungen veranschaulichen. Bei der Realisierung eines Films wirken viele Beteiligte mit eigenen unterschiedlichen Interessen mit. Es gibt möglicherweise einen Drehbuchautor, einen Produzenten, einen Regisseur, den Hauptdarsteller und mehrere Nebendarsteller sowie den Kameramann, den Beleuchter, den Tonmeister, den Cutter, den Requisiteur, den Experten für Spezialeffekte und einen ganzen Stab von Assistenten und Helfern. Erst im Zusammenspiel des ganzen Teams an den verschiedenen Drehorten mit den zeitlichen und finanziellen Aspekten entsteht der endgültige Film.

Gleichzeitig braucht ein guter Film ein bestimmtes Niveau an Dramatik, damit der Film den Zuschauer begeistern kann. Dazu gehören Phasen der Exploration und der Vertiefung, spannende Action-Szenen und ruhige Momente voller Emotionen sowie Wendungen, Andeutungen, Überleitungen, Rückblenden oder Zeitsprünge. Die Vorstellung, dass sich ein menschliches Leben kontinuierlich und linear entwickelt, ist genauso unwahrscheinlich und unbefriedigend wie ein anspruchsvoller Film, der wie auf einem Gleis läuft und dessen Ende schon nach wenigen Momenten absehbar ist. Erst mit den Prüfungen und Brüchen kann der Hauptdarsteller an seiner Aufgabe wachsen und den Sinn in seinem Werdegang verstehen. Durch den Einsatz der Metaphorik kann der Coach seinem Coachee einerseits zu einer wohlwollenden Betrachtungsweise seines Lebensweges verhelfen und andererseits die Komplexität eines menschlichen Lebens ganz gezielt als lohnenswerte Herausforderung vermitteln.

Verweise

→ Innere Landkarte → Pacing → Unser Unbewusstes → Positiver Sprachgebrauch → Framing + Reframing

Meta-Programme – Muster der Info-Verarbeitung

Nutzen/Ziel

- Schnelle Persönlichkeits-Diagnostik.
- Wertvolle Wegweiser für gelungenes Pacing + Leading
- Hinweise für Motivations-Strategien.

Anwendungsfelder

- Zentrales Werkzeug während der Diagnose-Phase
- Orientierung an Meta-Programmen wirkt als Rapport-Verstärker.
- Gezieltes Entwickeln von maßgeschneiderten MotivationsStrukturen.
- Optimieren von Entscheidungsstrategien.

Meta-Programme sind Wahrnehmungsfilter. Sie formen unsere Persönlichkeit und bilden die Strukturen unserer Orientierung im Privatleben und im Beruf. Es sind innere Strukturen, die in unseren Köpfen immer wieder durchlaufen werden. Meta-Programme machen Aussagen über wiederkehrende Eigenarten eines Menschen, die sich in verschiedenen Lebensbereichen und in vielfältigen Verhaltensweisen offenbaren. So stellen wir sicher, dass wir nicht von unbrauchbarem oder unwichtigem Input überflutet werden. Die Art und Weise der Filterung der Wahrnehmung ist ein wesentlicher Bestandteil im Prozess der individuellen Bedeutungsherstellung und schlägt sich im sprachlichen Ausdruck nieder.

Wie sortiert das Gehirn Informationen?

Meta-Programme liefern die Antwort auf die Frage, wie genau – nach welchem Muster – der Mensch auf seine spezifische Art und Weise verallgemeinert, tilgt und verzerrt. Meta-Programme sind also übergeordnete, interne Sortiermuster, die selbst inhaltsfrei sind, mithilfe derer wir die Klasse von Information auswählen, die wir bereit sind aufzunehmen. Gleichzeitig liefern uns die Meta-Programme ein Ordnungssystem, in das wir neu gewonnene Informationen einsortieren. Das heißt, Meta-Programme klassifizieren nach der Form, nicht nach dem Inhalt der Information. Sie sind die am wenigsten bewusste Ebene des Ausfilterns und setzen die Parameter dafür, wie unsere Meinungen und Überzeugungen gebildet werden.

Es gibt zwei unterschiedliche Arten von Meta-Programmen: Einfache Meta-Programme beschreiben auf einer bipolaren Skala das äußere Verhalten. Komplexe Meta-Programme werden durch die einfachen Meta-Programme bedingt und beschreiben innere Prozesse, innere Zustände und adaptive Reaktionen. Auch hier gilt es, den Fokus bewusst zu verschieben und den Coachee auf eine andere, von seiner Orientierung abweichende Sichtweise aufmerksam zu machen. Manchmal ist eine Bewusstmachung der erste Anstoß für einen Veränderungsprozess.

Motivations-Filter: hin zu – weg von

Welche Motivation steuert den Coachee?

Ein Coachee mit einer ausgeprägten »Hin-zu«-Motivation strebt zu dem, was er wirklich will, er bleibt auf sein Ziel konzentriert. Diesen Coachee bringt man durch aktive Sprache, einen optimistischen Tonfall und Impulse zu Zielen und Belohnungen in Schwung.

- Was wird Ihr Ergebnis sein?
- Was werden Sie damit erreichen?

Ein Coachee mit einer ausgeprägten »Weg-von«-Motivation ist sehr klar in Bezug auf das, was er nicht will. Er erkennt Probleme sehr schnell und weiß, was man vermeiden sollte. Dieser Coachee ist motiviert, Probleme und negative Konsequenzen zu vermeiden. Oftmals ist der Auslöser für eine Veränderung ein Weg-von-Motiv, das aktiv in eine Hin-zu-Motivation gewandelt werden kann. Im Coaching gilt es, diesen Coachee bei seinen Bedenken abzuholen, um ihn dann immer wieder an seine eigentlichen Ziele zu erinnern. Machen Sie Ihren Coachee auf kleine positive Entwicklungsschritte aufmerksam, damit er sinnlich wahrnehmbare Erfolgsschritte nachvollziehen kann.

- Was haben Sie dadurch erreicht, dass Sie keine Fehler machen?
- Indem Sie dafür sorgen, dass keine Katastrophe passiert, stellen Sie was sicher?

Beurteilung von Informationen: Innen-orientiert oder außen-orientiert

Wie findet der Coachee seinen Vergleichsmaßstab?

Mit diesem Filter verstehen wir die mentale Ausrichtung, wenn das Unbewusste des Coachee nach Beurteilungs-Kriterien sucht: internal = in seiner Innenwelt, oder external = in der äußeren Umwelt. Ein Coachee mit Innen-Orientierung richtet sich nach seinen eigenen Maßstäben. Er gehorcht seiner inneren Referenz, um zu vergleichen und zu entscheiden. Hier gilt es, dem Coachee immer wieder Bedenkzeit einzuräumen, damit er den Prozess mit seinen inneren Referenzen vergleichen kann. Gleichzeitig kann es sinnvoll sein, den Coachee auch in Kontakt mit externen Maßstäben zu bringen, damit sich eine zu einseitige internale Orientierung ausbalanciert.

- Wie würde ein anerkannter Experte die Lage einschätzen?
- Was würden die anderen Beteiligten dazu sagen?

Ein Coachee mit Außenorientierung entscheidet eher nach den Maßstäben anderer. Um die Richtung zu finden und zu wissen, dass er eine Aufgabe gut gelöst hat, benötigt er von außen eine entsprechende Anerkennung. Dies kann dazu führen, dass er Schwierigkeiten hat, eigene Entscheidungen zu treffen. Im Coaching ist es sinnvoll, diesem Coachee vermehrt anerkennendes Feedback auszusprechen.

Gleichzeitig ist es wichtig, die internen Maßstäbe des Coachees verstärkt in den Fokus seiner Aufmerksamkeit zu stellen, damit der Veränderungsprozess seinen inneren Bedürfnissen entsprechen kann.

- Wenn Sie der Experte wären, was ist Ihre Haltung zu diesem Thema?
- Als zentral Beteiligter – wie fühlen Sie sich in dieser Rolle?

Beziehung: für mich – für andere – für uns

Ist der Coachee Einzelkämpfer, Helfer oder Teamworker?

Ein Coachee mit starker »Für-mich«-Orientierung richtet seine Aufmerksamkeit verstärkt auf seine eigenen Belange. Im Coaching ist es wichtig, durch den System-Check die Vernetzung mit den Interessen und Zielen der anderen Menschen im sozialen Netz des Coachees herzustellen.

- Wenn Sie dieses Ziel verfolgen, wen können Sie dabei ins Boot holen?
- Gibt es eine Möglichkeit, Ihr Ziel so weit zu verändern, dass auch die anderen Beteiligten zustimmen können?

Ein Coachee mit »Für-andere«-Orientierung fühlt sich in einem starken Ausmaß verantwortlich für die Zufriedenheit und das Wohlergehen seiner Mitmenschen. Er stellt die Interessen der anderen in den Fokus seiner Aufmerksamkeit und handelt danach. Oftmals verbirgt sich dahinter ein mangelnder Selbstwert. Im Coaching ist es deshalb wichtig, sicherzustellen, dass die eigenen Interessen des Coachees betont werden und er diese auch annehmen kann.

M

- Wenn Sie ganz allein von diesem Thema betroffen wären, wie würden Sie sich dann entscheiden?
- Was würde ein Freund dazu sagen, wenn er Ihre Interessen vertreten möchte?

Ein Coachee mit »Für-uns«-Orientierung stellt seine Gruppe in den Mittelpunkt seines Handelns. Für ihn ist gut, was für die Gruppe gut ist. Im Coaching ist es einerseits wichtig, ihm seine starke soziale Ausprägung als persönliche Stärke zu vermitteln. Gleichzeitig könnte es auch darum gehen, dem Coachee seine individuellen Eigenarten und Bedürfnisse bewusst zu machen, damit er die innere Erlaubnis gewinnt, sich im Bedarfsfall adäquat abzugrenzen.

- Welche speziellen Interessen und Bedürfnisse machen Ihre Persönlichkeit aus?
- Wie kann die Gruppe von Ihrer Individualität profitieren?

Zeit-Orientierung: Vergangenheit – Gegenwart – Zukunft

Schaut der Coachee zurück, auf das Jetzt oder nach vorne?

Ein Coachee, der sich an der Vergangenheit orientiert, holt sich seine Referenzerfahrungen aus vergangenen Zeiten. Meistens ist er in einer Tradition verankert und vermisst damalige Werte und Zusammenhänge. Um diesen Coachee mit seiner Gegenwart zu versöhnen und für die Zukunft zu interessieren, ist es wichtig, ihn in der Zukunft die Möglichkeit erkennen zu lassen, auch traditionelle Werte zu verwirklichen.

- Was können Sie dazu beitragen, dass altbewährte Werte auch in Zukunft bestehen bleiben?
- Was könnte gut daran sein, dass sich das Leben der Menschen durch die Zeit verändert?

Ein Coachee, der sich strikt in der Gegenwart orientiert, setzt das, was er erlebt, nur in Bezug zum Hier und Jetzt. Diese Menschen sind oftmals lageorientiert und tun sich schwer, das Leben als dynamischen Prozess wahrzunehmen. Im Coaching ist es wichtig, den zeitlichen Zusammenhang jeder Entwicklung zu vermitteln, damit ein Veränderungswunsch einerseits in den Wurzeln der Vergangenheit erkannt werden kann und andererseits durch ein attraktives Ziel in der Zukunft motiviert wird.

- Welche Ziele haben Sie im nächsten Jahr?
- Wie haben Sie dieses Thema vor fünf Jahren erlebt, und was glauben Sie, wie Sie es in fünf Jahren bewerten?

Ein Coachee, der sich an der Zukunft orientiert, malt sich oftmals aus, welche Auswirkungen seine gegenwärtigen Erlebnisse auf die Zukunft haben mögen. Diese Vorstellung kann sowohl visionär und kreativ sein als auch kritisch, skeptisch oder ängstlich. Im Coaching gilt es einerseits, die Zukunftsorientierung zu einer positiven Zielorientierung weiterzuentwickeln. Andererseits ist es wichtig, bei dem Coachee ein Bewusstsein dafür zu wecken, dass seine Beziehungen zu seinen Mitmenschen, als wichtiger Faktor jeder Veränderung, in der Regel durch die gemeinsamen Erfahrungen in der Vergangenheit und Gegenwart bestimmt werden.

- Was brauchen Sie, um Ihre Gegenwart zu genießen?
- Was können Sie dafür tun, dass sich das Projekt in die richtige Richtung entwickelt?

Aufmerksamkeit: Menschen – Orte – Dinge – Aktivitäten

Welche Kriterien gelten bei der Kontext-Gestaltung?

Bei diesem Meta-Programm geht es darum, was der Coachee in seinem Erleben in den Mittelpunkt rückt. Für den Coach ist es sehr hilfreich, wenn er weiß, welche Elemente eines Kontextes im Fokus der Aufmerksamkeit des Coachees stehen. Um diesen Wahrnehmungsfilter im Coaching zielführend zu nutzen, ist es sinnvoll, dem Coachee seine Präferenz bewusst zu machen und darauf hinzuwirken, dass er seinen Aufmerksamkeitsfokus bei Bedarf flexibel an den Veränderungswunsch anpassen kann.

- Sind es Menschen, Orte, Dinge, Informationen oder Aktivitäten, die Ihnen zu diesem Thema wichtig sind?
- Wie können Sie Ihre Aufmerksamkeit auf ein anderes Element in diesem Kontext lenken?

Verarbeitungs-Modus: allgemein oder spezifisch

In welchem Rahmen beschäftigt sich der Coachee mit seinem Thema?

Ein allgemeinorientierter Coachee möchte gerne das »Große Ganze« überblicken. Er ist oftmals ein globaler Denker, dem es leicht fällt, sich mit großen Informationseinheiten zu befassen. Häufig kann er gut planen und Strategien entwerfen. Im Coaching geht es darum, dass der Coachee seine Vorliebe einerseits als Stärke erlebt und andererseits sich auch für die Kleinigkeiten begeistern kann.

- Welche Details sind in diesem Thema wichtig?
- Was genau entscheidet über den Erfolg in diesem Projekt?

Der spezifisch orientierte Coachee fühlt sich mit kleinen Informationseinheiten am wohlsten. Er beschäftigt sich mit den Details und Feinheiten eines Themas und kommt gut mit aufeinander aufbauenden Folgen klar. Im Coaching geht es darum, die Aufmerksamkeit dieses Coachees über die Details auf das Ziel zu lenken, damit er einzuschätzen weiß, wann er sich mit wie viel Energie den Details oder dem Gesamtziel widmen sollte.

- Welche Details in diesem Thema sind zielführend?
- Wenn Sie auf das »Große Ganze« schauen, was hat im Moment Priorität?

Verarbeitungs-Modus: ähnlich – verschieden

Womit vergleicht der Coachee das Thema?

In diesem Meta-Programm geht es darum, zu verstehen, ob der Coachee bevorzugt die Gemeinsamkeiten oder die Unterschiede wahrnimmt, um sich zu orientieren.

Beispiel: Wie ist Berlin? »Berlin ist Hamburg recht ähnlich.«
»Berlin ist ganz anders als München.«

Im Coaching ist es wichtig, dem Coachee bewusst zu machen, dass jeder Vergleich auch eine emotionale Einfärbung des Kontextes mit sich bringt. Ein Vergleich, der zu einer Übereinstimmung führt, bejaht eine Aussage und impliziert die Richtigkeit des Vergleichs. Führt ein Vergleich zu einer Abweichung, ist der Nutzen des Vergleichs in Frage gestellt und drückt gegebenenfalls einen unterschwelligen Einwand aus. Im Coaching ist es wichtig, den Coachee mit einem konstruktiven Fokus in Kontakt zu bringen.

- Welchen Nutzen hat es für Sie, wenn Sie auf die Unterschie-de oder Gemeinsamkeiten fokussieren?
- Welche Aussage ziehen Sie aus diesem Vergleich?

Verarbeitungsformen: vollständig – unvollständig

Wie sortiert der Coachee seine Informationen?

Ein Coachee, der bevorzugt auf die Vollständigkeit fokussiert, bemerkt bei verschiedenen Begebenheiten (Örtlichkeiten, Zuständen, Projekten) die vorhandenen Ressourcen oder Fähigkeiten. Diese Beurteilungsrichtung ermöglicht eine positive Motivation durch das, was da ist. Im Coaching geht es darum, diese positive Sichtweise zu stärken und gleichzeitig den Wunsch nach Präzision und Gründlichkeit bei dem Coachee zu stimulieren.

- Bei all den bestehenden Ressourcen, was könnten Sie noch gebrauchen, um das Ziel mit höherer Wahrscheinlichkeit zu erreichen?
- Unter welchen Voraussetzungen könnte das Projekt noch einfacher realisiert werden?

M

Ein Coachee, der bevorzugt auf die Unvollständigkeit fokussiert, bemerkt zunächst die fehlenden Ressourcen und Fähigkeiten. Diese Controlling-Kompetenz ist eine gefragte Qualität, wenn es gilt, Defizite aufzudecken – jedoch nicht, um Erfolge zu registrieren oder die Beteiligten zu motivieren. Im Coaching ist es wichtig, diesen kritischen Wahrnehmungsfilter ganz gezielt in der passenden Phase (System-Check) einzusetzen. Gleichzeitig gilt es, den Coachee dazu zu befähigen, auch mit einem motivierenden Filter auf die Veränderung zu schauen.

- Welche Ergebnisse im Veränderungsprozess können Sie wertschätzen und darauf aufbauen?
- Wie können Sie die anderen Beteiligten dazu bringen, die bestehenden Mängel und Lernfelder motiviert zu optimieren?

Verarbeitungs-Modus: pro-aktiv oder re-aktiv

Wie dynamisch geht der Coachee mit seinem Thema um?

Ein proaktiver Coachee agiert und initiiert neue Erfahrungen. Er wartet nicht darauf, dass andere Handlungen in Gang bringen, sondern treibt die Dinge voran und führt sie durch. Der proaktive Coachee stellt von sich aus Fragen und macht »klare« und »bestimmte« Aussagen. Er bevorzugt kurze, einprägsame Sätze und einen festen Tonfall. Im Coaching ist es wichtig, dass der Coachee sich die Zeit nimmt, um Entwicklungen zu hinterfragen und Misserfolge als Lernchancen wahrzunehmen, ohne sich in einen heillosen Aktionismus zu flüchten.

- Was konnten Sie aus dieser Entwicklung für sich lernen?
- Wie können Sie die Wahrscheinlichkeit erhöhen, dass Sie mit der nächsten Maßnahme Ihr Ziel auch wirklich erreichen?

Ein reaktiver Coachee wartet darauf, dass andere aktiv werden und er reagieren kann. Oder er sucht einen anderen Zeitpunkt, der besser geeignet scheint, um ein Thema anzugehen. Dadurch braucht er zum Teil sehr lange, um sich zu entscheiden, oder er kommt gar nicht ins Handeln. Die Sprache ist oftmals passiv und unbestimmt mit vielen Konjunktiven. Im Coaching geht es darum, dem Coachee zu vermitteln, dass neben der zielgerichteten Aktivität auch ein gewisses Maß an Risikobereitschaft und Entscheidungsfreude zur Realisierung der gewünschten Veränderung gehört.

- Was werden Sie wann tun, um Ihr Ziel zu erreichen?
- Unter welchen Bedingungen werden Sie das Projekt selbst in die Hand nehmen?

Keines der Meta-Programm-Muster ist besser oder schlechter als die anderen. Für eine möglichst hohe Flexibilität ist es sinnvoll, die Muster auszubalancieren und damit beweglich zu sein. Die Meta-Programme sind durch prägende Erfahrungen (Imprints) entstanden. Sie sind tief in unserem Unbewussten verankert. Coaching mit NLP bietet Möglichkeiten, um diese grundlegenden Muster unserer Persönlichkeit bewusst zu machen und bei Bedarf zu verändern.

M

Coaching-Übung: Fragen zur Diagnose der grundlegenden Meta-Programme

Motivation: hin zu – weg von

- Ist es wichtiger, x zu erreichen als y zu vermeiden?
- Ist beides gleich wichtig?
- Zieht es Sie an oder treibt es Sie fort?

Bezugsinformation: internal – external

- Woher wissen Sie, wenn Ihre Arbeit gut war?
- Orientieren Sie sich an Ihren inneren Gedanken/Bildern/Gefühlen oder an dem, was Ihre Umwelt Ihnen zurückmeldet?
- Ist das Ihre eigene Meinung?

Beziehung: für mich – für andere – für uns

- Für wen möchten Sie das erreichen?
- Wer soll das erleben?
- Auf wen achten Sie am meisten?

Zeit-Orientierung: Vergangenheit – Gegenwart – Zukunft

- Wann soll das geschehen?
- Woher kommen Ihre Informationen/Vorstellungen?

- Tun Sie das für die Zukunft?
- Zählt nur das Hier und Jetzt?

Aufmerksamkeit: Menschen – Orte – Dinge – Aktivitäten

- Worauf achten Sie als Erstes, wenn Sie im Urlaub sind?
- Was ist Ihnen am wichtigsten in der Situation?
- Was/wen würden Sie auf eine einsame Insel mitnehmen?

Verarbeitungs-Modus: allgemein – spezifisch

- Nehmen Sie das im Detail oder eher im Ganzen wahr?
- Sehen Sie das symbolhaft oder eher konkret?
- Wenn Sie die Wahl hätten: global oder lokal?

Verarbeitungs-Modus: ähnlich – verschieden

- Bevorzugen Sie das, was Sie schon kennen?
- Lieben Sie die Abwechslung und Überraschungen?
- Gleich und Gleich gesellt sich gern oder Gegensätze ziehen sich an?

Verarbeitungs Modus: vollständig – unvollständig

- Was fällt Ihnen mehr auf: all das, was schon da ist oder all das, was noch fehlt?
- Wenn Sie auf Ihre Vergangenheit schauen – was ist bedeutsamer: das, was Sie gemacht haben, oder das, was Sie nicht gemacht haben?
- Lieber All-inclusive-Urlaub oder Abenteuerexpedition?

Verarbeitungs-Modus: proaktiv – reaktiv

- Was tun Sie dafür?
- Lassen Sie es einfach auf sich zukommen?
- Lassen Sie sich leicht führen, oder werden Sie lieber geführt?

Verweise

→ Glaubenssätze → Unser Unbewusstes → Evolution → Pacing → Chunking → Zensor → Meta-Ebene → Bewusstsein

Mitarbeiter-Coaching – der Chef als Coach

Nutzen/Ziel

- Aktivieren von Motivations-Potentialen
- Beschleunigen und Verstärken von gezielten Entwicklungs-Prozessen.
- Leistungs-Steigerung und Delegation von Verantwortung.

Anwendungsfelder

- Bei jedem Mitarbeiter, der über Leistungs-Potentiale verfügt
- Bei Leistungsabfall und Konflikten im Team.
- Motivations-Probleme
- Unterstützung bei schwierigen Aufgaben und Krisen.

Um als Führungskraft Ihre Mitarbeiter aktiv zu coachen, können Sie Ihre Menschenkenntnis und Ihre Führungsqualitäten auf eine neue Art einsetzen. Interessanterweise verfügen viele Führungskräfte bereits über wichtige Fähigkeiten, um Ihre Mitarbeiter zu coachen – ohne dass sie jemals bewusst darüber nachgedacht haben. Gute Chefs coachen »aus dem Bauch«, indem sie so auf den Mitarbeiter eingewirkt haben, dass dieser sich positiv unterstützt fühlt: »Mithilfe meines Chefs konnte ich in meine neuen Aufgaben hineinwachsen.«

Gute Chefs helfen ihren Mitarbeitern, gesteckte Ziele zu erreichen, indem sie gemeinsam mit den Mitarbeitern Strategien entwickeln. Sie motivieren und begeistern ihre Mitarbeiter für neue Aufgaben. Sie führen sie in die Eigenverantwortung und helfen ihnen, ihre Arbeit so zu erledigen, dass sie dabei echte Erfolgserlebnisse haben. Den Erfolg ihrer Mitarbeiter empfinden sie wie den eigenen Erfolg. Mithilfe einer positiven Gesprächsführung wecken sie den Sportsgeist ihrer Mannschaft. Gute Chefs erzeugen in ihrem Team ein leistungsorientiertes Arbeitsklima, das von Motivation, Fairness und Spaß am Erfolg geprägt ist.

M

Im Coaching

Ob Sie wollen oder nicht – als Chef üben Sie einen mächtigen Einfluss auf Ihre Mitarbeiter aus. Die Mitarbeiter projizieren ihre Bedürfnisse, Hoffnungen und Ängste in Sie hinein. Kleinigkeiten, die Ihnen selber vielleicht unbedeutend erscheinen, werden von Ihren Mitarbeitern aktiv beobachtet und interpretiert – von der Farbe Ihrer Krawatte über den Tonfall Ihrer Stimme bis zur Deutung Ihrer Mimik. Deshalb empfehlen wir Ihnen, sich Ihrer Außenwirkung bewusst zu werden und in Zukunft empfängerorientiert zu kommunizieren. Sie steuern Ihre Außenwirkung, indem Sie sich darauf besinnen, dass jede Minute der Kommunikation Ihre Mitarbeiter aktiv beeinflusst.

Als Coach Ihrer Mannschaft trainieren Sie sich darin, sich in die Wirklichkeit und das Erleben Ihrer Mitarbeiter einzufühlen. Was würden Sie sich von Ihrem Chef wünschen, wenn Sie in der Haut Ihrer Mitarbeiter steckten? Wie müsste Ihr Chef sich verhalten, damit Sie ihm vertrauen und gerne mit ihm zusammenarbeiten? Solche Fragen geben Ihnen Hinweise, um Ihren Mitarbeitern zukünftig solche Signale zu senden, die sich positiv auf die gemeinsame Kommunikation auswirken.

Der Übergang zwischen kompetenter herkömmlicher Führungsarbeit und modernem Business-Coaching erscheint fließend. Coaching ist so alt wie die Menschheit – viele verantwortungsvolle Chefs coachen ihre Mitarbeiter intuitiv, ohne dass sie bisher ein bewusstes Selbstverständnis als Coach entwickelt haben. Durch ein bewusstes Rollenverständnis kann das intuitive Coaching eine neue Qualität gewinnen. Insbesondere durch den Einsatz von Coaching-Werkzeugen können Optimierungsprozesse wesentlich vereinfacht und beschleunigt werden.

Gleichzeitig kann die gemeinsame Arbeit eine neue Tiefe gewinnen, und auch komplexe Probleme können strukturiert und systematisch angegangen werden. Der Methodenkoffer des Coaching bietet eine reiche Palette von Möglichkeiten, um gezielt auf Mitarbeiter einzuwirken. Der Umgang mit den Werkzeugen erfordert zunächst eine gewisse Investition, die sich oftmals schon mittelfristig vielfach auszahlt. Als Coach gebrauchen Sie Ihren gesunden Menschenverstand – und gleichzeitig nutzen Sie erprobtes psychologisches Know-how. Sie verfügen über konstruktive Wahrnehmungsfilter und systematische

Techniken zur zielorientierten Gesprächsführung, die Sie im Alltag vielseitig einsetzen können. Kaum ein Unternehmen wird es sich zukünftig leisten, auf diese enorme Ressource in der Menschenführung zu verzichten. Coaching als Führungsstil ist ein echtes Zukunftsmodell. Je besser die Chefs von morgen ihre Mitarbeiter coachen, desto höher entwickelt sich die Leistungsfähigkeit der Unternehmen.

Wie coacht ein Chef seine Mannschaft?

Zunächst ist es für die Führungskraft empfehlenswert, das Coaching-Know-how im Kontakt mit einzelnen besonders wohlgesinnten Mitarbeitern anzuwenden und es dadurch schrittweise einzuüben. So können Sie die nötigen Erfahrungen sammeln, um die Coaching-Werkzeuge im Laufe der Zeit fest in Ihrem persönlichen Repertoire zu verankern. Sobald Sie in der Rolle des Coachs eine gewisse Souveränität erlangt haben, können Sie beginnen, als Team-Coach zu arbeiten. Dabei fokussieren Sie nicht nur auf einzelne Mitarbeiter und deren Eigenarten, sondern Sie beginnen auch zu beobachten, wie sich einzelne Elemente im System Ihres Teams gegenseitig beeinflussen. So wie ein Fußball-Coach Strategien entwickelt, um Abwehr, Mittelfeld und Sturm aufeinander einzustellen, beginnen Sie die Prozesse in Ihrem Team gezielt zu steuern. Als Team-Coach steigern Sie die Effizienz Ihrer ganzen Mannschaft, indem Sie alle Ihre Leute als »vernetztes System« betrachten. Sie helfen Ihren Mitarbeitern, ein motivierendes »Wir-Gefühl«

zu empfinden, indem Sie die Stärken und die vollbrachten Leistungen in den Vordergrund stellen.

Fokussieren Sie zunächst auf die positiven, bereits vorhandenen Aspekte, und dann denken Sie in die Zukunft und nehmen die anstehenden Herausforderungen ins Visier. Rufen Sie hin und wieder alle Ihre Leute zusammen und sagen Sie ihnen, warum Sie stolz darauf sind, so eine prächtige Truppe zu führen. Anschließend fragen Sie das Team, welche aktuellen Themen besondere Aufmerksamkeit und kreative Energie benötigen. Vielleicht machen Sie ein Brainstorming und sammeln Lösungsideen. Oder Sie vereinbaren Coaching-Termine mit den verantwortlichen Mitarbeitern, um die Lösungen detailliert durchzusprechen. Dann rufen Sie Ihren Mitarbeitern die Ziele Ihres Unternehmens ins Bewusstsein und leiten aus den aktuellen Themen die anzugehenden Herausforderungen ab. Sie verteilen konkrete Aufgaben und setzen Termine für die Feedback-Kontrolle der vereinbarten Aufgaben.

Der Chef als Klima-Faktor

Im Regelfall fungiert der Chef als mächtigster Klima-Faktor im Team. Der Chef entscheidet über die geltenden Werte. Er sagt, was richtig und was falsch ist. Er trifft die wichtigen Entscheidungen im Team. Er hat die Macht, Mitarbeiter im Falle eines Fehlverhaltens zu bestrafen. Der Chef vertritt sein Team nach außen und trägt die volle Verantwortung für Erfolg oder Misserfolg. Als Coach werden Sie dieser Verantwortung gerecht, indem Sie bewusst und nachhaltig intelligent mit dieser Macht umgehen. Sie sorgen für eine Vertrauenskultur im Team. Sie verkörpern die Win-Win-Orientierung als Vorbild für Ihre Mitarbeiter. Sie interpretieren das Prinzip von »richtig oder falsch« auf eine wertschätzende und für alle nachvollziehbare Weise, indem Sie offen argumentieren und dabei die Lebenserfahrung, Kompetenz und Wertmaßstäbe Ihrer Mitarbeiter einbeziehen. Bevor Sie wichtige Entscheidungen treffen, fragen Sie Ihre Mitarbeiter nach deren Meinung.

Als Coach arbeiten Sie sehr bewusst mit der Feedback-Struktur der positiven Konditionierung. Sie nutzen das Prinzip von »Belohnen und Bestrafen« auf eine zielführende Weise: so viel Belohnung wie möglich und so viel Bestrafung wie nötig. Sie sorgen für überwiegend positive Gefühle im Erleben Ihrer Mitarbeiter, weil Sie wissen, dass großzügig belohnte Mitarbeiter gerne und motiviert an ihrem Arbeitsplatz erscheinen, während unterdrückte und bestrafte Mitarbeiter dazu neigen, ihren Arbeitsplatz zu vermeiden oder sich mit Aufbegehren und Widerstand zu präsentieren. Gleichzeitig verstärken Sie mit dieser Strategie das Bedürfnis nach Eigenverantwortung und selbst gemachten Erfolgserlebnissen bei Ihren Mitarbeitern.

Als Coach trainieren Sie sowohl sich selbst als auch Ihre Mitarbeiter in der Kunst der intelligenten Kommunikation und des zielorientierten Denkens. Deshalb führen Sie regelmäßige Gespräche mit Ihren Mitarbeitern. Im Laufe des Coaching-

Prozesses können sich diese partnerschaftlichen Gespräche zu einer echten Quelle der Inspiration und Kreativität entwickeln. So schaffen Sie ein Win-Win-Win-Modell, von dem sowohl Ihr Unternehmen als auch Ihre Mitarbeiter als auch Sie selber profitieren. Um eine ganzheitliche Coaching-Basis zu erschaffen, können Sie die gesamte Kommunikationskultur mit Ihren Mitarbeitern als kreatives Coaching-Feld betrachten – mit einer Vielzahl von verborgenen Chancen.

Während der Coaching-Gespräche sprechen Sie keinesfalls nur über Probleme, sondern vielmehr über Lösungen! Üben Sie einen positiven, in die Zukunft gerichteten Einfluss auf Ihre Gesprächspartner aus. Erlauben Sie kreative Ideen, wägen Sie gemeinsam die Chancen und Risiken ab. Investieren Sie Ihre Zeit nicht nur »aus gegebenem Anlass« – um Zahlen und Daten zu kontrollieren, oder wenn dringende Probleme ins Haus stehen, oder wenn der Mitarbeiter gerade einen Fehler gemacht hat.

Als Coach denken und handeln Sie pro-aktiv. Sie wollen nicht nur kurzfristige Problemlösungen, sondern auch langfristige Erfolge. Als Coach setzen Sie auf nachhaltige Qualität. Sie sind davon überzeugt, dass Ihre Mitarbeiter noch bessere Leistungen erbringen, wenn sie die Chance bekommen, ihre persönlichen Neigungen und Fähigkeiten voll zu entfalten. Gleichzeitig erhöhen Sie Ihre Akzeptanz als Führungskraft, indem Sie die persönlichen Eigenarten Ihrer Mitarbeiter respektieren. Sie entwickeln ein aufrichtiges Interesse am Erleben Ihrer Mitarbeiter. Wenn Sie sich dafür entscheiden, Ihren Mitarbeitern in der Rolle des Coachs zu begegnen, übernehmen Sie die Verantwortung, die Sie als Führungskraft ohnehin bereits tragen – jedoch auf eine neue, erfrischende Weise.

Fragen zur Team-Diagnose

Mit diesem Frageleitfaden können Sie als Teamleiter Ihr Team diagnostizieren, um für sich einen Überblick zu gewinnen. In einem zweiten Schritt können Sie einen Fragebogen mit ausgewählten Fragen an alle Teammitglieder ausgeben, um Ihre Einschätzung mit der des Teams abzugleichen. Dazu ist es ratsam, den Zweck dieser Erhebung klar und fair zu kommunizieren. Die Kommunikation der Ergebnisse sollte mit Wertschätzung und Respekt durchgeführt werden, denn die gemeinschaftliche Diagnose eines Teams ist ein sensibles Feld, das für die Entwicklung des Teams und seine Dynamik eine hohe Bedeutung haben kann.

- Wenn Sie die Leistungsfähigkeit Ihres Teams auf einer Skala von 0–100 einschätzen: Wo steht Ihr Team?
- Wo ist Ihr Team besonders stark?
- Wo sind Sie als Führungskraft besonders stark?
- Wo sind die einzelnen Teammitglieder besonders stark?
- Wie konnte das Team diese Stärken entwickeln?
- Was sind die Lernfelder des Teams? Wie kann das Team sich optimieren?
- Was sind die Lernfelder der einzelnen Teammitglieder?

- Wo liegen Ihre eigenen Lernfelder? Wie können Sie sich verbessern?
- Wie können Sie eine effektive Lernkultur im Team etablieren?
- Wie können Sie die Teamführung konsequent optimieren?
- Wie können Sie als Coach den Teamprozess gezielt unterstützen?

Mitarbeiter-Coaching-Formular

Stärken + Pluspunkte:

____
____
____

Schwächen:		Lern-Aufgaben:		Bis wann?
__________	→	__________	→	________
__________	→	__________	→	________
__________	→	__________	→	________
__________	→	__________	→	________

Besonderes:

____
____
____

Verweise

→ Innere Landkarte → Pacing + Rapport → Modeling → Motivation → Frage-Technik → Ziel-Orientierung

Modeling – Lernen am erfolgreichen Modell

Nutzen/Ziel

- Die schnellste Form des Lernens
- Initiation von nachhaltigen Lernprozessen.
- Verfügbarkeit von Ressourcen erzeugen

Anwendungsfelder

- Zentrale Maßnahme zur Lern-Motivation
- Orientierung an erfolgreichen Vorbildern.
- Ermutigung durch Kontakt zu Ressource-Ankern
- Beschleunigung von Lernprozessen.

Eine erfolgreiche Coaching-Session basiert meist auf einem gelungenen Lernprozess. Der Coachee reflektiert sein aktuelles, zumeist problemerzeugendes Thema und lernt dabei, seinen Einfluss für eine Optimierung seiner Lage zu erkennen. Der Coach hilft ihm, seine innere Landkarte so zu bearbeiten, dass die aktuelle Situation in Zukunft weniger problemerzeugend erscheint – oder dass er im besten Fall sogar eine vollständige und nachhaltige Problemlösung herbeiführen kann. Dabei muss der Coachee seine Ressourcen auf eine bessere Weise organisieren, den Fokus seiner Aufmerksamkeit verschieben und vielleicht neue Strategien anwenden. Mit anderen Worten: Der Coachee muss bereit sein zu lernen. Dieser Lernprozess kann beschleunigt und inspiriert werden, wenn der Coachee im Schatz seiner Erfahrungen mit anderen Menschen ein Modell entdeckt, das eine ähnliche Herausforderung erfolgreich gemeistert hat. Das Modeling beschreibt eine systematische Methode, um Lernen am erfolgreichen Modell gezielt einzusetzen.

Im Coaching

Das gezielte Lernen am Modell ist ein wesentlicher Prozess im Coaching mit NLP. Wenn eine gewünschte Verhaltensweise oder Fähigkeit für den Coachee noch nicht verfügbar ist, kann ein kompetenter Coach ihn dazu einladen, sich real oder in der Vorstellung jemanden zu suchen, der darüber verfügt.

- Kennen Sie jemanden, der das kann, was Sie gern können würden?
- Wie macht er das? Wie verhält sich diese Person? Über welche Fähigkeiten verfügt er? Was glaubt er über sich und seine Beziehung zur Welt, um dies zu können?
- Wie wäre es, wenn Sie es so wie er tun würden? Was müssen Sie tun, um seine Fähigkeiten zu erlernen? Was müssen Sie glauben, um es zu können? Womit fangen Sie an? Wie stellen Sie Ihre Motivation auf diesem Lernweg nachhaltig sicher?

Mithilfe des Modeling kann der Coachee lernen, die gewünschte Ressource in das eigene Verhaltensrepertoire zu integrieren. Modelle begleiten und steuern unsere Entwicklung. Modell-Lernen ist evolutionsgeschichtlich sinnvoll und somit eine archetypische Ressource. Kinder lernen von ihren Eltern. Ob wir es wollten oder nicht – als Kinder haben wir unsere Eltern modelliert. Als wir uns in der Pubertät von den Eltern lösten, suchten wir uns neue Modelle: Tennisspieler, Fotomodelle, Erfinder, Architekten, Nobelpreisträger, Rocksänger oder Filmstars. Wir alle haben die Fähigkeit zum Modell-Lernen, und unser Unbewusstes sucht sich immer wieder neue Modelle – den erfolgreichen Kollegen, den charismatischen Chef, die attraktive Nachbarin oder den rüstigen Spaßvogel im Kegelverein.

Im Coaching werden durch Modeling Ressourcen erschlossen. Dabei werden nützliche Fähigkeiten oder Strategien modelliert. Der Coachee lernt, die eigenen Ressourcen so zu organisieren, dass er sie in eine ähnliche Struktur bringen kann wie sein Modell. Komplexe Verhaltensweisen werden in kleinere Sequenzen zerlegt (Chunking-Down). Beim Modeling befindet sich der Modellierer in der Rolle des Lernenden. Er ist ein Schüler, der zugleich seinem Lehrer hilft, bisher unbewusste Erfolgsstrategien bewusst zu machen. Dabei helfen gezielte Fragen und die Möglichkeit, direktes Feedback auf die eigenen Erfahrungen zu bekommen. Ein erfahrener Coach ist in der Lage, zusammen mit seinem Coachee maßgeschneiderte Strategien für das Lernen am Modell zu entwickeln.

Modeling als Gewinner-Gewinner-Modell

Um dem erfolgreichen Modell seine Mitwirkung schmackhaft zu machen, ist es sinnvoll, Ihr Modell zunächst auf der Beziehungsebene wertzuschätzen und ihm dann den beidseitigen Vorteil deutlich zu machen. Dem ursprünglichen Ansatz des Modeling lag die Überlegung zugrunde, dass selbst Könner und Experten nur zu einem kleinen Teil bewusst wissen, was sie im Einzelnen genau tun. Sie tun es einfach und folgen ihrer Intuition. Erst der Prozess des Modeling wirft ein bewusstes Licht auf die tatsächlich eingesetzten Erfolgsstrategien. Davon profitieren dann sowohl der Modellierer als auch das Modell. Modeling ist ein Gewinner-Gewinner-Projekt. Das Modell gewinnt ein neues Bewusstsein für die eigenen Fähigkeiten. Durch die konkreten Fragen des Modellierers wird es angeregt, die eigenen Strategien im Detail zu erforschen. Darüber hinaus erfolgt während des Prozesses oft ein Streamlining. Das modellierte Verhalten wird dadurch noch eleganter. Streamlining ist das Begradigen und Optimieren von Strategien. Sie werden bewusst erkannt, validiert, gewürdigt und metaphorisch poliert.

Eine spezielle Form des Modeling ist das Master Modeling. Hier werden Vorbilder modelliert, die durch einen Selektionsprozess als besonders erfolgreich erkannt wurden. Nun wird ein konkretes Trainingsprogramm erstellt, das sich an den Eigenschaften und Verhaltensweisen der erfolgreichen Vorbilder orientiert. So können andere Menschen auf schnellem Wege lernen, in dieser Disziplin ebenfalls erfolgreich zu sein, indem sie von den Erfahrungen der Vorbilder direkt profitieren. Wichtig dabei ist, dass die Modellierer das Verhalten des Vorbildes nicht unreflektiert kopieren, sondern nur die wirklich erwünschten Ressourcen ökologisch in ihre Persönlichkeit integrieren. Der Lernende muss sein Modell zunächst imitieren, doch sobald er das Gelernte verinnerlicht hat, soll er sich bewusst wieder vom Modell lösen und seine eigene Identität betonen.

Modeling kann auch beiderseitig betrieben werden, zum Beispiel von Co-Trainern oder Führungskräften, die gemeinsame Veranstaltungen durchführen. Diese fruchtbare Form der Zusammenarbeit wird Ressourcen-Modeling genannt, da die Partner wechselseitig die Ressourcen des anderen in das eigene Repertoire integrieren. In langjährigen Freundschaften und in Ehen wird oft Ressourcen-Modeling betrieben, ohne dass sich die Lernenden darüber bewusst sind. Das Unbewusste übernimmt Fähigkeiten aus dem Repertoire des anderen und setzt sie wie selbstverständlich im eigenen Kontext ein. Auch ein Coach kann die Ressourcen seines Coachees modellieren. Dabei bringt der Coach seinen Coachee in einen ressourcevollen Zustand. Dann folgt er durch intensives Pacing seinem Coachee. Er fühlt sich möglichst vollständig in den ressourcevollen Zustand ein und lernt, die auslösenden Anker zu aktivieren. Nun zeigen beide die gleiche kraftvolle Physiologie. In Zukunft haben sowohl der Coachee als auch der Coach die Ressource in ihrem Verhaltensrepertoire zur Verfügung.

Eleganz beim Modeling

Beim Modeling für Fortgeschrittene gilt das Kriterium der Eleganz. Je eleganter der Coachee sein neues Verhalten realisieren kann, desto ökologischer gestaltet sich sein Lernprozess. Eleganz bedeutet Einfachheit und ebenso ein günstiges Verhältnis von Aufwand und Nutzen. Eleganz ist ein wesentliches Kriterium beim Optimieren von Verhaltensstrategien. Eine Strategie ist elegant, wenn sie mit wenigen Schritten und geringem Aufwand ein optimales Resultat erreicht. So einfach wie möglich, so komplex wie nötig. Dieses grundlegende Prinzip führt zur schlichten Eleganz guter Modelle – vorausgesetzt, es repräsentiert trotz seiner Einfachheit die wesentlichen Komponenten des realen Sachverhalts.

Im Coaching gilt es, den Coachee beim Erlernen neuer Verhaltensweisen zu unterstützen. Dabei brauchen wir eine schnelle und elegante Form der Theoriebildung. Das Entwickeln von Modellen unterscheidet sich von anderen Arten der Theoriebildung insofern, als es sich nicht an Forderungen wie objektive Wahrheit, Wirklichkeit oder statistische Gültigkeit orientiert, sondern an praktischer Anwendbarkeit und Einfachheit. Um dies zu erreichen, muss man sich auf die Form konzentrieren, weniger auf den Inhalt oder die Details.

Eleganz ist nicht nur ein ästhetisches, sondern auch ein sehr pragmatisches Kriterium. Elegante Strategien verbrauchen ein Minimum an Zeit und Energie und sind somit zur systemischen Verträglichkeit prädestiniert. Albert Einstein war der Meinung, dass Fortschritte im Prozess der Modellbildung darauf beruhen, dass man das Modell der Realität mit einem zunehmend umfassenderen Spektrum von Sinneserfahrungen in Zusammenhang bringt und dabei gleichzeitig versucht, die Abbildung möglichst elegant zu gestalten. Einstein formulierte es folgendermaßen: »Ziel der Wissenschaft ist erstens die möglichst vollständige begriffliche Erfassung und Verknüpfung der Sinneserlebnisse in ihrer ganzen Mannigfaltigkeit, zweitens aber die Erreichung dieses Zieles unter Verwendung eines Minimums von Begriffen und Relationen.«

Coaching-Übung zum gezielten Modeling

Zunächst identifizieren Sie mit Ihrem Coachee die fehlende Ressource:

- »Was genau möchten Sie erlernen?«
- »Welches Problem möchten Sie lösen?«
- »Welche Fähigkeit oder Eigenschaft brauchen Sie dafür?«

Dann konzentrieren Sie Ihren Coachee auf das Finden eines geeigneten Modells:

- »Kennen Sie jemanden, der diese Fähigkeit oder Eigenschaft besitzt?«
- »Wie müsste er diese Eigenschaft oder Fähigkeit einsetzen, um damit erfolgreich zu sein?«
- »Wie können Sie jemanden kennenlernen, der diese Fähigkeit oder Eigenschaft besitzt?«

Danach führen Sie Ihren Coachee in die assoziierte Wahrnehmung des Modells:

- »Wie würde er dieses Problem betrachten?«
- »Was genau würde er tun, um das Problem zu lösen?«
- »Was würde er dabei sehen, hören, fühlen, schmecken, riechen?«
- »Was glaubt er über sich und die Welt, während er das Problem löst?«
- »Was hat er in der Vergangenheit getan oder gelassen, um diese Fähigkeit oder Eigenschaft zu entwickeln?«
- »Welche Details beim Erlernen der Fähigkeit müssen beachtet werden?«
- »Was ist sonst noch wichtig, um den Erfolg des Lernprozesses zu sichern?«

Abschließend bringen Sie den Coachee in Kontakt mit der Umsetzung:

- »Was genau wollen Sie von dieser Person lernen?«
- »Was sind Ihre Motive und Ihre Zielkriterien?«
- »Unter welchen Bedingungen sind Sie bereit, dieses Wissen anzuwenden?«
- »Was tun Sie genau wann, um den Lernprozess zu starten?«

Verweise

→ Lebenslanges Lernen → Ressourcen → Leading → Projektion → Libido → Glaubenssätze → Veränderungs-Coaching

M

Moment of Excellence – im Vollbesitz aller Kräfte!

Nutzen/Ziel

- Gezielte Aktivierung von individuellen Ressourcen.
- Stärkung des Selbstwertgefühls.
- Erfolgs-Erlebnisse bewusst als Kraftquelle nutzen.

Anwendungsfelder

- Vorbereitung auf Präsentationen und wichtige Events.
- Motivations-Verstärker, Mutmacher.
- Nachhaltige Verfügbarkeit von früheren Erfolgs-Erlebnissen als gut verankerte Kraft-Quelle.

Wenn Sie Ihren Coachee maximal motivieren wollen, müssen Sie ihn attraktive Zielreize ganzheitlich spüren lassen. Er braucht ein positives Zielbild, überzeugende Zielkriterien und vor allem ein intensives Gefühl für den anvisierten Zustand – vielleicht kann er sogar einen leckeren Geschmack oder einen anregenden Duft mit seinem Ziel verbinden. Ein Moment of Excellence ist ein besonders ressourcevoller Zustand, in dem sich der Coachee jeder Herausforderung gewachsen fühlt. Im Moment of Excellence hat er eine intensive Verbindung zu seinen Stärken. Er fühlt sich kraftvoll, und die Dinge laufen mühelos. Der Kontakt mit anderen Menschen gestaltet sich angenehm, Vertrauen und Wertschätzung können spontan entstehen. Der Coachee fühlt sich als Herr seiner selbst – er befindet sich im Flow-Zustand. Er erlebt sich in seiner Kompetenz und kann seine Chancen aktiv nutzen.

M

Im Coaching

Es gibt Momente im Leben, da gelingt einem einfach alles. Mithilfe der Übung zum Moment of Excellence können solche Zustände identifiziert und für die Zukunft nutzbar gemacht werden. Durch den Einsatz von Ankern werden sie dauerhaft verfügbar gemacht. Dadurch entsteht eine wertvolle Blanco-Ressource, die der Mensch jederzeit mit wenig Aufwand aktivieren kann.

Coaching-Übung: Moment of Excellence identifizieren

Zu Beginn der Übung bittet der Coach seinen Coachee, drei Situationen in seinem Leben zu finden, in denen er sehr guten Zugang zu seinen Fähigkeiten hatte. Durch diesen Suchprozess gelangt der Coachee bereits in eine ressourcevolle Physiologie. Dann wählt er diejenige Situation aus, die ihm jetzt am attraktivsten erscheint. Dabei kann auch eine kreative Synthese aus mehreren Situationen geschaffen werden. Über die V.A.K.O.G.-Hypnose führt der Coach den Coachee in den exzellenten Zustand hinein:

»Während Sie immer besseren Kontakt zu der Situation bekommen, machen Sie sich bewusst, was Sie dort sehen … (Pause) … und während Sie all das sehen, hören Sie auch etwas ... (Pause) ... und während Sie all das wahrnehmen, spüren Sie Ihren Körper und Ihre Gefühle ... (Pause) ... und vielleicht nehmen Sie einen bestimmten Geruch oder Geschmack wahr ... «

Dabei ist es wichtig, dass der Coachee sich vollkommen in das Erlebnis hineinassoziiert, damit die Energie für das anschließende Ankern wieder total lebendig ist.

Der Anker für die gezielte Verfügbarkeit der exzellenten Energie wird mithilfe einer speziellen Bewegung installiert, die den Coachee mit dem intensivsten Moment des exzellenten Zustandes verbindet. Der Anker soll so beschaffen sein, dass er durch eine kleine, möglichst unauffällige Bewegung elegant aktiviert werden kann. Diese spezielle Bewegung wird vom Coachee so lange eingeübt und in der Wirkung überprüft, bis sie als wirkungsvoller Anker für den ressourcevollen Zustand fungiert.

Wenn der Coachee sich selbst in Zukunft in einen ressourcevollen Zustand versetzen möchte, kann er den Anker betätigen und so Kontakt zu seiner exzellenten Energie herstellen. Um die zukünftige Anwendung auch für schwierige Kontexte zu gewährleisten, können zum Abschluss der Übung noch ein System-Check (Worauf muss ich besonders achten?) und ein Future Pace (Wann werde ich diesen Anker das erste Mal einsetzen?) als Transfersicherung gemacht werden.

Coaching-Übung: Moment of Excellence installieren

Mit diesen Instruktionen können Sie als Coach den Moment of Excellence bei Ihrem Coachee installieren:

1. Anker auswählen

»Wählen Sie als Anker eine bestimmte Bewegung, wie zum Beispiel das Ballen einer Faust, oder wählen Sie eine Stelle an Ihrem Körper, die Sie jederzeit unauffällig berühren können, wie zum Beispiel den kleinen Finger oder ein Ohrläppchen.«

2. Situation auswählen

»Erinnern Sie sich an drei konkrete Situationen, in denen Sie optimalen Zugang zu Ihren mentalen und physischen Kräften hatten und in einer exzellenten Verfassung waren. Genießen Sie es, sich diese powervollen Momente wieder bewusst zu machen, und entscheiden Sie sich dann für die Situation, die Ihnen im Moment am attraktivsten erscheint.«

3. Situation revitalisieren

»Versetzen Sie sich nun mit allen Sinnen in die damalige Situation hinein. Schließen Sie die Augen und erinnern Sie sich in allen Details. Was genau haben Sie erlebt? Tun Sie so, als ob die Situation wieder lebendig wäre. Was sehen, was hören und was fühlen Sie? Gibt es einen bestimmten Geruch oder Geschmack? Lassen Sie sich genug Zeit, um den Zustand mit all seiner Kraft aufs Neue zu erleben. Wie ist das Licht an diesem Ort? Hell oder dunkel? Welche Farben können Sie sehen? Was gab es zu hören? Stimmen oder Geräusche? Laut oder leise? Was haben Sie damals empfunden? Wo genau in Ihrem Körper spüren Sie das Gefühl? Vergegenwärtigen Sie sich die Situation in allen Einzelheiten … «

4. Moment of Excellence ankern

»Welcher Moment aktiviert in Ihnen das intensivste, kraftvollste Gefühl? Nehmen Sie sich die Freiheit, diesen Moment in Zeitlupe abzuspielen. Empfinden Sie ihn, solange Sie mögen. Auf dem Höhepunkt Ihrer Erfahrung ankern Sie Ihren Ressource-Zustand, indem Sie den vorab ausgewählten Anker betätigen.«

5. Separator-State

»Öffnen Sie die Augen, und tun Sie für einen kurzen Augenblick irgendetwas anderes. Bringen Sie sich in einen neutralen Zustand, bevor Sie den Anker testen.«

6. Anker testen

»Überprüfen Sie, ob der Anker den gewünschten Ressource-Zustand erneut hervorruft. Falls nicht, dann wiederholen wir den Vorgang. Je öfter Sie den Anker aufladen, desto stärker wird seine Kraft. Wir können diese Erfahrung so lange wiederholen, bis Sie Ihren exzellenten Zustand mit jeder Faser Ihres Körpers empfinden können.«

Verweise

→ Ankern → Körpersprache → Ressourcen → Libido → Präsenz → VAKOG

N

New Behaviour Generator – kreative Neu-Orientierung

Nutzen/Ziel

- Optimierung von Verhalten.
- Entwicklung von neuen Fähigkeiten.
- Stimulation kreativer Schöpferkraft

Anwendungsfelder

- Wenn der Coachee sich in alten Verhaltensmustern gefangen fühlt.
- Bei zwanghaftem Verhalten
- Wenn eine Lösung unbedingt erforderlich ist.

Coaching kann eine wertvolle Unterstützung bei der Realisierung von Veränderungsprozessen bieten. Viele Coachees möchten sich verändern. Einige wissen sogar, **wohin** sie sich verändern wollen, doch die wenigsten wissen, **wie** sie ihr persönliches Verhalten ändern können, um ihr Ziel zu erreichen.

Der New Behaviour Generator ist eine kreative Form des mentalen Trainings. Sie dient der Optimierung von Verhalten und kann im Wachzustand oder in Trance durchgeführt werden. Dabei wird das Prinzip der Time Line auf drei Positionen konzentriert. Der Coachee wechselt zwischen diesen Positionen, bis er die neuen Verhaltensressourcen so weit verinnerlicht hat, dass er sich seiner Herausforderung mit hoher Wahrscheinlichkeit mit einem neuen, optimierten Verhalten stellen kann. Der New Behaviour Generator ist ein strukturiertes Verfahren, um Veränderungsprozesse kreativ anzuregen und gezielt zu steuern.

Im Coaching

Der Coach steuert den Lernprozess durch Fragen und Prozessinstruktionen, wobei er sich an der Physiologie des Coachees orientiert. Er braucht das zu optimierende Verhalten des Coachees nicht unbedingt zu kennen. Das Modell der Augenbewegungen dient dabei als Orientierungshilfe. Bestimmte Blickrichtungen sind Indikatoren für entsprechende innere Zustände. Die Zustände werden vom Coach geankert, indem zum Beispiel für jede Bewusstseinsposition ein Stuhl als räumlicher Anker aufgestellt wird.

Coaching-Übung: New Behaviour Generator

1. **Position A: Gedanken über die Zukunft**
   Ausgangspunkt ist eine Situation, in der sich der Coachee anders verhalten möchte, als sein bisheriges Repertoire erlaubt.
   - Der Coach fragt: »Wie möchten Sie sich in Zukunft in dieser Situation stattdessen verhalten?«
   - Der Coachee geht auf der ersten Position in den inneren Dialog und denkt über die relevante Situation nach. Diese erste Bewusstseins-Position entspricht im Modell der Augenbewegungen oftmals dem Blick nach unten links. Als Ergebnis entwickelt der Coachee eine auditive Repräsentation des erwünschten Verhaltens und äußert sie gegebenenfalls gegenüber dem Coach, um ein erstes reflektorisches Feedback zu erhalten.
   - Zur Unterstützung kann der Coach die Als-Ob-Methode oder das Modeling einsetzen: »Tun Sie einfach mal so, als wenn Sie es bereits könnten … oder vielleicht kennen Sie jemanden, der das kann, was Sie gern können würden – wie macht er das? Wie wäre es, wenn Sie es so täten, wie er es tut?«
2. **Position B: Visuelles Erleben des neuen Verhaltens**
   Sobald der Coachee weiß, wie er sich in Zukunft verhalten möchte, schickt ihn der Coach in die zweite Bewusstseins-Position auf einem anderen Stuhl: »Nun stellen Sie sich bitte vor, wie Sie sich selber sehen, während Sie das neue Verhalten ausprobieren.«
   - Der Coachee geht wieder in den inneren Dialog und blickt diesmal oftmals nach oben rechts. Er sieht sich selbst dissoziiert in der relevanten Situation das neue Verhalten ausprobieren.
3. **Wieder Position A: Überprüfung und kreative Optimierung**
4. Dann wechselt er zurück in die erste Position und reflektiert im inneren Dialog seine eben erlebte Vision.
5. Der Coach fragt: »Was hat Ihnen gefallen? Was kann wie verändert werden? Verfügen Sie bereits über die Kompetenz, um es zu tun? Welche Konsequenzen wird das neue Verhalten in Zukunft auslösen?«
6. **Position C: Kinästhetisch-assoziertes Erleben des neuen Verhaltens**
   - Sobald der Coachee mit seinem Verhalten zufrieden ist, schickt ihn der Coach in die dritte Bewusstseins-Position auf den dritten Stuhl. »Überprüfen Sie nun, wie sich das neue Verhalten in der relevanten Situation anfühlt.« Der Blick des Coachees geht häufig nach unten, besonders nach unten rechts. Er ist assoziiert und fühlt dabei in sich hinein, während er das optimierte Verhalten durchlebt.
7. **Position A: Konsequente Optimierung**
   - Dann lässt ihn der Coach zurück in die erste Position wechseln, um die Erfahrung mit dem Coachee zu reflektieren und das neue Verhalten weiter zu verbessern.
   - Dieses Rotationsverfahren wird so lange vollzogen, bis er sich in einer kongruent ressourcevollen Physiologie befindet.
   - Abschließend wird ein Future Pace gemacht: Der Coach fragt: »Wann genau werden Sie das neue Verhalten anwenden? Was tun Sie dabei als Erstes? Worauf achten Sie besonders?«

N

Ein kompetenter Coach kann aufgrund der Physiologie des Coachees bei der abschließenden Absichtserklärung erkennen, ob ein starkes inneres Commitment besteht. Sollte der Coachee einen eher inkongruenten Eindruck auf den Coach machen, ist es ratsam, Unstimmigkeit zu thematisieren, damit die bis jetzt verdeckten oder unbewussten Einwände zur Optimierung des Verhaltens hinzugezogen werden können.

Walt-Disney-Technik

Die Walt-Disney-Technik ist eine Variante des New Behaviour Generator. Sie dient dem Entwickeln von neuen Fähigkeiten. Sie wurde von Robert Dilts entwickelt, indem er das Verhalten des kreativen Genius Walt Disney modellierte. Dabei werden drei Stühle oder Moderationskarten als Bodenanker verwendet.

Der Coachee wechselt im Rotationsverfahren von einer Position in die nächste und verfeinert sein zukünftiges Verhalten dabei so lange, bis es hundertprozentig ressourcevoll, ökologisch-verträglich und präzise beschrieben ist. Ausgangspunkt ist eine Situation, in der der Coachee sich nicht so verhalten hat, wie er es gern tun würde. Die drei Positionen entsprechen drei Funktionen der menschlichen Psyche:

- Realist
- Träumer
- Kritiker.

Coaching-Übung: Walt-Disney-Technik

Der Coach bittet seinen Coachee, sich in jede Position hineinzufühlen.

- Zunächst fühlt sich der Coachee als Realist in seine aktuelle Lage hinein. Er spürt sich und die Grenzen seiner momentanen Möglichkeiten.
- Als Träumer entwickelt er daraufhin sein Ziel. Er ist dabei meistens visuell und sieht sich selbst in der Zukunft neues Verhalten ausprobieren. Er sucht nach den dafür nötigen Fähigkeiten und stellt sich vor, was er vielleicht noch benötigt.
  Er kann bereits vorhandene Ressourcen aktivieren, sich neue Ressourcen vorstellen oder die Fähigkeiten einer anderen Person modellieren. Dabei ist er dissoziiert und richtet seine Augen nach rechts oben, um Bilder zu konstruieren.
- Als Kritiker arbeitet der Coachee dann oftmals auditiv und hört kritische Stimmen zu der Vision des Träumers, formuliert Einwände und fragt sich, was noch verbessert werden kann. Er verfolgt seinen inneren Dialog und richtet seine Augen dabei oftmals nach links unten. Er analysiert die Erfahrungen der Vergangenheit.
- Der Realist erlebt dann im assoziierten Zustand, die Zusammenführung aus der Vision des Träumers und der Optimierung durch den Kritiker. Der Realist ist kinästhetisch und überprüft gefühlsmäßig den optimierten Zukunftsentwurf. Er richtet seine Augen dabei meist nach rechts unten.

Der Realist macht Erfahrungen in der Gegenwart, die anschließend den Träumer weiter inspirieren. So kann der Träumer im nächsten Schritt einen noch besseren Zukunftsentwurf visionieren, der danach wiederum vom Kritiker überprüft wird. Dieser Prozess der gegenseitigen Befruchtung wird so lange fortgesetzt, bis alle drei Positionen hundertprozentig zufrieden sind.

Wichtig für den Erfolg der Übung ist es, Inkongruenzen des Coachees zu bemerken und das Rotationsverfahren so lange fortzuführen, bis sich der Coachee in einem kongruent ressourcevollen Zustand befindet.

Falls der Coachee die Positionsdisziplin verliert, ist es für Sie als Coach ratsam, den Coachee auf eine vierte Meta-Position zu führen und gemeinsam den Stand der Entwicklung zu reflektieren. Danach bitten Sie Ihren Coachee, ganz gezielt wieder in eine Position einzusteigen, um den Prozess weiterzuführen.

Abschließend wird ein kleines Ritual in Form eines verbalen oder nonverbalen Commitments vollzogen, um sicherzustellen, dass die neu erworbenen Fähigkeiten gut geankert sind und dass alle Teile wieder in die Gesamtpersönlichkeit integriert werden.

Entscheidend beim Einsatz solcher Werkzeuge, die mit Boden-Ankern arbeiten, ist die klare Trennung der unterschiedlichen Positionen. Der Coach muss streng darauf achten, dass die Anker nicht »verwässern« und ihre Kraft verlieren. Deshalb braucht dieses Werkzeug ein klares Leading. Ähnlich wie ein brillanter Zahnarzt seinen Patienten souverän durch eine Zahn-OP führt, so kann der Coach seinen Coachee geschmeidig und sicher durch solch eine wirkungsvolle Coaching-Sequenz führen

Verweise

→ Ankern → System-Check → Future Pace → Ressourcen → Modeling

P

Pacing – Schlüssel zum Vertrauen

Nutzen/Ziel

- Vertrauen gewinnen und positive Beziehung aufbauen.
- Den Coachee kennen lernen durch intensive Nähe
- Notwendige Grundlage für jedes erfolgreichen Leading!

Anwendungsfelder

- Zentrales Instrument, um den Coaching-Prozess erfolgreich zu starten.
- Möglichem Widerstand prophylaktisch entgegenwirken.
- Kontakt mit dem Unbewussten = Beinflussungs-Option

Gelungenes Coaching braucht eine starke Vertrauensbasis. Als Coach müssen Sie fähig sein, das Vertrauen Ihres Coachees schnell und nachhaltig zu gewinnen. Mithilfe des Pacing können Sie diesen Prozess systematisch auf vielen Ebenen einleiten. Erst wenn Sie als Coach Ihren Coachee erfolgreich »gepaced« haben, können Sie ihn anschließend »leaden« – also wirksam beeinflussen und souverän führen.

Das amerikanische Wort Pace bedeutet Gangart oder Schritt. Ein Pacemaker ist ein Schrittmacher, der zum Beispiel beim Pferderennen in der ersten Runde mitfährt und die Pferde in den Gleichschritt bringt. Auch ein Herzschrittmacher ist ein Pacemaker. Wenn Menschen den gleichen Pace haben, bewegen sie sich im gleichen Tempo, im gleichen Rhythmus, im gleichen Schwingungsfeld – es herrscht eine gemeinsame Verbindung. Während der Kommunikation sind ihre Bewegungen synchronisiert, ihre Wesen harmonieren miteinander, sie befinden sich im Rapport – dem magischen Band des Vertrauens. Pacing ist die Grundlage, um erfolgreiche Coaching-Interventionen durchzuführen.

P

Synchronisieren von Schwingungsfeldern

Erfolgreiches Pacing stärkt im Coaching den Rapport, das vertrauensvolle Band zwischen Coach und Coachee. Als »Rapport« bezeichnet man in der Hypnose die »Bereitschaft zu Folgen«. Der Zustand von Rapport ist geprägt durch Vertrauen, Wertschätzung und Team-Spirit. Für den Coach geht es darum, sich auf die Gangart des Coachees einzustellen, ihn abzuholen und mit ihm im Gleichschritt Richtung Zielerreichung zu gehen.

Pacing wird unterschiedlich ins Deutsche übersetzt. Dabei werden verschiedene Aspekte dieser subtilen Tätigkeit betont: guten Kontakt herstellen, eine positive, vertrauensvolle Verbindung schaffen, Gemeinsamkeiten betonen, sich in die Welt des anderen einfühlen, sich an den anderen angleichen. Pacing bedeutet auch Spiegeln, weil das bewusste, jedoch nicht mechanische Einnehmen der gleichen Körperhaltung die positive Verbindung von Coach und Coachee verstärkt.

Kennzeichen für guten Rapport durch erfolgreiches Pacing:

- positive Beziehungsebene,
- harmonischer Gesprächsfluss,
- lebendiger Austausch,
- Synchronizität in den Bewegungen,
- Betonen von Gemeinsamkeiten,
- Humor, echtes gemeinsames Lachen,
- angenehmes Gesprächsklima,
- kooperativer Umgang mit Konflikten,
- Kompromissbereitschaft, Flexibilität,
- Teamgeist, Wir-Gefühl, Solidarität.

Rapport bewirkt Leading-Power

Ein kompetenter Coach kann seinen Coachee bei gutem Rapport mühelos in ressourcevolle Zustände führen. Dafür braucht er sensible Wahrnehmungsfilter und flexibles Ausdrucksvermögen. Falls der Rapport schwindet, gilt es für den Coach, besser zu pacen. Kreativität ist gefragt. Die Vielfalt der menschlichen Existenz bietet unzählige Möglichkeiten, um Gemeinsamkeiten zu entdecken, zu verstärken und so den natürlichen Zugang zur Welt des anderen zu gewinnen. Ein erfahrener Coach kann mit allen Wahrnehmungsfiltern auf physischen und psychischen Ebenen pacen – je stärker die gemeinsame Synchronisation, desto stabiler wird das magische Band und die Bereitschaft, den Leading-Instruktionen des Coaches zu folgen.

Erfolgreiches Pacing erfordert eine sehr differenzierte Wahrnehmung des Coachee. Werden grundlegende Glaubenssätze erfolgreich gepaced, führt dies vermutlich zu stärkerem Rapport als das Spiegeln von Körperhaltungen. Deshalb spricht man im Coaching von Pacing auf der Mikro-Ebene und Makro-Ebene. Die Mikro-Ebene bezieht sich auf kurzlebige Phänomene, die aus der Physiologie im Hier und Jetzt resultieren. Zur Makro-Ebene gehören kontinuierliche Merkmale, die charakteristisch für die Persönlichkeit eines Menschen sind.

Pacing auf der Mikro-Ebene	
Aktuelle Merkmale:	**... zum Beispiel:**
Körperhaltung	Gestik, Kopfhaltung, Beinstellung, Rumpfneigung, Finger
Körperbewegungen	Zeitpunkt, Tempo, Rhythmus, Richtung, Intensität
Mimik	Blickrichtung, Lächeln, Gesichtsausdruck
Körperspannung	locker, angespannt, verkrampft, wechselhaft
Gesprächsinteressen	aktuelle Erlebnisse, Wünsche oder Probleme
Kommunikation	Tempo, Offenheit, Zusammenhang?, Sprünge?, Tiefgang?
Erwartungen	genug Zeit, Feedback, eingeladen werden, Entschuldigungen
Bedürfnisse	Aufmerksamkeit, Anerkennung, Sicherheit, Hunger, Ruhe, Geld
Gefühle	Freude, Angst, Trauer, Wut, Unzufriedenheit, Begeisterung
Atem	Intensität, Pausen, Rhythmus, Bauch/Brus
Kleidung	Farben, Stil, sportlich? elegant? Krawatte?, Marken, Preislagen

Pacing auf der Makro-Ebene	
Stabile Merkmale:	**... zum Beispiel:**
Interessen/Hobbys	Reisen, Auto, Sport, Kochen, Musik, Kunst, Bücher, Natur
Lebensstil	Wohnqualität, Freundeskreis, Gewohnheiten, Freizeit, Auto
Humor	Thematik, Dreistigkeit, Ironie, eigene Person?, Art des Lachens
Gewohnheiten	beim Essen, Reisen, Einkaufen, im Büro, zu Hause
Motivation	Hin-Zu-Was?, Weg-Von-Was?, steuernde Bedürfnisse
Wahrnehmungstyp	Wahrnehmungsgewohnheiten, sinnliche Sprache
Sprache	Schlüsselworte, sinnliche Vokabeln, Lieblingsfloskeln, Dialekt
Stimme	Tempo, Lautstärke, Betonung, Melodie, Pausen
Meinung	Kultur, Politik, TV-Programm, aktuelle Themen
Glauben	eigene Person, andere Menschen, Beschaffenheit der Welt
Persönliche Werte	Freiheit, Sicherheit, Familie, Solidarität, Reichtum
Identität	Ich bin: Unternehmer, Sportler, Mercedes-Fahrer, Vater

Unbewusstes Pacing

Unbewusstes Pacing geschieht ständig im täglichen Leben. Sobald Menschen einander sympathisch sind, pacen sie sich, indem sie ihr Verhalten in der Kommunikation aufeinander abstimmen. Dies sind vielschichtige und feinsinnige Prozesse, die meistens unbemerkt stattfinden. Auch unbewusstes Pacing verbessert die Interaktion. Es führt Menschen in gemeinsame Schwingungszustände und sorgt für gute Stimmung.

Pacing wird auch durch soziale Rituale initiiert, wie zum Beispiel das gegenseitige Zuprosten beim Konsum alkoholischer Getränke. Hier bekräftigen die Trinkenden durch das synchronisierende Anstoßen ihren gemeinsamen Rapport. Gesellige Raucher ziehen gleichzeitig an ihrer Zigarette und machen synchrone Bewegungen zum Aschenbecher. Sehr deutlich kann man das Prinzip des Pacing bei Liebespaaren beobachten. Verliebte Paare wirken auf andere Menschen oft wie ein einziges Wesen, so harmonisch sind ihre Schwingungen miteinander synchronisiert.

Die Idee des Pacing ist auch ein Schlüssel zum Verständnis der Massenpsychologie. Bei Fußballspielen pacen sich die Schlachtenbummler auf vielen Ebenen, singende Fans schunkeln gemeinsam in einem homogenen Farbenmeer. Wenn Soldaten in die Schlacht zogen, gingen sie im Gleichschritt und sangen gemeinsame Lieder. Alle trugen die gleiche Uniform, den gleichen Haarschnitt und ein gemeinsames Feindbild im Kopf.

Pacing verbindet, unabhängig davon, ob es unbewusst stattfindet oder bewusst initiiert wird. Durch gezieltes Pacing kann ein fruchtbares Gesprächsklima geschaffen werden. Für einen kompetenten Coach gibt es unbegrenzte Möglichkeiten zur vertrauensvollen Kontaktaufnahme, um seinen Coachee danach erfolgreich durch den Veränderungsprozess zu führen. Bewusstes Pacing wird durch äußere Aktivität initiiert, wesentlich dabei ist jedoch der subtile innere Prozess des respektvollen Gleichschwingens.

Coaching-Übung: Wer folgt wem?

Betrachten Sie die Welt unter dem Aspekt von Pacing und Leading. Beobachten Sie, wie Menschen miteinander Kontakt aufnehmen. Werden Sie sich darüber bewusst, wie selbstverständlich das Unbewusste Ihrer Mitmenschen dieses magische Prinzip im Alltag praktiziert. Jeder Tag bietet Ihnen unzählige Gelegenheiten, um diesen Wahrnehmungsfilter einzusetzen.

Hier einige Beispiele:

- Beobachten Sie die Körpersprache anderer Menschen, wenn Sie miteinander kommunizieren. Wartezeiten beim Arzt, am Flughafen oder in Restaurants bieten viele Möglichkeiten, um das menschliche Sozialverhalten aufmerksam zu studieren.
- Verfolgen Sie das Prinzip des Pacing und Leading im Fernsehen. Stellen Sie zeitweilig den Ton ab. Beobachten Sie den Tanz der Physiologien.
- Achten Sie bei Aktivitäten von Gruppen darauf, wie die Partner sich aufeinander beziehen. Wer führt die Gruppe?
- Verfolgen Sie gesellschaftliche Rituale wie zum Beispiel Hochzeiten, Ehrungen, Festlichkeiten oder offizielle Anlässe unter dem Blickwinkel von Pacing und Leading.
- Lernen Sie klar zu unterscheiden, wann kommunizierende Menschen sich im Rapport befinden und wann nicht. Entwickeln Sie ein sicheres Gespür dafür, wie die magische Verbindung die zwischenmenschliche Kommunikation beeinflusst.

Fragen Sie sich bei allen Beobachtungen: Wann besteht Rapport und wann bricht er ab? Was geschieht, wenn der Rapport verloren geht? Was genau wird gepaced? Wer führt wann? Und was befähigt ihn dazu?

Coaching-Übung: Extrem Pacing

In dieser Übung geht es darum, herauszufinden, wo die Grenzen des Pacing liegen. Testen Sie in unverbindlichen Situationen, in denen ein Rapportverlust keine schwerwiegenden Folgen hätte, wie weit Sie mit dem Pacing tatsächlich gehen können. Versuchen Sie herauszufinden, wo die Schwelle liegt, bis der andere Ihre Kontaktaufnahme für unangemessen und aufdringlich hält. Folgen Sie dabei nicht Ihren Vorurteilen, sondern beobachten Sie gewissenhaft, wie der andere auf Ihr Pacing tatsächlich reagiert.

- Denken Sie daran, dass penetrantes Pacing auch als »Spiegeln« bezeichnet wird. Werden Sie zum Spiegel Ihres Gegenüber! Wenn er seinen Kopf bewegt, bewegen Sie auch Ihren Kopf. Wenn er sich vorbeugt, beugen Sie sich ebenfalls vor. Wenn er lacht, lassen Sie sich anstecken und lachen einfach mit.
- Übertreiben Sie Ihre Pacing-Manöver ganz bewusst. Hängen Sie Ihr Fähnlein hundertprozentig in die Windrichtung Ihres Gegenübers. Werden Sie für diese Übung zum hemmungslosen Opportunisten! Verhalten Sie sich genau so, wie er sich verhält. Finden Sie gut, was der andere gut findet; und kritisieren Sie, was er kritisiert. Geben Sie Ihre eigene Identität für einen Moment völlig auf, und werden Sie zum Zwilling Ihres Gesprächspartners.
- Tun Sie Dinge, die Sie normalerweise nicht tun würden. Erweitern Sie Ihren Verhaltensspielraum, indem Sie sich hundertprozentig auf den anderen einstellen. Springen Sie über Ihren eigenen Schatten, und lassen Sie sich völlig von den natürlichen Impulsen Ihres Gesprächspartners führen.

Für diese Übung ist es besonders wichtig, dass Sie sich an die folgende Tatsache erinnern: Jeder Mensch möchte gepaced und bestätigt werden! Wenn Sie diese Übung, trotz der grotesken Aufgabenstellung, mit einem respektvollen Grundgefühl für Ihr Gegenüber durchführen, werden Sie vermutlich feststellen, dass Ihre ursprünglich empfundene Grenze des Pacing von Ihren Mitmenschen noch nicht als unangenehm empfunden wird.

P

Verweise

→ Leading → Rapport → Körpersprache → Unser Unbewusstes
→ Mitarbeiter-Coaching → Innere Landkarte

PeneTrance-Modell – Probleme in Ziele verwandeln

Nutzen/Ziel

- Fokussierung der kreativen Kraft auf die Zukunft
- Verwandeln von belastenden Problemen in motivierende Ziele.
- Als Kompass der Ziel-Orientierung im Coaching.

Anwendungsfelder

- Der Coachee wirkt stark verhaftet in seiner Problem-Orientierung.
- Übergang von Ist-Analyse zum Zielzustand.
- Der Coachee wirkt orientierungslos und unstrukturiert.

Coaching ist eine zielorientierte Methode. Ohne Ziel kein Coaching. Als Coach helfen Sie Ihrem Coachee, seine aktuellen Probleme in positive Ziele zu verwandeln. »Wie wird es sein, wenn Sie Ihr Ziel gelöst haben? Was haben Sie dann?« Dies sind wichtige Fragen im Coaching und führt Sie zum PeneTrance-Modell, das von dem Hamburger Dpl-Psychologen Thies Stahl zur Ziel-Findung entwickelt wurde. Durch konsequentes Nachfragen mit hypnotischer Wirkung führen Sie den Fokus der Aufmerksamkeit Ihres Coachee in die Zukunft. Mithilfe kreativer Fantasie stimulieren Sie einen positiven Zukunftsentwurf und ermöglichen so eine konstruktive Orientierung.

Im Coaching

P

Das PeneTrance-Modell ist ein Verfahren, um den Coachee durchkonsequentes-NachfragenzuwohlgeformtenZielvorstellungen zu führen. Dabei wird die System-Verträglichkeit von Interventionen in besonderem Maße betont. Der Name der Methode setzt sich aus den Worten »penetrant« und »Trance« zusammen, weil der Coach so lange konsequent hartnäckige Fragen stellt, bis die Zieldefinition bestimmten Kriterien der Wohlgeformtheit genügt.

Um die extrem zielorientierten Fragen des Coachs ernsthaft beantworten zu können, muss der Coachee innere Suchprozesse durchlaufen. Dabei geht er in leichte Trance. Als Grundlage wird ein positives Ziel formuliert. Dann werden die nötigen Ressourcen zur Zielerreichung aktiviert. Danach wird die gewünschte Veränderung auf ihre systemische Verträglichkeit hin überprüft. Dabei wird auch das als unerwünscht empfundene Problemverhalten gewürdigt. Alte Verhaltensweisen können neu kontextualisiert und als Ressource in das Repertoire des Coachees integriert werden. Abschließend wird ein Future Pace als Transfersicherung gemacht. Sobald die Intervention erfolgreich durchlaufen wurden, wird der Coachee zum Abschluss entweder eine motivierte Ziel-Physiologie oder eine entspannte Versöhnungs-Physiologie zeigen.

- »Woran werden Sie merken, dass Sie Ihr Ziel erreicht haben? Was genau sehen oder hören sie? Was sagen Sie zu sich selber, wenn Sie Ihr Ziel erreicht haben?«

Diese Fragen führen meist nicht auf Anhieb zu einer Antwort, die alle Kriterien der Wohlgeformtheit erfüllt. Um das Ziel in Übereinstimmung mit diesen Kriterien formulieren zu können, muss der Coachee in leichte Trance-Zustände gehen. Er richtet seine Aufmerksamkeit nach innen, nimmt bisher unbewusste Impulse wahr und wird vom Coach immer wieder in den Zukunftsentwurf der Zielerreichung hineinhypnotisiert.

Wenn ein guter Rapport und eine klare Arbeitsvereinbarung bestehen, erlebt der Coachee die Fragen seines Coachs trotz ihrer Penetranz nicht als unangenehm, denn er merkt, dass jede dieser Fragen seinen Zustand verbessert. Durch die Fragen wird er konsequent aus dem Problem-Zustand in einen Ziel-Zustand geführt. Jede weitere, im Sinne der Kriterien der Wohlgeformtheit beantwortete Frage bringt ihn der erwünschten Zielerreichung ein Stück näher. Die Orientierung anhand von Kriterien schafft klare Strukturen und gibt der gemeinsamen Arbeit eine verbindliche Basis.

Coaching-Übung: PeneTrance-Modell

Im PeneTrance-Modell zeigen die Kriterien der Wohlgeformtheit, ob das gewünschte Ziel bereits optimal formuliert ist oder ob noch weiter daran gearbeitet werden muss. Sobald die Zieldefinition alle Kriterien der Wohlgeformtheit erfüllt, wird ein Ressource-Zustand induziert. Die Prozessinstruktionen führen den Coachee auf respektvolle Weise an seine Ressourcen:

- »Sie als erwachsener und reifer Mensch haben eine Menge gelernt in verschiedenen Zeiten Ihres Lebens, mit verschiedenen Menschen, an verschiedenen Orten – was von all diesen Fähigkeiten kann Ihnen jetzt helfen, um Ihr Ziel zu erreichen?«
- Der Coachee findet daraufhin mindestens fünf Ressourcen in Form von verfügbaren Fähigkeiten.
- Sie werden anschließend durch einen Future Pace im Unbewussten geankert: »Jetzt machen Sie bitte innerlich ein kleines Ritual (möglicherweise ein magisches Wort, das sich aus den Anfangsbuchstaben der Ressourcen zusammensetzt) und fokussieren auf Ihre Ressourcen, um sicherzustellen, dass Sie sich im relevanten Kontext … (wörtliche Zitate des Coachees) … an diese Fähigkeiten erinnern können … und dass Sie sie so einsetzen werden, wie es in der Situation am besten ist … «
- Im Coaching mit geht es grundsätzlich darum, bestehende Verhaltensoptionen zu erhalten und dadurch für die Zukunft erhöhte Wahlfreiheit zu erwerben. Deshalb folgt ein Kontext-Reframing: »Finden oder erfinden Sie bitte drei Kontexte, wo Sie die neue Fähigkeit nicht anwenden möchten, sondern lieber das alte Verhalten zur Verfügung haben möchten.«
- Auf diese Weise wird der Coachee in die Versöhnungs-Physiologie geführt. Er kann nun erkennen, dass sein ursprüngliches Problemverhalten in bestimmten Kontexten auch eine wertvolle Fähigkeit darstellt. So braucht sein

Unbewusstes nicht zu befürchten, dass es systemisch notwendige Verhaltensoptionen verliert. Nur dann wird das Unbewusste bereit sein, die Realisierung des neuen erwünschten Verhaltens aus vollen Kräften zu unterstützen.

- Als Nächstes wird ein gründlicher System-Check gemacht. Dabei schlüpft der Coach in die Rolle von des Teufels Advokat. Zur Überprüfung von möglichen unerwünschten Nebenwirkungen fordert er seinen Coachee auf, ein Bedeutungs-Reframing vorzunehmen: »Finden oder erfinden Sie bitte drei negative Konsequenzen, die es in Ihrem Leben geben könnte, wenn Sie Ihr Ziel erreicht haben.«

Oftmals sind Coachees so erfreut über ihre wohlgeformten Ziele, dass sie diese Transfersicherung als unnötig abtun. Doch gerade hier sollte ein gewissenhafter Coach penetrant nachfragen, um das neu Gelernte systemisch zu überprüfen.

- Anschließend werden Möglichkeiten zum Umgang mit diesen negativen Konsequenzen gesucht: »Finden Sie nun für jede der möglichen negativen Konsequenzen verschiedene Ideen, wie Sie ihnen vorbeugen können oder wie Sie sie bewältigen werden.«
- Abschließend wird ein **Future Pace** gemacht: »Wann genau werden Sie Ihr Ziel erreichen? Wie wird das sein? In welcher konkreten Situation in der Zukunft werden Sie das neue Verhalten zum ersten Mal anwenden?«

Verweise

→ Frage-Technik → Systemisches Bewußtsein → Körpersprache → Trance → Ressourcen → Wohlgeformte Ziele

Phobie-Technik – Befreiung von unangemessenen Ängsten

Nutzen/Ziel

- Reduzierung und Auflösung von heftigen Ängsten.
- Erzeugen einer mentalen Infra-Struktur zum Lernen von besseren Reaktionen
- Vergrößern der inneren Freiheit

Anwendungsfelder

- Coachee zeigt zwanghaftes Angst-Erleben.
- Bei unnötigen Einschränkungen und Tabus.
- Falls sich der Coachee mehr innere Freiheit wünscht, und alte Verhaltens-Muster »loswerden« will.

Angst ist eine mächtige Emotion. Nicht selten begegnen wir im Coaching Menschen, die unter starken Ängsten leiden. Obwohl der Verstand eindeutig weiß, dass die Heftigkeit der ängstlichen Reaktion vollkommen übertrieben ist, gelingt es dem Betroffenen nicht, die Angst zu beherrschen oder aufzulösen. Was kann ein Coach in solch einem Fall leisten? Welche Werkzeuge können helfen?

Richard Bandler und John Grinder, die Entwickler des NLP, durften kompetente Psychotherapeuten bei der Arbeit beobachten Aus diesem Forschungs-Projekt hat sich dann die Phobie-Technik entwickelt. Sie basiert auf visueller Dissoziation und kann von erfahrenen Coachs bei der Linderung oder Bewältigung von starken Ängsten eingesetzt werden kann.

Heftige Schutzreaktionen

P

Eine Phobie ist eine heftige Angst vor bestimmten Dingen, Ereignissen oder Situationen, die für andere Menschen oftmals ungefährlich sind. Auslöser für Phobien können zum Beispiel Mäuse, Spinnen, Spritzen, der Anblick von Blut, Zahnarztbesuche, Fahrstühle oder Eisenbahnwaggons sein. Charakteristisch für Phobien ist die übersteigerte Koppelung von äußeren Reizen und inneren Zuständen.

Phobien werden meist durch traumatische Erlebnisse (z. B. Unfälle, Krankheiten, Missbrauchserfahrungen) oder archetypische Urängste (z. B. Spinnen und Nagetiere, mit denen sich unsere in Höhlen lebenden Vorfahren auseinandersetzen mussten) erzeugt und sind somit eine Schutzreaktion. Das Unbewusste versucht, durch die phobische Reaktion den Menschen vor einem weiteren Trauma zu bewahren. Eine Phobie ist ein traumatischer Puffer, den das Bewusstsein des Betroffenen nicht kontrollieren kann.

Immer wenn ein Spinnenphobiker eine Spinne sieht, gerät er in einen Stuck State: Er ist innerlich von seinen Ressourcen abgeschnitten, verliert die Kontrolle und wird von seiner Angst überwältigt. Vom subjektiven Erleben her geht es dabei oft um Leben und Tod – die phobische Reaktion wird als absolut zwingend erlebt.

Besonders das Coaching mit NLP-Techniken ist bekannt für seine spektakulären Erfolge in der Heilung von Phobien in kürzester Zeit. Dies geschieht durch die gezielte Entkoppelung des inneren Zustandes vom äußeren Reiz.

Bei der Arbeit mit starken Ängsten ist es besonders wichtig, die systemische Integrität des Coachees genau zu beachten und die Intervention in einem geschützten Vertrauensrahmen durchzuführen.

Coaching-Übung: Phobie-Technik

- Als Einstieg in die Phobie-Technik überprüft der Coach die Intensität des Rapports, indem er seinen Coachee zu einem ungewöhnlichen Experiment einlädt und die Physiologie des Coachees dabei genau überprüft.
- Dann ankert der Coach eine starke Ressource-Physiologie des Coachees auf einem besonderen Stuhl oder Ort im Raum, indem er seinen Coachee durch die V.A.K.O.G.-Hypnose in einen Zustand der Stärke und Selbstsicherheit führt, den sein Coachee in seiner Vergangenheit erlebt hat (Moment of Excellence).
- Anschließend wechselt der Coachee auf einen neutralen Stuhl, und der Coach nimmt mit dem inneren Teil des Coachees Kontakt auf, der für die phobische Reaktion verantwortlich ist. Er wird gewürdigt, und es wird sichergestellt, dass ihm die phobische Reaktion auch in Zukunft als Wahlmöglichkeit erhalten bleibt.
- Als Nächstes ankert der Coach die phobische Physiologie des Coachees auf einem weiteren Stuhl: Der Coach führt den Coachee durch eine doppelte Dissoziation in eine Wahrnehmungsposition, aus der er vor seinem geistigen Auge als Zuschauer einen Schwarz-Weiß-Film auf einer sehr kleinen Kinoleinwand von der Situation beobachtet, in der er die phobische Reaktion erlernt hat.

P

So kann der Coachee aus der sicheren Distanz ein tieferes Verständnis für den Sinn seiner damaligen Reaktion entwickeln. Außerdem kann der Coach seinen Coachee mithilfe dieses inneren Films an alternative Wahrnehmungsvarianten der phobischen Situation heranführen.

Der Coach bietet seinem Coachee gezielte Instruktionen zur Veränderung der Wahrnehmung des Films an. Durch die virtuelle Unterlegung von Musik oder der Veränderung der Leinwandgröße und späteren Einfärbung der Filmbilder gewinnt der Coachee mehr und mehr Kontrolle über die zunehmend realistischer werdende innere Abbildung der Schlüsselsituation. Der Coach beobachtet dabei die Physiologie, um den Belastungsgrad für den Coachee sinnvoll zu dosieren.

- Anschließend setzt der Coach einen Separator und führt seinen Coachee wieder auf den neutralen Stuhl. Hier können die Erlebnisse des Coachees reflektiert werden und gegebenenfalls erneut die Ressource-Physiologie initiiert werden.

Im System-Check überprüft der Coach, ob alle Teile des Coachees mit der Veränderung einverstanden sind. Falls die phobische Reaktion sekundäre

Gewinne gebracht hat, können diese durch kreative Einwand-Behandlung integriert werden. Dann bittet er seinen Coachee, noch einmal auf den Stuhl zu wechseln, in dem sein innerer Film der phobischen Reaktion ablief. Der Coach führt seinen Coachee wieder in die doppelte Dissoziation des Schwarz-Weiß-Films auf einer sehr kleinen Kinoleinwand, doch diesmal überlässt er es dem Coachee, sich der realistischen Abbildung der phobischen Reaktion zu nähern.

Wenn der Coachee mit seinen neuen Erfahrungen und Ressourcen der Kontrolle eine andere Rolle in der Situation spielen kann, um auf eine angemessene Weise mit der traumatischen Erfahrung umzugehen, wird die phobische Reaktion mehr und mehr unnötig, und der Coachee kann in Zukunft anders auf den Schlüsselreiz reagieren.

Da die Phobie-Technik sehr stark auf das Unbewusste zugreift, und Angst eine sehr mächtige Emotion dargestellt, ist es unbedingt notwendig, die systemischen Konsequenzen der Intervention gründlich einzunetzen. Dafür nutzen wir als praktisches Werkzeug den »System-Check«.

- Abschließend erfolgt ein Future Pace durch den Coach, damit der Coachee die frei gewordene Energie, die jetzt nicht mehr an die phobische Situation gebunden ist, auf andere Art nutzen kann. Wenn es die Rahmenbedingungen erlauben, können Coach und Coachee gemeinsam im Realitätstest überprüfen, ob die Phobie tatsächlich überwunden ist und das alternative Verhalten zu einer stabilen Ressource des Coachees geworden ist.

Verweise

-> Ankern -> Ressourcen -> Teile-Modell -> System-Check -> Das Unbewusste -> Ritual

Positive Absicht – die vergessene Motivation?

Nutzen/Ziel

- Konsequente Wertschätzung für alle Lebensäußerungen des Coachees
- Auflösung von alten Blockaden.
- Konstruktiver Umgang mit Einwänden
- Optimismus, Vertrauen und positives Menschenbild

Anwendungsfelder

- Zentrales Werkzeug im Konflikt-Coaching
- Innere Konflikte – Win-Win-Methodik.
- Erzeugen der Versöhnungs-Physiologie.

Im Coaching gilt die Denkweise, dass jedes menschliche Verhalten auf eine positive Absicht zurückgeführt werden kann. Dabei ist es für Sie als Coach sinnvoll, von der Annahme auszugehen, dass alle Impulse Ihres Coachees von einer unbewussten Instanz gesteuert werden, die grundsätzlich darauf abzielt, einen vermeintlichen Vorteil für das Individuum zu erreichen. Mithilfe dieses Wahrnehmungsfilters können Sie auch scheinbar unsinnige, weil problemerzeugende Verhaltensweisen wertschätzen, erforschen und verstehen. Dadurch können Sie als Coach mit den unbewussten Kräften Ihres Coachees schnell eine positive Beziehungsebene erzeugen und reduzieren die Gefahr des unbewussten Widerstandes gegen die Veränderung.

Die positive Absicht entspricht dem Ursprung eines Impulses

Jede Verhaltensweise des Menschen entspringt einer positiven Absicht. Manchmal fällt es schwer, diese Grundannahme konsequent zu verifizieren. Das Verständnis der positiven Absicht impliziert eine systemische Denkweise. Der Mensch wird als System betrachtet. Alle Impulse dienen dem optimalen Überleben des menschlichen Systems. Im Coaching trennen wir nicht zwischen Absicht und Verhalten. Die positive Absicht entspricht dem Ursprung des Impulses; die konkrete Verhaltensweise ist lediglich der im Moment mögliche Weg der Realisierung.

Da der gewählte Weg in vielen Fällen von unbewussten Teilen bestimmt wird, kann das tatsächliche Verhalten der Absicht nicht immer gerecht werden. Entweder wird der beabsichtigte Effekt nur teilweise erreicht, oder das Verhalten erzeugt unerwünschte Nebenwirkungen. In solchen Fällen bewertet unser Bewusstsein die inadäquaten Verhaltensweisen als negativ. Dann wollen wir uns verändern und bekämpfen das störende Verhalten. Derartige Kämpfe erzeugen Inkongruenzen und verbrauchen Energie. Die Erkenntnis der positiven Absicht kann den Kampf beenden und eine heilsame Aussöhnung bewirken.

Versöhnung setzt Energien frei

Das Prinzip der Versöhnung spielt eine wichtige Rolle im Coaching. Es ist unmittelbar mit der Idee des Reframing und der positiven Absicht verbunden. Innere Konflikte binden Energie; durch die Versöhnung werden oftmals ungeahnte Energien freigesetzt. Dabei entspannt sich die Psyche. Der Coachee entwickelt zu sich selbst eine neue positive Einstellung. Wenn ein Coachee im Reframing erkennt, welche positive Absicht hinter einer bisher bekämpften Verhaltensweise steht, geschieht eine innere Versöhnung. Der bisher ungeliebte Teil wird als nützlich erkannt. Dabei gelangt der Mensch in einen entspannten Zustand, den der Coach an der entsprechenden Versöhnungs-Physiologie erkennt.

Die Versöhnung ist eine Form der Re-Integration. Als Metapher ausgedrückt: Wenn ein Kind sein Elternhaus im Streit verlässt, ist es von der Familie auch emotional getrennt. Damit sind für alle Beteiligten negative Emotionen verbunden. Wenn die Streitenden bereit sind, wieder miteinander zu reden und dem anderen eine Chance zu geben, kann ein Weg gefunden werden, um das abtrünnige Kind wieder in die Familie zu integrieren. Wenn der Vater (oder die Mutter) einen verlorenen Sohn (oder eine Tochter) zurückbekommt, findet eine Versöhnung (oder Vertöchterung) statt. Ein ähnlicher Prozess geschieht beim Reframing in der Psyche des Coachees. Durch die Erkenntnis der positiven Absicht entsteht Verständnis für den ehemals abgelehnten Teil. Ein innerer Konflikt kann gelöst werden. Die Gesamtpersönlichkeit empfindet plötzlich wieder Elternliebe für den abtrünnigen Teil und ist bereit, ihn wieder zu integrieren.

Die Versöhnung als Alternative zur Veränderung

Dies kann im Coaching dazu führen, dass eine zuvor angestrebte Veränderung nicht mehr notwendig erscheint oder zumindest das alte Verhalten in bestimmten Situationen beibehalten werden soll. Die Versöhnung bietet in vielen Fällen eine echte Alternative zur Veränderung. Sofern sie ökologisch ist, kann viel Zeit und Energie gespart werden. Eine Versöhnung ist oft eine elegante Lösung für Energie verbrauchende Konflikte. Der anstrengende Kampf ist beendet, und alle Beteiligten genießen den Frieden.

Bei der Versöhnung spielt das Prinzip des sekundären Gewinnes eine wichtige Rolle. Zum Beispiel sind die Arbeitsgewohnheiten von Workaholics häufig mit verschiedenen sekundären Gewinnen verbunden. Wenn diese Sucht erkannt wurde, wird sie meist vom Bewusstsein bekämpft, weil das übermäßige Arbeitspensum unerwünschte und schädliche Nebenwirkungen mit sich bringt. Trotzdem verbergen sich hinter dem Impuls des Arbeitssüchtigen positive Absichten wie Verantwortungsbewusstsein, Einsatzwillen, Ehrgeiz oder andere Ressourcen. Wenn die positive Absicht als Motiv der unerwünschten Verhaltensweise erkannt wurde, können neue, adäquatere Wege zur Realisierung der sekundären Gewinne gefunden werden. Dieser Prozess wird im Six-Step-Reframing durchlaufen. Erst wenn der Mensch lernt, sich die sekundären Gewinne auf eine bessere Weise zu verschaffen, verliert die alte Gewohnheit ihren Sinn und kann aufgegeben oder gezielt dosiert werden. Die konsequente Frage nach der positiven Absicht bietet im Coaching die Möglichkeit, alle Teile unserer Persönlichkeit zu akzeptieren. Jedes Verhalten des Coachees ist ein sinnvoller Bestandteil der persönlichen Ökologie. Wenn wir unerwünschte Verhaltensweisen aufgeben wollen, müssen wir den systemischen Nutzen auf andere Weise gewährleisten. Für jede Veränderung brauchen wir alternative Verhaltensweisen, um die zugrunde liegende positive Absicht auf ökologische Weise zu realisieren.

Symptome als Botschaften des Unbewussten

Ein Coach versteht Gesundheit als Zustand der Balance. Jedes Symptom ist Ausdruck einer Störung der inneren Balance. Symptome werden von unserem Unbewussten erzeugt. Sie können als nützliche Signale verstanden werden. Oft weiß das Bewusstsein des Menschen nicht, was der Organismus benötigt, um das systemische Gleichgewicht wiederherzustellen. Dann gehen wir zum Arzt, zum Coach oder zum Psychotherapeuten. Der Mensch kann jedoch lernen, die Signale frühzeitig zu erkennen und sich daraufhin so zu verhalten, dass er sich aus eigener Kraft wieder in ein gesundes, harmonisches Gleichgewicht bringt.

Der Coach geht davon aus, dass sich hinter jedem Symptom eine positive Absicht verbirgt. Wenn wir diese erkennen, können wir alternative Wege finden, um sie zu realisieren. Das Six-Step-Reframing ist eine Coaching-Intervention, um Symptome als Botschaften zu verstehen. Wird die Information in aktives Lernverhalten umgesetzt, wird das Symptom als Signalgeber nicht mehr benötigt und kann verschwinden. Falls bestimmte Symptome über längere Zeit vorhanden waren, haben sie oft verschiedene systemische Funktionen im Leben des Menschen übernommen. Dann sind sie ökologisch eingenetzt und können verschiedene sekundäre Gewinne mit sich bringen.

Ein Symptom kann zum Beispiel Funktionen im Sozialverhalten des Menschen erfüllen. So kann ein Kind gelernt haben, dass es nur dann Aufmerksamkeit von seinen Eltern erhält, wenn es krank ist. Wenn das Unbewusste diese Erfahrung generalisiert, wird der Mensch vielleicht auch als Erwachsener krank werden, um die Aufmerksamkeit seiner Bezugspersonen, Ehepartner oder Kinder zu gewinnen. Die positive Absicht des Symptoms ist dann der Gewinn von Aufmerksamkeit. Wenn der Mensch gelernt hat, die Aufmerksamkeit seiner Mitmenschen auf andere Weise zu gewinnen, braucht er das Symptom nicht mehr. Das Kranksein verliert seinen Sinn. Symptome lassen sich auch über die Arbeit mit Glaubenssystemen verändern. Hier gelten sie als Ausdruck von erworbenen Einschränkungen oder von Konflikten zwischen mehreren Glaubenssätzen.

Coaching-Übung: Das Universelle Berater-Modell

Das Berater-Modell ist eine Methode im Coaching, um Einwände, Zweifel oder Befürchtungen des Coachees sinnvoll zu integrieren. Durch das klare Herausarbeiten der positiven Absicht entsteht ein sinnvoller Impuls für das Gesamt-System. Dann gilt es diesen Impuls positiv zu integrieren: Er bekommt eine Aufgabe als »System-Berater«. Dieses konstruktive Beratungs-Mandat kann auch erweitert werden auf »Wachtmeister-Jobs« oder »Früh-Warn-Alarm«.

- Sobald der Coach einen inneren Konflikt erkannt hat, kann er die Beteiligten einladen, ihre Interessen bewusst und präzise zu vertreten. Deshalb bittet er den Coachee, verschiedene innere Kräfte als Persönlichkeits-Teile zu benennen, um sie direkt ansprechen zu können und sie in Kontakt miteinander zu bringen.
- Dann werden die positiven Absichten jedes Teils herausgearbeitet und gewürdigt: »Lieber Teil xy, welche Absicht verfolgst Du mit deinem Verhalten? Was möchtest Du damit sicherstellen?«
- Die verantwortlichen Persönlichkeits-Teile erhalten jeweils eine Beraterfunktion (Sicherheitsberater, Zeiteinhalter, Qualitätsmanager, Ressourcencontroller etc.). So können sie ihre positive Absicht auf eine konstruktive Weise realisieren, indem zum Beispiel Ängste in intelligentes Verhalten oder generelle Einwände in konkrete Bedingungen verwandelt werden. Falls der Coachee die Ängste oder Einwände bisher abgelehnt und innerlich bekämpft hatte, wird er bei gelungener Anwendung des Berater-Modells seine Versöhnungsphysiologie zeigen. Dann hat ein grundlegendes Reframing stattgefunden, und die ehemaligen inneren Störenfriede helfen jetzt, den gewonnenen Frieden zu sichern.

Zum Beispiel kann es vorkommen, dass ein Coachee in der Arbeit mit seinem Coach eine berufliche Problemlösung entwickelt hat und anschließend Zweifel bekommt, ob die gefundene Lösung wirklich funktionieren wird. Es könnten sich unbewusste Stimmen melden, die sagen, dass bei dieser Lösung die ohnehin bereits knapp gehaltene Freizeit noch knapper wird. Das wiederum führt zu weniger Zeit zum Sport mit Freunden, was ihm eigentlich wichtig ist. Außerdem könnte seine Familie sich vernachlässigt fühlen.

Das Berater-Modell greift die Befürchtungen auf und verwandelt sie in Wünsche. Dabei suchen die Teile schon vorbeugend neue Wege, um ihre positiven Absichten zu verwirklichen. Vielleicht sucht der Sport-Teil nach anderen, weniger zeitaufwendigen Gelegenheiten, um zu trainieren. Oder der Freunde-Teil bildet mit dem Familien-Teil eine Koalition, und der Mensch besucht zusammen mit seiner Familie gemeinsame Freunde. Diese innere Vorbereitung trägt dazu bei, die berufliche Problemlösung ökologisch zu gestalten. Dadurch steigen die Erfolgschancen der Realisierung enorm.

Besonders hilfreich ist das Berater-Modell, wenn sich beim System-Check herausstellt, dass die geplanten Veränderungen nicht jetzt sofort, sondern erst im Laufe der Zeit verlässlich auf ihre Verträglichkeit geprüft werden können. Dann werden mögliche innere Störenfriede durch ein Reframing zu zukünftigen Beratern erklärt und mit eigenen Kriterien ausgestattet, um ihre positive Absicht zum richtigen Zeitpunkt zu realisieren. So werden Frühwarnsignale vereinbart, damit systemische Störungen rechtzeitig bemerkt werden und der Mensch angemessen darauf reagieren kann.

Verweise

→ Sekundärer Gewinn → Einwand-Integration → System-Check
→ Unser Unbewusstes → Glaubenssysteme

Positiver Sprachgebrauch – denken Sie nicht an eine kleine schwarze Katze!

Nutzen/Ziel

- Konsequente Gestaltung einer positiven Zukunft.
- Konditionierung des Coachees auf zielorientierte Wahrnehmung.
- Unterstützung in der Zielerreichung durch die unbewussten Kräfte.

Anwendungsfelder

- Zentrales Werkzeug zur Steuerung von ziel-orientierten Prozessen.
- Falls der Coachee verharrt in Problem-Zuständen blockiert.
- Bei Motivations-Problemen.

Im Coaching gilt die Herausforderung, Negationen in positive Aussagen zu verwandeln. Positives Denken und positives Formulieren sind grundlegende Fähigkeiten eines kompetenten Coachs. Sie können durch konsequentes Reframing geübt und kultiviert werden. Konstruktives Reframing von negativen Aussagen intensiviert den Rapport und stimuliert die kreativen Geister des Coachees. Die Vorgehensweise im Coaching ist konsequent zielorientiert und entspricht somit der Funktionsweise unserer Psyche. Negationen werden vom Unbewussten oftmals gar nicht erkannt oder verwirren den unbewussten Autopiloten. Insbesondere beim Formulieren von Zielen widersprechen negative Formulierungen den Kriterien der Wohlgeformtheit.

Worte erzeugen Bilder in unserer Psyche

Unser Hörsinn ist immer aktiv. Selbst wenn wir schlafen, empfangen wir auditive Signale in Form von Geräuschen unserer Umwelt, die direkt an unser Unbewusstes gehen. Auch wenn wir mit anderen Menschen sprechen, hört unser Unbewusstes jedes unserer Worte und möchte sich dazu ein Bild machen, um das Gesagte abbilden zu können. Besonders wenn wir über unsere Zukunftsvorstellungen sprechen, ist es wichtig, positive Aussagen zu benutzen, damit sich unser Unbewusstes ein Bild über unsere bewusste Zielausrichtung machen kann. Durch die selektiven Wahrnehmungsfilter des Unbewussten kann der Zielerreichungsprozess massiv unterstützt werden. Bei der Verwendung von Negationen entsteht entweder kein Bild und dadurch eine unbewusste Irritation, oder die Verneinung wird vom Unbewussten ignoriert und die Botschaft damit ins Gegenteil verkehrt.

Man erkennt Negationen an der Vorsilbe »un-« oder an Worten »wie nicht, kein, ohne«. Oft formuliert der Coachee seinen Veränderungswunsch zunächst als Negation:

- Ich will bei der Arbeit nicht immer wieder die gleichen Fehler machen.
- Ich möchte nicht mehr von meinen Kollegen geschnitten und gemieden werden.
- Ich möchte keinen Alkohol mehr trinken.
- Ich wünsche mir ein Leben ohne Zwänge.

P

Erkenntnisse, die auf einer Negation basieren, können durchaus eine Ressource zur Veränderung darstellen, nur – was stattdessen? Wir brauchen positive Alternativen! Das menschliche Unbewusste kann nicht negieren. Es kann die Negation nicht verarbeiten. Der Gedanke an irgendetwas bringt uns bereits damit in Kontakt, auch wenn wir verbal ein »nicht« davor setzen. Die Aufforderung »Denke nicht an eine kleine schwarze Katze« führt dazu, dass wir an eine kleine schwarze Katze denken. Wir müssen uns zunächst eine kleine schwarze Katze vorstellen, bevor wir dann beschließen können, es nicht zu tun. Deshalb brauchen wir positiv formulierte Alternativen, zum Beispiel einen großen weißen Hund. Falls der Coachee im Coaching Negationen gebraucht, um sein Ziel zu beschreiben, fragt ihn der Coach, was er stattdessen erreichen möchte.

- Ein Coachee sagt: »Ich will nicht mehr depressiv sein.«
- Daraufhin stimuliert ihn der Coach, eine attraktive Alternative zu entwickeln: »Wie wird es denn sein, wenn Sie nicht mehr depressiv sind? In welchem Zustand möchten Sie stattdessen sein? Was wollen Sie erreichen? Was ist Ihr Ziel?«

Kreative Fragetechnik ist ein entscheidendes Instrument zur Zieldefinition. Dabei hinterfragt der Coach die Negationen des Coachee so lange, bis eine positive Entsprechung gefunden wurde. Viele Menschen sind es nicht gewohnt, sich auf eine zielorientierte Weise mit ihren Problemen auseinanderzusetzen. Daher braucht der Coach eine gewisse Beharrlichkeit, um die Negationen zu verwandeln.

Coaching-Übung: Probleme in Ziele verwandeln

Diese einfache Übung hat zum Ziel, aktuelle Missstände des Coachees in positive Ziele zu verwandeln.

- Bitten Sie Ihren Coachee, ganz gezielt darüber nachzudenken, was er gern verändern möchte, und diese Missstände aufzuschreiben. Durch die schriftliche Fixierung bekommen die Themen für das Unbewusste des Coachees eine stärkere Ladung.
- Dann schauen Sie im Coaching gemeinsam auf die Listemit den Missständen und fragen Sie Ihren Coachee bei jedem einzelnen Punkt, was genau er stattdessen haben möchte. Oftmals ist die unterstützende Begleitung durch den Coach die entscheidende innere Erlaubnis für den Coachee, um sich »endlich« konstruktiv mit seinen Missständen auseinanderzusetzen. Achten Sie als Coach darauf, dass Ihr Coachee seine Ziele in positiven Worten formuliert. Damit die Formulierung auch der Programmiersprache des Unbewussten entspricht, überprüfen Sie jedes Ziel mit den Kriterien der Wohlgeformtheit.

Verweise

→ Ziel-Orientierung → Wohlgeformtheit → Unser Unbewusstes → PeneTrance-Modell → Future Pace → Magie des Wünschens → Zensor

Präsenz – Aufmerksamkeit ist Energie!

Nutzen/Ziel

- Leading-Power und Charisma
- Konsequente Optimierung bei der Beziehungs-Gestaltung.
- Steigerung der Wirksamkeit von Coaching-Interventionen.

Anwendungsfelder

- Zentrale Werthaltung im Coaching.
- Die Präsenz des Coachs energetisiert den Coachee.
- Als zusätzliche Stimulanz für Kreativitäts-Techniken.

Als Coach brauchen Sie viel psychische Energie. Sie sind gefordert, die komplexe Lebenssituation Ihres Coachees in kürzester Zeit zu verstehen, ohne Ihre eigenen Projektionen mit den Darstellungen Ihres Coachee zu vermissen – inklusive unbewusster Ängste und Bedürfnisse. Diese enorme Leistung können Sie nur vollbringen, wenn Sie sich regelmäßig darin trainieren, eine außerordentlich starke Präsenz aufzubauen und dabei in einen Zustand von Wertschätzung und Aufmerksamkeit für Ihre Umgebung zu gelangen. Die Qualität Ihrer Präsenz prägt Ihre Ausstrahlung und bestimmt den Respekt, den andere Menschen Ihnen entgegenbringen. Ihre Präsenz als Coach bildet den Zündfunken, um den kreativen Erkenntnisprozess im Gehirn Ihres Coachees zu aktivieren.

Im Coaching

Mit Präsenz ist die Fähigkeit gemeint, im Hier und Jetzt als wahrnehmender Mensch gegenwärtig zu sein. Geistige Präsenz entsteht durch bewusste Aufmerksamkeit für die aktuelle Situation auf der Sach- und Beziehungs-Ebene. Als kompetenter Coach sollten Sie gleichzeitig auch auf die Meta-Ebene fokussieren können, um den Gesamtprozess zu steuern. Präsenz wird durch eine innere Wachsamkeit genährt, die ständig stimuliert werden muss, um nicht zurück in die Konsumhaltung des Alltagsbewusstseins zu gleiten. Für einen kompetenten Coach ist es deshalb sinnvoll, Chancen-Denken, Feedbackbereitschaft und Begeisterungsfähigkeit als positive Gewohnheit zu entwickeln. Nützliche Werkzeuge zum Steigern der Präsenz des Coachees sind Separator State-Manöver und Blick-Kontakt auf Augenhöhe. Sie reorientieren den Coachee in das aktuelle Geschehen und stärken seine Präsenz im Umgang mit seinem Thema.

In Verbindung mit Kongruenz wirken präsente Menschen auf andere besonders anziehend und überzeugend. Der Volksmund spricht dann von Ausstrahlung oder Charisma. Jeder Mensch hat eine Ausstrahlung, doch erst wenn eine gewisse Intensität vorhanden ist, wird sie von anderen Menschen als bemerkenswert wahrgenommen. Uns Menschen umgibt ein feines Schwingungsfeld. Je präsenter wir sind, desto intensiver werden unsere Schwingungen. Wenn die Schwingungen eines Menschen harmonisch sind, wirkt er kongruent und vertrauenswürdig. Disharmonie erzeugt Inkongruenzen. Falls Inkongruenzen von einem Coach während der Veränderungsarbeit mit dem Coachee bewusst wahrgenommen werden, liefern sie wertvolle Informationen. Sie zeigen dem Coach, wo seine Intervention noch nicht ökologisch ist. Ein präsenter Coach hat die Chance, sehr frühzeitig zu bemerken, wann er wieder pacen muss, um den Rapport zum Coachee zu stabilisieren. Gleichzeitig unterstützt die eigene Präsenz und Kongruenz den Vertrauensaufbau beim Coachee.

Wenn Menschen miteinander kommunizieren, prallen die sie umgebenden unsichtbaren Schwingungsfelder aufeinander. Durch Pacing werden die Schwingungen synchronisiert. Sobald dieser Prozess in einem ausreichenden Maße gelungen ist, entsteht Rapport. Je präsenter die Gesprächspartner dabei sind, desto bewusster und subtiler kann die Abstimmung auf den anderen gestaltet werden. Präsenz ermöglicht eine ganzheitliche menschliche Begegnung. Coaching basiert auf Kongruenz, Wertschätzung und Einfühlungsvermögen. Ohne Präsenz wären die drei Grundhaltungen jedoch nur ein theoretisches Konstrukt. Erst wenn der Coach seinem Coachee in der aktuellen Situation wahrhaftig begegnet, werden heilsame Veränderungen bewirkt. Ohne Präsenz wird dem Coach keine erfolgreiche Intervention möglich sein, selbst wenn er über wirksame Werkzeuge in seinem Repertoire verfügt. Der Coachee braucht ein Beziehungsangebot, um sich auf die gemeinsame Arbeit einlassen zu können. Es ist eine gelungene Synthese von Präsenz und Interventions-Technik, die einen erfolgreichen Coach auszeichnet.

Präsenz stärkt Kompetenz

P

Je kompetenter der Coach ist, desto weniger braucht er strukturierte Techniken, um seinen Coachee zu führen. Für den noch ungeübten Coach ist jedoch das saubere Einüben von Techniken der Schlüssel zum Erlernen von gezielten Interventionen. Im Laufe seiner Praxis entwickelt der lernende Coach ein immer größeres Repertoire von Interventionstechniken. In seriösen Coaching-Ausbildungen steht zu Anfang die Struktur der Techniken oft im Vordergrund, da das Einüben von Techniken gleichzeitig eine Schulung der Präsenz bewirkt. Manchmal führt die Orientierung an den Techniken jedoch zu dem Irrtum, technische Brillanz sei das wesentliche Element der erfolgreichen Kommunikation. Dies ist nicht der Fall. Die Techniken sind nur ein Vehikel, um intuitive Prozesse zu strukturieren. Erst durch die Präsenz des Coachs entfalten die Coaching-Techniken ihre volle Würze. Viele Interventions-Muster dienen lediglich als Hilfe, um die Prozesse, die im Coachee stattfinden, zu verlangsamen und zu strukturieren. Dadurch kann der Coach seine Vorgehensweise gezielt auf die aktuellen Bedürfnisse des Coachee abstimmen.

Je präsenter ein Coach in der aktuellen Situation ist, desto geringer wird die Wahrscheinlichkeit einer ungewollten Projektion oder Übertragung, weil alle Sinnessysteme für das reale Geschehen offen sind. Die ökologische Befreiung von konditionierten Verhaltensmustern erfordert geistige Präsenz. Ohne Präsenz gäbe es keine bewusste Steuerung, sondern nur unbewusste Programme, die nicht immer geeignet sind, um die reale Situation optimal zu gestalten. Geistige Präsenz ermöglicht es, diese Programme als solche zu erkennen und bei Bedarf gezielt zu verändern.

- »Wenn das, was Sie bisher getan haben, nicht funktionierte, dann tun Sie in Zukunft etwas anderes!«

Geistige Präsenz begünstigt flexibles Verhalten, da vorhandene Wahlmöglichkeiten bewusst erkannt werden und umgesetzt werden können. Insofern beginnt erfolgreiches Coaching mit der bewussten Beobachtung des eigenen Selbst, der anderen Menschen und der zwischenmenschlichen Prozesse.

Meditative Techniken

Der Begriff der Meditation bezeichnete ursprünglich Methoden der Selbstversenkung aus dem östlichen Kulturkreis, die an religiöse Praktiken gekoppelt waren. Heute versteht man darunter verschiedene Möglichkeiten, um die eigene Aufmerksamkeit nach innen zu richten und zu zentrieren. Jeder Trance-Zustand ist eine kleine Meditation. Wir lösen uns vom Alltagsbewusstsein und folgen mit der Wahrnehmung unseren inneren Impulsen. Die Praxis der Meditation versorgt uns langfristig mit der notwendigen Energie, um eine geistige Präsenz auszustrahlen. Auch die bewusste Anwendung von Coaching-Werkzeugen setzt einen kurzen Moment der Meditation voraus. Fehlt dieser Moment der Selbsterinnerung, bewegen wir uns in Bereichen der mechanischen Kommunikation. Ein kompetenter Coach benötigt bewusste Energie, um im Hier und Jetzt präsent zu sein. Die Fähigkeit zur Selbsterinnerung kann eine souveräne Meta-Ebene erzeugen, die es erlaubt, über das aktuelle Geschehen zu reflektieren und dabei die eigene Subjektivität zu relativieren.

Um während der Meditation geistige Präsenz zu gewinnen, brauchen wir energetische Anker. Diese können unterschiedlich beschaffen sein:

- Einige Methoden konzentrieren sich während der Praxis auf den Fluss des eigenen Atems. Die Berührung des Atems in der Nase ist ein wirkungsvoller olfaktorischer Anker.
- Das ständige Wiederholen eines Mantras (Leitsatz) bindet die Aufmerksamkeit des Meditierenden im auditiven Kanal.
- Das Fokussieren auf beruhigende Bilder wie ein Kerzenlicht fungiert als visueller Anker.
- Auch bewusstes Essen kann eine intensive Meditation mit gustatorischen Qualitäten sein.
- Die Konzentration auf bestimmte Körperwahrnehmungen bietet mannigfaltige Möglichkeiten, um den Fokus der Aufmerksamkeit im kinästhetischen Kanal zu ankern.

Durch die praktizierte Meditation bekommt der Mensch die Möglichkeit, seine inneren Programme zu beobachten und zu reflektieren. Durch regelmäßige Übung und geeignete Techniken können wir ein Maß an Selbstbewusstsein entwickeln, mit dem wir auch in der alltäglichen Kommunikation eine verstärkte Präsenz ausdrücken können.

Coaching-Übung: Der Uptime-Anker

Diese Übung zielt darauf ab, einen sehr wachsamen Zustand zu etablieren, indem Sie sich Ihrer fünf Sinnessysteme bewusst werden. Uptime beschreibt einen Zustand der erhöhten Aufmerksamkeit, der durch sinnliche Präsenz gekennzeichnet ist. Sie können diese Übung selbst anwenden oder auch Ihren Coachee dazu einladen.

1. **Vorbereitung**
   - Suchen Sie sich einen ruhigen Ort, an dem Sie Ihre Umgebung ungestört beobachten können. Entspannen Sie sich. Machen Sie es sich bequem und vergessen Sie Ihre Alltagsgedanken. Gönnen Sie sich einen Moment der Besinnlichkeit. Öffnen Sie die Pforten Ihrer Wahrnehmung. Genießen Sie es, einfach nur da zu sein. Lassen Sie sich beeindrucken von dem sinnlichen Reichtum, der in jedem Moment Ihres Lebens auf Sie einwirkt.
   - Dann betrachten Sie in Ruhe Ihre linke Hand und ordnen jedem Finger ein Sinnessystem zu. Der Daumen symbolisiert das Sehen, der Zeigefinger das Hören, der Mittelfinger das Fühlen, der Ringfinger das Riechen und der kleine Finger das Schmecken. Gleich werden Sie Ihre Aufmerksamkeit der Reihe nach auf die fünf Systeme lenken. Registrieren Sie besonders die externen Eindrücke, die Sie von außen über diesen Kanal empfangen. Wenn Sie ein Optimum an sinnlicher Präsenz wahrnehmen, dann drücken Sie mit der rechten Hand den entsprechenden Finger Ihrer linken Hand für einige Sekunden.

P

2. **Sinnessysteme ankern**
   - *Visuell (Daumen):* Öffnen Sie Ihre Augen und betrachten Sie die visuelle Welt. Was können Sie alles sehen? Nehmen Sie die verschiedenen Farben, Strukturen, Kontraste und Bewegungen wahr. Registrieren Sie feinste Farbnuancen, die vielfältigen Strukturen der einzelnen Gegenstände, die Lichtreflexe und Schattenspiele.
   - *Auditiv (Zeigefinger):* Nun schließen Sie Ihre Augen und lauschen der auditiven Welt. Was gibt es in diesem Moment zu hören? Nehmen Sie die Geräusche, Klänge, Stimmen und Töne in Ihrem Umfeld wahr. Aus welcher Richtung kommen die einzelnen Reize? Hören Sie Ihren Atem? Falls Sie Stimmen wahrnehmen, wie unterscheiden sich diese in Höhe, Tempo, Melodie und Rhythmus? Gibt es Momente der Stille? Was hören Sie in solchen Momenten?
   - *Kinästhetisch (Mittelfinger):* Jetzt tauchen Sie ein in die bewegte Welt der Gefühle. Sie spüren Ihre Haut und Ihren ganzen Körper. Welche Empfindungen können Sie lokalisieren? Wie fühlen sich Ihre Muskeln an? Wie schnell schlägt Ihr Herz? Spüren Sie die Atembewegung in Brust- und Bauchraum? Spüren Sie die Temperatur und die Atmosphäre im Raum?

- *Olfaktorisch (Ringfinger):* Beschnuppern Sie die Welt durch Ihr olfaktorisches Sinnesorgan. Was riechen Sie? Gibt es einen dominanten Geruch? Spüren Sie, wie die Luft in Ihre Nase dringt, und halten Sie den Kontakt zu Ihrem Atem für einen Moment.
- *Gustatorisch (kleiner Finger):* Lassen Sie sich Ihre Sinnesreize auf der Zunge zergehen. Was schmecken Sie? Wie feucht ist Ihr Mund? Wie glatt sind Ihre Zähne? Wenn Sie nichts schmecken sollten, wie schmeckt das?

3. **Separator-State – Manöver**
   - Bewegen Sie sich ein wenig. Bringen Sie sich für einen Moment in einen neutralen Zustand, bevor Sie die Wirksamkeit Ihres Uptime-Ankers überprüfen.
4. **Anker aktivieren**
   - Überprüfen Sie, ob die Anker bereits ausreichend mit den Sinnessystemen verknüpft wurden. Falls nicht, wiederholen Sie die Übung. Je häufiger Sie die Verknüpfung auffrischen, desto wirksamer werden Ihre Anker. Wenn Sie die linke Hand zur Faust ballen und alle Finger spüren, werden Sie dadurch in einen Zustand der erhöhten Aufmerksamkeit gelangen. Sie können auch gezielt nur ein bestimmtes System aktivieren. Falls Sie sich zum Beispiel in einer anstrengenden Verhandlung mit einem kinästhetischen Typen befinden, dann greifen Sie während des Gesprächs hin und wieder unauffällig an Ihren Mittelfinger, um Ihre Wahrnehmung ebenfalls auf diesen Kanal zu kalibrieren und einen gemeinsamen Pace zu gewährleisten.

Peripherer Blick – Fokus auf das ganze Panorama

Um Ihre Präsenz über längere Strecken aufrechthalten zu können, müssen Sie Ihre Aufmerksamkeit konsequent an die Gegenwart binden. Im Coaching neigen sowohl der Coachee als auch der Coach dazu, ihre Aufmerksamkeit stark zu fokussieren, weil man sich auf das problematische Thema konzentriert. Deshalb kann es sehr erfrischend sein, den Fokus weich und weit werden zu lassen.

Der periphere Blick ist eine besondere Art, die visuelle Aufmerksamkeit zu lenken. Dabei fixieren die Augen nicht wie gewöhnlich einen Ausschnitt des Gesichtsfeldes, sondern sehen das Gesamtbild als weiches Panorama. Weil es keinen gewohnten Fokus gibt, auf den sich unsere Aufmerksamkeit konzentrieren kann, entsteht ein individueller Freiraum für sonst unbewusste Wahrnehmungen. Als Coach können Sie Ihren Coachee mit dieser Technik einladen, aus seiner gewohnten Wahrnehmung herauszutreten, um bisher nur unbewusst wahrgenommene Signale bewusst zu erfassen.

Das periphere Sehen im Coaching

Der periphere Blick bietet eine interessante Möglichkeit, die eigenen Wahrnehmungsgewohnheiten für einen kurzen Moment zu unterbrechen und einen Zustand der inneren Ruhe zu erzeugen. Die visuelle Aufmerksamkeit ohne scharfen Fokus entspannt Ihre Augen und Ihren Geist.

Die Bedeutung des peripheren Blickes ist jedoch von Mensch zu Mensch verschieden. Wir haben unterschiedliche Strategien bei der Organisation unserer Wahrnehmung. Es gibt auch Coachees, für die der periphere Blick zum gewohnten Repertoire gehört. Er kann sogar Bestandteil einer Problem-Physiologie sein. Das Sehen ohne Fokus wirkt dann wie ein Starren ins Leere. Die damit einhergehende Trance ist ein Zustand der geistigen Abwesenheit. In solchen Fällen ist das Herbeiführen eines scharfen Fokus eher als Separator geeignet.

Bei Meetings, Konferenzen, Familientreffen oder anderen Zusammenkünften von Menschen kann man mithilfe des peripheren Blickes den Tanz der Physiologien beobachten. Die Synchronizität und die Bezogenheit der Bewegungen zueinander werden dabei sehr deutlich. Business-Trainer oder Gruppentherapeuten können durch den peripheren Blick die Dynamik einer Gruppe erkennen.

Variationen der visuellen Wahrnehmung

Diese Art der visuellen Wahrnehmung gehört zum natürlichen Verhaltensrepertoire des Menschen. Unsere Vorfahren schützten sich auf diese Weise vor möglichen Angriffen aus dem Hinterhalt. Der periphere Blick gibt den größtmöglichen Überblick über ein Terrain, ohne auf Details zu fokussieren, wobei das Unbewusste in diesem Gesamtbild intuitiv auch verdeckte Bewegungen registrieren kann. Gleichzeitig entspannt diese Sichtweise die fokussierte Aufmerksamkeit des Menschen, da der periphere Blick nur eingesetzt wird, wenn alles, was sich in unmittelbarer Nähe befindet, vertraut ist. Im modernen Alltag hilft diese Sichtweise, ein Auto sicher durch den Straßenverkehr zu lenken, Mannschaftssport zu spielen oder verschiedene Arbeitsvorgänge gleichzeitig zu überwachen.

Für die meisten Menschen ist der periphere Blick eine ungewohnte Art der Wahrnehmung. Deshalb kann die Aufforderung an den Coachee, für einen kleinen Moment den Peripheren Blick zu trainieren, im Coaching als wirkungsvolles Separator-State Manöver eingesetzt werden. Dann gelangt der Coachee durch den plötzlichen Wechsel der visuellen Wahrnehmung in einen außergewöhnlichen Zustand von Präsenz. Dabei können verdrängte oder angestaute Ressourcen wieder ins kreative Spiel gebracht werden.

Coaching-Übung: Der periphere Blick

Diese Übung können Sie für sich als Training des peripheren Blicks durchführen – Sie können sie aber auch als Coach Ihrem Coachee anbieten. Bei dieser speziellen Art des Sehens fixieren Sie nicht wie gewöhnlich auf einen Ausschnitt Ihres Gesichtsfeldes, sondern sehen das Gesamtbild als weiches Panorama. Dabei gibt es keinen Fokus. Lassen Sie Ihren Blick auch im Alltag immer wieder weich werden, und sehen Sie das Gesamtbild Ihrer Umgebung als maximales Panorama. Zum Trainieren dieser visuellen Methode können Sie wie folgt vorgehen:

- Strecken Sie beide Daumen in Augenhöhe eine Armlänge vor sich aus. Halten Sie die Daumen zunächst eng beisammen und betrachten Sie beide gleichzeitig.
- Dann führen Sie beide Arme langsam horizontal auseinander. Setzen Sie diese Bewegung so lange fort, bis Sie beide Daumen gerade noch links und rechts neben sich erkennen können (Ihre Augen entspannen sich und blicken weiterhin nach vorne!).
- Halten Sie die Arme seitlich gestreckt und richten Sie nun Ihre Aufmerksamkeit zwischen die beiden Daumen. Versuchen Sie, das gesamte Panorama mit einem langen ruhigen Blick zu erfassen, ohne dabei auf Details zu fokussieren. Jetzt sind Sie im Zustand des peripheren Sehens.

Mit etwas Übung wird es Ihnen leichtfallen, diese Form der visuellen Wahrnehmung auch ohne den Einsatz der Arme zu aufzubauen. Genießen Sie einfach die entspannte Position Ihrer Augen, atmen Sie dabei tief und ruhig, und erlauben Sie Ihrem Geist, sich ebenfalls zu entspannen.

Der periphere Blick kann im Coaching auch als meditative Technik zur Zentrierung der inneren Aufmerksamkeit eingesetzt werden. Durch die Aufforderung des Coachs an den Coachee, seinen Blick ohne Fokus auf das ganze Panorama auszudehnen, entsteht eine besondere visuelle Sensibilität, die sich auf andere Sinnessysteme übertragen kann. Plötzlich hören wir auch die leisen Geräusche um uns herum und spüren den eigenen Körper auf eine feinfühlige Weise. So entsteht sinnliche Präsenz, die durch bewusstes Atmen verstärkt wird. Dabei kann sogar der innere Dialog für einen Moment in die Stille geführt und anschließend bewusst beobachtet werden.

Verweise

→ Bewusstsein → Leading → Separator → Unser Unbewusstes → Anmut → V. A. K. O. G. → Körpersprache → Präsenz

Projektion – wie unser Gehirn Wirklichkeit erzeugt!

Nutzen/Ziel

- Bewusstmachung der zentralen Prozesse im menschlichen Gehirn: »Wir können nicht nicht projezieren!«
- Projektion ist der wesentliche kognitive Mechanismus des menschlichen Geistes.
- Jedes gelungene Coaching resultiert aus einer ressourcen-aktivieren Projektion des Coachee auf seinen Coach: »Der kann mir helfen, und ich erlaube ihm, mich positiv zu beeinflussen.«

Anwendungsfelder

- Zentraler Wahrnehmungsfilter.
- Ein kompetenter Business-Coach braucht dieses Verständnis der menschlichen Psyche für seine Arbeit: »Mein Coachee projiziert in mich hinein, meine Aufgabe besteht darin, die Rolle des Coach als hilfreiche Projektionsfläche zu gestalten.
- Hilfreiches Erklärungs-Modell in Konflikt-Situationen

Als Coach sind Sie eine magische Projektionsfläche für Ihren Coachee. Ob Sie wollen oder nicht – Ihr Coachee projiziert ständig seine Wünsche, Ängste und Stimmungen auf Ihre Person. Gleichzeitig projizieren auch Sie Ihre innere Landkarte auf Ihren Coachee. Diese zumeist unbewussten Prozesse können Sie aktiv beeinflussen. Zum einen können Sie sich darin trainieren, Ihre innere Landkarte gezielt zurückzunehmen, um sich Ihren Projektionen auf den Coachee bewusst zu werden. Zum anderen können Sie die Projektion Ihres Coachees gezielt steuern, indem Sie ihm klare und attraktive Kommunikationsangebote auf der Sach- und Beziehungsebene anbieten. Durch die Bewusstmachung von Übertragungsprozessen und die Steigerung der Präzision beim Austausch von Informationen können Sie Ihre Wirksamkeit als Coach erheblich steigern.

P

Der Mensch projiziert seine innere Landkarte auf die Umwelt

Der menschliche Geist funktioniert wie ein Projektor. Wir projizieren ständig unsere innere Landkarte auf die aktuellen Wahrnehmungen. So können wir unsere Erfahrungen einordnen und bewerten. Dabei erfolgt ein permanenter Abgleichungsprozess mit den bereits vorhandenen Erfahrungen, um eine schnelle Orientierung zu gewährleisten. Jedes Gespräch ist ein Austausch sinnlicher Projektionen. Die Wahrnehmung unserer Mitmenschen wird durch frühere Erfahrungen mit anderen Personen in ähnlichen Situationen unterschwellig beeinflusst. Wir nehmen die Welt nicht so wahr, wie sie wirklich ist, sondern wir interpretieren Ereignisse, Situationen oder andere Menschen gemäß unserer eigenen inneren Landkarte. Selbst wenn wir schlafen, projizieren wir unsere Träume auf die innere Leinwand. Ob wir wollen oder nicht – wir können nicht nicht projizieren.

Gleichzeitig ist die Projektion ein interaktiv-dynamischer Prozess. Unser menschlicher Geist als Projektor und unsere Umgebung als Leinwand unserer Projektionen verändern und beeinflussen sich gegenseitig – jedoch oftmals in unterschiedlichem Ausmaß. Wenn wir uns verlieben, wird dieser Effekt besonders deutlich – libidinöse Projektionsfläche auf den ersten Blick! Wir projizieren unsere unbewussten Traumvorstellungen in den Partner hinein. Solange der Partner diesen Vorstellungen entspricht, sehen wir die Welt durch die rosarote Brille, schweben auf Wolken und hören die Engel singen.

Doch im Laufe der Zeit fällt es immer schwerer, die Traumvorstellung aufrechtzuerhalten – nicht zuletzt, weil sich auch unsere Träume verändern. Die Märchenfee oder der Traumprinz entpuppen sich als Menschen mit Eigenschaften, die nicht (mehr) mit unserem Konzept vom ersehnten Partner übereinstimmen. Wir müssen realisieren, dass wir einer Täuschung unterlagen, und sind dementsprechend enttäuscht. Wenn wir unsere eigene Veränderung gar nicht wahrnehmen, geben wir vielleicht sogar dem anderen die Schuld dafür, dass er nicht so ist, wie wir es von ihm erwarteten. Das Objekt der Begierde verliert seine Attraktivität, und der libidinöse Vulkan erlischt. Das Gefühl der Verliebtheit verschwindet. Glücklicherweise haben Menschen die Möglichkeit, sich ihrer eigenen Projektionsdynamik bewusst zu werden. Wir können lernen, über solche psychologischen Mechanismen hinauszuwachsen

Sinnvolle Projektionen unterstützen den Prozess

Als Coach haben sie die Möglichkeit, die Mechanik und Dynamik der Projektion für den Coaching-Prozess zu nutzen. Zum Beispiel sind die konstruktiven Interpretationen des Coachs, die er dem Coachee für eine Neubewertung seiner aktuellen Situation anbietet, auch gezielte Projektionen. Eine sinnvolle Projektion zielt darauf ab, beim Coachee eine positive Veränderung in der Physiologie zu bewirken. Der Coachee wird dann ressourcevoller, seine Körperhaltung wird symmetrischer, und die spontanen Trance-Zustände werden länger und tiefer. Diese Prozessmerkmale zeigen, dass ein inhaltliches Reframing erfolgreich war. Die angebotenen Projektionen wurden vom Unbewussten des Coachees als nützlich akzeptiert.

Ein kompetenter Coach hinterfragt, wann sein Coachee die Signale anderer Menschen interpretiert und spekuliert, ohne es selbst zu bemerken. Der Coach hört seinem Coachee genau zu und orientiert sich darüber hinaus auch an Zugangshinweisen zum inneren Erleben des Coachees: die Augenbewegungen, die sinnliche Sprache und die Ideomotorik seiner Körpersprache geben durch zu erkennende Inkongruenzen Aufschluss darüber, inwieweit der Coachee angenommene Wahrheiten in sein Glaubenssystem integriert hat. Diese ungeprüften Annahmen werden von Ihnen als Coach hartnäckig hinterfragt. Der Coachee erhält die Chance, seine innere Landkarte zu überprüfen:

- »Woher wissen Sie das?«
- »Woran würden Sie merken, wenn es anders wäre?«

Dieses Hinterfragen von ungeprüften Annahmen und Glaubenssätzen ermöglicht dem Coachee, oftmals sehr direkt seine Projektionen zu erkennen und seine eigene Situation anders wahrzunehmen und zu beurteilen.

Projektion in der Psychologie

Differenziert betrachtet hat der Begriff der Projektion eine doppelte Bedeutung: Die spezielle Bedeutung versteht die Projektion als Angst-Abwehrmechanismus. In der menschlichen Psyche gibt es verschiedene Funktionen, die dem Unterbewusstsein dazu dienen, Ängste abzuwehren, die der Mensch nicht spüren möchte. Projektion ist einer dieser Mechanismen. Vereinfacht kann man sagen, dass in der speziellen Projektion Eigenschaften, die ein Mensch bei sich selbst nicht wahrhaben möchte, weil sie ihm Angst machen, in andere Menschen hineinprojiziert und dort bekämpft werden.

In der allgemeinen Bedeutung der Projektion projiziert der Mensch sein inneres Erleben nach außen, während die Umwelt als Kulisse dient. Jede Wahrnehmung ist zugleich ein Spiegel der eigenen Subjektivität. Wir können in der Außenwelt nur das erkennen, wofür es auf der eigenen inneren Landkarte einen Wahrnehmungsfilter gibt. Wenn uns ein aktuelles Thema beschäftigt, wird unsere selektive Wahrnehmung in der Außenwelt verstärkt Gestalten zu diesem Thema entdecken: Schwangere sehen vermehrt andere Schwangere, stolze Besitzer eines neuen Automodells entdecken öfter ihren Wagentyp im Stadtbild.

Dieser interessante Mechanismus ist unter anderem verantwortlich für die erstaunlichen Synchronizitäten bei projektiven Persönlichkeitstests. Zum Beispiel werden im Rorschach-Test dem Probanden Bilder mit Tintenklecksen vorgelegt. Er wird aufgefordert, die Bilder zu interpretieren. Dabei projiziert er eine für ihn und seine Psyche spezifische Bedeutung in die Kleckse hinein. Die Bilder dienen als Projektionsfläche, die Beschaffenheit der Kleckse bildet eine Kulisse. Sie bieten einen Stimulus für die Aussagen des Probanden über die eigene innere Landkarte. Auf diese Weise gewinnt ein geschulter Psychologe Informationen über die Welt des Probanden.

Jedoch darf nicht vergessen werden, dass projektive Tests keine zuverlässigen Diagnosen über den Probanden erlauben, sondern lediglich subjektive Hinweise geben. Die Tiefenstruktur seiner Erfahrung ist sehr viel komplexer als die verbalisierte Oberflächenstruktur. Der Psychologe wertet den Test aus, indem er sein eigenes diagnostisches Verständnis in die Aussagen des Probanden hineinprojiziert. Ein erfahrener Coach ist sich bewusst, dass auch er seine innere Landkarte auf die Themen des Coachees projiziert. Doch mit diesem Wissen kann er seine Landkarte bewusst zurücknehmen, um die Landkarte des Coachees gezielt zu erforschen.

Coaching-Übung: Der Geist als Projektor

Ziel: Projektionen erkennen und steuern.

- Machen Sie sich immer wieder bewusst, dass der menschliche Geist wie ein Projektor funktioniert.
- Erinnern Sie sich daran, dass jede Äußerung, jede Meinung und jede Erzählung auf einer Projektion basiert. Jeder Mensch projiziert seine innere Landkarte in die tatsächliche Realität hinein.
- Achten Sie darauf, sich nicht von den Projektionen anderer provozieren zu lassen. Setzen Sie die Aussagen in Beziehung zu deren Erfahrungshintergrund und deren Werte-System.
- Wenn Sie jemanden überzeugen wollen, geben Sie ihm gezielte motivierende Informationen, um seine Projektion zu beeinflussen.
- Steuern Sie die Projektionen anderer Menschen durch zielorientierte Kommunikation.
- Seien Sie sich gleichzeitig darüber bewusst, dass auch Ihr eigenes Erleben auf einer Projektion basiert.
- Üben Sie Ihre Fähigkeit, die aktuelle Projektion immer wieder infrage zu stellen und hinsichtlich ihres Realitätsgehaltes und ihrer Aktualität zu überprüfen.
- Trainieren Sie Ihre mentale Flexibilität, und sorgen Sie dafür, dass Ihr geistiger Projektor geschmeidiger wird.
- Üben Sie, verschiedene Meinungen nebeneinander stehen zu lassen.

Um den Mechanismus der Projektion durch eigene Erfahrungen zu verifizieren, möchten wir Ihnen das folgende Experiment vorschlagen: Legen Sie verschiedenen Personen ein Foto Ihrer Wahl vor. Bitten Sie jeden Betrachter, das Bild zu beschreiben und dazu eine kleine Geschichte zu erfinden. Anschließend vergleichen Sie die Aussagen miteinander. Diese Übung können Sie auch mit Ihrem Coachee durchführen.

P

Verweise

→ Innere Landkarte → Hypnose-Techniken → Übertragung → Realitätstunnel
→ Unser Unbewusstes → Hypnotische Sprache

R

Rapport – das magische Band des Vetrauens

Nutzen/Ziel

- Aufbau einer positiven Beziehungs-Ebene.
- Optimaler Informationsfluss zwischen Coach und Coachee.
- Feedback -Schleife für das Monitoring von Vertrauen und Team-Spirit.

Anwendungsfelder

- Notwendig für jede erfolgreiche Coaching-Intervention.
- Nur im Zustand des Rapports ist der Coachee bereit, sich zu öffnen und sich von dem Coach beeinflussen zu lassen.

Wirkungsvolles Coaching erfordert einen intensiven Austausch von Informationen zwischen Coach und Coachee. Damit dieser Informationsfluss frei und ungehindert fließen kann, muss der Coach fähig sein, in kurzer Zeit eine nachhaltig positive Beziehungsebene aufzubauen. Gelingt diese sensible Beziehungsarbeit, entsteht ein besonderer Kommunikationszustand: der so genannte Rapport. Er ist gekennzeichnet durch eine erhöhte Bereitschaft des Coachees, den Instruktionen seines Coachs zu folgen und sich im Klima des Vertrauens auch auf schwierige Themen einzulassen.

Rapport bedeutet Übereinstimmung

Der aus dem Französischen stammende Begriff des Rapports beschreibt den intensiven Kontakt zwischen interagierenden Menschen. Dieser Kontakt zeichnet sich durch ein hohes Maß an Vertrauen und emotionaler Offenheit aus. Die Idee des Rapports kam durch die Hypnose ins Coaching. Hier bezeichnet er den engen Kontakt zwischen Hypnotiseur und Hypnotisand. Guter Rapport bewirkt eine gesteigerte Bereitschaft des Hypnotisanden, den Instruktionen des Hypnotiseurs zu folgen.

Ein weiterer Kontext, in dem der Begriff des Rapports verwendet wird, ist die Gestaltung von Tapeten oder Textilien. Dort bezeichnet man fortlaufende oder wiederkehrende Muster als Rapport. Tapetenbahnen sind also im Rapport, wenn sie sich in den Mustern angleichen und ein harmonisches, in sich stimmiges Gesamtbild entsteht. Ebenso befinden sich kommunizierende Menschen im Rapport, wenn sie sich in den Mustern angleichen und ein harmonisches Gesprächsklima erzeugen.

Im Coaching bildet die positive Beziehung zwischen Coach und Coachee die Basis für den Coaching-Erfolg. Zwischen Coach und Coachee besteht guter Rapport, wenn sich ihre Bewegungen aufeinander beziehen und sich ihre Körpersprache synchronisiert. Das Klima zwischen den Kommunikationspartnern ist offen und durch gegenseitiges Vertrauen geprägt. Emotionen werden geteilt, und die Partner gehen aufeinander ein, während sie die Ökologie des anderen respektieren. Keiner hat das Gefühl, sich gegenüber dem anderen schützen zu müssen. Als Coach erzeugen Sie Rapport durch gelungenes Pacing. Durch das Betonen von Gemeinsamkeiten und das damit verbundene Sich-aufeinander-Einschwingen entsteht Rapport. Dieses offene Vertrauen ermöglicht im Coaching einen vollständigen und lebendigen Fluss der Informationen. Die emotionale Verbindung ist ressourcevoll. Dadurch kann die Veränderungsarbeit effektiv und lustvoll zugleich verlaufen.

Verlust des Rapports

Falls der Rapport verloren geht, weil der Coachee blockiert, sich verschließt, Informationen zurückhält oder dem Coach misstraut, bedeutet dies eine Störung auf der Beziehungsebene. Um das Coaching auf eine sinnvolle Weise fortzusetzen, ist es notwendig, dass der Coach erst den Rapport wieder neu aufbaut. Sonst würde er am Coachee vorbeireden und den ressourcevollen Kontakt verlieren. Dies wäre für beide frustrierend, und wahrscheinlich wäre der Coaching-Prozess damit ernsthaft gefährdet. Negative Erlebnisse beeinträchtigen den Rapport, wenn sie nicht vom Coach als humorvolle Anekdoten oder interessante Lernerfahrungen reframed werden können.

Auch manipulative Absichten des Coachs, die für den Coachee nicht-ssystem-verträglich wären, würden den Rapport stören. Das menschliche Unbewusste ist nur sehr schwer zu täuschen. Es spürt genau, ob ein anderer Mensch ihm tatsächlich wohlgesinnt ist oder dies nur vorgibt. Hier stellt sich dann die Frage, inwieweit der manipulierte Coachee in Kontakt mit den Wahrnehmungen seines Unbewussten ist und wie ernst er diese Impulse nimmt. Wenn er nur schwachen Kontakt zu seinen subtilen Sensoren hat, mag es sein, dass er sich von der Magie der Situation manipulieren lässt. Im Nachhinein wird er die Manipulation jedoch bemerken und in Zukunft den Manipulator meiden.

R

Mangelnder Rapport verlangt besseres Pacing!

In der Coaching-Situation ist ein guter Rapport notwendige Voraussetzung für effizientes Arbeiten. Er kann beeinträchtigt werden durch mangelndes Pacing, ungeschicktes Ankern, Übertragungen, unerledigte Geschäfte oder gegensätzliche Interessen. In solchen Fällen sollte der Coach zunächst besser pacen. Führt dies nicht zum erwünschten Rapport, sollte er überprüfen, ob er wirklich zum Besten des Coachees interveniert oder ob er eigene Interessen im Spiel hat.

Ein kompetenter Coach muss grundsätzlich in der Lage sein, guten Rapport herzustellen, sonst wehrt sich der Coachee unbewusst gegen seine Interventionen. Der Widerstand des Coachees zeigt sich in der Physiologie; die Körpersprache wird abwehrend, verschlossen oder aggressiv. Misstrauen, Disharmonie und Blockaden entstehen. In solchen Situationen ist Flexibilität gefragt! Im Coaching gibt es keine unfähigen Coachees, sondern lediglich Coachs, denen es an Flexibilität mangelt, um ihre Coachees tatsächlich zu erreichen. Falls der Coach bemerkt, dass sein Coachee ihm Widerstand leistet, muss er aufmerksamer pacen und besseren Kontakt zur aktuellen Situation seines Coachees herstellen. Erst wenn der Rapport stimmt, macht es Sinn, vom Pacing wieder zum Leading überzugehen.

Verweise

→ Hypnotische Sprache → Körpersprache → Pacing → Leading → System-Check → Metaphern → Flexibilität

Realitätstunnel wechseln – trainieren Sie Ihr Einfühlungsvermögen

Nutzen/Ziel

- Wechsel der Wahrnehmungs-Position: neues Erleben!
- Bewusste Steuerung von psychischen Projektionen
- Relativierung von Subjektivität und inneren Landkarten.

Anwendungsfelder

- Zentrales Werkzeug – als Coach brauchen Sie ein Bewusstsein für das »Wirklichkeits-Erleben« Ihres Coachees.
- Einfühlung, Pacing und gezieltes Leading.
- Im Konflikt-Coaching als Boden-Anker auf 3. Stuhl: Der Coachee nimmt die Position des Konflikt-Partners ein.

Der Realitäts-Tunnel ist eine Metapher für den begrenzten Horizont der menschlichen Wahrnehmung und die Subjektivität des Erlebens. Die Wirklichkeit bietet eine vielfältige Projektionsfläche, die von jedem Menschen auf individuelle Weise genutzt wird.

Die Projektion der inneren Landkarte

Entscheidend für den souveränen Umgang mit der Realität in der Coaching-Situation ist die Berücksichtigung der Tatsache, dass Ihr Coachee seine eigene Vorstellung von der Beschaffenheit der Wirklichkeit entwickelt hat – und dass diese mit an Sicherheit grenzender Wahrscheinlichkeit nicht mit Ihrer Vorstellung identisch ist. Deshalb gilt es, zunächst das subjektive Erleben Ihres Coachees zu erforschen, zu akzeptieren und zu bestätigen (Pacing). Anschließend können Sie die subjektive Realität Ihres Coachees gezielt beeinflussen und verändern (Leading).

R

Dem Realitätstunnel liegt die innere Landkarte zugrunde. Sie strukturiert unsere Erfahrungen mit der Wirklichkeit. Unsere innere Landkarte ist jedoch nicht das wirkliche Territorium! Der Realitätstunnel resultiert aus der Projektion unserer inneren Landkarte auf die realen Geschehnisse. Die Herausforderung besteht darin, dass unsere Projektionen meistens völlig unbewusst ablaufen, obwohl sie in jedem Moment unseres Lebens gegenwärtig sind.

Oft kennen wir nur sehr wenige Informationen über einen bestimmten Sachverhalt und wissen noch nicht einmal, ob diese Informationen auf die aktuelle Situation tatsächlich zutreffen, doch trotzdem verhalten wir uns so, als wüssten wir ganz genau, was in der Welt um uns herum geschieht und wie diese Geschehnisse zu beurteilen sind.

Auflösung der kollektiven Illusion

Die narzisstische Illusion bezüglich der scheinbaren Objektivität unserer Wahrnehmung ist eine wesentliche Wurzel bei der Entstehung von Missverständnissen, Konflikten und gegenseitiger Geringschätzung. Sie schränkt den Kontakt zu anderen Menschen oftmals unnötig ein und belastet unsere zwischenmenschlichen Beziehungen. Als kompetenter Coach müssen Sie sich von dieser Illusion verabschieden und der Relativität Ihrer eigenen Erfahrung gewahr werden. Im Coaching ist es notwendig, die Existenz von Realität zu akzeptieren, wie sie jedoch beschaffen ist, ist abhängig von der inneren Landkarte des Coachees. Im Coaching geht es nicht um die alleinige Wahrheit oder Rechthaben, sondern um Funktionalität, Wirksamkeit und nachhaltigen Erfolg durch realisierte Win-Win-Modelle.

Jeder Realitätstunnel ist einzigartig

Jeder Realitätstunnel ist individuell beschaffen. Dennoch gibt es innerhalb definierter Gruppen Übereinstimmungen: Frauen haben zum Beispiel einen anderen Realitätstunnel als Männer, Jugendliche haben einen anderen als Rentner, Radfahrer einen anderen als Autofahrer und ein Chef hat garantiert einen anderen Realitätstunnel als seine Mitarbeiter. Doch sobald wir in einer dieser Gruppen auf tiefer gehende Details fokussieren, kristallisiert sich bei jedem Menschen eine einzigartige Abbildung der Wirklichkeit heraus.

Das Ignorieren der grundsätzlichen Verschiedenheit unserer Realitätstunnel erzeugt unnötige Konflikte, die leider oftmals in Glaubenskriege ums Rechthaben ausarten. Toleranz und Respekt gegenüber den Realitäten anderer Menschen können uns viele solcher Konflikte ersparen. Das Wissen um die individuellen Realitätstunnel erinnert uns daran, dass verschiedene Menschen die Ausschnitte der Wirklichkeit unterschiedlich wahrnehmen, selbst wenn sie sich in derselben Situation befinden. So entstehen zwangsläufig unterschiedliche Wahrnehmungen des gleichen Moments.

Sobald ein Mensch verstanden hat, dass die eigene Wahrnehmung durch seine ganz speziellen Filter organisiert wird, kann er die Subjektivität seiner Erfahrung relativieren. In der Kommunikation mit anderen Menschen kann er sich daran erinnern, dass deren Wahrnehmung durch deren Filter bestimmt wird. Wenn wir jedem Menschen das Recht auf seinen eigenen Realitätstunnel zugestehen – den er ja ohnehin hat und sein Leben lang haben wird –, entspannt sich die zwischenmenschliche Kommunikation. Im Coaching werden in diesem wertschätzenden Klima Synergie-Effekte gezielt erzeugt, und der fremde Realitätstunnel des Coachs wird zur Quelle des wertvollen Feedbacks für die Persönlichkeitsentwicklung des Coachees.

Coaching-Übung: Realitätstunnel wechseln

Nicht nur im offenen Konfliktfall ist Wechsel des Realitätstunnels ein eleganter und wirksamer Weg, um dem Coachee eine neue, konstruktive Sichtweise auf sein Thema zu ermöglichen. Durch die gezielte Einfühlung in die Perspektive des mitbetroffenen Kommunikationspartners erhält der Coachee wertvolle Informationen über seinen Eigenanteil und seine Außenwirkung im Konflikt. Der Coach baut den Rapport zum Coachee auf, indem er durch Pacing Respekt für die Landkarte des Coachees signalisiert.

- Der Coach erforscht die Landkarte des Coachees, indem er die Rahmenbedingungen erfragt. Der Coach fragt:

»Was ist der Kommunikationspartner für ein Mensch?«

Ziel ist es, einen positiven Wahrnehmungsfilter zu aktivieren und Ressourcen zu entdecken.

- Der Coach bittet nun den Coachee, den Stuhl zu wechseln und sich in die Lage und Person des Kommunikationspartners hineinzufühlen. Der Coach erfragt den Realitätstunnel, erforscht die positiven Absichten des Verhaltens, indem er den Coachee direkt mit dem Namen des Kommunikationspartners anspricht:
  »Herr xy , wie erleben Sie die Situation?«
  »Was ist Ihnen wichtig?«
  »Welche Ziele verfolgen Sie?«
  »Welche Möglichkeiten sehen Sie?«
- Der Coach bittet den Coachee, zurück auf den ersten Stuhl zu wechseln:
  »Was haben Sie wahrgenommen?«
  »Wie schätzen Sie die neuen Informationen ein?«
  »Wie möchten Sie reagieren?«
  »Was möchten Sie Ihrem Kommunikationspartner sagen?«
- Der Coach kann den Stuhlwechsel mehrmals durchführen, um den Dialog zwischen Coachee und Kommunikationspartner zu ermöglichen.

Eine weitere Option ist der Wechsel in die Meta-Ebene, um neue Perspektiven zu entwickeln, positive Absichten zu erforschen und konkrete Schritte zur Entwicklung der Situation zu entwickeln (Future Pace).

R

Verweise

→ Assoziierte Zustände → Dissoziierte Zustände → Frage-Technik
→ Meta-Ebene → Innere Landkarte → Projektion

Reframing – eine neue Bedeutung gewinnen!

Nutzen/Ziel

- Veränderung des subjektiven Erlebens des Coachees.
- Integration von inneren Konflikten.
- Erzeugen einer positiven Bedeutung für kritische Erfahrungen

Anwendungsfelder

- Bei Dissonanzen und inneren Widersprüchen.
- Als offensives Manöver zur inneren Veränderung durch kreativen Umgang mit Sprache.
- Intervention für Humor, Gelassenheit und Versöhnung.

Das Reframing ist ein mächtiges Werkzeug im Coaching. Es bedeutet, den Dingen einen anderen Rahmen zu geben oder sie in einem anderen Licht zu betrachten. Durch ein Reframing verändern Sie die Wirkung, die bestimmte Wahrnehmungen auf Ihren Coachee ausüben, indem Sie ihn anregen, die vorhandenen Fakten auf eine neue, nützliche Weise zu interpretieren.

Im Coaching

Worte haben die Macht, unsere innere Einstellung zu formen. Verbale Anker erzeugen einen mentalen »Frame«, einen geistigen Bezugsrahmen. Dieser wiederum steuert die Projektion, mit der wir den tatsächlichen Fakten entgegentreten. Der mentale Frame beeinflusst unsere Bewertung der Realität ganz entscheidend. Es sind nicht die Ereignisse selbst, die uns Menschen beschäftigen, sondern unsere Gedanken, Gefühle und Einstellungen zu den Ereignissen. Das Reframing ist eine grundlegende Technik im Coaching, um diese Erkenntnis praktisch zu nutzen.

- »Hat Dein Coaching denn dazu geführt, dass Du Deinen Chef jetzt nicht mehr für eine ungerechte Wildsau hältst?« fragt ein Freund. »Ich halte ihn immer noch für eine Wildsau«, antwortet der Coachee, »aber jetzt stört es mich nicht mehr.«

In diesem Witz hat ein Reframing stattgefunden. Auf der Verhaltensebene hat sich nichts geändert, aber die Tatsachen werden jetzt anders bewertet. Ob ein Reframing im Falle des ungeliebten Chefs eine angemessene Intervention darstellt, ist eine andere Frage. Nur der Betroffene selbst kann entscheiden, ob das Reframing eine gelungene Lösung darstellt. Dann wird er von der Problem-Physiologie in die Versöhnungs-Physiologie wechseln. Falls er sogar verborgene Werte in seinem ehemaligen Problem entdecken kann, zeigt er vermutlich eine Ressource-Physiologie. Der geschickte Umgang mit der hypnotischen Wirkung von Framing und Reframing bildet die Grundlage vieler erfolgreicher Gesprächsführungstechniken. Dieser Wahrnehmungsfilter befähigt Sie als Coach, flexibel und zielorientiert mit den Wertungen und inneren Einstellungen Ihres Coachees umzugehen. Er verleiht Ihnen hohe Flexibilität beim Denken und beim Kommunizieren. Wenn Sie das Prinzip von Framing und Reframing beherrschen, können Sie das subjektive Erleben im Kopf des Coachees entscheidend positiv beeinflussen.

Die innere Einstellung bestimmt das Erleben der Realität!

Ein Frame kann wie eine Sich-selbst-erfüllende-Phrophezeiung wirken. Es gibt wissenschaftliche Untersuchungen, die deutlich zeigen, welchen Einfluss unsere inneren Einstellungen auf die Entwicklung der realen Verhältnisse haben können. In einem sozial-psychologischen Forschungsprojekt wurde eine große Gruppe von Kindern einem Intelligenz-Test unterzogen. Alle Kinder mit über- oder mit unterdurchschnittlichen Ergebnissen wurden aus der Gruppe herausgenommen. Die übrigen Kinder, alle mit mittleren Werten, wurden per Zufallsprinzip in zwei gleich große Gruppen unterteilt und je einem Lehrer anvertraut. Dem ersten Lehrer sagte man, dies sei eine extrem schwache Gruppe, und die Kinder hätten alle sehr niedrige Intelligenz-Quotienten. Dem zweiten Lehrer hingegen sagte man, es sei eine Elite-Gruppe, die Kinder hätten alle überdurchschnittlich hohe Quotienten. Dann wurden die Gruppen von den Lehrern unterrichtet. Nach einiger Zeit wurde der Test erneut durchgeführt. Interessanterweise schnitten die Kinder der ersten Gruppe jetzt signifikant schlechter ab, während die Kinder der zweiten Gruppe tatsächlich signifikant höhere Werte erreichten. Derartige Ergebnisse sind kein Einzelfall. Auch im Leistungssport ist es bekannt, dass der Glaube des Coachs an seinen talentierten Schützling ein wesentlicher Faktor bei der Realisierung von Spitzenleistungen ist. Der Glaube des Sportlers an sich selbst spielt natürlich eine ebenso wichtige Rolle, doch auch dieser wird vom Glauben des Coachs beeinflusst.

Als erfahrener Coach können Sie die Möglichkeiten Ihres Coachees entscheidend beeinflussen, indem Sie in Ihrer Wahrnehmung einen Frame schaffen, der die Stärken und Talente des Coachees in den Vordergrund stellt. Fokussieren Sie auf die Pluspunkte! Fragen Sie sich regelmäßig, was Ihnen an Ihrem Coachee gut gefällt, und nutzen Sie Ihre positiven Wahrnehmungen, indem Sie dem Coachee aufrichtige Anerkennung aussprechen. Drücken Sie Ihre Wertschätzung offen aus und motivieren Sie ihn, indem Sie ihm seine Stärken bewusst machen. Gleichzeitig sollten Sie die Schwächen durch ein konstruktives Reframing in Lernaufgaben verwandeln:

- »Was müsste der Coachee lernen, um sein Ziel optimal zu erreichen?«

Durch ein gelungenes Reframing führen Sie Ihren Coachee in eine neue, zielführende und motivierende Betrachtungsweise. Sie bieten ihm eine neue Situation an, indem Sie die Bewertung verändern oder indem Sie den Betrachtungsrahmen erweitern und neue Zusammenhänge herstellen.

Grundsätzlich gibt es zwei Formen des Reframing:

- Kontext-Reframing
- Bedeutungs-Reframing

Beim Kontext-Reframing wird eine problematische Verhaltensweise oder eine unerwünschte Eigenschaft in einen anderen, passenderen Kontext gebracht. Hier werden sie zu einer nützlichen Fähigkeit oder positiven Eigenschaft. Herr Sparsam sagt: »Ich bin geizig.« Frau Nützlich hat eine gute Idee und findet einen passenden Kontext: »Wunderbar, dann sind Sie genau der richtige Kassenwart für unseren Kegelverein!«

Beim Bedeutungs-Reframing wird einer Situation oder einem Sachverhalt eine neue Bewertung verliehen, indem sie aus einer anderen Perspektive betrachtet werden. Herr Sparsam sagt: »Ich bin geizig.« Frau Kaufrausch hat immer Schulden. Sie leidet darunter, dass sie ihr Geld aus dem Fenster wirft und sich ständig unsinnige Sachen kauft. Sie bewertet Herrn Sparsam aus einer anderen Perspektive: »Mensch, toll, dann können Sie ja Ihr Geld zusammenhalten!« Gezieltes Reframing erfordert Flexibilität und Fantasie. Es führt zur geistigen Freiheit. Sofern der Coach dabei ökologisch vorgeht, ist es eine wirkungsvolle Methode, um negative Gefühle des Coachees zu transformieren.

Reaktion auf ein gelungenes Reframing

Die meisten Coachees reagieren auf ein gelungenes Reframing, indem sie nicken, leicht in Trance gehen und innere Strategien durchlaufen, die Sie als Beobachter anhand der Augenbewegungen nachvollziehen können. Als verbale Reaktion hören Sie dann vielleicht:

- »Ja, vielleicht könnte man es auch so sehen … klingt eigentlich nicht schlecht … könnte man so machen.«

R

In jedem Fall werden Sie einen Wechsel in der Physiologie Ihres Coachees beobachten können. Wenn Sie mit Ihrem Reframing einen Volltreffer landen, ernten Sie als Antwort vielleicht sogar ein spontanes:

- »Ja, das stimmt, Sie haben recht! Da hätte ich ja auch selber drauf kommen können! Vielen Dank dafür, dass Sie meinen Horizont erweitert haben!«

Allerdings sind solch begeisterte Feedbacks eher selten. Der Coachee braucht seine Zeit, um die neue Bedeutung auf seiner Landkarte zu integrieren. Beobachten Sie die Physiologie Ihres Coachees genau, und geben Sie ihm die Zeit, dass er sich in seinem Tempo mit den neuen Möglichkeiten vertraut machen kann. Manche Coachees scheuen sich davor, in aller Öffentlichkeit ihren Standpunkt zu verändern. Sie befürchten unbewusst, der andere könnte der Meinung sein, dass ein Wechsel des Standpunktes Schwäche symbolisiert. Dieser Irrtum erschwert den Veränderungsprozess und sollte gegebenenfalls vom Coach thematisiert werden –

besonders mit solchen Zeitgenossen, die über wenig Selbstwertgefühl verfügen. Als erfahrener Coach ist es wichtig, die eigene Flexibilität zu trainieren und einen Wechsel des Standpunktes als intelligenten Lernprozess zu verstehen. Schnelle Lernfähigkeit ist nicht nur ein wichtiger Faktor der menschlichen Intelligenz, sondern auch ein Teil Ihrer Vorbildfunktion als Coach.

Ist das Reframing system-verträglich?

Es gibt Situationen im Coaching, wo halbherzige Reframings nicht weiterhelfen, sondern Ehrlichkeit und Zivilcourage gefordert sind. Falls Ihr Coachee das Gefühl entwickelt, dass Sie für jeden Sachverhalt ein fassadenhaftes Reframing parat haben, kann es sein, dass er den Respekt vor Ihnen verliert. Das Unbewusste Ihres Coachees spürt sehr genau, ob Sie im Coaching nur Ihre eigenen Absichten verfolgen, um »gut dazustehen«, oder ob die Interessen des Coachees im Vordergrund stehen. Beim gezielten Einsatz des Framing und Reframing ist es notwendig, die systemische Verträglichkeit für den Coachee zu prüfen und gleichzeitig die reale Nützlichkeit für die Zielerreichung des Coachees zu beachten.

Coaching-Übung: Reframing

Trainieren Sie Ihre geistige Flexibilität, und finden Sie für jedes Ereignis mindestens zehn positive Bedeutungen. Dabei geht es nicht darum, Ihrem Bewusstsein zehn überzeugende Alternativen zu servieren, sondern Ihre Kreativität zu trainieren. Üben Sie sich darin, als Reaktion auf unpassende Framings Ihres Coachees einen kreativen Pool von Ideen zu erschaffen, aus denen Sie im Coaching ein wirklich überzeugendes Reframing entwickeln könnten. Im realen Leben reicht meist eine akzeptable Alternative, um dafür zu sorgen, dass Ihr Coachee psychisch in einer guten Verfassung bleibt. Außerdem können Sie diese Übung Ihrem Coachee anbieten, wenn Sie merken, dass er sehr starr und unflexibel auf die Umstände seiner Situation reagiert.

Was könnte gut daran sein, wenn …
… es regnet?
… Sie in einem Stau sitzen?
… Sie krank sind?
… Ihr Auto kaputt ist?
… Ihr Fernseher streikt?
… die Kinovorstellung ausverkauft ist?
… Sie von Ihrer Frau verlassen werden?
… Ihre Wohnung gekündigt wird?
… Sie Schulden haben?
… Sie Überstunden machen müssen?
… Sie nicht befördert werden?
… Sie Ihren alten Job verlieren?

Kognitive Dissonanz-Reduktion

Kognitionen sind Gedanken, die als innere Dialoge im Kopf des Menschen ablaufen. Dissonanz bedeutet Unstimmigkeit. Wenn ein Mensch widersprüchliche Gedanken hat, befindet er sich im Zustand der kognitiven Dissonanz. Innere Widersprüche können das eigene Selbstbild und das Wohlbefinden erheblich beeinträchtigen. Um dieser Tendenz Einhalt zu gebieten, versucht das Unbewusste, die kognitive Dissonanz zu reduzieren. Dabei werden einzelne Gedanken so umgewandelt, dass die Widersprüche im Denken aufgehoben oder zumindest verringert werden – dies entspricht dem Prinzip des Reframing.

»Sie sind noch zu sauer«, sagte sich der Fuchs, als er realisieren musste, dass die süßen Trauben für ihn zu hoch hängen.

Im Kopf jedes Menschen finden täglich unzählige Strategien zur kognitiven Dissonanz-Reduktion oder anders formuliert: Es werden unbewusste Reframings gemacht. Widersprüchliche Gedanken erzeugen innere Spannungen. Sie beeinträchtigen unsere Kongruenz und verbrauchen unnötig Energie. Deshalb versucht das Unbewusste des Menschen, diese Spannungen abzubauen. Dies sollte auf eine System-verträgliche Weise geschehen, denn aggressive Strategien zur kognitiven Dissonanz-Reduktion bieten auf Dauer keine gute Psychohygiene. Sie blockieren psychische Energie, solange die Konflikte nicht wirklich aufgelöst und integriert wurden. Innere Konflikte verlangen eine kreative Lösung, um Gewinner-Gewinner-Modelle zwischen den verschiedenen Teilen zu ermöglichen.

Eine radikale Strategie zur Reduktion von kognitiver Dissonanz ist die chronische Verdrängung. Dabei werden störende Informationen aus dem Bewusstsein gedrängt und vielleicht sogar von dem Teil der inneren Landkarte getilgt, zu dem das Bewusstsein eine Zugriffsberechtigung hat. Dies führt zur Abspaltung (Dissoziation) und kann schwere Inkongruenzen verursachen.

Im Coaching spielt bei der Reduktion von kognitiver Dissonanz das Reframing eine wichtige Rolle, denn unpassende Ereignisse werden dabei bewusst neu bewertet und umgedeutet. Auch eine Verhandlung innerer Teile kann bei der Integration von kognitiver Dissonanz nützlich sein. Die verschiedenen Formen des Six Step-Reframing ermöglichen eine innere Aussöhnung. Im Berater-Modell werden kognitive Dissonanzen nutzbar gemacht, indem Einwände, Zweifel oder Widersprüche mithilfe des Reframing in nützliche Ratgeber verwandelt werden.

Verweise

→ Framing → Einwand-Integration → System-Check → Sekundärer Gewinn → Positive Absicht → Positive Sprache

Repräsentations-Systeme – fünf Dimensionen der Erkenntnis

Nutzen/Ziel

- Bewusstheit für sinnliche Info-Verarbeitung.
- Diagnose und gezielte Ansprache von Wahrnehmungstypen.
- Zugang zur inneren Landkarte

Anwendungsfelder

- Bei schwachem Rapport – gezieltes Pacing der Sinnes-Systeme
- Menschenkenntnis – schnelles Erkennen von Wahrnehmungsgewohnheiten. Falls Zugänge zu psychischen Mustern gebraucht werden

Die genaue Kenntnis unserer Repräsentations-Systeme ist wichtig für jeden Coach, weil sie einen unentbehrlichen Schlüssel zur Funktionsweise des menschlichen Gehirns darstellt. Ohne Repräsentations-Systeme könnte der Mensch keine Informationen verarbeiten. Alles, was ein Mensch in seinem Leben jemals erfahren hat, wird in diesen fünf Systemen abgebildet, gespeichert und weiterverarbeitet. Als kompetenter Coach brauchen Sie einen guten Zugang zu diesen Informationsverarbeitungs-Systemen, um treffsicher zu diagnostizieren und um gezielt neue Informationen ins Gehirn Ihres Coachees einzuspeisen.

Sinnliche Vorlieben

Der Begriff Repräsensations-System betont den abbildenden Charakter der menschlichen Sinneswahrnehmungen. Im Coaching wird die innere Repräsentation unserer Erfahrungen in verschiedene Systeme unterteilt: das visuelle, das auditive, das kinästhetische, das olfaktorische und das gustatorische System. Die Repräsentations-Systeme entsprechen den Wahrnehmungskanälen (V. A. K. O. G.). Jeder Kanal kann bestimmte Frequenzen der Realität erfassen und die entsprechenden Informationen auf der inneren Landkarte repräsentieren.

Jeder Mensch hat seine eigene Art, sich in der Wirklichkeit zu orientieren und seinen Sinnen bevorzugt zu vertrauen. Entsprechend seiner individuellen Lerngeschichte entwickelt er Strategien, um die Realität in seinem Gehirn abzubilden. Dabei darf jedoch nicht vergessen werden, dass die individuelle Bevorzugung von Sinnessystemen natürlich auch situativen Einflüssen unterliegt. Im Kino benutzen vermutlich alle Menschen bevorzugt den visuellen Kanal. Die große Leinwand überflutet die Wahrnehmung mit visuellen Eindrücken. Allerdings wird ein auditiver Typ neben den bombastischen Soundeffekten auch den Dialogen zwischen den Schauspielern ein großes Maß an Aufmerksamkeit schenken. Ein kinästhetischer Typ wird wahrscheinlich bemerken, wie bequem die Kinositze sind, ein olfaktorisch orientierter Mensch wird wahrnehmen, wie die Luft im Kino immer stickiger wird, und mancher Gustatoriker findet fast jeden Film gut, solange er im Kino Bier trinken und Erdnüsse essen darf.

Wie können Sie Ihre Repräsentations-Systeme trainieren?

Als Profi-Coach sollten Sie sich angewöhnen, Ihre fünf Sinnessysteme bewusst zu trainieren und Ihre Wahrnehmung gezielt auszurichten. Sie lernen, sinnliche Reize nicht nur unbewusst zu konsumieren, sondern systematisch zu nutzen. Sobald Sie den bewussten Kontakt zu Ihren Sinnessystemen gefestigt haben, können Sie die Funktionsweise Ihrer psychischen Prozesse sehr detailliert erforschen. Dafür müssen Sie Ihre gewohnten Wahrnehmungsmuster für einen Moment unterbrechen:

- Wie nehmen Sie Informationen auf?
- Und wie werden die Informationen von Ihnen verarbeitet?

Während Sie denken und Entscheidungen treffen, können Sie beobachten, wie Ihr Geist innere Strategien durchläuft und dabei sinnliche Referenzerfahrungen abruft. Dabei können Sie sich fragen:

- Was können Sie daraus lernen?
- Wie können Sie dies in Zukunft noch flexibler und bewusster tun?

Sobald Sie sich darin üben, Ihre Sinne Schritt für Schritt zu öffnen, werden Sie plötzlich Dinge wahrnehmen, die Ihnen bisher entgangen waren. Um sich auch auf diese neuen Wahrnehmungsfrequenzen einzulassen, ist es hilfreich, wenn Sie Ihre mentale Kontrolle etwas lockern, und beginnen, sich von den unbewussten Teilen Ihrer Psyche überraschen zu lassen. Ebenso wie Sie beim Autofahren nicht bewusst kontrollieren, ob Sie den Blinker setzen oder beim Schalten die Kupplung treten, können Sie auch in vielen anderen Lebensbereichen lernen, Ihrer Wahrnehmung auf eine neue Weise zu vertrauen. Das sinnliche Erobern von neuen Frequenzen jenseits Ihrer bisherigen Wirklichkeit ist ein ähnlicher Vorgang wie das Einstellen eines Radiosenders. Viele Menschen hören immer nur einen gewohnten Sender, doch sobald sie beginnen, kreativ und inspiriert an den Knöpfen zu drehen, werden sie verwundert feststellen, dass es eine Vielzahl weiterer Sender gibt. Plötzlich dringt eine neue, faszinierende Musik in ihre Ohren, und sympathische Moderatoren versorgen sie mit wertvollen Informationen, die ihnen bisher verborgen waren. Durch das bewusste Training Ihrer Repräsentations-Systeme gewinnen Sie eine neue Form von sinnlicher Intelligenz.

Sinnliche Intelligenz intensiviert Ihr Erleben

Während Sie Ihre Rolle als aufmerksamer Beobachter schrittweise einüben, werden Sie die Welt auf eine neue Weise betrachten; Sie werden sowohl Ihrer eigenen Stimme als auch den anderen Menschen aufmerksamer zuhören; Sie werden Ihren Körper intensiver spüren; Sie werden die vergessene Welt der geheimen Düfte für sich entdecken; und Sie werden Ihren Sinn für guten Geschmack als Ausdruck Ihrer Persönlichkeit ganz gezielt entwickeln.

Als sinnlich intelligenter Beobachter werden Sie lernen, Ihre bewusste Aufmerksamkeit gezielt zwischen der äußeren Welt der Fakten und Ihrer eigenen inneren Welt hin und her reisen zu lassen. Sie werden herausfinden, welcher Sinneskanal Ihr bevorzugtes Orientierungssystem darstellt und welche Stärken und Lernaufgaben sich daraus ableiten.

Sie werden lernen, bei Ihrem Coachee die sinnlichen Präferenzen und inneren Strategien zu erkennen. Durch diese Diagnose können Sie Ihre eigenen kommunikativen Strategien gezielt anpassen und schnell eine gemeinsame Wellenlänge entwickeln. Indem Sie auf die unbewusste Wortwahl Ihres Coachees achten, können Sie herausfinden, wie er denkt, und Sie können ihm seine inneren Strategien bewusst machen. Wir Menschen sprechen jedoch nicht nur mit Worten, auch die Körpersprache und der Ausdruck der Augen können Ihnen viel über Ihren Coachee erzählen. Sie stärken Ihre sinnliche Intelligenz, wenn Sie sich darin trainieren, Ihren Coachee ganzheitlich wahrzunehmen. Besonders der geschulte Blick in die »Fenster zur Seele« bietet wertvolle Hinweise, um die inneren Prozesse im Kopf Ihres Coachees besser zu verstehen.

Wenn Sie dieses Trainingsprogramm absolviert haben, werden Sie die Welt mit anderen Augen sehen. Sie werden die positiven Seiten Ihrer Existenz noch mehr zu schätzen wissen. Sie verbessern Ihre zwischenmenschliche Orientierung, und Sie werden die Kontakte zu Ihren Mitmenschen souveräner gestalten können. Gleichzeitig erhöhen Sie die Wahrscheinlichkeit, dass Sie die Störfaktoren, Schwächen und Unzulänglichkeiten in Ihrem Leben Schritt für Schritt transformieren können, indem Sie entweder Ihre innere Einstellung oder Ihre Wahrnehmungsstrategien ändern. Je mehr Sie Ihre sinnliche Intelligenz fördern, desto größer ist die Chance, dass Sie fähig sein werden, die auftauchenden Probleme gezielt anzugehen und konsequent aufzulösen.

Wahrnehmungs-Typen

In Stress-Situationen vertraut jeder Mensch seinem bevorzugten Sinneskanal, um die Orientierung zu behalten. Beim Erinnern von Situationen werden die Erlebnisse noch einmal in diesem Repräsentations-System wachgerufen und in entsprechend sinnlicher Sprache codiert. Natürlich gibt es Vermischungen mit anderen Systemen, doch ein geschulter Zuhörer vermag, in vielen Fällen den Wahrnehmungs-Typ zu erkennen.

Die individuelle Eigenart bei der Repräsentation von Informationen offenbart sich besonders in der Sprache des Coachees. Der aufmerksame Coach kann anhand der sinnlichen Wortwahl erkennen, in welchem Repräsentations-System sich der Coachee gerade befindet. Er kann dadurch innere Strategien identifizieren und sein eigenes Verhalten auf den Coachee einstellen. Zur Diagnose des Wahrnehmungs-Typs kann er herausfinden, in welchem System die meisten Differenzierungen geschehen und wo die individuellen Kriterien des Coachees liegen, um Bewertungen vorzunehmen und Entscheidungen zu treffen.

Bei einer Zeugenaussage vor Gericht beschreiben drei Zeugen, wie sie denselben Täter wahrgenommen haben. Alle Zeugen haben dieselbe Situation erlebt, sie speichern die Informationen jedoch in anderen Systemen. Dies zeigt sich an den Worten, die sie meist unbewusst wählen, um ihre Erfahrung zu schildern.

Der visuelle Typ

- Der visuelle Typ blickt häufig nach oben und spricht darüber, was er mit seinen Augen gesehen hat: »Ich sah ihn vorsichtig durch die Tür kommen. Er trug einen schwarzen Mantel, braune Stiefel und eine dunkelgrüne Hose. Dann sah ich, wie er eine große Pistole aus einem eleganten Lederkoffer holte. Er zeigte mit der Waffe in die Luft und hatte dabei einen furchterregenden Gesichtsausdruck. Obwohl er die Augen zusammenkniff, sah ich ein kaltes Flackern in seinen Pupillen.«

Der auditive Typ

- Der auditive Typ blickt bevorzugt nach rechts und links außen, während er sich erinnert. Er berichtet von dem, was er gehört hat: »Ich sprach gerade an der Kasse mit der Kassiererin. Plötzlich hörte ich einen ohrenbetäubenden Knall. Dann sagte jemand mit einer heiseren Stimme, wir sollen die Hände hochnehmen. Zuerst sprach er ganz kontrolliert, doch dann brüllte er lauthals durch den Raum, er würde mit seinem Ballermann jeden abknallen, der auch nur einen Mucks von sich gäbe.«

Der kinästhetische Typ

- Der kinästhetische Typ blickt oft nach unten rechts, fühlt in sich hinein und unterstreicht seine Aussagen mit den Händen: »Er drehte sich plötzlich um, machte eine ruckartige Bewegung und zog eine Pistole. Er fuchtelte damit umher und schoss dann nach oben. Ich fühlte, wie mein Herz in die Hose rutschte, mir wurde heiß und kalt zugleich. Der Mann bedrohte uns wirklich mit dieser schweren Waffe. Er hatte seinen Finger am Abzug und wirkte ziemlich verkrampft. Die Atmosphäre war bis zum Zerreißen gespannt. Ich erstarrte zu Stein, keiner im Raum durfte sich bewegen.«

Um im Coaching herauszufinden, in welchem Repräsentations-System sich der Coachee bevorzugt orientiert, achtet der Coach auf Zugangshinweise, die über die Augenbewegungen, über das Erscheinungsbild und über die sinnliche Metaphorik im Sprachgebrauch gewonnen werden können. Sie geben Aufschluss über die aktuell bevorzugte Informationsverarbeitung im Gehirn des Menschen. Mit diesen Informationen kann der Coach den Coachee pacen, intelligente Fragen stellen und gezielt intervenieren.

Synästhesien – Schnittstelle der sinnlichen Systeme

Das Zusammenspiel von verschiedenen Sinneskanälen bei der Repräsentation einer Erfahrung nennt man Synästhesien. Dabei erlebt der Mensch die Phänomene der Realität auf mehreren Wahrnehmungskanälen gleichzeitig. Die innere Landkarte wird zum multidimensionalen Repräsentations-System. »Schreiende Farben – sie springen Dir ins Gesicht!« Synästhesien wirken als Schnittstellen und ermöglichen Flexibilität in der Wahrnehmung. Den Begriff der Synästhesien gibt es auch in der Poesie. Hier sind es Wortschöpfungen oder sprachliche Bilder, die Sinneseindrücke aus verschiedenen Repräsentations-Systemen miteinander vermischen, wie zum Beispiel ein »knallendes Gelb« oder »malende Sänger in lautstarken Bildern«.

Menschen haben die Tendenz zur ganzheitlichen Wahrnehmung. Jeder Mensch hat unzählige Synästhesien in seinem Gehirn codiert. Wenn wir versuchen, bewusst einen Kanal auszuschalten, bemerken wir, wie sehr wir daran gewöhnt sind, alle Kanäle gleichzeitig einzusetzen. Wer mit Kopfhörern und lauter Musik Auto fährt, wird sich auf eine neue Weise orientieren müssen. Das Fahren ohne auditive Rückmeldeschleifen erfordert weitaus mehr Konzentration, weil das Unbewusste sowohl das eigene Motorengeräusch als auch die unterschwelligen Geräusche der anderen Verkehrsteilnehmer vermisst. Obgleich das Autofahren in erster Linie eine visuell-kinästhetische Tätigkeit darstellt, geben die Synästhesien zum auditiven Kanal im Straßenverkehr eine wichtige Orientierungshilfe.

Der gezielte Einsatz von Synästhesien im Coaching ermöglicht eine Intensivierung und Veränderung der sinnlichen Repräsentationen des Coachees. Als kompetenter Coach können Sie durch die gezielte Erfragung der Synästhesien bei eingefahrenen Wahrnehmungs-Mustern neue Wahrnehmungs-Optionen stimulieren. Dabei fungiert die Synästhesie als Schnittstelle. Prägende Lebenserfahrungen oder Glaubenssätze können als Synästhesien in mehreren Wahrnehmungskanälen repräsentiert sein. Dadurch sind sie stabiler in der inneren Landkarte verankert. Wenn der Coachee zum Beispiel durch negative Gedanken gequält wird und keinen Zugang findet, um diesen Zustand zu verändern, kann der Coach nachfragen:

»Während Sie diese Gedanken in Ihrem inneren Dialog hören, gibt es vielleicht auch Bilder, die Sie dabei sehen … oder Gefühle, die Sie wahrnehmen?«

Wenn diese Bilder und Gefühle mit den Gedanken verknüpft sind, besteht eine Synästhesie. Jetzt braucht der Coach nicht mehr direkt mit den hartnäckigen Gedanken zu arbeiten, sondern kann bei den Bildern oder Gefühlen ansetzen, um die benötigten Ressourcen zu organisieren und den Veränderungs-Prozess voranzubringen.

Verweise

→ Wahrnehmung → Innere Landkarte → V.A.K.O.G. → Synästhesien
→ Pacing → Flexibilität → Sinnliche Sprache

Ressourcen – Pluspunkte, Potenziale und Kraftquellen

Nutzen/Ziel

- Generelles Ziel im Coaching: Den Coachee Ressource-voll machen!
- Quelle der Motivation: Stärkung und Befähigung des Coachees.
- Der Stoff aus dem die Träume gemacht sind!

Anwendungsfelder

- Coaching verläuft grundsätzlich ressourcen-orientiert.
- Zur Strategie-Entwicklung und Ziel-Erreichung.
- Bewusstmachung und Nutzung von Kraftquellen.

Der Erfolg im Coaching hängt sehr von dem Zustand des Coachees ab. Eine wichtige Aufgabe für den Coach ist es, den Coachee aus dem problemorientierten Zustand in einen ressourcevollen Zustand zu führen. Im Coaching gilt als Ressource, was dem Menschen als Fähigkeit und als persönliches Potenzial für seine Lebensgestaltung zur Verfügung steht. Ressourcen sind Kraftquellen, die dem Menschen helfen, gewünschte Ziele zu verwirklichen. Je mehr Ressourcen Ihrem Coachee zur Verfügung stehen, desto höher ist die Wahrscheinlichkeit, dass es ihm gelingen wird, seine Ziele tatsächlich zu erreichen.

Externe und interne Ressourcen

Im Coaching arbeiten wir sowohl mit externe als auch mit interne Ressourcen – in der Außenwelt, oder in der Person des Coachee begründet. Externe Ressourcen können sowohl reale Fakten, Menschen, Besitz, Finanzen, Verträge, Kontakte, Soziales Netzwerk oder das eigene Image in den Augen der anderen sein. Interne Ressourcen können alle denkbaren Arten von Fähigkeiten sein:

- gespeichertes Wissen zu nutzen,
- neues Wissen zu erwerben,
- sich selbst und andere zu motivieren,
- Handlungen zu planen und konsequent durchzuführen,
- menschliche Kontakte zu knüpfen und aufrechtzuerhalten,
- echte Freundschaft zu realisieren und wertzuschätzen
- materielle Werte zu schaffen und anzureichern,
- sich für etwas wirklich zu begeistern
- kreative Ideen zu entwickeln und zu realisieren.
- Ideen und Motivation
- Mitgefühl für die Mitmenschen
- Humor und die Erlaubnis, wirklich Spaß zu haben
- Authentizit im Beruf und im Freundeskreis
- die Fähigkeit, an etwas Positives zu glauben, und daraus Kraft zu schöpfen

Ressourcen zur Mitarbeiter-Motivation

Alles, was potenziell nutzbar gemacht werden kann, um ein Ziel zu erreichen, ist im Coaching eine Ressource. Dabei können bereits vorhandene Fähigkeiten und Fertigkeiten als Komponenten für neu zu synthetisierende Ressourcen genutzt werden. Wenn eine junge Führungskraft zum Beispiel lernen möchte, Mitarbeiter aktiv zu motivieren, sind zum Erlernen dieser neuen Fähigkeit vermutlich bereits Ressourcen vorhanden. Der Mensch weiß sehr wahrscheinlich, was ihn selbst motiviert. Darüber hinaus kann er sich mit etwas Fantasie vorstellen, welche Bedürfnisse seine Mitarbeiter haben. Vielleicht hat er auch schon im Freundeskreis, im Sportverein oder in der Familie Erfahrungen gesammelt, wie man andere Menschen ansprechen muss, damit diese motiviert an neue Herausforderungen herangehen. Wenn die bereits vorhandenen Ressourcen bewusst mit neuen Elementen aus dem Business-Kontext kombiniert werden, ist der Transferprozess oft eine sehr viel einfachere Übung, als wenn keine unterstützenden Ressourcen zur Verfügung stehen.

Ressourcen-aktivierende Fragen

Eine Grundannahme im Coaching ist, dass jeder Mensch fähig ist, benötigte Ressourcen für eine gewünschte Veränderung verfügbar zu machen – entweder durch kreatives Lernen, oder indem er sie bei anderen Personen modelliert. Dabei helfen gezielte Fragen:

- Wie gelangen Sie an Ihr Ziel?
- Wo sind Sie bereits gut?
- Auf welche Erfolge in der Vergangenheit können Sie aufbauen?
- Warum sind Sie ein positives Vorbild?
- Welche Werte motivieren Sie?
- Welche Menschen, Situationen und Gewohnheiten geben Ihnen Kraft?
- Wo genau möchten Sie sich verändern?
- Wie haben Sie ähnliche Probleme in der Vergangenheit gelöst?
- Welche Fähigkeiten brauchen Sie dafür?
- Was könnten Sie neu lernen?
- Wer könnte Ihnen dabei helfen?
- Kennen Sie jemanden, der das Problem lösen könnte?
- Wie würde er dabei vorgehen?
- Wie genau? In welcher Reihenfolge?
- Was könnten Sie tun, um von ihm zu lernen?

Im Coaching geht es oftmals darum, den Coachee dazu zu befähigen, mit den vorhandenen Ressourcen in Kontakt zu kommen und sie zielstrebig einzusetzen. Ressourcen stellen die persönliche Power zur Verfügung, die ein Mensch braucht, um seine Ziele zu erreichen. Veränderungsmotivation ist ebenfalls eine wichtige Ressource, selbst wenn sie einen unangenehmen Leidensdruck erzeugt. Manchmal gibt erst der Leidensdruck einer Intervention den nötigen Schub, damit eine schwierige Veränderung anschließend tatsächlich realisiert wird. Die Erkenntnis der positiven Absicht, die sich hinter einem Problemverhalten verbirgt, kann neue Ressourcen erschließen. Man gelangt in die Versöhnungs-Physiologie und bekommt dadurch auf spontane Weise Kontakt zu bisher ungenutzten Ressourcen. Auch das Vertrauen in die selbstheilende Eigendynamik des Unbewussten ist eine wertvolle Ressource zur Realisierung von gewünschten Veränderungen.

Ressourcen ins Bewusstsein holen

Falls Menschen den Zugang zu ihren Ressourcen verlieren, entstehen Problemzustände oder Stuck States. In chronischen Fällen kann ein Coach helfen, die Ressourcen neu zu organisieren. Das PeneTrance-Modell ist ein Instrument, um Ziele zu formulieren und die benötigten Ressourcen zu kontaktieren. Dabei fungiert das innere Brainstorming als kreative Methode, um Ideen zu sammeln und neue Ressourcen zu erschließen. Durch die penetranten Fragen des Coachs realisiert der Coachee, welche Fähigkeiten ihm jetzt schon zur Verfügung stehen, um seine Ziele zu erreichen. Der eigene Reichtum an Ressourcen ist für einen problemorientierten Coachee meistens schwer zu würdigen. In solchen Fällen führen ressourcevolle Fragen zu einer positiven Betrachtungsweise:

- Was könnte gut an der bestehenden Situation sein?
- Was mag ich an dem anderen Menschen, obwohl wir uns momentan in einem Konflikt befinden?
- Was gefällt mir an der gemeinsamen Zusammenarbeit, die wir schon seit Jahren intensiv betreiben?

Viele Ressourcen schlummern im Unbewussten! Das Bewusstsein kann die komplexe Vielfalt der Ressourcen nicht immer optimal managen. Im Coaching gehen wir davon aus, dass jeder Mensch im Laufe seines Lebens unzählige Fähigkeiten erworben hat. Sie sind im Unbewussten verankert und dienen als Grundlage, um weitere benötigte Ressourcen zu organisieren. Eine Möglichkeit besteht darin, den Coachee in Trance zu versetzen, um das Wissen um Ressourcen aus dem Unbewussten ans Tageslicht zu transportieren. Oft werden Fähigkeiten nur in bestimmten Lebensbereichen aktiviert. In anderen Lebensbereichen hat der Mensch keinen Zugang zu diesen Fähigkeiten, obwohl sie potenziell vorhanden sind. In solchen Fällen sind die verschiedenen Lerntexte voneinander dissoziiert. Die erlernten Fähigkeiten sind an bestimmte Anker gebunden (zustandsabhängiges Lernen). Hier kann der Coach durch die Integration der unterschiedlichen Anker helfen, die bisher abgeschnittenen Ressourcen auch für die problematischen Lebensbereiche verfügbar zu machen.

Ressourcen im Alltag verfügbar machen

Ressourcen können geankert werden, um eine gute Verfügbarkeit zu gewährleisten. Eine gute Möglichkeit zum Ressourcen-Ankern im Coaching ist die Fünf-Finger-Methode. Dabei wählt der Coachee fünf besonders ressourcevolle Erinnerungen aus.

Diese Moments of Excellence werden vom Coach der Reihe nach über die V. A. K. O. G.-Instruktion auf je einen Finger einer Hand des Coachees geankert, indem die andere Hand den Finger während der intensiven, assoziierten Erinnerung berührt.

Anschließend werden die Anker getestet und dabei noch einmal nachgeladen. Wird die Hand jetzt zur Faust geformt oder werden die Finger beider Hände wie im Gebet aneinandergelegt, so werden alle fünf Ressourcen zugleich aktiviert und ein Moment of Excellence hoch fünf induziert.

Verweise

→ Frage-Technik → Glaubenssätze → Körpersprache → Moment of Excellence → Modeling → Lebenslanges Lernen

Ritual – Transfer-Maßnahme für das Unbewusste

Nutzen/Ziel

- Gezielte Kommunikation mit dem Unbewussten.
- Markierung von Phasen und Meilensteinen.
- Emotionale Aufladung als wirksame Motivations-Ressource

Anwendungsfelder

- Stimulierung von unbewussten Kräften.
- Verankerung von anstehenden Veränderung: Schub-Kraft!Veränderung von Glaubens-Systemen.
- Transfer-Sicherung und Motivations-Verstärker.

Ob es einem Menschen gelingt, über sich hinauszuwachsen, hängt davon ab, ob er seine Ziele nur halbherzig anstrebt, oder ob er aus vollem Herzen daran arbeitet. Das menschliche Unbewusste besteht aus einer Vielzahl von Persönlichkeitsteilen, die nicht selten widersprüchliche Interessen verfolgen. Wenn Sie Ihren Coachee im Zustand des Rapports ein passendes Ritual durchlaufen lassen, können Sie alle relevanten Persönlichkeitsteile auf ein gemeinsames Ziel hin ausrichten. Dadurch fühlt sich der Coachee als Gestalter seiner Zukunft, und eine starke innere Motivation kann der Realisierung des angestrebten Ziels einen mächtigen Schub verleihen.

Rituale stammen ursprünglich aus dem religiösen Kontext. Es sind kraftvolle Verhaltensweisen, die emotional stark aufgeladen sind und eine symbolische Bedeutung haben. Rituale können einen Selbstheilungsprozess aktivieren. Wenn der Arzt dem erkrankten Menschen eine Medizin verschreibt, kann es sein, dass Arztbesuch, Gang zur Apotheke und Medikamenteneinnahme sich zu einem wirksamen Ritual verbinden, welches das Unbewusste des Patienten glauben lässt, dass er nun geheilt sei; selbst wenn das Medikament nur ein an sich wirkungsloses Placebo war.

Rituale im Coaching

Im Coaching werden Rituale eingesetzt, um mit dem Unbewussten des Coachee zu kommunizieren. Ein emotional aufgeladenes Ritual verankert die guten Vorsätze tief in der Persönlichkeit des Coachee. Sein inneres Parlament wird den Veränderungs-Impuls ernst nehmen, denn Rituale zielen am Zensor vorbei und wirken direkt auf die archaischen unbewussten Kräfte, die in jedem Homo sapiens schlummern.

Starke Rituale können extrem wirkungsvolle Anker darstellen. Auch die Anwendung von vielen Interventionstechniken im Coaching kann als Ritual verstanden werden. Dabei übernimmt der Coach die Rolle des Zeremonienmeisters. In der

Trance-Arbeit helfen sie dem Coach, direkten Zugriff auf innere Prozesse zu gewinnen, die normalerweise unbewusst stattfinden. Rituale bewirken, dass im Gehirn bestimmte Suchprozesse gezielt durchlaufen werden, um benötigte Informationen aus dem riesigen Ressourcenspeicher des Unbewussten an die Oberfläche des Bewusstseins zu transportieren. Außerdem werden die neuen Lernprozesse in der Psyche des Coachees verankert und in sein ökologisches Gefüge eingenetzt. So werden Ressourcen sinnvoll organisiert. Gleichzeitig wird sichergestellt, dass der Coachee die neuen Fähigkeiten auch in zukünftigen Problemkontexten zur Verfügung hat.

Sinnvolle Rituale erhöhen die Motivation

Komplexe Coaching-Interventionen wie zum Beispiel beim Arbeiten mit dem inneren Team können vom Coach bewusst als Ritual durchgeführt werden, um den Freiheitsgrad im Verhalten des Coachees zu erhöhen. Oftmals zeigen sich Coachees, die ein Ritual als sinnvolle Maßnahme akzeptiert haben, viel offener und mutiger in der Veränderungsarbeit, weil dieser außergewöhnliche Bedeutungsrahmen die strengen Regeln des alltäglichen Verhaltens aufhebt. Sie können Ihrem Coachee als erfahrener Business-Coach jeden kreativen Impuls als stärkendes Ritual anbieten. Durch die Wiederholung können sich auch alltägliche Kleinigkeiten zu wirkungsvollen Ankern weiterentwickeln.

- Jedes Mal, wenn Ihr Coachee das Firmengelände oder sein Büro betritt, kann er sich mit einem bewussten, positiven Gedanken an seine Möglichkeiten und Stärken erinnern. (»Ich bin der richtige Mann am richtigen Ort!«)
- Jeder Eintrag im Terminkalender des Coachees kann durch eine motivierende Kommentierung zu einem Ritual werden. (»Mitarbeitergespräch mit Herrn Meier – diesmal gehe ich es an – freundlich und stark!«)
- Jedes Kundengespräch kann mit einem einleitenden positiven Gedanken zu einer wahren Heldentat veredelt werden.
  (»Ich bin ein erstklassiger Kundenberater, weil ich mich voll und ganz für die Zufriedenheit des Kunden einsetze!«)
- Jeder Veränderungsprozess kann mit einem motivierenden Transfer-Tagebuch begleitet werden. (»Ich committe mich darauf, jede konstruktive Idee innerhalb von 14 Tagen umzusetzen!«)

Im Coaching werden Rituale auch als Future Pace zur gezielten Transfersicherung eingesetzt. Sie erzeugen eine sinnlich erfassbare Motivation zur gezielten Veränderung und bringen die Lernerfahrungen aus dem Coaching ins tägliche Leben hinein. Dabei kann ein individueller Anker installiert werden, der dem Coachee in kritischen Situationen als Schlüssel zum Ressourcenspeicher zur Verfügung steht. Der Anker erinnert das Unbewusste des Coachees an seine vorhandenen Fähigkeiten.

Jeder Mensch kann selbst kleine Rituale entwickeln, die in seinem individuellen Kontext als Handlungsanweisung für sein Unbewusstes fungieren. Dadurch wird die selektive Wahrnehmung im Sinne der Magie des Wünschens gezielt ausgerichtet und außerdem dem Unbewussten signalisiert, dass man mitverantwortlich für die Gestaltung der Zukunft ist. Rituale können einmal als richtungsweisendes Schlüsselerlebnis eingesetzt oder auch regelmäßig wiederholt werden, um Gewohnheiten zu steuern. Sie können sowohl an äußere Verhaltensweisen gebunden sein, als auch innerlich im Geiste vollzogen werden.

Verweise

→ Unser Unbewusstes → Ankern → Motivation → Glaubenssätze → Intuition

S

Sekundärer Gewinn – der verborgene Benefit

Nutzen/Ziel

- Auflösung von Veränderungs-Blockaden.
- Erkennen und Integrieren von bisher unentdeckten Motivationsquellen.
- Souveräner Umgang mit unbewussten Kräften.

Anwendungsfelder

- Als Wahrnehmungsfilter zur Diagnose von unbewussten Motivations-Mustern.
- Zur Auflösung und Veränderung von unerwünschten Verhaltensweisen.
- Als Erklärungsmodell zur Transformation von Frustration aufgrund vergeblicher Veränderungsversuche.

Nicht selten stellt sich im Coaching eine unerwünschte Verhaltensweise als wertvoller Träger eines versteckten Gewinns für den Coachee heraus. Jedes Element im Verhaltensrepertoire eines Menschen ist systemisch mit allen anderen Elementen verbunden. Viele Verhaltensweisen bringen versteckte Gewinne mit sich, deren sich der Coachee nicht bewusst ist. Das Konzept der sekundären Gewinne bietet Ihnen als Coach einen wertvollen Wahrnehmungsfilter, um den unbewussten Nutzen eines Verhaltens frühzeitig zu erkennen, zu würdigen und Ihre Intervention darauf abzustimmen. Mit der nötigen Sensibilität für den verborgenen Benefit stärken Sie den Rapport zum Unbewussten Ihres Coachees. Gleichzeitig ersparen Sie Ihrem Coachee die frustrierende Erfahrung einer misslungenen Verhaltensänderung. Indem Sie mit Ihrem Coachee die sekundären

Gewinne gezielt herausarbeiten und ihm die ökologische Bedeutung bewusst machen, können Sie ihm helfen, kreative Veränderungsoptionen zu entwickeln, die tatsächlich funktionieren.

S

Im Coaching

Metaphorisch gesprochen ist der sekundäre Gewinn eine versteckte Gewinnausschüttung. An ein bestimmtes Problemverhalten sind oft unbewusste Vorteile geknüpft, die der Coachee verlieren würde, wenn er sein Problemverhalten einfach aufgibt. Deshalb ist es bei gewünschten Veränderungen hilfreich, solche versteckten Gewinne bewusst zu erkennen und sicherzustellen, dass sie erhalten bleiben. Falls die sekundären Gewinne nicht in der erarbeiteten Problemlösung berücksichtigt werden, wird sie vermutlich nicht wirklich funktionieren, da sie keine ökologische Alternative darstellt. Deshalb ist die Überprüfung der sekundären Gewinne im System-Check bei allen gewünschten Veränderungen ein wichtiger Schritt zur Transfersicherung.

Ein gestresster Manager versucht seit Jahren vergeblich, sich das Rauchen abzugewöhnen, doch alle Bemühungen schlagen fehl. Solange er nur die schädlichen und unerwünschten Effekte des Rauchens wahrnimmt, kann er nicht verstehen, warum er die ungeliebte Gewohnheit beibehält. Erst in Anbetracht der sekundären Gewinne, die er durch das Rauchen bekommt, wird sein Verhalten verständlich: Zigaretten geben ihm einen willkommenen Anlass für kleine Pausen während seines anstrengenden Arbeitstages, nach dem Essen wird seine Verdauung durch die Zigarette angeregt, er mag das gesellige Gefühl, wenn er kurz vor Feierabend gemeinsam mit seinen Kollegen, die ebenfalls Raucher sind, Zigaretten, Kaffee und Cognac genießt, und wenn er am Wochenende auf eine Party geht, bietet die Zigarette ihm einen unbewussten Halt, um seine Unsicherheit bei Gesprächen mit Fremden zu verbergen. Und außerdem gibt ihm das Rauchen die Möglichkeit, sich zu Hause ganz legitim von seiner nicht rauchenden Ehefrau abzugrenzen.

Indem Sie sich auf die sekundären Gewinne sensibilisieren, können Sie den versteckten Nutzen mit folgenden Fragen herausarbeiten:

- Welche Vorteile könnten in dem problematischen Verhalten verborgen sein?
- Welche Funktion könnte das unerwünschte Verhalten innerhalb des gesamten Systems erfüllen?
- Welche positive Absicht könnte durch das problemerzeugende Verhalten erfüllt werden?

Im Coaching hilft die Arbeit mit dem Teile-Modell, innere Widersprüche des Coachees zu verstehen. Ein Persönlichkeitsteil, der dem Bewusstsein zugänglich ist, wünscht eine Veränderung. Gleichzeitig besteht ein anderer, unbewusster Teil der Persönlichkeit darauf, die alte Verhaltensweise beizubehalten, weil er versteckte Gewinne aus dem problematischen Verhalten zieht. Solange der Coachee den verborgenen Nutzen seines problematischen Verhaltens nicht erkennt, befinden sich die Teile im Konflikt miteinander. In solchen Fällen hilft die Frage nach der positiven Absicht weiter. Wenn es dem Coachee gelingt, die versteckten Gewinne zu erkennen, zu würdigen und auf anderen, besseren Wegen zu realisieren, wird sein Unbewusstes das problematische Verhalten aufgeben, weil es nicht mehr benötigt wird.

Würdigen, was ist!

Die Menschenwürde gilt vielen Menschen als höchstes Gut. Die Würdigung von Ressourcen und vollbrachten Leistungen ist auch im Coaching enorm wichtig, um den Coachee zu motivieren oder zu versöhnen. Die explizite Würdigung ist auch eine nützliche Maßnahme, um mit einem problemerzeugenden Teil des Coachees in positiven Kontakt zu treten. In der Regel lehnen wir unsere problemerzeugenden Teile ab. Wir mögen sie nicht und wollen am liebsten, dass sie einfach verschwinden. Wir sehen häufig nicht den systemischen Nutzen und den sekundären Gewinn, den wir durch diesen Teil bekommen. Jeder Teil in der menschlichen Persönlichkeit erfüllt seine Aufgabe so gut, wie er im Moment kann. Das Wirken innerhalb des psychischen Systems ist für die Teile nicht immer leicht.

Wie würden Sie sich fühlen, wenn Sie sich seit Jahren, ja Ihr ganzes Leben bemühen, eine schwierige Aufgabe so gut wie möglich zu erfüllen, und Ihr Chef einfach nicht begreift, was Sie alles für ihn tun? Er würde Sie am liebsten sofort entlassen. Aus rechtlichen Gründen ist ihm das jedoch nicht möglich, aber er beschimpft Sie, verwünscht Sie und erzählt allen Leuten, dass Sie völlig überflüssig sind und ihn nur stören. Doch trotz allem sind Sie ihm auch weiterhin ein treuer Mitarbeiter und bemühen sich, selbst im Angesicht all der Ungerechtigkeiten Ihre Pflicht zu erfüllen.

Psychische Konflikte auflösen

Durch Würdigung und Anerkennung werden nicht nur im Coaching viele Kräfte frei. Wenn positive Absichten und die Kreativität bei der Realisierung bewusst und explizit gewürdigt werden, brauchen die dafür verantwortlichen Persönlichkeitsteile nicht länger um ihre Existenzberechtigung zu kämpfen. Sie können vertrauen und den Widerstand loslassen. Dadurch entspannt sich die menschliche Psyche. Wenn der Coachee versteht, welche positive Absicht sein problemerzeugender Teil verfolgt, geschieht ein Prozess der Versöhnung. Nun können die verschiedenen Teile ungestörtihre Arbeit tun. Sobald der Mensch lernt, den sekundären Gewinn und den Nutzen, den er davon hat, angemessen zu würdigen, wird der problemerzeugende Teil weniger rigide. Wenn ein Persönlichkeitsteil weiß, dass das Bewusstsein seine Funktion erkannt hat und ihn prinzipiell dabei unterstützt, wächst auch die Bereitschaft zum konstruktiven Experimentieren. Dann können, gemeinsam mit dem Bewusstsein und mit anderen Teilen, neue Wege entwickelt werden, und der ehemals problemerzeugende Teil wird in vielen Fällen bereit sein, sich darauf einzulassen. Echte Würdigung ist ein Ausdruck von Respekt. So können chronische Kämpfe innerhalb der menschlichen Systeme schlagartig beendet werden.

Verweise

→ Teile-Modell → Veränderung → Positive Absicht → Einwand-Integration
→ Reframing → Frage-Technik

S

Separator State-Manöver – gezielte Muster-Unterbrechung

Nutzen/Ziel

- Gezielte Unterbrechung von bestehenden Wahrnehmungs- und Verhaltens-Mustern.
- Verwandeln von Problem-Zuständen in eine Ressourcen-Orientierung.
- Dynamisierung von Prozessen und Problemlösungen.

Anwendungsfelder

- Befreiung von festgefahrenen oder frustrierten Zuständen.
- Aktive Veränderung mentaler Projektionen.
- Zur Beendigung von Trance-Zuständen.

Ein Separator ist ein plötzlicher Reiz, der den bisherigen Zustand verändert. Ein Separator State-Manöver führt den Coachee gezielt in einen anderen Zustand. Dabei wird das bisherige Wahrnehmungsmuster unterbrochen. Der Separator fungiert als trennendes Element zwischen zwei Zuständen. Er gibt der Wahrnehmung des Coachees einen frischen Impuls und bewirkt einen Wechsel der Physiologie. Der Moment, in dem dieser Wechsel geschieht, wird Separator State genannt.

Menschen haben die unbewusste Neigung, mehr von demselben zu produzieren. Wenn unser Gehirn erst einmal eine bestimmte neurologische Bahn aufgebaut hat, neigt es aus Gründen des Energiesparens und im Sinne einer subjektiven Sicherheit dazu, alle Gedanken, Gefühle und Handlungen dieser Bahn folgen zu lassen.

Im Coaching

Im Coaching ist es wichtig, solche problemerzeugenden Muster zu erkennen und gezielt zu unterbrechen. Ein erfahrener Coach kann ähnlich wie ein Hypnotiseur innere Zustände bei seinem Coachee erzeugen, erhalten, verstärken oder unterbrechen. Der souveräne Umgang mit Separatoren ermöglicht es Ihnen, negative, problemorientierte Zustände Ihres Coachees schnell zu beenden und stattdessen Raum für neue, bessere Zustände zu erzeugen. So gewinnen Sie die Chance, Ihrem Coachee eine neue Erfahrung zu vermitteln.

Im Coaching werden immer dann Separatoren eingesetzt, wenn der Coach seinen Coachee schlagartig in einen anderen Zustand führen will. Abhängig vom Rapport zum Coachee und der Prozess-Situation kann der Coach intuitiv oder geplant aus einer Vielzahl von möglichen Separatoren wählen, die auf den unterschiedlichen Wahrnehmungskanälen wirken:

- **Visuell:** Mimik oder Gestik auffällig verändern, Blickwinkel wechseln, Brille auf- oder absetzen, Licht verändern, auf dem Flip-Chart visualisieren.

- **Auditiv:** überraschende Fragen stellen, provokante Anmerkungen aussprechen, Sprechtempo und Tonlage verändern, Musik einschalten, Geräusche machen.
- **Kinästhetisch:** auffordern zum Aufstehen, sich dehnen, Sitzplatz wechseln, Krawatte abnehmen, Spaziergang.
- **Olfaktorisch:** auffordern zum Tief-Durchatmen, Luft anhalten, Fenster öffnen, Duftlampe anmachen, Riechsalz geben.
- **Gustatorisch:** anbieten von Kaffee und Kuchen, Kaugummi, Getränken oder Nahrungsmitteln.

Die Beispiele beziehen sich jeweils auf den Sinneskanal, der von dem Separator vermutlich am stärksten beeinflusst wird. Darüber hinaus wirkt zum Beispiel ein Spaziergang natürlich auch visuell, indem wir unseren Blick über die Landschaft schweifen lassen; ebenso auditiv, wenn wir die Vögel zwitschern hören; außerdem riechen wir die frische Luft, und falls wir an der Küste entlangwandern, können wir das Salz auf den Lippen schmecken.

Separator-Techniken in der Hypnose

Im Coaching werden Separatoren auch eingesetzt, um den Coachee aus Trance-Zuständen ins Hier und Jetzt zurückzuholen. Siese Technik stammt aus der Hypnose. Dort kann der Hypnotiseur einen Separator State des Klienten bewirken, indem er beispielsweise plötzlich mit dem Finger schnippt, die Stimme erhebt und ernüchternde Fragen stellt. Dadurch kommt der Klient aus seinem Trance-Zustand zurück ins Hier und Jetzt. Während bei der Hypnose abrupte Separatoren wie das Schnippen mit dem Finger eingesetzt werden, ist es im Coaching eher ratsam, den Coachee durch vage, einladende Prozess-Instruktionen sanft wieder in das Alltagsbewusstsein zurückzuführen.

Separatoren können auch einen willkommenen Anlass bieten, sich zu verändern. Die Veränderung von Gewohnheiten wird oft durch einen Separator ausgelöst. Die Ebene, auf der ein Wechsel stattfindet, kann unterschiedliche Dimensionen aufweisen. Während eines Gespräches, das von einem kurzen Telefonanruf unterbrochen wird, verbringt der wartende Gesprächspartner nur wenige Sekunden oder Minuten im Separator State. Eine Baustelle vor der Haustür oder ein Wohnungswechsel hingegen können Separator States erzeugen, die über Tage, Wochen oder Jahre andauern können, bevor wir uns an den Zustand gewöhnt haben. Separatoren wirken der Gewöhnung entgegen, besonders wenn sie sehr ungewöhnlich oder überraschend eingesetzt werden. Sie wecken unsere bewusste Aufmerksamkeit und re-orientieren uns in die aktuelle Situation. Der gezielte Umgang mit Separatoren ist eine Kunst, die enorm nützlich ist, um im Coaching Präsenz zu erzeugen und um festgefahrene Situationen wieder zu beleben.

Stuck State – wenn nichts mehr geht

Der Stuck State ist ein Zustand des Feststeckens. Der Coachee ist blockiert, in der Sackgasse, nichts geht mehr – er steckt in einer intensiven Problem-Physiologie. Im Stuck State hat der Coachee keinen Zugriff auf seine Ressourcen. Er verliert alle Wahlmöglichkeiten und hat keine adäquaten Verhaltensoptionen zur Verfügung. Im Stuck State leidet der Mensch und kann nur noch hoffen, dass der Zustand sich verändert. Bei einem Coachee in diesem Zustand geht mit dem Stuck State oftmals eine Verengung der Wahrnehmung einher. Ängste und Verzweiflung blockieren seine Ressourcen. In solchen Momenten ist es für den Coach angezeigt, einen Separator zu setzen! Die gezielte Unterbrechung des Leidenszustandes bewirkt, dass sich die Wahrnehmung des Coachees öffnet und wieder mit neuen Eindrücken gespeist werden kann.

Ein guter Coach erkennt schnell, welchem Wahrnehmungskanal er einen Impuls geben kann, um den Coachee auf möglichst elegantem Wege aus dem Stuck State herauszuholen. Dafür braucht der Coach Flexibilität und Präsenz, denn sein Manöver ist gleichzeitig ein Beziehungsangebot. Es muss so attraktiv sein, dass der Coachee sich darauf einlassen kann.

Sind sekundäre Gewinne im Spiel?

Falls selbst massive Separator State-Manöver keinen Wechsel des Zustandes bewirken und das Unbewusste des Coachees es bevorzugt, im Stuck State zu verweilen, sind vielleicht sekundäre Gewinne im Spiel. Dann könnte die Frage nach der positiven Absicht weiterhelfen:

- Was könnte gut daran sein, dass Sie sich jetzt in diesem Zustand befinden?

Manchmal hilft auch das Prinzip der Akzeptanz. Der Stuck State wird beobachtet und erlaubt, denn in jedem Zustand ist auch eine versteckte Botschaft zu erkennen. Meditierenden Mönchen wird von ihren Lehrern empfohlen, jede Form von Zustand einfach zu akzeptieren. Jedes Lebewesen befindet sich in einem lebendigen Fluss. Genau genommen fließt der Mensch auch im Stuck State, nur etwas langsamer.

In der Meditation lernen die Mönche, ihre Zustände gleichmütig zu beobachten und abzuwarten, bis der Wind die Wolken am Himmel vertreibt. Durch ein derartiges Reframing lässt sich ein blockierter Stuck State in einen fruchtbaren Trance-Zustand überführen. Dies erfordert vom Coach jedoch sehr viel Geduld und Gelassenheit. Sich selbst und andere Menschen aus dem Stuck State in einen ressourcevollen Zustand führen zu können ist eine nützliche Fähigkeit, die im Coaching echte Wunder bewirken kann.

Momentum - plötzlich öffnen sich neue Räume!

Der Stuck-State kostet Zeit und Nerven. Deshalb lernt der erfahrene Coach, Stuck-States frühzeitig zu erkennen und im geeigneten Moment zu unterbrechen. Das Phänomen »Momentum« wurzelt im Prinzip der Seperator-Energie: Ein altes Muster wird plötzlich unterbrochen, und eine neue Chance tut sich auf! Die Nutzung des Momentums kann eine enorme Ressource freisetzen - plötzlich läuft alles wie am Schnürchen.

Durch ein Seperator-State-Manöver entsteht neuer Raum im Erleben des Coachee. Jetzt gilt es, diesen Freiraum blitzschnell mit Ressourcen in Kontakt zu bringen. Ein psychischer Freiraum verhält sich im modernen Gehirn wie ein Vakuum im Gedankensturm - bereits nach kurzer Zeit wurde es vom inneren Dialog wieder aufgesogen. Deshalb wirken Seperator-Werkzeuge immer nur »kurz, aber heftig!« - nach kurzer Zeit kann das Momentum bereits verflogen sein. Der Coachee bekommt einen kleinen Schock. Dies unterbricht seine Gedanken. Die Zeit, bevor sich das gewohnte Muster im Gehirn wieder aufbauen kann, erlaubt eine gezielte Intervention.

Der Coach nutzt das entstehende Momentum, um neue Ressourcen ins Spiel zu bringen, bevor sich die mentale Firewall wieder verschließen kann. Der Ressource-Kontakt führt dazu, dass der Coachee sprungartig in einen besseren Zustand wechseln kann - er bekommt einen Motivationsschub. Das Seperator-State-Manöver sollte jeder Business-Coach in seinem Repertoire verfügbar haben. Es spart viel Zeit und Nerven - sowohl beim Coachee als auch beim Coach.

Verweise

→ Trance → Anker → Unser Unbewusstes → Resourcen → Körpersprache → V.A.K.O.G.

S

Siebte Himmel-Physiologie – wenn alles nach Ihnen gehen würde ...

Nutzen/Ziel

- Aktivierung von Inspiration und Motivation.
- Authentischer Kontakt mit wahren Bedürfnissen.
- Entwicklung von Win-Win-Modellen in Konflikten.

Anwendungsfelder

- Im Konflikt-Management zur Ziel-Findung.
- Im Visions-Coaching als Motivations-Verstärker.
- Zur Konkretisierung von Verhandlungs-Positionen.

Im Coaching können sich die Grenzen des Coachees sehr deutlich offenbaren. Selbst in ihrer Fantasie haben viele Menschen Probleme, sich die Erlaubnis zu geben, sich die beste aller Möglichkeiten vorzustellen. Besonders im Angesicht von belastenden Problemen oder Konflikten entstehen nicht selten Lösungsansätze, die von vornherein zum Scheitern verurteilt sind, weil sie nicht den wahren Bedürfnissen der Beteiligten Rechnung tragen. Oftmals werden solche Entscheidungen oder Konfliktlösungen als »faule Kompromisse« empfunden, weil sie bereits nach kurzer Zeit dazu führen, dass die Beteiligten versuchen, die Situation doch wieder zu ihrem eigenen Vorteil zu manipulieren und somit die Lösung sabotieren. Ein kompetenter Coach bemerkt, wenn seinem Coachee die innere Erlaubnis zur Wunschvorstellung fehlt. Er reagiert, indem er ihn mit der Methode der Siebte-Himmel-Physiologie in Kontakt mit seinen wahren Bedürfnissen führt.

Im Coaching

Die Siebte-Himmel-Physiologie ist ein Zustand, der erfüllt ist von Freude, Glück und Erfolg. Es ist die Physiologie einer intensiv fantasierten Erfüllung der für die eigene Person kritischen Bedürfnisse. Sie erwächst aus dem Erlebnis, einen sehnlichen Wunsch erfüllt zu bekommen; einen Wunsch, der das Herz berührt und auf wunderbare Weise wahr wurde. Die Siebte Himmel-Physiologie ist eine besondere Form der Als-Ob-Methode und kann helfen, etwas zu tun, von dem man bisher annahm, dass es unmöglich sei:

- Was müsste passieren, damit es möglich wird? Was würden Sie brauchen, damit Sie es können? Unter welchen Bedingungen würden Sie es tun?

Im Konfliktmanagement können solche Fragen dazu führen, dass eine ins Stocken geratene Verhandlung wieder lebendig wird. Mithilfe derartiger Fragen können selbst massive Einwände in Wünsche verwandelt werden. Es entsteht eine Vision, die der weiteren Arbeit eine konstruktive Richtung gibt.

Coaching-Übung: Siebte-Himmel-Physiologie

In der Schule des Wünschens wird die Siebte-Himmel-Physiologie induziert, indem sich der Coach an einen der wünschenden Partner wendet und folgende Prozessinstruktion gibt:

- »Stellen Sie sich bitte einmal vor, diese Verhandlung wäre ganz im Sinne Ihrer eigenen Position zu einem Abschluss gebracht worden. Ihre Bedürfnisse wären hundertprozentig erfüllt, und auf überraschende, vielleicht sogar magische Weise wäre die Lösung auch für die andere Seite akzeptabel ... doch in erster Linie möchte ich Sie jetzt bitten, eine Lösung zu formulieren, die für Sie persönlich die denkbar beste Möglichkeit darstellt ...«

Der Coach stimuliert den Coachee, seiner Fantasie freien Lauf zu lassen und mit einer Lösung Kontakt herzustellen, die ihn wirklich glücklich machen und sein Herz erfreuen würde. Dafür induziert er einen Trance-Zustand, der den Coachee die üblichen Beschränkungen seines Alltagsbewusstseins vergessen lässt:

- » ... wobei Sie sich zunächst gar nicht an die Details der ausgehandelten Lösung erinnern müssen, sondern nur daran, dass die Lösung hundertprozentig Ihren eigenen Bedürfnissen entspricht ... Sie finden in der Zukunft eine Situation, wo Ihnen plötzlich bewusst wird, welche Lösung Sie wirklich begeistern würde ... in völlig überraschender Weise ... geradezu genial ... und noch viel schöner, viel besser ... fast ein kleines Wunder ... «

Jetzt zeigt der Coachee die Siebte-Himmel-Physiologie. Der Coach kann den Coachee noch konkreter in die totale Wunscherfüllung hineinhypnotisieren und dann einen Anker setzen, um diesen powervollen Zustand als Ressource für die weitere Vorgehensweise verfügbar zu machen. Der Anker sollte im Peak der Physiologie, also im intensivsten Moment installiert werden. Vorher kann der Coach die Wahrnehmungskanäle abfragen (V.A.K.O.G.) und sich dabei auf die Physiologie des Coachees als Ziel-Erkennungsphänomen kalibrieren.

Der Coachee hat durch diese Reise in die Zukunft wertvolle Informationen erschlossen. Je nach Beschaffenheit des Wunsches können weitere Informationen auf verschiedenen Ebenen gewonnen werden. Dies entspricht dem Prinzip des Chunking. Beim Chunking-Down stimuliert der Coach den Coachee, die konkreten Details und die entscheidenden Complex Equivalences (Schlüsselreize) zu finden. In der Paartherapie könnten die Prozess-Instruktionen folgendermaßen lauten:

- »Während Sie die Vorstellung genießen, achten Sie genau darauf, wie Ihr Partner dabei aussieht, was er tut und was er sagt und welche Gefühle er bei Ihnen auslöst ... wie er seinen Körper bewegt, seine Gesten, seine Mimik, seine Stimme, welche Worte er wählt ... was ist es im Einzelnen, dieses gewisse Etwas, was das Erlebnis erst zu dem macht, was es ist ... (ideomotorisches Nicken des Coachees abwarten) ... und dann kommen Sie langsam, in Ihrem eigenen Tempo wieder zurück hierher, in die Gegenwart ... «

Die andere Richtung ist das Chunking-up. Hier wird das Meta-Ziel erforscht, das sich hinter dem geäußerten Wunsch verbirgt. Der Coach stimuliert den Coachee, den Nutzen zu erkennen, den die Erfüllung seines Wunsches mit sich bringt:

- »Während Sie Ihre Vorstellung von der Zukunft genießen,
- machen Sie sich bitte deutlich, in welcher Weise sich Ihre Situation verändert hat … und jetzt, da Sie dort in der Zukunft sind, wissen Sie, warum es damals so wichtig war, dass die Verhandlung in Ihrem Sinne ausgegangen ist … denn Sie bemerken, dass etwas Bestimmtes für Sie als Person gewährleistet ist … (ideomotorisches Nicken des Coachees abwarten) … und mit dieser Antwort im Sinn kommen Sie, in Ihrem eigenen Tempo, wieder zurück in die Gegenwart … «

Das Erzeugen der Siebte-Himmel-Physiologie entspricht einer fantasierten Heldenreise. Das Unbewusste kommt in Kontakt mit der Erfüllung von tiefen Bedürfnissen. Diese Erfahrung erzeugt Glauben, Inspiration und Motivation. Wenn das Unbewusste des Coachees die benötigte Information akzeptiert, hat der Mensch etwas gelernt. Mit diesem Wissen kommt er zurück in die Gegenwart. Das Wissen ist der Schatz, den der Held von seiner Reise mitbringt, um danach besser zu leben.

Zur konsequenten Realisierung im Sinne der Magie des Wünschens ist es wichtig, dass der Coachee nach seiner Reise in den Siebten Himmel zurückkommt auf die Erde, in die Gegenwart, in die aktuelle Situation hier und jetzt. Denn nun beginnt die eigentliche Arbeit der Realisierung. Der Coach muss nun zusammen mit dem Coachee Wege finden, um seine Wünsche zu realisieren.

Verweise

→ Als-Ob-Methode → Libido-Energie → Chunking → Ziel-Orientierung → Win-Win-Ethik → Magie des Wünschens

Sinnliche Sprache – Ausdruck innerer Vorlieben

Nutzen/Ziel

- Diagnose der bevorzugten Repräsentationssysteme.
- Gezielte Ansprache der sinnlichen Präferenzen.
- Als Diagnose-Instrument für innere Strategien.

Anwendungsfelder

- Pacing von Wahrnehmungs-Typen.
- Leading durch gezielte Wechsel des Wahrnehmungs-Kanals.

Im Coaching ist es wichtig, den Zusammenhang zwischen Wahrnehmung und Wortwahl zu verstehen. Wenn ein Mensch in seinem Gehirn bestimmte Informationen abrufen will, muss er auf seine Sinnessysteme zurückgreifen. Dieser innere Vorgang spiegelt sich auch in den Worten, die er wählt, um seine Gedanken auszudrücken. Die Art des Denkens zeigt sich im individuellen Sprachgebrauch. Wenn Ihr Coachee von seinem Anliegen erzählt, können Sie gleichzeitig seine inneren Prozesse erforschen, indem Sie die sinnesspezifischen Sprachmuster analysieren. Die unbewusste Wortwahl geschieht nicht zufällig. Sie zeigt, wie der Mensch denkt und wie er seine Erfahrungen im Gehirn repräsentiert.

Im Coaching

Viele Menschen verwenden sinnliche Metaphern, um ihre Gedanken zu formulieren. In Gesprächen kann man nicht selten hören:

- »Aha! Ich sehe jetzt, was Sie mir aufzeigen wollen. Wenn man es aus dieser Perspektive betrachtet, wird mir einiges klar.«

Der **visuelle Typ** muss sich ein geistiges Bild machen können, um den Sachverhalt zu verstehen – und diese Tatsache offenbart sich in seiner Sprache. Der **auditive Typ** meint dasselbe, hat jedoch eine andere Art, dies zu formulieren:

- »Aha! Jetzt hat es geklingelt, so stimmt es! Hört sich gut an, was Sie sagen.«

Ein **Kinästhetischer Typ** bevorzugt es nicht nur, in körperlichen Kategorien zu denken und seine Erfahrungen auf eine handfeste Art zu durchleben, sondern drückt diese Einstellung auch durch seine Sprache aus:

- »Aha! Jetzt begreife ich Ihren Standpunkt, wenn man die Sache so angeht, fühlt sich das rund an. Das hat Hand und Fuß.«

Er wählt eine körperliche Metapher, um nachzuvollziehen, was da gerade passiert ist. Nicht selten verfolgen mehrere Menschen die gleiche Absicht, wählen jedoch unterschiedliche Wege, um ihre Absicht zu kommunizieren.

Wie werden Entscheidungen getroffen?

Beim Denken, beim Sich-Erinnern und beim Sprechen verwendet jeder Mensch in seinem Gehirn individuelle Strategien. Es sind seine persönlichen Muster der Informationsverarbeitung. Dabei benutzen verschiedene Menschen sehr unterschiedliche Strategien – sie können ganz einfach gestrickt oder sehr komplex beschaffen sein. Mentale Strategien werden blitzschnell durchlaufen, normalerweise obliegt ihre Koordination der Kontrolle des Unbewussten. Die bevorzugten Strategien sind die neurologischen Autobahnen in unserem Gehirn, sie prägen unsere Art zu denken und Entscheidungen zu treffen. Wenn wir uns für etwas entscheiden wollen, wird unser Unbewusstes blitzartig eine Vielzahl sinnlicher Kriterien abrufen und miteinander vergleichen. Ein typisches Beispiel für eine Entscheidungsstrategie wäre, sich zuerst über den visuellen Kanal ein Bild zu machen, es dann über den auditiven Kanal in Worten zu kommentieren und anschließend anhand des kinästhetischen Gefühls eine Entscheidung zu treffen.

Ein Richter, der diese Strategie verfolgt, könnte dann Folgendes sagen:

- »Wenn ich mir das Vorstrafenregister des Angeklagten ansehe, dann frage ich mich, wie das weitergehen soll. Ich habe fast das Gefühl, da müssen wir einen Riegel vorschieben.«

Ein aufmerksamer Beobachter kann die Strategien anderer Menschen erkennen und seine Argumentation darauf abstimmen. Der Verteidiger des Angeklagten könnte dann folgendermaßen reagieren:

- »Euer Ehren, schauen Sie sich den Angeklagten an – ein wahres Bild der Reue! Man könnte sagen, dass er seine kriminelle Vergangenheit hinter sich gelassen hat, und deshalb sollte man seine Strafe mit einem guten Gefühl zur Bewährung aussetzen.«

S

Viele Coachees verfügen nur über einige wenige Strategien, auf die sie immer wieder zurückgreifen. In den gewohnten Kontexten kommen sie damit meist gut zurecht, doch falls Krisen oder neue Situationen auftauchen, ist Flexibilität gefordert. Im Coaching ist der flexible Einsatz von Strategien ein übergeordnetes Ziel, das zur Optimierung des persönlichen Repertoires führt. Die meisten Strategien sind dem Menschen nicht bewusst. Selbst wenn Experten etwas besonders gut können, kennt ihr Bewusstsein oft nicht die Beschaffenheit der eingesetzten Erfolgsstrategie. Im Gegenteil, je besser wir etwas können und je gewohnter die Abläufe sind, desto weniger wissen wir bewusst, was wir tatsächlich tun. Das erfolgreiche Verhalten wird oftmals komplett von unbewussten Teilen gesteuert. Durch die Zusammenarbeit mit einem kompetenten Coach können dem Coachee seine unbewussten Strategien bewusst werden. Sie offenbaren sich dem Coach durch die sinnliche Metaphorik der Sprache und durch die Abfolge der Augenbewegungen. Im Coaching können innere Strategien aufgedeckt, auf ihre Zweckmäßigkeit hin untersucht und bei Bedarf verbessert werden. So entsteht eine neue Programmierung des Unbewussten. Nach der Intervention wird die erfolgreiche Realisierung der verbesserten Strategien ganz bewusst an die verantwortlichen Teile im Unbewussten delegiert, denn Gelerntes wird vom Bewusstsein oft sehr schnell wieder vergessen.

Erforschen Sie die sinnliche Wortwahl

Die individuellen Eigenarten im Kopf des Coachees offenbaren sich in seiner Sprache auf verblüffende Weise. Als aufmerksamer Coach können Sie anhand der bevorzugt verwendeten Worte heraushören, in welchem Sinnessystem Ihr Coachee denkt und wie er die Realität repräsentiert. Sie können herausfinden, in welchem System die meisten Differenzierungen geschehen und wo die individuellen Kriterien liegen, um Bewertungen vorzunehmen oder um Entscheidungen zu treffen. Wenn ein Coachee bevorzugt solche Formulierungen gebraucht, hat er eine Vorliebe für dieses System und ist für derartige Reize besonders empfänglich. Die sprachlichen Zugangshinweise verraten Ihnen, mit welcher Art von Informationen sie sein Unbewusstes speisen müssen, um positiven Kontakt herzustellen und um gezielt Einfluss zu nehmen.

- Analysieren Sie den sinnlichen Sprachgebrauch Ihres Coachees. Achten Sie während Gesprächen ganz genau auf die unbewusst gewählten Formulierungen. Gewöhnen Sie sich an, sinnesspezifische Vokabeln als solche zu erkennen. Entwickeln Sie eine Intuition für sinnliche Metaphorik der gesprochenen Sprache. Beobachten Sie, welcher Coachee welche Metaphern bevorzugt.
- Bringen Sie Ihre Beobachtungen in Zusammenhang mit Ihrem Wissen über die Wahrnehmungstypen. Überprüfen Sie, ob die beiden diagnostischen Systeme zu gleichen Ergebnissen führen.
- Auch wenn Sie selber sprechen, können Sie Ihre Sprache beobachten und dabei Ihre eigenen Präferenzen erkennen.
- Verbessern Sie Ihre verbale Flexibilität, indem Sie Ihre Wortwahl der Sprache Ihres Coachees anpassen. Diese Fähigkeit kann Ihnen dabei helfen, sich bewusst auf bevorzugte Sinneskanäle einzustellen, unnötigen Missverständnissen vorzubeugen und eine harmonische Gesprächsatmosphäre herzustellen.

Visuelle Welt – die Macht der bunten Bilder

Die Orientierung über die Augen ist auch im Coaching ein zentrales Element. Der Coachee beobachtet die optische Erscheinung und die Körpersprache seines Coachs. Außerdem reagiert er nicht nur auf die Visualisierungen und Notizen am Flipchart, sondern er bringt auch eine Vielzahl innerer Bilder mit ins Coaching. Diese inneren Bilder können sowohl Probleme als auch Ressourcen oder Ziele darstellen. Als Coach können Sie sich darin trainieren, solche Bilder schnell und treffsicher zu erfragen – insbesondere, wenn Ihnen ein visueller Zeitgenosse gegenübersitzt. Mithilfe von NLP-Werkzeugen können Sie die relevanten Bilder nicht nur diagnostizieren, sondern auch nachhaltig verändern und dadurch innere Prozesse entscheidend beeinflussen.

Der Begriff »visuell« bezieht sich auf die Orientierung über den Wahrnehmungskanal des Sehens. Der visuelle Kanal bezeichnet die Orientierung über die gesamte optische Wahrnehmung, sowohl nach außen als auch nach innen. Es gibt prinzipiell vier Dimensionen des Sehens: Farbe, Struktur, Raum und Bewegung. Sehen kann viele Informationen zur gleichen Zeit erfassen, doch besonders die Aufnahme von visuellen Eindrücken unterliegt der selektiven Wahrnehmung.

Der Mensch glaubt, was er sieht!

Menschen sehen die Welt durch individuelle Wahrnehmungsfilter, die im Laufe der persönlichen Entwicklung entstanden sind. Ein Künstler sieht die Welt mit anderen Augen als ein Manager oder ein Arzt. Unsere moderne Welt ist stark visuell ausgerichtet; viele Zeitgenossen glauben, die Wahrheit in den visuellen Erscheinungen ihrer Realität zu erkennen. Die am weitesten verbreitete Freizeitbeschäftigung ist das Fernsehen. Das Konsumverhalten wird in erster Linie über das Sehen gesteuert. Wenn wir schlafen, wird der externe visuelle Kanal geschlossen. Beim Träumen sehen Menschen innere Filme; visuelle Eindrücke werden kreativ verarbeitet.

Auch bei der Verwendung von Sprache gibt es Formulierungen, die Prozesse visuell beschreiben. Ein aufmerksamer Coach stellt sich ganz bewusst auf derartige Präferenzen ein. Wenn ein Coachee bevorzugt solche Formulierungen gebraucht, hat er eine Vorliebe für das visuelle Repräsentations-System. Er ist auch im Coaching für visuelle Reize besonders empfänglich und kodiert viele Wahrnehmungen auf der inneren Landkarte durch visuelle Prozessworte.

Beispiele für sinnlich-visuelle Sprache

Ich blicke voll durch, ich habe den Überblick verloren, sie sieht den Silberstreifen am Horizont, ihm geht ein Licht auf, das ist klar, sie ist eine strahlende Schönheit, bei Licht besehen, durchsichtige Argumentation, übersichtliche Raumaufteilung, dunkle Gestalten, das kann man ja nicht mit ansehen, sich die eigenen Probleme ansehen, Licht am Ende des Tunnels sehen, das ist unübersehbar, Einblick gewähren, das kann ich nicht einsehen, er sieht rot, da sehe ich schwarz, er ist ein Schwarzmaler, sie sieht ihn durch die rosarote Brille, er trägt Scheuklappen, im Angesicht von, in Aussicht auf, ich sehe kein Land, das kann sich sehen lassen, das bringt Farbtupfer ins Bild, eine neue Perspektive, eine klare Linie, es fällt wie Schuppen von den Augen, es in einem anderen Licht betrachten, etwas schön ausmalen, ins Zwielicht geraten, etwas verschleiern, das passt nicht ins Bild, einen Augenblick warten, es wurde überschattet von, seinen eigenen Augen nicht trauen, im Rampenlicht stehen, das sind ja schöne Aussichten, schau'n wir mal.

Auditive Sprache - jedes Wort zählt!

Die gesprochene Sprache hat nicht für jeden Coachee die gleiche Bedeutung. Es gibt Zeitgenossen, die legen jedes Wort auf die Goldwaage und hinterfragen die verbalen Angebote Ihres Coachs sehr genau. Wenn Sie im Coaching mit einem auditiven Wahrnehmungstypen arbeiten, brauchen Sie ein Bewusstsein für die Struktur der Sprache und erhöhte Präzision bei der Wahl Ihrer Formulierungen.

Der Begriff auditiv bezieht sich auf die Fähigkeit des Hörens. Dazu gehören sowohl analoge Eindrücke wie Klänge, Geräusche oder die Tonalität von gesprochenen Äußerungen als auch die digitalen Aspekte von Sprache und Gedanken. Musik ist eine analoge Form von auditiver Information, das inhaltliche Verarbeiten von Verbalsprache erfordert die digitale Fähigkeit des Recodierens.

Der zivilisierte Homo sapiens neigt dazu, den auditiven Kanal digital zu benutzen. Diese Tendenz ist evolutionsgeschichtlich relativ neu. Unsere frühen Vorfahren empfingen über den auditiven Kanal in erster Linie analoge Informationen also Geräusche von anderen Menschen, Tieren oder dem Wetter. Heutzutage ist der Gebrauch von Sprache ein komplexes auditives Phänomen. Bei jeder Form von Gespräch ist dieser Kanal stark beteiligt. Wenn wir hören, was die anderen sagen, empfangen wir viele Informationen, die unser Gehirn recodieren muss, um die Bedeutung zu verstehen. Wenn wir selbst sprechen, senden wir auditive Botschaften, deren Bedeutungen von den Gehirnen unserer Gesprächspartner recodiert werden müssen. In unseren Köpfen läuft ein innerer Dialog, der unser Modell der Welt durch fortlaufende Verbalisierung aufrechterhält.

Worte können sehr unterschiedliche Assoziationen auslösen

Im Coaching-Gespräch kommt dem auditiven Wahrnehmungskanal eine wichtige Bedeutung zu: Jedes Wort, jeder Satz aktiviert bestimmte Repräsentationen auf unserer inneren Landkarte. Diese Aktivierungsmuster können von Mensch zu Mensch sehr verschieden ausfallen. Der einfache Satz: »Ein Auto fährt über eine Brücke« kann bei unterschiedlichen Menschen ganz unterschiedliche Repräsentanzen auslösen, weil die Recodierung unterschiedliche innere Bilder im Gehirn aktiviert. Deshalb ist es besonders wichtig für den Coach, mit präzisen Fragen die Landkarte des Coachees zu erforschen, um nicht seinen eigenen Projektionen und Interpretationen aufzusitzen.

Außerdem beherbergt jeder Mensch eine Vielzahl innerer Stimmen, die sein Erleben kommentieren und beeinflussen. Sie helfen, die Komplexität der modernen Welt zu ordnen und zu vereinfachen, um Erfahrungen als größere Informationseinheiten mit wenigen Worten benennen zu können. Jede dieser inneren Stimmen kann jedoch auch eine Ressource zur Problemlösung des Coachees sein. Um diese Potenziale zu aktivieren, ist es sinnvoll, jeden Ressourcenträger individuell anzusprechen und zu würdigen (inneres Team).

Beispiele für sinnlich-auditive Sprache

Etwas lauthals verkünden, das hört sich gut an, taube Nuss, ohrenbetäubend, mit Pauken und Trompeten, gehorcht aufs Wort, unüberhörbar, im Einklang sein, die Engel singen hören, kleiner Mann im Ohr, lass mal hören, mach 'ne Ansage, sich einstimmen, da wird er hellhörig, das klingt vielsagend, böse Zungen behaupten, darin stimmen wir überein, meine innere Stimme sagt mir, das Gras wachsen hören, stumm wie ein Fisch, die Stille ertragen, ich höre wohl nicht recht, das ist unerhört, sich von etwas lossagen, jammervoll, Totenstille, Hochstimmung, eine Predigt halten, von Tuten und Blasen keine Ahnung, bei mir hat's geklingelt, sein Ohr leihen, Gehör schenken, nur mit halbem Ohr hinhören, ein offenes Ohr haben, etwas zur Sprache bringen, Wortwechsel, Krach haben, Unstimmigkeiten, nicht zu Wort kommen, etwas verschweigen, wortbrüchig werden, wortkarg sein, die Sprache verlieren, bestimmen wollen, Einstimmigkeit, gutheißen, Jawort geben.

Kinästhetik – Kontakt zum Körpergefühl

Der Begriff kinästhetisch bezieht sich auf den Wahrnehmungskanal des Fühlens. Er umfasst alle körperlichen Empfindungen. Dazu gehören zum Beispiel externe kinästhetische Reize. Sie wirken auf den Tastsinn der Hände und auf die taktile Wahrnehmung der Haut von Druck und Berührung. Die Haut ist ein sehr subtiles Sinnesorgan. Außerdem gibt es interne kinästhetische Sensationen. Dazu gehören die Wahrnehmungen der inneren Organe und der Muskeln, die Bewegung des Atems, der Gleichgewichtssinn, jede Form von Schmerzen oder Lust und alle ähnlichen Empfindungen. Auch das Temperaturempfinden ist ein kinästhetisches Phänomen, das sowohl extern als auch intern wahrgenommen wird.

Ein wichtiger Bereich auf der kinästhetischen Landkarte sind unsere Emotionen. Der Körper informiert uns direkt über unsere Emotionen. Er lässt uns spüren, wenn wir uns freuen, wenn wir glücklich oder begeistert sind. Um Angst, Trauer oder Wut empfinden zu können, müssen wir ebenfalls unseren Körper spüren. Auch Liebe ist ein Gefühl. Um lieben zu können, brauchen wir unser kinästhetisches Sinnessystem. Empfinden Sie die emotionale Wärme, die andere Menschen Ihnen entgegenbringen, und spüren Sie die eigene Wärme, die in Ihnen aufsteigt, wenn Sie mit sympathischen Menschen in Kontakt treten?

Als kompetenter Coach brauchen Sie einen möglichst direkten Zugang zu Ihren Emotionen. Durch den gezielten Umgang mit unseren Emotionen erwerben Sie als Coach die soziale Kompetenz, um Ihren Coachee ganzheitlich wahrzunehmen und sich auf seine emotionalen Zustände kalibrieren zu können. Gleichzeitig stimulieren Sie das Unbewusste Ihres Coachees, sich emotional zu zeigen und Ihnen zu vertrauen.

Als Coach brauchen Sie emotionale Präsenz

Durch den inneren Dialog werden Gefühle intern verbalisiert, kommentiert und eingeordnet. Emotionen entstehen aus einem Zusammenspiel von Gedanken, Bildern und körperlichen Befindlichkeiten. Manchmal kann auch ein bestimmter Geruch oder Geschmack eine Emotion freisetzen. Die in den Emotionen verschlüsselten Informationen drücken sich durch innere Bewegungen aus und geben uns entscheidende Impulse zur Realisierung einer sinnvollen Lebensführung. Ein Leben ohne Emotionen wäre eine ziemlich armselige Angelegenheit. Emotionen sind wie das Salz in der Suppe, sie veredeln die menschliche Existenz. Der kinästhetische Kanal gibt uns darüber hinaus wertvolles Feedback zu unserem gesundheitlichen Zustand und ermöglicht es, über unsere Intuition mit der Weisheit des Unbewussten in Kontakt zu treten.

Wenn Sie als Coach Ihre emotionale Wahrnehmung verbessern möchten, beginnen Sie einfach damit, tiefer und bewusster zu atmen. Über Ihre Atmung können Sie die Intensität Ihrer emotionalen Zustände steuern. Gleichzeitig stärken Sie Ihre kinästhetische Präsenz. Indem Sie das Zusammenspiel von Atmung, Gedanken und Gefühlen aufmerksam beobachten, können Sie lernen, die emotionale Dimension dieser bewegten Welt Schritt für Schritt zu intensivieren. Danach können Sie anfangen, komplexere Prozesse wie den Genuss beim Essen oder das Hören von stimulierender Musik oder das Sehen eines attraktiven Films gezielt für sich zu beobachten und die Wirkung Ihrer Emotionen auf Ihren Zustand zu verstehen und gezielt zu beeinflussen.

Sinnlich-kinästhetische Sprache

Die Sprache des Menschen bildet auch seine Zustände und Vorlieben ab. Ein erfahrener Coach kann in der Sprache des Coachees eine sinnliche Metaphorik erkennen, die auf eine kinästhetische Codierung schließen lässt:

Beispiele für sinnlich-kinästhetische Sprache

Mir hüpft das Herz vor Freude, ich habe weiche Knie, mir stockt das Blut in den Adern, man wirft ihm Knüppel zwischen die Beine, es wird warm ums Herz, Kloß im Hals, das macht mir Bauchschmerzen, kalte Füße bekommen, ihm bricht der Schweiß aus, Gefühl der Leere, der Atem stockt, eine Laus über die Leber gelaufen, ein Schauer läuft über den Rücken, ich schwebe, mit beiden Beinen fest auf dem Boden stehen, mir dreht sich der Magen um, in die Ecke gedrängt, ich fühle mich beengt, sich fallen lassen, wo drückt der Schuh, sich in seiner Haut wohl fühlen, das stehen wir durch, Wut im Bauch, in den Griff bekommen, etwas erfassen, etwas handhaben, das berührt mich, es belastet mich, es schmettert ihn nieder, ein harter Typ, das möchte ich aufgreifen, du bist schwer von Begriff, der Griff in die Scheiße, reiß dich zusammen, das fühlt sich rund an, wir packen es an.

Olfaktorische Wortwahl – haben wir den gleichen Stallgeruch?

Der Begriff olfaktorisch bezieht sich auf die Orientierung über den Wahrnehmungskanal Riechen. Unser Geruchssinn ist permanent aktiv, und unser Unbewusstes orientiert sich stark an Gerüchen. In der Abkürzung V.A.K.O.G. steht das O für den Geruchssinn. Bei der weit verbreiteten Einteilung in drei Wahrnehmungstypen wird der olfaktorische Kanal gemeinsam mit dem gustatorischen und dem kinästhetischen Kanal zusammengefasst.

Von den meisten zivilisierten Menschen werden olfaktorische Reize nur selten bewusst wahrgenommen, was bei den Gerüchen in den Großstädten vermutlich eine gesunde Schutzreaktion darstellt. Die Schwelle, die ein olfaktorischer Reiz an Intensität erreichen muss, um vom Bewusstsein registriert zu werden, ist relativ hoch. Trotzdem orientiert sich unser Unbewusstes ständig an Gerüchen. Der überraschende Geruch von Feuer zum Beispiel weckt die Aufmerksamkeit fast aller Menschen auf beeindruckende Weise. Außerdem benutzen wir Parfums, Rasierwasser und wohlriechende Shampoos, um für andere Menschen attraktiv zu sein. Mundgeruch wirkt hochgradig unangenehm und peinlich. Wenn wir jemanden nicht riechen können, hat derjenige kaum eine Chance, unser Freund zu werden. Olfaktorischer Reichtum entsteht durch die Sensibilisierung der Nase als bewusstes Sinnesorgan. Durch das Einatmen der uns umgebenden Luft sind wir in Kontakt mit unserer Umwelt. Dabei können wir eine Vielzahl interessanter Informationen aufnehmen, wenn unsere Nase sensibel genug trainiert ist, um sie bewusst wahrzunehmen. Die Atmung verbindet uns Menschen mit dem Element Luft und der Atmosphäre des Planeten. Atmen ist eine Form der Ernährung, die in jedem Moment geschieht. Bewusstes Atmen bringt uns ins Hier und Jetzt und stärkt unsere Präsenz. Im Coaching liefert die häufige Verwendung des olfaktorischen Sprachgebrauchs durch den Coachee dem Coach Indizien dafür, dass der Coachee im unbewussten Kontakt mit seinem Geruchssinn steht und auf diesem Wahrnehmungskanal gut zu erreichen ist. Die Vielfalt der olfaktorischen Metaphorik im Sprachgebrauch wird durch folgende Beispiele illustriert:

Beispiele für sinnlich-olfaktorische Sprache

Das stinkt mir, den kann ich nicht riechen, die Nase rümpfen, der Duft der großen weiten Welt, das ist dufte, er ist eine Säufernase, eine anrüchige Person, ich rieche den Braten, wir müssen uns erst beschnuppern, er ist ein Naseweis, immer der Nase nach, sie hat den richtigen Riecher, das riecht nach Ärger, da drin ist dicke Luft, eine steife Brise, da weht ein frischer Wind, etwas anbrennen lassen, meine Nase verrät mir, da kann man nur in der Nase bohren, ich habe die Nase voll, sie steckt ihre Nase überall rein, er ist ein Nasenbär, Geld stinkt nicht, er ist muffig, sich den Wind um die Nase pfeifen lassen, dafür habe ich eine Nase, der Stallgeruch eines Unternehmens, die Luft ist rein.

Gustatorische Wortwahl - die Welt des guten Geschmacks

Der Begriff gustatorisch bezieht sich auf den Wahrnehmungskanal Schmecken. In der Abkürzung V.A.K.O.G. steht das G. für den gustatorischen Kanal. Schmecken, Riechen und Fühlen werden bei der Einteilung in die weit verbreiteten drei Wahrnehmungstypen dem kinästhetischen Typ zugeordnet, da sie evolutionsbiologisch eng zusammengehören. Falls Sie bemerken, dass Ihr Coachee eine signifikante Vielzahl von gustatorischen Begriffen benutzt, eröffnet sich Ihnen eine reizvolle Perspektive, um ihm seine Problemlösung in leckeren Worten schmackhaft zu machen.

Erfahrungsgemäß kann sich die kinästhetische Präferenz eines Menschen auf den olfaktorischen und gustatorischen Kanal übertragen. Auch bei den Augenbewegungen korrelieren Geruch und Geschmack oftmals miteinander. Viele gustatorische Empfindungen werden getilgt, bevor sie das Bewusstsein erreichen. Wenn wir nicht gerade essen, schenkt unser Bewusstsein dem gustatorischen Kanal meist nur wenig Beachtung. Doch unser Unbewusstes orientiert sich auch am Geschmack. Zum Beispiel sprechen wir von einer geschmackvollen Wohnungseinrichtung oder einem geschmacklich abgestimmten Lebensstil. Der persönliche Geschmack ist Ausdruck der Individualität eines Menschen. Die Kriterien sind oft tief im Unbewussten verankert. In der Sprache des modernen Menschen gibt es Formulierungen, die sich einer gustatorischen Metaphorik bedienen. Wenn ein Coachee häufiger derartige Formulierungen verwendet, hat er vermutlich einen intensiven Kontakt zu seinem gustatorischen Repräsentationssystem und kann dementsprechend gut über diese Formulierungen erreicht werden.

Beispiele für sinnlich-gustatorische Sprache

Das schmeckt mir gar nicht, ein echter Leckerbissen, wie im Schlaraffenland, ein gefundenes Fressen, sich die Finger lecken, das ist absolute Sahne, er ist süß, das ist geschmacklos, meine Süß-Maus, er hat mir einen reingewürgt, es war verdammt zäh, es kotzt mich an, hier ist was faul, Rache ist süß, sie zeigt ihre Schokoladenseite, er ist sauer, die bittere Wahrheit, ein bitterer Nachgeschmack, danach fühlte ich mich schal, eine delikate Angelegenheit, das ist Geschmackssache, ich habe die Schnauze voll, sie ist übersättigt, schmackofatz, leckerschmecker, eine satte Nummer, ihm kommt die Galle hoch, er ist ein Schmarotzer, mir läuft das Wasser im Mund zusammen, jemanden zum Fressen gern haben, das süße Leben, Fast Food, I feel juicy, den mach ich satt, sich laben, ein herber Typ, in den sauren Apfel beißen, das ist gepfeffert, die Suppe versalzen, das war köstlich, ein kleines Bonbon.

Verweise

→ Repräsentations-Systeme → V.A.K.O.G. → Wahrnehmungs-Typen
→ Innere Landkarte → Sub-Modalitäten

Sub-Modalitäten – an den basalen Parametern drehen

Nutzen/Ziel

- Systematische Veränderung von inneren Zuständen.
- Bewusstmachung von inneren Strategien
- Als Motivations-Verstärker bei der Ziel-Formulierung.

Anwendungsfelder

- Verwandlung von negativen in positive Zustände.
- Als systematische Hilfe beim Neu-Lernen von Fähigkeiten
- Gezielte Beeinflussung von Trance-Prozessen.

Woher weiß Ihr Coachee, dass bestimmte Vorstellungen ihm realistisch erscheinen und andere nicht? In seinem Vorstellungsvermögen gibt es eine unbewusste Codierung, die ihn blitzartig wissen lässt, wie er die entsprechende Abbildung der Realität bewertet. Dabei spielen die spezifischen Eigenschaften der inneren Bilder, der Klang seiner inneren Stimme und die damit verbundenen Gefühle eine entscheidende Rolle. Als kompetenter Coach können Sie diese unbewusste Codierung erforschen und verändern. Durch die gezielte Arbeit mit Submodalitäten können Sie Verwirrung in Klarheit verwandeln, Zweifel in Entschlossenheit und Langeweile in Motivation. Wenn Sie dabei die persönliche Ökologie Ihres Coachees angemessen berücksichtigen, eröffnen Ihnen die Submodalitäten einen direkten Zugriff auf das innere Erleben des Coachee.

Im Coaching

Im Coaching sind Modalitäten die Sinnessysteme und die dazugehörigen Repräsentations-Systeme. Die Submodalitäten sind die Untereigenschaften dieser Systeme. Sie helfen dabei, innere Differenzierungen systematisch zu erkennen und gezielte Veränderungen vorzunehmen:

- Verstärkung positiver innerer Zustände,
- Abschwächung negativer innerer Zustände,
- Klärung unklarer Vorstellungen,
- Ersetzen von Negativ-Bildern durch Positiv-Bilder,
- Abschwächen oder Verstärken von Emotionen.

Die Wahrnehmungen der menschlichen Sinnessysteme können im Coaching durch Erfragen von Submodalitäten näher untersucht werden. Oft sind es sehr feine Unterschiede, die die Qualität der Wahrnehmung des Coachees und seiner damit verbundenen Zustände ausmachen. Ein Beispiel für die Arbeit mit Submodalitäten ist die Verwandlung von Verwirrung in Klarheit. Dabei werden die genauen Kriterien herausgearbeitet, die einen Menschen wissen lassen, dass er sich im Zustand der Verwirrung oder im Zustand der Klarheit befindet. Bei visuellen

Typen können dies beispielsweise die Farben, Kontraste und Größen der inneren Bilder sein. Anschließend werden die Kriterien der Verwirrung so verändert, bis sie dem Zustand der Klarheit entsprechen.

Auf den folgenden Seiten finden Sie eine Auflistung der Submodalitäten in den drei Wahrnehmungs-Typen. Die aufgeführten Fragen dienen als Orientierungshilfe für den Coach, um die relevanten Kriterien systematisch zu erforschen.

Visuelles Repräsentations-System

- **Farbe:** Ist das Bild farbig oder schwarz-weiß? Ist das ganze Farbspektrum vorhanden? Sind die Farben leuchtend, intensiv oder pastellartig, verwaschen?
- **Helligkeit:** Welche Helligkeit hat das Bild? Ist es heller oder dunkler als andere Bilder? Gibt es besonders helle oder besonders dunkle Ausschnitte? Gibt es bestimmte Lichtquellen im Bild?
- **Kontrast:** Gibt es starke Kontraste im Bild, oder ist es eher blass? An welchen Stellen sind die Kontraste besonders ausgeprägt?
- **Schärfe:** Ist das Bild gestochen scharf oder eher unscharf?
  Gibt es bestimmte Stellen, die verschwimmen?
- **Oberfläche:** Ist die Oberfläche des Bildes glatt oder rau? Ist sie matt oder glänzend? Hat sie eine bestimmte Struktur?
- **Komplexität:** Gibt es besondere Details? Im Vordergrund oder im Hintergrund? Sehen Sie die Einzelheiten als Teil des Ganzen, oder müssen Sie neu fokussieren, um sie zu erkennen?
- **Proportionen:** Stehen die Inhalte des Bildes im richtigen Verhältnis zueinander? Oder sind einige kleiner oder größer als im wirklichen Leben? Gibt es Verzerrungen?
- **Rahmen:** Gibt es einen Rahmen um das Bild, oder wird es an den Rändern undeutlich? Falls ja, wie ist der Rahmen beschaffen? Wie dick ist er? Welche Form und welche Farbe hat er?
- **Größe:** Wie groß ist das Bild? Schätzen Sie die Maße in Zentimetern!
- **Form:** Welche Form hat das Bild? Ist es vielleicht rund, quadratisch, oval oder sternförmig?
- **Position:** Welche Position hat das Bild in Ihrem Gesichtsfeld?
  Wo sehen Sie es? Zeigen Sie die genaue Position mit Ihren Händen! Ist das Bild gekippt oder geneigt? In welchem Winkel? Falls es mehrere Bilder gibt, wie sind sie angeordnet?
- **Bewegung:** Ist es ein stillstehendes Bild oder ein Film? Wie schnell bewegt es sich? Bewegen sich die Inhalte im Bild oder bewegt sich das ganze Bild im Raum? In welche Richtung bewegt es sich?
- **Perspektive:** Sehen Sie die Ereignisse so, als wenn Sie dort wären (assoziiert), oder sehen Sie sich selbst als Person im Bild (dissoziiert)? Aus welcher Perspektive sehen Sie sich? Von vorn, von hinten, von rechts oder von links?

- **Dimensionen:** Ist das Bild flach oder mehrdimensional? Gibt es bestimmte Stellen, die besondere Dimensionen aufweisen? Umschließt es Ihr ganzes Panorama?
- **Anzahl:** Gibt es ein Bild oder mehrere? Sehen Sie eines nach dem anderen oder alle zur gleichen Zeit?

Auditives Repräsentations-System

- **Lautstärke:** Wie laut oder leise hören Sie das Geräusch? Empfinden Sie die Lautstärke als angenehm und stimmig?
- **Dynamik:** Ist das Geräusch schnell oder langsam? Ist es stetig oder wiederkehrend? Hat es einen festen Rhythmus oder kommt es unberechenbar?
- **Position:** Hören Sie es von innen oder von außen? Von wo kommt das Geräusch? Hören Sie es auf einer Seite (mono), oder ist das Geräusch überall um sie herum (stereo)?
- **Tonlage:** Ist das Geräusch in einer niedrigen oder in einer hohen Tonlage? Ist die Tonlage höher oder niedriger als normalerweise?
- **Tonalität:** Wie ist die Tonalität? Nasal, heiser, dünn oder volltönend und klangvoll?
- **Melodie:** Ist es monoton, oder gibt es melodische Variationen? Welche Melodien tauchen auf?
- **Modulation:** Welche Teile sind betont? Ändert sich die Modulation, oder ist sie gleichbleibend?
- **Nebengeräusche:** Ist die Wahrnehmung klar, oder gibt es Nebengeräusche?
- **Sprache:** Gibt es Worte und Sätze? Wie sind diese beschaffen? Wessen Stimme spricht? Wie klingt die Stimme?

Kinästhetisches Repräsentations-System

- **Qualität:** Wie würden Sie die Körperwahrnehmung beschreiben? Ist es zum Beispiel warm, kalt, prickelnd, entspannt, gespannt, verkrampft, diffus?
- **Intensität:** Wie stark ist die Empfindung?
- **Position:** Wo genau spüren Sie die Wahrnehmung in Ihrem Körper?
- **Bewegung:** Gibt es Bewegung in der Empfindung? Ist sie kontinuierlich oder kommt sie in Wellen? Gibt es abrupte Sprünge? Wie schnell sind die Bewegungen?
- **Richtung:** Wo ist die Quelle der Empfindung? Wie kommt sie von dort zu der Stelle, wo sie Ihnen am meisten bewusst ist?
- **Dauer:** Ist die Wahrnehmung stetig oder intermittierend? Seit wann ist sie vorhanden?
- **Temperatur:** Empfinden Sie die Körperwahrnehmung als heiß, warm oder kalt?
- **Lust-Schmerz-Spektrum:** Ist die Empfindung lustvoll? Oder spüren Sie eher Unlust oder Schmerzen? Wie genau ist die Wahrnehmung von Lust oder Schmerzen beschaffen?

- **Spannung:** Welchen Spannungstonus hat die Empfindung? Ist sie locker, angespannt oder verkrampft?
- **Direktheit:** Ist es eine direkte Körperempfindung? Oder ist es ein Meta-Gefühl zu oder über etwas?

Im Coaching wird die gezielte Veränderung von Submodalitäten auch als Drehen an den Parametern oder als Programmiersprache des Gehirns bezeichnet. Das gekonnte Verändern von Submodalitäten setzt ein tiefes Verständnis für die Abläufe im menschlichen Gehirn voraus. Beim Drehen an den Parametern darf nicht vergessen werden, dass die bisherige Organisation der Submodalitäten dem ökologischen Gleichgewicht entspricht. Es ist eine Kunst, mithilfe der Submodalitäten dauerhafte Veränderungen ohne Nebenwirkungen zu erreichen. Dabei braucht der Coach neben technischem Geschick auch ein sicheres Gespür für die ökologischen Zusammenhänge.

Coaching-Übung 1: Das Herausarbeiten von Submodalitäten

Die folgende Übung vermittelt das Grundhandwerkszeug für die Arbeit mit Submodalitäten im Coaching. Die souveräne Anwendung dieser Technik ist die Voraussetzung für die erfolgreiche Anwendung weiterführender Muster.

1. Der Coachee erinnert sich an einen erfreulichen Zustand. Der Coach erfragt die Submodalitäten und notiert sie.
   Der Coach setzt einen Separator, damit der Coachee den Zustand wechseln kann.
2. Der Coachee erinnert sich an einen unerfreulichen Zustand, den er später mit einem besseren Gefühl erleben möchte. Der Coach erfragt auch hier die Submodalitäten und notiert sie.
   Der Coach setzt einen Separator, damit der Coachee den Zustand wechseln kann.
3. Der Coach stellt sicher, dass sein Coachee wieder in einen guten Zustand zurückgekehrt ist. Danach werden die Submodalitäten des erfreulichen mit denen des unerfreulichen Zustands verglichen. Welche wesentlichen Unterschiede werden sichtbar? Wie kann der Coachee diese Erkenntnisse nutzen, um den unerfreulichen Zustand zu verbessern?
   Es ist sehr wichtig, genau zwischen Körperempfindungen (= Kinästhetik) und Emotionen (= Meta-Gefühle) zu unterscheiden. Meta-Gefühle sind bewertende Emotionen, in denen die Informationen aus allen Sinnen einfließen. Kinästhetische Empfindungen sind ausschließlich spezifische Körpergefühle wie z. B. Wärmegefühl in der Brustgegend. Meta-Gefühle dienen in der Submodalitätsarbeit lediglich als Check für die Wirkung bestimmter Submodalitäten (= als Reaktion auf die sinnliche Repräsentation einer Erfahrung).

S

Coaching-Übung 2: Das Herausarbeiten der ›kritischen‹ Submodalitäten

»Kritisch« bedeutet hier, dass eine Submodalität wie ein Hebel wirkt, der vieles in Bewegung setzt. Häufig ist z. B. die Größe eines inneren Bildes eine kritische Submodalität in dem Sinne, dass sich bei Vergrößerung des Bildes Abstand, Tiefe und Farbe gleich mit verändern. Die Kenntnis der kritischen Submodalität erlaubt eine sehr elegante, weil schnelle Veränderung einer Erfahrung.

1. Der Coachee erinnert sich an einen unerfreulichen Zustand, den er später mit einem besseren Gefühl erleben möchte. Der Coach erfragt die Submodalitäten und notiert sie und ihre Veränderungen. Der Coach stimuliert seinen Coachee, zunächst eine Submodalität ganz gezielt zu verändern.
   - Verändert sich dadurch das Meta-Gefühl? Eher negativ oder positiv?
   - Verändern sich dadurch automatisch weitere Submodalitäten? Wenn ja, handelt es sich um eine »kritische« Submodalität.

   Wichtig: Vor Veränderung der nächsten Submodalität bringt der Coach die Submodalität wieder an ihren Ausgangspunkt zurück.
   Der Coach setzt einen Separator, damit der Coachee den Zustand wechseln kann.

2. Der Coach stimuliert seinen Coachee, die nächste Submodalität ganz gezielt zu verändern.
   - Verändert sich dadurch das Meta-Gefühl? Eher negativ,oder positiv?
   - Verändern sich dadurch automatisch weitere Submodalitäten? Wenn ja, handelt es sich wieder um eine »kritische« Submodalität.

   Der Coach initiiert weitere Veränderungen der Submodalitäten und notiert die Ergebnisse, die zu einer Verbesserung des Zustandes seines Coachees führten. Nun bittet er seinen Coachee, alle sinnvollen Veränderungen der Submodalitäten zu kombinieren. Wenn der Coachee ihm signalisiert, dass er mit der Veränderung des problematischen Zustandes zufrieden ist, ankert der Coach diesen neuen Zustand.

   Der Coach setzt einen Separator, damit der Coachee den Zustand wechseln kann.

3. Der Coach testet den Anker und fragt seinen Coachee, ob er in dem neuen Zustand eventuell störende Nebenwirkungen spürt. Wenn dies der Fall ist, müssen die Submodalitäten

S

Verweise

→ Moment of Excellence → Repräsentations-Systeme → Sinnliche Sprache → V. A. K. O. G. → Wahrnehmung

System-Check – Welche Risiken und Nebenwirkungen sind im Spiel?

Nutzen/Ziel

- Überprüfen der systemischen Verträglichkeit.
- Basis einer gewissenhaften Transfersicherung.
- Aufzeigen ganzheitlicher, systemischer Zusammenhänge

Anwendungsfelder

- Zentrales Instrument jeweils am Ende jeder Coaching-Sitzung, in Kombination mit Future Pace.
- Bei Inkongruenzen und inneren Einwänden.
- Als Balance zwischen Nachhaltigkeit und konsequenter Zielorientierung.

Als Coach können Sie mit wirkungsvollen Interventionen Menschen helfen, freier zu werden, unnötige Einschränkungen aufzulösen und Probleme zu bewältigen. Coaching zielt darauf ab, das Repertoire des Coachee mit neuen Verhaltensoptionen zu bereichern und das alte Verhalten als Ressource für andere Kontexte beizubehalten. Eine Intervention gilt im Coaching als erfolgreich, wenn sie die gewünschten Resultate erzielt und dabei zugleich für das Gesamt-System des Coachee verträglich ist. Im System-Check überprüfen Sie als Coach ganz bewusst, ob die geplante Veränderung mit der bisherigen Organisation des Systems »Coachee« verträglich ist. So wird deutlich, welche Nebenwirkungen, Risiken und Preise die Veränderung für den Coachee mit sich bringt. Der System-Check darf im Rahmen einer sauberen Arbeitsweise bei keiner Coaching-Intervention fehlen. Einige NLP-geprägte Coaches bezeichnen den System-Check als »Öko-Check« – weil sie dabei die systemische Ökologie überprüfen und sicherstellen.

Systemische Bewusstheit

Ein kompetenter Coach braucht ein »Systemisches-Bewusstsein«. Er braucht ein sensibles Gespür für das Gleichgewicht komplexer Systeme. Dieses Bewusstsein entscheidet über die Fähigkeit, Veränderungsprozesse im Coaching nachhaltig wirksam zu gestalten.

Systemisches Denken basiert auf dem Verständnis eines vitalen und dynamischen Gleichgewichts. Wenn geplante Veränderungen mit dem aktuellen Gleichgewicht kompatibel sind, wird das Unbewusste die Veränderung unterstützen – dieses sensible Gleichgewicht bezeichnen Coaches auch als »system-verträglich« oder »ökologisch«. Sollte das Gleichwicht gestört werden, drohen »Kollateral-Schäden«. Um die zu verhindern macht der Coach bei wichtigen Vorhaben einen System-Check. So kann der Veränderungsplan nachgebessert werden, bis er das Kriterium »system-verträglich« zur Genüge erfüllt.

Der Begriff der Ökologie meint im allgemeinen Sprachverständnis die Wissenschaft von den Beziehungen zwischen den Lebewesen und ihren Lebensräumen. Im Coaching wird der Begriff spezifiziert auf das komplexe Gleichgewicht eines Menschen als lebendiges System. Dieses Gleichgewicht wird durch die Beziehungen der verschiedenen Persönlichkeitsteile und ihr Zusammenwirken als psychisches und körperliches System bestimmt. Wenn in ein komplexes System eingegriffen wird, verändert sich unter Umständen das gesamte System in eine unerwünschte Richtung. Deshalb sollte bei jeder Intervention im Coaching die ökologische Verträglichkeit für das System »Coachee« durch den Coach überprüft werden. Dies geschieht im System-Check. Eine Veränderung ist dann ökologisch, wenn sie mit den Anforderungen des Systems verträglich ist.

Jeder Mensch ist ein sensibles System

Die systemische Denkweise hat das Coaching stark beeinflusst. Menschengruppen wie zum Beispiel Familien, Business-Teams oder die Mitarbeiter eines Unternehmens werden als soziales System verstanden. Ebenso kann ein einzelner Mensch als personales System betrachtet werden. Körper und Geist beeinflussen sich wechselseitig, alle Verhaltensweisen erfüllen eine oder mehrere Funktionen innerhalb des Systems. Dabei gibt es unbewusste Programme und Funktionen, deren Aufgabe es ist, die Stabilität unserer Welt zu wahren. Stabilität steht jedoch im Gegensatz zur Veränderung. Die Sicherung des Überlebens ist der stärkste menschliche Impuls, und jede Veränderung birgt Risiken. Deshalb darf nicht vergessen werden, dass jeder Mensch ein System darstellt, das sich in erster Linie selbst erhalten will. So lässt sich erklären, warum viele Verhaltensweisen oder Gewohnheiten beibehalten werden, obwohl der Mensch sie gerne ablegen und sich verändern möchte. Auch ungeliebte Verhaltensweisen erfüllen systemische Funktionen, bringen sekundäre Gewinne und stabilisieren unsere Existenz.

Jede Veränderung beeinflusst das ganze System

Die Systemtheorie besagt, dass die Veränderung eines einzelnen Elementes das gesamte System beeinflusst. So führt zum Beispiel exzessives Essen nicht nur zur Sättigung, sondern auch zu Müdigkeit und Verlangsamung und längerfristig oft zur Gewichtszunahme. Hingegen bewirken Erfolgserlebnisse oftmals eine positive Eigendynamik. Wenn ein Mensch mit einer bestimmten Tätigkeit Erfolg hat, hebt dies sein Selbstwertgefühl. Erfolgreiches Verhalten bringt Anerkennung durch die Mitmenschen. Dies wirkt sich wiederum auf die Arbeitsmoral, Leistungsmotivation und Lebensfreude aus. Dadurch können weitere Ressourcen wie Kreativität, Humor oder Gelassenheit aktiviert werden. Die systemischen Vernetzungen in einem System können weitreichende Folgen haben. Dieser Effekt wirkt auch umgekehrt. Wenn jemand beispielsweise das Rauchen aufgibt, verliert er dadurch vermutlich auch sekundäre Gewinne, die oft mit dem Rauchen verknüpft sind, wie zum Beispiel gesellige Kontakte mit anderen Rauchern, Möglichkeiten zu kleinen Pausen oder bewusstes Atmen. Ähnliche Verknüpfungen gibt es in allen Lebensbereichen. Bei jeder psychischen Intervention muss daher mit unvorhergesehenen Nebeneffekten gerechnet werden.

Balance zwischen Veränderung + Stabilität

Der System-Check respektiert den Ist-Zustand und die Integrität eines Systems. Jedes Verhalten erfüllt nützliche Funktionen innerhalb des menschlichen Systems und kann subjektiv als sinnvoll erkannt werden. Jede Veränderung in einem komplexen System beeinflusst das gesamte System und kann unerwünschte Nebenwirkungen erzeugen. Ein lebendiges System ist darum bemüht, sich selbst im Zustand der Stabilität zu halten. Veränderung steht häufig im Widerspruch zur Stabilität. Hier liegt ein prinzipielles Konfliktpotenzial. Um eventuelle Konflikte rechtzeitig zu bemerken, fragt der Coach im Anschluss an eine getätigte Intervention, ob es einwanderhebende Teile gibt. Mögliche Einwände können auch von aktuell unbewussten Teilen erhoben werden. Solche Einwände können an unterschwelligen Inkongruenzen erkannt werden. Der Coachee ist jedoch oft nicht darin trainiert, derartige Signale aus eigener Initiative wahrzunehmen. Deshalb liegt es in der Verantwortung des Coachs, hier kritische Fragen zu stellen. Dabei kann sich herausstellen, dass die geplante Veränderung so weitreichend ist, dass sie andere Teile in ihrer Funktion stören würde. In diesem Fall werden die betroffenen Persönlichkeitsteile des Coachee die Veränderung bekämpfen. Deshalb ist es intelligent, die Interessen dieser Teile frühzeitig zu berücksichtigen und in die geplante Veränderung zu integrieren, damit auch sie ihre Funktion einwandfrei erfüllen können. Erst dann wird die Innovation sytemverträglich sein und somit von allen Teilen unterstützt werden.

Der Einsatz von machtvollen Interventionsmethoden beinhaltet natürlich auch die Möglichkeit des Missbrauchs, über die sich jeder Coach bewusst sein sollte. Veränderung ist nur gut, wenn sie ökologisch ist. Glücklicherweise wird die Gefahr des Missbrauchs durch ein natürliches Regulativ entscheidend verringert: Ein Coach, der nicht-ökologische Absichten verfolgt oder frappierende Inkompetenzen aufweist, wird Schwierigkeiten haben, den nötigen Rapport zum Coachee zu bekommen. Dies vermindert den Radius und die Tiefe seiner Manipulation in starkem Maße, denn guter Rapport ist die Voraussetzung für jede wirkungsvolle Intervention.

Manchmal ist der Coachee im Coaching so begeistert von den anvisierten Zielen und den neuen Wegen, um seine Ziele zu erreichen, dass er mögliche Einwände aus dem Bewusstsein verdrängt. Falls der Coachee im Sturm der Begeisterung die Stimme der unbewussten Weisheit überhören sollte, kann der Coach ihn auffordern, mögliche Einwände zu fantasieren. Erfahrungsgemäß ergreift das Unbewusste diese Chance, um sich zu äußern und auf mögliche Störungen oder Nebenwirkungen aufmerksam zu machen.

Coaching-Übung: System-Check

Zur Überprüfung der gefundenen Lösung wechseln Sie als Coach ganz bewusst Ihren Wahrnehmungsfilter, um die mit dem Coachee entwickelte Strategie kritisch zu überprüfen und wirklich wasserdicht zu machen.

Fragen zur Analyse von Risiken und Nebenwirkungen:
- Wo liegen mögliche Schwachstellen?
- Welche Einwände könnte es gegen die gefundene Lösung geben?
- Welche Risiken beinhaltet Ihre Strategie?
- Wie können Sie die Risiken minimieren?
- Welche Nebenwirkungen können auftreten?
- Wie können Sie sich dagegen schützen?

Fragen zum Entwickeln von Back-up-Lösungen:
- Falls Ihre Strategie nicht wie geplant funktioniert – was können Sie dann tun?
- Welche Alternativen gibt es?
- Unter welchen Bedingungen könnte Plan B in Kraft treten?
- Welche Spielräume gibt es und wie gehen Sie damit um?

Fragen zum Definieren und Prüfen von Preisen:
- Jede Veränderung hat ihren Preis – welchen Preis müssen Sie für Ihre Veränderung zahlen?
- Vielleicht müssen Sie etwas lernen oder aushalten oder sich besonders anstrengen oder auf etwas verzichten – unter welchen Bedingungen sind Sie bereit, diesen Preis zu zahlen?

Fragen zum Vorbereiten von Commitments:
- Was brauchen Sie außerdem?
- Was wäre noch zu bedenken?
- Wenn Ihr Unbewusstes Ihnen noch eine wichtige Botschaft auf den Weg gäbe – welche Botschaft wäre das?
- Was genau werden Sie jetzt tun, um die Realisierung der Lösung einzuleiten?

Ein kompetenter Coach sieht an der Physiologie des Coachee, ob sich dieser nach dem System-Check in einem ressourcevollen Zustand befindet. Sollte der Coachee einen eher inkongruenten Eindruck auf den Coach machen, ist es ratsam, Unstimmigkeit zu thematisieren, damit die bis jetzt verdeckten oder unbewussten Einwände zur Optimierung des Verhaltens hinzugezogen werden können.

Coaching-Übung: System-Check im Veränderungs-Coaching

Dieser Frageleitfaden hat zum Ziel, einen komplexen Veränderungsprozess auf seine systemische Verträglichkeit hin zu untersuchen.

Ressourcen aktivieren:
- Warum sind Sie eine erfolgreiche Persönlichkeit?
- Worauf sind Sie ganz besonders stolz?
- Was sind die Säulen Ihrer Identität?

Veränderungsbedarf analysieren:
- Was sind die Baustellen in Ihrem Leben?
- Wie möchten Sie sich verändern?
- Wie können Sie sich verändern?

Systemische Verträglichkeit gezielt überprüfen:
- Nebenwirkungen und Einwände?
- Welche inneren Einwände könnte es gegen die Veränderungen geben?
- Welche äußeren Einwände könnte es geben?
- Welche Bedeutung haben die Einwände?
- Welche positiven Absichten stecken dahinter?
- Wie können Sie die positiven Absichten integrieren?

Risiko-Überprüfung:
- Welche Risiken liegen in der Veränderung?
- Welche Risiken können Sie tragen?
- Unter welchen Bedingungen können Sie alle Risiken tragen?

Preis:
- Welchen Preis müssen Sie für diese Veränderung bezahlen?
- Sind Sie bereit, ihn zu bezahlen?
- Wie können Sie ihn gern bezahlen?

Fazit:
- Welches Fazit ziehen Sie aus dem System-Check?
- Worauf müssen Sie ganz besonders achten?
- Was genau werden Sie tun, um die neuen Erkenntnisse zu integrieren?

Teufels Advokat

Der Advokat des Teufels konfrontiert den Coachee mit der schlechtesten aller Möglichkeiten (worst case) und überprüft dabei die Reaktion des Coachee. Diese extreme Form des System-Checks überprüft die systemische Verträglichkeit einer Intervention unter den denkbar härtesten Bedingungen. Er sollte nur bei entsprechend riskanten Veränderungen oder sehr risikobereiten Coachees durchgeführt werden.

- In dieser Form des System-Checks malt der Coach den Teufel an die Wand: »Was würde passieren, wenn … ?!«

Falls der Zukunftsentwurf systemverträglich ist und der Coachee mit ganzem Herzen an seine Realisierung glaubt, wird er kongruente und ressourcevolle Antworten auf die kritischen Fragen geben. Falls die Fragen des Advokaten des Teufels den Coachee verunsichern oder verängstigen, deutet dies darauf hin, dass der Zukunftsentwurf noch nicht hundertprozentig system-verträglich ist oder dass der Future Pace noch nicht sorgfältig genug präzisiert wurde.

In solchen Fällen wechselt der Coach wieder seine Rolle. Er beendet die Provokation und wirkt wieder unterstützend. Er reagiert auf die beobachteten Inkongruenzen und hilft dem Coachee, die positive Absicht der Einwände zu erkennen und in den Zukunftsentwurf zu integrieren. Dabei organisiert der Coachee seine Ressourcen auf eine bessere Weise, um die vermeintlichen Schwierigkeiten optimal bewältigen zu können. Jetzt kann der Coach erneut den Anwalt des Teufels spielen – so lange, bis der Coachee den System-Check kongruent und ressourcevoll durchlaufen kann.

Falls die systemische Überprüfung eine noch gründlichere Vorgehensweise verlangt, kann der gewissenhafte Coach den Coachee auffordern, selbst den Anwalt des Teufels zu spielen:

- »Gibt es noch irgendwelche Einwände oder Zweifel? Wenn ja, welche?«
- »Falls Ihnen jetzt keine Einwände einfallen, dann erfinden Sie bitte welche!«
- »Was könnten Ihre Familie, Ihre Freunde, Ihre Gegner oder ein Außenstehender einwenden?«

Verweise

→ Körpersprache → Unser Unbewusstes → Empathie → Einwand-Integration → Frage-Technik

T

Teile-Modell – das innere Team in Action!

Nutzen/Ziel

- Verständnis von individuellen Widersprüchen und Eigenarten der menschlichen Psyche.
- Auflösung von inneren Konflikten.
- Metapher zur Reduzierung psychischer Komplexität.

Anwendungsfelder

- Coachee fühlt sich blockiert.
- Als Vorbereitung für Entscheidungen.
- Erklärungsmodell für innere Widersprüche.
- Integration von widersprüchlichen Impulsen.
- Als Orientierung bei Zeimanagement und Priorisierung.

Der moderne Mensch steckt voller Widersprüche. Einerseits will man sich gesund ernähren, andererseits locken Pizza und Pralinen. Einerseits will man so viel Zeit wie möglich mit der Familie verbringen, andererseits hat man die Karriere im Auge und kommt selten vor 20 Uhr nach Hause. Einerseits legt man Wert auf einen sportlichen Körper, andererseits braucht man Ruhe und Entspannung und hat am Wochenende überhaupt keine Lust, ins Fitness-Studio zu gehen. Im Coaching begegnen uns oft widersprüchliche Ambitionen. Das Teile-Modell ist ein praktisches Werkzeug, um unterschiedliche Bedürfnisse und die daraus entstandenen Verhaltensmuster des Coachees genau herauszuarbeiten. Jeder Persönlichkeitsteil verfolgt eine positive Absicht für das Gesamtsystem. Jedoch sind die bisherigen Strategien zur Realisierung der dahinterliegenden Bedürfnisse nicht immer optimal – teilweise entstehen unerwünschte Nebenwirkungen oder Konflikte zwischen den Absichten unterschiedlicher Persönlichkeitsteile. Durch die Nutzung des Teile-Modells als strukturierender Dialog zwischen den Teilen können kreative Wege entwickelt werden, um allen relevanten Bedürfnissen auf eine angemessene Weise gerecht zu werden.

Im Coaching

Das Teile-Modell basiert auf dem Konzept, dass der Mensch nicht durch ein souveränes Ich gesteuert wird, sondern durch viele kleine Ichs – die so genannten Teile innerhalb einer Persönlichkeit. Die verschiedenen Teile sind untereinander vernetzt. Sie können miteinander in Dialog treten, Koalitionen bilden und Konflikte austragen. Die Teile symbolisieren bestimmte Strebungen innerhalb der Gesamtpersönlichkeit. Sie können auch Einwände, Ängste, Zweifel oder Glaubenssysteme repräsentieren. Teile können sich in Bildern, Klängen, Worten, Geschmäckern, Gerüchen oder Gefühlen äußern. Die Ursprünge der Teile sind Impulse, Bedürfnisse, Wünsche oder Ziele.

Im Coaching bietet das Teile-Modell einen pragmatischen Zugang zum Verständnis der menschlichen Persönlichkeit. Teile definieren sich durch ihre Absichten. Jedes menschliche Verhalten lässt sich mithilfe des Reframing auf eine positive Absicht zurückführen. Im Six Step-Reframing werden die Teile direkt nach ihren positiven Absichten befragt und gewürdigt. Dann können alternative Wege zur Realisierung der positiven Absicht entwickelt werden. Dieses einfache Prinzip ist die Grundlage jeder erfolgreichen Verhaltensänderung:

- »Wenn Sie in Zukunft auf die unerwünschte Verhaltensweise verzichten – wie werden Sie sich stattdessen verhalten? Was werden Sie tun, um die positive Absicht des bisherigen Verhaltens auf besseren Wegen zu realisieren?«

Jede Verhaltensweise erfüllt ihre Funktion innerhalb des psychischen Systems. Wenn wir uns verändern wollen, müssen wir unserem Unbewussten alternative Verhaltensweisen anbieten, damit die Teile auch weiterhin ihre Absichten verwirklichen können. Falls keine guten Alternativen angeboten werden, bleibt dem verantwortlichen Teil keine andere Wahl, als weiterhin auf das bisherige Verhalten zurückzugreifen.

Parts Party – das Parlament im inneren Team

Die Parts Party ist eine Technik zur Integration verschiedener Persönlichkeitsteile. Sie dient der Aussprache und Versöhnung der inneren Konfliktparteien. Die unterschiedlichen Fraktionen der eigenen Persönlichkeit interagieren miteinander. Das Ziel ist es, einen Zukunftsentwurf zu entwickeln, der für alle betroffenen Teile attraktiv und akzeptabel ist.

Eine Parts Party ist ein Ritual, das im Coaching in verschiedenen Formen durchgeführt werden kann. Sie kann schriftlich auf einem Blatt Papier oder in einem Tagebuch geankert werden. Eine Parts Party kann auch mit Moderationskarten oder kleinen Zettelchen an einer Pinnwand oder auf dem Boden visualisiert werden. Sie kann ebenso als Rollenspiel arrangiert werden, in dem Rollenspieler die verschiedenen Teile eines Menschen symbolisieren. Dabei können Kostüme oder ähnliche Accessoires eingesetzt werden. Welche Variante auch gewählt wird, entscheidend für eine Parts Party ist die Möglichkeit zur Selbstdarstellung von verschiedenen Persönlichkeitsteilen oder Fraktionen. Ähnlich wie im Six-Step-Reframing kommen auf einer Parts Party auch ungeliebte oder konfligierende Persönlichkeitsteile zu Wort. Sie können ihre Ziele, ihre Ängste oder ihre Konflikte mit anderen Teilen darstellen. Dabei werden die Meta-Ziele und positive Absichten der verschiedenen Teile deutlich. So können Konflikte zwischen verschiedenen Teilen ausgehandelt und aufgelöst werden. Das Ergebnis einer Parts Party ist ein

Gewinn an Kongruenz für den Coachee. Durch das Coaching wird ein Zukunfts-Szenario geschaffen, mit dem alle Teile des Coachees einverstanden sind. Als Abschluss kann der Coach den Coachee bitten, einen Future Pace zu formulieren:

- »Wann genau tun Sie was, um die Ergebnisse der Parts Party umzusetzen?«

Die Chance der tatsächlichen Realisierung ist enorm hoch, da er von allen relevanten Teilen systemisch überprüft wurde. Ein auf diese Weise entwickelter Future Pace motiviert den ganzen Menschen, weil er nun aus vollem Herzen daran glauben kann, dass seine zukünftige Lebensweise allen relevanten Bedürfnissen gerecht wird.

Das Unbewusste strebt nach Funktionalität. Es bemüht sich, dem Menschen ein optimales Überleben zu gewährleisten. Im Falle von Traumata oder von ausweglos erlebten Situationen werden einzelne Teile vom Bewusstsein abgespalten, damit der Mensch nicht von der Erfahrung überwältigt wird. Durch diese Abspaltung spürt der Mensch die Ängste, Schmerzen oder Widersprüche nicht mehr. Dabei verliert er jedoch den Kontakt zu seinen Wurzeln und entfernt sich von seinen wahren Bedürfnissen. Die ursprüngliche positive Absicht kann nur noch über sekundäre Gewinne realisiert werden. Der Preis dafür sind unerwünschte Verhaltensweisen, die von anderen Teilen und oft auch vom Bewusstsein als problematisch erlebt werden.

Die Vernetzungen verschiedener Teile innerhalb der menschlichen Psyche sind sehr komplex und selbst für einen erfahrenen Coach nicht immer leicht zu durchschauen. Viele Teile arbeiten unbewusst. Sobald die positive Absicht eines Teils vom Bewusstsein erkannt wurde, ändert sich seine Position innerhalb des psychischen Systems. Jetzt braucht der verantwortliche Teil nicht mehr um seine Berechtigung zu kämpfen. Es fällt bewusstes Licht und damit Akzeptanz auf psychische Prozesse, die über lange Zeit im Dunkeln stattfanden. Die positiven Absichten brauchen nicht mehr auf verschlungenen Wegen über sekundäre Gewinne realisiert zu werden. Der Mensch kann dem Teil nun freiwillig den nötigen Raum in seiner Lebensführung geben, der seiner positiven Absicht gerecht wird. Durch den wertschätzenden Kontakt zwischen den verschiedenen Teilen und dem Bewusstsein können innere Konflikte gelöst werden. Zur Unterstützung kann ein kreativer Teil als Lieferant für neue Ideen hinzugezogen werden. Die kreative Versöhnung der inneren Konflikte bringt Synergie-Effekte. Blockierte Energien werden freigesetzt und können in Zukunft sinnvoll eingesetzt werden. Der Mensch gewinnt an Zuversicht, Kongruenz und Überzeugungskraft.

Das Verhandlungsmodell

Das Verhandlungs-Modell ist eine Reframing-Technik im Coaching, in der ein störendes Symptom einen neuen Bezugsrahmen bekommt. Die Störung wird als Folge eines inneren Konfliktes verstanden. Zur Konfliktlösung werden auch in dieser Intervention vom Coach Trance-Zustände induziert, die positiven Absichten herausgearbeitet und verschiedene innere Teile des Coachees miteinander in Kontakt gebracht. Im Coaching wird das Verhandlungs-Modell eingesetzt, wenn zwei Teile sich gegenseitig stören. Bei dieser Intervention führt der Coach ein Setting, in dem das Bewusstsein des Coachees abwechselnd mit den beiden inneren Teilen spricht:

- »Wie wir herausgefunden haben, verfolgst Du, genauso wie der andere Teil auch, eine positive Absicht. Die Realisierung ist Euch beiden sehr wichtig; so wichtig, dass Ihr bereit seid, miteinander zu verhandeln. Wenn der andere Teil Dich nicht mehr stört, wärst Du dann bereit, den anderen auch nicht mehr zu stören? Unter welchen Bedingungen wärst Du bereit, Deine Störungen einzustellen?«

Das Bewusstsein wechselt dann wie ein Botschafter so lange von einem Teil zum nächsten, bis beide Teile bereit sind, sich nicht mehr zu stören. Ziel ist es, einen Vertrag auszuhandeln, von dem beide Seiten profitieren, da sie dann ungestört ihre Absichten realisieren dürfen. So können Bedingungen ausgehandelt und eine Synthese der Absichten in Form eines Gewinner-Gewinner-Modells erschaffen werden.

Hilfe bei Schlafstörungen

Das Verhandlungs-Modell kann zum Beispiel bei Schlafstörungen sinnvoll eingesetzt werden. Dabei werden die beiden Teile identifiziert, die sich gegenseitig stören. Beide Teile haben positive Absichten, die sich noch nicht miteinander vereinbaren ließen. Im Falle einer Schlafstörung könnte es einen Teil geben, der mit der Absicht der Erholung den Menschen schlafen lassen möchte, und einen anderen Teil, der mit der Absicht, eine Problemlösung zu überdenken, den Menschen geistig wach hält. Der Konflikt besteht darin, dass beide Teile gleichzeitig aktiv sind. Er könnte gelöst werden, indem die Teile nacheinander ihre positive Absicht realisieren. Vielleicht wäre der nachdenkende Teil zufrieden, wenn der Mensch eine halbe Stunde lang Notizen in ein Tagebuch einträgt, bevor er ins Bett geht. So wird ein bewusster Raum geschaffen, um aktuelle Problemlösungen zu entwickeln. Jetzt braucht der Denk-Teil nicht mehr um sein Recht zu kämpfen, und sobald der Mensch im Bett liegt, kann der Schlaf-Teil seine Absicht ungestört realisieren. Wichtig ist, dass beide Teile diszipliniert vom Bewusstsein geführt werden, damit alle eine positive Erfahrung machen und das Vertrauen in die neue Strategie wachsen kann. Sollten weitere störende Teile auftreten, müssen auch diese mit ihren positiven Absichten erforscht und in die Strategie integriert werden.

Die Arbeit mit dem Teile-Modell bietet einen Weg zur wachsenden Bewusstheit. Um diesen Weg im Coaching zu gehen, muss der Coachee zunächst erkennen, wie die vielen kleinen Teile in ihm wirken, und sie dann im Laufe seiner Entwicklung zu einer harmonischen Einheit verschmelzen. Manchmal bemerkt der Coachee seine verschiedenen Teile erst in Form von inneren Widersprüchen, wenn er seine Gewohnheiten ändern oder neue Ziele erreichen will. Die verschiedenen

Teile haben sich im Laufe seines Lebens miteinander arrangiert. Sie bilden alle gemeinsam ein einzigartiges, ausbalanciertes und aufeinander abgestimmtes System, das sich selbst im Gleichgewicht hält. Im Coaching wird dieses Gleichgewicht in die gewünschte Veränderung integriert und durch den System-Check überprüft. Erfolglose Versuche der persönlichen Veränderung scheitern meist daran, dass sie nicht system-verträglich sind und deshalb von einigen Teilen bekämpft werden, weil sie sich vor möglichen »Kolleteral-Schäden« wollen. Nur system-verträgliche Veränderungen werden von allen Teilen begrüßt und unterstützt.

Coaching-Übung: Teile-Modell in Action

Beziehungen der Persönlichkeitsteile analysieren:

- »Wie stehen die einzelnen Teile zueinander?«
- »Wo gibt es Koalitionen und Konflikte?«
- System visualisieren: Teile-Modell aufzeichnen

Fragen an die Persönlichkeitsteile des Coachees:

- Konflikterzeugende Teile direkt ansprechen.
- »Was ist Deine positive Absicht?«
- »Was brauchst Du, um Deine Bedürfnisse zu erfüllen?«
- »Was behindert Dich? Was genau?«
- »Wie erlebst Du den Konflikt?«
- »Was ist Dein Wunsch an die anderen Teile?«
- »Was wäre für Dich das Allerschönste?« (7. Himmel-Physiologie)
- »Was bist Du bereit zu geben?«
- »Welche unterstützenden Ressourcen wären wünschenswert?«
- »Woher kannst Du sie bekommen?«

System-Check:

- »Gibt es Einwände von anderen Teilen?«
- »Unter welchen Bedingungen sind die einflusserhebenden Teile bereit zu kooperieren?«
- Den Dialog zwischen den Teilen fortsetzen, bis alle Einwände integriert sind.

Future-Pace:

- »Nachdem Sie Ihre Persönlichkeitsteile integriert haben, was genau ist Ihr zusammenfassendes Commitment?«
- »Ab wann werden Sie Ihr Commitment realisieren?«

Verweise

→ Positive Absicht → System-Check → Konflikt-Coaching → Trance-Zustände
→ Unser Unbewusstes → Reframing

Time Line – die Zeit-Linie im Gehirn sichtbar machen

Nutzen/Ziel

- Bewusstmachung und Gestaltung von dynamischen Prozessen.
- Verwandlung von Diffusion in Klarheit durch sichtbare Strukturen
- Ziel-Orientierung im Gehirn verankern.

Anwendungsfelder

- Zentrales Werkzeug im Coaching – grundlegendes Erklärungsmodell zur Abbildung chronologische Prozesse.
- Als Visualisierung auf dem Flipchart.
- Zeit-Linien als kinästhetische Raum-Anker auf dem Boden.

Die Komponente »Zeit« ist eine der wichtigsten Ressourcen in jedem Coaching-Prozess. In unserer modernen Leistungsgesellschaft drängt die Zeit. Leistung ist definiert durch Arbeit in Zeit. Je schneller Sie eine bestimmte Arbeit erledigen, desto höher ist Ihre Leistung. Nur allzu oft befindet sich Ihr Coachee mit all seinen Aufgaben enorm unter Zeitdruck. Die Ressource Zeit ist knapp, und die Psyche steht unter Druck. Diffuser Leistungsdruck führt nicht selten zu psychischen Blockaden, der Coachee findet keinen Zugang zu seiner Kreativität und fühlt sich ausgeliefert. Mithilfe des Time-Line-Werkzeuges können Sie Ihrem Coachee helfen, alle relevanten Prozesse hinsichtlich ihrer zeitlichen Abfolge zu ordnen und somit Kontrolle über die Komponente Zeit zu gewinnen.

Dieses enorm hilfreiche Gefühl von Überblick und Kontrolle bewirkt bei Ihrem Coachee oftmals automatisch eine Stress-Reduktion. Wenn Sie als Coach souverän mit Zeitlinien arbeiten können,

verfügen Sie über ein universelles Diagnose-Instrument für chronologisch erfassbare Prozesse. Darüber hinaus können Sie Ihren Coachee mental auf der Zeitlinie reisen lassen – sowohl in die Vergangenheit als auch in die Zukunft. Sie können ihm helfen, die Vergangenheit auf eine neue Weise zu verstehen. Und Sie verfügen über eine fantastische Möglichkeit, seine kreative Fantasie in konstruktive Bahnen zu lenken und dadurch die Zukunft optimal zu gestalten.

Im Coaching

Jeder Mensch erlebt die Zeit auf seine eigene Weise. Dieses Phänomen kann man mithilfe der Zeitlinie (Time Line) symbolisch darstellen. Die Time Line repräsentiert das Erleben der Zeit auf der inneren Landkarte. Durch die gezielte Einordnung der zu erreichenden Ziele im Coaching kann der Coachee seine unbewussten und bewussten Kräfte auf die individuelle Abbildung der zeitlichen Entwicklung fokussieren.

Wenn sich ein Mensch sein Leben als einen zeitlichen Ablauf vorstellt, ist die Time Line der rote Faden, der seiner erlebten Vorstellung ihre individuelle Richtung gibt. Im Coaching wird der Verlauf dieser virtuellen Linie durch geeignete Fragen bewusst gemacht und mit konkreten Erlebnissen verknüpft. Wie bei einer Perlenkette können die einzelnen Ereignisse auf der Zeitlinie zugeordnet werden. So entsteht ein Instrument, um komplexe neurologische Prozesse auf einfache Weise zu erkennen und zu beeinflussen. Der Coachee kann auf seiner Zeitlinie in die Vergangenheit reisen und dort mithilfe des Change History nachträgliche Veränderungen vornehmen. Er kann auch in seine Zukunft reisen und diese kreativ gestalten, indem die Erreichung von erwünschten Zielen auf der Time Line installiert wird. Dieses pragmatische Ritual programmiert die unbewussten Kräfte, da jede Installation wie eine positive Zielformulierung wirkt. Das aktuell zu erreichende Ziel entspricht dem Future Pace und führt über den System-Check und die Wohlgeformtheitskriterien zur Magie des Wünschens.

Wie erleben Sie Ihre Lebenszeit?

Es gibt zwei Strategien, mit denen Menschen ihre Zeit repräsentieren: In-Time und Through-Time. Bei Menschen, die ihre Zeit In-Time repräsentieren, liegt die Vergangenheit hinter ihnen und die Zukunft vor ihnen. Dies entspricht einer analogen Darstellung. Der In-Time-Typus ist mit seiner Zeitlinie assoziiert. Er versteht es meistens, seine Zeit zu genießen, doch oft kann er sie nur schwer kontrollieren. In vielen südlichen Ländern ist In-Time der Normalzustand. Je angenehmer das Lebensgefühl, desto stärker wächst die Tendenz, sich zu assoziieren und sich der Zeit hinzugeben.

Bei Menschen, die ihre Zeit Through-Time repräsentieren, liegt die gesamte Time Line vor ihnen, wobei sich die Vergangenheit meist links und die Zukunft rechts befindet. Dies entspricht der digitalen Repräsentation. Der Through-Time-Typus ist von seiner Zeitlinie dissoziiert. Erfahrungsgemäß ist ein durchorganisiertes Zeitmanagement für Through-Time-Typen sehr viel leichter zu realisieren als für In-Time-Typen. In der Regel mögen Through-Time-Typen Zeitplanbücher. Sie können Termine einhalten und neigen dazu, auch Wochenenden und Urlaube zu verplanen. Sie verstehen oft nicht, warum In-Time-Typen ein Viertelstündchen nicht als Verspätung betrachten, sondern als Ausdruck von Großzügigkeit und Lebensqualität.

Das Erleben von Zeit ist für jeden Menschen eine interessante Angelegenheit. Manchmal schleppt sie sich dahin, und wenige Minuten erscheinen wie lange Jahre. Manchmal vergehen Wochen und Monate wie im Flug. Physikalisch definiert sich die Zeit aufgrund der Bewegungen der Gestirne. Zeit entspricht der vierten Dimension. Spirituelle Meister bezeichnen Zeit als Illusion. Im praktischen Leben repräsentiert sich die Zeit durch Uhren und Terminkalender. Für unsere archetypischen Gehirne ist das komplexe Phänomen Zeit kaum fassbar.

Die Time Line ist ein nützliches Werkzeug, um das subjektive Erleben der Zeit für beide Hirnhälften (reflexiv und intuitiv) zu gestalten.

Wenn es einschneidende Erlebnisse in der persönlichen Geschichte eines Menschen gab, können sie eine seltsame Anordnung der Ereignisse auf der Time Line verursachen. Es gibt zum Beispiel Menschen, bei denen die Zukunft klein und dunkel neben ihnen liegt, während die Vergangenheit groß und strahlend vor ihnen liegt. Eine derartige Anordnung sollte zu denken geben. Die persönliche Geschichte eines Menschen bedingt die Gestalt seiner Zeitlinie. Es ist kein Zufall, dass manche Menschen ihre Zeitlinie zum Beispiel als schützenden Tunnel, als steinigen Weg oder als pulsierenden Lichtstrahl empfinden. Die Vorstellung der individuellen Zeitlinie ist eine Metapher für den Lebensweg des Menschen.

Regression – mit Fantasie in die Innenwelt

Regression bedeutet ursprünglich Zurückschreiten oder Zurückfallen. Im Coaching bezeichnet Regression die Fähigkeit, innere Zeitreisen in die Vergangenheit oder Zukunft zu erleben. Wenn ein Mensch in frühere oder zukünftige Entwicklungsphasen regrediert, kann er in Zustände geraten, in denen er Bedürfnisse ausleben und befriedigen darf, die er im normalen Leben nicht zulassen kann. Dadurch werden emotionale Defizite ausgeglichen. Dieser Prozess setzt Energien frei, die lange Zeit gebunden, blockiert oder sogar traumatisiert waren.

Die Regression ist eine innere Zeitreise, die vom Coach mit der Time Line gesteuert werden kann. Der Coachee regrediert gezielt in die relevanten Situationen. Dabei kann er sowohl in die Vergangenheit als auch in die Zukunft reisen. Eine gezielte Regression ermöglicht assoziierten Kontakt mit Zuständen, die der Coachee in der Vergangenheit entweder tatsächlich erlebt hat oder die er sich in der Zukunft mithilfe seiner Fantasie vorstellt. Die Zeitreise kann sowohl mit geschlossenen als auch mit offenen Augen erlebt werden. Geschlossene Augen ermöglichen eine ganzheitliche Repräsentation der sinnlichen Erfahrung und vertiefen den damit verbundenen Trance-Zustand. Falls der Coachee mit offenen Augen reist, kann der Coach die Trance unterstützen, indem er den Coachee auf dem Weg in die Vergangenheit nach oben links blicken lässt, während der Blick nach oben rechts helfen kann, zukünftige Situationen zu erleben.

Regressionen in die Vergangenheit können auch hilfreich für die Kontaktaufnahme mit dem Unbewussten sein. Ein erfahrener Coach ist in der Lage, den Coachee vergangene Szenen noch einmal so erleben zu lassen, dass der Kontakt zu dissoziierten Gefühlen wieder hergestellt wird. Diese Ressourcen können dann entsprechend reframed und für die Zukunftsgestaltung des Coachees genutzt werden. Bei dieser Anwendung ist es nützlich, wenn der Coach kindgerechte Formulierungen nutzt, um den Coachee zu führen. Trotz technischem Fortschritt, weltpolitischer Entwicklung und allgemeiner Schulbildung müssen wir davon ausgehen, dass die Entwicklungsstufe des menschlichen Unbewussten oft einer kindlichen Ebene entspricht. Viele erwachsene Menschen kennen auch im alltäglichen Leben emotionale Zustände, die man eher bei Kindern vermuten würde. Kindliche Zustände sind oft mit wertvollen Ressourcen wie Fantasie, Kreativität, Spontaneität und Wahrhaftigkeit verknüpft. Im Coaching sind solche Zustände besonders wertvoll, da sie den Kontakt mit dem Unbewussten des Coachees intensivieren.

Veränderungen der Time Line im Coaching können die Lebensführung nachhaltig beeinflussen. Durch Induktion eines Trance-Zustandes kann ein erfahrener Coach prägende Schlüsselerlebnisse identifizieren und zusammen mit dem Coachee auf bessere Weise integrieren. Ebenso können traumatische Erlebnisse, die oft als dunkle Stellen in der Time Line repräsentiert werden, herausgenommen und bearbeitet werden. Wichtig dabei ist eine ökologische Integration. Wertvolle Lernerfahrungen und andere Ressourcen sollten vom Coach explizit gesichert werden. Ereignisse in der Zukunft können im Coaching mithilfe der Time Line so vorbereitet werden, dass die Wahrscheinlichkeit ihrer erfolgreichen Realisierung drastisch steigt. Oder als Metapher formuliert: Es werden Samenkörner in das Unbewusste des Menschen gepflanzt, die sich im Laufe der Zeit manifestieren. Das gezielte Gestalten der Time Line ist ein nützliches Ritual bei der Magie des Wünschens. Das schriftliche Ankern der eigenen Zukunft in Form einer Zeitlinie kann erstaunliche Ergebnisse zeitigen. Es ist eine wirkungsvolle Methode, um die verschiedenen Teile der eigenen Persönlichkeit auf eine gemeinsame Zukunftsvision einzustimmen.

Coaching-Übung: Time Line

Die Vorstellung der Zeit in Form einer Linie ist tief in der Struktur unserer inneren Landkarten verwurzelt. Fast alle Menschen erleben Zukunft räumlich vor sich und Vergangenheit räumlich hinter sich. Das spiegelt sich in Formulierungen wie »jetzt schauen wir nach vorn« oder »im Rückblick erscheinen die Ereignisse …«. Unser Gehirn nutzt seine beeindruckende räumliche Vorstellungskraft, um zeitliche Ereignisse zu sortieren. Bei genauer Analyse entdeckt man, dass die Erinnerungsbilder lange zurückliegender Ereignisse deutlich weiter entfernt scheinen als Bilder von Erlebnissen der letzten Woche. Dies gilt ebenso für unsere Vorstellungen über die Zukunft. Diese psychologischen Zusammenhänge lassen sich im Coaching nutzen. Eine ganz einfache Version des Prinzips macht sich die folgende Coaching-Übung zunutze.

- Führen Sie mit Ihrem Coachee eine Zielbestimmung durch. Klären Sie dann, ob er bereit ist, ein kleines Ritual zu machen, um das erarbeitete Ziel weiter zu festigen. Bitten Sie Ihren Coachee, sein Ziel stichwortartig oder in Form einer Zeichnung zu Papier zu bringen.
- Markieren Sie eine mehrere Meter lange Linie auf dem Boden, z. B. mit Kreppband.
- Etablieren Sie neben der Linie eine Meta-Position, von der Sie mit Ihrem Coachee je nach Bedarf auf den Prozess und seine Erlebnisse auf der Time Line schauen und reflektieren können.

- Laden Sie Ihren Coachee ein, das Papier mit seinem Ziel irgendwo – nach seinem Ermessen – auf die Linie zu legen. Häufig gibt es dabei eine emotional gesteuerte Feinabstimmung, wie weit dem Coachee das Ziel auf der Time Line entfernt vorkommt. Sobald er so weit ist, bitten Sie Ihren Coachee, sich auf der Linie auf sein Ziel zu zu bewegen. Beobachten Sie Ihren Coachee genau, während er auf das Ziel zugeht. Jedes verbale oder nonverbale Signal kann eine wichtige Information zur Zielerreichung sein. Jedes Mal, wenn Sie glauben, dass Ihre Beobachtungen für den Zielerreichungsprozess wichtig sind, bitten Sie Ihren Coachee, mit Ihnen auf die Meta-Position zu wechseln. Achten Sie darauf, dass Sie mit Ihm nur auf der Meta-Position reflektieren, da sonst das assoziierte Erleben auf der Time Line gestört wird.
- Am Ziel angekommen, fragen Sie Ihren Coachee, wie es ist, am Ziel zu sein, und wie er den Weg erlebt hat. Häufig werden hier weitere wertvolle Informationen für die Zielerreichung gewonnen.
- Bitten Sie Ihren Coachee, vom Ziel aus zurück über die Linie in die »Vergangenheit« zu schauen und sich dabei vorzustellen, er könne aus dieser Perspektive des erreichten Ziels heraus eine Art »Botschaft« zurück an sein »jüngeres Ich« am Beginn des Weges schicken. Häufig liefert das Unbewusste des Coachees hier nützliche Tipps für den Start zum Ziel.
- Gehen Sie mit Ihrem Coachee zurück in die »Gegenwart«, um zu erfragen, wie er diesen Prozess der Zeitreise erlebt hat.
- Zum Abschluss können Sie mit Ihrem Coachee auf der Meta-Position darüber reflektieren, welche Bedeutung die Erkenntnisse haben und welche Maßnahmen sich daraus ableiten lassen. Bei Bedarf können Sie ihn wiederholt einladen, weitere Erkenntnisse an bestimmten Punkten der Time Line zu sammeln. Genauso können Etappenziele und Meilensteine auf der Time-Line erlebt und geprüft werden.

Coaching-Übung:

Up-Date Ihrer persönlichen Erfolgs-Time Line

Bei dieser Übung lädt der Coach seinen Coachee dazu ein, seine Vergangenheit und Zukunft auf einem Flipchart unter den Gesichtspunkten der Wertschätzung und Optimierung zu visualisieren. In diesem Fall können auf der Time Line (von links unten nach rechts oben verlaufend) verschiedene Entwicklungslinien parallel markiert werden. Der Coach steuert den Prozess durch ressourcevolle und zielorientierte Fragen, indem er die Antworten des Coachees auf dem Flipchart notiert:

- »Was waren Ihre größten Erfolge in den letzten Jahren?«
- »Worauf sind Sie besonders stolz? Warum gerade darauf?«
- »Was waren Ihren größten Erfolge im Bereich xy?«
- » … was genau? … wie genau?«
- »Wenn Sie Ihre Vergangenheit selbstkritisch betrachten – wo möchten Sie sich gern optimieren?«
- »Was sind Ihre persönlichen Lernfelder?«

T

- » … im Beruf?«
- » … als Mensch?«
- » … als xy?«
- »Welche Gewohnheiten möchten Sie gerne verändern?«
- » … was genau? … wie genau? … wann genau?«
- »Was sind Ihre wichtigsten Ziele für das nächste Jahr?«
- » … was genau?« (Kriterien der Wohlgeformtheit beachten!)
- »Woran werden Sie merken, wenn Sie Ihre Ziele erreicht haben?« (Konkrete Kriterien!)
- »Wie werden Sie Ihre Erfolge feiern?« (Belohnungen!)

Zum Abschluss kann der Coach seinen Coachee dazu auffordern, das entstandene Bild auf dem Flipchart zu interpretieren und es als Referenzbild zur Überprüfung des Prozesses zu archivieren.

Coaching-Übung: Zukunft erforschen!

In dieser Variante fokussieren Coach und Coachee nur auf die Zukunft. Der Coach führt seinen Coachee wieder durch zielorientierte Fragen:

- »Was wissen Sie bereits über Ihre Zukunft?«
- »Was planen Sie?«
- »Wo sind Sie sich ganz sicher?«
- »Was wünschen Sie sich?«
- »Welche Prüfungen stehen Ihnen bevor?«
- »Wie können Sie sich darauf vorbereiten?«
- »Was ist außerdem noch wichtig?«
- »Worauf freuen Sie sich am meisten?«
- »Welche Zukunfts-Konzepte geben Ihnen positive Orientierung?«
- »Wenn es in Ihrer Zukunft Phasen gibt – wie sehen die aus?«
- »Wie würden Sie die kommenden Zeiträume benennen?«
- »Was sind die wichtigsten Meilensteine?«
- »Welche Nebenwirkungen und Risiken könnten entstehen?«
- »Wie können Sie die Nebenwirkungen kompensieren und Risiken abpuffern?«
- »Welche konkreten Schritte können Sie einleiten, um Ihre Zukunft positiv zu gestalten?«
- »Wann wollen Sie beginnen, diese Schritte umzusetzen?«
- »Womit fangen Sie an? Wann starten Sie?«

T

Verweise

→ Als-Ob-Methode → Unser Unbewusstes → Glaubensätze → Change History
→ Ressourcen → Ziel-Orientierung

Trance-Zustände – Aufmerksamkeit geht nach Innen

Nutzen/Ziel

- Beschleunigen und Verstärken von inneren Prozessen.
- Direkte Kommunikation mit unbewussten Kräften.
- Kontakt zur Weisheit des Unbewussten.
- Anregung für kreative Suchprozesse im Gehirn

Anwendungsfelder

- Zentraler Wahrnehmungs-Filter des Coachs zur zielorientierten und nachhaltigen Gesprächsführung.
- Zur Programmierung auf Erfolgskriterien.
- Beim Entwickeln von Visionen und Ideen.

Bei dem Wort »Trance« denken viele Zeitgenossen an einen unkontrollierten Dämmerzustand, der nichts mit Zielerreichung oder sinnvoller Nutzung von eigenen Ressourcen zu tun hat. Dabei wird vergessen, dass wir alle täglich spontane Trance-Zustände erleben, ohne dies zu bemerken. Im Auto, unter der Dusche, am PC oder sogar im Gespräch verlieren wir den äußeren Fokus und beschäftigen uns mit inneren Bildern und Vorstellungen. »Trance« bedeutet lediglich, dass sich die Aufmerksamkeit des Menschen für einen mehr oder weniger kurzen Zeitraum nach innen richtet. Dabei verfolgt unser Gehirn einen doppelten Nutzen: Zum einen ist der Trance-Modus energiesparend – das Gegenteil von Trance ist Präsenz, und diese fordert dem Gehirn wesentlich mehr Aktivitäten ab. Zweitens ermöglicht ein leichter Trance-Zustand innere Suchprozesse im Gehirn des Menschen – ähnlich wie der Monitor Ihres PCs eine Sanduhr zeigt, während der Prozessor rechnend Daten verarbeitet. Im Coaching sind spontane Trance-Zustände an der Tagesordnung und sehr nützlich. Als kompetenter Coach können Sie solche Zustände nicht nur treffsicher erkennen, sondern auch gezielt erzeugen und durch hypnotische Sprache souverän steuern. Spontane Trance-Zustände zeigen Ihnen, dass sich der Coachee im Vertrauenszustand befindet und in seinem Inneren nach kreativen Ideen und Lösungsansätzen sucht.

Im Coaching

Trance ist ein Zustand, bei dem im Coaching eine besondere Form von innerer Arbeit verrichtet werden kann. Der Coach kann diesen Zustand beim Coachee durch geschickte Fragen oder Prozess-Instruktionen einleiten. Sie bewirken im Gehirn des Coachees innere Suchprozesse und stellen Kontakt zu normalerweise unbewussten Teilen her. Die Trance kann verschiedene Intensitätsgrade aufweisen. Eine leichte Trance kennen viele Menschen beim Fahren auf der Autobahn – die Gedanken schweifen, und plötzlich stellt man fest, dass man viele Kilometer zurückgelegt hat, ohne es bemerkt zu haben, und ist jetzt fast am Ziel angelangt.

Im Coaching geht es darum, den Trance-Zustand für den Veränderungs-Prozess auf allen Ebenen zu nutzen. Ein guter Coach erkennt spontane Trance-Zustände seines Coachees. Er integriert sie in den Lernprozess, indem er sie verstärkt und in eine konstruktive Richtung lenkt. Im Coaching gibt es eine ganze Reihe von Veränderungstechniken, bei denen sich der Coachee in einer heilsamen Trance befindet. Die gezielte Nutzung von Trance-Zuständen nennt man Hypnose. Durch hypnotische Instruktionen bringt der Coach seinen Coachee in Kontakt mit inneren Prozessen, die normalerweise im Dunkeln ablaufen. Eine Trance kann zum Beispiel durch geschickte Fragen induziert werden:

- »Welcher Teil des Unbewussten entscheidet, was das Bewusstsein von Moment zu Moment wahrnimmt? Jetzt! … Während Sie tiefer und tiefer in Trance gehen …«

In der Trance können auch Signale mit dem Unbewussten vereinbart werden. Dies können zum Beispiel ideomotorische Bewegungen der Finger sein. Auch der kataleptische Arm dient als Medium für das Unbewusste. Die damit verbundene Starrheit des Armes ist ein bekanntes hypnotisches Phänomen, bei dem ein Arm als Seismograph des Unbewussten in der Luft gehalten wird. Bei derartigen Manövern wird das Bewusstsein dazu eingeladen, als wertgeschätzter Beobachter zu fungieren, während der Coach die Instruktionen direkt ans Unbewusste gibt: » … Ich möchte dem Unbewussten dafür danken, dass Du bereit bist, mir aufmerksam zu folgen und Signale zu senden … und ich respektiere Deine Funktion als Wächter der Integrität … während ich Dich bitte, mir mitzuteilen, was Du noch brauchst, damit Du die geplante Veränderung voll unterstützen kannst … «

Archaische Trance-Zustände

Im Coaching gilt die Trance als Zustand der Selbstheilung. Eine Metapher für Trance-Zustände ist der antike Tempelschlaf. Dabei pilgert der suchende Mensch an einen heiligen Ort und gelangt in einen Tempel. Dort wartet ein Priester, der den Suchenden segnet und versorgt. Der Priester ist jedoch nicht die Lösung für das Problem des Pilgers, sondern lediglich sein Zeremonienmeister. Er inszeniert ein Setting, in dem der Pilger sich geborgen fühlt. Nun kann der Zensor die bewusste Kontrolle aufgeben. Er wird durchlässiger, und das unbewusste Wissen darf sich ausdrücken. Der Pilger begibt sich in den heiligen Tempelschlaf und träumt einen heilsamen Traum. Ähnlich wie der Tempelschlaf, ermöglicht die Trance dem Coachee im Coaching, Kontakt zur Weisheit seines Unbewussten herzustellen.

Im Moment der Re-Orientierung, wenn der Coachee gerade aus einem veränderungswirksamen Trance-Zustand zurückkommt, ist die Symmetrie des Körpers ein wichtiges Kriterium für den Erfolg der Trance-Intervention. In der Veränderungsarbeit gilt die Regel, das Kriterium der Körpersymmetrie spätestens durch den System-Check zu erfüllen. Dahinter steht die Annahme, dass ein entspannter Mensch in einem kongruent positiven Zustand eine symmetrische Körperhaltung einnimmt. Dann ist der Mensch ausbalanciert und zeigt dies auch im Ausdruck. Die persönliche Integrität verlangt eine balancierte System-Ökologie, Störungen offenbaren sich oft über die Physiologie des Coachees. Im Regelfall weist eine asymmetrische Körperhaltung darauf hin, dass die Intervention noch nicht stimmig ist und noch etwas Wichtiges fehlt. Nicht selten gibt es unterschwellige Einwände, die noch in den zukünftigen Verhaltensentwurf integriert werden möchten, damit die Veränderung dann tatsächlich realisiert wird.

Auch das Reframing kann in tiefer Trance eingesetzt werden. Dabei fungiert das Bewusstsein des Coachees nicht als Makler, sondern der Coach spricht direkt mit dem Unbewussten. Allerdings generalisiert die Denkweise des Reframing nicht automatisch auch das bewusste Verhalten des Coachees, da das Bewusstsein nicht explizit über die Veränderungen informiert wird. Das Trance-Reframing hat jedoch oftmals den Vorteil, dass Veränderungen schneller zu erreichen sind.

Hypnotische Sprach-Muster

Worte sind Projektionsflächen. Menschen projizieren ihre Erfahrungen in gesprochene Worte hinein. Durch die Anwendung hypnotischer Sprach-Muster kann der Coach die Projektion seines Coachees gezielt steuern. Dabei gilt das Prinzip von Pacing und Leading. Der Coach führt die Aufmerksamkeit des Coachees, indem er zunächst Worte verwendet, die die aktuelle Erfahrung seines Coachees treffen und bestätigen. So gewinnt er Rapport, der Coachee entwickelt Vertrauen. Anschließend kann der Coach die Erfahrungswelt des Coachees strukturell beeinflussen, indem er ihn in Kontakt mit neuen Ressourcen bringt.

- **Pacing:** » … während Du auf Deinem Stuhl sitzt … und Deinen Körper spürst … Deine Füße und den Kontakt zum Boden … und Du Deinen Atem wahrnimmst … «
- **Leading:** » … kannst Du Deinen Blick nach innen richten … und siehst auf Deinem inneren Monitor … was Dich jetzt am allermeisten interessiert … «

Entscheidend beim hypnotischen Sprachgebrauch ist neben einer beruhigenden, vertrauensvollen Stimmführung die Wahl geeigneter Worte. Um die Projektion zu stimulieren, braucht der Coach ressourcevolle, positive Formulierungen, die zugleich so vage und offen gehalten sind, dass sie der aktuellen Erfahrung des Coachees keinesfalls widersprechen, sondern ihn bestätigen und sanft führen.

T

- » … und während Du all das wahrnimmst … kannst Du Dichfragen, welche Botschaft Dir Dein Unbewusstes jetzt schicken mag . . . und vielleicht … kann sich eine neue Idee entwickeln … die auf eine bestimmte Art und Weise für Dich wichtig seinkann … Du darfst Dir erlauben, die Dinge auf eine neue Weise zu betrachten … so, wie es für Dich am schönsten ist … «

Auf den folgenden Seiten finden Sie drei Anwendungsbeispiele für den Einsatz im Coaching. Die Grundvoraussetzungen für den erfolgreichen Einsatz dieser Trancen sind neben der souveränen Führung des Coachees ein starker Rapport und die explizite Erlaubnis des Coachees, sich bereitwillig auf diese Erfahrung einzulassen.

Coaching-Übung: Erfolgs-Trance

Ziel: Erfolge bewusst machen und Ressourcen aktivieren

Intro: Kontakt mit dem inneren Monitor

- » … während Du auf Deinem Stuhl sitzt … und Deinen Körper spürst … kannst Du Deinen Blick nach innen richten … und siehst auf Deinem inneren Monitor … Deine aktuelle Situation … «
- » … und jetzt kannst Du Kontakt aufnehmen mit Deiner inneren Zeitlinie … und Du kannst Dir in Deiner Fantasie vorstellen, Du bist bereits am Ziel angekommen … «
- » … und Du kannst Dir in Deiner Fantasie vorstellen, das alte Problem hat sich auf optimale Weise verwandelt … was wäre eine ideale Lösung?«

Blick zurück – Strategie erforschen

- » … und Du kannst Dir bewusst machen, welchen Weg Du gegangen bist, um Dein Ziel zu erreichen … «
- » … und Du kannst in Deiner Fantasie bis weit in die Vergangenheit reisen … und den Schatz Deiner Erinnerungen erfassen … «
- » … und dann kannst Du Dir die Erfolge Deiner Vergangenheit bewusst machen … «
- » … und Du kannst Dich fragen, was Du bereits alles gelernt hast in Deiner Vergangenheit … «

Welche weiteren Ressourcen brauchst Du?

- » … und wenn Du dann noch einmal an Dein Ziel in der Zukunft denkst, kannst Du Dich fragen, was Du noch lernen musst, um auch dieses Ziel erfolgreich zu realisieren … «
- » … und dann kannst Du Dir vorstellen, wie es sein wird, wenn Du all das gelernt hast … «
- » … und dann kannst Du mit Deinen neuen Fähigkeiten noch einmal zu deinem Ziel reisen … und es genießen … und Du kannst Dich fragen, ob Du noch weitere Fähigkeiten brauchst … « (evtl. Lernprogramm wiederholen)

Back to Reality

- » … und aufgeladen mit diesem guten Gefühl … voller Inspiration … kannst Du wieder zurückkommen und Deinen Körper spüren, Deine Füße … «

Coaching-Übung: Transfer-Trance

Ziel: System-Check + Future Pace

Intro: Kontakt mit dem inneren Monitor

- » … während Du auf Deinem Stuhl sitzt … und Deinen Körper spürst … kannst Du Deinen Blick nach innen richten … und siehst auf Deinem inneren Monitor … Deine aktuelle Situation … «
- » … und jetzt kannst Du Kontakt aufnehmen mit Deiner inneren Zeitlinie … und Du kannst Dir in Deiner Fantasie vorstellen, Du bist bereits am Ziel angekommen … «

Blick zurück – Strategie entwickeln

- » … und Du kannst Dir bewusst machen, welchen Weg Du gegangen bist, um Dein Ziel zu erreichen … und dann kannst Du Dich fragen, ob es etwas Besonderes gab, worauf Du achten musstest … «
- » … vielleicht gab es Risiken auf Deinem Weg … welche waren das? … und wie konntest Du sicherstellen, dass Du Dein Ziel erreichen konntest … «
- » … und wenn Du dort am Ziel angekommen bist, kannst Du noch einmal überprüfen, ob es vielleicht Nebenwirkungen gab … und vielleicht hast Du bereits Ideen, wie Du solche Nebenwirkungen vermeiden kannst … «
- » … alles in dieser Welt hat seinen Preis … Du kannst Dir bewusst machen, welchen Preis Du zahlen musst, um Dein Ziel zu erreichen … «
- » … und nachdem Du Dir all diese wichtigen Informationen vergegenwärtigt hast, kannst Du noch einmal in Deiner Fantasie an Dein Ziel reisen … dort angekommen, kannst Du tief durchatmen und das gute Gefühl des Erfolges genießen … «

Future Pace

- » … und dann schaust Du noch einmal zurück in die aktuelle Situation … welches waren die ersten Schritte zu Deinem Ziel?«
- » … vielleicht gab es Etappen-Ziele oder Meilensteine, die Du erreichen musstest, um Dein Ziel zu realisieren … «
- » … und vielleicht hast Du Lust, Dich für Dein zielführendes Verhalten zu belohnen … welche Belohnung kannst Du Dir schenken, um Dich wissen zu lassen, dass Du auf dem richtigen Weg bist … «
- » … und aufgeladen mit diesem guten Gefühl … voller Inspiration … kannst Du wieder zurückkommen und Deinen Körper spüren, Deine Füße … «

Verweise

→ Hypnotische Sprache → Frage-Technik → Zensor → Unser Unbewusstes → Reframing → Kreativität

U

Übertragung – eine emotionale Verwechslung?

Nutzen/Ziel

- Souveräne Gesprächsführung durch Diagnose und Steuerung von unbewussten Projektionen.
- Stärkung des Vertrauens durch offene Meta-Kommunikation.
- Nutzung von archaischen Mustern im Unbewussten.

Anwendungsfelder

- Als Erklärungs-Modell im Konfliktmanagement.
- Zur Auflösung von emotionalen Verstrickungen.
- Wahrnehmungs-Filter bei der Supervision von Coaching-Fällen.

Vermutlich kennen auch Sie dieses seltsame Phänomen aus eigener Erfahrung: Sie unterhalten sich mit einem fremden Menschen, und unterschwellig entsteht das Gefühl, als würden Sie diesen Menschen kennen. Ihr Bewusstsein weiß ganz sicher, dass dieses Gefühl trügt, doch Ihr Unbewusstes verstärkt diese trügerische Emotion, indem es mit bekannten Reaktionen auf gewisse Schlüsselreize in der Erscheinung Ihres Gegenübers reagiert. So entwickelt sich im positiven Fall ein unbewusstes Gefühl von Vertrautheit – im negativen Fall entsteht eine unbewusste Ablehnung gegen Ihren Gesprächspartner.

Das Konzept der Übertragung in der Psychotherapie

Bereits Sigmund Freud war beeindruckt von dieser Neigung der menschlichen Psyche, nach vertrauten Reizen zu suchen und dann in der Vergangenheit erlernte Emotionen auf den noch unbekannten Gesprächspartner zu übertragen – insbesondere, wenn es sich dabei um Emotionen gegenüber Autoritäten wie Mutter oder Vater handelt. Die moderne Psychotherapie trägt diesem unbewussten Effekt Rechnung, indem sie in der Therapeuten-Ausbildung Wert darauf legt, dass Therapeuten als neutrale Projektionsfläche agieren und die eigenen menschlichen Schwächen keinesfalls gegenüber dem Patienten offenbaren. Als Coach sind Sie ebenfalls mit dem Phänomen der Übertragung konfrontiert. Entscheidend dabei ist, dass Sie mit diesem mächtigen Effekt bewusst umgehen und ihn auf eine für Ihren Coachee nützliche Weise handhaben.

Die Übertragung ist eine besondere Form der Projektion. Menschen haben psychische Erkennungsprogramme für eine begrenzte Anzahl von Bezugspersonen. Im Kontakt mit neuen Menschen werden die bereits erworbenen Programme von unserem Unbewussten nach dem Prinzip der Ähnlichkeit in die aktuelle Situation übertragen. Wenn neue Personen ähnliche Schlüsselreize wie die ursprünglichen Bezugspersonen aufweisen, werden die damals gelernten Beziehungsmuster wieder aktiviert. Die Schlüsselreize (Complex Equivalence) wirken als unbewusste Anker für komplexe innere Reaktionen und das entsprechende Verhalten.

Übertragungen im alltäglichen Leben

Wir finden Übertragungen in fast jeder Situation, in der Menschen miteinander kommunizieren. Wir neigen dazu, unsere Erfahrungen zu verallgemeinern und sie als Referenzen für zukünftige Situationen zu nutzen. Die psychogenetische Ausstattung unserer Wahrnehmungsfilter und unseres Gedächtnisses wurde während Zigtausenden von Jahren für überschaubare Menschengruppen entwickelt und erprobt, nicht für die enorme Vielzahl der zwischenmenschlichen Kontakte in der heutigen Informationsgesellschaft. Die Übertragung ist ein Ergebnis der Energiespar-Tendenz unseres Unbewussten bei der Speicherung unserer Erfahrungen.

Wer von einem anderen Menschen eine Übertragung bekommt, fungiert als Projektionsfläche. Er wird mit Gefühlen und Verhaltensweisen konfrontiert, die nicht wirklich ihm gelten, sondern einer Person aus der Vergangenheit des anderen. Zum Beispiel könnte ein Mann einen autoritären Vater gehabt haben, der einen dunklen Bart und eine randlose Brille trug. Jetzt bekommt er einen neuen Chef, der ebenfalls einen dunklen Bart und eine randlose Brille trägt. Vermutlich wird sein Unbewusstes dazu tendieren, gewisse Gefühle, die er seinem Vater als Autoritätsperson entgegenbrachte, auf den Chef zu übertragen. Derartige Übertragungen sind unvermeidlich und an der Tagesordnung. Meistens wirken sie unbewusst. Sie beeinflussen unser Kommunikationsverhalten, ohne dass wir etwas davon bemerken.

Dieser Mechanismus kann sowohl nützliche als auch störende Effekte bringen,. Positive Übertragungen können auch im Coaching die Kontaktaufnahme erleichtern und spontanen Rapport erzeugen. Im Laufe des gemeinsamen Kontaktes wird das Unbewusste vermutlich neben den vorhandenen Ähnlichkeiten auch eine wachsende Zahl von Unterschieden erkennen. Dadurch verliert der ÜbertragungsMechanismus seine Kraft, und die Kommunikationspartner erhalten die Chance, sich wahrhaftig zu begegnen.

Was tun bei Negativen Übertragungen?

Negative Übertragungen hingegen können im Coaching den zwischenmenschlichen Kontakt erheblich beeinträchtigen. In solchen Fällen ist es ratsam, die vorliegende Übertragung aufzudecken und durch Hervorheben der tatsächlichen Unterschiede gezielt zu entkräften. Besonders im Coaching sollte sich der Coach über den Mechanismus einer möglichen Übertragung bewusst sein; sie könnte eine Störung des Rapports verursachen. Der Zustand einer andauernden Übertragung ähnelt einem Stuck State, denn er bewirkt eine Verengung der Wahrnehmung und des Kommunikationsklimas und führt zu eingeschränkten Verhaltensmöglichkeiten. Um diesen festgefahrenen Zustand aufzulösen, probiert der Coach systematisch Verhaltensvariationen aus. Er verändert Stimme, Mimik, Gestik, Körperhaltung und räumliche Position so lange, bis ein Reiz in der Wahrnehmung des Coachees als Separator fungiert und die Übertragung auflöst. Ein gelungenes Separator-State-Manöver bedeutet, dass sich der Coach durch Flexibilität im Verhalten von den Ankern lösen konnte, die negative Übertragungen beim Coachee aktivierten. Wenn all diese Manöver nicht geeignet sind, um die Übertragung zu beenden, kann es sinnvoll sein, sie offen anzusprechen und sie auf der Meta-Ebene zu erforschen. Dabei können Gemeinsamkeiten und Unterschiede zur ursprünglichen Übertragungsperson systematisch untersucht werden. Dies ist oft für alle Beteiligten mit interessantem Feedback verbunden. Die Übertragung wird dann abgestellt, wenn das Unbewusste des Projizierenden lernt, dass es sich hier tatsächlich um zwei verschiedene Menschen handelt. Dafür ist es wichtig, die Unterschiede zu betonen.

Was ist eine Gegen-Übertragung?

Eine Gegen-Übertragung liegt vor, wenn der Coach eine Übertragung auf den Coachee hat. Hier sollte sich der Coach fragen, wie stark er durch diesen Wahrnehmungsfilter beeinflusst wird und ob er seinem Coachee unter diesen Bedingungen gerecht werden kann. Im Sinne der Psychohygiene kann es ratsam sein, Gegenübertragungen anzusprechen und den Coachee in einem geeigneten Moment auf elegante Weise zu konfrontieren:

»Sie erinnern mich an Gottfried Maier. Mit Gottfried habe ich damals ein ungewöhnliches Erlebnis gehabt. Es geschah Folgendes . . .«

Der Coachee wird auf seine eigene Weise auf die Konfrontation reagieren. Dadurch bekommt der unbewusste Teil des Coachs, der die Gegenübertragung projizierte, die Chance, zu erleben, dass der Coachee sich ganz anders verhält, als Gottfried Maier es tun würde. Die Situation und ihre Dramaturgie wird vermutlich einen anderen Charakter bekommen. Das Unbewusste des Coachs erfährt auf diese Weise, dass dies nicht Gottfried ist, sondern eine andere einzigartige Person, und es kann den irrtümlich projizierten Wahrnehmungsfilter korrigieren.

Verweise

→ Projektion → Evolutionäre Muster → Meta-Ebene → Konflikt-Coaching
→ Realitäts-Tunnel → Seperator-State-Manöver

Unser Unbewusstes – die unterschätzte Macht!

Nutzen/Ziel

- Ganzheitliches Verständnis des Menschen.
- Realistische Einschätzung der menschlichen Möglichkeiten und Einschränkungen.
- Souveränität durch gezielte Kommunikation mit unbewussten Kräften.

Anwendungsfelder

- Zentrales Werkzeug zur Gesprächsführung im Coaching.
- Nachhaltig wirksame Anker-Techniken.
- Bewusstmachung von unbewussten Prozessen.
- Transfersicherung durch wahrhaft motivierende Konzepte.

Der moderne Mensch kann nur in einem sehr begrenzten Sinn als ein bewusstes Wesen bezeichnet werden. Der weitaus größere Teil der menschlichen Psyche funktioniert unbewusst. Über die erfolgreiche Realisierung der im Coaching geplanten Maßnahmen entscheidet meist nicht das Bewusstsein, sondern inwieweit es gelungen ist, die unbewussten Kräfte mit ins Boot zu holen. Natürlich spielt der freie Wille auch eine gewisse Rolle im großen Orchester der menschlichen Möglichkeiten, doch wenn Sie einen kritischen Blick hinter die Kulissen der komplexen Prozesse des modernen Alltags werfen, werden Sie feststellen, dass der Großteil der menschlichen Motive, Emotionen und Entscheidungen durch unbewusste Verhaltensprogramme gesteuert wird. Als kompetenter Coach brauchen Sie ein positives Verständnis des menschlichen Unbewussten, und vor allem brauchen Sie einen pragmatischen Zugang zur gezielten Ansprache und Aktivierung der unbewussten Kräfte Ihres Coachees.

99 % unserer psychischen Prozesse geschehen unbewusst!

Der größte Teil unseres Gehirns arbeitet unbewusst. Dies geschieht aus vielen evolutionsgeschichtlichen Gründen – vereinfacht könnte man sagen »aus Gründen der Energieeinsparung«. Psychische Energie ist nur in einem begrenzten Umfang verfügbar. Konzentration kostet Kraft, ähnlich wie die Höchstgeschwindigkeit auf der Autobahn viel Treibstoff verbraucht. Somit geschieht auch der größte Teil unser Lebensäußerungen unbewusst. Als unbewusst bezeichnen wir alle Informationen, auf die das Bewusstsein des Menschen jetzt im Moment keinen direkten Zugriff hat oder grundsätzlich keinen Zugang haben kann. Solange der Mensch noch nicht gelernt hat, bestimmte Bereiche seiner Psyche bewusst zu erleben oder gar zu steuern, wird das Unbewusste diesen Zugriff verhindern. Das Unbewusste spielt für die Sicherheit des Systems »Homo sapiens« eine mächtige Rolle. Im Unbewussten wurzelt das Wissen um die systemische Vernetztheit der menschlichen Existenz.

Im Coaching wird der Begriff des Unbewussten situativ verwendet. Metaphorisch gesprochen ist es all das, was sich jetzt nicht im Licht des Bewusstseins befindet. So wie ein Streifenpolizist in seinem Revier für Ruhe und Ordnung sorgt, so kontrolliert das Bewusstsein unseren psycho-physiologischen Zustand. Es soll besondere Auffälligkeiten, Störungen und Gefahren entdecken und dann situatives Verhalten ermöglichen. Doch es gibt viele Vorgänge in einer nächtlichen Stadt, die nicht registriert werden, weil die Polizeistreife keinen Zutritt zu diesen Arealen hat. Ebenso gibt es im Menschen viele Prozesse, die unbemerkt ablaufen, weil andere Reize unsere bewusste Aufmerksamkeit beanspruchen. Das gewöhnliche Bewusstsein hat eine sehr begrenzte Fassungskapazität. In jedem Moment strömen überwältigend viele Informationen auf uns ein. Nur einige wenige gelangen in den Fokus unserer bewussten Aufmerksamkeit. Die meisten Reize werden getilgt, bevor sie das Bewusstsein erreichen, und von unbewussten Instanzen verarbeitet.

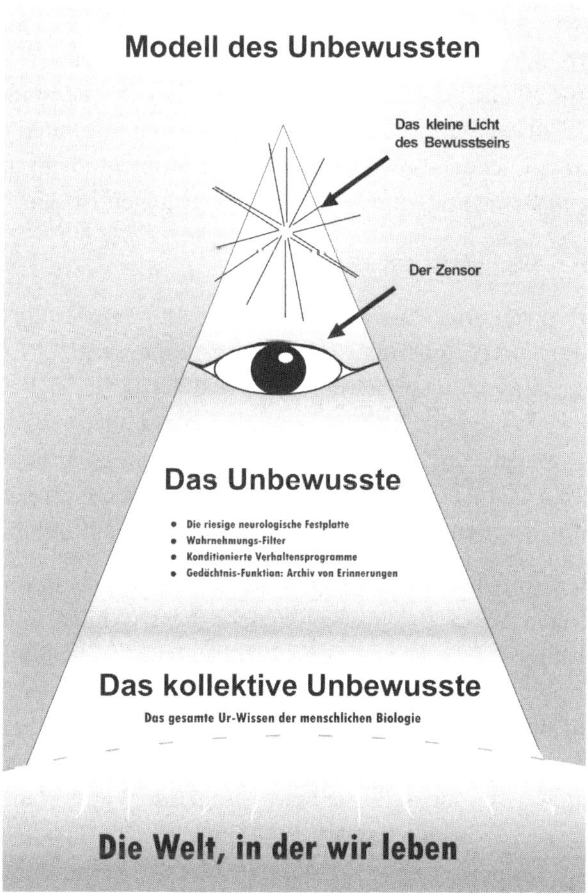

U

Das Unbewusste – seit Millionen Jahren erfolgreich bewährt

Die Instanz des menschlichen Bewusstseins ist evolutionsgeschichtlich noch relativ jung, die unbewussten Steuerungszentren haben sich hingegen seit Millionen von Jahren erfolgreich bewährt. Deshalb repräsentiert das gewöhnliche Bewusstsein nur wenige Bereiche der menschlichen Psyche. Die überwältigende Mehrheit unserer physiologischen, emotionalen und kognitiven Prozesse läuft unbewusst ab. Einige davon können wir durch reflektierende Auseinandersetzung bewusst wahrnehmen, die meisten werden jedoch vermutlich ein Leben lang unbewusst bleiben. Unser Alltagsbewusstsein wäre hoffnungslos überfordert, wenn es alle Prozesse, die ständig mit rasanter Geschwindigkeit in unserer Psyche ablaufen, wahrnehmen und lenken müsste.

Das kleine Licht des menschlichen Bewusstseins kann nicht überall gleichzeitig leuchten. Im Gegenteil, ein enorm großer Teil der möglichen Bewusstseinsinhalte schlummert in tiefer Dunkelheit. In Form einer Metapher könnte man sagen, dass unser Bewusstsein mit einer kleinen Taschenlampe durch die Dunkelheit wandert. Ständig ist nur ein kleiner Ausschnitt der Realität in der Dunkelheit zu sehen. Genauso sind alle potenziellen Bewusstseinsinhalte fast immer unbewusst. Nur wenn das Licht des Bewusstseins gerade auf einen bestimmten Eindruck fällt, wird er uns bewusst, jedoch nur für einen kurzen Moment, denn unser Bewusstsein ist ständig in Bewegung, und sein Fassungsvermögen ist sehr begrenzt.

»Jetzt unbewusst ... oder immer unbewusst?«

Es gibt zwei Arten von unbewussten Anteilen. Zur Differenzierung lautet die entscheidende Frage: »Jetzt unbewusst oder immer unbewusst?« Es gibt einerseits solche Vorgänge, die jetzt nicht bewusst sind, weil das Licht des Bewusstseins gerade woanders weilt, wie zum Beispiel der eigene Atem oder der Zustand unserer Füße, wenn wir gerade ein Buch lesen. Andererseits gibt es Anteile, die uns jetzt nicht bewusst sein können, weil unser Bewusstsein sie nicht erreichen kann, wie zum Beispiel Stoffwechselvorgänge oder Veränderungen auf zellulärer Ebene.

Die unbewussten Anteile der ersten Art können jederzeit ins Bewusstsein gelangen. Dazu gehören selbst tiefenpsychologische Erkenntnisse und verschüttete Kindheitserfahrungen. Durch eine gezielte Informationsgewinnung können sie dem Coachee mithilfe eines kompetenten Coachs bewusst werden. Diese Anteile gehören zu dem Bereich des menschlichen Systems, für den das Bewusstsein eine Zugriffsberechtigung hat. Die unbewussten Teile der zweiten Art können nicht bewusst werden, weil das menschliche Bewusstsein durch ihre Wahrnehmung das ganze System in seiner Stabilität gefährden könnte.

Die Kraft des Unbewussten

Das Unbewusste weiß, dass alle Verhaltensweisen nützliche Elemente im menschlichen System darstellen und sich dabei wechselseitig beeinflussen. Dieses Wissen ist die Voraussetzung für eine ökologische Lebensweise. Im Coaching kann der Coach mithilfe des Reframing dem Coachee diese Erkenntnisse ins Bewusstsein bringen. Im Coaching gilt die Annahme, dass das Unbewusste im Leben jedes Menschen unzählige Funktionen gewährleistet. Wenn Sie Ihren Alltag gewissenhaft analysieren, werden Sie feststellen, dass es in Ihrem Leben oftmals Situationen gibt, in denen Ihr Unbewusstes ohne Ihr bewusstes Zutun für Sie handelt.

Wer erledigt all die eingeschliffenen Routine-Tätigkeiten? Wer putzt morgens Ihre Zähne? Wer steuert Ihr Auto sicher durch den Straßenverkehr? Wer sorgt dafür, dass Sie Durst verspüren, wenn Ihr Körper Flüssigkeit braucht? Wer entscheidet über Gesundheit oder Krankheit? Falls Ihr Unbewusstes sich für eine Krankheit entschieden hat – wer sorgt dafür, dass Sie wieder gesund werden? Wer bekämpft Viren und Bakterien in Ihrem Körper? Wer heilt eine Wunde? Ihr Bewusstsein? Nein – Ihr Unbewusstes! Unser Organismus ist mit einem fantastischen Selbst-Heilungs-Programm ausgestattet, das von unseren unbewussten Kräften gesteuert wirdvon Generation zu Generation durch Mutation und Selektion konsequent verfeinert, millionenfach erfolgreich erprobt.

Die Funktionsweise des Unbewussten

Das Unbewusste …

- … kann nicht negieren.
- … beantwortet jede Frage sofort.
- … denkt meistens in Bildern und Gefühlen.
- … zeigt sich durch Körpersprache.
- … lernt durch Wiederholung.
- … verknüpft Reiz und Reaktion.
- … reagiert auf Schlüsselreize.
- … generalisiert Erfahrungen.
- … lässt den Menschen Dinge vergessen und andere erinnern.
- … projiziert seine innere Landkarte auf neue Situationen.
- … sucht Anerkennung und Bestätigung für die eigene Landkarte.
- … geht auf »Nummer Sicher«.
- … verwaltet den Schatz unserer Erfahrungen.
- … entscheidet über Gesundheit oder Krankheit.
- … ist der größte und mächtigste Teil des Menschen.
- … ist (im Gegensatz zum Bewusstsein) permanent aktiv.

Wer entscheidet über unser Vertrauen?

Wir Menschen sind darauf angewiesen, unserem Unbewussten zu vertrauen – es ist der heimliche Manager unserer gesamten Lebensführung. Außerdem ist das Unbewusste der Ort, an dem das Vertrauen zu Hause ist. Die zentrale Entscheidung, wie sehr wir unseren Fähigkeiten, einem anderen Menschen oder einer bestimmten Situation vertrauen, wird von einer Instanz in unserer unbewussten Psyche getroffen. Das menschliche Bewusstsein hat lediglich eine Beraterfunktion, es kann bestimmte Informationen hervorheben oder logische Schlussfolgerungen daran knüpfen – doch die eigentliche Entscheidung resultiert aus unserem »Bauchgefühl«. Gewissermaßen zu Recht – denn das Unbewusste kann in wenigen Sekunden sehr viel mehr Informationen verarbeiten als das Bewusstsein an einem Tag. Deshalb ist das Unbewusste der eigentliche Chef im Ring – was allerdings auch Probleme erzeugen kann. Viele Menschen leben in der Illusion einer bewussten Lebensführung und haben somit nicht nur ein verzerrtes Selbstbild, sondern auch eine gestörte, von Ignoranz geprägte Beziehung zu ihrem Unbewussten.

Unbewusste Filter schützen das Bewusstsein davor, mit zu vielen Informationen zum falschen Zeitpunkt überflutet zu werden. Diese Funktion des Unbewussten entspricht dem Zensor. Im Coaching wird der Zensor jedoch anders verstanden als in der Psychoanalyse, denn hier geht es nicht um Verdrängung, sondern um Kooperation. Jede hypnotische Intervention im Coaching erfordert eine Kooperation mit dem Zensor. Der Zensor ist der Wächter der persönlichen Integrität. Er lässt gewisse Inhalte (noch) nicht ins Bewusstsein, um die persönliche Integrität des Coachees zu schützen. Erst wenn vorbereitende Veränderungen auf anderen Ebenen stattgefunden haben und entsprechende Lernprozesse durchlaufen wurden, wird er bereit sein, seine Kontrollfunktion mit dem Bewusstsein zu teilen.

Für die Veränderungsarbeit im Coaching wird das Unbewusste personifiziert. Dabei gelten die Axiome zum Unbewussten, die auf den folgenden Seiten kurz dargestellt werden:

§ 1 – Jeder Mensch hat ein Unbewusstes

Neben dem Bewusstsein gibt es in jedem Menschen etwas anderes, das einen wesentlichen Bestandteil seiner Psyche darstellt – das Unbewusste. Es äußert sich zum Beispiel in Träumen, in Krankheitssymptomen und in so genannten Freud'schen Versprechern. Solche Äußerungen bilden jedoch nur die Spitze des Eisberges. Das Unbewusste steuert und kontrolliert sowohl unsere vegetativen Prozesse als auch die meisten unserer Bewegungen, Gefühle, Bedürfnisse, Werte und Urteile.

§ 2 – Das Unbewusste besteht aus verschiedenen Teilen

Der normale Mensch ist kein perfekt gesteuertes Wesen. Im Gegenteil – wir bestehen aus einer komplexen Vielfalt von gleichzeitigen Bedürfnissen, Wünschen und Absichten. Alle Impulse zusammen bilden ein Ganzes – ein System! Die einzelnen

Elemente bezeichnen wir als Persönlichkeitsteile. Die einzelnen Teile können kooperieren, konfligieren und auch miteinander in Dialog treten. Das Teile-Modell symbolisiert eine zentrale Grundannahme im Coaching. Mit seiner Hilfe können viele Widersprüche innerhalb der menschlichen Psyche erklärt werden.

§ 3 – Alle Teile haben eine positive Absicht

Alle Teile der Persönlichkeit versuchen prinzipiell etwas zu erreichen, was dem ganzen Menschen in irgendeiner Form nutzt. Die Erkenntnis der positiven Absicht erleichtert den ökologischen Umgang mit den Teilen enorm. Sie führt zu einem ausgesöhnten Verständnis und einer zielorientierten Kooperationsbereitschaft, sowohl bei der Beurteilung der eigenen Person als auch bei Konflikten mit anderen Menschen.

§ 4 – Trennung von Absicht und Verhalten

Die positive Absicht muss nicht im Verhalten des Menschen deutlich werden. Nicht immer werden die Wege, die das Unbewusste zur Realisierung seiner positiven Absicht wählt, vom Bewusstsein als adäquat erlebt. Doch auch inadäquates Verhalten kann mithilfe des kreativen Teils in eine bessere Form gebracht werden.

§ 5 – Das Unbewusste ist kreativ und intelligent

Das Unbewusste kann intelligentes Verhalten auf kreative Weise ermöglichen. Es findet Wege zur Durchsetzung seiner Absichten. Wenn ein Mensch zum Beispiel zur Erhaltung seiner Gesundheit eine Ruhepause benötigt und er dies nicht wahrhaben möchte, sorgt das Unbewusste für eine zwangsverordnete Pause, indem es den Menschen körperlich krank werden lässt. Die Interessen einzelner Persönlichkeitsteile werden im Notfall dem Interesse des gesamten Systems untergeordnet.

§ 6 – Das Unbewusste ist mächtig

Die unbewussten Kräfte sind im Konfliktfall meist mächtiger als das Bewusstsein. Im Falle einer Phobie oder einer Allergie produziert das Unbewusste unerwünschtes Verhalten oder körperliche Symptome, und das Bewusstsein kann nicht regulierend eingreifen, selbst wenn der Mensch sich noch so sehr bemüht. Auf der anderen Seite werden bewusste Veränderungswünsche vom Unbewussten ständig auf die ökologische Verträglichkeit geprüft und gegebenenfalls so lange blockiert, bis die Zielstrategie den Bedürfnissen des gesamten Systems entspricht.

§ 7 – Kooperationsbereitschaft

Das Unbewusste ist prinzipiell bereit, mit dem Bewusstsein zu kooperieren, da es seine Aufgabe ist, dem ganzen System Mensch gerecht zu werden, sein Überleben zu sichern und seine Bedürfnisse so gut wie nur irgend möglich zu erfüllen. Deshalb wird es Veränderungen bereitwillig unterstützen, sofern sie ökologisch verträglich sind.

§ 8 – Eigendynamik des Unbewussten

Eine wichtige Annahme ist die selbstheilende Eigendynamik des Unbewussten. Damit ist gemeint, dass in jedem Menschen selbsttätig unbewusste Kräfte wirken, die für Integrität, Heilung und Selbstverwirklichung sorgen. Im Coaching geht es darum, mit diesen Kräften Kontakt herzustellen und sie optimal auszurichten. Die Annahme der Eigendynamik bewirkt eine stärkere Unabhängigkeit des Coachees gegenüber dem Coach und allen anderen Einflussfaktoren der Umwelt. Wenn eine gewünschte Veränderung system-verträglich ist, wird sie durch die Dynamik der eigenen unbewussten Kräfte auf natürliche Weise unterstützt.

Coaching-Leitfaden zum Unbewussten

Ziel: Bewusstmachung und wertschätzende Kontaktaufnahme

Für viele Coachees ist die Erkenntnis über die Macht der unbewussten Kräfte eine große Herausforderung. Deshalb sollte der Coach den Einsatz dieses Frageleitfadens gut vorbereiten und sensibel dosieren, um den Rapport nicht zu verlieren und tiefer gehende Irritation zu vermeiden.

Was ist das Unbewusste für Sie?

- Wie würden Sie es einem Kind erklären?
- Was wissen Sie über die wissenschaftlichen bzw. evolutionsgeschichtlichen Hintergründe?
- Wie verstehen Sie das Verhältnis zwischen dem Unbewussten und dem Bewusstsein?
- Welchen Nutzen hat das Unbewusste für den Menschen?

Welche Erfahrungen haben Sie mit Ihrem Unbewussten gemacht?

- Wo war es für Sie nützlich?
- Wo hat es Sie behindert oder eingeschränkt?
- Welche Beziehung pflegen Sie zu Ihrem eigenen Unbewussten?
- Wann begegnet Ihnen das Unbewusste Ihrer Mitmenschen?

Wie beeinflusst das Unbewusste Ihre Lebensführung?

- Wie reagiert Ihr Unbewusstes auf Veränderungen?
- Wie sorgt es für Konsistenz in Ihrem Leben?
- Welche konkreten Veränderungen würden Sie in Zukunft gern realisieren?
- Was können Sie tun, um Ihr Unbewusstes noch kooperativer zu stimmen?

Verweise

→ Evolution → Hypnotische Sprache → Pacing → Trance-Zustände → Zensor

V

V. A. K. O. G. – schärfen Sie Ihre Wahrnehmung!

Nutzen/Ziel

- Gezielte Diagnose von psychischen Mustern und psychischen Verarbeitungs-Prozessen.Sensibilität für zwischenmenschliche Prozesse.
- Ohne Wahrnehmung keine Intelligenz und kein Coaching.

Anwendungsfelder

- Zentrales Coaching-Know-How – jeder Coach braucht nützliche Wahrnehmungs-Filter.
- Als Basis einer souveränen Gesprächs-Führung .
- Zur Intensivierung von Ziel-Bildern durch positive Anker

Als Coach sollten Sie sich darin trainieren, ein wahrer Meister der sinnlichen Wahrnehmung zu werden. Einerseits müssen Sie Ihre eigenen Sinnesorgane schärfen, um die Feinheiten im Ausdruck Ihres Coachees möglichst präzise zu erkennen und darauf mit Feingefühl zu reagieren. Andererseits müssen Sie die Eigenarten Ihres Coachees bei seiner Orientierung schnell diagnostizieren und Ihre Art des Sendens darauf abstimmen (Pacing). Indem Sie Ihre Informationen so verpacken, dass Sie in der Wahrnehmung Ihres Coachees so interpretiert werden, dass dieser einen Nutzen daraus ziehen kann, bekommt Ihre Ansprache im Coaching einen zielführenden Wert. Je genauer Sie Ihre Botschaften an das komplexe Wahrnehmungs-System Ihres Coachees adressieren, desto wirkungsvoller ist Ihre Leistung als Coach.

Im Coaching

Unsere Wahrnehmung ist der Grundpfeiler der menschlichen Existenz. Unsere fünf Sinnessysteme (V. A. K. O. G.) verbinden uns mit der Welt. Über unsere Sinne Sehen, Hören, Fühlen, Riechen und Schmecken nehmen wir permanent Informationen auf und schaffen die Grundlage unserer Orientierung. Die meisten Informationen werden jedoch weggefiltert, bevor sie das Bewusstsein erreichen. Nur wenige Informationen gelangen tatsächlich in den Fokus unserer bewussten Aufmerksamkeit, um dort als aktuelle Wahrheit erkannt zu werden.

V

> Die fünf Buchstaben der Abkürzung V. A. K. O. G. stehen für:
>
> • V = **Visuell** -> sehen • A = **Auditiv** -> hören • K = **Kinästhetisch** -> fühlen
> • O = **Olfaktorisch** -> Riechen • G = **Gustatorisch** -> schmecken

Die Wahrnehmung der Welt ist in V.A.K.O.G. codiert

Über die fünf Sinnessysteme wird die gesamte Wahrnehmung jedes Menschen organisiert. Eindrücke werden aufgenommen, verarbeitet, bewertet, eingeordnet und abgespeichert. Die innere Repräsentation unserer Wahrnehmung der Welt geschieht innerhalb unserer Sinnessysteme.

Ohne Bewusstsein gäbe es keine Instanz, die etwas für wahr befinden könnte; niemand würde etwas bemerken. Neben den wenigen bewussten Eindrücken gibt es jedoch eine Vielzahl unbewusster Sinneseindrücke, die als Auslöser für unsere Zustände fungieren. Um innere Zustände ressourcevoll zu gestalten, ist es wichtig, die Wahrnehmung intelligent zu steuern. Auch im Coaching spielt unsere Wahrnehmung eine wichtige Rolle. Je nachdem, welche Wahrnehmungs-Filter unseren Zustand steuern, wird unser Verhalten beeinflusst. Ein kompetenter Coach kann seinen Coachee durch die gezielte Aktivierung der entsprechenden Wahrnehmungs-Filter in der Veränderungsarbeit unterstützen.

Auch unsere innere Landkarte besteht aus V.A.K.O.G.

Der Mensch nimmt die Realität nicht direkt wahr. Das Unbewusste organisiert die aktuellen Erfahrungen gemäß der inneren Landkarte. Während wir die Welt um uns herum sinnlich erfassen, ordnet unser Gehirn die Reize blitzschnell in Kategorien ein. Dies geschieht durch permanentes Abgleichen der aktuellen Reize mit den relevanten Referenzerfahrungen.

Die menschliche Wahrnehmung vermischt sich ständig mit der Projektion der eigenen inneren Landkarte auf die externe Realität. Unsere Wahrnehmung reflektiert die aktuelle Situation vor dem Hintergrund unseres bisherigen Erfahrungshorizonts. Wir erfassen nicht das volle Ausmaß der Realität, sondern beschränken uns auf einige wenige Aspekte. Sie werden durch die Wahrnehmungs-Filter bestimmt. Unsere Wahrnehmungsfilter bedingen eine selektive Wahrnehmung. Sie sind sehr nützlich, weil sie uns helfen, in der komplexen Vielfalt genau die Gestalten zu entdecken, die für uns eine Bedeutung haben. Dem Coach helfen sie bei der Arbeit mit dem Coachee, indem er z. B. mithilfe der Meta-Programme wiederkehrende Strukturen erkennen kann. Andererseits können die Filter unnötige Probleme erzeugen, weil sie unsere Wahrnehmung der Welt einschränken:

Wenn jemand die Welt z. B. durch den Filter wahrnimmt, dass die anderen Menschen ihn nicht mögen, wird er alle seine Erfahrungen entsprechend interpretieren. Die Signale der anderen Menschen werden unabhängig von ihrer wahren Bedeutung als Ablehnung und Missachtung gedeutet. So entsteht eine sich selbst erfüllende Prophezeiung. Mithilfe des Meta-Modells können derartig einschränkende Filter erkannt und verändert werden.

V.A.K.O.G. steht für sinnliche Intelligenz

Die innere Landkarte im Kopf jedes Menschen ist in den fünf sinnlichen Dimensionen codiert. V. A. K. O. G. steht im Coaching also auch für die Prozess-Instruktion zum systematischen Abfragen der Wahrnehmungskanäle:

- »Was sehen Sie? Was hören Sie? Was fühlen Sie? Was riechen Sie? Was schmecken Sie?«

Beim Einsatz von hypnotischer Sprache im Coaching ist es sinnvoll, die Wahrnehmungen durch das Wort »während« zu verbinden, um eine gleichzeitige und ganzheitliche Repräsentation zu erreichen:

- » … und während Sie all das sehen, hören Sie vielleicht auch etwas … und während Sie hören, fühlen Sie Ihren Körper . . .«

Je ganzheitlicher eine Erfahrung repräsentiert wird, desto intensiver ist die Wirkung auf unsere Befindlichkeit. Multidimensionale Erlebnisse erzeugen Synästhesien im Gehirn der Menschen.

Im zwischenmenschlichen Kontakt begünstigen offene Sinneskanäle einen guten Rapport. Kommunikation geschieht immer auf allen zur Verfügung stehenden Sinneskanälen. Nicht selten fixieren sich Menschen nur auf ihren bevorzugten Kanal und vergessen dabei die anderen Kanäle. Dies kann unnötige Probleme erzeugen, falls der Kommunikationspartner einen anderen Kanal bevorzugt. Um das Prinzip von Pacing und Leading gezielt anwenden zu können, fokussiert Coaching mit NLP auf größtmögliche Flexibilität in allen Sinnessystemen.

V. A. K. O. G. symbolisiert das System der sinnlichen Intelligenz. Dieses Intelligenz-Modell ist ganzheitlich, weil es die Fähigkeit der kognitiven Reflexion mit der Welt der Bilder erkennenden Intuition verbindet. Beide Arten der Informationsverarbeitung, die Reflexion und die Intuition, werden durch sinnliche Erfahrungen gespeist und konvergieren im System der sinnlichen Intelligenz. Der flexible Einsatz sinnlicher Intelligenz schafft die Basis einer optimalen Orientierung.

Verweise

→ Innere Landkarte → Projektion → Sinnliche Sprache → Submodalitäten
→ Wahrnehmungs-Typen

Validieren – der Wunsch nach Bestätigung

Nutzen/Ziel

- Sicherung und Verstärkung von Informationswegen.
- Wirksame Art des verbalen Pacing zum Aufbau von Vetrauen.
- Der Coachee fühlt sich verstanden

Anwendungsfelder

- Zentrales Werkzeug zur Gesprächsführung.
- In schwierigen Gesprächs-Situationen.
- Zur Einleitung hypnotischer Techniken.

Im Coaching sind Sie darauf angewiesen, möglichst schnell das Vertrauen Ihres Coachees zu gewinnen. Sie wollen, dass Ihr Coachee sich Ihnen öffnet, seine Scheu verliert, und beginnt, offen und ehrlich über seine tatsächlichen Probleme, Wünsche und Sehnsüchte zu sprechen. Und Sie wollen ein positives Gesprächsklima erzeugen, in dem der Coachee bereit ist, seine mentale Kontrolle zu lockern und sich für neue Impulse öffnen kann. Sie wollen, dass Ihr Coachee seine alte Problem-Orientierung aufgibt und mit Ihnen gemeinsam eine neue Ziel-Orientierung entwickelt.

Im Coaching

Um dieses vertrauensvolle Gesprächsklima zu erreichen, müssen Sie zunächst dafür sorgen, dass Ihr Coachee sich bei Ihnen sicher und verstanden fühlt. Dafür müssen Sie ihm zeigen, dass Sie bereit sind, seiner individuellen Logik zu folgen. Mit anderen Worten: Sie müssen seine bisherige Wahrnehmung validieren. Sie müssen ihm zeigen, dass Sie bereit sind, seine inneren Prozesse zu verstehen, und ihm signalisieren, dass er ein Recht hat, die Welt so zu interpretieren, wie er es bisher getan hat. Falls Sie versuchen würden, Ihren Coachee von neuen Ideen zu überzeugen, ohne zunächst seine bisherige Sicht der Dinge zu bestätigen und damit für gültig zu erklären, würden Sie vermutlich Widerstand ernten. Erst wenn Sie seine bisherige Wahrheit validieren, wird das Unbewusste Ihres Coachees bereit sein, sich für Ihre Beeinflussung zu öffnen und Ihren Impulsen mit einer fruchtbaren Geisteshaltung zu begegnen. Die Bestätigung der aktuellen Befindlichkeit ist ein wichtiges Pacing und ein oftmals notwendiger Schritt, bevor eine Veränderung möglich ist.

Validieren bedeutet, die Gültigkeit von Informationen zu bestätigen. Menschen streben danach, die eigene innere Landkarte zu validieren. Besonders im Coaching ist es wichtig, die Glaubenssätze, Werte, Kriterien oder Entscheidungen des Coachees erst einmal zu bestätigen. Menschen suchen Bestätigung, denn validierte Informationen geben Sicherheit und Vertrauen. Die Wahrnehmungen des Coachees zu bestätigen ist eine einfache und effektive Form des Pacing in der Gesprächsführung. Wenn Sie Ihrem Coachee seine Interpretation der Realität bestätigen, entsteht Rapport – der andere beginnt Ihnen zu vertrauen.

Validieren Sie die innere Landkarte Ihres Gegenübers!

Das Prinzip von Pacing und Leading ist untrennbar mit dem Wissen um die verschiedenen inneren Landkarten verknüpft. Wenn Sie als Coach wirkungsvoll pacen wollen, müssen Sie sich in die Realität Ihres Coachees einfühlen. Je besser Sie die innere Landkarte Ihres Coachees verstehen, desto wirkungsvoller können Sie ihn pacen. Sobald Sie Zugang zur inneren Realität Ihres Coachees gewinnen, können Sie seine Emotionen, Bedürfnisse, Erwartungen, Werte, Meinungen oder Überzeugungen erkennen und Ihre Argumentation darauf abstimmen. Frisch validierte Wahrnehmungen rechtfertigen die derzeitige Beschaffenheit der Landkarte. Sie stärken sein Selbstvertrauen. Die meisten Menschen sehen und hören in erster Linie das, was sie sehen und hören möchten. Sie nehmen wahr, was sie kennen und was zu ihren bewährten Konzepten passt. Der Mensch möchte seine Glaubenssätze, Werte und Entscheidungskriterien validiert wissen. Validierte Informationen geben Sicherheit. Indem Sie als Coach die Landkarte des Coachees validieren, gewinnen Sie das Vertrauen seines Unbewussten. Das Unbewusste Ihres Coachees möchte wissen:

- Werde ich ernst genommen?
- Kann mein Coach meine Sicht der Dinge nachvollziehen?
- Teilt er meine Bewertungen?
- Akzeptiert er meine Gefühle?
- Muss ich auf der Hut sein und mich schützen, oder kann ich dem anderen vertrauen und mich so zeigen, wie ich bin?
- Werde ich als Mensch respektiert und verstanden?

Wenn Sie einem Menschen seine Realität einwandfrei bestätigen, schaffen Sie eine magische Verbindung. Sie erzeugen zwischenmenschliche Harmonie und geben seinem Unbewussten das Gefühl, dass er sich bei Ihnen in guten Händen befindet.

Fehlendes Validieren führt zum Konflikt

Wir alle wünschen uns, dass unsere Mitmenschen unsere Realität bestätigen und unsere Sicht der Dinge teilen. In zwischenmenschlichen Beziehungen können enorme Schwierigkeiten entstehen, wenn die Partner vergessen, die Realität des anderen zu validieren. Ehestreits drehen sich häufig um das Validieren der inneren Landkarten. Menschen empfinden es nicht selten als Provokation, wenn ihre Realität nicht wie erwartet validiert wird. Sie erzeugen dabei das Gefühl, der andere würde glauben, sie seien im Unrecht. Dieses Missverständnis resultiert aus der unbewussten Verwechselung der eigenen Landkarte mit der Realität selbst. Konflikte sind vorprogrammiert, wenn die Partner auf ihren inneren Landkarten ein Bild des anderen geschaffen haben, das mit dessen eigenem Selbstkonzept kollidiert. Unterschwellige Urteile, Anklagen oder Beschuldigungen werden meist sehr genau wahrgenommen. Das Unbewusste achtet gewissenhaft darauf, wie andere Menschen unsere Person bewerten. Im Falle mangelnder Bestätigung wird nicht selten die erstbeste Gelegenheit gesucht, um seinen Unmut auszudrücken.

Da die meisten Menschen nicht darin geübt sind, Verletzungen auf der Beziehungs-Ebene offen zu thematisieren, werden derartige Konflikte dann auf der Sach-Ebene ausgetragen. Irgendein Thema wird sich schon finden. Auf Nebenkriegsschauplätzen wird dann über Belanglosigkeiten debattiert. Notfalls ist man sogar bereit, über die Art und Weise zu streiten, wie Zahnpastatuben ausgedrückt werden. Solch unterschwellig-aggressives Verhalten kann sich gegenseitig hochschaukeln und dann zu einer Generalisierung des verdeckten Konfliktes führen. Schließlich wird der andere emotional als Feind erlebt. Alle Beteiligten haben das Gefühl, sich schützen zu müssen, und steigen in die »emotionale Rüstung«. Die Partner sind dann prinzipiell nicht mehr bereit, sich ihre inneren Landkarten gegenseitig zu validieren. Wenn wir uns jedoch weigern, die Realität eines anderen Menschen zu bestätigen, entsteht nicht selten ein unausgesprochener Glaubenskrieg. Um jeden Zentimeter des geistigen Territoriums wird erbittert gekämpft. Wird die Tube nun in der Mitte oder am hinteren Ende ausgedrückt? Das Wissen um die natürliche Verschiedenheit der inneren Landkarten ist auch im Coaching eine wertvolle Grundlage, um unnötige Konflikte zu vermeiden und Respekt, Wertschätzung und Toleranz für die Wahrnehmung anderer Menschen zu gewinnen.

Validieren und Trance

Zur Induktion einer Trance im Coaching ist es sinnvoll, dem Coachee zunächst seine Wahrnehmungen zu validieren. So gewinnt der Coach an Glaubwürdigkeit, und der Coachee wird geneigt sein, den Instruktionen zu folgen.

- »Während Du wahrnimmst, was Du jetzt wahrnimmst, hörst Du meine Stimme … und während Du meine Stimme hörst, spürst Du, wie Du entspannen kannst … und während Du Deinen Körper wahrnimmst, spürst Du Deinen Atem …«

Das Wörtchen »während« ist eine wichtige Formulierung im Coaching mit NLP. Es validiert die Realität des anderen auf einfache und wirkungsvolle Weise. Durch das verbale Aufgreifen der bestehenden Sinnesreize wird die aktuelle Wahrnehmung des Coachee für gültig erklärt. Gleichzeitig ist es ein Ausdruck von Akzeptanz – das, was jetzt hier ist, ist okay.

Verweise

→ Pacing → Hypnotische Techniken → Innere Landkarte → Rapport → Trance

Veränderungs-Coaching – raus aus der Komfortzone!

Nutzen/Ziel

- Souveräne Steuerung von Veränderungs-Prozessen.
- Auflösung von alten Blockaden.
- Nachhaltige Wirksamkeit durch systemische Verträglichkeit der Maßnahmen.

Anwendungsfelder

- Zentrales Know-how im Coaching – jeder Coach braucht wirksame Veränderungs-Methoden.
- Festgefahrene, energiearme Zustände, Stagnation, Blockaden, Langeweile oder Überforderung.
- Wirksamer Transfer durch Kontakt mit dem Unbewussten

Das ganze Leben ist ein Prozess permanenter Veränderung. Wir verändern uns kontinuierlich – von der Geburt bis zum Tod. Das Prinzip der Veränderung prägt das menschliche Leben. Trotzdem tun sich viele Zeitgenossen immer wieder schwer, gewünschte oder sogar notwendige Veränderungen vorzunehmen. Die Konsultation eines Coachs kann bei schwierigen Veränderungs-Prozessen wie ein Katalysator wirken – ein neuer, frischer Impuls startet eine Initialzündung! Plötzlich steht die nötige Motivation zur Verfügung, blockierte Energie wird freigesetzt, hinderliche Ängste lösen sich auf – daraus resultierend kristallisieren sich neue Prioritäten, innovative Ideen tauchen auf, bald darauf werden konkrete Maßnahmen geplant, Ziele formuliert, Termine gesetzt – und Schritt für Schritt verwandelt sich eine schwierige Situation durch die transformative Kraft des Coaching in ein motivierendes Vorhaben.

Im Coaching

Als Coach sind Sie Spezialist für Veränderungen. Sie verfügen über wirkungsvolle Werkzeuge, um Veränderungs-Prozesse zu initiieren, zu beschleunigen und zu gestalten. Dabei spielt das Wissen um die menschliche Komfortzone eine entscheidende Rolle – nicht umsonst heißt es, der Mensch ist ein Gewohnheits-Tier. Wenn Sie Ihrem Coachee helfen wollen, nachhaltige Veränderungen zu realisieren, müssen Sie ihm Wege aufzeigen, die alte Komfortzone hinter sich zu lassen. Veränderung bedeutet für den Menschen, seine Ressourcen neu zu organisieren und dabei vielleicht alte Gewohnheiten aufzugeben. Das menschliche Wahrnehmen, Erleben und Verhalten ist sehr stark an die individuellen Gewohnheiten gebunden. Durch unsere Gewohnheiten wird unsere Identität aufrechterhalten. Sie sind tragende Säulen unserer persönlichen Ökologie. Der Versuch einer Veränderung von Gewohnheiten führt zunächst zur Frage nach der systemischen Funktion des bisherigen Verhaltens, bevor neue Verhaltensmuster entwickelt und umgesetzt werden.

Die Taoisten sagen, das einzig Beständige am Leben sei der ewige Wandel. Tatsächlich ist unser Leben ein Prozess, der sich ständig verändert. Der Körper verändert sich kontinuierlich, von der Geburt bis zum Tod. Unsere psychische Verfassung, unsere Wahrnehmung der Welt und unsere Bedürfnisse verändern sich ebenfalls im Laufe der Zeit. Die innere Landkarte wird neurologisch zunehmend komplexer vernetzt. Einige Aspekte der Realität werden ständig näher differenziert, während andere Aspekte mehr und mehr ins Unbewusste abrutschen und der Zensor über ihnen den Schleier des Vergessens ausbreitet.

Derartige Prozesse sind uns häufig nicht bewusst, da die Veränderungen langsam und schrittweise vor sich gehen. So können sie von unserem Unbewussten Stück für Stück verdaut und integriert werden. Wenn jedoch drastische Veränderungen bevorstehen, gibt es oft Teile in uns, die sich gegen den Schock der Veränderung wehren und die Innovation bekämpfen. Diese Teile sind verantwortlich für die Integrität unseres Systems. Wenn Veränderung gewünscht wird, darf nicht vergessen werden, dass jeder Mensch, jedes Team und jede Organisation ein sich selbst erhaltendes System darstellt. Viele Verhaltensweisen oder Gewohnheiten lassen sich erst dann ändern, wenn die gewünschte Innovation positiv auf ihre ökologische Verträglichkeit hin überprüft wurde.

Stabilität und Veränderung

Da das Coaching effektive Methoden zur Veränderung bereitstellt, muss sich ein kompetenter Coach auch mit der Wahrung der Stabilität des Systems »Coachee« auseinandersetzen. Stabilität steht oft im scheinbaren Gegensatz zur Veränderung. Ein lebendes System ist dann stabil, wenn es sich im Gleichgewicht befindet. Das Gleichgewicht spiegelt sich wider in der mentalen und physischen Verfassung des Menschen. Jede Veränderung, die das bestehende Gleichgewicht stört oder gar infrage stellt, gefährdet die Stabilität des Systems. Nicht-ökologische Veränderungswünsche werden oft von unbewussten Kräften verhindert, deren Aufgabe darin besteht, die Stabilität zu wahren. Um eine gewünschte Veränderung auf ihre ökologische Verträglichkeit hin zu überprüfen, wird ein gründlicher System-Check gemacht. Dabei wird gefragt, ob es innerhalb des betroffenen Systems irgendwelche Teile gibt, die gegen die geplante Veränderung Einwände erheben. Falls ja, wird die positive Absicht hinterfragt und in die Zieldefinition integriert. Abschließend erfolgt ein Future Pace, um sicherzustellen, dass der Lernprozess ins reale Leben übertragen wird.

Im Coaching gilt die Annahme, dass jeder Mensch alle für eine Veränderung benötigten Ressourcen zur Verfügung hat. Wir müssen lediglich lernen, Kontakt zu ihnen herzustellen und sie so zu organisieren, dass wir sie als Kraftquellen gezielt nutzen können. Selbst die Repräsentation der Vergangenheit auf unserer inneren Landkarte kann verändert werden. Zum Beispiel bietet das Interventionsmuster Change History die Möglichkeit, die persönliche Geschichte eines Coachees im Nachhinein zu verändern. Dabei durchläuft der Coachee eine gezielte Regression und erlebt die problemerzeugende Situation der Vergangenheit in seiner Fantasie noch einmal. Diesmal wird er jedoch von seinem Coach so vorbereitet, dass er die problematische Situation erfolgreich meistern kann. Dafür nimmt er neue Ressourcen mit in den alten Kontext.

Diese nachträgliche Aufarbeitung kann dazu führen, dass ähnliche Situationen in der Zukunft angemessen bewältigt werden.

Coaching-Übung: Veränderungs-Dynamik verstehen

Dieser Frageleitfaden bietet dem Coach die Möglichkeit, die gewünschte Veränderung des Coachees schnell und transparent zu erfassen.

- Welche Veränderungen möchten Sie realisieren?
- Was genau sind Ihre Ziele?
- Was ist Ihre Motivation?
- Wie können Sie diese Motivation noch verstärken?
- Wie können Sie Ihre Ziele erreichen?
- Mit welcher Strategie gehen Sie vor?
- Welche Etappenziele gibt es?
- Was müssen Sie ganz besonders beachten?
- Wie werden Sie sich belohnen?
- Was ist Ihr erster Schritt auf Ihrem Weg zum Ziel?
- Was ist Ihre symbolische Start-Handlung?
- Wann starten Sie den Veränderungs-Prozess?

Verweise

→ Time Line → Magie des Wünschens → Ziel-Orientierung → System-Check → Ressourcen → Libido-Energie

W

Wahrnehmungs-Typen – trainieren Sie Ihre sinnliche Intelligenz!

Nutzen/Ziel

- Diagnose von Wahrnehmungsgewohnheiten.
- Gezielte Ansprache von unterschiedlichen Gesprächspartnern.
- Signale für wirkungsvolles Pacing und Leading.
- Hinweise auf die Denkmuster des Coachee

Anwendungsfelder

- Als Erklärungsmodell für unterschiedliche Werthaltungen.
- Bewusstmachung unterschiedlicher Strategien der Gehirn-Benutzung.
- Bei Konflikten ohne offensichtlichen Anlass.

Jeder Mensch hat individuelle Strategien und Gewohnheiten, die Realität wahrzunehmen und auf seiner inneren Landkarte zu repräsentieren. Dabei lässt sich bei jedem Menschen ein bevorzugter Wahrnehmungskanal erkennen. Obgleich wir Synästhesien erschaffen und das Unbewusste Informationen aus allen Kanälen empfängt, lässt sich jeder Mensch schwerpunktmäßig einem bestimmten Wahrnehmungstyp zuordnen.

Die Typen entsprechen den drei wichtigen Kanälen: visuell, auditiv und kinästhetisch. Im Coaching gilt es, die Präferenzen der Informationsverarbeitung schnell und treffsicher zu erkennen, um den Coachee gezielt ansprechen zu können. Deshalb möchten wir Ihnen empfehlen, sich darin zu trainieren, die unterschiedlichen Typen anhand spezieller Erkennungskriterien zu diagnostizieren.

Im Coaching

Die folgenden Beschreibungen sind Erfahrungswerte, die sich in der Praxis als in hohem Maße zutreffend bewährt haben. Weitere Kriterien für die Diagnose der Wahrnehmungs-Typen liefern das Modell der Augenbewegungen und die sinnliche Metaphorik der Wortwahl, die die bevorzugten Repräsentations-Systeme des Coachees abbildet. Außerdem können die drei Wahrnehmungstypen auch anhand von allgemeinen Kennzeichen intuitiv erkannt werden. Im Coaching geht es jedoch auch immer darum, sich nicht zu sehr von Modellen leiten zu lassen, sondern die Einzigartigkeit des Coachees bewusst wahrzunehmen und sinnvoll in den Coaching-Prozess zu integrieren.

Der visuelle Typ

Coachees, die sich bevorzugt im visuellen System orientieren, können oft bereits an ihrem gepflegten oder gestylten Outfit erkannt werden. Sie haben meist einen ausgeprägten Sinn für die Zusammenstellung ihrer Kleidung und beachten auch kleinste Details. Schlampige Kinästhetiker können ihnen ein Dorn im Auge sein, nüchterne Auditive sind ihnen oft zu farblos in der Gestaltung ihrer Erscheinung. Visuelle Typen sind meist fotogen und mögen Magazine mit vielen Bildinformationen. Sie sind besonders empfänglich für die hypnotische Wirkung des Fernsehens. Sie haben guten Zugang zu inneren Bildern, und sie wollen mit ihren eigenen Augen sehen, wie eine Technik funktioniert und was sie beim anderen bewirkt. Visuell besonders geübte Menschen können auch mit offenen Augen innere Filme sehen und blicken dabei wie in Trance nach vorn. Im Coaching können durch den Einsatz von Interventionen, die auf visuellen Reizen basieren, oftmals sehr gute Ergebnisse erzielt werden.

Erkennungsmerkmale des visuellen Typs

Gepflegte Erscheinung, modische Kleidung, schnelle, oftmals unbetonte Sprechweise, Talent zum Small Talk, lebhafte Augen, schaut oft nach oben und sucht innere Bilder oder starrt wie in Trance geradeaus, schnelle Brustatmung, aufgeräumter Schreibtisch, helle Wohnung.

Sprache:
Bildhaft, konkrete Beispiele, nicht immer logisch strukturiert, doch oft sehr anschaulich durch visuelle Metaphern: »Eine wahre Augenweide« oder »Jetzt kann ich mir ein Bild davon machen« oder »Ich sehe, was Sie meinen«.

Stimme:
Das Beschreiben von Bildern verlangt viele Worte, deshalb redet man meist schnell, in tendenziell hoher Tonlage.

Besondere Werte:
Übersichtlichkeit, geschmackvoll, Farbharmonie, optische Attraktivität, aufgeräumte Wohnung, klare Verhältnisse, anschauliche Beschreibungen, den Durchblick haben, ein gutes Augenmaß, schöne Aussichten.

Lern-Aufgabe:
Der Faszination der sichtbaren Welt widerstehen, Oberflächlichkeit intelligent hinterfragen und dabei den eigenen Körper spüren.

Wie begegnen Sie dem visuellen Typ im Coaching?

- Wenn Sie in Zukunft mit einem visuellen Typ in Kontakt treten, erinnern Sie sich an Ihre Erfahrungen, die Sie in der visuellen Welt gesammelt haben.
- Verbessern Sie den Kontakt durch Senden und Empfangen von Signalen aus der visuellen Welt. Suchen Sie Blickkontakt. Kommunizieren Sie mit vielsagenden Blicken, beobachten Sie Mimik und Gestik.

- Achten Sie in der Kommunikation auf die Sprache Ihres Coachee und auf die Bewegungen seiner Augen – in welche Richtung blickt dieser Mensch, wenn er beim Denken oder Sprechen in seinem Gedächtnis Informationen abruft?
- Falls Sie der Meinung sind, dass Sie selber eine starke visuelle Neigung haben, dann machen Sie sich diesen Charakterzug mit all seinen Konsequenzen bewusst. Erkennen Sie Ihre Stärken, doch achten Sie darauf, dass Sie den anderen Kanälen in Zukunft ebenfalls Beachtung schenken.

Der auditive Typ

Coachees, die sich bevorzugt über den auditiven Kanal orientieren, achten in der Kommunikation darauf, was sie hören – was sagt der andere, und wie sagt er es? Für sie ist auch wichtig, was sie sich selbst sagen hören und was sie denken. Sie denken weniger in Bildern oder Gefühlen, sondern in Form von verbalen Aussagen des inneren Dialogs. Auditive Typen lesen gern Bücher, oft auch interessante und komplizierte Sachbücher. Sie haben Freude am Verstehen von komplexen Zusammenhängen und können die Informationen leicht verstehen. Die Phänomene der Realität sind auf ihren inneren Landkarten überwiegend durch Worte und Töne abgespeichert.

Auditive Menschen sind oft anspruchsvolle Gesprächspartner und verfügen meist über einen großen Wortschatz. Sie achten auch auf einzelne Formulierungen und deren konnotative Bedeutung. Im Coaching können durch den Einsatz von Interventionen, die auf auditiven Reizen basieren, oftmals sehr gute Ergebnisse erzielt werden.

Man kann den auditiven Wahrnehmungstypus noch näher differenzieren – in auditiv-tonale und auditiv-digitale Typen. Die auditiv-tonalen Typen hören besonders auf den Klang und den Tonfall der Sprache. Gute Musiker oder Musikliebhaber verfügen oft über ein tonal erstaunlich geschultes Gehör.

Die auditiv-digitalen Typen hingegen achten weniger auf den Klang, sondern eher auf die Bedeutung von Worten. Diese Menschen haben sich darauf spezialisiert, ein hoch differenziertes Modell der Welt in Form von auditiven Ankern zu entwickeln. Ihre innere Landkarte bildet die Welt in sehr subtilen und zugleich komplexen sprachlichen Zusammenhängen ab. Erfahrungen werden konsequent benannt und in Wörter gefasst. Die Ausbildung von auditiv-digitalen Spezialisten findet verstärkt an den Universitäten statt. Wer lernt, wissenschaftlich zu denken, lernt automatisch, seine Wahrnehmungen extrem zu digitalisieren.

Erkennungsmerkmale des auditiven Typs

Anspruchsvoller Gesprächspartner, mittleres Sprechtempo, mathematische Fähigkeiten, Leseratte, wenig Körpersprache, wenig Blickkontakt, schlichte Kleidung, nüchterne Umgebung, beim Sprechen pendeln die Augen links und rechts, auch nach links unten.

Sprache:
Großer Wortschatz, bewusster Sprachgebrauch, Zahlen, Daten, Fakten, längere Sätze, differenzierte Konnotationen, logische Gedanken, auditive Prozessworte: »Das klingt gut«, oder »Wir haben einige Unstimmigkeiten«, oder »Nicht in diesem Tonfall!«.

Stimme:
Mittlere Tonlage und angenehme Sprechgeschwindigkeit, oft wohlklingend und gezielt akzentuierend, feinsinnige Intonierung.

Besondere Werte:
Logische Argumentation, strukturiertes Denken, geistreiche Wortspiele, anspruchsvolle Konversation, gute Musik, Vorliebe für günstiges Preis-Leistungsverhältnis, technische Funktionalität, geistige Präzision, kreative Wortwahl.

Lern-Aufgabe:
Mit offenen Augen durch die Welt gehen, Oberflächen als Kontaktangebote wertschätzen, Worte in Taten verwandeln, sich bewusst bewegen und dabei den eigenen Körper spüren.

Wie begegnen Sie dem auditiven Typ im Coaching?

- Wenn Sie mit dem auditiven Typ in Zukunft Kontakt haben, besinnen auch Sie sich auf dieses Orientierungssystem. Erinnern Sie sich an Ihre Erfahrungen, die Sie in der auditiven Welt gesammelt haben.
- Verbessern Sie den Kontakt durch Senden und Empfangen von Signalen aus der auditiven Welt. Seien Sie ganz Ohr. Hören Sie genau zu, was er zu Ihnen sagt. Achten Sie auf jedes Wort.
- Wählen Sie auch Ihre eigenen Worte mit Bedacht. Verzichten Sie auf nichtssagende Floskeln. Achten Sie auf die innere Logik Ihrer Aussagen. Sprechen Sie mit wohlklingender Stimme. Stellen Sie intelligente Fragen.
- Verzeihen Sie Ihrem auditiven Gesprächspartner den fehlenden Blickkontakt. Dies ist kein Ausdruck von Unhöflichkeit, sondern eine Nebenwirkung der starken Konzentration auf die gesprochenen Worte! Intensiver Blickkontakt könnte beim Zuhören stören und ihn vom empfundenen Wesentlichen, nämlich dem Inhalt Ihrer Aussagen, ablenken.

- Achten Sie neben dem Sprachgebrauch jedoch hin und wieder auf die Augenbewegungen des Coachees – in welche Richtung blickt dieser Mensch, wenn er beim Denken oder Sprechen in seinem Gedächtnis Informationen abruft?
- Falls Sie der Meinung sind, dass Sie selber eine starke auditive Neigung haben, dann machen Sie sich diesen Charakterzug mit allen seinen Konsequenzen bewusst. Würdigen Sie Ihre Fähigkeit zur intelligenten Kognition, doch achten Sie darauf, dass Sie den anderen Kanälen in Zukunft ebenfalls Beachtung schenken.

Der kinästhetische Typ

Coachees, die sich bevorzugt über den kinästhetischen Kanal orientieren, haben guten Kontakt zu ihrem Körper, ihren Empfindungen und Gefühlen. Sie erinnern Situationen oft anhand von gefühlsmäßigen Zuständen. Sie interessiert weniger, was andere Menschen sagen oder wie sie aussehen, sondern welche Gefühle sie ihnen vermitteln. Sie wollen Dinge in die Hand nehmen und berühren, um sie zu begreifen. Kinästhetische Typen brauchen Übungen. Sie wollen die Information in Handlungen umsetzen und Erfahrungen machen, die bei ihnen Gefühle auslösen. Visuelle Typen brauchen Demonstrationen. Häufig haben sie einen Sinn für Sport oder Bequemlichkeit oder für beides. Kinästhetische Typen tragen Kleidung, in der sie sich wohlfühlen. Sie möchten sich frei bewegen können und verstehen oft nicht, warum visuelle Menschen sich in manchmal hochgradig unbequeme Outfits zwängen und wieso auditive Zeitgenossen den dreifachen Preis für ein Kleidungsstück zahlen, nur weil ein kleiner Schriftzug Markenqualität verspricht. Kinästhetische Typen kann man auch an der Körpersprache erkennen. Ihre Art, sich zu bewegen, strahlt eine körperliche Präsenz aus. Sie benutzen ihre Hände, um Sachverhalte darzustellen. Sie erleben die Welt durch ihren Körper. Wenn kinästhetische Typen von etwas überzeugt werden sollen, müssen sie den handfesten Nutzen am eigenen Leibe erfahren können.

Erkennungsmerkmale des kinästhetischen Typs

Kräftiger Händedruck, intensive Körpersprache, lockere Kleidung, gemütliche Umgebung, tiefe Stimme, langsame Bauchatmung, aktive Hände, Augen oft nach unten gerichtet, besonders nach unten rechts.

Sprache:
Körperliche Begrifflichkeiten, Ausdruck von Bewegung, Gefühlen und Empfindungen: »Mir läuft ein Schauer über den Rücken«, »Dies ist eine handfeste Angelegenheit«, »Er hat vor Freude auf die Schenkel geklatscht«.

Stimme:
Meist langsam, resonanzkräftig, eher voll und tief, aus dem Bauch heraus.

Besondere Werte:
Wohlbefinden, Bodenständigkeit, persönliche Erfahrung, Bewegung und Sport, Bequemlichkeit, körperliche Kraft, Durchhaltevermögen, Natürlichkeit, lockere Atmosphäre, frische Luft, gutes Essen.

Lern-Aufgabe:
Den Körper stärker mit der kognitiven Reflektion vernetzen, die eigenen Erfahrungen sprachlich reflektieren, die eigene Außenwirkung gezielt steuern, Oberflächen als Kontaktangebote wertschätzen.

Wie begegnen Sie dem kinästhetischen Typ im Coaching?

- Wenn Sie mit dem kinästhetischen Typ in Kontakt treten, besinnen Sie sich auf Ihre Körperlichkeit. Erinnern Sie sich an Ihre Erfahrungen, die Sie in der kinästhetischen Welt gesammelt haben.
- Verbessern Sie den Kontakt durch Senden und Empfangen von Signalen aus der kinästhetischen Welt. Suchen Sie Körperkontakt. Spüren Sie die Aura, die Sie beide umgibt. Achten Sie weniger auf die gesprochenen Worte, sondern auf die Atmosphäre der Kommunikation. Setzen Sie Ihre Hände ein, um Sachverhalte darzustellen.
- Achten Sie während der Kommunikation auf seinen Sprachgebrauch und auf die Bewegungen seiner Augen – blickt er häufiger nach unten, wenn er beim Denken oder Sprechen in seinem Gedächtnis Informationen abruft?
- Falls Sie der Meinung sind, dass Sie selber eine starke kinästhetische Neigung haben, dann machen Sie sich diesen Charakterzug mit allen Konsequenzen bewusst. Erkennen Sie die Stärke Ihrer körperlichen Präsenz und würdigen Sie den guten Kontakt zu Ihrem Körper, doch achten Sie darauf, dass Sie den anderen Kanälen in Zukunft ebenfalls Beachtung schenken.

Verweise

→ Sinnliche Sprache → V.A.K.O.G. → Innere Landkarte → Unser Unbewusstes
→ Rapport → Pacing

Win-Win-Ethik – die Kunst der positiven Beeinflussung

Nutzen/Ziel

- Basis Orientierung im Coaching: »Coaching-Philosophie«.
- Basis der vertrauensvollen Zusammenarbeit.
- Nachhaltige Partnerschaft durch beiderseitigen Benefit.
- Kreatives »Ressourcen-Sharing« – Prinzip Freundschaft.

Anwendungsfelder

- Zentrales Werkzeug: Basis der persönliche Führungs-Kompetenz des Coachs.
- Grundsätzliche Werthaltung für nachhaltigen Erfolg!
- Leitfaden zur Entwicklung von Konfliktlösungen.

Das ganze Leben ist ein Prozess der wechselseitigen Beeinflussung. Jede erfolgreiche Kommunikation ist eine gelungene Beeinflussung. Je wirksamer eine Kommunikation, desto weitreichender die Beeinflussung. Wir können nicht nicht beeinflussen! Allerdings stellt sich die Frage, ob das Ergebnis der Beeinflussung ein Gewinner-Gewinner-Modell darstellt oder ob sich der beeinflusste Mensch anschließend als Verlierer fühlt:

- Welchem Zweck dient die Beeinflussung?
- Wollen Sie dem anderen helfen, seine Situation verbessern, seine Bedürfnisse befriedigen, seine Lebensqualität erhöhen – oder wollen Sie lediglich Ihre eigenen Bedürfnisse befriedigen?

Das Prinzip der Beeinflussung können Sie nicht abstellen, es gehört zu unserem Leben dazu – entscheidend ist, wie Sie dieses Prinzip umsetzen. Was geben Sie Ihren Mitmenschen? Zu seinem Vorteil lässt sich jeder Mensch gern beeinflussen! Deshalb ist es besonders als Coach sehr wichtig, genau zu unterscheiden, welche Form von Beeinflussung angemessen ist.

Im Coaching

Jedes gelungene Coaching basiert auf einer gezielten Beeinflussung. Als Coach besteht Ihr Mandat darin, eine hilfreiche Beeinflussung herbeizuführen. Ihr Coachee kommt zu Ihnen, um sich von Ihnen als Coach so beeinflussen zu lassen, dass er Problemlösungen findet und anschließend realisiert. Entscheidend dabei ist, dass die Beeinflussung system-verträglich für den Coachee ist. Dies bedeutet, dass Sie als Coach genau darauf achten müssen, dass Ihre maßgeschneiderten Problemlösungen in der Welt des Coachees tatsächlich funktionieren und möglichst wenige Nebenwirkungen erzeugen.

Die Zivilisation basiert auf gezielter Beeinflussung

Unsere Gesellschaft könnte ohne systematische Beeinflussung überhaupt nicht funktionieren. Beispielsweise ist die Schulpflicht eine systematische Beeinflussung, der sich niemand widersetzen kann, ohne mit dem Gesetz in Konflikt zu geraten. Die Lehrer werden vom Staat dafür bezahlt, ihre Schüler so zu beeinflussen, dass sie möglichst viel lernen. Der Einfluss der Lehrer soll bewirken, dass die Schüler fähig sind, den auf dem Lehrplan stehenden Stoff zu verstehen und nachhaltig in ihrem Gedächtnis zu verankern.

Kindererziehung ist grundsätzlich eine sehr massive Beeinflussung. Die Gesellschaft erwartet von den Eltern, Ihre Kinder so zu »erziehen«, dass sie sich später zu nützlichen Mitgliedern der Gemeinschaft entwickeln und deren Regeln und Normen respektieren. Die ursprüngliche Natürlichkeit der Kinder wird beschnitten, stattdessen wird der Nachwuchs mit mehr oder weniger drastischen Methoden darauf konditioniert, die Werte der Eltern und der Gesellschaft zu übernehmen. Nicht selten wird auf einer unbewussten Ebene massiv manipuliert, obwohl das Bewusstsein der scheinbar selbstlosen Eltern glaubt, keine eigennützigen Vorteile anzustreben.

Eltern wollen oftmals das Beste für ihre Kinder, doch leider merken sie nicht, dass ihre Art, diese Absicht zu realisieren, für die Kinder überhaupt nicht förderlich ist – im Gegenteil, viele Kinder werden durch den negativen Einfluss ihrer Eltern entmutigt und frustriert. Wertvolles Vertrauen geht verloren. Als Motiv der Manipulation spielen nicht selten versteckte Eitelkeit, Bequemlichkeit oder pädagogischer Übereifer eine gewichtige Rolle. Hier gilt es, die unbewusste Manipulation zunächst einmal zu bemerken, zu überprüfen und die Einflussnahme dann so zu verändern, dass sie für alle Betroffenen zu einem echten Gewinner-Gewinner-Modell wird.

Positive Beeinflussung – das Erfolgsrezept des Homo sapiens

Das Prinzip der Beeinflussung ist allgegenwärtig und wirkt oftmals gleichzeitig im Verborgenen. Gerade im Bereich der Massenmedien wird deutlich, dass auch das Weglassen von Informationen eine massive Beeinflussung sein kann. Nahezu undurchschaubare Beeinflussung ist eins der wesentlichen Merkmale unserer modernen, komplexen Gesellschaft. Unsere Vorfahren vor 50 000 Jahren haben sich wahrscheinlich gegenseitig weit weniger komplex beeinflusst, denn sie waren noch wesentlich stärker mit ihrem puren Überlebenskampf beschäftigt. Das Leben war hart, aber einfach. Der Stärkere setzt sich durch, der Schwächere gibt nach. Es wurde gesammelt und gejagt, gegessen und geruht, man hat sich fortgepflanzt und den Nachwuchs großgezogen. Die Natur bestimmte den gesamten Lebenswandel.

Doch unsere moderne, kultivierte und leistungsorientierte Lebensweise basiert auf gezielter und komplexer Beeinflussung. Wir brauchen gut ausgebildete Leistungsträger. Was geschieht während einer Ausbildung? Der Auszubildende wird gezielt beeinflusst! Wenn Sie als Führungskraft in einem Unternehmen tätig sind, werden Sie dafür bezahlt, die Ihnen anvertrauten Mitarbeiter so zu beeinflussen, dass sie motiviert und effizient die anstehende Arbeit erledigen. Es geht nicht darum, Beeinflussung zu verhindern, sondern dafür zu sorgen, dass sie auf eine positive Weise realisiert wird. Als Coach werden Sie dafür bezahlt, mit Ihrem Einfluss dafür zu sorgen, dass sich Ihr Coachee in seiner Welt besser zurechtfindet und seine Probleme lösen kann.

Das Prinzip der Beeinflussung ist untrennbar mit der menschlichen Psyche verbunden. Jeder Mensch projiziert ständig seine eigenen Wünsche, Bedürfnisse und Absichten in andere Menschen hinein und konfrontiert sie mit seinen unterschwelligen Erwartungen. Die menschliche Psyche verfügt über unbewusste Mechanismen, die dafür sorgen, dass im Kontakt mit anderen Menschen in erster Linie die eigenen Interessen vertreten werden. Falls die anderen Menschen unseren Erwartungen folgen, belohnen wir sie durch Symphatie und Zuneigung. Falls sie unsere Erwartungen frustrieren, entstehen Konflikte und Aggressionen.

Unbewusste Manipulationen sind an der Tagesordnung und durch die Natur der menschlichen Psyche bedingt. Doch gleichzeitig möchte niemand von einem anderen Menschen gegen seinen Willen manipuliert werden. Alle Menschen verfügen über unbewusste Abwehrmechanismen, die darauf programmiert sind, uns gegen unerwünschte Manipulationen zu schützen. Falls dieser Zustand der psychischen Belagerung länger andauert, verschlechtert sich das emotionale Klima, denn der manipulierte Mensch beginnt sich zu wehren, indem er mit Widerstand und Misstrauen reagiert. Das wachsende Misstrauen belastet die Qualität der Kommunikation und bewirkt eine allgemeine emotionale Aufrüstung. Es entstehen unterschwellige, dann offensichtliche Aggressionen. Jetzt werden heimliche Gegenangriffe gestartet, die Opfer verbünden sich, vielleicht entstehen sogar Intrigen und Verschwörungen. Oder man versucht, dem psychischen Stress einfach aus dem Weg zu gehen und beginnt, den Manipulator zu meiden.

Win-Win-Beeinflussung zum Vorteil des Coachees

Je mehr Beeinflussungskraft Ihnen als Coach zur Verfügung steht, desto wichtiger ist es, dass Sie sich über die ganzheitlichen Folgen Ihrer Aktivitäten bewusst werden. Dies zeigt sich auch im Umgang mit dem Coachee: Wenn es dem Coach in erster Linie darum geht, mit seinem Coachee so viel Geld wie möglich zu verdienen, indem er ihm suggeriert, was alles möglich ist, wenn er doch nur genug Zeit und Geld ins Coaching investiert, kann er das Vertrauen eines unkritischen Coachees ausnutzen. Dadurch würde er einen sehr zweifelhaften und kurzfristigen Mehrgewinn erzielen. Im Nachhinein wird der manipulierte Coachee jedoch enttäuscht feststellen, dass »ihm etwas angedreht wurde«, und enttäuscht von einer weiteren Zusammenarbeit mit dem manipulativen Coach absehen.

Statt eines zufriedenen Coachees bekommt der Coach einen schlechten Meinungsmacher, der als negativer Multiplikator sein Empfehlungsmarketing torpediert. Frustrierte Menschen neigen dazu, ihre negativen Erfahrungen zu dramatisieren und zu generalisieren. Ein negativer Anker wirkt wie ein Magnet für alle weiteren Frustrationen. Der frustrierte Coachee wird vielleicht nicht nur den Coach nicht weiterempfehlen, sondern aufgrund seiner Erfahrung Coaching generell als nützliche und effiziente Dienstleistung infrage stellen, worauf sich vielleicht weitere bis dahin interessierte Menschen dem Coaching verschließen. In Anbetracht solcher Kettenreaktionen sollte sich jeder Manipulator rechtzeitig fragen, ob der kurzfristige Mehrgewinn im Vergleich mit den langfristigen Nebenwirkungen einen tatsächlichen Gewinn darstellt.

Gemeinsame Erfolgserlebnisse – der Weg zum Win-Win!

Der Enttäuschung des Coachees können Sie vorbeugen, indem Sie sich in der Ethik des Win-Win-Prinzips verankern. Der Volksmund weiß: »Ehrlich währt am längsten!« Um Ihre positive Ethik auch auf die Straße zu bringen, sollten Sie im Coaching sehr feinsinnig auf unterschwellige Signale besonders zum Bedarf und Ziel des Coachees achten. Es gilt, aufkeimenden Widerstand frühzeitig wahrzunehmen und mögliche Grenzen des Coaching transparent zu kommunizieren. Natürlich ist es für Sie als Coach wichtig, Ihren Coachee durch zielorientierte und wirksame Interventionen zu begeistern – doch nicht für Ihre Fähigkeiten, sondern für seine Möglichkeiten der Zielerreichung. Ihre Bereitschaft, auch auf unterschwellige Einwände einzugehen, stärkt das Vertrauen Ihres Coachees. Ein gelungenes Gewinner-Gewinner-Modell steigert nicht nur die Lebens- und Arbeitsqualität, sondern bringt auch gemeinsame Erfolgserlebnisse. So entsteht ein gutes emotionales Klima und eine tragfähige Basis für eine nachhaltige Zusammenarbeit und ein positives Empfehlungsmarketing.

Verweise

→ Gewinner-Gewinner-Modell → Leading → Motivation → System-Check
→ Konflikt-Coaching

Wohlgeformte Ziele – Programmiersprache des Unbewussten

Nutzen/Ziel

- Wirksame Formulierung von Zielen erfordert Kompatibilität mit der Programmiersprache des Unbewussten.
- Steigerung der Wahrscheinlichkeit beim Erreichen von Zielen.
- Instrument zur Konkretisierung von indifferenten Zielen.

Anwendungsfelder

- Als standardisierte Qualitätsscherung in jedem Coaching.
- Bei hartnäckigen Misserfolgen und problem-orientierten Zukunfts-Entwürfen.
- Nachhaltige Transfersicherung zur Erhöhung der Wahrscheinlichkeit von Zielerreichung.

Das menschliche Gehirn funktioniert wie ein Ziel-Flug-Gerät. Die Evolution hat ein komplexes Filter-System entwickelt, das aus der unermesslichen Vielzahl der auf jeden Menschen einströmenden Reize genau diejenigen auswählt, die am bedeutsamsten erscheinen. Alle anderen Reize werden weggefiltert und somit nicht bemerkt. Wenn Sie als Coach Ihrem Coachee helfen wollen, ein angestrebtes Ziel mit hoher Wahrscheinlichkeit zu erreichen, müssen Sie die »Ziel-Koordinaten« in das komplexe Filter-System der menschlichen Wahrnehmung einspeisen. Dabei gilt es, die im Laufe der Evolution entstandenen Regeln bezüglich der Funktionsweise des menschlichen Ziel-Flug-Gerätes zu beachten. Die Kriterien der Wohlgeformtheit helfen Ihnen, zukünftige Ziele so zu »formatieren«, dass sie optimal in das Filter-System Ihres Coachee eingepflegt werden können und dabei mit motivierender Libido-Energie aufgeladen werden.

Wohlgeformtheit durch ziel-orientiert Fragen

Für das Formulieren von Coaching-Zielen gelten die Kriterien der Wohlgeformtheit. Sie wurden von dem Hamburger Diplom-Psychologen Thies Stahl im Rahmen des PeneTrance-Modells entwickelt und dienen einer optimalen Zielerreichung. Wenn alle Kriterien erfüllt sind, ist die Wahrscheinlichkeit der Realisierung am größten, da das Ziel eine enorm starke Sogwirkung bekommt. Während das Ziel im Coaching hinsichtlich der Wohlgeformtheit untersucht wird, entwickelt sich die Formulierung des angestrebten Zieles Schritt für Schritt weiter. Dabei durchläuft der Coachee einen dynamischen Prozess der Informationsverdichtung. Die letztlich erarbeitete Version beinhaltet alle vorherigen Versionen und fungiert als symbolische Repräsentation des gesamten Prozesses.

Die mentale Vorstellung eines Zieles im Gehirn des Menschen erzeugt neue neurologische Verbindungen. Dadurch wird die innere Struktur für neues Verhalten angelegt. Ähnlich wie die genetische Information eines Samenkorns das Erscheinungsbild der Pflanze prägt, formen unsere Ideen, Wünsche und Ziele unser zukünftiges Verhalten. Je wohlgeformter unsere Vorstellungen von der Zukunft formuliert sind, desto höher sind die Chancen für eine reibungslose Realisierung.

Laden Sie die unbewussten Kräfte zur Zielerreichung ein!

Die Kriterien der Wohlgeformtheit sind zehn Faktoren, die über Ihren Erfolg bei der Realisierung Ihrer Wünsche entscheiden. Normalerweise überlassen viele Menschen die Überprüfung der Kriterien dem Unbewussten, doch eine bewusste Auseinandersetzung kann die unbewussten Kräfte hilfreich unterstützen, alle relevanten Kriterien tatsächlich zu erfüllen. Während Sie mit Ihrem Coachee ein Ziel hinsichtlich der nachfolgenden Kriterien untersuchen, durchläuft die Definition des Zieles einen dynamischen Prozess der Informationsverdichtung. Ein wirklich wohlgeformtes Ziel bündelt die persönlichen Energien des Coachees und lässt sein Unbewusstes sehr genau wissen, wie es sich in Zukunft verhalten soll. Diese wohlgeformte Programmierung führt Ihren Coachee zur Magie des Wünschens.

Als Coach sorgen Sie für eine wohlgeformte Ziel-Formatierung, indem Sie Ihren Coachee mit der Frage »Wie soll Ihre Realität beschaffen sein, wenn Sie das aktuelle Problem gelöst haben?«

konsequent in eine attraktive Zukunft führen. Dabei helfen Sie ihm, den Fokus seiner Wahrnehmung weg vom Problem hin zur Lösung auszurichten. Sobald er seine Lösungsideen in erste, beschreibende Worte kleiden kann, stimulieren Sie ihn, diese Zielformulierung so lange zu optimieren, bis sie der Programmiersprache seines Auto-Piloten entspricht. Sie hinterfragen seine Ziel-Beschreibungen immer spezifischer, indem Sie sich konsequent an den Kriterien der Wohlgeformtheit orientieren.

Die Kriterien der Wohlgeformtheit lauten:

1. Attraktiv und motivierend

»Für welches Ziel können Sie sich wirklich begeistern?«

Damit ein Ziel seine magnetische Kraft voll entfalten kann, muss es so formuliert werden, dass die Vorstellung der Zielerreichung eine starke Hin-zu-Motivation beim Coachee auslöst. Je mehr Libido-Energie die Zielformulierung beim Coachee freisetzt, desto größer wird seine Bereitschaft sein, die nötigen Anstrengungen zu investieren.

2. Positiv formuliert

»Was möchten Sie anstatt des jetzigen Zustandes erreichen?«

Die Zieldefinition soll keine Verneinung (nicht, kein, ohne) enthalten, sondern positiv formuliert sein. Falls Negationen enthalten sind, fragt der Coach konsequent, was der Coachee stattdessen erreichen will, und führt ihn so zu einer positiven Entsprechung.

3. Kein Vergleich

»Was genau wollen Sie erreichen?«

Die Zieldefinition soll keinen Vergleich (besser als, schöner als) enthalten, sondern sich aus sich selbst heraus erklären. Falls Vergleiche vorhanden sind, fragt der Coach, was genau der Coachee wahrnehmen wird, wenn er den angestrebten Zielzustand erreicht hat und woran er dies bemerkt.

4. Klarer Kontext

»In welchem Rahmen wollen Sie Ihr Ziel realisieren?«

Das Ziel soll gut kontextualisiert sein. Der Coachee sollte wissen, wann und wo in welcher Situation er was mit wem erreichen möchte.

5. Sinnlich konkret

»Was nehmen Sie wahr, wenn Sie Ihr Ziel erreicht haben?«

Der Zielzustand soll anhand von konkreten sinnlichen Wahrnehmungen (V. A. K. O. G.) erkennbar sein. Der Coachee soll genau sehen, hören, fühlen, riechen und schmecken können, wann er sein Ziel erreicht hat. Diese Wahrnehmungen können durch Abfragen der Submodalitäten noch spezifiziert werden.

6. Kurzer Feedbackbogen

»Woran merken Sie, dass Sie sich Ihrem Ziel nähern?«

Die Zeitspanne, die verstreicht, bis der Coachee bemerkt, dass er sich auf dem richtigen Weg befindet und dabei eine Rückmeldung durch ein Erfolgserlebnis bekommt, soll möglichst kurz sein. Dadurch erfolgt eine schnelle positive Verstärkung. Falls der Feedbackbogen lang ist, stimuliert der Coach den Coachee, ein wahrnehmbares Kriterium zu finden, um schon früher zu bemerken, dass er sich seinem Ziel nähert.

7. Eigeninitiative

»Was können Sie selber dazu beitragen, Ihr Ziel zu erreichen?«

Der Coachee soll das Ziel selbst initiieren und aufrechterhalten können. Falls dieses Kriterium nicht erfüllt ist, fragt der Coach seinen Coachee, was er selbst dazu beitragen kann, damit sein Wunsch in Erfüllung geht. So entsteht ein neues, selbstinitiierbares Ziel.

8. Ressourcen organisieren

»Was brauchen Sie, um Ihr Ziel zu erreichen?«

Die Zieldefinition soll so formuliert sein, dass der Coachee die zur Zielerreichung notwendigen Fähigkeiten in sich finden und aktivieren kann oder eine klare Vorstellung davon gewinnt, wie er die fehlenden Ressourcen organisieren kann.

9. Systemverträglich

»Gibt es irgendwelche Risiken und Nebenwirkungen?«

Das Ziel soll ökologisch verträglich sein. Nur unter dieser Bedingung wird es seine volle Sogwirkung entfalten, da es von allen Teilen der Persönlichkeit des Coachees unterstützt wird.

10. Future Pace

»Was tun Sie in welcher Reihenfolge, um Ihr Ziel zu erreichen?«

Der Zielzustand soll vom Coachee im Hier und Jetzt fassbar sein, um sich voll motiviert auf die ersten Schritte einlassen zu können. Der Wechsel von der Problem-Physiologie zur Ziel-Physiologie beim Coachee muss wahrnehmbar sein.

Der optimal eingestellte Autopilot

Als Ergebnis dieses kreativen Prozesses gelangt Ihr Coachee in einen zuversichtlichen und handlungsbereiten Zustand. Nun erhalten Sie sowohl von seinem Bewusstsein als auch von den beteiligten unbewussten Teilen ein kongruentes Commitment auf dieses Ziel hin – die Zielkoordinaten sind wirkungsvoll in seinem Auto-Piloten eingespeist. Die unbewussten Wahrnehmungsfilter des Coachees werden nun automatisch so ausgerichtet, dass alle relevanten Reize, die auf das Ziel hindeuten, markiert werden und bevorzugt auf dem Monitor seines Bewusstseins erscheinen. Der optimal eingestellte Auto-Pilot führt Ihren Coachee nun auf scheinbar magische Weise, scheinbar »zufällig«, in genau die Situationen, die notwendige Etappenziele auf dem Weg zur Zielerreichung darstellen. Diese kaum zu unterschätzende Funktion des menschlichen Gehirns bildet eine der Grundlagen der »Magie des Wünschens«.

Coaching Übung: Ziel-Kriterien der Wohlgeformtheit abfragen

Welches Ziel wollen Sie erreichen?

1. **Kriterium: attraktiv und motivierend**
   - Warum möchten Sie dieses Ziel erreichen?
   - Welche Vorteile bringt Ihnen die Zielerreichung?
   - Wie können Sie das Ziel verändern, damit es noch attraktiver wird?

2. **Kriterium: positiv formuliert**
   - Ist das Ziel positiv formulier?
   - Falls nicht: Wenn Ihr Problem gelöst ist – wie soll es stattdessen sein?

3. **Kriterium: kein Vergleich**
   - »Was genau wollen Sie erreichen?«
   - Ganz konkret: Wie groß? Wie viel? Wie oft? Wie lange?

4. **Kriterium: klarer Kontext**
   - Welche Rahmenbedingungen gelten für Ihr Ziel?
   - Wer genau ist wie daran beteiligt?
   - Welcher Termin, Zeitrahmen und Ort?

5. **Kriterium: sinnlich konkret**
   - Woran werden Sie merken, dass Sie Ihr Ziel erreicht haben?
   - Was genau sehen, hören, fühlen, schmecken und riechen Sie dann?
   - Wie können Sie noch schneller merken, dass Sie auf dem richtigen Weg sind?

6. **Kriterium: kurzer Feedbackbogen**
   - Was sind die Meilensteine auf dem Weg zu Ihrem Ziel?
   - Woran erkenn Sie, dass Sie auf dem richtigen Weg sind?
   - Wie können Sie noch schneller bemerken, dass Ihr Weg der richtige ist?

7. **Kriterium: Eigeninitiative**
   - Was können Sie persönlich zur Zielerreichung beitragen?
   - Was müssen Sie tun oder lernen, um Ihr Ziel zu erreichen?
   - Was genau werden Sie tun?

8. **Kriterium: Ressourcen organisieren**
   - Welche Fähigkeiten haben Sie bereits, um Ihr Ziel zu erreichen?
   - Was brauchen Sie außerdem, um Ihr Ziel zu erreichen?
   - Wie können Sie die Wahrscheinlichkeit erhöhen, dass Sie Ihr Ziel erreichen?

9. **Kriterium: system-verträglich**
   - Welchen Preis kostet Sie die Zielerreichung?
   - Welche Risiken/Nebenwirkungen könnten bei der Zielerreichung entstehen?
   - Was würde passieren, wenn Sie Ihr Ziel nicht erreichen?

10. **Kriterium: Future Pace**
    - Was sind die Schritte zur Zielerreichung?
    - Wann genau tun Sie was in welcher Reihenfolge?
    - Womit genau fangen Sie wann an?

Verweise

→ Future Pace → Magie des Wünschens → System-Check → PeneTrance-Modell → Ressourcen

W

Z

Zensor – der Pförtner an der Grenze zum Unbewussten

Nutzen/Ziel

- Aktivierung und Steuerung von unbewussten Kräften durch direkten Kontakt
- Nachhaltige Implantation von neuen Ideen und Ressourcen
- Tieferes Verständnis der unbewussten Abwehr-Mechanismen in der Psyche des Coachees.

Anwendungsfelder

- Kontakt mit dem psychischen Zensor ermöglicht grundlegende Orientierung bei der Arbeit mit unbewussten Prozessen.
- Während der Formulierung und Verankerung von Zielen und Visionen.
- Im System-Check und bei der Einwand-Integration.

Ein großer Teil des menschlichen Verhaltens wird von unbewussten Kräften gelenkt, die teilweise archetypischen Mustern und teilweise individuellen Erfahrungen entspringen. Im Coaching geht es oftmals darum, dass dem Coachee zunächst bewusst wird, welche weitreichenden Konsequenzen der Veränderungswunsch für den unbewussten Anteil des Systems mit sich bringt. Der Zensor verkörpert die Schnittstelle zwischen bewusster Entscheidung und tatsächlich realisierter Veränderung. Auf jede Coaching-Intervention, die nicht vom Zensor autorisiert wurde, wird mit Widerstand reagiert, weil das Unbewusste grundsätzlich auf »Nummer Sicher« geht, bevor es einem unbekannten Einfluss vertraut. Erst wenn Sie als Coach das Vertrauen des mächtigen Zensors in der mentalen Schaltzentrale gewonnen haben, wird der Coachee Ihnen die wirklich relevanten Informationen für den Veränderungsprozess preisgeben.

Der Zensor überwacht den Auto-Piloten in der Psyche

Der Zensor ist eine Metapher für die Kräfte im Menschen, die dafür sorgen, dass unsere psychische Integrität gewahrt bleibt. Er bewacht die Ökologie des Menschen und stellt sicher, dass unbewusste Prozesse so ablaufen, wie es aufgrund der bisherigen Erfahrung am besten erscheint. Viele zum Überleben wichtige Programme wie zum Beispiel Atmung, Verdauung oder Verhalten in Stress-Situationen werden nicht bewusst kontrolliert, sondern von unbewussten Programmen gesteuert. Der Zensor sorgt dafür, dass wichtige psychische Funktionen nicht in das Bewusstsein gelangen, damit ihre Arbeit nicht durch leichtfertige Manipulationen gestört werden kann. Diese unbewussten Kräfte funktionieren ähnlich wie ein Autopilot im Flugzeug. Alle wichtigen Funktionen sind programmiert und werden ständig automatisch überprüft. Der Zensor wacht darüber, dass der Autopilot ordnungsgemäß funktioniert. Wenn das eigene Bewusstsein oder womöglich sogar ein fremdes Bewusstsein in die programmierten Steuerungsprozesse eingreifen möchte, überprüft der Zensor die Intervention unter ökologischen Gesichtspunkten. Falls sie nicht ökologisch erscheint, wird er sich dagegen wehren. Dies geschieht vielleicht nicht zur Freude des Bewusstseins, aber es dient unserem Überleben und hat sich in langen Jahren bewährt – immerhin hat der Mensch bis heute erfolgreich überlebt!

Das Modell des Zensors ist eine Vereinfachung und dient als Erklärungshilfe für Zusammenhänge, die in der Realität natürlich sehr viel komplexer sind. Im Coaching spielt der Zensor in zweierlei Hinsicht eine wichtige Rolle:

- Als Wächter der systemischen Ökologie.
- Als Vermittler zwischen konfligierenden Persönlichkeitsteilen in Veränderungsprozessen.

Zunächst ist es wichtig für den Coach zu verstehen, dass jeder Coachee durch seine eigene persönliche Ökologie geprägt wird. Dieses hochgradig individualisierte System besitzt ein komplexes Gleichgewicht und bildet die Grundlage der Existenz dieses Menschen. Der Zensor bewacht dieses empfindliche Gleichgewicht und ist somit jederzeit bereit, sich gegen verdächtige Interventionen des Coachs zu wehren. Dabei sind unzählige Wege denkbar – vom heimlichen Widerstand bis zum wütenden Streit. Entscheidend für Sie als Coach ist die Berücksichtigung der Tatsache, dass die Alarm-Systeme gegen nicht-ökologische Beeinflussung bei vielen Menschen (glücklicherweise!) erstaunlich scharf eingestellt sind – im Zweifelsfall wird sich der Zensor oftmals dafür entscheiden, ihre Beeinflussung abzuwehren und sich dabei auf die Erfolge der bisherigen Strategie in der Vergangenheit berufen.

So gewinnen Sie das Vertrauen des Zensors

In der Praxis heißt das, Ihr Coachee wird an seiner Problem-Orientierung festhalten und mit Ihnen argumentieren. Sein Bedürfnis nach Stabilität, nach Schutz der bisherigen Integrität und das unbewusste Streben »recht zu behalten« führen dazu, dass Ihre Veränderungs-Angebote als »unrealistisch« abgetan werden. Um solche aufreibenden Abwehrschlachten und unnötigen Widerstand zu vermeiden, gilt: Zunächst begegnen Sie Ihrem Coachee mit exzellentem Pacing, Sie validieren seine innere Landkarte, signalisieren Sensibilität und wertschätzende Kooperation. Erst wenn der Zensor den Coach als unterstützende Kraft in einem ökologischen Veränderungsprozess wahrnimmt, kann sich der Coachee öffnen und dem Coach vertrauen. Der Zensor geht kein Risiko ein das wichtigste Kriterium ist Sicherheit. Seine Aufgabe ist es, die Integrität des Menschen zu beschützen. Dafür sind ihm alle verfügbaren Mittel recht. Deshalb ist es im Coaching in jedem Fall ratsam, den Zensor zu respektieren und sich mit ihm anzufreunden.

Außerdem könnte man sagen, dass die einwanderhebenden Persönlichkeitsteile ein Ausdrucksmedium des Zensors sind. Wenn im Veränderungsprozess ein Persönlichkeitsteil mithilfe eines Einwands seine positive Absicht kommunizieren möchte, meldet sich durch ihn der Zensor zu Wort. Würde der Teil sich nicht melden, hätte der Zensor hier kein adäquates Sprachrohr zur Verfügung. Durch ein komplett verdecktes Agieren des Zensors würde der Veränderungsprozess des Coachees wesentlich erschwert. Dann würde der Zensor, wie er es meist tut, heimlich im Untergrund wirken und den Umsetzungsprozess des neuen Verhaltens aus ökologischen Gründen sabotieren.

Kontakt mit dem Zensor im Coaching

Als Coach haben Sie folgende Möglichkeiten, um den Zensor zur schnellen und nachhaltigen Kooperation zu bewegen:

- Einfühlsames und konsequentes Pacing auf allen Ebenen.
- Setzen Sie Ihren Coachee nicht unnötig unter Druck. Lassen Sie Ihm genug Raum zur Selbstdarstellung.
- Respektieren Sie das Tempo des Coachees. Kreative Prozesse brauchen ihre Zeit. Pacen Sie die Denk- und Sprechgeschwindigkeit Ihres Coachees.
- Signalisieren Sie ihm eindeutig, dass Sie seinen freien Willen respektieren und dass Sie das Coaching ergebnisoffen gestalten werden.
- Sensibilisieren Sie sich sehr frühzeitig auf mögliche Einwände. Pacen Sie die Einwände und arbeiten Sie die dahinter verborgene positive Absicht heraus.
- Nutzen Sie hypnotische Sprachmuster, die Ihrem Coachee viel Raum zur freien Assoziation lassen. Verwenden Sie Modal-Operatoren der Möglichkeit (vielleicht, falls gewünscht, wenn es passt, zur richtigen Zeit, können Sie gerne wieder neu entscheiden, wann immer Sie wollen, …)
- Sprechen Sie in langsamer und einfühlsamer Stimmlage. Ähnlich wie ein Hypnotiseur können Sie den Zensor entspannen, indem Sie ihm ein Gefühl von Sicherheit und Geborgenheit vermitteln.
- Achten Sie auf frühzeitige und saubere System-Checks, auch als kurze Feedback-Schleifen während des Coaching-Prozesses, um zu signalisieren, dass mögliche Veränderungen gewissenhaft überprüft werden.
- Denken Sie in Alternativen und seien Sie flexibel mit Ihren Kommunikationsangeboten. Achten Sie sehr genau auf feine Veränderungen in den Reaktionen Ihrer Coachees.

Verweise

→ Bewusstsein → Unser Unbewusstes → Pacing → Seperator-State-Manöver
→ System-Check → Libido-Energie

Ziel-Orientierung – der Kompass im Coaching

Nutzen/Ziel

- Sicherung für Souveränität und Effizienz im Coaching.
- Konsequente Transformation von Problemen in Ziele, Strategien und Erfolge.
- Wechsel des Fokus raus aus der Vergangenheit ... konsequent in die Zukunft.

Anwendungsfelder

- In jedem Coaching: zentrales Know-How zum Rollen-Verständnis als Business-Coach
- Ziel-Orientierung prägt den gesamten Coaching-Prozess.
- Kriterium für alle Entscheidungen und Prioritäten.

Zielorientiertes Coaching stimuliert alle Lebensgeister. Ein kompetenter Coach kann Ihnen helfen, sich auf Ihre wahren Werte zu besinnen und Ihre echten Bedürfnisse zu erkennen. Sobald Sie wissen, was Sie wirklich wollen, können Sie Ihre Wünsche in attraktive, wohlgeformte Ziele gießen. Die Programmiersprache des Unbewussten wird dafür sorgen, dass Ihre Libido-Energie ins Fließen gelangt. So werden Sie auf ganz natürliche Weise die nötige Motivation freisetzen, Ihre gesteckten Ziele tatsächlich zu erreichen.

»Wer nicht wußte, in welchen Hafen er segeln wollte – für den war kein Wind ein Guter.« Diese alte Seefahrer-Weisheit veranschaulicht die Notwendigkeit von Zielklarheit. Doch nicht selten begegnet Ihnen als Coach ein verunsicherter Coachee, der problembeladen vor Ihnen sitzt und noch keine Idee davon hat, was er in Zukunft erreichen möchte. Als kompetenter Coach müssen Sie Ihrem Coachee dabei helfen, aus dem Problem ein attraktives Ziel zu entwickeln.

Unser Gehirn arbeitet wie ein Ziel-Fluggerät

»Die Alten aber wussten etwas, das bei uns in Vergessenheit geraten ist. Jegliches Mittel erweist sich als ein stumpfes Instrument, solange es nicht vom lebendigen Geiste getragen wird. Wenn aber die Sehnsucht nach dem Erreichen des Zieles leidenschaftlich in uns lebt, dann wird es nicht an Kraft fehlen, die erforderlichen Mittel zu finden und das Vorhaben in die Tat umzusetzen.«

So formulierte Albert Einstein die Bedeutung von wirklich attraktiven Zielen. Er war davon überzeugt, dass ein intensiv erlebter Wunsch seine zukünftige Realisierung impliziert. Je mehr Libido-Energie ein Wunsch zu aktivieren vermag, desto stärker wächst unsere Motivation, das damit verbundene Ziel zu verwirklichen.

Die funktionale Architektur unseres Gehirns ähnelt der eines Zielfluggerätes. Nachdem man ihm ein Ziel vorgegeben hat, fliegt es mittels einer sich selbst korrigierenden Feedbackschleife auf dieses Ziel zu. Das Unbewusste ist darauf geeicht, unsere mentalen Vorstellungen in der Außenwelt zu verwirklichen. Selbst gänzlich unbewusste Ziele werden oft erstaunlich konsequent realisiert, wenn sekundäre Gewinne im Spiel sind. Indem wir uns programmgemäß verhalten, validieren wir unsere innere Landkarte. Was der Denker denkt, beweist der Beweisführer. Dieser psychische Mechanismus beeinflusst unser Leben, ob wir es wollen oder nicht. Die externe Bestätigung der inneren Konzepte gibt dem Unbewussten ein Gefühl von Sicherheit. Die Erkenntnis solcher Prinzipien führt zur Magie des Wünschens.

Das Unbewusste braucht positive Ziele

Erfolgreiches Coaching basiert auf einer konsequenten Ziel-Orientierung. Je attraktiver ein Ziel gestaltet und den verantwortlichen Persönlichkeitsteilen des Coachees dargeboten wird, desto intensiver wirkt der libidinöse Schub (animal magnetism). Ebenso wirkt dieser Mechanismus in die andere Richtung. Auch Befürchtungen und Vermeidungsmanöver prägen unsere innere Landkarte. Je mehr Energie wir negativen Zielen geben, desto größer wird auch hier die Wahrscheinlichkeit ihrer Realisierung. Das Unbewusste kann nämlich nicht negieren! Denken Sie jetzt bitte nicht an eine kleine schwarze Katze, die zusammengerollt auf der Fensterbank liegt, schnurrt und sich wohlfühlt. Was geschieht in Ihrem Kopf, wenn Sie nicht an die kleine schwarze Katze denken? Das Unbewusste versteht Sprache sehr wörtlich, und es hört jedes Wort. Auch wenn wir ein »nicht« davorsetzen – unser Unbewusstes assoziiert zunächst die kleine schwarze Katze. Bevor wir etwas nicht denken können, müssen wir zunächst damit Kontakt aufnehmen, um es dann bewusst zu negieren. Deshalb sind positive Sprachgewohnheiten im Coaching so wichtig, sowohl bei der Formulierung von erwünschten Zielen als auch im Kontakt mit anderen Menschen.

Ein negativ formuliertes Ziel verstärkt das Problem

Jedes gelernte Verhalten wie auch jeder Glaubenssatz ist neurologisch in unserem Nervensystem verankert. Wenn der Coachee statt des alten, problemerzeugenden Verhaltens ein neues, besseres Verhalten zeigen will, muss dafür in seinem Gehirn eine neurologische Struktur angelegt werden. Als erfahrener Coach können wir durch gezielte Fragen solche Strukturen erzeugen, indem wir den Coachee bitten, sich zunächst in seiner geistigen Vorstellung ein Modell von dem Zielzustand zu erschaffen. Dieses innere Modell wird ein magnetisches Ziel, sobald die libidinösen Kräfte es auf eine wohlgeformte Weise präsentiert bekommen.

Eine saubere Zielformulierung bildet im Coaching die Grundlage jeder Veränderungsarbeit. Das erwünschte Ziel wird so formuliert, dass es eine starke Sogwirkung bekommt und mit größtmöglicher Wahrscheinlichkeit verwirklicht wird. Dafür ist das PeneTrance-Modell ein geeignetes Werkzeug. Wenn der Coachee seine Veränderungswünsche konsequent realisieren will, braucht er wohlgeformte Ziele. Sie geben seinen unbewussten Kräften eine klare Richtung. Ein Coachee, der ein Problem hat und es einfach loswerden möchte, ohne stattdessen ein alternatives Ziel zu formulieren, verstärkt sein Problem. Charakteristisch für das Coaching ist, dass der Coachee möglichst kurze Zeit im Problemzustand verbringt, da er hier keinen Zugang zu seinen Ressourcen findet. Stattdessen führt ihn der Coach so schnell wie möglich in den Zielzustand. Von hier aus kann er seine Ressourcen kontaktieren, modellieren oder kreativ synthetisieren. Sobald ein Coachee in der Veränderungsarbeit innerlich Kontakt zu seinen Zielen herstellt, zeigt er seine Ziel-Physiologie. Wenn der Coach sich darauf kalibriert, dient sie ihm wie ein sinnlicher Kompass im anschließenden Wechsel der Physiologien. So kann er seinen Coachee auf dem schnellsten Weg zu einer ökologischen Problemlösung führen. Dieser konsequent zielorientierten Vorgehensweise verdankt das Coaching den Ruf, im Management-Coaching auch unter den schwierigsten Bedingungen exzellente Erfolge zu erzielen.

Zentrale Fragen im Ziel-Coaching

Was ist Ihr Ziel?

- Was wollen Sie erreichen?
- Was wollen Sie dadurch sicherstellen?
- Woran werden Sie merken, wenn Sie Ihr Ziel erreicht haben?

Was stattdessen?

- Welche Alternativen gibt es?
- Wie könnte es funktionieren?

Welche positiven Absichten verbergen sich dahinter?

- Was wollen Sie »eigentlich«?
- Welche »wahren« Bedürfnisse schlummern in Ihrer Psyche?

Was genau?

- Welche Details, Kriterien, welches konkrete Verhalten?

Im Vergleich womit?

- Welcher Vergleichs-Maßstab?

Unter welchen Bedingungen wäre es möglich?

- Wunder-Frage: Was müsste geschehen, damit … ?

Die so genannten positiven Absichten der verschiedenen Persönlichkeitsteile im internen Konflikt-Coaching sind ebenfalls Ziele. Wenn wir mit unseren inneren Teilen einen fruchtbaren Kontakt herstellen wollen, müssen wir die positive Absicht würdigen und adäquate Wege zur Realisierung erlernen. Dies führt zu einer ökologischen Lebensweise und impliziert jede erwünschte Veränderung. Ein wohlgeformtes Ziel ist wie ein fruchtbares Samenkorn, das in den Garten unseres Unbewussten gepflanzt wird. Jeder Mensch hat die Tendenz zur Selbstverwirklichung. Die Ideen, Träume, Wünsche und Visionen, die in jedem Menschen schlummern, wollen sich entfalten und manifestieren. Je wohlgeformter diese Samenkörner beschaffen sind, desto höher ist die Wahrscheinlichkeit ihrer Realisierung.

Coaching-Übung: Ziel-Trance

Zielzustand innerlich erkennen und ankern

Sie können den Transfer Ihres Coaching sichern, indem Sie Ihren Coachee innerlich durch eine geführte Trance-Reise in den Zielzustand führen. Dabei verstärken Sie den Kontakt mit den Zielerreichungs-Kriterien, und gleichzeitig ankern Sie die entscheidenden Reize. Sprechen Sie die Coaching-Instruktionen mit ruhiger und warmer Stimme. Ihr Coachee darf seine Augen schließen und dabei den Körper entspannen. Sprechen Sie langsam und mit wohltuender Betonung.

Intro: Kontakt mit dem inneren Monitor

- » … während Sie auf Ihrem Stuhl sitzen … und Ihren Körper spüren … können Sie Ihren Blick nach innen richten . . . und sehen auf Ihrem inneren Monitor … Ihre aktuelle Situation … «

Zeit-Linie erkennen und nutzbar machen

- » … Ihr Unbewusstes kann Ihre Lebenszeit als Zeit-Linie empfinden … und jetzt können Sie Kontakt aufnehmen mit Ihrer inneren Zeit-Linie … «

Aktuelle Situation betrachten – Problem positiv pacen

- » … dann können Sie sich Ihre aktuelle Situation anschauen … und vielleicht haben Sie den Wunsch, etwas zu verändern . . .«

In die Zukunft reisen – Ziel erreicht!

- » … und Sie können sich in Ihrer Fantasie vorstellen, das alte Problem hat sich auf optimale Weise verwandelt … was wäre eine ideale Lösung?«

Zustand beschreiben – Sinneskanäle abfragen

- » … und dort, wo Sie am Ziel angekommen sind … können Sie sich neu orientieren … was sehen Sie? … (Pause)
  … was hören Sie? … (Pause) … was fühlen Sie? … vielleicht gibt es auch einen Geruch oder Geschmack . . .«

Blick zurück – Strategie entwickeln

- » … und Sie können sich bewusst machen, welchen Weg Sie gegangen sind, um Ihr Ziel zu erreichen … «

Noch mal ans Ziel! Zustand ankern

- » … und Sie können spüren, wie gut es sich anfühlt, Ihr Ziel erreicht zu haben … Sie können noch tiefer atmen … und Anker setzen … « (z. B. Hand auf Bauch, Faust, 3 Finger etc.)

Back to Reality

- » … und aufgeladen mit diesem guten Gefühl … voller Inspiration … können Sie wieder zurückkommen und Ihren Körper spüren, Ihre Füße … «

Nachdem Sie Ihren Coachee in die Wirklichkeit zurückgeführt haben, können Sie mit ihm ein Commitment treffen. Sie fragen Ihn, was die wichtigsten Schritte sein werden, um sein Ziel zu erreichen. Dabei schauen Sie ihm fest in die Augen und bestätigen seine Worte. Die Trance-Erfahrung erzeugt oftmals eine emotionale Aufladung und verstärkt die Motivation des Coachees zur Zielerreichung.

Verweise

→ PeneTrance-Modell → Ressourcen → Veränderungs-Coaching
→ Wohlgeformte Ziele → Positive Absicht → Magie des Wünschens

Teil IV
DAS GROSSE COACHING-KOMPENDIUM

Zum Nachschlagen: Business-Coaching in Deutschland

Falls Sie einen Coach konsultieren möchten, falls Sie sich für eine seriöse Ausbildung zum Business-Coach interessieren oder falls Sie nur gezielt nach Informationen rund um das Thema Coaching suchen … hier finden Sie die wichtigsten Coaching-Informations-Quellen auf einen Blick!

FAQs – häufig gestellte Fragen zum Thema Business-Coaching

Wer sich näher mit dem Thema Coaching beschäftigt, dem stellen sich zunächst viele Fragen. Um nur einige zu nennen: »Was genau kann Coaching leisten? Wo liegt der Unterschied zwischen Training und Coaching? Wie wird sich der Coaching-Markt entwickeln? Was hat es mit dem Trendbegriff des ›systemischen Coachings‹ auf sich?«

Kompetente Antworten zu den zentralen Fragen rund um das Thema Business-Coaching finden Sie auf der Website meines Hamburger Instituts »V.I.E.L Coaching + Training«.

www.viel-coaching.de/FAQ

Die Homepage von V.I.E.L

Darüber hinaus bietet das Internet-Portal von V.I.E.L eine Fülle an weiterführenden Informationen und Materialien; von Coaching-Videos über den kostenlosen Coaching-Letter, eine Coach-Datenbank, psychologisch fundierte Coach- und Trainer-Fortbildungen, Anbindung an eine Unternehmensberatung und Weiterbildungs-Location, sowie Links zu sozialen Medien und vieles mehr. Ein Besuch lohnt sich!

www.viel-coaching.de

Die 10 wichtigsten Coaching-Ausbildungs-Datenbanken

Im Internet findet man eine unüberschaubare Menge von Adress- und Veranstaltungskatalogen, Institutsverzeichnissen und Seminarkalendern. Wer sich über Coaching informieren möchte oder eine passende Ausbildung sucht, braucht seriöse, aktuelle und vollständige Informationen. Nachfolgend finden Sie die besten und nützlichsten Datenbanken:

DVCT – Ausbildungs- und Instituts-Suche des Deutschen Verbands für Coaching und Training e.V.

www.dvct.de

Coaching-Portal der Deutschen Psychologen Akademie GmbH des Berufsverbandes Deutscher Psychologinnen und Psychologen (BDP)
www.coachingportal.de

DVNLP – Ausbildungsangebote mit Schwerpunkt auf NLP-Ausbildungen, aber auch »nlp-freie« Coaching-Seminare und -Ausbildungen
www.dvnlp.de/nc/nlp-ausbildung/nlp-ausbildungen-finden.html

FCG – Forschungsstelle Coaching-Gutachten
www.coaching-gutachten.de

InfoWeb Weiterbildung – Die Suchmaschine des Deutschen Bildungsservers für Weiterbildungskurse
www.iwwb.de

KURSNET – Das Portal für berufliche Aus- und Weiterbildung der Bundesagentur für Arbeit
kursnet-finden.arbeitsagentur.de

»Rauen-Datenbank«
www.coaching-index.de

Seminarmarkt – Der Marktplatz für Mitarbeiter- und Führungskräftequalifizierung von managerSeminare
www.seminarmarkt.de

weiterbildung.de – Weiterbildung im Netz
www.weiterbildung.de

WISY Kurssuche
www.kursportal.info
hamburg.kursportal.info

Die 7 wichtigsten Coaching- und Weiterbildungs-Fachzeitschriften

Print ist in: 79,2 % aller Führungskräfte nutzen Fachzeitschriften als ihre wichtigste Informationsquelle, so eine repräsentative Studie des Beratungsunternehmens Agiplan und der Hochschule BiTS aus dem August 2014. Hier die relevanten Titel der Coaching-Branche.

Coaching Magazin, Christopher Rauen GmbH

Kommunikation & Seminar, Junfermann Verlag

Coach!n, Verlag M.A.M Maiworm GmbH

managerSeminare, managerSeminare Verlags GmbH

Training aktuell, managerSeminare Verlags GmbH

Personalführung, Zeitschrift der Deutschen Gesellschaft für Personalführung e.V. (DGFP)

wirtschaft + weiterbildung, Verlag Haufe-Lexware GmbH & Co. KG

Wirtschaftspsychologie aktuell, Deutscher Psychologen Verlag GmbH

Die 9 wichtigsten Coaching-Verbände und -Qualitätssicherer

Der Begriff »Coaching« ist in Deutschland nicht geschützt. Viele Coaches und Coach-Ausbilder tummeln sich in dem unüberschaubaren Coaching-Markt. Nicht alle davon können hinreichende Erfahrung vorweisen oder seriöse Dienstleistungen realisieren.

Falls Sie einen kompetenten Business-Coach oder eine hochwertige Coaching-Ausbildung suchen, brauchen Sie im Dschungel der Angebote eine gute Orientierung.

Dabei können die Coaching-Verbände helfen.

Über 15 Interessens- und Berufsverbände haben sich in Deutschland dem Ziel verschrieben, die Coaching-Branche zu professionalisieren. Markttransparenz, Qualitätssicherung und die Etablierung von Ausbildungsstandards sind ihre Anliegen. Nachfolgend finden Sie die wichtigsten Coaching-Verbände und -Qualitätssicherer.

dvct – Deutscher Verband für Coaching und Training e.V.
www.dvct.de

BDP – Berufsverband Deutscher Psychologinnen und Psychologen e.V.
www.bdp-verband.org

BDVT – Der Berufsverband für Trainer, Berater, Coaches e.V.
www.bdvt.de

DBVC – Deutscher Bundesverband Coaching e.V.
www.dbvc.de

DCV – Deutscher Coaching Verband e.V.
www.coachingverband.org

DGfC – Deutsche Gesellschaft für Coaching e. V.
www.coaching-dgfc.de

ECA – European Coaching Association
www.european-coaching-association.de

ICF – International Coach Federation Deutschland e. V.
www.coachfederation.de

Weiterbildung Hamburg e. V.
www.weiterbildung-hamburg.net

Coaching-Portale im Internet

Das Internet ist ein schnelllebiges Medium. Trends, Anbieter und Inhalte tauchen auf und verschwinden wieder in den unergründlichen Tiefen des Cyberspace. Nur wenige Pioniere können über zehn Jahre Expertise und Präsenz im Web vorweisen. Die folgenden gehören dazu.

www.coaching-links.de

www.coaching-report.de

www.coaching-umfrage.dewww.coaching-umfrage.de

www.coachingportal.de

www.systemiker.com

www.viel-coaching.de

Coaching-Video-Kanäle

Ein Video zu sehen, kann eine andere Perspektive eröffnen, als zum gleichen Thema einen Text zu lesen. YouTube ist schließlich nur einen Klick entfernt. Doch dort werden in jeder Minute 100 Stunden Videomaterial hochgeladen. Ein einzelner Mensch würde mehrere Millionen Jahre benötigen, um sich alle im Netz gezeigten Videos anzusehen. Die folgenden Kanäle bieten Ihnen den Service einer qualitativ hochwertigen Vorauswahl.

www.youtube.com/user/Coachkanal

www.youtube.com/user/managerSeminareGmbH

www.youtube.com/user/vielcoaching

Empfehlungen für Coaching-Audio-Podcasts

Audio-Podcasts eignen sich nicht nur zum Hören beim Joggen oder Auto-Fahren, auf Reisen oder auf dem heimischen Sofa – sie bieten Menschen mit Lust auf Tiefgang auch eine gute Chance, besonders intensiv in spannende Themen einzusteigen.

Das Abenteuer Leben: *www.dasabenteuerleben.de/home.html*

Der Coaching Podcast von und mit Stefan F.M. Dittrich: *www.podcast.de/podcast/90259/*

V.I.E.L inside: der Coaching-Podcast, moderiert von Carina Vollmer: *www.podcast.de/podcast/19993*

https://itunes.apple.com/de/podcast/v. i. e.l-personlicher-der-coaching/id462210921?l=de

Coaching-Letter per E-Mail

Klassische Newsletter gibt es auch im Coaching-Bereich sehr viele. Einige sind gut gemacht und inhaltlich wertvoll – andere beinhalten lediglich banale Werbe-Botschaften. Regelmäßige, kostenlose Fachpublikationen hingegen sind weitaus schwerer zu finden. Hier zwei Beispiele.

Coaching-Newsletter von Christopher Rauen
www.coaching-newsletter.de

V.I.E.L Coaching Letter
www.viel-coaching.de/CoachingLetter

Coaching-Blogs – eine Übersicht

Blogs gehören zu den beliebtesten Kommunikations-Kanälen im Internet. Die Themenpalette ist endlos – und auch für Coaches und an Coaching Interessierten gibt es eine Fülle von Angeboten. Hier empfehlen wir Ihnen einen »Meta-Blog«, also einen Blog, der eine gut recherchierte und stetig anwachsende Zusammenstellung interessanter Blogs für Sie bereitstellt.

http://mensch-chance.de/blog/deutsche-coaching-blogs

Die wichtigsten Coaching-Begriffe

Kompetentes Business-Coaching erfordert einen gut sortierten Werkzeugkoffer. Damit der Coach seine virtuellen Instrumente verfügbar hat und sie auch kreativ miteinander verschmelzen kann, braucht er eine präzise Nomenklatur.

Wie jedes Fachgebiet so hat auch das Business-Coaching eine eigene Sprache, die von Laien manchmal nicht verstanden wird, aber es dem geübten Coach ermöglicht, seinen prallvollen Werkzeugkoffer mit Kontrolle, Ordnung und Trennschärfe einzusetzen.

Auf den folgenden Seiten finden Sie die wichtigsten Coaching-Begriffe. Sie stammen aus den psychologischen Wissenschaften, der Psychoanalyse, dem NLP, der Mediation, der Moderation oder aus dem praktischen Alltag im Business-Coaching.

Ein präzises sprachliches Sortiersystem

In einer kompetenten Ausbildung zum Business-Coach lernen die Teilnehmer die genaue Bedeutung dieser Begriffe kennen. Sie verknüpfen eigene Erfahrungen mit den fachlichen Termini. Dabei entsteht ein praktischer Zugang, um die Coaching-Werkzeuge individuell verfügbar zu machen.

Coaching-Prozesse werden durch Sprache gesteuert. Deshalb ist es für jeden professionellen Coach enorm wichtig, ein »Sprachliches Sortier-System« für seinen psychologischen Werkzeugkoffer zu erschaffen. Die auf der folgenden Seite dargestellten Begriffe können helfen, das eigene Sortier-System noch präziser und trennschärfer zu gestalten.

A

- **Als-Ob-Methode** bezeichnet ein mentales Manöver, wo mit Hilfe der Fantasie ein imaginärer Bezugsrahmen geschaffen wird, um Ziele und kreative Ressourcen zu kontakten.
- **Anker** sind auslösende Reize für innere Reaktionen, die meist unbewusst wirken; Anker können gezielt installiert und aktiviert werden. Ankern entspricht dem psychologischen Prinzip »Lernen durch Konditionieren«
- **Anmut** bezeichnet einen geschmeidigen und natürlichen Ausdruck des Körpers; Anmut gilt im Coaching als Kriterium für Kongruenz, Ressource-Zustände und gelungene Interventionen.
- **Arbeitsvereinbarung** ist eine wichtige Voraussetzung, um bei der Anwendung von Interventionstechniken angemessene Rahmen-Bedingungen und das nötige Vertrauen zu gewährleisten.
- **Assoziiert** beschreibt einen Wahrnehmungs-Modus von starker Betroffenheit, der eine unmittelbare Verknüpfung mit Emotionen und entsprechend hohe Erlebnisintensität bewirkt.
- **Auditiv** bezeichnet das Sinnessystem des Hörens, es codiert sowohl analoge Geräusche, Klänge und Töne als auch digitale Informationen wie Sprache und Zahlen.
- **Authentizität** steht für eine natürliche Kommunikations-Form, die nicht gekünstelt oder fassadenhaft wirkt – ein authentischer Mensch wirkt überzeugend, glaubwürdig und gewinnt das Vertrauen der Mitmenschen.

B

- **Beeinflussung** wir können nicht nicht beeinflussen! Die Kunst der gezielten Beeinflussung erfordert Bewusstheit und Respekt, sowie eine starke Verwurzelung in der Win-Win-Ethik.
- **Behavoirismus** ist eine wichtige psychologische Schule, auf der die Verhaltens-Therapie basiert – sie bietet auch für das Coaching eine Vielzahl nützlicher Modelle und Instrumente (zB Konditionieren, Probleme in Ziele verwandeln)
- **Berater-Modell** ist ein lnterventionsmuster, das auf dem Teile-Modell basiert – Widersprüche, Einwände und Zweifel können integriert und mit Hilfe des Reframing in nützliche Ratgeber verwandelt werden.
- **Bewusstsein** ist eine psychische Instanz, die Orientierung, Kontrolle und Wertschätzung ermöglicht, allerdings nur eine begrenzte Fassungskapazität besitzt und immer wieder in den riesigen Fluten des Unbewußten versinkt.

- **Brainstorming** ist eine bekannte Kreativitätstechnik, wo ein freier Fluss der Gedanken zunächst viele Ideen produziert, die anschließend qualitativ ausgewertet werden.

C

- **Change History** ist ein Interventions-Muster zur besseren Abbildung der persönlichen Geschichte auf der inneren Landkarte, wobei der Coachee seine Vergangenheit durch positive Filter betrachtet und so neue Ressourcen generiert.
- **Change Management** bezeichnet die Kunst, ein komplexes System von einem Ist-Zustand in einen besseren Ziel-Zustand zu führen – und dabei sowohl die betroffenen Menschen zu gewinnen als auch die Sach-Ziele zu erreichen.
- **Chunking** meint den Wechsel der logischen Ebene – ähnlich wie der Maßstab für Landkarten im Navi: **nach oben** = Chunking Up => allgemein, abstrakt … oder **nach unten** = Chunking Down = speziell, konkret.
- **Coaching-Axiome** sind grundlegende Glaubenssätze für die Arbeit als Business-Coach, die im Laufe der Praxis überprüft und somit durch eigene Erfahrungen verifiziert werden. (=> »emotionale Aufladung«)
- **Columbo-Technik** ist eine Strategie des getarnten Understatements, um zielstrebig Informationen zu sammeln und Coaching-Werkzeuge auf unauffällige Weise einzusetzen.
- **Complex Equivalence** ist ein Erkennungs-Merkmal für bekannte Situationen, ein verankerter Schlüssel-Reiz, der dem Unbewussten signalisiert, jetzt als Reaktion ein konditioniertes Psycho-Programm zu starten.

D

- **Digital und Analog** sind verschiedene Arten der Informationsdarstellung, wobei digitale Abbildung eine geistige Abstraktion verlangt, während analoge Informationen sich selbst erklären und direkt auf das Unbewusste wirken.
- **Dissoziiert** bedeutet: abgeschnitten, getrennt und nicht in direktem Kontakt befindlich und bezeichnet einen mentalen Zustand, der innere Distanz erzeugt und somit das Erleben abdämpft relativiert und kontrollierbar macht.

E

- **Einwände** werden mit Hilfe des Reframing nutzbar gemacht – der Coach kann sie an Inkongruenzen in der Körpersprache frühzeitig erkennen, ihre positive Absicht erforschen und sie dann in einen Wunsch verwandeln.
- **Eleganz** ist ein wichtiges Kriterium zur Optimierung von Strategien, wobei ein gewünschtes Resultat mit minimalem Aufwand und maximaler Effizienz erzielt wird. (> hohe Dehnung der Ressourcen)

- **Element** ist ein Teil Systemen und wir durch andere Elementen beeinflußt – wir nutzen das systemische Denken zur Analyse und Steuerung von geplanten Vorhaben und zur Veränderung von Beziehungen, Teams und Unternehmen.
- **Emotion** bedeutet »innere Bewegung« oder Gefühl – es sind »automatische Bewertungs-Mechanismen« in unserer Psyche, die Orientierung vermitteln, Verhalten steuern und im Vergleich mit der Kognition (= Denken) sehr viel schneller geschehen
- **Evolution** bezeichnet die Entwicklungs-Geschichte des Lebens; sie prägt auch unser tägliches Verhalten, denn das menschliche Gehirn ist ein Produkt der Evolution – es folgt seiner biologischen Programmierung.

F

- **Fan-Sein** bedeutet im Coaching ein radikales Pacing-Manöver, um Coachees zu öffnen, zu motivieren und die Ressource »Selbst-Wert« zu stärken – dabei gibt der Coach seinem Coachee einen massiven Vertrauens-Vorschuß.
- **Feedback** meint jede Form von Rückmeldung unserer Umwelt zur persönlichen Außenwirkung und dient als Basis der Orientierung beim Lernen und Kommunizieren.
- **Flexibilität** ist eine wünschenswerte Fähigkeit und wird im Coaching kontinuierlich trainiert, um in der Rolle als Coach bessere Wahlmöglichkeiten im Verhalten und Erleben zu gewinnen, auch als Vorbild für den Coachee.
- **Fluff** bezeichnet sprachliche Äußerungen ohne konkreten Inhalt, die in der hypnotischen Kommunikation als verbale Projektionsflächen eingesetzt werden – sie dienen zum Beispiel zur Entspannung der unbewußten Abwehr.
- **Fragen** sind das generelle sprachliche Werkzeug im Coaching zur Informationsgewinnung, als verbales Pacing, zur Trance-Induktion, zur Zielfindung und zum kreativen Leading.
- **Framing** bezeichnet die Kunst, innere Prozesse zu steuern, indem einer Situation, einem Prozess oder einer Information ein angemessener Rahmen gegeben wird.
- **Führungskraft** bezeichnet einen Menschen, der dafür verantwortlich ist, andere Menschen so zu führen, damit sie definierte Ziele erreichen können (> Beeinflussung, Motivation, Vorbild-Effekt, Führungs-Stil, Kompetenz)
- **Führungs-Stil** bezeichnet die Art und Weise, wie eine Führungskraft seine Verantwortung ausübt – wie sie kommuniziert, motiviert, für Disziplin und Commitment sorgt und welches Menschenbild dadurch zum Ausdruck kommt.

- **Future Pace** zielt ab auf das konkrete Gestalten der Zukunft, indem Ideen, Ziele oder Pläne direkt benannt und dadurch zur Transfer-Sicherung neurologisch verankert werden – der nötige Abschluß einer jeden Coaching-Sitzung.

G

- **Generalisierung** bedeutet Verallgemeinerung und gestaltet unsere innere Landkarte, weil das menschliche Gehirn dazu neigt, Erfahrungen unbewusst zu generalisieren – oftmals nützlich, manchmal einschränkend).
- **Gesprächs-Psychotherapie** wurde von Carl Rogers erfunden und basiert auf drei inneren Grundhaltungen: Wertschätzung, Empathie und Authentizität – dabei entsteht eine »klient-zentrierte« Beziehung
- **Gewinner-Gewinner-Modell** bezeichnet eine kooperative Beziehungs-Struktur – wo evtl auftauchende Konflikt als Win-Win-Lösung kreativ bewältigt werden, wobei eine optimale Synthese der Ziele aller Beteiligten geschaffen wird.
- **Glaubenssätze** sind unbewusste Vor-Einstellungen, die meist das menschliche Erleben und Verhalten entscheidend beeinflussen – im Coaching überprüfen wir sie hinsichtlich ihrer Nützlichkeit und falls nötig verändern wir sie.
- **Gustatorisch** bezeichnet unser Sinnessystem des Schmeckens; es wird teilweise mit dem olfaktorischen (riechen) und dem kinästhetischen (fühlen) System zusammengefasst.

H

- **Halluzinieren** bezeichnet den lebhaften Einsatz imaginativer Vorstellungskraft und kann im Coaching mit Hilfe der Als-Ob-Methode zielgerichtet eingesetzt werden.
- **Humanismus** ist eine philosophische Grundrichtung, die in den 60er Jahren von Abraham Maslow und Carl Rogers begründet wurde – entscheidend ist ein positives Menschenbild, das Potentiale erkennen und realisieren will.
- **Hypnose** bezeichnet das Steuern von Trancezuständen; Hypnose braucht nicht unbedingt einen offiziellen Rahmen, sondern geschieht oft unbemerkt im Alltag – im Coaching verstärkt sie unser Leading und den Transfer.

I

- **Ideomotorische Bewegungen** sind kleine unwillkürliche Bewegungen des Körpers, die von geübten Coaches als subtiler Ausdruck von inneren Prozessen verstanden werden.
- **Implizit und Explizit** bezeichnen den Modus der Informationsvermittlung, wobei implizite Informationen andeutungsweise und explizite Informationen ausdrücklich vermittelt werden.

- **Imprints** sind prägende Erfahrungen und Schlüsselerlebnisse, die als unbewusste Wahrnehmungs-Filter unser Erleben und unsere Reaktionen auf die Umwelt beeinflussen – ihre Veränderung erfordert echte Coaching-Expertise.
- **Informationsverlust** geschieht zwangsläufig in jeder Kommunikation – er kann durch Pacing, gezieltes Fragen und geistige Präsenz stark reduziert, aber nicht gänzlich vermieden werden.
- **Inkorporieren** bedeutet aufnehmen oder eingliedern und meint das verbale Aufgreifen und Nutzbarmachen von Störungen oder körpersprachlichen Signalen, insbesondere bei der Trance-Induktion.
- **Innere Landkarte** ist eine Metapher für die Tatsache, dass jeder Mensch in seinem Gehirn ein einzigartiges Modell der Welt zu seiner individuellen Orientierung erschaffen hat.
- **Innerer Dialog** bezeichnet interne verbale Aktivität im auditiv-digitalen Sinneskanal, die pausenlos und meist unbemerkt in unseren Köpfen stattfindet, um die Welt zu ordnen.
- **Integration dissoziierter Physiologien** bezeichnet eine Technik, um einen kreativen Zustand zu erzeugen, indem zwei bisher getrennte Zustände geankert und gleichzeitig aktiviert werden.
- **Intervention** bezeichnet das Verändern psychischer Strukturen und sollte nur durch einen kompetenten und verantwortungsvollen Coach durchgeführt werden; und ihm Rahmen systemischer Verträglichkeit erfolgen.
- **Intuition** bedeutet spontanes Erkennen, ohne rationale Überlegung – intuitive Impulse führen zu gezieltem Handeln, wobei die Weisheit des Unbewussten alle benötigten Ressourcen organisiert.

K

- **Kalibrieren** bedeutet, die Wahrnehmung auf bestimmte Aspekte der Realität einzustellen, auszurichten oder zu »eichen«, um sie prozess-orientiert zu beobachten und als Feedback-Schleife für die eigene Wirksamkeit zu nutzen.
- **Kalibrierte Schleife** ist ein konditioniertes Reiz-Reaktions-Muster zwischen zwei Partnern und erzeugt eine erstarrte, sich wiederholende Schrittfolge im Tanz der Physiologien.
- **Kinästhetisch** bezeichnet das Sinnessystem des Fühlens; dazu zählen äußere und innere Wahrnehmungen des Körpers und die analoge Repräsentanz der Emotionen.
- **Kognitive Dissonanz** bezeichnet widersprüchliche Gedanken, die innere Konflikte und Spannungen verursachen – und über kurz oder lang von dem Unbewussten durch Reframing oder Tilgung reduziert oder aufgelöst werden.

- **Komfort-Zone** bezeichnet einen Zustand, in dem der Mensch Energie sparen kann – sobald er diesen sicheren, bequemen Raum verläßt, entsteht Stress, der positiv (Eu-Stress) oder negativ (Di-Stress) erlebt wird.
- **Kongruenz** bedeutet Übereinstimmung aller gesendeten Signale und gilt als Ausdruck von innerer Harmonie – ein wichtiges Signal für den Coach bei der Formulierung von Zielen und beim Treffen von Entscheidungen.
- **Konflikt-Coaching** bezeichnet den kreativen und lösungs-orientierten Umgang mit Konflikten – erfordert einen speziellen Werkzeug koffer: Win-Win, Positive Absicht, Kalibrierte Schleifen, Realitäts-Tunnel, Wechsel der Wahrnehmungs-Position
- **Kontext** bezeichnet den Bezugsrahmen, das Umfeld oder den Zusammenhang, in dem ein Ereignis stattfindet; der Kontext bestimmt die Bedeutung einer Information (»Ein nackter Mann bedeutet in der Sauna was anderes als in der S-Bahn«)
- **Körpersprache** bezeichnet das Senden von Signalen über den kinästhetischen Kanal, die visuell empfangen werden und unsere Kommunikation meist unbewusst beeinflussen.
- **Kreativität** ist schöpferische Kraft und bezeichnet die Fähigkeit, bestehende Muster zu verändern und neue Strukturen zu schaffen; im Menschenbild des Coachings gilt jeder Mensch als kreativ.

L

- **Leading** bedeutet Führen von anderen Menschen – durch Fragen, Appelle, Feedback, Metaphern, Vorbild oder subtile Techniken .... und erfordert guten Rapport, der durch gelungenes Pacing hergestellt wird.
- **Lern-Fähigkeit** bedeutet im Coaching eine riesige Ressource – wenn ein Coachee etwas bishernoch nicht konnte, dann kann er jetzt beginnen die entsprechende Fähigkeit zu erlernen. (lebenslange Lernfähigkeit = kreative Ressource.)
- **Libido** bezeichnet die Lebens-Energie; das Unbewusste verspürt einen lustvollen Motivations-Schub, wenn die angestrebten Ziele libidinös auf geladen sind – Libido-Energie weckt Schöpferkraft und emotionale Vitalität!

M

- **Magie des Wünschens** bezeichnet die Kunst, den eigenen Wünschen durch Wohlgeformtheit, libidinöse Aufladung und sinnlichen Future Pace magnetische Anziehungs-Kraft zu verleihen – und das Unbewusste ist mit im Boot!
- **Manager** bezeichnet einen Menschen, der verantwortlich ist für die Erfüllung einer bestimmten Funktion in einer Organisation (to manage = dafür sorgen, dass etwas Bestimmtes zuverlässig funktioniert)

- **Mediation** bezeichnet eine komplexe Methodik zum Lösen von Konflikten. Sie basiert auf dem Win-Win und wird sowohl von Coaches als auch von Anwälten, Psychologen, Diplomaten und Moderatoren ausgeübt.
- **Meditation** bezeichnet Zustände, die eine konzentrierte Form der Trance bewirken; wobei die Aufmerksamkeit nach innen fokussiert und sich ihrer Selbst bewusst wird.
- **Mental Martial Arts** bezeichnet die Kunst, geistige Entwicklung bewusst zu gestalten und auf dem Weg des freiwilligen Lernens durch persönliche Erfahrungen die eigene Meisterschaft zu erwerben.
- **Meta-Modell der Sprache** dient als Rüstzeug zur Gewinnung von sprachlichen Informationen – es gibt dem Coach viele nützliche Wahrnehmungs-Filter und gezielte Fragen zur Struktur der inneren Landkarte.
- **Meta-Programme** sind Diagnostische Filter – sie zeigen, wie unbewusste Muster die individuelle Orientierung prägen, meistens von den Betroffenen völlig unbemekt, obwohl sie sich in vielen Lebensbereichen offenbaren.
- **Metapher** bezeichnet eine prägnante Erzählung, meistens mit Bildern oder emotional aufgeladenen Geschichten, die einen Sachverhalt in einen neuen Bezugsrahmen setzt, um Informationen an das Unbewusste zu vermitteln.
- **Mitarbeiter-Coaching** bezeichnet die Win-Win-orientierte Beeinflussung von Mitarbeitern durch Führungskräfte – Coaching als motivierender Führungsstil gewinnt aufgrund seiner Effizienz zunehmende Verbreitung in Unternehmen.
- **Modeling** bezeichnet das Lernen am erfolgreichen Modell; es ist ein archetypisches Lernprinzip und wird im Coaching systematisch zur Organisation von neuen Ressourcen eingesetzt.
- **Moment of Excellence** bezeichnet einen sehr ressource-vollen Zustand, der mit Hilfe der gleichnamigen Übung revitalisiert und durch geschicktes Ankern jederzeit verfügbar wird.
- **Motivation** meint die Antriebs-Kraft, über die ein Mensch verfügt, um ein Problem zu lösen oder ein Ziel zu erreichen – kann im Coaching durch geeignete Methoden erheblich gestärkt und nachhaltig ausgerichtet werden.

N

- **Negation** ist eine verbale Verneinung (nicht, kein, ohne, un-), die mit sprachlichen Werkzeugen in eine positive Entsprechung, in einen Wunsch oder ein wohlgeformtes Ziel verwandelt werden kann.
- **New Behaviour Generator** bezeichnet eine Technik, um neues Verhalten zu synthetisieren und durch mentales Training solange zu modifizieren und zu üben, bis ein optimaler Verhaltensentwurf vorliegt.

- **NLP** steht für Neuro-Linguistisches Programmieren – eine Sammlung von wirksamen psychologischen Methoden, die auch im Coaching zum Einsatz kommen, weil sie sehr ziel-Orientiert und pragmatisch arbeiten
- **Nominalisierung** bezeichnet die sprachliche Umwandlung von einem dynamischen Prozess in ein statisches Ding; sie kann durch Fragen wieder lebendig werden. (»Wir haben eine Beziehung« >> »Wir beziehen uns aufeinander«)

O

- **Ökologie** bezeichnet im Coaching das gesunde Gleichgewicht des Menschen als psycho-physiologisches System und als interagierendes Element von sozialen Systemen. Gestörte Ökologie bewirkt Widerstand + Hemmungen.
- **System-Check** ist eine Maßnahme zur Überprüfung der ökologischen Verträglichkeit – entspricht dem **System-Check** und sollte in Kombination mit dem Future Pace den Transfer jeder Coaching-Intervention sichern.
- **Olfaktorisch** bezeichnet das Sinnessystem des Riechens; manchmal auch in Verbindung mit dem Schmecken; es beeinflusst unser Leben überwiegend unbewusst.
- **Organsprache** bezeichnet körperliche Metaphorik im Sprachgebrauch; unbewusste Signale können durch verbales Feedback inkorporiert werden, um innere Prozesse zu verstärken und Thematiken bewusst zu machen.

P

- **Pacing** bezeichnet ein zentrales Werkzeug im Coaching – es dient der schnellen und intensiven Beziehungs-Aufbau, durch Angleichen der eigenen Schwin gungen im Kontakt mit dem Coachee entsteht Vertrauen (>Rapport).
- **Parts Party** bezeichnet eine kreative Methode, um widersprüchliche Persönlichkeits-Anteile zu versöhnen, indem verschiedene Teile in direkt und sehr emotional Kontakt treten und so die Zukunft gemeinsam gestalten.
- **PeneTrance-Modell** bezeichnet ein prozess-orientiertes Verfahren, um einen Coachee durch konsequentes Nachfragen zur Formulierung von wohlgeformten Zielen zu führen.
- **Peripherer Blick** bezeichnet eine spezielle Art des Sehens ohne scharfen Fokus, wodurch ein weiches weiträumiges Panorama und sinnliche Sensibilität entstehen – stärkt die Präsenz und kann ein willkommener Seperator sein.
- **Phobie-Technik** bezeichnet ein Interventionsmuster zur Heilung von heftigen Ängsten, wobei gezielt starke Dissoziationen zur Entkoppelung von Reiz-Reaktions-Mustern erzeugt werden.

- **Physiologie** bezeichnet die wahrnehmbare äußere Erscheinung des Coachee – Körpersprache ist auch eine Abbildung eines inneren Zustandes und dient dem Coach als Orientierung beim prozessorientierten Vorgehen.
- **Positive Absicht** kann Wunder wirken im Konflikt-Coaching – sie bezeichnet den ursprünglichen Impuls, auf den sich jede Verhaltensweise, jedes Symptom und jeder Einwand mit Hilfe des Reframing zurückführen lässt.
- **Präsenz** bezeichnet geistige Aufmerksamkeit im Hier und Jetzt – Aufmerksamkeit ist pure Energie und kann Coaching-Prozesse enorm verstärken und beschleunigen – sie erhöht die Flexibilität im Erleben und Verhalten.
- **Projektion** bezeichnet eine psychische Funktion, die unsere Wahrnehmung stark beeinflusst, da die innere Landkarte ständig auf die Kulisse der Realität projiziert wird – oftmals völlig unbewusst und problem-erzeugend.
- **Prozess-Instruktionen** sind Signale des Coachs an unbewußte Teile, um einen Klienten gezielt durch innere Prozesse zu führen; sie können ein direkter, offene Appell sein oder nur sehr vage, metaphorisch angedeutet werden.
- **Psycho-Analyse** basiert auf den Arbeiten von Sigmund Freud und seinen Schülern Alfred Adler und C. G. Jung – sie beschreibt psychische Mechanismen und Dynamiken, die für die Diagnostik sehr nützlich sind
- **Psycho-Therapie** – dient der Heilung von seelischem Leidensdruck durch psychologisch geschulte Experten – kann eine sinnvolle oder manchmal gar notwendige Ergänzung zum Business-Coaching sein.
- **Pyramide der logischen Ebenen** ist ein ganzheitliches Interventionsmuster, um die Komplexität eines Coaching-Thema zu ordnen und den Coachee in einen ressourcevollen Zielzustand zu führen und neue Lernfelder aufzuzeigen.

R

- **Rapport** bedeutet starke positive Beziehungs-Ebene – geprägt durch Vertrauen, das wie ein magisches Band zwischen Coach und Coachee wirkt und positive Beeinflußung erlaubt – kann durch Pacing aktiv verstärkt werden.
- **Realität** meint im Coaching eine physikalisches Kraftfeld, das in seiner dynamischen Komplexität von keiner menschlichen Landkarte vollständig erfasst werden kann – wie alle sind betriebsblind in der eigenen Psyche!
- **Realitäts-Tunnel** ist eine Metapher für die engen Grenzen der menschlichen Wahrnehmung – unsere Wirklichkeit ist geprägt durch die Projektion unserer Vergangenheit auf Gegenwart und Zukunft (> die innere Landkarte)
- **Reanchoring Couples** ist ein Interventionsmuster aus dem Konflikt-Coaching, wobei kalibrierte Schleifen aufgelöst werden, indem der Empfänger eine ressourcevolle Reaktion erlernt.

- **Reframing** bezeichnet die Kunst, Ereignissen, Verhaltensweisen, oder Informationen einen neuen, besseren Rahmen zu geben und führt zu innerer Flexibilität und geistiger Freiheit.
- **Regression** bezeichnet im Coaching eine innere Reise durch die Zeit – sowohl zurück in frühere Zustände der realen Vergangenheit als auch in nach vorne – in Konzepte und Ideen von der Zukunft.
- **Repertoire** bezeichnet alle Verhaltensoptionen eines Menschen – es möchte im Sinne wachsender Flexibilität ständig optimiert werden; denn je vielfältiger das Repertoire, desto größer die innere Freiheit.
- **Repräsentations-Systeme** sind Speicher der Erfahrung; sie entsprechen den Sinnessystemen (Visuell, Auditiv, Kinästhetisch, Olfaktorisch, Gustatorisch = V. A. K. O. G.) und den 5 Dimensionen der Inneren Landkarte.
- **Ressourcen** sind das Potential für die persönliche Lebensgestaltung: Zeit, Ideen, Geld, Mitarbeiter, Aufträge Verbündete, Gesundheit, Familie, Wissen, Macht … und unendlich viele Fähigkeiten – bereits gelernte oder noch zu erwerbende.
- **Riemann-Modell** geht zurück auf den Psycho-Analytiker Fritz Riemann – ein diagnostisches Modell zur Einordnung des Menschen auf zwei Koordinaten mit den Polen »Nähe Distanz« und »Dauer-Wechsel«
- **Ritual** bezeichnet ein gezieltes Manöver zur Kommunikation mit dem Unbewussten; es kann insbesondere im Future Pace als wirkungsvoller Anker zur Transfersicherung eingesetzt werden .

S

- **Schule des Wünschens** bezeichnet ein Interventions-Muster aus dem Konflikt-Management, wobei die Konflikt-Partner exemplarisch die Kunst des erfolgreichen Wünschens erlernen.
- **Sekundärer Gewinn** bezeichnet den unbewussten Nutzen eines Verhaltens, das eine versteckte Gewinnausschüttung bewirkt und dadurch viele unserer Gewohnheiten aufrechterhält.
- **Selbst-Wert-Gefühl** meint die subjektive Empfindung des eigenen Wertes – dieser Wert schwankt von Mensch zu Mensch sehr stark, als Coach stärken wir den gefühlten Selbst-Wert durch Anerkennung und Erfolge.
- **Selektive Wahrnehmung** bezeichnet eine Funktion des Unbewussten, die aus der unermesslichen Vielfalt der Sinneseindrücke relevante Reize auswählt und ins Bewusstsein leitet.

- **Separator** bezeichnet einen plötzlichen Reiz, der das bisherige Wahrnehmungsmuster unterbricht und einen Wechsel des psycho-physiologischen Zustandes bewirkt.
- **Separator-State-Manöver** bezeichnet ein Interventions-Muster, wobei der Coach seinen Coachee gezielt mit neuen (manchmal heftigen!) Reizen konfrontiert, um ihn in einen besseren Zustand zu führen.
- **Sich assoziieren** erzeugt emotionale Betroffenheit, man ist innerlich verbunden mit Gefühlen und Erlebnissen. Assoziation mit positiven Reizen erzeugt »gefühlte Lebens-Qualität – hier bin Mensch hier darf ich sein!«
- **Sich dissoziieren** führt zum Abstand gegenüber dem subjektiven Erleben, es trennt den Menschen von seinen Gefühlen und bringt ihn in den Kopf. Assoziation und Dissoziation bilden 2 Pole einer Skala.
- **Siebte Himmel-Physiologie** kann induziert werden, indem der Coach seinen Coachee mit Hilfe der Als-Ob-Methode in einen Zustand der totalen Wunsch-Erfüllung hinein hypnotisiert.
- **Six Step-Reframing** ist ein Interventions-Muster aus dem NLP zur Integration verschiedener Persönlichkeits-Teile, wobei positive Absichten erkannt, gewürdigt und zukünftig besser organisiert werden.
- **Strategien** sind Vorgehensweisen zur Ziel-Erreichung – entscheidend für die Güte von Strategien ist ein möglichst günstiges Kosten-Nutzen-Verhältnis und eine hohe Realisierungs-Wahrscheinlichkeit.
- **Stuck State** ist ein festgefahrener Zustand ohne adäquate Verhaltensoptionen, der eine negative Verengung der Wahrnehmung bewirkt; der Coach kann seinen Coachee durch ein gelungenes Separator-State-Manöver daraus befreien.
- **Sub-Modalitäten** sind subtile Unterscheidungen der Sinnessysteme; sie können durch präzisierende Fragen erforscht und auch verändert werden (»Drehen an den Parametern«).
- **Symptom** signalisiert eine Störung des gesunden Gleichgewichts; jedes Symptom entspringt einer positiven Absicht und kann im Coaching als Ausdruck eines Persönlichkeits-Teils positiv beeinflusst werden.
- **Synästhesien** bilden Schnittstellen zwischen den Sinnes-Systemen; sie repräsentieren multidimensionale Erfahrungen und ermöglichen Flexibilität im Wechsel der Systeme.
- **System** ist ein energetisches Gefüge mit einer »systemischen Dynamik« – die systemische Betrachtungs-Ebene hat einen hohen Stellenwert im Coaching, weil sie für die Diagnostik und die Transfer-Sicherung notwendig ist.

- **System-Check** überprüft, ob eine geplante Intervention mit der systemischen Komplexität der aktuellen Situation kompatibel ist – falls nicht, muss nachgebessert werden.

T

- **Tanz der Physiologien** meint **Körpersprache** als Ausdrucks-Medium – eine Metapher für die offensichtliche Bezogenheit körperlicher Bewegungen, die in einer gelungenen Kommunikation wunderbar synchronisiert ablaufen.
- **Teile-Modell** bezeichnet ein pragmatisches Persönlichkeits-Modell aus der Gestalt-Psychologie; es ermöglicht kreativen und system-verträglichen Umgang mit den vielfältigen Impulsen der menschlichen Psyche.
- **Teufels Advokat** meint eine sehr gründliche Form des System-Checks, wobei der Coach einen Zukunfts-Entwurf durch unbequeme Fragen testet, indem er »den Teufel an die Wand malt«. (Worst-Case-Szenarios + Risk-Management)
- **Tiefen- und Oberflächenstruktur von Sprache** bezeichnen die unterschiedlichen Ebenen von Erfahrung versus Sprache; sie können mit Hilfe gezielter Fragen im Sinne des Meta-Modells analysiert und korrigiert werden.
- **Tilgung** bezeichnet einen Gestaltungsprozess der inneren Landkarte; Tilgung von Sinnes-Eindrücken oder schwieren Informationen ermöglicht Konzentration und schützt uns Reiz-Überflutung.
- **Time Line** ist eine pragmatische Metapher für die Abbildung der Zeit im Gehirn – Zeit Linien ermöglichen eine positive Integration der Vergangenheit und eine motivierende Gestaltung der Zukunft.
- **T.O.T.E.** steht für **Test-Operate-Test-Exit** und gilt als grundlegende Strategie für Verhaltensprogramme; wurde von Robert Dilts bei wissenschaftlichen Modeling-Studien im Repertoire vieler erfolgreicher Menschen identifiziert.
- **Trance** bezeichnet einen mentalen Zustand, wo sich die Aufmerksamkeit nach innen richtet – Trance-Zustände können durch Hypnose gesteuert werden und gelten im Coaching auch als »fruchtbare Zustände der Selbstheilung«.
- **Transfer-Sicherung** ist eine Maßnahme zum Abschluß einer Coaching-Sitzung, um die Wahrscheinlichkeit zu erhöhen, dass im Coaching vereinbarte Ziele tatsächlich in die Realität umgesetzt werden. (>Wirksamkeit)
- **Trauma** bewirkt ein psychisches Erstarren. Falls dieser energetische Stau nicht wieder aufgelöst wird, entsteht ein unbewusstes Muster, das zum Schutz der psychischen Integrität oft vom Bewusstsein abgespalten wird.

U

- **Übertragung** bezeichnet eine Form der Projektion, wobei auf einen anderen Menschen Gefühle und Rollen-Muster projiziert werden, die eigentlich einer dritten Person gelten. (zB Vater, Mutter, Leher,...)
- **Übungs-Gruppen** zum Einüben von Interventions-Techniken in der Coaching-Ausbildung bestehen oft aus drei Personen, wobei jedes Mitglied eine Funktion übernimmt (A = Coachee, B = Coach, C= Beobachter).
- **Unser Unbewusstes** spielt im Coaching eine ganz entscheidende Rolle – deshalb wird es erforscht, respektiert und zur Kooperation eingeladen; es besteht aus vielen verschiedenen Teilen, die alle Einfluß auf unser Leben ausüben.

V

- **V.A.K.O.G.** bezeichnet unsere fünf Sinnessysteme (Visuell, Auditiv, Kinästhetisch, Olfaktorisch, Gustatorisch) und meint als Kurz-Instruktion das systematische Abfragen der Sinneskanäle.
- **Validieren** bedeutet, dem Coachee die Gültigkeit seiner subjektiven Weltsicht zu bestätigen – es kann sich sowohl auf stabile Strukturen der inneren Landkarte als auch auf die aktuelle Wahrnehmung beziehen.
- **Veränderung** geschieht in jedem Moment unseres Lebens und kann mit Hilfe der Coaching-Werkzeuge gezielt beeinflusst werden – entscheidend dabei ist die systemische Verträglichkeit der anvisierten Ziele.
- **Verhandlungs-Modell** bezeichnet ein Interventionsmuster zur Integration von konfligierenden Teilen; wobei positive Absichten ein Gewinner-Gewinner-Modell bilden. (> Teile-Modell)
- **Versöhnung** ist eine integrative Form des Konflikt-Managements, die mit Hilfe des Reframing gezielt herbeigeführt werden kann und dabei eine entspannte Physiologie erzeugt.
- **Verzerrung** bezeichnet einen Gestaltungsprozess auf der inneren Landkarte, wobei reale Informationen subjektiv verändert abgebildet werden – das kann Charisma und Freude bewirken oder Des-Orientierung und Irritation.
- **Visuell** bezeichnet das Sehen – das visuelle Sinnes-System codiert sowohl optische Erscheinungen der externen Realität als auch innere Bilder, Filme und Visionen.

W

- **Wahlmöglichkeiten** bedeuten einen hohen Wert im Coaching, denn sie symbolisieren ein Stück menschliche Freiheit – durch dieses Priveleg unterschiedet sich der Mensch vom Tier.

- **Wahrnehmung** geschieht über die Sinne (V.A.K.O.G.); Bitte erinnern: Wir nehmen nicht nur die wirkliche Welt wahr, sondern projizieren unsere innere Landkarte auf die aktuellen Sinneseindrücke – so entsteht etwas Einzigartiges!
- **Wahrnehmungs-Typen** basieren auf bevorzugten Sinnessystemen; es gibt drei Typen (Visuelle, Auditive und Kinästhetiker), die in der Bevölkerung zu ungefähr gleichen Anteilen vertreten sind.
- **Walt Disney-Technik** bezeichnet eine kreative Methode, um Fähigkeiten systematisch zu entwickeln; sie basiert auf drei kooperierenden Teilen (Kritiker, Träumer und Realist).
- **Wechsel der Wahrnehmungs-Position** bezeichnet ein zentrales Coaching-Manöver, um den Coachee bei Konflikten oder Verhandlungen eine gute Vorbereitung zu ermöglich – kann durch zirkuläres Fragen verstärkt werden.
- **Werte** sind komplexe Konstrukte früherer positiver Erfahrungen, die auf der inneren Landkarte unbewußt verankert wurden, um dem Menschen eine moralisch-ethische Orientierung für zukünftiges Handeln zu geben.
- **Wertschätzung** beschreibt eine menschliche Grundhaltung, die andere Menschen oder erbrachte Leistungen durch positive Wahrnehmungs-Filter betrachtet; und das dadurch erzeugte positive Gefühl verbal zum Ausdruck bringt
- **Wertschöpfung** ist ein Konzept aus der Betriebswirtschaft und fokussiert auf die Frage, ob und in welchem Ausmaß bestimmte Tätigkeiten einen echten Mehrwert für ein Unternehmen erzeugen (> Orientierung für Entscheidungen)
- **Werte- und Entwicklungs-Quadrate** bezeichnen ein Coaching-Tool aus der Persönlichkeits-Diagnostik, das auf Friedemann Schulz von Thun zurückgeht – dabei bilden 2 Schwester-Tugenden einen positiven Kern.
- **Wohlgeformt** ist eine Zielformulierung, wenn sie gewisse Kriterien erfüllt; wohl-geformte Ziele erzeugen eine starke Sogwirkung, weil unbewusste Kräfte angesprochen und aktiviert werden.
- **Würdigung** ist eine nützliche Maßnahme zur Kontakt-Aufnahme mit inneren Teilen; sie bewirkt, dass diese Teile nicht mehr um ihre Existenz-Berechtigung kämpfen müssen.

Z

- **Zensor** ist eine Metapher für unbewusste Kräfte im Menschen, die das systemische Gleichgewicht der Psyche bewachen und die in der Hypnose zur Kooperation eingeladen werden.
- **Ziel** – Coaching arbeitet konsequent zielorientiert – das Ziel ist sowohl der Kompaß für die Vorgehensweise während der Coachings-Session als auch das entscheidene Maß für den Erfolg der Coaching-Maßnahme.

Empfehlenswerte Bücher rund um Coaching

Ariely, Dan: *Denken hilft zwar, nützt aber nichts – warum wir immer wieder unvernünftige Entscheidungen treffen*, Droemer, München, 2008

Bauer, Joachim: *Warum ich fühle, was du fühlst: Intuitive Kommunikation und das Geheimnis der Spiegelneurone*, Hoffmann und Campe, Hamburg, 2005

Bauer, Joachim: *Prinzip Menschlichkeit – Warum wir von Natur aus kooperieren*, Hoffmann und Campe, Hamburg, 2007

Bauer, Joachim: *Das Gedächtnis des Körpers – Wie Beziehungen und Lebensstile unsere Gene steuern*, Piper, München, 2004

Beck, Don Edward & Cowan, Christopher C.: *Spiral Dynamics – Leadership, Werte und Wandel: Eine Landkarte für das Business, Politik und Gesellschaft im 21. Jahrhundert*. Kamphausen Verlag, 2007.

Brick, Regine & Horn, Klaus-Peter: *Das verborgene Netzwerk der Macht – Systemische Aufstellungen in Unternehmen und Organisationen*, Gabal-verlag (2001)

Chan Kim, W. & Mauborgne, Renée: *Der blaue Ozean als Strategie – Wie man neue Märkte shafft wo es keine Konkurrenz gibt*; Hanser, München Wien, 2005

Covey, Stephen M. R. mit Merrill, Rebecca R.: *Schnelligkeit durch Vertrauen – Die unterschätzte ökonomische Macht*, Gabal Verlag, Offenbach, 2009

Csikszentmihalyi, Mihaly: *Flow – Das Geheimnis des Glücks*, Klett-Cotta, 2001

De Waal, Frans: *Der Affe in uns – warum wir sind, wie wir sind*. dtv, München, 2005

Ekman, Paul, Susanne Kuhlmann-Krieg und Matthias Reiss: *Gefühle lesen – Wie Sie Emotionen erkennen und richtig interpretieren*. Spektrum Akademischer Verlag (17. März 2010)

Enkelmann, Nikolaus B. & Rückerl, Thomas: *Mit Vertrauen gewinnen – Die Kunst der positiven Gesprächsführung*. Walhalla Verlag, 2010.

Enkelmann, Nikolaus B.: *Das Glückstraining – Probleme in Erfolg verwandeln*, mvg Verlag, Frankfurt am Main 2005

Enkelmann, Nikolaus B.: *Führen muss man einfach können – Das ABC der Menschenführung*, Redline-Wirtschaft, Ueberreuter, Frankfurt/Wien, 2002

Fischer-Epe, Maren: *Coaching: Miteinander Ziele erreichen*. Rowohlt, 2004.

Gazzaniga, Michael: *Die Ich Illusion – Wie Bewusstsein und freier Wille entstehen*, Hanser, München, 2012

Grinder, John & Bandler, Richard: *Therapie in Trance*, Klett-Cotta, Stuttgart, 1984

Haidt, Jonathan: *Die Glücks-Hypothese, VAK Verlag, 2006*

Hanson, Rick & Richard Mendius: *Das Gehirn eines Buddha*. Arbor Verlag, 2010.

Hüther, Gerald: *Biologie der Angst. Wie aus Stress Gefühle werden* (Sammlung Vandenhoeck). Vandenhoeck & Ruprecht (15. Februar 2012)

Hüther, Gerald: *Bedienungsanleitung für ein menschliches Gehirn*. Vandenhoeck & Ruprecht (9. Dezember 2010)

Jaffé, Aniela: *Erinnerungen, Träume, Gedanken von C. G. Jung*, Walter-Verlag, Freiburg, 1971

Kindl-Beilfuß, Carmen: *Fragen können wie Küsse schmecken: Systemische Fragetechniken für Anfänger und Fortgeschrittene*. Carl Auer Verlag (2014)

Kindl-Beilfuß, Carmen: *Einladung ins Wunderland: Systemische Feedback- und Interventionstechniken*. Carl Auer Verlag (September 2012)

Linden, David J.: *Das Gehirn ein Unfall der Natur und warum es dennoch funktioniert*, rowohlt, Reinbek bei Hamburg, 2010

Löhr, J. mit Ulrich Pramann: *Lebe deine Stärken! – Wie du schaffst, was du willst*, Econ, München 2004

Löhr, Jörg und Brand, Heiner: *Projekt Gold-Wege zur Höchstleistung – Spitzensport als Erfolgsmodell*, Gabal, Offenbach, 2008

Dalai Lama, Paul Ekman und Kristina Reiss: *Gefühl und Mitgefühl: Emotionale Achtsamkeit und der Weg zum seelischen Gleichgewicht*. Spektrum Akademischer Verlag (3. Juni 2011)

Matthews, Andrew und Michaela Bach: *Tu, was dir am Herzen liegt*. VAK Verlags GmbH

O'Connor, Joseph und Seymour, John: *Neurolinguistisches Programmieren: Gelungene Kommunikation und persönliche Entfaltung*. 20. Auflage, 2010.

Orem, Sara L.; Binkert, Jacqueline & Clancy, Ann L.: *Appreciative Coaching. A Positive Process for Change.* Wiley Verlag, 2007.

Ornstein, Robert: *Evolution des Bewusstseins – Ursprünge und Perspektiven*, VAK, Freiburg, 1996

Parlow, Georg: *Zart beseitet –Selbstverständnis, Selbstachtung und Selbsthilfe für hochsensible Menschen*, Festland-Verlag, Wien, 2003

Manfred Prior, Dieter Tangen: *MiniMax-Interventionen: 15 minimale Interventionen mit maximaler Wirkung.* Carl Auer Verlag (November 2013)

Radatz, Sonja: *Einführung in das systemische Coaching.* Carl-Auer Verlag, 2006/2010.

Radatz, Sonja: *Coaching-Grundlagen für Führungskräfte. Mit Coaching neue Weichen in der Führung stellen.* Verlag Systemisches Management, 2007.

Radatz, Sonja: Beratung ohne Ratschlag: *Systemisches Coaching für Führungskräfte und BeraterInnen.* Verlag Systemisches Management, 2013.

Dorothea Rahm et al: *Einführung in die integrative Therapie*, Junfermann, 1993

Rauen, Christopher: *Coaching-Tools I (2008), Coaching-Tools II (2009), Coaching-Tools III (2012): Erfolgreiche Coaches präsentieren Interventionstechniken aus ihrer Coaching-Praxis.* managerSeminare Verlag.

Rennschuh, Helmut: *Innehalten – Eine Anstiftung zur Entschleunigung*, Kamphausen, Bielefeld 2013

Rückerl, Thomas: *Sinnliche Intelligenz*, Junfermann Verlag, 1999.

Rückerl, Thomas & Nikolaus Enkelmann: *Mit Vertrauen Gewinnen gewinnen – Die Kunst der positiven Gesprächsführung.* Walhalla Verlag, 2010.

Scharmer, C. Otto: *Theorie U. Von der Zukunft her führen: Presencing als soziale Technik.* 2009.

Schmidt-Tanger, Martina & Stahl, Thies: *Change-Talk. Coachen lernen! Coaching-Können bis zur Meisterschaft. 152 Karten in stabiler Papp-Box.* Junfermannsche Verlagsbuchhandlung GmbH & Co. KG, 2007.

Schnabel, Ulrich: *Muße – vom Glück des Nichtstuns*, Blessing, München, 2010

Schulz von Thun, Friedemann: *Miteinander Reden, Band 1-4,* Rowohlt Verlag.

Simon, Fritz B und Gunthard Weber: *Vom Navigieren beim Driften: »Post aus der Werkstatt« der systemischen Therapie.* Carl Auer Verlag (September 2012)

Stahl, Eberhard: *Dynamik in Gruppen: Handbuch der Gruppenleitung.* 2007.

Stevens, John O. und Anna Saumwald: *Die Kunst der Wahrnehmung: Übungen der Gestalttherapie*, Gütersloher Verlagshaus (11. September 2006)

Strasser, Christian: *Das erwachende Bewusstsein – Aufbruch in die neue Zeit*, Scorpio, Berlin, München 2010

Taylor, Steve: *Verrückte Welt -- zurück zu Harmonie und mentaler Gesundheit*, Kamphausen, Bielfeld, 2013

Thomann, Christoph: *Klärungshilfe – Konflikte im Beruf.* Rororo, 1998.

V.I.E.L: *Manual »Fit for Coaching« – eine weitere Sammlung komplexer Coaching-Werkzeuge*; erhältlich bei V.I.E.L Coaching + Training, Hamburg

Von Schlippe, Arist & Schweitzer Jochen: *Lehrbuch der systemischen Therapie und Beratung*, Vandenhoeck & Ruprecht, Göttingen, 2002

Von Rosenstiel, Lutz: *Grundlagen Organisationspsychologie*, Schäffer-Poeschel, Stuttgart, 2003

Wehrle, Martin: *Die 100 besten Coaching-Übungen: Das große Workbook für Einsteiger und Profis zur Entwicklung der eigenen Coaching-Fähigkeiten.* managerSeminare Verlag, 2010 (7. Auflage 2013.)